MODELAGEM E CONTROLE NA PRODUÇÃO DE PETRÓLEO

Aplicações em MATLAB

Blucher

GIOVANI CAVALCANTI NUNES

Petróleo Brasileiro S.A. – Petrobras

JOSÉ LUIZ DE MEDEIROS

Escola de Química – Universidade Federal do Rio de Janeiro

OFÉLIA DE QUEIROZ FERNANDES ARAÚJO

Escola de Química – Universidade Federal do Rio de Janeiro

MODELAGEM E CONTROLE NA PRODUÇÃO DE PETRÓLEO
Aplicações em MATLAB

Modelagem e controle na produção de petróleo – aplicações em MATLAB

© 2010 Giovani Cavalcanti Nunes

　　　　José Luiz de Medeiros

　　　　Ofélia de Queiroz Fernandes Araújo

1ª reimpressão – 2011
Editora Edgard Blücher Ltda.

Blucher

Rua Pedroso Alvarenga, 1245, 4º andar
04531-012 – São Paulo – SP – Brasil
Tel 55 11 3078-5366
editora@blucher.com.br
www.blucher.com.br

Segundo Novo Acordo Ortográfico, conforme 5. ed.
do *Vocabulário Ortográfico da Língua Portuguesa*,
Academia Brasileira de Letras, março de 2009.

FICHA CATALOGRÁFICA

Nunes, Giovani Cavalcanti

　　Modelagem e controle na produção de petróleo
– aplicações em MATLAB/Giovani Cavalcanti Nunes,
José Luiz de Medeiros, Ofélia de Queiroz Fernandes
Araújo – São Paulo: Blucher, 2010.

ISBN 978-85-212-0567-8

　　1. Análise numérica – Processamento de dados.
2. MATLAB. 3. Petróleo – Modelagem e controle.
4. Petróleo – Produção I. Medeiros, José Luiz de.
II. Araújo, Ofélia de Queiroz Fernandes. III. Título.

10-11267　　　　　　　　　　　　　　CDD-622.338

Índices para catálogo sistemático:

1. Petróleo: Produção: Modelagem e controle: Aplicações
em MATLAB: Tecnologia 622.338

Às minhas filhas Giovanna, Julia e Isabela e a minha esposa Denise pelo incentivo e paciência ao longo do tempo que dediquei a este livro. Ao meu grande amigo Maurício Michael Folly Yamamoto.

Giovani Cavalcanti Nunes

Aos alunos da Universidade Federal do Rio de Janeiro (UFRJ) que contribuíram para o desenvolvimento desta obra.

José Luiz de Medeiros

Em memória dos meus pais e ao caráter não estacionário da vida, que desafia a nossa capacidade de controle.

Ofélia de Queiroz Fernandes Araújo

Agradecimentos

É necessário registrar o débito que temos com respeito aos trabalhos realizados, direta e indiretamente, por profissionais de Engenharia que contribuíram para a consolidação, extensão, aprimoramento, editoração, ilustração e finalização deste texto. Referimo-nos aos revisores técnicos André L. Hemerly Costa (IQ-UERJ) e Vicente Delgado Moreira (E&P-UN-RNCE-Petrobras) pelo exaustivo trabalho de leitura e varredura do texto, que resultou em diversas propostas de correção e aperfeiçoamento; à Rosana Kunert (RH-UP-ECTEP-Petrobras) e Lúcia Emilia de Azevedo (Universidade Petrobras) pelo inestimável empenho administrativo para a finalização desta obra; aos alunos M.Sc. Diego D. Pinto e Cristina Santos de Almeida (TPQBq-UFRJ) e D.Sc. Jaime N. M. de Souza (TPQBq-UFRJ) por suas participações na implementação e testes de parte dos algoritmos e aplicações discutidos no texto; à aluna Lúcia Mitiko Ohashi (Petrobras) pelas diversas sugestões resultantes de suas horas gastas com leitura e estudo do texto como discente da disciplina Modelagem e Controle no Processamento *Offshore* de Petróleo – Aplicações em MATLAB, ministrado em maio de 2008. Por último, agradecemos a cuidadosa revisão do texto final realizada pelos alunos M.Sc Raquel Massad Cavalcanti e D.Sc Carlos André Vaz Junior; e a todos os demais alunos que participaram de cursos que ministramos, em Controle e Dinâmica de Processos, pelo *feedback* por meio de suas críticas e sugestões.

Os autores

Apresentação

Nereu Carlos Milani De Rossi
Coordenador da Área de Produção
Recursos Humanos/Universidade Petrobras
Petróleo Brasileiro S.A. – Petrobras

Empresa reconhecida internacionalmente pelas realizações e contínuas inovações na explotação de reservatórios de petróleo localizados tanto em bacias sedimentares marítimas do Brasil como em outras províncias petrolíferas, a exemplo do Mar do Norte e Golfo do México, a Petrobras credita à alta qualificação técnica dos seus profissionais o diferencial para suas conquistas.

Mesmo antes de sua criação em 1953, na época do Conselho Nacional do Petróleo, a Petrobras investia fortemente através das Universidades Brasileiras, na formação e aperfeiçoamento de seus técnicos na área de exploração, produção e refino de petróleo. Posteriormente, cursos específicos para formação de engenheiros de processamento, geólogos, geofísicos e engenheiros de petróleo foram sendo criados em seus Centros de Treinamento, de forma a preparar sua força de trabalho com foco nos desafios que estavam sendo impostos, alinhados com os mais recentes estudos desenvolvidos em seu Centro de Pesquisas. Um crescente número de cursos de atualização, de revisão e cursos avançados foram criados para manter os profissionais da Companhia a par do estado da arte da tecnologia e ciência.

Professores e pesquisadores de universidades brasileiras e estrangeiras e de centros de pesquisas de alto nível têm participado deste processo de aprimoramento da força de trabalho e constituem parte integrante da rede que suporta o desenvolvimento tecnológico da Companhia.

Neste contexto de alta tecnologia desenvolvido pela sinergia entre profissionais da Petrobras e pesquisadores de universidades, surge esta obra sobre Sistemas de Controle em Plataformas Marítimas de Produção, com ênfase no Processamento Primário de Petróleo. Trata-se de uma abordagem multidisciplinar inédita onde se discute, de forma integrada, desde a modelagem da elevação e escoamento de fluidos em tubulações até o seu processamento na plataforma.

Neste novo título, a superação da segmentação disciplinar clássica permite uma visão abrangente dos fenômenos inerentes às metodologias e tecnologias empregadas, possibilitando análises integradas que permitem uma compreensão global do processo de produção de petróleo.

Conhecimentos de engenharia de processamento de petróleo e escoamento de fluidos em meios contínuos são integrados com técnicas de modelagem, simulação e controle dos processos visando operações otimizadas e seguras. A utilização dos *softwares* adequados resulta em maior rapidez, confiabilidade de resultados e iteratividade com a força de trabalho. Obtém-se assim uma ferramenta importante no dimensionamento e operação das plataformas de produção, equipadas com plantas de processamento cada vez mais sofisticadas e complexas, projetadas para separar e tratar fluidos com percentuais crescentes de contaminantes, como os oriundos das descobertas do pré-sal.

Este livro tornar-se-á referência para os profissionais que atuam na área de Engenharia de Processamento de Petróleo, em especial nas atividades relacionadas à produção no mar. Livro-texto na formação de novos profissionais para a área, material de consulta para profissionais de toda a cadeia produtiva de E&P, registra, preserva e dissemina o conhecimento construído pelos autores durante muitos anos. São eles: Eng°. Giovani Cavalcanti Nunes, com vasta experiência na Petrobras atuando como pesquisador, gerente e docente na área de instalações de superfície, separação, tratamento e medição fluidos; Eng°. José Luiz de Medeiros, da Escola de Química da Universidade Federal do Rio de Janeiro, com docência e pesquisa nas áreas de termodinâmica aplicada, processos de separação de fluidos e modelagem, simulação e otimização de processos químicos; e Eng^a. Ofélia de Queiroz Fernandes Araújo, na mesma Escola de Química da UFRJ, coordenadora do programa de pós-graduação em tecnologia de processos químicos e bioquímicos, docente e pesquisadora na área de modelagem e controle na produção, transporte e refino de petróleo. Com doutorado em Engenharia Química, os três profissionais têm atuado conjuntamente em inúmeros projetos de pesquisa conveniados entre a Petrobras e a UFRJ para o desenvolvimento de novas tecnologias para o E&P, e na docência de cursos avançados de Controle de Processos.

Com a publicação deste livro através do Programa de Editoração de Livros Didáticos da Universidade Petrobras, além de preservar sua memória técnica, a Petrobras continua investindo na capacitação de seus profissionais, ao mesmo tempo em que disponibiliza para a comunidade científica e acadêmica envolvida com a formação de novos quadros para a indústria de petróleo, a experiência acumulada nos desafios que vem superando a cada dia, na produção de petróleo em condições cada vez mais adversas.

Nereu Carlos Milani De Rossi

Apresentação

Jorge Frederico M. Landmann
Diretor Presidente
OpenCadd Advanced Technology

Para nós da OpenCadd Advanced Technology, é um imenso prazer poder participar com a Petrobras da publicação deste importante livro desenvolvido por três renomados profissionais: Dr. Giovani Cavalcanti Nunes, gerente corporativo de processamento e medição de fluidos do E&P da Petrobras, Profª Drª Ofélia de Queiroz Fernandes Araújo e Prof. Dr. José Luiz de Medeiros, ambos professores da Escola de Química da Universidade Federal do Rio de Janeiro; todos reconhecidos entre as principais lideranças de pesquisa aplicada nas áreas de monitoramento, controle, simulação e otimização de processos químicos e bioquímicos.

A publicação trata da modelagem e controle de processos e mecânica dos fluidos, com enfoque na monitoração dos principais sistemas de produção e processamento primário de petróleo em plataformas *offshore*. Sua importância é ainda maior por ter sido desenvolvida a partir do avançado domínio do setor, possibilitado, em grande parte, pela Petrobras, cuja liderança nessa área é reconhecida mundialmente. Portanto, o livro não reflete uma possibilidade teórica e acadêmica distante da realidade, pois está lastreado em experiências reais e em resultados positivos. Este criterioso trabalho apresenta informações recentes e atualizadas, e não tecnologias de processos distantes e superados, sendo fruto de um longo aprendizado dos autores, bem como de um criterioso estudo de publicações das mais renomadas autoridades do setor, cujos conhecimentos muito têm contribuído para o avanço da exploração e produção tanto de petróleo como de gás.

Há mais de uma década, a OpenCadd trabalha como parceira tecnológica da Petrobras em busca de soluções inovadoras quanto à qualidade e ao ganho de produtividade, por meio do fornecimento de suporte ao desenvolvimento de sistemas de análises de dados, processamento numérico e gráfico, controle e simulação de processos, nas diversas áreas de atuação da Petrobras. Com o intuito de fortalecer ainda mais essa parceria, oferecemos ao corpo técnico da Petrobras a nossa colaboração participando da publicação deste livro.

Jorge Frederico M. Landmann

Conteúdo

14. ASPECTOS DINÂMICOS DE SISTEMAS DE PRODUÇÃO *OFFSHORE*

15. ESCOAMENTO EM *RISERS* E LINHAS DE PRODUÇÃO *OFFSHORE*

APÊNDICE 4 – INTRODUÇÃO AO MATLAB

APÊNDICE 5 – INTRODUÇÃO AO SIMULINK

APÊNDICE 6 – *TOOLBOX* DE CONTROLE

APÊNDICE 7 – LINEARIZAÇÃO DO MODELO DO SEPARADOR BIFÁSICO

Introdução

A atividade de Engenharia de Controle de Processos associa conceitos característicos de múltiplas distintas disciplinas: uma estratégia típica de controle envolve sensores, atuadores, transmissores, computadores e *software*. Adicionalmente, os controladores são normalmente implementados em *hardware* digital, requerendo conhecimentos de computação em tempo real. Dessa forma, a análise de sistemas dinâmicos de processo e a síntese dos respectivos sistemas de controle, requerem o conhecimento da física do processo a ser controlado, de técnicas e tecnologias em sensores e atuadores, e de *software*. Em suma, envolve três subáreas de conhecimento e especialização:

- ☐ **Engenharia de processos:** entender um processo é a base para modelá-lo e controlá-lo. Um modelo do processo a controlar deve ser desenvolvido para compreender os fundamentos da sua operação e permitir testar estratégias de controle.
- ☐ **Engenharia de controle:** oferece métodos e técnicas para operar em condições ótimas (ou subótimas) em todos os níveis hierárquicos. Estratégias de controle são propostas para atingir metas de operação e de segurança.
- ☐ **Engenharia de *software*:** a abordagem de simulação ou solução de controle deve ser implementada de forma apropriada em plataforma e *software* adequados.

Estas três áreas de especialização e conhecimento – processo, controle e tecnologia da informação – respondem perguntas como: "o quê", "o porquê", "o como" e "de que forma", e têm por objetivos:

- ☐ aumentar produtividade;
- ☐ aumentar rendimento;
- ☐ diminuir consumo de energia;
- ☐ diminuir emissão de poluentes;
- ☐ reduzir produtos fora de especificação;
- ☐ garantir e/ou promover a segurança do processo;

- ☐ prolongar a vida útil dos equipamentos;
- ☐ assegurar operabilidade.

A motivação para que os engenheiros conheçam controle, e a principal razão para isso, é que praticamente todos serão usuários de sistemas de controle, seja nas equipes de projetos, seja na operação de unidades industriais. Pretende-se aqui apresentar aos interessados as ferramentas matemáticas necessárias para avaliar como as condições operacionais e de projeto de uma planta *offshore* de produção de petróleo influenciam o comportamento dinâmico desta, bem como possíveis maneiras de solução ou mitigação de problemas quando for impossível ou antieconômico evitá-los.

Este texto destina-se ao público de Engenharia, mas reconhece que os sistemas de controle permeiam além das fronteiras de Engenharia, como ocorre em sistemas biológicos e econômicos. Karl Astrom[1] cita Mahlon Hoagland[2]: *"Feedback* é um mecanismo central na vida: todos os organismos têm a capacidade de sentir como estão se saindo, e fazer mudanças no meio do voo, se necessário. (...) Opera em todos os níveis, da interação de proteínas nas células à interação de organismos em ecologias complexas".

Uma estratégia de controle de processos é tão bem-sucedida quanto a sua abrangência na solução do problema. Todavia isto requer uma visão do processamento muito ampla e que, por isso mesmo, é rara nos profissionais da indústria e ainda pouco explorada nos livros textos de controle. Tendo isto em mente, o presente texto aborda, de forma geral, conceitos e aplicações em Dinâmica e Controle de Processos. Todavia, não se trata de um texto especificamente de dinâmica e/ou de controle de processos. Um pouco além disto, a palavra "processo" aqui diz respeito, em essência, a componentes dos *Sistemas de Produção e de Processamento Primário de Petróleo em Plataformas Offshore*, no qual o Brasil hoje, por meio da Petrobras, destaca-se em nível mundial. As unidades marítimas de produção de petróleo e gás foram escolhidas como foco por configurarem cenários multidisciplinares de Engenharia de alto impacto na conjuntura econômica mundial, exibindo particularidades estruturais e operacionais, complexidade dinâmica, e, sobretudo, por carecerem de textos especializados na dinâmica e controle de seus processos.

O Processamento Primário de Petróleo em Plataformas *Offshore* é, por sua vez, um item de importância na cadeia de operações da área de Exploração e Produção (E&P) de Petróleo. Em consequência, o texto inevitavelmente parte da dinâmica e controle de processos em geral, mas tende a centrar esforços especificamente em Dinâmica e Controle de Processos E&P. No texto são desenvolvidos ou explorados modelos de parâmetros concentrados tratados pela Teoria de Sistemas Lineares para

---

[1] Karl J. Astrom, *Control System Design*, 2002.
[2] Mahlon Hoagland, Bert Dodson. *Way Life Works:* The Science Lover's Illustrated Guide to How Life Grows, Develops, Reproduces and Gets Along. Three Rivers Press, 1998.

equacionamento e resolução de problemas de controle. Ênfase é dada à modelagem dos processos de produção de petróleo – elevação e escoamento – e o posterior processamento em plataforma (ou separação primária) numa abordagem integrada destes. Com respeito aos aspectos de resolução numérica, o texto é voltado ao ambiente MATLAB®/SIMULINK® (The Mathworks, Inc) apropriado ao processamento numérico e gráfico em Controle e Simulação de Processos. Por outro lado, em virtude das necessárias limitações de extensão, não são analisados de forma completa os tópicos relacionados a Instrumentação e Processamento de Sinais (ou seja, Sensores, Transdutores, Controladores Lógicos Programáveis).

Neste sentido, o público alvo do texto consiste provavelmente de alunos de graduação em Engenharia cursando disciplinas de Dinâmica e Controle de Processos, de engenheiros recém-graduados com interesses em Especialização em Engenharia *Offshore*, bem como de graduados de base matemática com interesses profissionais em E&P.

O estilo de apresentação adotado baseia-se na construção de modelos e na aplicação de métodos numéricos e matemáticos gerais, classicamente empregados em controle de processos químicos. Todavia, há um viés importante: as aplicações dizem respeito aos principais sistemas do cenário de produção e processamento *offshore* de petróleo. Um aspecto associado a este viés – e que talvez já possa ser percebido pelo leitor – é que fizemos concessões no texto ao emprego do jargão E&P nos casos em que, por uma questão de bom senso, isto se mostra extremamente necessário. É notória, até mesmo entre usuários da língua inglesa, a ultraconcisão de certos termos do jargão E&P. Um bem simples, como *riser,* demandaria um período quase completo para ser explicado em inglês, e algo mais do que isto para ser traduzido em Português. Sendo assim, é com todo o respeito ao leitor da língua portuguesa que invocamos a mentalidade prática, inerente à Engenharia, para conceder a presença no texto de certos termos em inglês, de resto termos ou conceitos extremamente autossuficientes e completos em si mesmos, todos característicos das principais operações e equipamentos da Engenharia *Offshore*. Neste texto os inevitáveis termos do jargão E&P serão sempre grafados em *itálico*.

Em resumo, o texto frequenta o cenário E&P invocando uma postura de abordagem calcada nas três primeiras etapas do procedimento de *Síntese de Sistemas de Controle* descritas na Figura 1:

- ☐ descrever e modelar matematicamente operações do Processamento Primário de Petróleo em Plataformas *Offshore*;
- ☐ investigar a relação entre as variáveis de entrada e as respostas do processo ou operação em questão;
- ☐ desenvolver e testar possíveis estratégias de controle para o processo, aferindo o desempenho de cada uma.

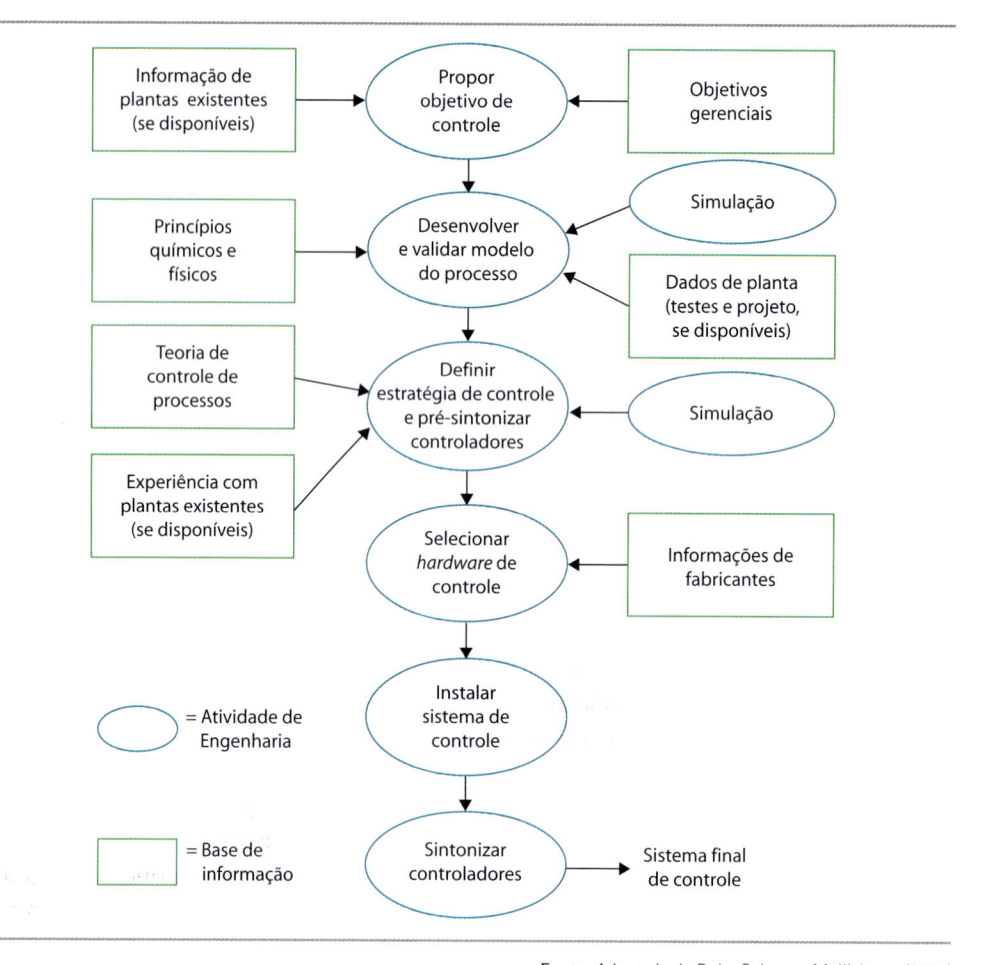

Fonte: Adaptada de Dale, Seborg e Mellichamp (2004)

Figura 1   Etapas típicas na síntese de sistemas de controle

No primeiro terço do texto, apresentam-se aspectos de modelagem dos principais equipamentos encontrados numa plataforma *offshore*. Em seguida, são introduzidas as bases para controle destes processos sob inspiração da Figura 1. No terço final do texto, apresentamos modelos e conceitos de sistemas chaves que, embora não estejam propriamente no contexto do Processamento Primário de Petróleo em Plataformas *Offshore*, atuam como condicionantes do contorno destes, tais como o Processo *Gas-Lift* de Produção de Poços e o escoamento em *risers* e suas linhas de produção associadas.

As disciplinas de Modelagem de Processos, Controle de Processos e Mecânica dos Fluidos constituem a base do material aqui apresentado. Procurou-se uma abordagem integrada dos tópicos destas disciplinas visando a abranger, no contexto de controle, os principais componentes e processos de plantas *offshore*. Dessa forma, o texto resulta da Experiência Prática, da Pesquisa e das Atividades de Ensino dos Autores ao longo dos últimos anos, juntamente com contribuições baseadas em material publicado por outros autores em Controle de Processos e Engenharia E&P. Em muitos casos aqui discutidos, foram efetuadas alterações e melhorias em métodos e critérios desenvolvidos alhures visando a adaptá-los à realidade atual de produção e processamento *offshore* de óleo e gás.

1 Introdução ao Controle de Processos de Plantas *Offshore*

As plantas de *Processamento Primário de Petróleo Offshore* são projetadas para receber e separar com segurança as diferentes fases da mistura proveniente dos poços; ou seja, óleo, gás natural e água. O óleo é tratado e processado para envio a refinarias. A água poderá ser reciclada para injeção em poços ou, após o devido tratamento, ser descartada no mar. O gás natural terá destinos diversos como geração de potência em turbinas a gás, alimentação de sistemas de injeção em poços, e envio a plantas de processamento em terra para posterior comercialização. Separadores gravitacionais, hidrociclones e tratadores eletrostáticos são alguns dos principais equipamentos usados para o tratamento dessas correntes.

Nas unidades *offshore*, a carga que alimenta os separadores, proveniente dos diversos *risers* que atravessam a inevitável lâmina de água acima do campo, pode apresentar-se com comportamento oscilatório, caracterizado por escoamento de gás e líquido em golfadas. Essas oscilações são comuns e, muitas vezes, severas, gerando perturbações na cadeia de processamento da plataforma *offshore*. Controladores PID (ação Proporcional, Integral e Derivativa) são normalmente usados para o controle de nível e de pressão das várias unidades envolvidas nessa cadeia.

O controle rigoroso das variáveis do processamento *offshore* garante a continuidade operacional, mas não otimiza economicamente o processamento. Tome-se o exemplo do nível (interface gás-líquido) dos separadores gravitacionais: seu controle rigoroso em torno de um valor de referência (o *setpoint*) é prática comum que evita o arraste de líquido pelo gás ou o arraste de gás pela saída de líquido. Entretanto, esse procedimento repassa as oscilações de carga para os equipamentos a jusante do separador, o que seria evitado se oscilações de nível fossem permitidas, explorando-se a capacidade pulmão dessas unidades. Tem-se, então, um problema de controle que é central para os sistemas *offshore*: como otimizar as malhas de controle da planta para uma carga oscilante. Fica claro que, além de se conhecer os fenômenos de separação, é necessária a caracterização da dinâmica do escoamento multifásico.

Destaque deve ser dado à tendência mundial de maior complexidade das plantas de processamento em virtude das buscas de petróleo em regiões antes tidas como economicamente inviáveis ou pouco atrativas. Com as reservas de óleo de baixo custo de produção se exaurindo, ocorre hoje uma grande corrida para a exploração em águas ultraprofundas, por petróleo extra pesado, parafínico e até mesmo petróleos com grandes concentrações de contaminantes. No caso brasileiro, as descobertas de petróleo leve na região conhecida como pré-sal indicam a necessidade de processamento de grandes quantidades de gás, rico em CO_2. Nesses casos, os desafios para o processamento são ainda maiores e as questões relativas ao controle dos processos de separação e tratamento passam a ter maior peso.

No contexto da Exploração e Produção (E&P), a falta de cultura na área de controle de processos sempre foi um limitador, mesmo nas aplicações mais simples. No final da década de 1990, surgiu a primeira implementação *offshore* de algoritmo para controle de golfadas, escoamento intermitente característico destas aplicações, que apresentou um caráter de inovação. Os bons resultados desta iniciativa mostraram ser possível resolver-se grandes problemas operacionais com a teoria de controle de processos. Recentemente, a Petrobras criou o "Controle por Bandas" para aplicação em separadores cujos benefícios na estabilização de vazões se mostram maiores a cada implementação.[1]

Por este motivo, o presente texto centra esforços na Teoria de Controle de Processos voltados para o E&P. O conteúdo clássico de controle é apresentado associado a operações *offshore*, uma abordagem inédita entre livros texto disponíveis, ilustrado com aplicações em MATLAB. O objetivo é possibilitar a um iniciante na área de controle adquirir os conhecimentos básicos que lhe permitam analisar e determinar a melhor configuração de controle para as plantas normalmente encontradas em unidades *offshore*.

Na referência a "controle de processos", assume-se, aqui, a Teoria de Controle Linear como o carro-chefe, aquela a que primeiro se recorre na tentativa de solucionar um problema dinâmico. Felizmente, verifica-se que, na grande maioria dos casos, esta atende plenamente aos propósitos do sistema de controle. Para os aficionados por técnicas mais complexas, isto talvez seja motivo de desânimo, mas, no âmbito da indústria, o foco está no resultado e, para tal, *o melhor controle geralmente é o mais simples*. Não obstante, verifica-se no decorrer do texto que isto não empobrece o debate, muito pelo contrário. Na verdade, torna-se um desafio resolver problemas operacionais complexos da forma mais simples possível. Nesta tarefa, é necessário um bom entendimento do que se passa nas plantas de processamento *offshore*. Esta é a razão deste texto dedicar uma seção sobre modelagem dinâmica desses sistemas.

1.1 DESCRIÇÃO DA PLANTA DE PROCESSAMENTO PRIMÁRIO *OFFSHORE*

As plantas de processamento podem ser classificadas em dois tipos. Aquelas que efetuam apenas a separação bifásica (gás-líquido) e aquelas que efetuam separação trifásica (água, óleo e gás). A Figura 1.1 apresenta um fluxograma típico do sistema de separação de uma planta bifásica. A produção dos poços de petróleo passa por um *manifold*, onde a pressão é equalizada, seguindo através de uma válvula de *choke*

---

[1] NUNES, Giovani C. Controle por bandas para processamento primário: conceitos básicos no amortecimento de oscilações de carga de unidades de produção de petróleo. *Boletim Técnico Petrobras*, 41(2/4), abr./dez. 2004.

onde as intermitências de escoamento são reduzidas por estrangulamento antes de alimentar o primeiro estágio de separação.

Neste separador, a fase gás é retirada pelo topo e a fase líquida (que alimenta o segundo estágio de separação) pelo fundo, com vazões definidas pelas aberturas de válvulas pneumáticas de controle de gás (PCV-1) e de líquido (LCV-1) comandadas, respectivamente, pelos controlades de pressão (PIC-1) e de nível (LIC-1). Esquema similar é instalado no segundo estágio. Em ambos os casos, as variáveis controladas são medidas (LT-1 e LT-2 para os níveis, e PT-1 e PT-2 para as pressões). Os valores medidos são comparados aos valores de referência, e o desvio registrado é processado pelos controladores, para definir a abertura das respectivas válvulas. O valor de referência para o controlador de pressão do segundo estágio é definido em patamar inferior ao do primeiro estágio visando à separação de gás dissolvido no líquido proveniente do primeiro estágio: no primeiro, a pressão de operação é aproximadamente 10 kgf/cm^2 enquanto, no segundo, a pressão é de 1.5 kgf/cm^2. Este tipo de planta é adotada em campos onde há a presença de outras unidades próximas para as quais se pode enviar a água e o óleo para tratamento.

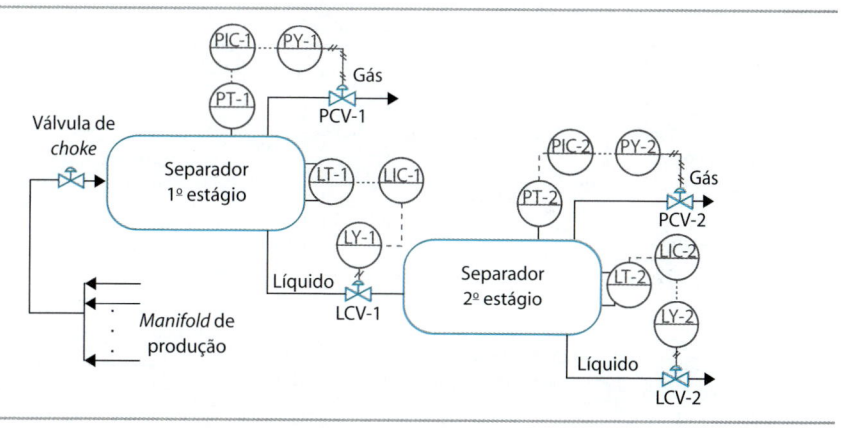

Figura 1.1   Planta bifásica de processamento primário de petróleo

As plantas com separação trifásica são completas e enquadram o óleo e o gás para exportação e a água para descarte no mar. A Figura 1.2 apresenta o sistema de separação e tratamento do óleo das plantas trifásicas.

No separador trifásico, as correntes líquida e gasosa são separadas na câmara de separação. A corrente líquida se acumula na câmara de separação, onde o óleo emerge, por apresentar menor massa específica, transbordando para a câmara de óleo. A água oleosa é retirada da câmara de separação por controle de nível atuando sobre a vazão de líquido na saída de hidrociclone *de-oiler*. Esse equipamento, pela ação de força centrífuga sobre as fases de massas específicas diferentes (água e óleo), separa gotículas de óleo dispersas na fase aquosa efluente do câmara de água do separador. O óleo, contendo água, é retirado da câmara de óleo, por controle do nível atuando sobre válvula de óleo que alimenta o primeiro estágio de separação bifásica, onde a separação do gás dissolvido no óleo é realizada em pressão inferior à estabelecida no separador trifásico. A corrente líquida efluente do separador bifásico, escoa para um tratador eletrostático. Neste, um campo elétrico é aplicado na fase oleosa para promover a coalescência das gotas de água, que se acumula na fase inferior do equipamento, e o nível desta fase líquida é controlado (LIC) por atuação sobre válvula de retirada de água (LCV). A água retirada do tratador eletrostático contém óleo, que é separado em hidrociclone antes da água de produção ser descartada. O óleo do primeiro separador bifásico segue para um segundo estágio de separação para remoção do gás nele dissolvido. O controle e operação dos separadores bifásicos é semelhante à descrição anterior (ver Figura 1.1).

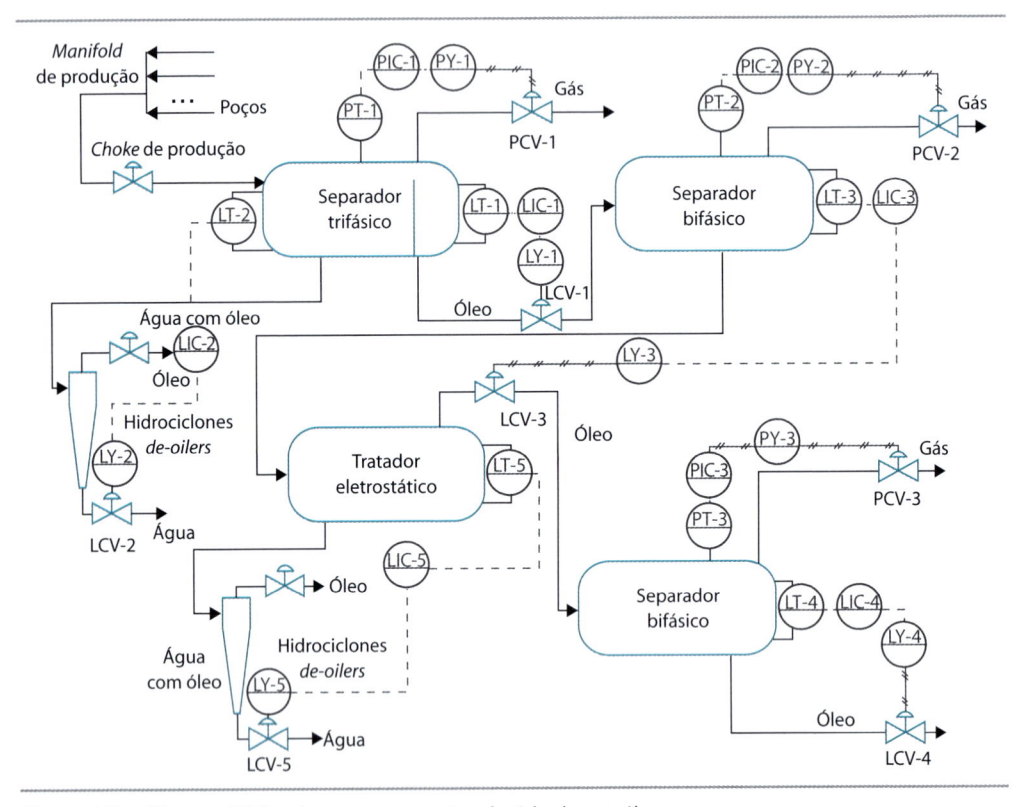

Figura 1.2   Planta trifásica de processamento primário de petróleo

Os poços produtores alimentam as plantas em escoamento multifásico de água, óleo e gás. Frequentemente, esse escoamento se caracteriza por oscilações de pressões e vazões de carga em regime de escoamento conhecido como golfadas. O escoamento em golfadas é tecnicamente referido como escoamento com intermitência (*slug flow*) ou, quando o quadro de golfadas é severo, como escoamento com intermitência severa (*severe slugging*). Golfadas de grandes amplitudes provocam a queda na eficiência operacional dessas plantas. Portanto, para a operação estável e eficiente desses processos, é relevante que as malhas de controle dos separadores estejam bem sintonizadas, minimizando o impacto das golfadas. Entretanto, frequentemente, sintonias deficientes chegam a provocar a amplificação das oscilações, reduzindo a eficiência e a segurança operacional da planta. Inicialmente, observe-se o separador bifásico, apresentado na Figura 1.3, como exemplo para análise da malha de controle.

O diagrama de blocos da malha de controle de nível é apresentado na Figura 1.4. Nesta, $r(t)$ é o valor de referência (ou *setpoint*) para a variável de resposta controlada, o nível $h_L(t)$. A ação de controle $u(t)$ é enviada à válvula de controle, ou "elemento final de controle", produzindo a entrada manipulada $L_{out}(t)$. O processo controlado, isto é, o separador, recebe também a influência da perturbação $L_{in}(t)$. A resposta do processo, $h_L(t)$, é medida por um sensor, o "elemento primário de controle" e o seu sinal é comparado ao valor de referência, produzindo o "erro de controle", $e(t)$.

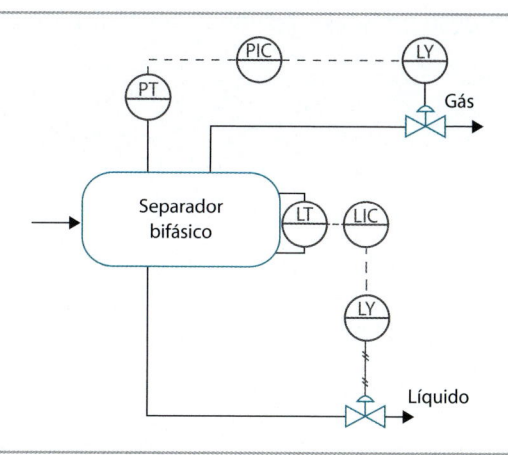

Figura 1.3   Controle PID de separador bifásico

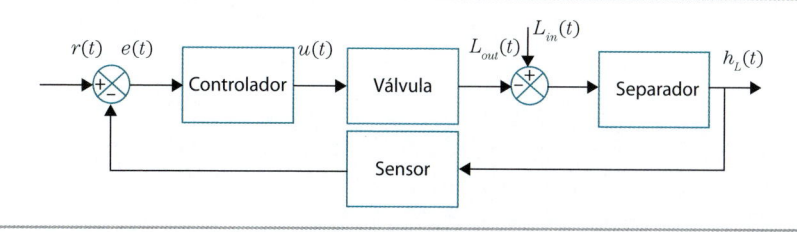

Figura 1.4   Diagrama de blocos do separador com controle PID

A função do controlador é corrigir esse erro em dois modos principais:

a)   **Controle Regulatório:** no qual a malha de controle atua rejeitando perturbações em $L_{in}(t)$ para um valor fixo de *setpoint*. Este é o modo mais utilizado em plantas *offshore*.

b)   **Controle Servo:** no qual a malha de controle atua rastreando valores de referência $r(t)$, sendo muito útil para operações em batelada, na robótica etc.

Na presente discussão de Teoria de Controle de Processos, são consideradas em primeiro plano:

☐   Estratégias de controle monovariáveis, ou SISO (*single input – single output*);

☐ Operação sob estrutura de realimentação (*feedback*) da Figura 1.4;

☐ Ênfase na sintonia de controladores PID (Ações Proporcional, Integral e Derivativa).

Outras estratégias como Controle Cascata, Controle Antecipatório (*feedforward*), Controle *Override* e Controle Multivariável serão também abordadas posteriormente ao enfoque PID. Por fim, na seleção das estratégias e sintonia das malhas de controle, modelos de sistemas chave envolvidos com a produção *offshore* de petróleo – *Gas-Lift*, linhas de produção e *risers* – fazem-se necessários e são abordados ao final do texto.

2 Modelagem de Processos

O desenvolvimento das equações que relacionam as diferentes variáveis (de entrada e de saída) e a determinação dos parâmetros associados são conhecidos como modelagem matemática de processos. Adota-se em modelagem aplicada a controle clássico, representação de Entrada-Saída, conforme ilustrado na Figura 2.1.

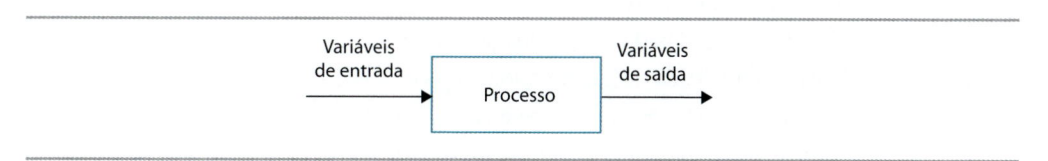

Figura 2.1   Representação de entrada-saída

No contexto de controle de processos, as variáveis de entrada são do tipo "entrada manipulada", $u(t)$, ou "perturbação", $d(t)$, que afastam o processo do seu estado estacionário, e as variáveis de saída, $y(t)$, são "respostas", normalmente controladas.

Com esta finalidade, são usadas **equações de balanço** (massa, energia e momento) que descrevem o comportamento do processo a partir de leis que regem os fenômenos físicos e químicos. A esta forma de obtenção dos modelos dá-se o nome de **modelagem fenomenológica**. Também são utilizadas **equações empíricas** (um conjunto de equações algébrico – diferenciais, em princípio sem relação com as equações de balanço), gerando um modelo cuja estrutura (número e tipo de equações) e parâmetros são obtidos a partir de dados experimentais, por correlação ou ajuste. A esta forma de modelar dá-se o nome **de identificação de processos**. Alternativamente, pode ser adotada abordagem híbrida fenomenológica/empírica. Uma vez determinado o modelo do processo, a resolução numérica das equações permite calcular os valores que as variáveis de saída deverão adotar em diferentes condições de operação (variáveis de entrada). Este procedimento é chamado de **simulação de processos**. A Figura 2.2 esquematiza as três situações.

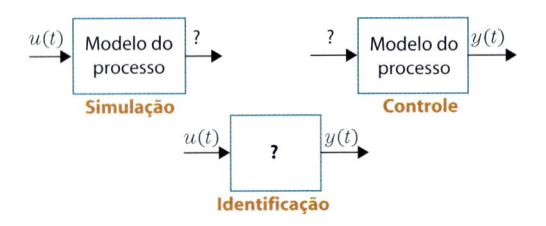

Figura 2.2   Simulação, identificação e controle

NOMENCLATURA

BSW	Percentual de água na corrente
C	Comprimento do vaso (m)
C_{CL}	Comprimento da câmara de óleo (m)
C_{CS}	Comprimento da câmara de separação (m)
C_V	Coeficiente de vazão (Gal/psia)
D	Diâmetro do vaso (m)
ε	Eficiência de separação da fase oleosa
$E\&P$	Exploração e produção
g	Aceleração da gravidade (m/s^2)
$G_{in}(t)$	Vazão volumétrica de gás na entrada (m^3/s)
$G_{out}(t)$	Vazão volumétrica de gás na saída (m^3/s)
$h_L(t)$	Altura de óleo na câmara de óleo (m)
h_T	Altura total de líquido na câmara de separação (m)
$h_W(t)$	Altura de água na câmara de separação (m)
K_{CONV}	Fator de conversão, de mA para fração de abertura
K_P	Constante proporcional (mA/m)
$L_{in}(t)$	Vazão volumétrica de líquido na entrada (m^3/s)
$L_{out}(t)$	Vazão volumétrica de líquido na saída (m^3/s)
$L_{out_1}(t)$	Vazão volumétrica de saída de líquido do separador bifásico
$L_{out_2}(t)$	Vazão volumétrica de saída de óleo do tratador eletrostático
L_{vert}	Altura do vertedouro (m)
$M_L(t)$	Massa de líquido (kg)
$M_G(t)$	Massa de gás (kg)
P_1	Pressão na linha de descarga a jusante do vaso (bar)
$P(t)$	Pressão no vaso (bar)
SP	Valor de referência para o controlador, *setpoint* (mA)
τ_I	Constante integral do controlador
$UPGN$	Unidade de processamento de gás natural
$u(t)$	Entrada do processo
$W_{out}(t)$	Vazão volumétrica de saída de água do tratador eletrostático
$\overline{x}$	Valor no estado estacionário

x_0	Valor inicial
$x_L(t)$	Fração de abertura da válvula de líquido ($0 < x_L(t) < 1$)
$y(t)$	Saída do processo
$y^{calc}(t)$	Saída calculada do processo
$\rho_{H_2O,15,5\,°C}$	Densidade de água a 15,5 °C (kg/m^3)
ρ_L, ρ_G	Densidade do líquido e do gás, respectivamente, assumidas constantes (kg/m^3)

2.1 CLASSIFICAÇÃO DOS MODELOS DE PROCESSOS

Os modelos podem ser classificados de acordo com a natureza das equações envolvidas.

a) Quanto à **dependência na variável tempo**: o *modelo é estacionário* se todas as variáveis são independentes do tempo e é dito *dinâmico* se uma ou mais variáveis são dependentes da variável tempo.

b) Quanto à **linearidade**: Para um processo com várias variáveis de entrada e saída consideremos $y(t)$ o vetor de variáveis de saída e $u(t)$ o de variáveis de entrada, o modelo do processo pode ser representado de forma geral por:

$$\frac{dy(t)}{dt} = H\big(y(t), u(t), t\big)$$

onde $H(y(t), u(t), t)$ pode conter derivadas de $y(t)$ e $u(t)$. Se a função $H(y(t), u(t), t)$ e as condições de contorno forem lineares, o modelo é dito *linear*. Caso contrário, o modelo é *não linear*. Embora a natureza apresente, em geral, comportamentos não lineares, os modelos lineares são muito utilizados pela facilidade do tratamento matemático. Deve-se considerar que um modelo linear é uma aproximação, às vezes grosseira, da realidade, e sabendo disto, os resultados obtidos na simulação de um modelo linear devem ser utilizados com cautela.

c) Quanto a **variações espaciais**: um *modelo de parâmetros concentrados* apresenta parâmetros e variáveis de saída homogêneos em todo o sistema representado. As equações resultantes são Equações Diferenciais Ordinárias, com o tempo como variável independente. Como exemplo, tem-se a representação dinâmica de um tanque de aquecimento. Um *modelo de parâmetros distribuídos*, por outro lado, considera variações espaciais no comportamento do sistema, e, portanto, é representado por Equações Diferenciais Parciais. Como exemplo, cita-se um trocador de calor casco-e-tubos, dinâmico. Genericamente, os modelos são de parâmetros distribuídos (dependentes do tempo e do espaço) e não lineares.

Considere o sistema da Figura 2.3 com N entradas e M saídas e onde as letras Q e W representam calor e trabalho intercambiados com o meio, respectivamente.

As equações de estado são obtidas aplicando-se o Princípio da Conservação. Para uma grandeza S, tem-se que:

$$\frac{[\text{Acúmulo de S}]}{[\text{tempo}]} = \frac{[\text{Entrada de S}]}{[\text{tempo}]} - \frac{[\text{Saída de S}]}{[\text{tempo}]} + \frac{[\text{Geração de S}]}{[\text{tempo}]} - \frac{[\text{Consumo de S}]}{[\text{tempo}]}$$

Fonte: http://www.petrex.com/J0136.jpg

Figura 2.3 Sistema com N entradas e M saídas

A modelagem rigorosa é aquela que se baseia nos princípios básicos de conservação de **Massa** (total e por componentes), **Energia** e *Momentum*, assim como nas relações constitutivas. Na modelagem para fins de controle, entretanto, buscam-se preferencialmente modelos de parâmetros concentrados (dependentes do tempo apenas) e lineares. Isto porque há uma vasta teoria de controle linear que possibilita executar os projetos de sistemas de controle com eficácia. Nesse sentido, é necessário que o engenheiro saiba com precisão as implicações das simplificações adotadas. O modelo precisa ser simples o suficiente para ser implementado e também capaz de capturar a essência do problema dinâmico que se quer solucionar. Duas metodologias são frequentemente empregadas:

a) Metodologia Empírica (Identificação de Processos)

O número e tipo de equações a serem utilizadas em um modelo empírico são determinados de acordo com o comportamento dinâmico do processo. Uma análise quantitativa e qualitativa dos efeitos experimentais apresentados nas variáveis do processo (saídas) quando introduzidas perturbações nas condições de operação (entradas), conjuntamente com critérios de projeto, permitem determinar a estrutura do modelo (número e tipo de equações) e os parâmetros associados. No esquema ilustrado na Figura 2.4, observa-se que o comportamento do modelo é comparado ao do processo para validação do modelo proposto.

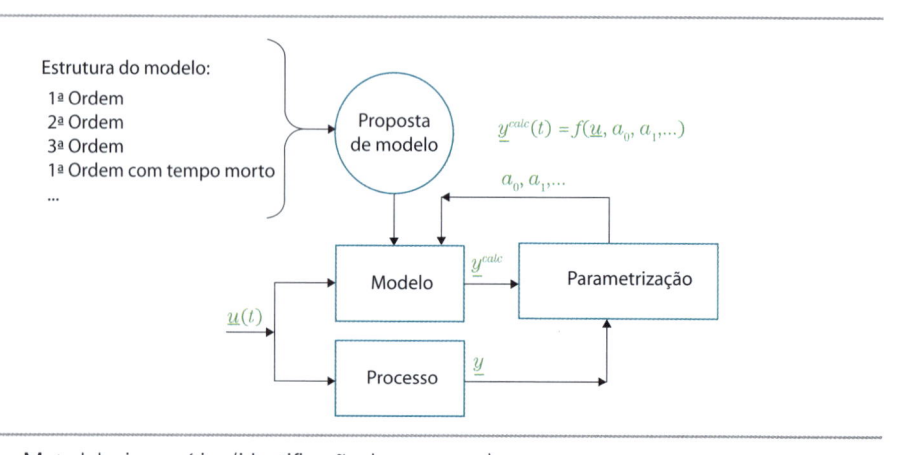

Figura 2.4 Metodologia empírica (identificação de processos)

A parametrização permite ajustar o modelo escolhido de forma a reproduzir o mais fielmente possível o comportamento do processo. Nesta etapa, os parâmetros do modelo são ajustados de forma a minimizar a diferença $y - y^{calc}$, onde y^{calc} é o vetor de saídas calculado de acordo com o modelo proposto e y o vetor de saídas do processo. Em geral, a minimização é realizada a partir do erro quadrático $\left(y - y^{calc}\right)^2$.

Os modelos identificados podem também ser baseados na resposta ao impulso ou ao degrau. Perturba-se o sistema e sua resposta no tempo é avaliada. No E&P, esse procedimento de resposta ao degrau é adotado com frequência na implantação de controle preditivo nas UPGNs. Sua utilização se justifica pela dificuldade de se modelar um sistema complexo, como uma torre de destilação, onde há muitas variáveis interagindo.

b) Metodologia Analítica

Utiliza os princípios fundamentais (leis físicas e químicas) para determinar as equações diferenciais e algébricas que compõem o modelo. Na formulação do modelo, os passos importantes a serem seguidos são:

- ☐ Esboçar diagrama esquemático do processo, rotulando todas as variáveis relevantes.
- ☐ Definir limites físicos.
- ☐ Determinar e selecionar as variáveis de perturbação e resposta.
- ☐ Determinar o âmbito de utilização do modelo e a região de operação na qual o modelo deverá representar adequadamente o processo.
- ☐ Formular hipóteses simplificadoras que reduzam a complexidade do modelo, mas retenham as características mais relevantes do comportamento dinâmico do processo (o modelo não deve ser mais complicado do que o necessário aos objetivos predeterminados).
- ☐ Fixar as condições de operação (variáveis) e parâmetros que serão considerados invariáveis com o tempo (constantes).
- ☐ Aplicar as leis apropriadas para descrever estados em regime estacionário e em regime dinâmico.
- ☐ Verificar a consistência matemática do modelo: o grau de liberdade deve ser zero. Verificar a consistência de unidades nos termos das equações.
- ☐ Manter em mente as técnicas disponíveis para resolução do modelo matemático.
- ☐ Verificar se os resultados do modelo descrevem o fenômeno físico modelado. Nesta etapa, cabe comparar dados experimentais de entrada e saída do processo com resultados de simulações feitas a partir dos dados de entrada experimentais.

2.2 MODELAGEM SIMPLIFICADA DO SEPARADOR BIFÁSICO

Dada a sua simplicidade, o primeiro exemplo abordado é a modelagem de separadores bifásicos. Na Figura 2.5, vê-se que o vaso possui controladores de nível e pressão para as fases líquida e gasosa. Supondo-se conhecidas as vazões de líquido e gás na carga desse equipamento, efetuam-se os balanços de massa para cada fase, conforme a seguir.

O balanço de massa da fase líquida é dado pela Equação 2.1:

$$\frac{dM_L(t)}{dt} = \left[L_{in}(t) - L_{out}(t) \right] \rho_L \tag{2.1}$$

Analogamente, tem-se para a fase gás o balanço apresentado na Equação 2.2:

$$\frac{dM_G(t)}{dt} = \left[G_{in}(t) - G_{out}(t) \right] \rho_G \tag{2.2}$$

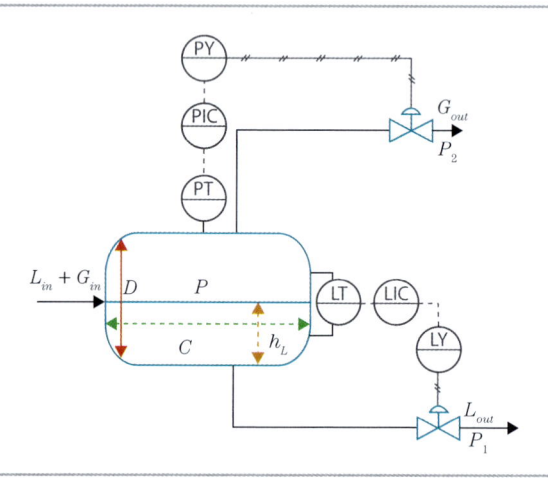

Figura 2.5   Separador bifásico

No prosseguimento:

- ☐ Despreza-se o balanço de massa da fase gasosa. Esta hipótese é razoável se for considerado que o controle de pressão é rápido o suficiente para manter a pressão do vaso constante. No Capítulo 13 deste livro, iremos efetuar um balanço de massa rigoroso que considera a fase gasosa.
- ☐ Considera-se que a fase líquida é um fluido incompressível de modo que

$$\frac{dM_L(t)}{dt} = \rho_L \frac{dV_L(t)}{dt}$$

sendo $V_L(t)$ o volume de líquido no interior do vaso, variável no tempo.

- ☐ Adota-se a relação não linear entre o volume, $V_L(t)$, e a altura, $h_L(t)$, dos vasos horizontais, conforme desenvolvimento apresentado no APÊNDICE 1,

$$V_L(t) = \frac{CD^2}{4} \left\{ arccos\left(\frac{D - 2h_L(t)}{D} \right) - 2 \frac{\sqrt{\left[D - h_L(t) \right] h_L(t)}}{D} \left(\frac{D - 2h_L(t)}{D} \right) \right\} \tag{2.3a}$$

onde:

$$\frac{dV_L(t)}{dt} = 2C\sqrt{[D-h_L(t)]h_L(t)}\frac{dh_L(t)}{dt} \qquad (2.3b)$$

Desta forma, a partir das Equações 2.1 e 2.3, o balanço de massa resultante para a fase líquida é:

$$\frac{dh_L(t)}{dt} = \frac{L_{in}(t)-L_{out}(t)}{2C\sqrt{[D-h_L(t)]h_L(t)}} \qquad (2.4)$$

Para a equação da válvula de descarga (ver APÊNDICE 2), tem-se

$$F(t) = C_V f(x)\sqrt{\frac{\Delta P}{\rho_f}}$$

onde F está em GPM, ρ_f é a densidade relativa do líquido (com referência a água a 15,5 °C), x é a fração de abertura da válvula e $f(x)$ é a característica da válvula. Considerando-se válvula linear, tem-se que $f(x) = x$. Assim, reconhecendo-se que

$$\Delta P = P(t) + \rho_L g h_L(t) - P_1$$

onde, P_1 é a pressão na linha de descarga do vaso, encontra-se, aplicando-se conversão de unidades, que

$$L_{out}(t) = 2,4\cdot10^{-4}x_L(t)C_V\sqrt{\frac{P(t)+\rho_L g h_L(t)\cdot10^{-5}-P_1}{\dfrac{\rho_L}{\rho_{H_2O,\,15,5\,°C}}}} \qquad (2.4a)$$

Note-se que:
- ❏ Nos casos em que o valor da pressão no vaso, $P(t)$, se aproxima da pressão a jusante da válvula, P_1, ou seja $\rho_L g h_L(t) >> P(t)-P_1$, tem-se

$$L_{out}(t) = 2,4\cdot10^{-4}x_L(t)C_V\sqrt{\rho_{H_2O,\,15,5\,°C}\cdot g\cdot h_L(t)\cdot10^{-5}} \qquad (2.4b)$$

- ❏ Para vasos pressurizados o termo de pressão $P(t)-P_1$ é muito maior que $\rho g h_L(t)$ de modo que a Equação 2.4a pode ser reescrita como:

$$L_{out}(t) = 2,4\cdot10^{-4}x_L(t)C_V\sqrt{\frac{P(t)-P_1}{\rho_L\Big/\rho_{H_2O,\,15,5\,°C}}} \qquad (2.4c)$$

As equações de balanço de massa e da válvula descrevem o funcionamento do separador bifásico em malha aberta, ou seja, sem controlador. Para a representação em malha fechada, aplica-se a equação de controlador PI (Proporcional e Integral), supondo-se que o controlador atua diretamente sobre a abertura da válvula, e que $h_L(t)$ é o valor medido do nível (mA, isto é K_{SENSOR} = 1 mA/m), tem-se a seguinte equação:

$$x_L(t) = K_{CONV} K_P \left\{ \left(SP - h_L(t) \right) + \frac{1}{\tau_I} \int_0^{} \left[SP - h_L(t) \right] dt \right\} \tag{2.5}$$

Tem-se, então, três incógnitas ($x(t)$, $h_L(t)$ e $L_{out}(t)$) e três equações (Equações 2.4, 2.4c e 2.5). A vazão de alimentação de líquido ($L_{in}(t)$) é tratada como uma perturbação para o sistema, ou seja, uma entrada conhecida.

O exemplo de modelagem apresentado aqui ilustra situação que, mesmo após diversas simplificações, resulta em um sistema de equações não lineares cuja resolução requer o uso de métodos numéricos. Poucas informações se podem depreender dessas equações, a menos que se executem as simulações. Analisar o comportamento de sistemas dinâmicos com base nas características das equações constituintes é a grande contribuição que a teoria de Controle Linear possibilita, mas, para isso, é necessário linearizar as equações resultantes.

2.3 LINEARIZAÇÃO DE SISTEMAS NÃO LINEARES

Para os sistemas lineares, e em particular sistemas lineares invariantes no tempo, existem métodos de solução das equações diferenciais que podem ser utilizados de forma geral. Para utilizar as técnicas de análise de sistemas lineares quando o sistema é não linear, recorre-se à linearização do modelo do processo em torno do ponto de operação. Considere uma função $f(x)$ não linear. Expandindo-se os termos não lineares em série de Taylor em torno de um valor nominal, x_0, e desprezando-se os termos de ordem superior, tem-se.

$$f(x) \cong f(x_0) + \left. \frac{df(x)}{dx} \right|_{x=x_0} (x - x_0) \tag{2.6}$$

Por exemplo, para $f(x) = x^3$, uma aproximação linear na vizinhança do ponto $x_0 = 6$ é:

$$f_1(x) = x^3 \big|_{x_0} + 3x^2 \big|_{x_0} (x - x_0) = 6^3 + 3 \cdot 6^2 (x - x_0) = 216 + 108 \cdot (x - x_0) \tag{2.7}$$

Define-se $\bar{x} = (x - x_0)$ como a variável desvio, que representa o afastamento da variável em relação ao ponto de linearização, normalmente tomado como o estado estacionário.

O código MATLAB do gráfico da função representada pela Equação 2.7 está disponível no APÊNDICE 3.

Na Figura 2.6, observa-se que o modelo linear só é uma aproximação razoável do modelo não linear na vizinhança do ponto $x_0 = 6$.

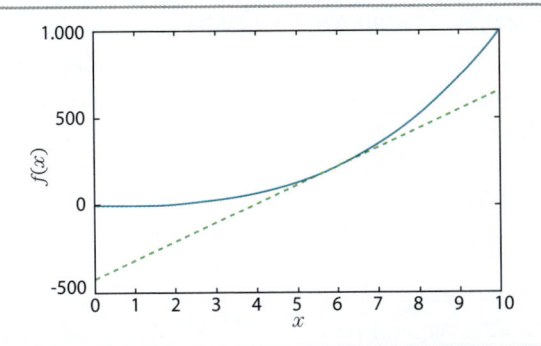

Figura 2.6   Linearização de x^3 em $x = 6$

Adota-se na continuação do texto que o valor inicial corresponde ao estado estacionário. Ou seja, as análises partirão sempre do repouso, aplicando-se, sempre que possível, a seguinte nomenclatura:

x_0 – valor inicial

$\overline{x}$ – valor no estado estacionário

$y(t)$ – sinal de saída do sistema, variável desvio em relação ao estado estacionário

$u(t)$ – sinal de entrada do sistema, variável desvio em relação ao estado estacionário

O caso das funções com múltiplas variáveis dependentes é ilustrado para um sistema com duas entradas (v_1, v_2) e dois estados (x_1, x_2):

$$\frac{dx_1}{dt} = f_1\left(x_1, x_2, v_1, v_2\right)$$

$$\frac{dx_2}{dt} = f_2\left(x_1, x_2, v_1, v_2\right)$$

ou, em notação vetorial:

$$\frac{d\underline{x}}{dt} = \underline{f}\left(\underline{x}, \underline{v}\right) \tag{2.8a}$$

$$\frac{d\underline{x}}{dt} \approx f\left(\overline{\underline{x}}, \overline{\underline{v}}\right) + \left[\left.\frac{\partial f\left(\underline{x}, \underline{v}\right)}{\partial x}\right|_{\substack{\underline{x} = \overline{\underline{x}} \\ \underline{v} = \overline{\underline{v}}}}\right] \cdot \left(\underline{x} - \overline{\underline{x}}\right) + \left[\left.\frac{\partial f\left(\underline{x}, \underline{v}\right)}{\partial v}\right|_{\substack{x = \overline{\underline{x}} \\ v = \overline{\underline{v}}}}\right] \cdot \left(\underline{v} - \overline{\underline{v}}\right) \tag{2.8b}$$

Definindo-se as variáveis desvio, em representações vetoriais.

$$\underline{u} = \underline{v} - \overline{\underline{v}}$$

$$\underline{y} = \underline{x} - \overline{\underline{x}}$$

$$\frac{d\underline{y}}{dt} \approx f\left(\overline{\underline{x}}, \overline{\underline{v}}\right) + \left[\left.\frac{\partial f\left(\underline{x}, \underline{v}\right)}{\partial x}\right|_{\substack{\underline{x} = \overline{\underline{x}} \\ \underline{v} = \overline{\underline{v}}}}\right] \cdot \underline{y}(t) + \left[\left.\frac{\partial f\left(\underline{x}, \underline{v}\right)}{\partial v}\right|_{\substack{\underline{x} = \overline{\underline{x}} \\ \underline{v} = \overline{\underline{v}}}}\right] \cdot \underline{u}(t) \tag{2.8c}$$

EXEMPLO 2.1 Linearização da equação da válvula

Execute a linearização da Equação 2.4b. Considere que o nível e a abertura da válvula variam dinamicamente. Por expansão em série de Taylor obtém-se:

$$L_{out}(t) = \bar{L}_{out} + \left.\frac{\partial L_{out}(t)}{\partial x_L(t)}\right|_{\bar{x}_L,\bar{h}_L} \left[x_L(t) - \bar{x}_L\right] +$$

$$\left.\frac{\partial L_{out}(t)}{\partial h_L(t)}\right|_{\bar{x}_L,\bar{h}_L} \left[h_L(t) - \bar{h}_L\right] \tag{2.9}$$

$$L_{out}(t) = \bar{L}_{out} + K_{h_L}\left[h_L(t) - \bar{h}_L\right] + K_{x_L}\left[x_L(t) - \bar{x}_L\right] \tag{2.9a}$$

onde:

$$\bar{L}_{out} = 2,4 \cdot 10^{-4} \bar{x}_L \, C_V \sqrt{\rho_{H_2O,\,15,5\,°C}\;\; g\;\bar{h}_L\;10^{-5}} \tag{2.9b}$$

$$K_{h_L} = \frac{2,4 \cdot 10^{-4} \bar{x}_L \, C_V \sqrt{\rho_{H_2O,\,15,5\,°C}\;\; g\;10^{-5}}}{2\sqrt{\bar{h}_L}} \tag{2.9c}$$

$$K_{x_L} = 2,4 \cdot 10^{-4} \, C_V \sqrt{\rho_{H_2O,\,15,5\,°C}\;\; g\;10^{-5}\,\bar{h}_L} \tag{2.9d}$$

Note-se que, para a situação de vaso pressurizado (Equação 2.4c), tem-se:

$$L_{out}(t) = \bar{L}_{out} + \left.\frac{\partial L_{out}(t)}{\partial x_L(t)}\right|_{\bar{x},\bar{P}} \left[x_L(t) - \bar{x}_L\right] + \left.\frac{\partial L_{out}(t)}{\partial P(t)}\right|_{\bar{x},\bar{P}} \left[P(t) - \bar{P}\right] \tag{2.10}$$

$$L_{out}(t) = \bar{L}_{out} + K_x\left[x_L(t) - \bar{x}_L\right] + K_P\left[P(t) - \bar{P}\right] \tag{2.10a}$$

onde:

$$\bar{L}_{out} = 2,4 \cdot 10^{-4} \bar{x}_L \, C_V \sqrt{\frac{\bar{P} - P_1}{\rho_L \big/ \rho_{H_2O,15,5\,°C}}} \tag{2.10b}$$

$$K_{x_L} = 2,4 \cdot 10^{-4} \, C_V \sqrt{\frac{\bar{P} - P_1}{\rho_L \big/ \rho_{H_2O,\,15,5\,°C}}} \tag{2.10c}$$

$$K_P = \frac{2,4 \cdot 10^{-4} \bar{x}_L \, C_V}{2\sqrt{\bar{P}}} \sqrt{\frac{\rho_{H_2O,\,15,5\,°C}}{\rho_L}} \tag{2.10d}$$

EXEMPLO 2.2 Linearização da equação do volume

O volume e o nível do vaso horizontal representado na Figura 2.5 estão relacionados pela Equação 2.11, derivada no APÊNDICE 1:

$$V(t) = \frac{CD^2}{4}\left[arccos\left[\frac{D-2h(t)}{D}\right] - \right.$$
$$\left. - \left[2\frac{\sqrt{(D-h(t))h(t)}}{D}\right]\left[\frac{D-2h(t)}{D}\right]\right] \qquad (2.11)$$

onde C é o comprimento e D é o diâmetro do vaso.

Aplicando-se expansão em série de Taylor em torno do ponto de operação, h_0, obtém-se:

$$V(t) = V|_{h_0} + K_h\left[h(t)-h_0\right] \qquad (2.12)$$

onde:

$$V|_{h_0} = \frac{CD^2}{4}\left[arccos\left[\frac{D-2h_0}{D}\right] - \left[2\frac{\sqrt{(D-h_0)h_0}}{D}\right]\left[\frac{D-2h_0}{D}\right]\right] \text{ e}$$
$$K_h = 2C\sqrt{(D-h_0)h_0}$$

Note-se que, para $h_0 = D/2$, tem-se $V|_{h_0} = V_T\!\big/2$ onde V_T é o volume total e $K_h = CD$. Logo, a Equação 2.12 pode ser reescrita como:

$$V(t) - V_T\!\big/2 = CD\left[h(t) - D\!\big/2\right] \qquad (2.13)$$

Neste caso, a derivada em relação ao tempo é

$$\frac{dV(t)}{dt} = CD \cdot \frac{dh(t)}{dt} \qquad (2.14)$$

Isto significa que a linearização em torno de $h_0 = D/2$ aproxima o separador cilíndrico por um paralelepípedo de comprimento C e lado D, conforme mostrado na Figura 2.7.

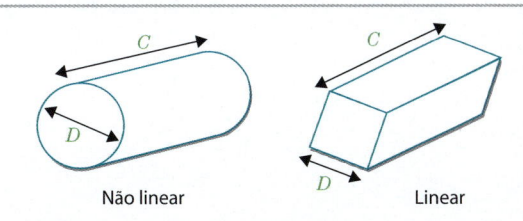

Não linear   Linear

Figura 2.7   Linearização do volume do separador cilíndrico horizontal

A Figura 2.8 mostra as diferenças resultantes da linearização. Conforme esperado, vê-se que, para níveis na vizinhança do centro do vaso ($h_0 = D/2$), ponto de operação em torno do qual o modelo foi linearizado, os erros ($V_{Linear} - V_{Não\ linear}$) são menores. O código MATLAB empregado para gerar o gráfico da Figura 2.8 está disponível no APÊNDICE 3.

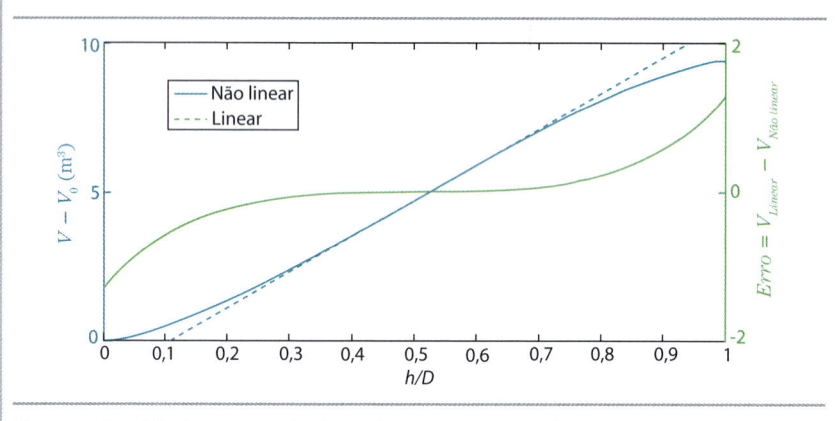

Figura 2.8   Nível em vasos horizontais ($V - V_0$), em m³ para $C = 3$ m; $D = 2$ m; $h_0/D = 0,5$

EXEMPLO 2.3 Modelo linear do separador bifásico

Considere um separador bifásico a 10 bar situado a montante de outro separador à pressão de 5 bar. Suponha que a pressão se mantém constante. Deduza seu modelo linear, adotando a equação de válvula 2.4c.

A expansão da equação da válvula em série de Taylor, resulta em:

$$L_{out}(t) = \bar{L}_{out} + K_{x_L}\left(x_L(t) - \bar{x}_L\right) \tag{2.15}$$

onde

$$\bar{L}_{out} = 2,4 \cdot 10^{-4} \bar{x}_L\, C_V \sqrt{\frac{\Delta P}{\dfrac{\rho_L}{\rho_{H_2O,\,15,5\,°C}}}} \tag{2.16a}$$

$$K_{x_L} = 2,4 \cdot 10^{-4}\, C_V \sqrt{\frac{\Delta P}{\dfrac{\rho_L}{\rho_{H_2O,\,15,5\,°C}}}} \tag{2.16b}$$

Substituindo-se a expressão para $L_{out}(t)$ na equação do balanço de massa linearizado tem-se:

$$CD\frac{dh_L(t)}{dt} = L_{in}(t) - \bar{L}_{out} - K_{x_L}\left[x_L(t) - \bar{x}_L\right] \tag{2.17}$$

Lembrando que $\bar{L}_{in} = \bar{L}_{out}$, então

$$CD\frac{d\left[h_L(t) - \bar{h}_L\right]}{dt} = L_{in}(t) - \bar{L}_{in} - K_{x_L}\left[x_L(t) - \bar{x}_L\right] \tag{2.18}$$

Definindo-se as variáveis desvio

$$y(t) = \left[h_L(t) - \bar{h}_L\right], \ d(t) = L_{in}(t) - \bar{L}_{in} \ \text{e} \ u(t) = x_L(t) - \bar{x}_L$$

resulta em

$$CD\frac{dy(t)}{dt} = \left[d(t) - K_{x_L}u(t)\right] \tag{2.19}$$

2.4 MODELAGEM SIMPLIFICADA DO TRATADOR ELETROSTÁTICO

O tratador eletrostático é o equipamento responsável pelo enquadramento do óleo nas plataformas. Placas metálicas carregadas eletricamente são utilizadas para gerar campo elétrico na fase oleosa e aproximar as gotas de água, provocando coalescimento destas. A fim de evitar a presença de bolhas de gás que perturbariam esse processo adota-se a configuração vista na Figura 2.9, na qual um separador bifásico garante a retirada do gás de modo que o tratador eletrostático opere completamente cheio de líquido. A faixa ótima de concentração de água na carga desses equipamentos é de 5 a 20%, situação esta que deve ser atendida pelo separador de produção situado a montante do separador bifásico.

A linearização do balanço de massa e das válvulas de controle apresentada anteriormente pode ser utilizada para se determinar, de forma aproximada, o comportamento dinâmico desse sistema. Neste caso, também será desprezado o balanço de massa da fase gasosa. Dados operacionais indicam que a água descartada por esses equipamentos possui traços de óleo (em torno de 1.000 ppm ou 0,1%) enquanto o óleo possui entre 0,5% e 1% de água. Como simplificação inicial, considera-se uma eficiência de separação de 100% para ambas as fases líquidas, de modo que não há água na corrente de saída de óleo, L_{out_2}, nem arraste de óleo pela corrente de saída de água, W_{out}. Diante destas considerações, tem-se para o balanço de massa do primeiro vaso (separador bifásico):

$$C_1D_1\frac{dh_L(t)}{dt} = L_{in}(t) - L_{out_1}(t) \tag{2.20}$$

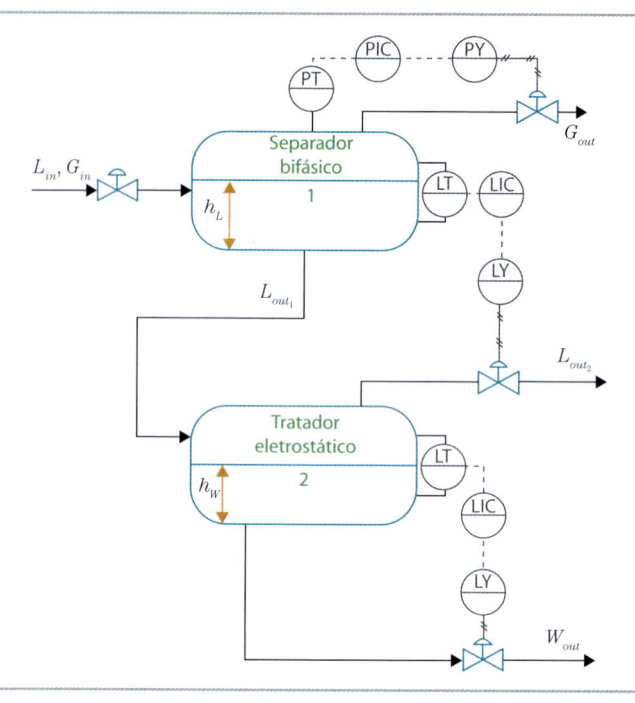

Figura 2.9   Tratador eletrostático

Para o balanço de massa do tratador eletrostático tem-se:

$$C_2 D_2 \frac{dh_W(t)}{dt} = L_{out_1}(t)\, BSW - W_{out}(t) \tag{2.21}$$

Uma vez que o tratador opera com volume total constante igual ao volume do vaso, isto é, completamente cheio, deduz-se que $L_{out_1}(t) = L_{out_2}(t) + W_{out}(t)$, resultando nos balanços de massa a seguir:

$$C_1 D_1 \frac{dh_L(t)}{dt} = L_{in}(t) - L_{out_2}(t) - W_{out}(t) \tag{2.22}$$

$$C_2 D_2 \frac{dh_W(t)}{dt} = \left[L_{out_2}(t) + W_{out}(t) \right] BSW - W_{out}(t) \tag{2.23}$$

Note que, para se considerar o arraste de água pela fase oleosa, seria necessário adotar um valor de eficiência de separação de água da fase oleosa, ε, e a Equação 2.23 seria reescrita como:

$$C_2 D_2 \frac{dh_W(t)}{dt} = \left[L_{out_2}(t) + W_{out}(t) \right] BSW\,\varepsilon - W_{out}(t) \tag{2.23a}$$

O Capítulo 13 volta a tratar de eficiência com mais detalhes.

2.5 MODELAGEM SIMPLIFICADA DO SEPARADOR TRIFÁSICO

O separador trifásico é responsável pela separação do óleo, da água e do gás provenientes dos poços produtores (ver Figura 2.10). Uma câmara de separação efetua a separação do óleo e da água. O óleo separado verte para a câmara de óleo. Como a corrente aquosa descartada pelos separadores trifásicos, W_{out}, apresenta concentrações de óleo desprezíveis (para efeito do balanço de massa) iremos, assim como no caso dos tratadores eletrostáticos, considerar que a quantidade de óleo nessa corrente é desprezível. Contudo, diferentemente dos tratadores eletrostáticos a descarga oleosa do vaso (L_{out}) apresenta altos teores de água que, na prática, chegam a 80%. Portanto faz-se necessário estimar a eficiência (ε) de separação da água emulsionada presente na carga oleosa (L_{in}) a fim de determinar quanto de água será arrastada pelo óleo e quanto será descartada (W_{out}).

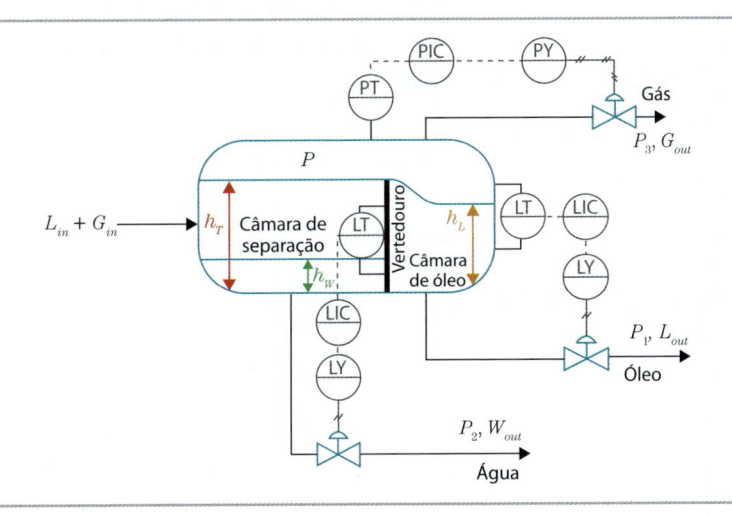

Figura 2.10   Separador trifásico

Na câmara de separação, são necessários dois balanços de massa. O primeiro aplica-se para toda a fase líquida:

$$C_{CS}D\frac{dh_T(t)}{dt} = L_{in}(t) - \left(L_{vert}(t) + W_{out}(t)\right) \tag{2.24}$$

O segundo balanço é realizado na fase aquosa:

$$C_{CS}D\frac{dh_W(t)}{dt} = L_{in}(t)\,BSW\,\varepsilon - W_{out}(t) \tag{2.25}$$

Para a câmara de óleo, tem-se o seguinte balanço de massa:

$$C_{CL}D\frac{dh_L(t)}{dt} = L_{vert}(t) - L_{out}(t) \tag{2.26}$$

Na Equação 2.26, a vazão de óleo que verte para a câmara de óleo pode ser aproximada pela Equação 2.27:

$$L_{vert}(t) = k_{vert}\left(h_T(t) - h_{vert}\right) \tag{2.27}$$

onde h_{vert} é a altura do vertedouro e k_{vert} um coeficiente que relaciona a vazão de transbordo à altura de líquido sobre o vertedouro $(h_T(t) - h_{vert})$.

EXEMPLO 2.4 Modelo linear do separador trifásico sem acúmulo na fase oleosa

Supondo que o acúmulo de líquido da fase oleosa na câmara de separação possa ser desprezado, isto é, $\dfrac{dh_T(t)}{dt} = 0$, determine os balanços de massa para as fases aquosa e oleosa, e as equações diferenciais finais. Suponha eficiência de separação constante.

Neste caso, apenas o balanço de massa para a fase oleosa na câmara de óleo é alterado para:

$$C_{CL}D\frac{dh_L(t)}{dt} = L_{in}(t) - W_{out}(t) - L_{out}(t) \tag{2.28}$$

Seja a seguinte definição de variáveis desvio:

$$y_1(t) = h_L(t) - \bar{h}_L$$

$$y_2(t) = h_W(t) - \bar{h}_W$$

$$d(t) = L_{in}(t) - \bar{L}_{in}$$

$$u_1(t) = x_L(t) - \bar{x}_L$$

$$u_2(t) = x_W(t) - \bar{x}_W$$

A linearização das Equações 2.25 e 2.28 resulta em:

$$C_{CL}D\frac{dy_1(t)}{dt} = d - K_{x_W}u_2 - K_{x_L}u_1 \tag{2.29}$$

$$C_{CS}D\frac{dy_2(t)}{dt} = d\,BSW\,\varepsilon - K_{x_W}u_2 \tag{2.30}$$

EXEMPLO 2.5 Modelo linear do separador trifásico com estimativa de eficiência de separação

Suponha que a eficiência de remoção de água da fase oleosa possa ser representada pela seguinte expressão: $\varepsilon = \alpha\,(h_{vert} - h_W(t))$

onde α deve ser correlacionado com dados de campo. Refaça o balanço de massa da fase aquosa da câmara de separação e determine a equação diferencial final.

$$C_{CS}D\frac{dh_W(t)}{dt} = L_{in}(t)BSW\alpha\left(h_{vert} - h_W(t)\right) - W_{out}(t) \qquad (2.31)$$

Linearizando, obtém-se

$$\frac{C_{CS}D}{BSW\alpha}\frac{d\left[h_W(t) - \bar{h}_W\right]}{dt} = \left(L_{in}(t) - \bar{L}_{in}\right)\left[h_{vert} - \bar{h}_W\right] - \qquad (2.32)$$

$$\bar{L}_{in}\left[h_W(t) - \bar{h}_W\right] - \frac{K_{x_W}}{BSW\alpha}\left[x_W(t) - \bar{x}_W\right]$$

Definindo as variáveis desvio:

$$y_2(t) = h_W(t) - \bar{h}_W$$

$$d(t) = L_{in}(t) - \bar{L}_{in}$$

$$u_2(t) = x_W(t) - \bar{x}_W$$

Tem-se um sistema de primeira ordem:

$$\tau\frac{dy_2(t)}{dt} + y_2(t) = K\left(K_D d(t) - K_{x_W} u_2(t)\right) \qquad (2.33)$$

onde:

$$\tau = \frac{C_{CS}D}{BSW\alpha\bar{L}_{in}} \text{ e } K = \frac{1}{BSW\alpha\bar{L}_{in}} \quad K_D = BSW\alpha\bar{L}_{in}\left(h_{vert} - \bar{h}_W\right)$$

EXERCÍCIOS PROPOSTOS

2.1) A relação entre o volume de líquido num vaso horizontal e a altura é não linear conforme a Equação 2.10. Você pretende efetuar simulações para estudar o controle de interface água-óleo, que se situa em torno de ¼ da altura total do vaso, isto é, $\bar{h} = \frac{D}{4}$. Efetue a linerização em torno de $\bar{h} = \frac{D}{4}$, e suponha que durante as simulações o nível atinja valor máximo de $\frac{D}{2}$. Qual o erro absoluto e relativo da linearização neste momento?

2.2) Determine o erro contido na premissa de 100% de eficiência na separação de fases assumida para o tratador eletrostático. Considere que normalmente se tem 1% de BSW no óleo exportado e 2.000 ppms de concentração de óleo na água descartada. Considere $C_2 = 8m, D_2 = 2m, L_{in}(t) = 100$ m³/h.

2.3) Considere o fluxograma abaixo constituído de separadores bifásicos.

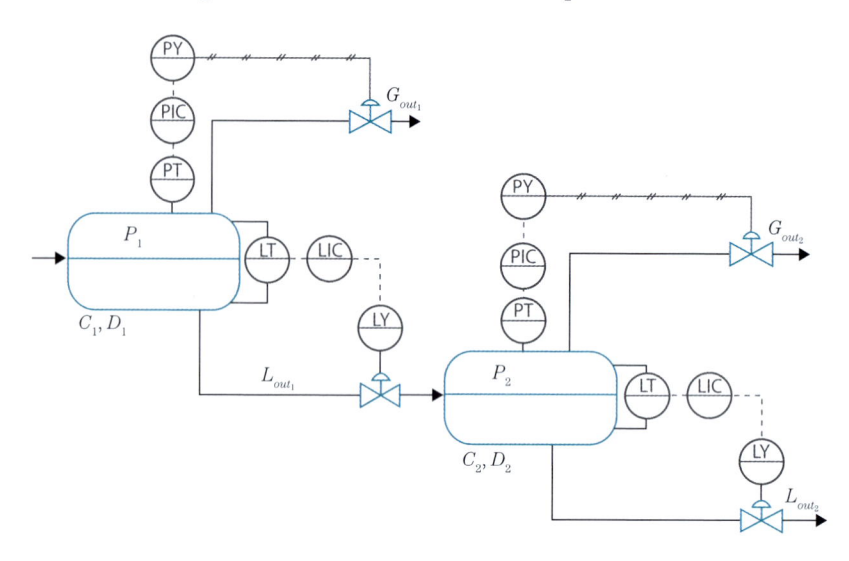

Você não sabe detalhes do processo, como C_V e densidade, mas tem acesso à sala de controle e obtém dos operadores as seguintes informações:

Vaso	C (m)	D (m)	P (kgf/cm²)	Vazão (m³/min)	x_L (abertura da válvula)	K_C	T_I
1	5	2	10	6	0,6	1	1
2	9	3	5	6	0,6	1	1

Determine a função de transferência entre a entrada L_{in_1} e a saída, o nível h_{L1} no vaso 1 estimando o valor de K_{x1}.

2.4) Demonstre a linearização efetuada no Exemplo 2.4, lembrando que no estado estacionário $\overline{W}_{out} = \overline{L}_{in} BSW \alpha \left(h_{vert} - \overline{h}_w \right)$.

3 Pontos Estacionários de Operação

Os processos contínuos operam em torno de um estado estacionário. Neste capítulo, apresenta-se o conceito de ponto de equilíbrio, ou estado estacionário de operação, de processos representados por modelos matemáticos, e introduz-se a noção de estabilidade de estados estacionários. No APÊNDICE 3, estão disponíveis os códigos em MATLAB para construção de gráficos desenvolvidos para ilustrar estados estacionários de sistemas dinâmicos.

NOMENCLATURA

$\underline{\underline{A}}$	Matriz de coeficientes
$\underline{\underline{D}}$	Matriz diagonal de autovalores
$\dfrac{dy(t)}{dt}$	Derivada temporal da variável de estado
$f(y)$	Função da variável de estado $y(t)$
t	Tempo
$\underline{\underline{V}}$	Matriz de autovetores
$x(t), y(t)$	Variáveis de estado
$y(0)$	Condição inicial (isto é, em $t = 0$) da variável de estado $y(t)$

Sobrescritos

T	Transposição de vetor ou matriz

3.1 PONTOS DE EQUILÍBRIO

Para o sistema autônomo $\dfrac{dy}{dt} = f(y)$, o ponto de equilíbrio é definido pela solução de $f(y) = 0$.

EXEMPLO 3.1 Estabilidade de sistema autônomo

Considere um processo autônomo, isto é, um sistema cuja trajetória é função exclusivamente do seu estado no tempo t, descrito pela EDO

$$\frac{dy(t)}{dt} = y(t)\big(1 - y(t)\big) \tag{3.1}$$

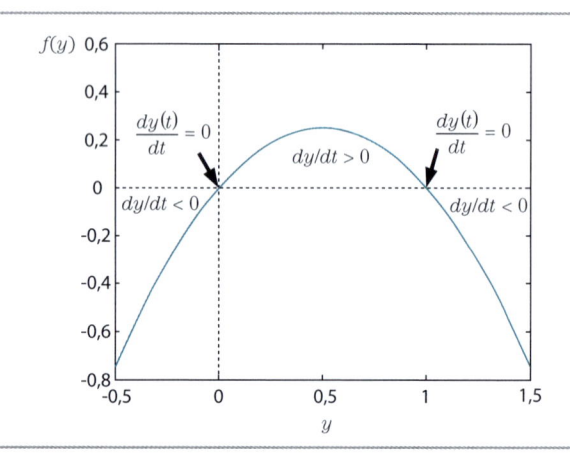

Figura 3.1   Pontos de equilíbrio

As soluções de equilíbrio cortam o plano $y(t)$ em REGIÕES IN-DEPENDENTES definidas pelos pontos estacionários da Figura 3.1.

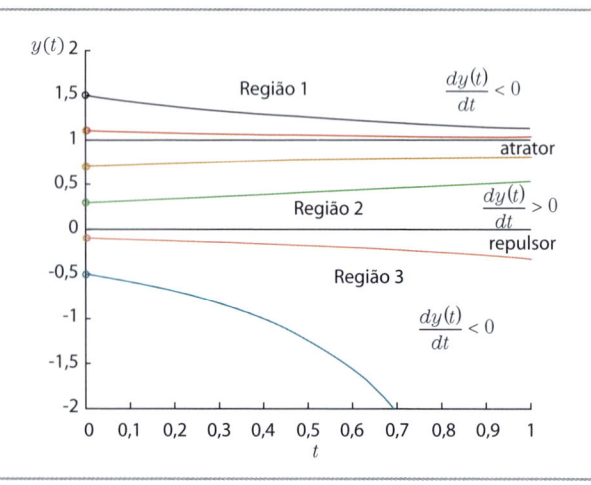

Figura 3.2   Regiões definidas pelos pontos de equilíbrio

Sobre a Figura 3.2:

a) Observam-se regiões definidas pelos estados estacionários: Região $y(0) < 0 \rightarrow f(y) < 0 \rightarrow y$ *sempre decresce*, Região

$0 < y(0) < 1 \rightarrow f(y) > 0 \rightarrow y$ *sempre aumenta*, e Região $y(0) > 1 \rightarrow f(y) < 0 \rightarrow y$ *sempre decresce*.

b) O ponto de equilíbrio $y = 1$ "atrai" trajetórias: qualquer condição inicial no intervalo $0 < y < 1$ terá derivada positiva (ver Figura 3.1), logo y *crescerá* até atingir o ponto estacionário ($y = 1$); no intervalo $1 < y < \infty$, dy/dt será negativa promovendo o decréscimo de y até que este alcance o ponto de equilíbrio ($y = 1$). Esta característica de atrair trajetórias iniciadas na vizinhança do ponto caracterizam-no como um ESTADO ESTACIONÁRIO ATRATOR. Por outro lado, o ponto $y = 0$ "repele" trajetórias, pelo fato de a derivada de y ser negativa para valores de $y < 0$ e positiva para $y > 0$. Os estados de equilíbrio do Exemplo 3.1 são denominados REPULSORES e ATRATORES, respectivamente.

Os pontos estacionários atratores são pontos de equilíbrio estáveis enquanto os repulsores são pontos de equilíbrio instáveis.

Os códigos usados para gerar as Figuras 3.1 e 3.2 encontram-se no APÊNDICE 3.

EXEMPLO 3.2 Sistema autônomo com três estados estacionários

Este exemplo reforça o conceito de mutiplicidade de estados estacionários e de estabilidade. Considere o processo descrito pela EDO

$$\frac{dy(t)}{dt} = 0.2y(t)\big(5 - y(t)\big)\big(y(t) - 2\big) \tag{3.2}$$

Os pontos de equilíbrio estão indicados por setas e as regiões por estes delimitadas são marcadas por barras tracejadas verticais nas Figuras 3.3 e 3.4, respectivamente.

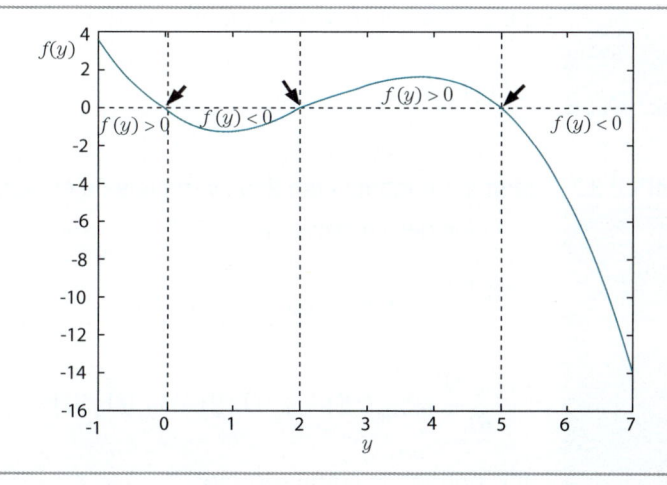

Figura 3.3   Pontos de equilíbrio

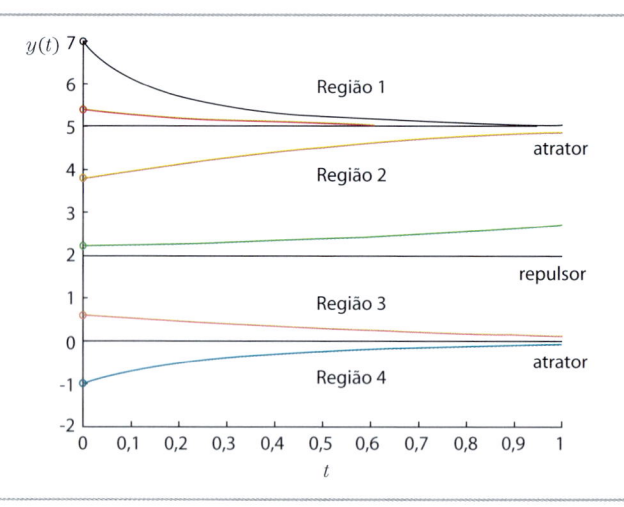

Figura 3.4   Regiões de operação – atratores $(y = 5$ e $y = 0)$ e repulsor $(y = 2)$

No APÊNDICE 3, encontram-se os códigos MATLAB para gerar as Figuras 3.3 e 3.4.

Para sistemas multivariáveis definidos por

$$\frac{d\underline{y}(t)}{dt} = \underline{f}\left(\underline{y}\right)$$

com

$$y(t) = \begin{bmatrix} y_1(t) & \cdots & y_n(t) \end{bmatrix}^T$$

os pontos de equilíbrio são determinados resolvendo-se o sistema de equações algébricas (frequentemente não lineares):

$$\underline{f}\left(\underline{y}\right) = \underline{0}$$

EXEMPLO 3.3 Sistema autônomo com duas variáveis de estado

Considere o sistema

$$\frac{dy_1(t)}{dt} = y_1(t)\left(1 - y_1(t)\right) - y_1(t)y_2(t) \tag{3.3a}$$

$$\frac{dy_2(t)}{dt} = 2y_2(t)\left(1 - y_2(t)/2\right) - 3y_1(t)y_2(t) \tag{3.3b}$$

cujos pontos de equilíbrio são:

$$\frac{dy_1(0)}{dt} = 0 \Rightarrow y_1(0)\big(1 - y_1(0)\big) - y_1(0)y_2(0) = 0 \Rightarrow 1 - y_1(0) - y_2(0) = 0$$

ou $\quad y_1(0) = 0$ (isóclina 1)

$$\frac{dy_2(0)}{dt} = 0 \Rightarrow 2y_2(0)\big(1 - y_2(0)/2\big) - 3y_1(0)y_2(0) = 0 \Rightarrow$$

$$\Rightarrow 2 - 3y_1(0) - y_2(0) = 0 \quad \text{ou} \quad y_2(0) = 0$$ (isóclina 2)

O gráfico $y_1(t) \times y_2(t)$ é denominado PLANO DE FASE. Na Figura 3.5, é apresentado o PLANO DE FASE com as isóclinas 1 e 2, acima.

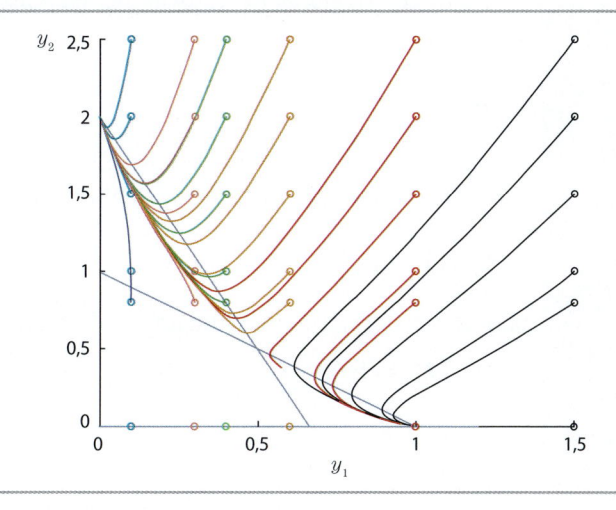

Figura 3.5   Plano de fase

No APÊNDICE 3, está listado o código MATLAB que desenha o gráfico da Figura 3.5.

3.2 PONTOS DE EQUILÍBRIO DE SISTEMAS LINEARES E PLANO DE FASE

Considere o sistema autônomo

$$\frac{d\underline{x}(t)}{dt} = \underline{\underline{A}}\,\underline{x}(t)$$ (3.4)

Os autovetores e autovalores da matriz $\underline{\underline{A}}$ são obtidos resolvendo-se o problema associado de autovalor abaixo:

$$\underline{\underline{A}}\underline{x}(t) = \lambda\underline{x}(t)$$ (3.5)

Admitindo-se que tem $\underline{\underline{A}}$ uma base de n autovetores $\underline{V}_1, \underline{V}_2, ..., \underline{V}_n$, correspondentes aos autovalores $\lambda_1, \lambda_2, ..., \lambda_n$, a solução completa do sistema dinâmico é dada por:

$$\underline{x}(t) = c_1 \underline{V}_1 e^{\lambda_1 t} + c_2 \underline{V}_2 e^{\lambda_2 t} + \ldots + c_n \underline{V}_n e^{\lambda_n t} \tag{3.6}$$

onde c_1, c_2,... c_n são constantes determinadas pelas condições iniciais do problema. Portanto, $\lambda_1, \lambda_2, \ldots, \lambda_n$ devem ter parte real negativa para que esta solução seja estável.

EXEMPLO 3.4 Sistema linear apresentando ponto de sela

$$\frac{d\underline{x}(t)}{dt} = \underline{\underline{A}}\,\underline{x}(t) \tag{3.7}$$

$$\underline{\underline{A}} = \begin{bmatrix} 2 & 1 \\ 2 & -1 \end{bmatrix}$$

A matriz diagonal de autovalores da matriz de coeficiente ($\underline{\underline{A}}$) do sistema é:

$$\underline{\underline{D}} = \begin{bmatrix} \lambda_1 & 0 \\ 0 & \lambda_2 \end{bmatrix} \tag{3.8}$$

e a correspondente matriz de autovetores em coluna

$$\underline{\underline{V}} = \begin{bmatrix} \underline{V}_1 & \underline{V}_2 \end{bmatrix}$$

podem ser obtidas com a função *eig* do MATLAB:

```
>> [V,D]=eig([2 1;2 –1])
V =
    0.8719    –0.2703
    0.4896     0.9628
D =
    2.5616         0
         0   –1.5616
```

Verifica-se um autovalor positivo ($D(1,1) = 2{,}5616$) e um autovalor negativo ($D(2,2) = -1{,}5616$), sendo: $Re\{\lambda_1\} > 0 \Rightarrow \underline{V}_1$ gera um subespaço de soluções instáveis. $Re\{\lambda_2\} < 0 \Rightarrow \underline{V}_2$ gera um subespaço de soluções estáveis, onde $Re\{\lambda_i\}$ representa a parte real do autovalor. Obtendo o ponto de equilíbrio com o MATLAB: $\underline{\underline{A}}\,\underline{x} = \underline{0}$

```
>>A=[2 1;2 –1];
>>b=[0;0];
>>x=A\b    % Estado Estacionário
x =
    0
    0
```

A Figura 3.6 apresenta o PLANO DE FASE com ponto de equilíbrio do sistema dinâmico, construído com código MATLAB listado no APÊNDICE 3.

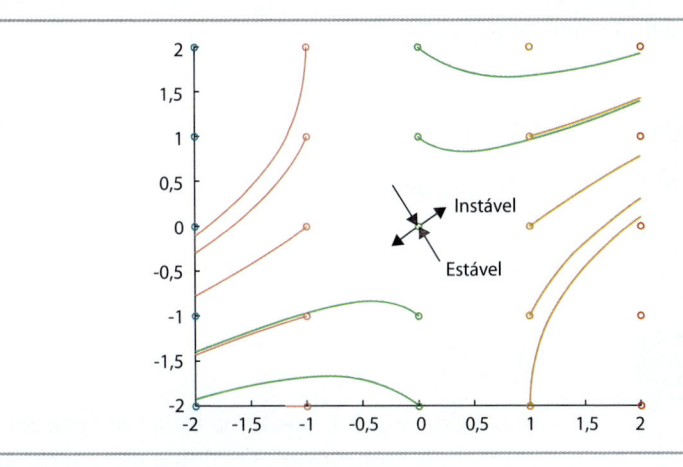

Figura 3.6   Ponto de equilíbrio (círculos indicam o início das trajetórias)

EXEMPLO 3.5 Sistema linear estável

$$A = \begin{bmatrix} -3 & 1 \\ 1 & -3 \end{bmatrix}$$

```
>> [V,D]=eig([–3 1;1 –3])
V =
    0.7071    0.7071
   –0.7071    0.7071
D =
   –4    0
    0   –2
```

Sistema é estável pois apresenta 2 autovalores negativos, –4 e –2, com um único nó estável ou "próprio" (ver Figura 3.7).

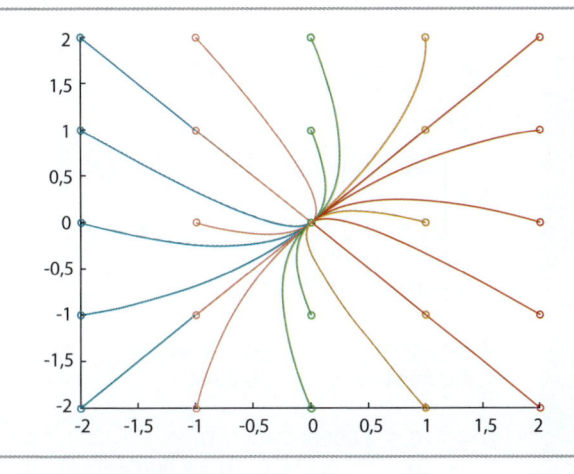

Figura 3.7   Ponto de equilíbrio (círculos indicam o início das trajetórias testadas)

EXEMPLO 3.6 Sistema linear instável

$$\underline{\underline{A}} = \begin{bmatrix} 1 & 0 \\ 0 & 1 \end{bmatrix}$$

```
>> [V,D]=eig(eye(2,2))
V =
       1      0
       0      1
D =
       1      0
       0      1
```

Os autovalores 1 e 1 positivos indicam sistema instável: ocorre um nó instável ou "impróprio". O código para gerar a Figura 3.8 é semelhante aos apresentados nos exemplos anteriores, e foi omitido do APÊNDICE 3.

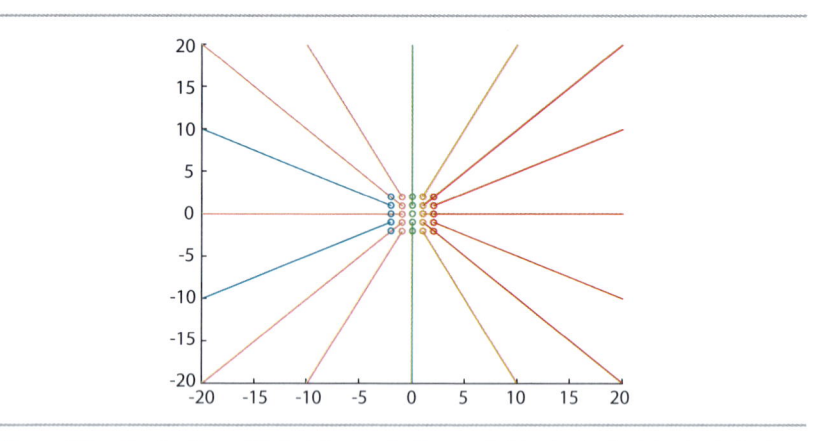

Figura 3.8　　Ponto de equilíbrio (círculos indicam o início das trajetórias testadas)

EXEMPLO 3.7 Sistema linear com trajetória fechada

Seja

$$\underline{\underline{A}} = \begin{bmatrix} 0 & 1 \\ -4 & 0 \end{bmatrix}$$

```
>> [V,D]=eig([0 1; -4 0])

V = 0 - 0.4472i        0 + 0.4472i
      0.8944             0.8944

D =   0 + 2.0000i         0
      0                   0 - 2.0000i
```

Observa-se que o processo apresenta um par de autovalores complexos conjugados. Verifica-se que, para autovalores complexos, puramente imaginários, ocorrem trajetórias fechadas, e o ponto de equilíbrio é CENTRAL.

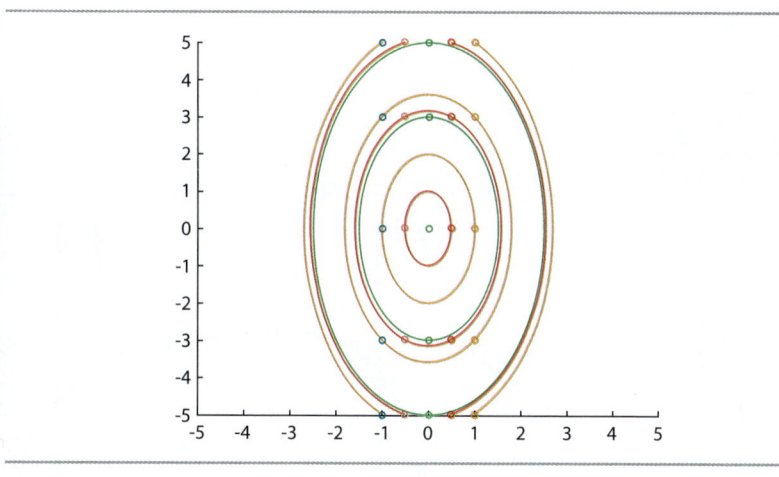

Figura 3.9 Ponto de equilíbrio (círculos indicam o início das trajetórias testadas)

Em resumo, sistemas lineares têm dinâmica definida pelos autovalores da matriz de coeficientes $\underline{\underline{A}}$, conforme investigado nos Exemplos 3.4 a 3.7. Tais sistemas apresentam um único estado estacionário, quando definido, ao contrário de sistemas não lineares (Exemplos 3.1 a 3.3). A análise de estabilidade, e do comportamento na vizinhança do ponto de equilíbrio, para sistemas lineares, foi apresentada. Para sistemas não lineares, uma análise em torno do estado estacionário por meio de linearização é abordada na próxima seção.

3.3 SISTEMAS NÃO LINEARES NA VIZINHANÇA DE PONTOS DE EQUILÍBRIO

Para sistemas não lineares, uma análise do que ocorre próximo ao ponto de equilíbrio pode ser conduzida por linearização em torno deste ponto. A partir disso, é possível concluir sobre a estabilidade em torno desse ponto com base no comportamento do sistema linear que o aproxima.

EXEMPLO 3.8 Equação de Van der Pol

$$\frac{d^2x(t)}{dt^2} - \left(1 - x(t)^2\right)\frac{dx(t)}{dt} + x(t) = 0 \tag{3.9}$$

O primeiro passo na análise proposta é transformar esta equação diferencial de 2ª ordem em um sistema de duas equações diferenciais de 1ª ordem. Para tal, define-se:

$$y(t) = \frac{dx(t)}{dt} \qquad (3.10)$$

assim:

$$\begin{cases} \dfrac{dx(t)}{dt} = y(t) \\[2mm] \dfrac{dy(t)}{dt} = -x(t) + \left(1 - x(t)^2\right)y(t) \end{cases} \qquad (3.11)$$

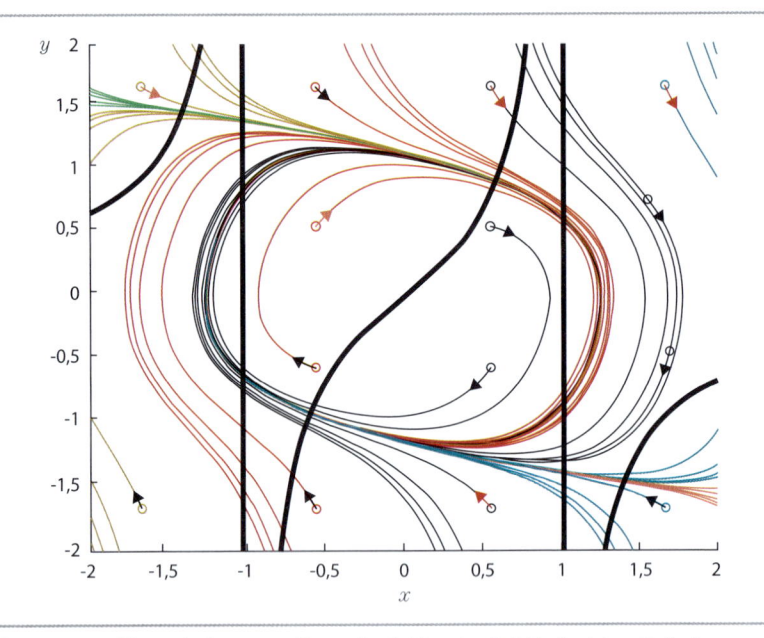

Figura 3.10   Plano de fase para Equação de Van der Pol. Trajetórias dinâmicas na vizinhança do ponto de equilíbrio (círculos indicam o início das trajetórias testadas)

O ponto de equilíbrio é (0,0). As linhas de derivadas nulas (isóclinas $\dfrac{dx(t)}{dt} = 0$ e $\dfrac{dy(t)}{dt} = 0$) são:

$$\frac{dx(0)}{dt} = y(0) = 0 \ \ (\text{eixo } x) \ \ (\text{isóclina 1})$$

$$\frac{dx(0)}{dt} = -x(0) + \left(1 - x(0)^2\right)y(0) = 0 \Rightarrow y(0) = \frac{x}{1 - x(0)^2} \ \ (\text{isóclina 2})$$

O PLANO DE FASE e as isóclinas estão mostrados na Figura 3.10. O gráfico da resposta transiente é apresentado na Figura 3.11.

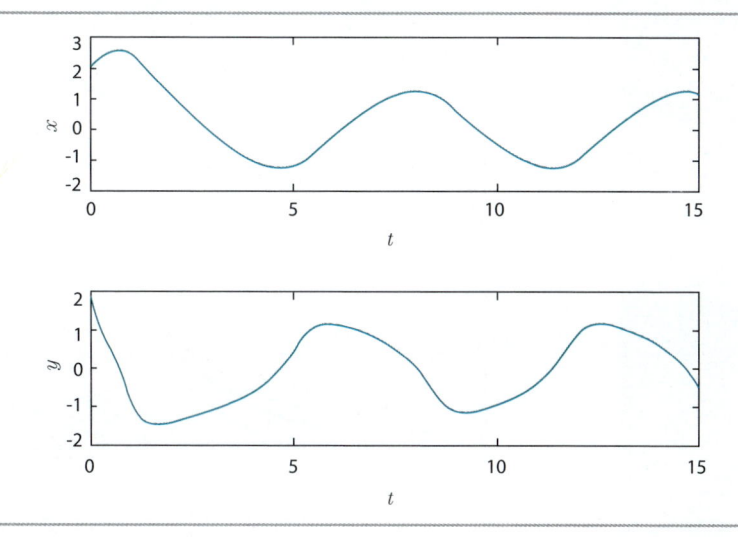

Figura 3.11 Resposta transiente

Próximo ao ponto de equilíbrio, uma aproximação grosseira é facilmente realizada: quando x e y são próximos de zero, $-yx^2$ é aproximadamente nulo:

$$\begin{cases} \dfrac{dx(t)}{dt} = y(t) \\[2mm] \dfrac{dy(t)}{dt} = -x(t) + y(t) \end{cases} \tag{3.12}$$

Resulta um sistema linear, com a matriz de coeficientes abaixo:

$$\underline{\underline{A}} = \begin{bmatrix} 0 & 1 \\ -1 & 1 \end{bmatrix}$$

```
>> eig([0 1;-1,1])
ans =
    0.5000 + 0.8660i
    0.5000 - 0.8660i
```

Com autovalores imaginários e parte real positiva, conclui-se que as trajetórias se afastam do ponto estacionário, em espiral. Observando-se a Figura 3.11, percebe-se essa tendência, que pode ser mais bem capturada na análise linear apresentada na Figura 3.12. Observa-se que mesmo trajetórias iniciadas próximas ao ponto de equilíbrio se afastam quando t cresce. No plano de fase, t é uma variável implícita: t cresce quanto mais afastado estiver o ponto em relação ao círculo representando a origem da trajetória na Figura 3.12.

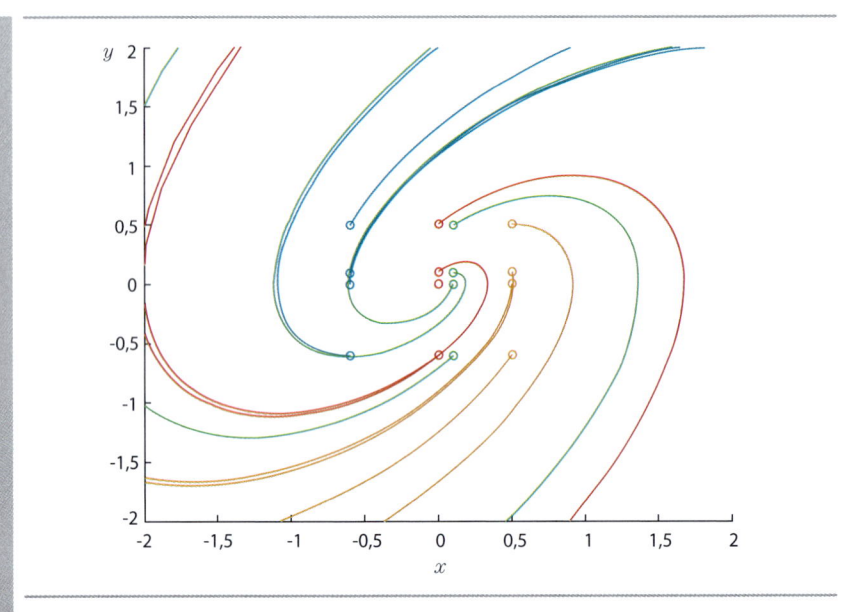

Figura 3.12   Aproximação linear da resposta transiente próxima ao ponto de equilíbrio (círculos representam a origem das trajetórias)

3.4 ANÁLISE DE PONTO DE EQUILÍBRIO POR TÉCNICA DE LINEARIZAÇÃO

Considere-se o sistema autônomo

$$\begin{cases} \dfrac{dx(t)}{dt} = f\big(x(t),\, y(t)\big) \\[3mm] \dfrac{dy(t)}{dt} = g\big(x(t),\, y(t)\big) \end{cases} \tag{3.13}$$

Admitindo-se que (x_0, y_0) é um ponto de equilíbrio, a aproximação linear próxima ao ponto de equilíbrio é obtida por uma expansão em série de Taylor:

$$f(x,y) \approx f\big(x_0,y_0\big) + \left.\frac{\partial f}{\partial x}\right|_{(x_0, y_0)} \big(x - x_0\big) + \left.\frac{\partial f}{\partial y}\right|_{(x_0, y_0)} \big(y - y_0\big) \tag{3.14}$$

$$g(x,y) \approx g\big(x_0,y_0\big) + \left.\frac{\partial g}{\partial x}\right|_{(x_0, y_0)} \big(x - x_0\big) + \left.\frac{\partial g}{\partial y}\right|_{(x_0, y_0)} \big(y - y_0\big)$$

O sistema linear resultante tem matriz de coeficientes

$$\underline{\underline{A}} = \begin{bmatrix} \left.\dfrac{\partial f}{\partial x}\right|_{(x_0, y_0)} & \left.\dfrac{\partial f}{\partial y}\right|_{(x_0, y_0)} \\[5mm] \left.\dfrac{\partial g}{\partial x}\right|_{(x_0, y_0)} & \left.\dfrac{\partial g}{\partial y}\right|_{(x_0, y_0)} \end{bmatrix} \tag{3.15}$$

ou seja, a matriz Jacobiana do sistema mostrado na Equação 3.13 calculada no ponto de linearização (x_0, y_0).

EXERCÍCIOS PROPOSTOS

3.1) Dado o diagrama de fases abaixo, esboce as características esperadas das trajetórias dos estados $x(t)$ e $y(t)$, para a condição inicial $y(0) = 60$, $x(0) = -60$.

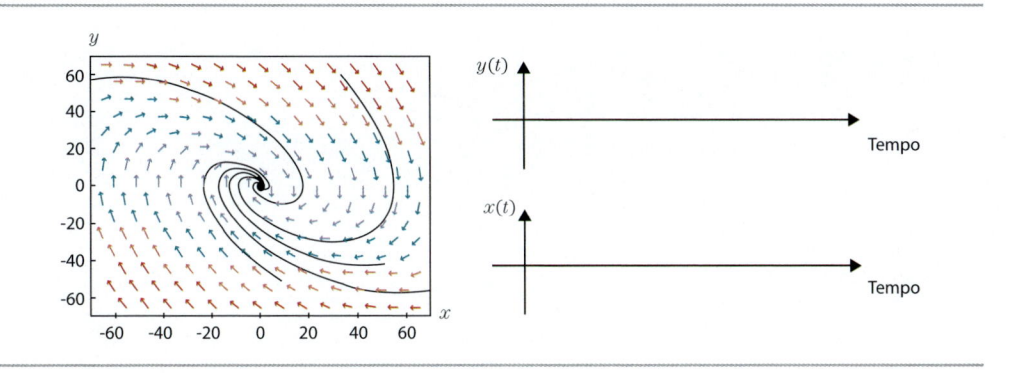

3.2) Analise a estabilidade do processo descrito por:

$$\begin{bmatrix} \dfrac{dx_1(t)}{dt} \\[2ex] \dfrac{dx_2(t)}{dt} \end{bmatrix} = \begin{bmatrix} -0,25 & 0 \\ -0,10 & 0,5 \end{bmatrix} \begin{bmatrix} x_1(t) \\ x_2(t) \end{bmatrix} + \begin{bmatrix} 1 \\ 2 \end{bmatrix} u(t)$$

Resolução de Equações Diferenciais Lineares por Transformada de Laplace

O capítulo apresenta a resolução de equações diferenciais lineares que representam o sistema a ser analisado por Transformada de Laplace.

NOMENCLATURA

$\dfrac{d^n y(t)}{dt^n}, f^{(n)}$	Derivada de ordem n
$\mathscr{L}\{y(t)\}$	Transformada de Laplace da função $y(t)$
$\mathscr{L}^{-1}\{Y(s)\}$	Transformada Inversa de Laplace
s	Variável de Laplace
$u(t)$	Função degrau unitário
$Y(s)$	Função $y(t)$ no domínio de Laplace

Símbolos gregos

τ	Constante de tempo
ξ	Fator de amortecimento
ω	Frequência (rad/min ou Hz)
$\delta(t)$	Delta de Dirac

A Transformada de Laplace é um procedimento para representar e analisar sistemas lineares com métodos algébricos. É utilizada para resolução de equações diferenciais ordinárias (EDO) lineares ou linearizadas. O sistema originalmente descrito no espaço *tempo* transforma-se em equações algébricas no espaço s, uma variável complexa. O método apresenta 3 etapas:

1) Transformação da EDO (linear) em equação algébrica;
2) Resolução da equação algébrica resultante em termos da variável independente s; e
3) Aplicação da transformada inversa para obter a resolução da EDO.

De forma esquemática, o procedimento é descrito na Figura 4.1.

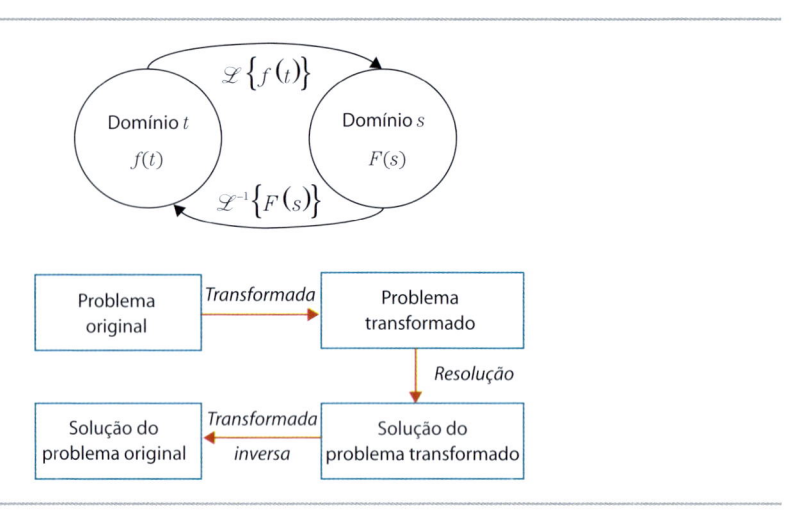

Figura 4.1   Transformada de Laplace

Por definição, para $t > 0$:

$$\mathscr{L}\{f(t)\} = F(s) = \int_0^\infty f(t)e^{-st}dt \qquad (4.1)$$

Existem diversas referências com tabelas de Transformadas de Laplace, em que as transformações são obtidas diretamente. A Tabela 4.1 é um exemplo resumido.

Tabela 4.1   Algumas Transformadas de Laplace e propriedades

	$f(t)$	$F(s)$	
1	$\delta(t)$	1	Impulso unitário
2	$\dfrac{d\delta(t)}{dt}$	s	
3	$u(t)$	$\dfrac{1}{s}$	Degrau unitário
4	t	$\dfrac{1}{s^2}$	Rampa
5	t^n	$\dfrac{n!}{s^{n+1}}$	
6	e^{-at}	$\dfrac{1}{s+a}$	Exponencial
7	$1 - e^{-t/\tau}$	$\dfrac{1}{s(\tau s + 1)}$	Resposta ao degrau unitário de sistemas de 1ª ordem
8	$\dfrac{1}{(a-b)}\left[ae^{-at} - be^{-bt}\right]$	$\dfrac{1}{(s+a)(s+b)}, a \neq b$	

(continua)

(continuação)

			Resposta ao degrau unitário de sistemas de 2ª ordem, $\xi > 1$
9	$\dfrac{1}{ab} + \dfrac{e^{-at}}{a(a-b)} + \dfrac{e^{-bt}}{b(b-a)}$	$\dfrac{1}{s(s+a)(s+b)}, a \neq b$	Resposta ao degrau unitário de sistemas de 2ª ordem, $\xi > 1$
10	$1 - \dfrac{e^{-\xi t/\tau}}{\sqrt{\left(1-\xi^2\right)}} sen\left(\omega t + tan^{-1}\left(\varpi\right)\right),$ $w = \dfrac{\sqrt{1-\xi^2}}{\tau}$ ou $1 - e^{-\xi t/\tau}\left[cos\left(\dfrac{\sqrt{1-\xi^2}}{\tau}t\right)\right] +$ $\left[\dfrac{\xi}{\sqrt{1-\xi^2}} sen\left(\dfrac{\sqrt{1-\xi^2}}{\tau}t\right)\right]$	$\dfrac{1}{s\left(\tau^2 s^2 + 2\xi s + 1\right)}$	Resposta ao degrau unitário de sistemas de 2ª ordem, $\xi < 1$
11	$1 - \left[1 + \dfrac{t}{\tau} + \dfrac{1}{2!}\left(\dfrac{t}{\tau}\right)^2 + \ldots \right.$ $\left. \dfrac{1}{(n-1)!}\left(\dfrac{t}{\tau}\right)^{n-1}\right] e^{-t/\tau}$	$\dfrac{1}{s(\tau s + 1)^n}$	Resposta ao degrau unitário de sistemas de ordem $n, \xi = 1$
12	te^{-at}	$\dfrac{1}{(s+a)^2}$	
13	$\left[\dfrac{t^{n-1}}{(n-1)!}\right] e^{-at}$	$\dfrac{1}{(s+a)^n}$	
14	$e^{-at}cos\left(\omega t\right)$	$\dfrac{(s+a)}{\left[(s+a)^2 + \omega^2\right]}$	
15	$e^{-at}sen\left(\omega t\right)$	$\dfrac{\omega}{\left[(s+a)^2 + \omega^2\right]}$	
16	$sen\left(\omega t\right)$	$\dfrac{\omega}{\omega^2 + s^2}$	
17	$\dfrac{(c-a)e^{-at} - (c-b)e^{-bt}}{(b-a)}$	$\dfrac{(s+c)}{(s+a)(s+b)}, a \neq b$	
18	$\dfrac{df(t)}{dt}$	$sF(s) - f(0)$	Derivada de primeira ordem
19	$\dfrac{d^2 f(t)}{dt^2}$	$s^2 F(s) - sf(0) - \dfrac{df}{dt}\Big|_{t=0}$	Derivada de segunda ordem
20	$\dfrac{d^n f(t)}{dt^n}$	$s^n F(s) - s^{n-1}f(0) - s^{n-2}\dfrac{df}{dt}\Big|_{t=0}$ $\ldots - \dfrac{d^{n-1}f}{dt^{n-1}}\Big|_{t=0}$	Derivada de ordem n

(continua)

(continuação)

21	$f(t-\tau)$	$e^{-\tau s}F(s), \tau \geq 0$	Deslocamento no tempo
22	$\displaystyle\int_0^t f(\tau)d\tau$	$\dfrac{1}{s}F(s)$	Integral
23	$\displaystyle\int_0^t x(t-\tau)h(t)d\tau$	$X(s)H(s)$	Convolução

EXEMPLO 4.1 Transformada de Laplace de $cos(\omega t)$

$$f(t) = cos(\omega t) \tag{4.2}$$

Aplicando a Transformada de Laplace, obtém-se:

$$\mathrm{L}\{f(t)\} = F(s) = \int_0^\infty cos(\omega t)e^{-st}dt \tag{4.3}$$

e, aplicando-se a Identidade de Euler, $cos(\omega t) = \dfrac{e^{\omega ti} + e^{-\omega ti}}{2}$, resulta em

$$F(s) = \frac{1}{2}\int_0^\infty \left(e^{\omega ti} + e^{-\omega ti}\right)e^{-st}dt = \frac{1}{2}\int_0^\infty \left(e^{-(s-\omega ti)} + e^{-(s+\omega ti)}\right)dt \tag{4.4}$$

ou

$$F(s) = \frac{1}{2}\left[-\frac{e^{-(s-\omega ti)}}{s-\omega i} - \frac{e^{-(s+\omega ti)}}{s+\omega i}\right]_0^\infty = \frac{1}{2}\left[\frac{2s}{s^2+\omega^2}\right] = \frac{s}{s^2+\omega^2} \tag{4.4a}$$

Adicionalmente, a tabela de Transformada de Laplace pode ser construída com auxílio do *Toolbox de Processamento Simbólico* do MATLAB.

```
>> syms a s t w x
>> laplace(t^5)
ans =
120/s^6
>> laplace(exp(a*s))
ans =
1/(t–a)
>> laplace(sin(w*x),t)
ans =
w/(t^2+w^2) >>laplace(cos(x*w),w,t)
ans =
t/(t^2+x^2)
>>laplace(x^sym(3/2),t)
```

```
ans =
3/4*pi^(1/2)/t^(5/2)
>>laplace(diff(sym('F(t)')))
ans =
laplace(F(t),t,s)*s–F(0)
```

EXEMPLO 4.2 Transformada de Laplace de degrau unitário

$$f(t) = 1, \ t \geq 0 \tag{4.5}$$

Pela definição da Transformada de Laplace, tem-se:

$$F(s) = \int_0^\infty (1)e^{-st}dt = \frac{e^{-st}}{-s}\bigg|_0^\infty = \frac{1}{s} \tag{4.6}$$

EXEMPLO 4.3 Transformada de Laplace de derivadas de funções

Neste Exemplo, apresentam-se as Transformadas de derivadas:

a) Derivada de Primeira Ordem

$$\mathscr{L}\{f'(t)\} = \int_0^\infty f'(t)e^{-st}dt \tag{4.7}$$

Definindo-se

$$\begin{cases} u = e^{-st}; \ \ du = -se^{-st}dt \\ v = f(t); \ \ \dfrac{dv}{dt} = f'(t) \end{cases} \tag{4.8}$$

e lembrando que $\int u\,dv = uv - \int v\,du$:

$$\int_0^\infty f'(t)e^{-st}dt = f(t)e^{-st}\ \big|_0^\infty + s\int_0^\infty f(t)e^{-st}dt = sF(s) - f(0) \tag{4.9}$$

b) Derivada de Segunda Ordem

$$\begin{cases} \mathscr{L}\{f''(t)\} = F(s) = \displaystyle\int_0^\infty f''(t)e^{-st}dt \\[2mm] F(s) = \mathscr{L}\left\{\dfrac{d}{dt}f'(t)\right\} = s\mathscr{L}\left\{\dfrac{d}{dt}f(t)\right\} - \dfrac{df(0)}{dt} \\[2mm] F(s) = s[sF(s) - f(0)] - \dfrac{df(0)}{dt} = s^2F(s) - \left[sf(0) + \dfrac{df(0)}{dt}\right] \end{cases} \tag{4.10}$$

c) Derivada de Ordem n

$$\mathscr{L}\left\{f^n(t)\right\} = \int_0^\infty f^n(t)e^{-st}dt = s^n F(s) - \left[s^{n-1}f(0) + s^{n-2}\frac{df}{dt}\right]_{t=0} +$$

$$\ldots + \frac{d^{n-1}f}{dt^{n-1}} \tag{4.11}$$

EXEMPLO 4.4 Transformada de Laplace de integrais de funções

Para integrais, a Transformada de Laplace é:

$$\mathscr{L}\left\{\int_0^t f(t)dt\right\} = \int_0^\infty \left\{e^{-st}\left[\int_0^{t'} f(t')dt'\right]\right\}dt \tag{4.12}$$

Definindo-se:

$$\begin{cases} v = -\dfrac{e^{-st}}{s}; \quad dv = e^{-st}dt \\[3mm] u = \displaystyle\int_0^{t'} f(t')dt'; \quad du = f(t)dt \end{cases} \tag{4.13}$$

tem-se:

$$\mathscr{L}\left\{\int_0^\infty e^{-et}\left[\int_0^t f(t)dt\right]dt\right\} =$$

$$= \left[-\frac{e^{-st}}{s}\int_0^t f(t)dt\right]_0^\infty - \int_0^\infty \frac{e^{-st}}{s}f(t)dt =$$

$$= 0 + \frac{1}{s}\left[\int_0^t f(t)dt\right]_{t=0} + \frac{F(s)}{s} \tag{4.14a}$$

Uma aplicação da transformação representada na Equação 4.14a em controle de processos refere-se a controladores que atuam sobre o processo de acordo com a integral do desvio entre um estado de referência e o valor medido da variável controlada ($e(t)$), na forma da Equação 4.14b

$$f(t) = K\left(e(t) + \frac{1}{\tau_I}\int_0^t e(t)dt\right) \tag{4.14b}$$

aplicando-se a Transformada de Laplace, obtém-se

$$F(s) = \int_0^\infty e^{-st} \left[K \left(e(t) + \frac{1}{\tau_I} \int_0^t e(t) dt \right) \right] dt = K_C \left(1 + \frac{1}{\tau_I s} \right) E(s) \quad (4.14c)$$

EXEMPLO 4.5 Equação diferencial ordinária de 2ª ordem

Considere o processo descrito pela EDO de 2ª ordem (Equação 4.15):

$$\frac{d^2 y(t)}{dt^2} + 2 \frac{dy(t)}{dt} + y(t) = 1, y(0) = (0), y'(0) = 0 \quad (4.15)$$

Aplicando-se a Transformada de Laplace a cada termo da Equação 4.15, obtém-se a Equação algébrica no domínio de Laplace (Equação 4.17):

$$\mathscr{L} \left\{ \frac{d^2 y(t)}{dt^2} \right\} = s^2 Y(s) - \left[sy(0) + \frac{dy(0)}{dt} \right] \quad (4.16a)$$

$$\mathscr{L} \left\{ \frac{dy(t)}{dt} \right\} = sY(s) - y(0) \quad (4.16b)$$

$$\mathscr{L} \left\{ y(t) \right\} = Y(s) \quad (4.16c)$$

$$s^2 Y(s) + 2sY(s) + Y(s) = \frac{1}{s} \therefore (s^2 + 2s + 1) Y(s) = \frac{1}{s} \quad (4.17)$$

EXEMPLO 4.6 *Toolbox* de Processamento Simbólico e Transformada de Laplace

O *Toolbox* de Processamento Simbólico do MATLAB permite obter a Transformada de Laplace de funções. Seja $f(t) = t^3 sen(2t)$

```
>> syms s t
>> Y=laplace(t^3*sin(2*t),t,s)
Y =
6/(s^2+4)^4*(8*s^3-32*s)
```

A aparência da resposta pode ser melhorada com o comando:

```
>> pretty(Y)
             3
         8 s  - 32 s
     6 ----------------
          2      4
         (s  +  4)
```

Para se obter a transformada inversa:

```
y=ilaplace(Y,s,t)
y =
  t^3*sin(2*t)
```

EXEMPLO 4.7 Resolução de equação diferencial ordinária (EDO) com o *Toolbox* de Processamento Simbólico

A resolução de equação diferencial ordinária com o *Toolbox* de Processamento Simbólico é ilustrada a seguir.

Seja $\dfrac{d^2y}{dt^2} + 2\dfrac{dy}{dt} + y = sen\,(2t)$, com condições iniciais $y(0) = -2$, $y'(0) = 3$.

A primeira etapa é definir as variáveis simbólicas e a EDO:

```
>> syms s t Y
>> ode='D(D(y))(t)+2*D(y)(t)+y(t)=sin(2*t)'
ode =
D(D(y))(t)+2*D(y)(t)+y(t)=sin(2*t)
```

A seguir, aplica-se Transformada de Laplace aos dois lados da equação:

```
>> ltode=laplace(ode,t,s)
ltode =
s*(s*laplace(y(t),t,s)–y(0))–D(y)(0)+2*s*laplace(y(t),t,s)
–2*y(0)+laplace(y(t),t,s) = 2/(s^2+4)
```

Para simplificar esta expressão, pode-se substituir **laplace(y(t),t,s)** por **Y** e fornecer-se as condições iniciais:

```
>> eqn = subs(ltode,{'laplace(y(t),t,s)','y(0)','D(y)(0)'},{Y,–2,3})
eqn =
s*(s*Y+2)+1+2*s*Y+Y=2/(s^2+4)
```

A solução desta equação é obtida a seguir

```
>> Y = solve(eqn,Y)

Y =
– (2*s^3+8*s+2+s^2)/(s^2+4)/(2*s+1+s^2)
```

$y(t)$ é obtido pela operação de inversão:

```
y=ilaplace(Y,s,t)

y =
–4/25*cos(2*t)+(–46/25+7/5*t)*exp(–t)–3/25*sin(2*t)
```

que é a solução da EDO em questão. Este resultado pode ser verificado:

>> diff(y,2)+2*diff(y,1)+y

ans =

sin(2*t)

As condições iniciais são verificadas pelo comando:

>> t=0; y_0=eval(y),Dy_0=eval(diff(y))

y_0 =
  −2

Dy_0 =
  3

O gráfico da solução é traçado pelo comando

ezplot('−4/25*cos(2*t)+(−46/25+7/5*t)*exp(−t)−3/25*sin(2*t)',[0,20])

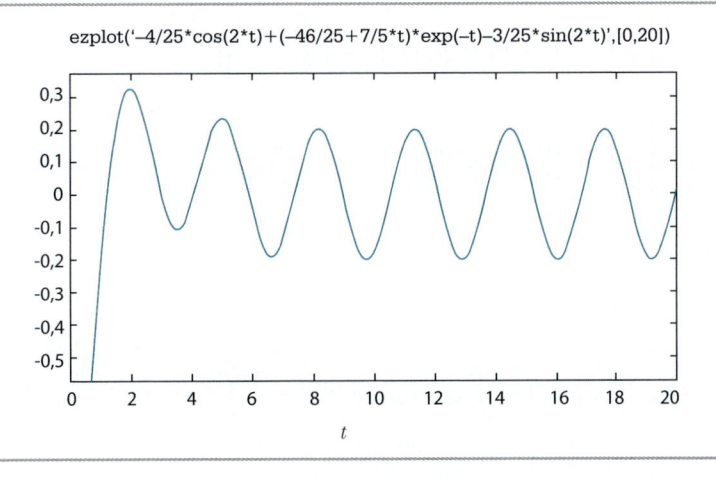

ezplot('−4/25*cos(2*t)+(−46/25+7/5*t)*exp(−t)−3/25*sin(2*t)',[0,20])

Figura 4.2   Resolução de EDO por Transformada de Laplace com *Toolbox* de Processamento Simbólico do MATLAB

4.1 TRANSFORMADA DE LAPLACE DE FUNÇÕES BÁSICAS

Nesta seção, são apresentadas as Transformadas de Laplace de algumas funções úteis em controle de processos.

a) Degrau

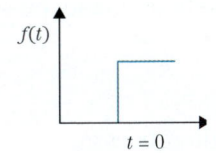

$$f(t) = ku(t) = k \begin{cases} 1, t > t(0) \\ 0, t \leq t(0) \end{cases} \tag{4.18}$$

$$\mathscr{L}\{f(t)\} = k\left[\mathscr{L}\{u(t)\}\right] = k\int_0^\infty u(t)e^{-st}dt = k\int_0^\infty 1 \cdot e^{-st}dt = \frac{k}{s} \tag{4.19}$$

b) Rampa

$$f(t) = ku(t) = k \begin{cases} kt, t > t(0) \\ 0, t \leq t(0) \end{cases} \tag{4.20}$$

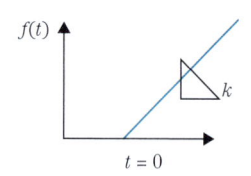

$$\begin{cases} \mathscr{L}\{f(t)\} = k\left[\mathscr{L}\{u(t)\}\right] = k\int_0^\infty te^{-st}dt \\[2em] \mathscr{L}\{f(t)\} = -ke^{-st}\left(\frac{t}{s} + \frac{1}{s^2}\right)_0^\infty = \frac{k}{s^2} \end{cases} \tag{4.21}$$

c) Seno

$$f(t) = sen(\omega t) \tag{4.22}$$

$$\mathscr{L}\{f(t)\} = F(s) = \int_0^\infty sen(\omega t)e^{-st}dt = \frac{1}{2}\int_0^\infty \left(e^{\omega ti} + e^{-\omega ti}\right)e^{-st}dt = \frac{\omega}{s^2 + \omega^2} \tag{4.23}$$

d) Exponencial

$$f(t) = e^{-at} \tag{4.24}$$

$$\mathscr{L}\{f(t)\} = F(s) = \int_0^\infty e^{-at}e^{-st}dt = \frac{1}{(s+a)} \tag{4.25}$$

4.2 PROPRIEDADES E TEOREMAS DA TRANSFORMADA DE LAPLACE

A Transformada de Laplace desfruta da propriedade de linearidade, ou seja:

$$\mathscr{L}\{af_1(t) + bf_1(t)\} = aF_1(s) + bF_2(s) \tag{4.26}$$

Alguns teoremas são de utilidade na análise dinâmica de processos:

a) Teorema do deslocamento em t

Aplica-se a atrasos de transporte:

$$g(t) = \begin{cases} f(t-t_0),\ t \geq t_0 \\[2mm] 0,\ t < t_0 \end{cases} \tag{4.27}$$

ou, em gráfico:

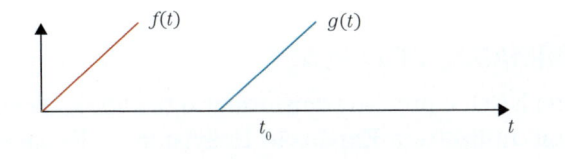

$$\mathscr{L}\{f(t-t_0)\} = \int_0^\infty f(t-t_0)e^{-st}dt = e^{-st_0}F(s) \tag{4.28}$$

b) Teorema do deslocamento em s (translação complexa)

$$\mathscr{L}\{e^{at}f(t)\} = \int_0^\infty e^{at}f(t)e^{-st}dt = \int_0^\infty e^{at}f(t)e^{-(s-a)t}dt = F(s-a) \tag{4.29}$$

c) Teorema do valor final

Este teorema permite calcular o valor de estado estacionário no domínio de Laplace.

$$\lim_{t \to 0} f(t) = \lim_{s \to \infty} sF(s) \tag{4.30}$$

d) Teorema do valor inicial

Analogamente, para calcular resposta logo após a aplicação de uma perturbação, ainda no domínio de Laplace:

$$\lim_{t \to \infty} f(t) = \lim_{s \to 0} sF(s) \tag{4.31}$$

EXEMPLO 4.8 Função pulso

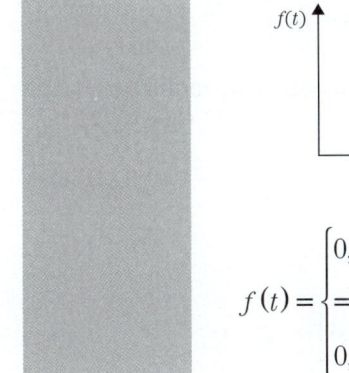

$$f(t) = \begin{cases} 0,\ t < 0 \\[2mm] = h,\ 0 \leq t \leq t_0,\ \ k = ht_0\ (\text{área}) \\[2mm] 0,\ t > t_0 \end{cases} \tag{4.32}$$

$$\mathscr{L}\{f(t)\} = hu(t) - hu(t-t_0) = \frac{h}{s} - \frac{h}{s}e^{-st} = \frac{k}{t_0 s}(1 - e^{-t_0 s}) \quad (4.33)$$

Observe-se que a Função Impulso é o limite do pulso quando t_0 tende a zero:

$$lim_{t_0 \to 0}\frac{k}{t_0 s}(1 - e^{-t_0 s}) = lim_{t_0 \to 0}\frac{k}{t_0 s}t_0 s = k \quad (4.34)$$

4.3 INVERSÃO DE TRANSFORMADAS DE LAPLACE

Para se obter a resolução da EDO, é preciso transformar o resultado da equação algébrica (em s) para t. Para tal, utiliza-se a **Expansão Heaviside** ou **Expansão em Frações Parciais**.

Seja $F(s) = \dfrac{Q(s)}{P(s)}$, onde a ordem de $Q(s)$ e $P(s)$ são, respectivamente M e N ($M \le N$), a inversão é feita em três etapas:

1.　Fatora-se $P(s)$ em termos das suas raízes (polos de $F(s)$), e reescreve-se $F(s)$ como:

$$F(s) = \frac{N(s)}{D(s)} = \frac{a_1}{(s-p_1)} + \frac{a_2}{(s-p_2)} + ... + \frac{a_N}{(s-p_N)} \quad (4.35)$$

2.　As constantes $a_1, a_2, ..., a_N$ são calculadas:

$$a_1 = lim_{s \to p_1}\left[F(s)(s-p_1)\right] \quad (4.36)$$

$$a_2 = lim_{s \to p_2}\left[F(s)(s-p_2)\right] \quad (4.37)$$

$$a_N = lim_{s \to p_N}\left[F(s)(s-p_N)\right] \quad (4.38)$$

3.　Com a tabela de Transformada de Laplace, encontrar a transformada inversa termo a termo:

$$f(t) = \mathscr{L}^{-1}\left\{\frac{a_1}{s-p_1}\right\} + \mathscr{L}^{-1}\left\{\frac{a_2}{s-p_2}\right\} + ... + \mathscr{L}^{-1}\left\{\frac{a_N}{s-p_N}\right\} \quad (4.39)$$

Se $p_j = ... = p_{j+m-1}$ é um polo com multiplicidade m, a expansão inclui termos da forma:

$$\frac{a_j}{s-p_j} + \frac{a_{j+1}}{(s-p_j)^2} + ... + \frac{a_{j+m-1}}{(s-p_j)^m} \quad (4.40a)$$

com

$$a_{j+k-1} = \frac{1}{(m-k)!}lim_{s \to p_j}\left\{\frac{d^{m-k}}{ds^{m-k}}\left[(s-p_j)^m F(s)\right]\right\}, \quad k = 1, ..., m \quad (4.40b)$$

e

$$\mathscr{L}^{-1}\left\{\frac{a_{j+k-1}}{\left(s-p_j\right)^k}\right\} = a_{j+k-1}\, e^{p_j t}\, \frac{t^{k-1}}{(k-1)!} \qquad (4.40c)$$

Em resumo, a inversão recai em três possíveis situações de acordo com as raízes da Equação Característica $D(s) = 0$. A Tabela 4.2 resume a inversão de Transformadas de Laplace. A Expansão em Frações Parciais pode ser feita no ambiente MATLAB, conforme detalhado no Exemplo 4.9.

Tabela 4.2   Inversão de Transformadas de Laplace

Raízes da equação característica	Termo da expansão em frações parciais	Termo no domínio do tempo
Raiz real não repetida	$\dfrac{a}{s-p}$	ae^{pt}
Raízes complexas conjugadas	$\dfrac{a_1}{s-Re-\omega i} + \dfrac{a_2}{s-Re+\omega i}$ $a_1 = b + ci$ $a_2 = b - ci$ $\dfrac{bs+c}{s^2+\omega^2}$	$A_1 e^{(Re+\omega i)t} = A_1 e^{Ret} e^{\omega ti}$ $= A_1 e^{Ret}\left(cos\ \omega t + i\ sen\left(\omega t\right)\right)$ $A_2 e^{(Re-\omega i)t} = A_2 e^{Ret} e^{-\omega ti}$ $= A_2 e^{Ret}\left(cos\ \omega t - i\ sen\left(\omega t\right)\right)$ Combinando-se os dois termos: $e^{Ret}\left(2Bcos\ \omega t - 2C\ sen\left(\omega t\right)\right) =$ $De^{Ret}sen\left(\omega t+\theta\right)$ onde $D = \sqrt{B^2+C^2}$, $\theta = a\ tan\left(\dfrac{B}{C}\right)$
Raízes repetidas *m* vezes	$\displaystyle\sum_{j=1}^{m}\frac{A_j}{\left(s-p\right)^j}$	$\displaystyle e^{pt}\sum_{j=1}^{m}\frac{A_j t^{j-1}}{(j-1)!}$

EXEMPLO 4.9 Inversão de Transformada de Laplace com auxílio de MATLAB

Deseja-se obter $x(t)$ com Expansão em Frações Parciais para

$$X(s) = \frac{s^2+s}{s^3+9s^2+26s+24}$$

```
% Coeficientes de N(s) e D(s) em ordem decrescente de potências de s
N = [1 9 26 24];
D = [1 1 0];
[R,P,K] = residue(N,D)
```

A execução destes comandos fornece

R =
    6.0000
   –6.0000
    1.0000

P =
   –4.0000
   –3.0000
   –2.0000
K =
    [ ]

onde R é o vetor de resíduos, P o vetor de localização dos polos e K o

termo direto $\left(\dfrac{N(s)}{D(s)} = \dfrac{r_1}{s - p_1} + \dfrac{r_2}{s - p_2} + ... + \dfrac{r_n}{s - p_n} + K(s) \right)$. Pela Tabela 4.1, tem-se:

$$x(t) = 6^{-4t} - 6e^{-3t} + e^{-2t}$$

EXERCÍCIOS PROPOSTOS

4.1)   Um tanque horizontal é usado para amortecer perturbações de vazão em uma corrente de processo. Considerando densidade constante, obtenha o modelo para a altura de líquido (h) do tanque frente a perturbações nas vazões de alimentação e de descarga (F_i e F), e classifique-o quanto a linearidade.

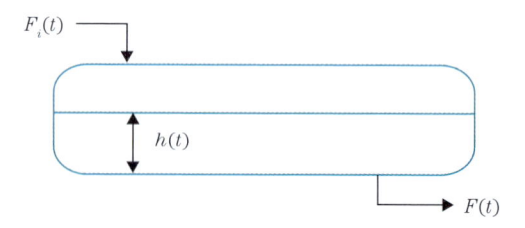

4.2)   Resolva por Transformada de Laplace a EDO do Exemplo 2.2 (resultante das Equações. 2.11 e 2.14) considerando $C = 3$m, $D = 1$m, $h_L = 0,5$m e $\rho_L = 900$ kg/m³ e perturbação degrau unitário em $F_i(t)$.

4.3)   Considere o sistema de nível da figura a seguir:

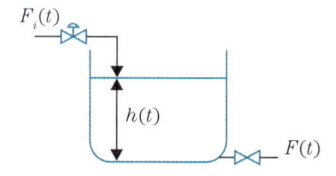

onde $F(t) = k\sqrt{h(t)}$. Aplique o balanço de massa ao sistema, linearize os termos não lineares e obtenha a expressão para $h(t)$ em resposta a uma perturbação degrau unitário em F_i. Assuma que, em $t = 0$, o sistema está no estado estacionário com $F_i(0) = 1$ m³/h e $h(0) = 1$ m, e que a área transversal do tanque é de 1 m².

4.4) Para dois tanques interagentes esquematizados a seguir, obtenha as expressões para os níveis $h_1(t)$ e $h_2(t)$ empregando Transformada de Laplace para uma perturbação degrau unitário em $F_o(t)$ ocorrendo em $t = 0$.

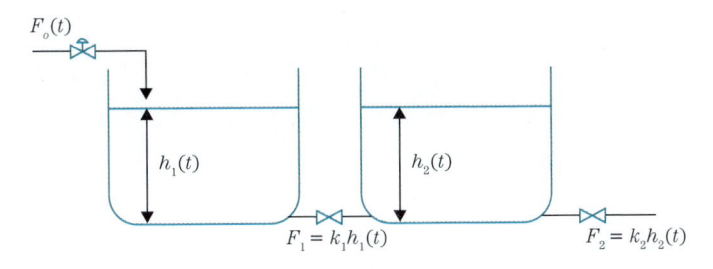

Considere que, em $t = 0$, o sistema está em estado estacionário com $F_o = 1$ m³/h, $h_1(0) = 2$ m e $h_2(0) = 1$ m. As áreas transversais dos tanques A_1 e A_2 são, respectivamente, 0,5 m² e 1 m².

4.5) Uma mistura de líquidos imiscíveis, óleo e água, é alimentada a um separador cilíndrico vertical, conforme esquema a seguir.

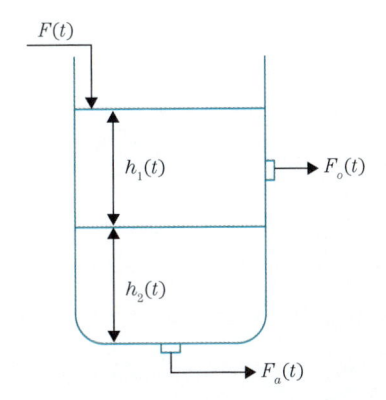

Admita que as densidades do óleo (ρ_o) e da água (ρ_a) são constantes e que $F(t)$ representa a vazão volumétrica total alimentada.

Escreva as equações diferenciais que descrevem o comportamento dinâmico do sistema e aplique Transformada de Laplace para obter as respostas $h_1(t)$ e $h_2(t)$ a uma perturbação degrau unitário em $F(t)$. Assuma que a fração volumétrica de óleo na corrente $F(t)$ é constante e igual a α.

Representação Entrada-Saída
Funções de Transferência

O Capítulo 5 trata da representação de sistemas lineares expressos em funções de transferência. Na notação empregada, sumarizada a seguir, quando a letra minúscula é adotada para variáveis no domínio t (tempo) e a maiúscula para o domínio s (variável de Laplace).

NOMENCLATURA

$a_1, a_2,..., a_n$	Coeficientes da equação diferencial de ordem n
$b_1, b_2,..., b_m$	Coeficientes da equação diferencial de ordem m
$C(t)$	Concentração mássica
$d(t), D(s)$	Variável de perturbação, Transformada de Laplace de $d(t)$
F	Vazão volumétrica
$G(s), H(s)$	Funções de transferência
K	Ganho do processo
$\mathscr{L}\{...\}, \mathscr{L}^{-1}\{...\}$	Transformada de Laplace, Transformada inversa de Laplace
t	Tempo
$u(t), U(s)$	Variável de entrada, Transformada de Laplace de $u(t)$
$V(t)$	Volume
$y^{(n)}, u^{(m)}$	Derivada de ordem n da variável de resposta $y(t)$, derivada de ordem m da entrada $u(t)$
$y(t), Y(s)$	Variável de resposta, Transformada de Laplace de $y(t)$

Símbolos gregos

τ	Constante de tempo
ξ	Fator de amortecimento
ω	Frequência (rad/min ou Hz)
$\delta(t)$	Delta de Dirac

5.1 FUNÇÕES DE TRANSFERÊNCIA

Considere o sistema linear representado pela Equação 5.1:

$$a_n y^{(n)}(t) + a_{n-1} y^{(n-1)}(t) + ... + a_1 \dot{y}(t) + a_0 y(t) =$$
$$b_m u^{(m)}(t) + b_{m-1} u^{(m-1)}(t) + ... + b_1 \dot{u}(t) + b_0 u(t); \quad (n \geq m) \tag{5.1}$$

onde $y(t)$ e $u(t)$ são funções do tempo; $y^{(k)}(t)$, $u^{(k)}(t)$ representam as derivadas de ordem k de $y(t)$, $u(t)$ respectivamente. As derivadas de ordem um estão representadas acima como $\dot{y}(t)$ e $\dot{u}(t)$.

Para um sistema de entrada $u(t)$ e saída $y(t)$, uma forma de representação muito utilizada em controle de processos é a de "função de transferência". A função de transferência de um sistema linear invariante no tempo é definida como a Transformada de Laplace da saída (resposta do sistema) sobre a Transformada de Laplace da entrada (excitação ou perturbação no sistema), admitindo-se todas as condições iniciais iguais a zero. A definição de variáveis desvio permite obter condições iniciais iguais a zero para resolução das equações diferenciais ordinárias (EDO's) do modelo.

A "variável desvio" é definida como o afastamento da variável de estado ($y(t)$) do seu valor no estado estacionário ou valor de referência, e foi introduzida no texto no Capítulo 2, nos exemplos de linearizações. Na continuação do texto, dado que as funções de transferência que serão utilizadas estão definidas para variáveis desvio, fica entendido que todas as variáveis são variáveis desvio. Essa transformação de variável é representada graficamente na Figura 5.1.

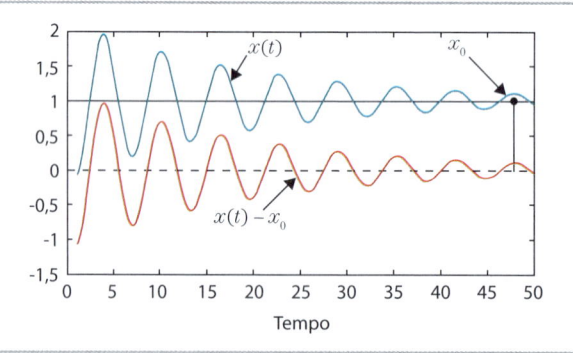

Figura 5.1　Variável desvio

5.2 RESOLUÇÃO DE SISTEMAS LINEARES

A função de transferência do sistema representado pela Equação 5.1 é obtida transformando-se, em primeiro lugar, a EDO para o domínio de Laplace:

$$a_n s^n Y(s) + a_{n-1} s^{n-1} Y(s) + ... + a_1 s Y(s) + a_0 Y(s) =$$
$$b_m s^m U(s) + b_{m-1} s^{m-1} U(s) + ... + b_1 s U(s) + b_0 U(s) \quad (n \geq m) \tag{5.2}$$

e, rearranjando, obtém-se:

$$\frac{Y(s)}{U(s)} = \frac{b_m s^m + b_{m-1} s^{m-1} + \dots + b_1 s + b_0}{a_n s^n + a_{n-1} s^{n-1} + \dots + a_1 s + a_0} \quad (n \geq m) \tag{5.3}$$

a função de transferência que mapeia a entrada $u(t)$ na saída $y(t)$.

Cada função de transferência pode ser representada graficamente por um bloco (que substitui o quociente de polinômios, Equação 5.3), uma entrada (representando a variável independente) e uma saída (representando a variável dependente). Sistemas complexos podem ser representados graficamente por meio de blocos interligados. Esse tipo de representação é muito útil, pois permite tratar sistemas complexos a partir de blocos simples com operações de soma e multiplicação. Para exemplificar, suponha-se que um processo é descrito por duas equações diferenciais:

$$a_n y^{(n)}(t) + a_{n-1} y^{(n-1)}(t) + \dots + a_1 \dot{y}(t) + a_0 y(t) =$$
$$b_m u^{(m)}(t) + b_{m-1} u^{(m-1)}(t) + \dots + b_1 \dot{u}(t) + b_0 u(t); \quad (n \geq m) \tag{5.4}$$

$$c_l u^{(l)}(t) + c_{l-1} u^{(l-1)}(t) + \dots + c_1 \dot{u}(t) + c_- u(t) =$$
$$d_p x^{(p)}(t) + d_{p-1} x^{(p-1)}(t) + \dots + d_1 \dot{x}(t) + d_0 x(t); \quad (l \geq p) \tag{5.5}$$

Usando-se o conceito de função de transferência, obtém-se:

$$\frac{Y(s)}{U(s)} = \frac{b_m s^m + b_{m-1} s^{m-1} + \dots + b_1 s + b_0}{a_n s^n + a_{n-1} s^{n-1} + \dots + a_1 s + a_0} = G_1(s) \quad (n \geq m) \tag{5.6}$$

$$\frac{U(s)}{X(s)} = \frac{d_p s^p + d_{p-1} s^{p-1} + \dots + d_1 s + d_0}{c_l s^l + c_{l-1} s^{l-1} + \dots + c_1 s + c_0} = G_2(s) \quad (l \geq p) \tag{5.7}$$

Neste sistema, a representação em blocos de entrada e saída resulta em dois blocos com a saída do primeiro bloco $\left(G_2(s)\right)$ alimentando o próximo:

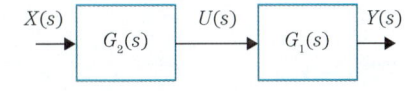

Figura 5.2   Representação entrada-saída em diagrama de blocos

Pode-se operar a equação algébrica obtendo-se:

$$\frac{Y(s)}{X(s)} = \frac{b_m s^m + b_{m-1} s^{m-1} + \dots + b_1 s + b_0}{a_n s^n + a_{n-1} s^{n-1} + \dots + a_1 s + a_1}$$
$$\frac{d_p s^p + d_{p-1} s^{p-1} + \dots + d_1 s + d_0}{c_\lambda s^l + c_{l-1} s^{l-1} + \dots + c_1 s + c_0} \quad (l \geq p), \ (n \geq m) \tag{5.8}$$

isto é:

$$\frac{Y(s)}{X(s)} = G_1(s)G_2(s) \tag{5.9}$$

A Equação 5.9 e a Figura 5.2 permitem concluir que a função de transferência entre a saída $Y(s)$ e a entrada $U(s)$ coincide com o produto das funções de transferência que se apresentam no caminho entre as duas variáveis. A solução no domínio de Laplace consiste agora em, uma vez definida a função de perturbação $x(t)$, calcular a Transformada Inversa de Laplace de:

$$Y(s) = G_1(s)G_2(s)X(s) \tag{5.10}$$

ou seja

$$y(t) = \mathscr{L}^{-1}\{Y(s)\} \tag{5.11}$$

A seguir, são apresentados alguns diagramas de blocos e se descrevem as regras básicas de operações com blocos.

5.2.1 Diagrama de blocos

No desenvolvimento anterior, definiu-se a primeira operação em diagrama de blocos, dois blocos em série podem ser substituídos por um único bloco, e a função de transferência que este representa é o produto das duas funções de transferência dos blocos individuais.

Para um sistema representado por:

$$Y(s) = Y_1(s) + Y_2(s) = G_1(s)U(s) + G_2(s)U(s) \tag{5.12}$$

tem-se o diagrama de blocos da Figura 5.3:

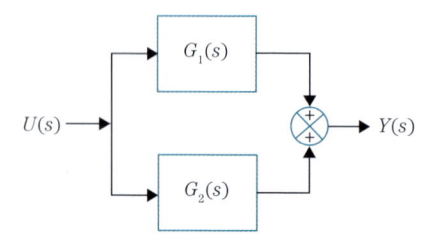

Figura 5.3   Representação em diagrama de blocos da Equação 5.12

onde se apresentam dois novos elementos, o ponto de ramificação, destacados nas Figuras 5.4a e b.

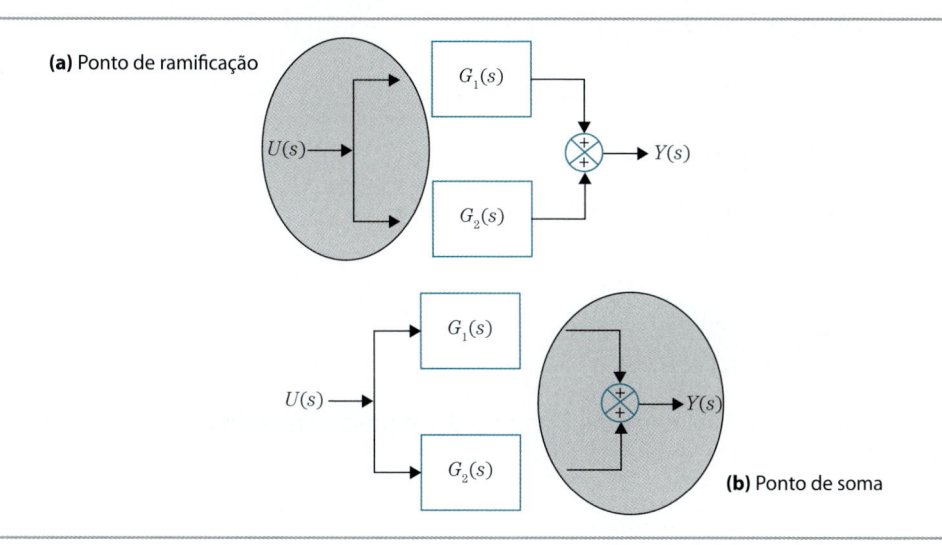

Figura 5.4 Ponto de soma e ponto de ramificação encontrados na Equação 5.12

Este sistema pode ser reescrito, após álgebra de blocos, como

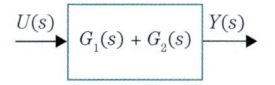

Figura 5.5 Função de transferência global da Equação 5.12

Um diagrama de blocos muito utilizado em controle de processos é o que representa um sistema com realimentação da saída (*feedback*), mostrado na Figura 5.6.

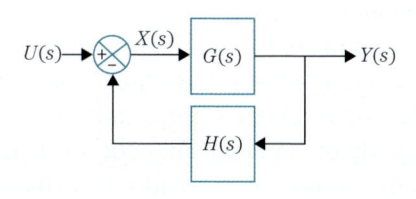

Figura 5.6 Realimentação da saída: *feedback*

A redução deste diagrama a um bloco único é obtida por manipulação algébrica:

$$Y(s) = G(s)X(s)$$

$$X(s) = U(s) - H(s)Y(s)$$

$$Y(s) = G(s)[U(s) - H(s)Y(s)]$$

$$Y(s) = G(s)U(s) - G(s)H(s)Y(s)$$

$$Y(s) + G(s)H(s)Y(s) = G(s)U(s)$$

$$[1 + G(s)H(s)]Y(s) = G(s)U(s)$$

ou

$$\frac{Y(s)}{U(s)} = \frac{G(s)}{1 + G(s)H(s)} \tag{5.13}$$

Isto implica que o sistema da Figura 5.6 é equivalente ao bloco apresentado na Figura 5.7.

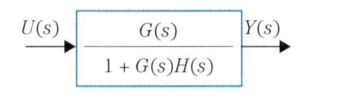

Figura 5.7   Função de transferência global para diagrama de blocos *feedback*

Observa-se que esta função de transferência global corresponde a

$$G_{\text{GLOBAL}}(s) = \frac{Y(s)}{U(s)} = \frac{\text{Caminho direto da entrada } U(s) \text{ para a saída } Y(s)}{1 + \text{Caminho de realimentação da saída } Y(s) \text{ para a saída } Y(s)}$$

Caso o bloco de soma tenha sinal positivo na realimentação, o denominador na Equação 5.13 apresenta-se com uma subtração:

$$1 - \text{Caminho de realimentação da saída } Y(s) \text{ para a saída } Y(s),$$

correspondendo a um *feedback* positivo.

Com a malha *feedback*, apresentou-se a necessidade de rearranjar os blocos de um diagrama. Esse procedimento é feito para fins de análise do sistema. Conclui-se que qualquer diagrama de blocos de um sistema dinâmico de uma entrada e uma saída, independente da sua complexidade inicial, pode ser transformado em um problema representado por um único bloco e resolvido de forma análoga à apresentada na seção anterior (Equações 5.12 e 5.13).

Para fins de análise do sistema dinâmico, a função de transferência pode ser interpretada como um "filtro" entre o sinal de saída e o sinal de entrada. Esse filtro apresenta uma parte estática ("ganho estático") e uma parte dinâmica ("ganho dinâmico"). O "ganho estático" é o valor do ganho quando o tempo tende a infinito (que pode ser obtido aplicando-se o **teorema do valor final** à função de transferência). O "ganho dinâmico" é a parte da função de transferência dependente da variável de Laplace s, definido pelas transformadas das equações diferenciais que descrevem o processo.

O procedimento para obtenção das funções de transferência de um sistema dinâmico está esquematizado na Figura 5.8.

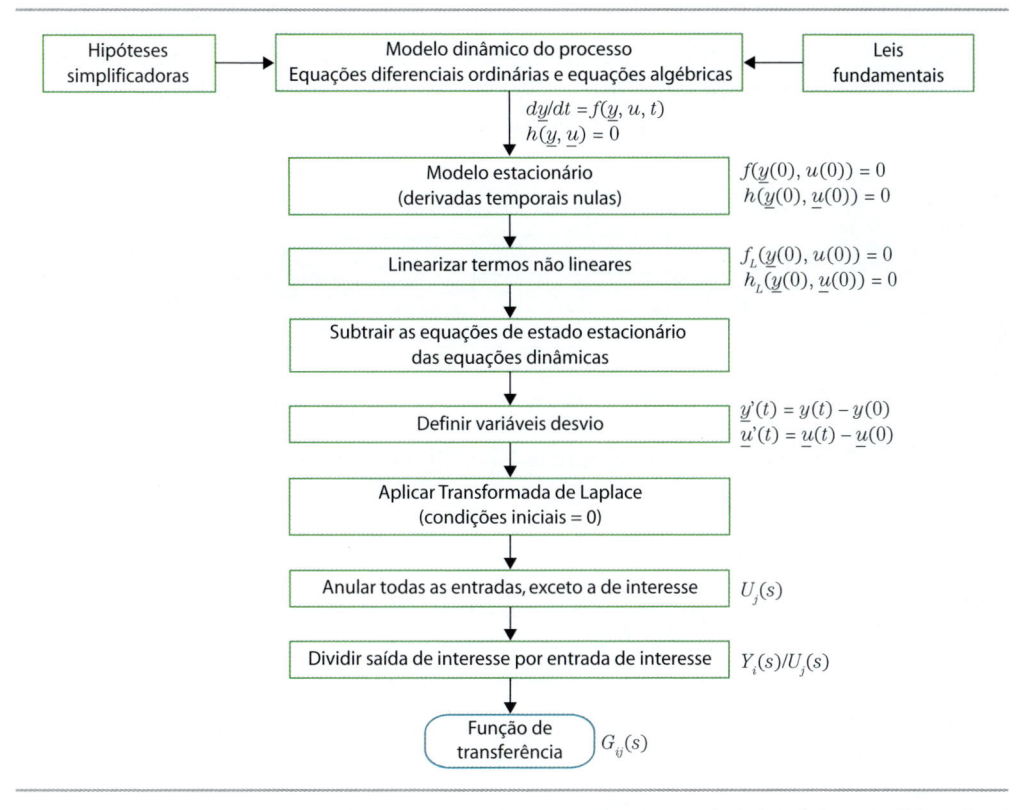

Fonte: Adaptada de Dale, Seborg e Mellichamp (2004)

Figura 5.8 Procedimento para construção de funções de transferência

EXEMPLO 5.1 Funções de transferência do separador bifásico simplificado

Monte o diagrama de blocos da malha fechada do modelo do separador bifásico simplificado apresentado no Exemplo 2.3. Utilize o controlador PI do Exemplo 4.4 e determine a função de transferência que relaciona o nível com a vazão de entrada.

A Equação 2.19 relaciona duas entradas do processo; $d(t)$ (vazão de entrada) e $u(t)$ (abertura da válvula) com a saída do processo $y(t)$ (nível), reproduzida a seguir.

$$CD\frac{dy(t)}{dt} = \left[d(t) - K_{x_L} u(t) \right]$$

A função de transferência desta relação é dada por:

$$Y(s) = \frac{1}{CDs}\left[D(s) - K_{x_L} U(s) \right]$$

$$G_C(s) = K_C\left(1 + \frac{1}{\tau_I s}\right)$$

Como a variável controlada é o nível, $Y(s)$, esta passa a se chamar $C(s)$. O controlador opera sobre o erro $E(s) = R(s) - C(s)$, a diferença entre o valor desejado, $R(s)$ e a resposta controlada do processo $C(s)$ $(= Y(s))$. O diagrama resultante é mostrado na Figura 5-9.

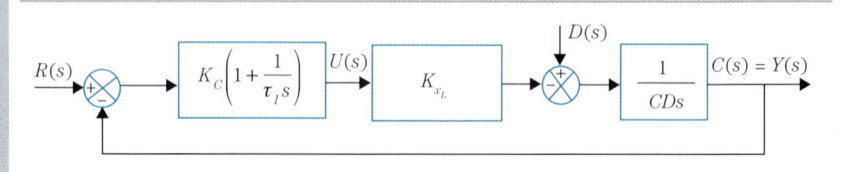

Figura 5.9   Malha de controle de nível de separador bifásico simplificado

A função de transferência $Y(s)/D(s)$ é dada por:

$$\frac{Y(s)}{D(s)} = \frac{-\dfrac{\tau_I s}{K_{x_L} K_C}}{-\dfrac{\tau_I CD}{K_{x_L} K_C}s^2 + \tau_I s + 1}$$

EXEMPLO 5.2 Dois tanques de mistura perfeita em série, com reciclo

Considere dois tanques de mistura perfeita, com seus volumes constantes, V_1 e V_2, vazão volumétrica F constante, concentrações molares de um soluto $C_1(t)$ e $C_2(t)$ e vazão de reciclo F, ilustrado na Figura 5.10a.

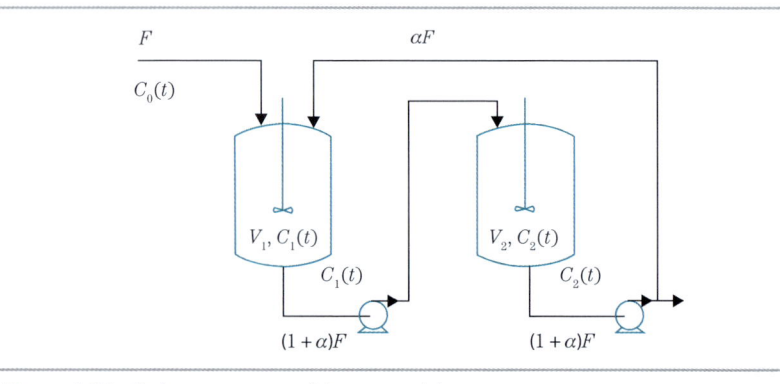

Figura 5.10a Dois tanques em série com reciclo

Assume-se mistura perfeita. As respostas do processo para perturbações em $C_0(t)$ (concentração do soluto na alimentação) podem ser obtidas a partir de balanços de massa aplicados em cada tanque:

a) Balanço de massa para o soluto no tanque 1:

$$V_1 \frac{dC_1(t)}{dt} = FC_0(t) + \alpha FC_2(t) - (1+\alpha)FC_1(t) \tag{5.14}$$

b) Balanço de massa para o soluto no tanque 2:

$$V_2 \frac{dC_2(t)}{dt} = (1+\alpha)F\left[C_1(t) - C_2(t)\right] \tag{5.15}$$

Definindo-se:

$$\tau_1 = \frac{V_1}{(1+\alpha)F}, \quad \tau_2 = \frac{V_2}{(1+\alpha)F}, \quad K = \frac{F}{(1+\alpha)F}$$

tem-se:

$$\begin{cases} \tau_1 \dfrac{dC_1(t)}{dt} + C_1(t) = KC_0(t) + \alpha KC_2(t) \\[2mm] \tau_2 \dfrac{dC_2(t)}{dt} + C_2(t) = C_1(t) \end{cases} \tag{5.16}$$

Para serem consistentes com o modelo, as condições iniciais devem cumprir as seguintes relações:

$$\begin{cases} C_1(0) = KC_0(0) + \alpha KC_2(0) \\[2mm] C_2(0) = C_1(0) \end{cases} \tag{5.17}$$

Nessas, considera-se que o processo está em estado estacionário no instante $t = 0$. Como as condições iniciais não são nulas, devem-se transformar as variáveis originais para variáveis desvio. Considerando que:

$$\begin{cases} C_0(t) = \hat{C}_0(t) + C_0(0) \\[2mm] C_1(t) = \hat{C}_1(t) + C_1(0) \\[2mm] C_2(t) = \hat{C}_2(t) + C_2(0) \end{cases} \tag{5.18}$$

obtém-se:

$$\begin{cases} \tau_1 \dfrac{d\hat{C}_1(t)}{dt} + \hat{C}_1(t) = K\hat{C}_0(t) + \alpha K\hat{C}_2(t) \\[2mm] \tau_2 \dfrac{d\hat{C}_2(t)}{dt} + \hat{C}_2(t) = \hat{C}_1(t) \end{cases} \tag{5.19}$$

Aplicando-se a Transformada de Laplace ao modelo anterior tem-se:

$$\hat{C}_1(s) = \frac{K}{(\tau_1 s + 1)} \hat{C}_0(s) + \frac{\alpha K}{(\tau_1 s + 1)} \hat{C}_2(s) \tag{5.20}$$

$$\hat{C}_2(s) = \frac{1}{(\tau_2 s + 1)} \hat{C}_1(s) \tag{5.21}$$

E a representação em diagrama de blocos, omitindo-se o circunflexo nas variáveis desvio é:

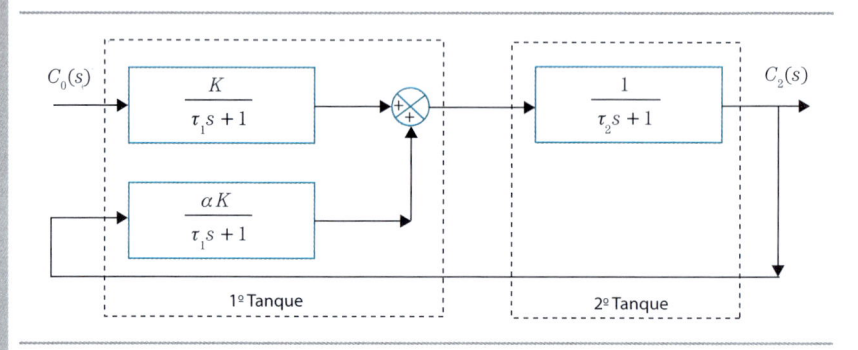

Figura 5.10b Diagrama de blocos

Manipulando-se algebricamente os blocos (ou as equações), obtém-se a função de transferência global:

$$G(s) = \frac{\hat{C}_2(s)}{\hat{C}_0(s)} = \frac{K}{(\tau_1 s + 1)(\tau_2 s + 1) - \alpha K} \tag{5.22}$$

Para ilustrar o uso de ferramentas computacionais para análise dinâmica, este exemplo é simulado em três alternativas no MATLAB/SIMULINK. Em todas estas, o cenário de perturbação é uma perturbação degrau de 10% na composição da alimentação, $C_0(t)$:

☐ Solução analítica: expansão em frações parciais, empregando-se a função *built-in* do MATLAB *residue*.

☐ Solução Numérica (*solver* **interno do SIMULINK**): simulação em SIMULINK (*DoisTanques.mdl*) com blocos de funções de transferência (Equações 5.20 e 5.21) rodada em ambiente MATLAB com o auxílio da função *sim*.

☐ Solução Numérica (*solver* **interno do SIMULINK**): simulação SIMULINK com as EDO's na forma das Equações 5.16 usando o bloco *s-function* (*Tanques_sf*). A *s-function* recebe as equações do modelo pela rotina *Tanques.m*.

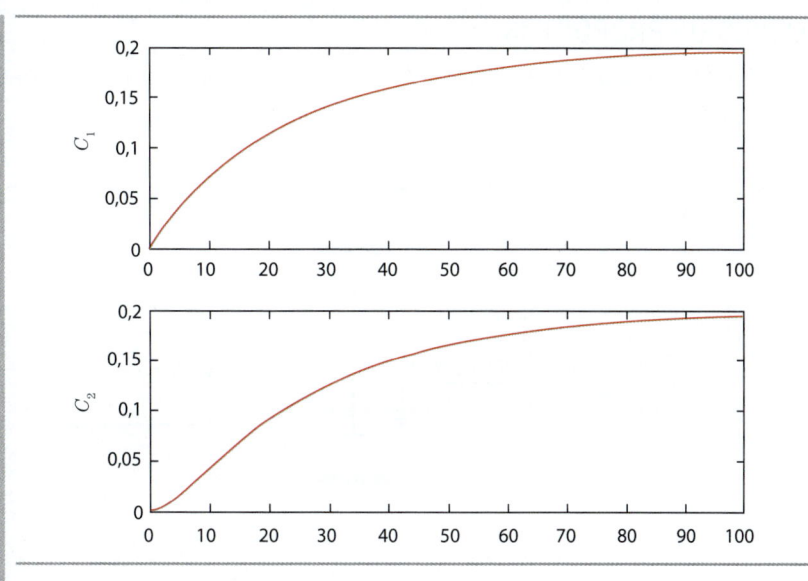

Figura 5.11 Resultados de simulação

Os códigos MATLAB deste Exemplo estão listados no APÊNDICE 3. A Figura 5.12 reproduz o modelo utilizado no SIMULINK.

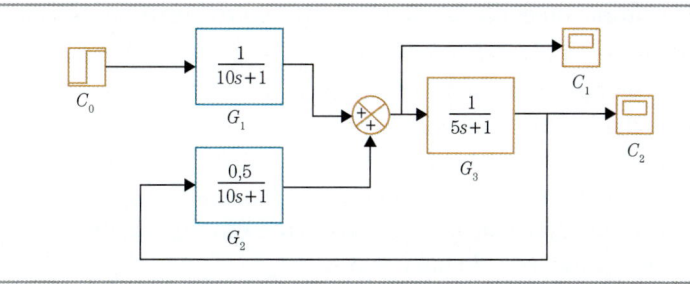

Figura 5.12 Modelo em SIMULINK com blocos de funções de transferência. Blocos em azul referem-se ao primeiro tanque e em laranja ao segundo tanque

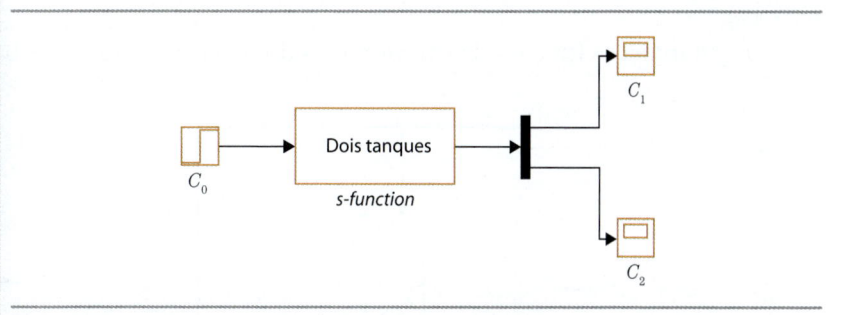

Figura 5.13 Modelo em SIMULINK com bloco *s-function*

EXERCÍCIOS PROPOSTOS

5.1) Considere dois tanques isotérmicos operando no arranjo mostrado a seguir.

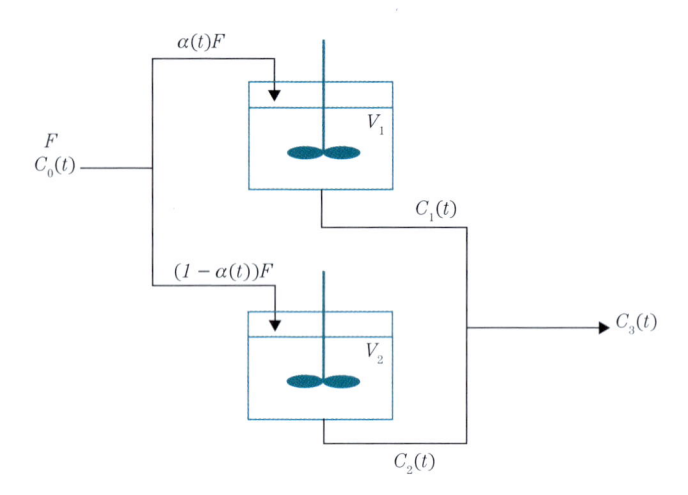

No estado estacionário (denotado pelo subscrito EE): $F_{EE} = 100$ ft³/h, $V_{1,EE} = 100$ ft³, $V_{2,EE} = 300$ ft³, $C_{0,EE} = 1$ lbmol/ft³ (concentração de soluto na alimentação) , e $\alpha_{EE} = 0{,}5$ (razão de divisão). $C_3(t)$ é controlado pela manipulação da "razão de divisão": $\alpha(t) = \alpha_{EE} + K(C_{3,SP}(t) - C_3(t))$, onde $C_{3,SP}(t)$ é o valor de referência para C_3 e K é uma constante de sintonia do controlador. O sistema sofre perturbações em $C_0(t)$ e em $C_{3,SP}(t)$.

Pedem-se:
a) O estado estacionário do processo.
b) O diagrama de blocos do processo controlado.
c) As funções de transferência $C_3(s)/C_0(s)$, $C_3(s)/\alpha(s)$ e $C_3(s)/C_{3,SP}(s)$.
d) A concentração na saída C_3 em resposta a um degrau de 15% na concentração da alimentação C_0 em $t = 1$h e um degrau de 5% no valor de referência ($C_{3,SP}$) ocorrendo em $t = 3$ h.
e) Simule o cenário descrito no item c, empregando o ambiente SIMULINK.

5.2) Considere o processo apresentado a seguir, em que parte da alimentação sofre *by-pass*.
a) Obtenha as funções de transferência do processo para perturbações em $C_f(t)$.

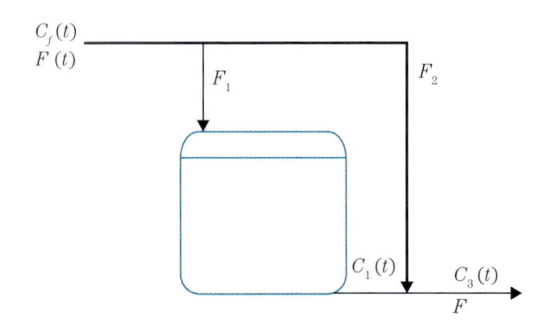

b) Para $F = 2\ \mathrm{m^3/min}$, $C_f = 1\ \mathrm{kgmol/m^3}$ e $V = 10\ \mathrm{m^3}$, quais os valores numéricos dos parâmetros do modelo?

c) Considere uma perturbação degrau de 50% na composição da alimentação. Obtenha a resposta de $C_3(t)$ a esta perturbação.

d) Compare à resposta ao impulso (50% na composição da alimentação).

5.3) Para cada um dos diagramas de bloco a seguir, obtenha a função de transferência O/I e a resposta a uma perturbação degrau de amplitude unitária.

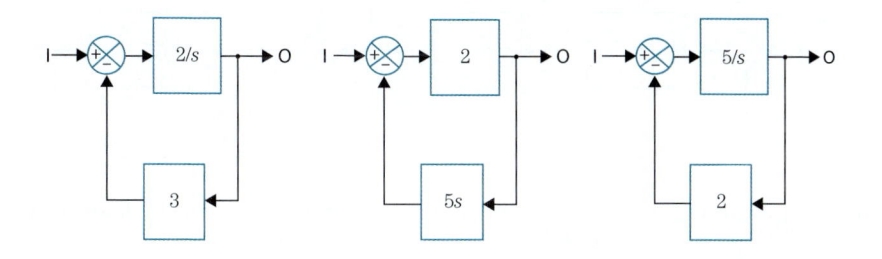

5.4) Determine as funções de transferência que relacionam a altura de líquido e a vazão de entrada $FT_1 = Y(s)/D(s)$ e a vazão de saída e a vazão de entrada $FT_2 = K_{x_L} U(s)/D(s)$ para o separador bifásico apresentado no Exemplo 5.1.

5.5) Demonstre que a função de transferência que relaciona o nível e a vazão de entrada, isto é, $Y(s)/D(s)$, para um separador bifásico operando a pressão atmosférica e com controle proporcional puro (K_C) é dada por

$$\frac{Y(s)}{D(s)} = \frac{\dfrac{1}{\big/}\big(K_{h_L} - K_{x_L} K_C\big)}{\dfrac{CD}{\big(K_{h_L} - K_{x_L} K_C\big)}s + 1}$$

onde

$$K_{h_L} = \frac{2,4\cdot 10^{-4}\,\overline{x}_L\, C_V \sqrt{\rho_{\mathrm{H_2O},\,15,5\,^\circ\mathrm{C}}\ g\ 10^{-5}}}{2\sqrt{\overline{h}_L}}$$

$$K_{x_L} = 2,4\cdot 10^{-4} C_V \sqrt{\rho_{\mathrm{H_2O},\,15,5\,^\circ\mathrm{C}}\ g\ 10^{-5}\overline{h}_L}$$

5.6) Demonstre que o diagrama de blocos a seguir representa adequadamente o modelo do tratador eletrostático apresentado no Capítulo 2 para $\varepsilon = 1$ (eficiência de separação).

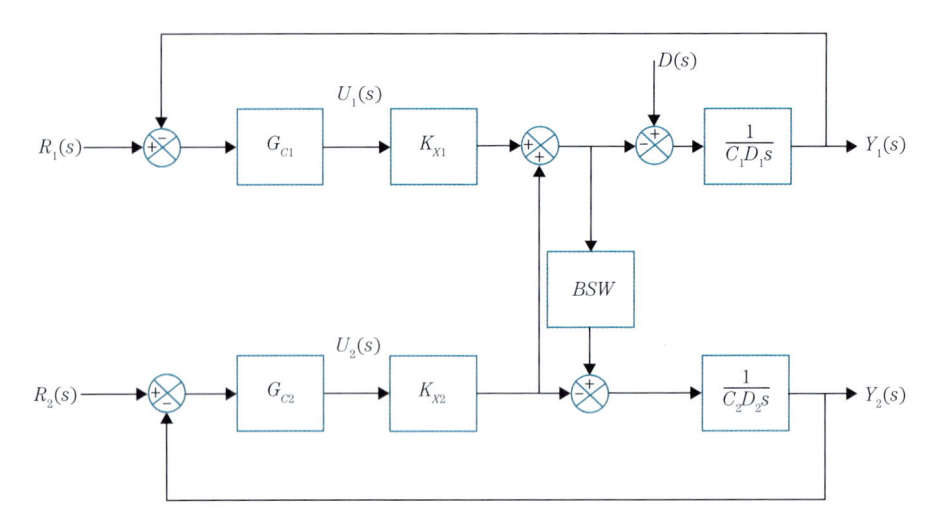

5.7) Determine a função de transferência entre a perturbação (vazão de entrada) $D(s)$ e a saída (nível) $Y_2(s)$, $FT = \dfrac{Y_2(s)}{D(s)}$ para o tratador eletrostático apresentado no Exercício 5.6, considerando que os controladores G_{C1} e G_{C2} são PI (proporcional + integral).

5.8) Considere dois separadores em série (Sep1 e Sep2) conforme a figura abaixo.

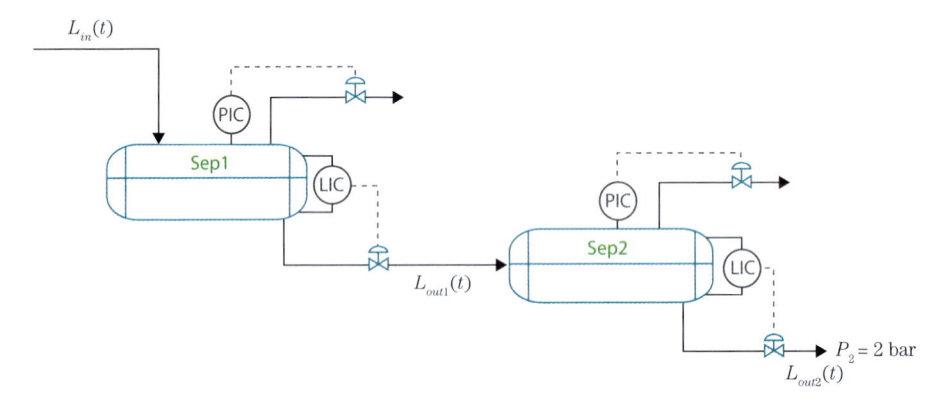

As pressões dos separadores são 10 bar e 5 bar para Sep1 e Sep2 respectivamente. Considere os modelos lineares para as equações das válvulas, apresentados no Capítulo 2.

a) Monte o diagrama de blocos da malha fechada para o sistema com controlador PI para cada vaso.

b) Deduza a função de transferência da malha fechada que relaciona o nível do primeiro vaso ($h_{L1}(t)$) com a vazão de entrada ($L_{in}(t)$) e determine os valores de ganho proporcional (K_C) e tempo integral (T_I) que instabilizam esse controle.

c) Deduza as funções de transferência que relacionam as vazões de saída de cada vaso com a vazão de entrada ($L_{in}(t)$), isto é, ($L_{out_1}(t)/L_{in}(t)$) e ($L_{out_2}(t)/L_{in}(t)$).

Respostas Dinâmicas

Para sistemas de uma entrada e uma saída, SISO, a resposta dinâmica é o comportamento da variável de saída, para uma perturbação na variável de entrada. Os valores numéricos da resposta dinâmica $(y(t))$ são obtidos resolvendo-se as equações diferenciais e algébricas que descrevem o processo, quando perturbado por um sinal externo $(u(t))$. Em geral, os processos reais consistem na combinação, mais ou menos complexa, de sistemas básicos elementares. É fundamental, para o conhecimento desses processos, ter-se uma noção exata do comportamento dos sistemas elementares. Assim, apresentam-se neste Capítulo sistemas básicos para, posteriormente, aplicá-los a sistemas de E&P.

NOMENCLATURA

A	Amplitude da perturbação degrau ou amplitude da oscilação senoidal
A_1, A_2	Áreas dos tanques 1 e 2, respectivamente
$a_1, a_2,..., a_n$	Coeficientes da equação diferencial de ordem n
$b_1, b_2,..., b_m$	Coeficientes da equação diferencial de ordem m
C, D	Comprimento e diâmetro de separador bifásico (m)
$C(t)$	Concentração mássica
C_V	Coeficiente da válvula de líquido do separador bifásico
$d(t), D(s)$	Variável de perturbação, Transformada de Laplace de $d(t)$
$F, F_i(t)$	Vazão volumétrica
g	Aceleração da gravidade
$G(s), H(s)$	Funções de transferência
$h_L, h_{L,0}$	Altura de líquido no separador bifásico, idem no estado estacionário (m)
$h_T(t), h_W(t), h(t)$	Altura total do líquido, altura de água, altura de líquido (m)
h_{vert}	Altura do vertedouro em separador trifásico (m)
K, K_{vel}	Ganho de processo de primeira ordem com $a_1 \neq 0$, ganho de processo de primeira ordem com $a_1 = 0$
K_C	Ganho proporcional de controlador
$L_{in,0}, L_{out,0}$	Vazão de líquido de alimentação e de descarga de separador bifásico no estado estacionário

$L_{in}(t), L_{out}(t)$	Vazão de líquido de alimentação e de descarga de separador bifásico
$\mathscr{L}\{...\}, \mathscr{L}^{-1}\{...\}$	Transformada de Laplace, Transformada Inversa de Laplace
L_{vert}	Vazão do vertedouro
L_W	Vazão de descarga de água do separador
P	Pressão do separador
R	Resistência ao escoamento
t	Tempo
T	Temperatura
$u(t), U(s)$	Variável de entrada, Transformada de Laplace de $u(t)$
V	Volume
$x_{L,0}$	Fração de abertura da válvula de líquido do separador bifásico no estado estacionário
$y^{(n)}, u^{(m)}$	Derivada de ordem n da variável de resposta $y(t)$, derivada de ordem m da entrada $u(t)$
$y(t), Y(s)$	Variável de resposta, Transformada de Laplace de $y(t)$

Abreviações

LIC, PIC	Controlador/Indicador de nível e pressão, respectivamente
LT, PT	Sensor/transmissor de nível e pressão, respectivamente
LY, PY	Conversor de sinal analógico (4-20 mA) para digital (3-15 psig) em malha de controle de nível e pressão, respectivamente
PI	Controlador proporcional + integral
SP	*Setpoint*, valor de referência para a variável controlada

Símbolos gregos

τ	Constante de tempo
τ_I	Constante de tempo integral de controlador PI
ξ	Fator de amortecimento
ω	Frequência (rad/min ou Hz)
$\delta(t)$	Delta de Dirac
$\rho_{H_2O,\ 15,5\ °C}$	Densidade da água a 15,5 °C

6.1 RESPOSTA DINÂMICA DE PROCESSOS LINEARES DE 1ª ORDEM

6.1.1 Resposta de um sistema de 1ª ordem a uma perturbação degrau

Um sistema de 1ª ordem é representado (modelado) por uma EDO de 1ª ordem. Se o sistema é linear (ou linearizado), a equação que relaciona a saída $y(t)$ com a entrada $u(t)$ para todo t é:

$$a_1 \frac{dy(t)}{dt} + a_0 y(t) = b_0 u(t) \tag{6.1}$$

A função $u(t)$ é chamada de "perturbação de entrada", e corresponde ao termo de excitação da equação diferencial não homogênea (Equação 6.1). Este modelo representa dois tipos de processos com características de resposta dinâmica muito diferentes.

a) Para $a_0 \neq 0$, define-se:

$$\tau = \frac{a_1}{a_0} \text{ (constante de tempo)}$$

$$K = \frac{b_0}{a_0} \text{ (ganho estático)}$$

e a equação diferencial é:

$$\tau \frac{dy(t)}{dt} + y(t) = Ku(t) \tag{6.2}$$

A constante de tempo, τ, é uma medida da velocidade do processo em resposta a uma perturbação, ou seja, de COMO a saída do processo reage a variações de entrada. K, ganho estático, é uma medida da amplificação (ou redução) que o processo provoca sobre o sinal da entrada, uma medida de QUANTO a saída do processo reage a variações de entrada. No estado estacionário, $\frac{dy(t)}{dt} = 0$, e, pela Equação 6.2, $y(\infty) = Ku(\infty)$.

Aplicando-se a Transformada de Laplace na Equação 6.2, a função de transferência correspondente é:

$$G(s) = \frac{Y(s)}{U(s)} = \frac{K}{\tau s + 1} \tag{6.3}$$

Recorrendo-se ao Teorema do Valor Final na Equação 6.3, com $U(s)$ correspondendo a uma função degrau com amplitude $A \left(U(s) = \frac{A}{s} \right)$, obtém-se:

$$\lim_{s \to 0} y(s) = \frac{K}{\tau s + 1} \frac{A}{s} s = AK \tag{6.4}$$

Vê-se na Equação 6.4 que a saída do processo no estado estacionário $(t \to \infty)$ é igual a A amplificado pelo ganho do processo, ou seja KA. A resposta transiente deste processo a uma perturbação degrau de magnitude A pode ser calculada analiticamente multiplicando-se a função de transferência pela Transformada de Laplace da função degrau, obtendo-se:

$$Y(s) = \frac{K}{(\tau s + 1)} \frac{A}{s} \tag{6.5}$$

A transformada inversa é obtida por expansão em frações parciais:

$$\frac{K}{(\tau s + 1)} \frac{A}{s} = \frac{a_1}{s} + \frac{a_2}{\tau s + 1}$$

com

$$a_1 = \lim_{s \to 0} \left[\frac{K}{(\tau s + 1)} \frac{A}{s} s \right] = KA$$

$$a_2 = \lim_{s \to -\frac{1}{\tau}} \left[\frac{K}{(\tau s + 1)} \frac{A}{s} (\tau s + 1) \right] = -\tau KA$$

e, da Tabela 4.1, obtém-se a resposta do modelo para uma perturbação degrau no domínio do tempo:

$$y(t) = AK \left(1 - exp \left(\frac{-t}{\tau} \right) \right) \tag{6.6}$$

Existem alguns pontos da curva de resposta que têm relevância na análise do comportamento dinâmico do processo e, eventualmente, são utilizados como especificações no projeto de sistemas de controle. Um ponto importante é quando a variável independente t atinge a constante de tempo do processo, ou seja, $t = \tau$.

$$y(t) = AK \left[1 - exp(-1) \right] = 0,632 \; AK \tag{6.7}$$

Neste ponto, a saída atinge 63,2% do valor em estado estacionário, mostrado na Figura 6.1.

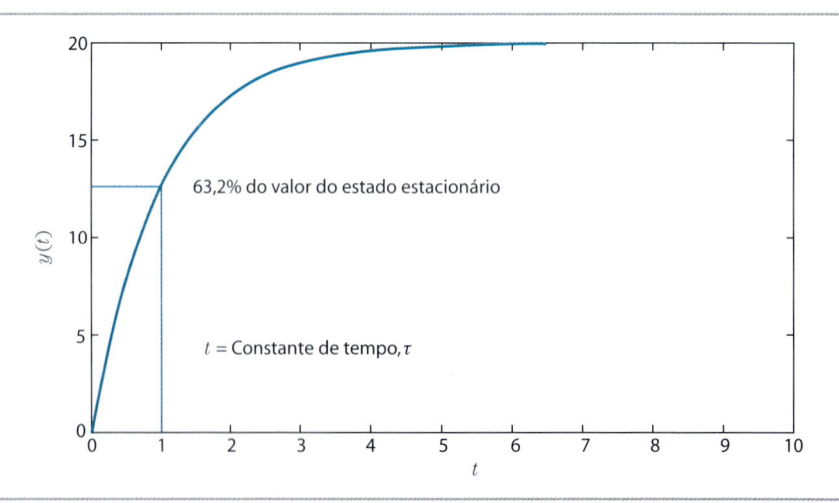

Figura 6.1   Resposta de sistema de 1ª ordem a perturbação degrau de amplitude a, para $K = 10; A = 2;$ $\tau = 1$

Outro instante relevante corresponde ao momento em que a saída atinge 99% do valor de estado estacionário. Nesse caso:

$$0,99 AK = AK \left(1 - exp \left(\frac{-t}{\tau} \right) \right) \Rightarrow t \cong 5\tau \tag{6.8}$$

EXEMPLO 6.1 Separador bifásico

Analisa-se agora o separador bifásico apresentado no Capítulo 2, Seção 2.2, Equação 2.19. Considerando-se $u(t) = 0$ (abertura de válvula constante) e $d(t)$ (desvio na vazão de alimentação de líquido) variando com o tempo, tem-se

$$\tau \frac{dy(t)}{dt} + y(t) = Kd(t) \tag{6.9}$$

onde $\tau = \dfrac{CD}{K_{h_L}}$, $K = \dfrac{1}{K_{h_L}}$ e $K_{h_L} = \dfrac{2,4 \cdot 10^{-4} x_{L,0} \, C_V \sqrt{\rho_{H_2O,\,15,5\,°C} \cdot g \cdot 10^{-5}}}{2\sqrt{h_{L,0}}}$

(6.10a, 6.10b e 6.10c)

Tem-se que um aumento na área do tanque (aumento de C ou D) determina um aumento na constante de tempo. O sistema fica mais lento, o que é de se esperar, pois o aumento de área implica aumento de volume (capacidade), atrasando a resposta do nível à vazão de entrada. Uma elevação no nível de estado estacionário, $h_{L,0}$, aumenta τ e K, enquanto um aumento do coeficiente de descarga os diminui.

b) Para $a_0 = 0$, define-se o *ganho de velocidade* como

$K_{vel} = \dfrac{b_0}{a_1}$. Portanto, a função de transferência é:

$$G(s) = \frac{Y(s)}{U(s)} = \frac{K_{vel}}{s} \text{ (sistema puramente capacitivo ou integrador)} \tag{6.11}$$

Obtém-se o comportamento deste modelo de forma semelhante ao caso anterior. Utilizando-se a Transformada de Laplace da função degrau, a saída do modelo é:

$$Y(s) = \frac{K_{vel}}{s} \frac{A}{s} \tag{6.12}$$

Calculando-se a transformada inversa da Equação 6.12, obtém-se a resposta do modelo para uma perturbação degrau no domínio do tempo: uma reta com inclinação definida pelo ganho K_{vel} e pela magnitude A da perturbação de entrada. Essa resposta pode ser interpretada como a integral da perturbação de entrada multiplicada pelo ganho K_{vel} e por isso o processo de primeira ordem cujo modelo tem $a_0 = 0$ é conhecido como **processo integrador**. Por não alcançar um novo estado estacionário, esse processo é dito **não autorregulável**. Na prática, tendo em vista que o tanque está fisicamente limitado, a altura atinge o valor máximo de projeto, transbordando. Isso corresponde a um comportamento não linear chamado "saturação". Para um tanque com alimentação F_{in} e vazão de descarga F, obtém-se um modelo integrador conforme a Equação 6.10. A simulação em blocos no ambiente SIMULINK é mostrada na Figura 6.2.

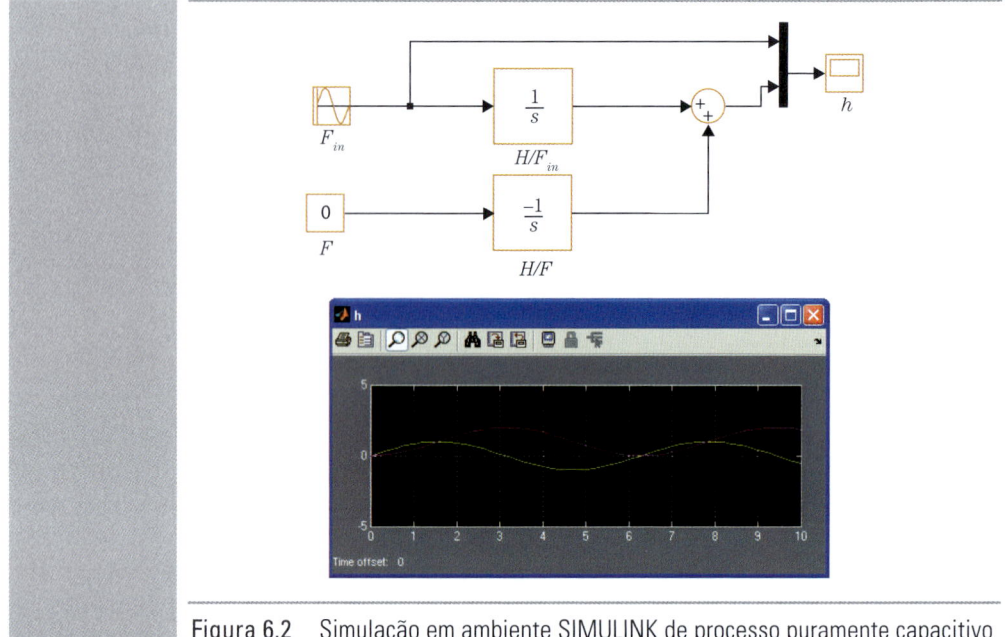

Figura 6.2   Simulação em ambiente SIMULINK de processo puramente capacitivo submetido a perturbação senoidal na alimentação F_{in}

6.1.2 Resposta de um sistema de 1ª ordem a uma perturbação rampa

A Transformada de Laplace da função rampa é:

$$U(s) = \frac{A}{s^2} \tag{6.13a}$$

e a saída do processo perturbado, por expansão em frações parciais, é:

$$Y(s) = \frac{K}{(\tau s + 1)} \frac{A}{s^2} = \frac{A}{(\tau s + 1)} + \frac{B_1}{s^2} + \frac{B_2}{s} \tag{6.13b}$$

Calculando-se a Transformada Inversa de Laplace da Equação 6.13b, obtém-se a resposta do modelo para uma perturbação rampa no domínio do tempo. Os coeficientes são determinados como:

$$A = \lim_{s \to -\frac{1}{\tau}} \left(\frac{K}{\left(s + \frac{1}{\tau}\right)} \frac{A/\tau}{s^2} \left(s + \frac{1}{\tau}\right) \right) = KA\tau \tag{6.14a}$$

$$B_1 = \lim_{s \to 0} \left(\frac{K}{\left(s + \frac{1}{\tau}\right)} \frac{A/\tau}{s^2} s^2 \right) = KA \tag{6.14b}$$

$$B_2 = \lim_{s \to 0} \left(\frac{d}{ds} \left[\frac{K}{\left(s + \frac{1}{\tau}\right)} \frac{A/\tau}{s^2} s^2 \right] \right) = -KA\tau \tag{6.14c}$$

$$y(t) = KA\left[(t-\tau) - e^{-t/\tau}\right] \tag{6.14d}$$

A resposta de um sistema de 1ª ordem a uma perturbação rampa é apresentada na Figura 6.3.

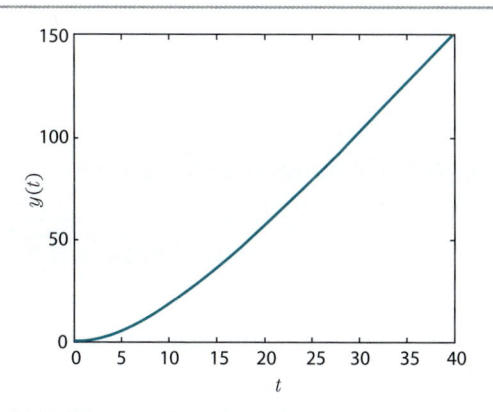

Figura 6.3 Resposta de sistema de 2ª ordem a perturbação rampa $A = 5, K = 1, \tau = 10$

6.1.3 Resposta de um sistema de 1ª ordem a uma perturbação senoidal

Dada a função:

$$u(t) = Asen(\omega t) \tag{6.15}$$

tem-se que a sua Transformada de Laplace é:

$$U(s) = \frac{A\omega}{s^2 + \omega^2} \tag{6.16}$$

Utilizando-se esta função como perturbação ao sistema linear, a resposta deste no domínio de Laplace é:

$$Y(s) = \frac{KA\omega}{(\tau s + 1)\left(s^2 + \omega^2\right)} \tag{6.17}$$

A expansão em frações parciais fornece:

$$\frac{KA\omega}{(\tau s+1)(s^2+\omega^2)} = \frac{KA\omega/\tau}{(s+1/\tau)(s+\omega i)(s-\omega i)} = \frac{a_1}{s+1/\tau} + \frac{a_2}{(s+\omega i)} + \frac{a_3}{(s-\omega i)}$$

$$a_1 = \lim_{s \to \frac{-1}{\tau}}\left(\frac{KA\omega/\tau}{s^2+\omega^2}\right) = \frac{KA\omega\tau}{1+\tau^2\omega^2}$$

$$a_2 = \lim_{s \to \omega i}\left(\frac{KA\omega/\tau}{\left(\omega i + 1/\tau\right)(\omega i + \omega i)}\right) = \frac{KA\omega}{(1+\tau\omega i)(2\omega i)} = \frac{KA}{2(i-\tau\omega)} = \frac{-KA(\tau\omega+i)}{2(1+\tau^2\omega^2)}$$

$$a_3 = \lim_{s \to -\omega i} \left(\frac{KA\omega/\tau}{\left(-\omega i + \frac{1}{\tau}\right)(-\omega i - \omega i)} \right) = \frac{KA\omega}{(1 - \tau\omega i)(-2\omega i)} = \frac{-KA}{2(i + \tau\omega)} = \frac{-KA(\tau\omega - i)}{2(1 + \tau^2\omega^2)}$$

$$y(t) = \frac{KA}{(1 + \tau^2\omega^2)} \left(\omega\tau e^{-t/\tau} - \frac{1}{2}\left[(\tau\omega + i)\mathscr{L}^{-1}\left\{\frac{1}{s - \omega i}\right\} + (\tau\omega - i)\mathscr{L}^{-1}\left\{\frac{1}{s + \omega i}\right\} \right] \right)$$

$$y(t) = \frac{KA}{(1 + \tau^2\omega^2)} \left(\omega\tau e^{-t/\tau} - \frac{1}{2}\left[(\tau\omega + i)e^{\omega it} + (\tau\omega - i)e^{-\omega it} \right] \right)$$

mas $e^{\omega it} = cos(\omega t) + isen(\omega t)$ e a transformada inversa é:

$$y(t) = \frac{KA}{(1 + \tau^2\omega^2)} \left(\omega\tau e^{-t/\tau} - \left[\omega\tau\ cos(\omega t) - sen(\omega t) \right] \right) \qquad (6.18a)$$

Note-se que a_2 e a_3 são complexos conjugados: $a_{2,3} = B \pm C\,i$, onde $B = \omega\tau$ e $C = 1$, e portanto:

$$\omega\tau\ cos(\omega t) - sen(\omega t) = Bcos(\omega t) - Csen(\omega t) = \sqrt{B^2 + C^2}\,sen(\omega t + \phi) \qquad (6.18b)$$

onde:

$$\phi = -arctan\left(\frac{C}{B}\right) \qquad (6.18c)$$

Logo

$$y(t) = \frac{KA}{(1 + \tau^2\,\omega^2)} \left(\omega\tau e^{-t/\tau} - \sqrt{1 + \tau^2\,\omega^2}\,sen(\omega t + \phi) \right) \qquad (6.18d)$$

A resposta de um sistema de 1ª ordem a uma perturbação senoidal é mostrada na Figura 6.4. A sobreposição dos sinais de entrada e saída permite observar que, após um intervalo de tempo inicial, a resposta do processo resume-se a uma senoide de igual frequência, com amplitude proporcional à da entrada (de acordo com os parâmetros do processo e a frequência do sinal de entrada) e defasada no tempo, comportamento característico de sistemas lineares. Na figura, a cor azul é a saída do processo ($y(t)$) e a cor verde é o sinal de entrada ($u(t)$).

Observa-se na Equação 6.18d que a amplitude da resposta do processo é função da frequência, quando perturbado por uma senoide de entrada. Também pode ser observado que há uma defasagem entre a senoide de entrada e a senoide de saída. Duas grandezas podem ser definidas para relacionar entradas e saídas de um processo perturbado por senoides, como função da frequência da perturbação. Essas grandezas são: a relação ou razão de amplitudes (RA) e a defasagem (ϕ). Por razão de amplitudes entende-se o quociente $RA = \dfrac{A_S}{A_E}$, onde A_S é a amplitude da senoide de saída e A_E é a amplitude da senoide de entrada, e defasagem $\phi = \phi_S - \phi_E$, onde ϕ_S é a fase da senoide de saída e ϕ_E é a fase da senoide de entrada. O cálculo dessas grandezas será apresentado no Capítulo de Resposta em Frequência (Capítulo 9).

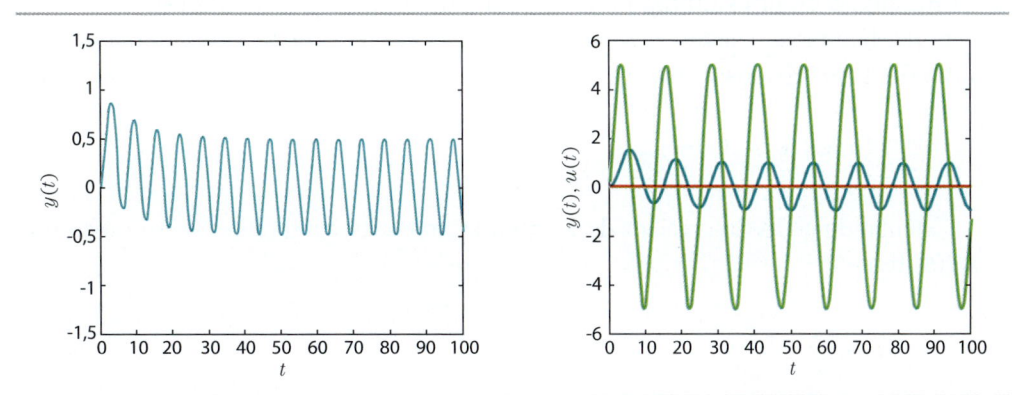

Figura 6.4 Resposta de sistema de 2ª ordem a perturbação senoidal $A = 5, K = 1, \tau = 10, \omega = 0{,}5$

6.2 RESPOSTA DINÂMICA DE PROCESSOS DE 2ª ORDEM

Um sistema de 2ª ordem pode ser descrito pela equação diferencial ordinária:

$$a_2 \frac{d^2 y(t)}{dt^2} + a_1 \frac{dy(t)}{dt} + a_0 y(t) = b_0 u(t) \tag{6.19}$$

Definindo-se para $a_0 \neq 0$

$$K = \frac{b_0}{a_0} \text{ (ganho estático)}$$

$$\tau = \sqrt{\frac{a_2}{a_0}} \text{ (período natural de oscilação do sistema)}$$

$$2\xi\tau = \frac{a_1}{a_0} \text{ (onde } \xi \text{ é o fator de amortecimento)}$$

tem-se:

$$\tau^2 \frac{d^2 y(t)}{dt^2} + 2\xi\tau \frac{dy(t)}{dt} + y(t) = Ku(t) \tag{6.20}$$

que corresponde à função de transferência:

$$G(s) = \frac{Y(s)}{U(s)} = \frac{K}{\tau^2 s^2 + 2\xi\tau s + 1} \tag{6.21}$$

Sistemas de 2ª ordem como estes são encontrados na prática industrial em:
- ☐ Processos multicapacitivos (dois sistemas de 1ª ordem em série);

- [ ] Processos inerentemente de 2ª ordem (processos com inércia e submetido a aceleração (por exemplo, manômetro em U);
- [ ] Processo de 1ª ordem e seu controlador.

6.2.1 Resposta de um sistema de 2ª ordem a uma perturbação degrau

Perturbando-se o sistema de segunda ordem (Equação 6.21) com um degrau de amplitude A, sua resposta será:

$$Y(s) = G(s)U(s) = \frac{K}{\tau^2 s^2 + 2\xi\tau s + 1}\frac{A}{s} \qquad (6.22)$$

Calculando-se as duas raízes da Equação Característica da função de transferência $G(s)$ tem-se:

$$p_1 = \frac{-\xi}{\tau} + \frac{\sqrt{\xi^2 - 1}}{\tau} \qquad e \qquad p_2 = \frac{-\xi}{\tau} - \frac{\sqrt{\xi^2 - 1}}{\tau} \qquad (6.23)$$

Para τ constante, a variação do parâmetro ξ altera as raízes da equação característica, tornando-as imaginárias à medida que é reduzido. A Figura 6.5 (código MATLAB no APÊNDICE 3) mostra a posição das raízes no plano imaginário em função de ξ. Observa-se que, quanto mais próximo o polo estiver do eixo imaginário (menor a parte real do polo), de acordo com a Equação 6.23 maior será a constante de tempo do processo, isto é, mais lenta a resposta. Estas raízes, também chamadas *polos* da função de transferência, permitem escrever a saída do processo, fatorando-se o polinômio, como:

$$Y(s) = G(s)U(s) = \frac{K}{\tau^2 s^2 + 2\xi\tau s + 1}\frac{A}{s} = \frac{K}{(s - p_1)(s - p_2)}\frac{A}{s} \qquad (6.24)$$

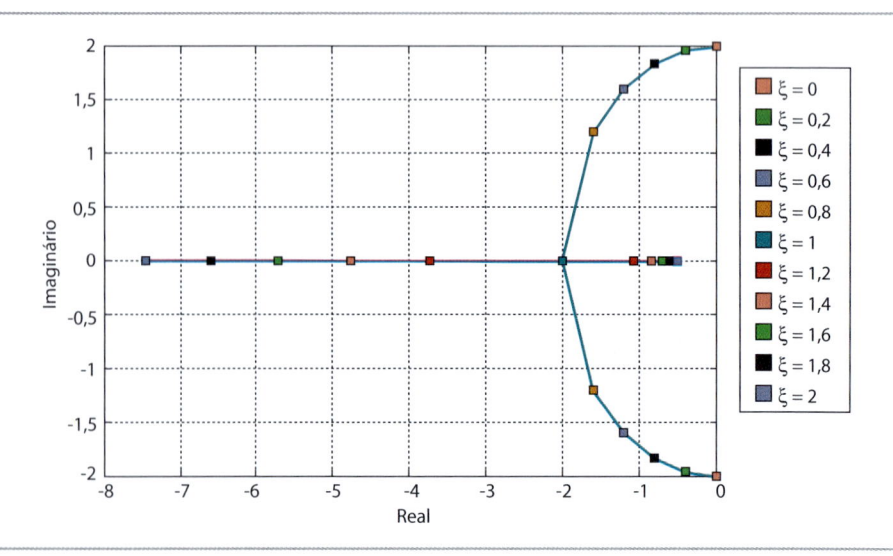

Figura 6.5   Raízes da equação característica de sistema de 2ª ordem em função de ξ para $\tau = 0,5$*

* Este gráfico é conhecido como "Lugar das Raízes"

De acordo com as raízes da equação característica (os polos da função de transferência), a resposta pode ser **superamortecida** ($\xi > 1$, raízes são reais e distintas), **criticamente amortecida** ($\xi = 1$, raízes reais e repetidas) ou **subamortecida** ($\xi < 1$, raízes complexas conjugadas). As saídas do processo no domínio do tempo para os três casos são:

☐ $\xi > 1$

$$y(t) = KA\left(1 - \frac{\tau_1 e^{-t/\tau_1} - \tau_2 e^{-t/\tau_2}}{\tau_1 - \tau_2}\right) \qquad (6.25)$$

onde:

$$\tau_1 = \frac{-1}{p_1}, \tau_2 = \frac{-1}{p_2}$$

☐ $\xi < 1$

$$y(t) = KA\left\{1 - e^{-\xi t/\tau}\left[\cos\left(\frac{\sqrt{1-\xi^2}}{\tau}t\right) + \frac{\xi}{\sqrt{1-\xi^2}}\,sen\left(\frac{\sqrt{1-\xi^2}}{\tau}t\right)\right]\right\} \qquad (6.26)$$

☐ $\xi = 1$

Seja p a raiz repetida, $\tau = \frac{-1}{p}$

$$y(t) = KA\left[1 - \left(1 + \frac{t}{\tau}\right)e^{-t/\tau}\right] \qquad (6.27)$$

Processos multicapacitivos (tanques em série, por exemplo) são processos superamortecidos. O efeito do fator de amortecimento na resposta ao degrau de sistemas de segunda ordem representados pelas Equações 6.25 a 6.27 está mostrado na Figura 6.6 (ver listagem MATLAB no APÊNDICE 3).

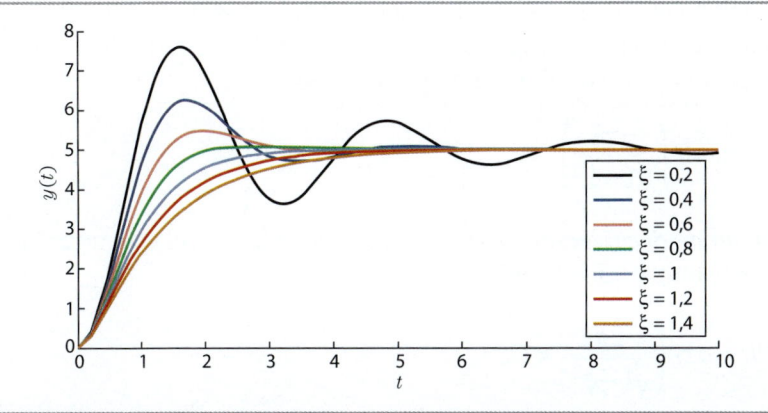

Figura 6.6   Impacto do fator de amortecimento na resposta de sistema de 2ª ordem a perturbação degrau, $A = 5; K = 1; \tau = 0,5$

Observe-se que quanto maior o fator de amortecimento mais lenta a resposta. Para processos subamortecidos ($\xi < 1$), a resposta apresenta característica oscilatória. Quanto menor o fator de amortecimento, menos amortecida é a oscilação. A resposta subamortecida, por sua importância em controle, é descrita por termos especiais (ver código MATLAB no APÊNDICE 3).

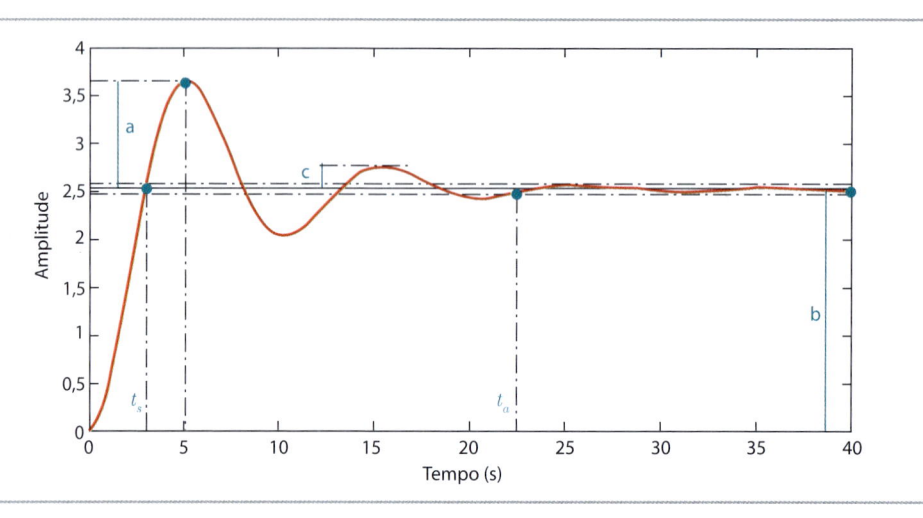

Figura 6.7   Resposta de sistema de 2ª ordem subamortecido a perturbação degrau, $\xi = 0,25$

As características da resposta obtida, apresentada na Figura 6.7, são reportadas em função dos seguintes indicadores de desempenho:

☐ *Tempo de subida* (t_s): é o tempo para que a saída atinja o valor de estado estacionário pela primeira vez. Caracteriza a velocidade do sistema subamortecido. Quanto menor o fator de amortecimento, menor será o t_s.

☐ *Tempo para o primeiro pico* (t_p): é o tempo para o processo alcançar seu primeiro valor máximo.

☐ *Tempo de acomodação* (t_a): é o tempo para o processo atingir e permanecer na faixa definida por ± 5% da resposta final ($y(\infty)$).

☐ *Sobressinal* (*OS* = "*overshoot*"): é a relação "*a/b*", onde "*b*" é o valor final da resposta e "*a*" é o valor máximo do desvio.

$$OS = exp\left(\frac{-\pi\xi}{\sqrt{1-\xi^2}}\right) \qquad (6.28)$$

☐ *Razão de decaimento* (*DR* = "*decay ratio*"): é a relação entre as duas primeiras amplitudes ("*c/a*").

$$DR = exp\left(\frac{-2\pi\xi}{\sqrt{1-\xi^2}}\right) = OS^2 \qquad (6.29)$$

☐ *Período de oscilação* (*P*): é o tempo decorrido entre dois picos sucessivos. Para ω igual à frequência do ciclo, tem-se:

$$P = \frac{2\pi\tau}{\sqrt{1-\xi^2}} = \frac{\omega}{2\pi} \tag{6.30}$$

☐ *Período natural de oscilação (P_n)*: se $\xi = 0$, não há amortecimento e o sistema oscilará com amplitude "sustentada", com frequência $\omega_n = \frac{1}{\tau}$, e período $P_n = 2\pi\tau$. É esta propriedade do parâmetro ξ que dá origem ao seu nome.

6.2.2 Resposta de um sistema de 2ª ordem a uma perturbação senoidal

A resposta de um sistema de segunda ordem (Equação 6.21) a uma perturbação senoidal é:

$$Y(s) = \frac{A\omega K}{(s^2 + \omega^2)(\tau^2 s^2 + 2\xi\tau s + 1)} \tag{6.31}$$

Obtém-se sob inversão da Transformada de Laplace:

$$y(t) = \frac{KA}{\sqrt{(1-\omega^2\tau^2)^2 + (2\xi\tau\omega)^2}} sen(\omega t + \phi) \tag{6.32}$$

onde:

$$\phi = -arctan\left[\frac{2\xi\omega\tau}{1-\omega^2\tau^2}\right] \tag{6.33}$$

A Figura 6.8 mostra a resposta de um sistema de segunda ordem a uma perturbação senoidal.

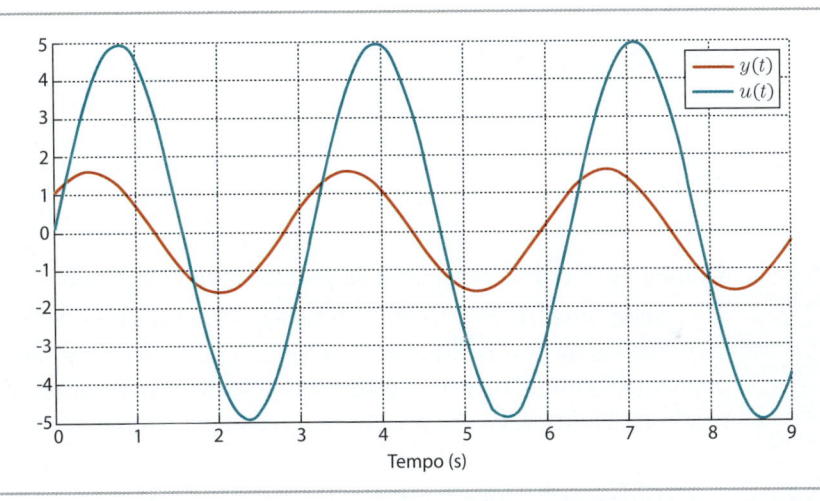

Figura 6.8   Resposta ($y(t)$) de sistema de 2ª ordem a entrada senoidal ($u(t)$).
$u(t) = Asen(\omega t)$, onde A = 5 e ω = 2 rad/s. $K = 1, \tau = 1\ s, \xi = 0{,}2, \phi = 0{,}7$ rad

Definindo A_S como a amplitude de saída e A_E a amplitude da entrada, a razão entre as amplitudes (RA) é dada pela Equação 6.34:

$$RA = \frac{A_S}{A_E} = \frac{K}{\sqrt{\left(1 - \omega^2 \tau^2\right)^2 + \left(2\xi\omega\tau\right)^2}} \tag{6.34}$$

O gráfico de RA em função de ω é mostrado na Figura 6.9.

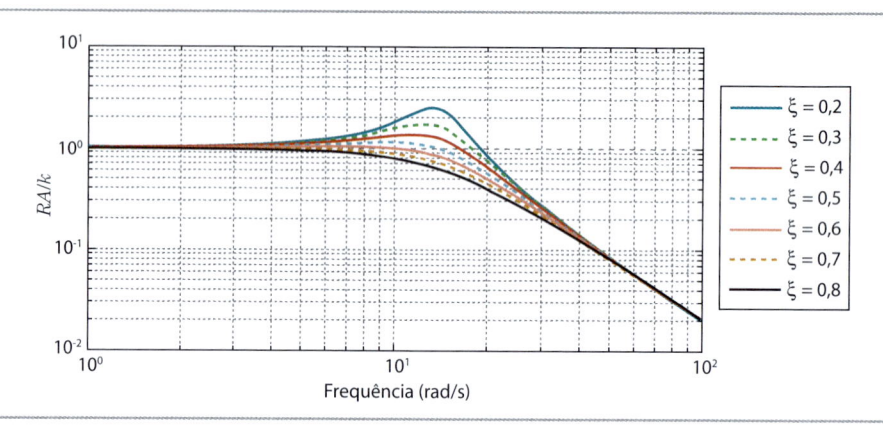

Figura 6.9 RA de sistema de 2ª ordem, para diferentes fatores de amortecimento (indicados na caixa de legenda) e $\tau = 2$ s

Para baixas frequências, observa-se na Figura 6.9 que RA é aproximadamente 1 (um), decaindo na alta frequência com uma inclinação de –2, independente do valor de ξ. Para valores de ξ menores ou iguais a 0,707 as curvas de RA apresentam um máximo. Esse máximo é chamado de "pico de ressonância", o valor de frequência e a RA para essa situação podem ser calculados com as Equações 6.35 e 6.36, a seguir.

$$\omega_{max} = \frac{\sqrt{1 - 2\xi^2}}{\tau}; \quad 0 < \xi \le 0,707 \tag{6.35}$$

$$RA = \frac{K}{2\xi\sqrt{1 - 2\xi^2}} \tag{6.36}$$

EXEMPLO 6.2 Sistema de 2ª ordem resultante da presença de controlador

Os sistemas de 2ª ordem, e de ordens superiores, podem decorrer da presença de controladores. Como exemplo, tem-se um tanque com um controlador de nível que atua sobre a vazão de descarga, esquematizado na Figura 6.10. Aplicando-se o balanço material, obtém-se:

$$CD\frac{dh(t)}{dt} = L_{in}(t) - L_{out}(t) \tag{6.37}$$

onde L_{in} e L_{out} são, respectivamente, as vazões de alimentação e de descarga do separador. A equação do controlador PI está relacionada à vazão pela seguinte relação:

$$L_{out}(t) = \overline{L}_{out} + K_C\left[SP - h(t)\right] + \frac{K_C}{\tau_I}\int_0^t \left[SP - h(t)\right]dt \tag{6.38}$$

Na Equação 6.38, K_C e τ_I são parâmetros de sintonia do controlador, SP é o valor de referência para o nível do separador e $\overline{L}_{out}$ é a saída do controlador na ausência do erro, ou seja, quando $h(t) = SP$.

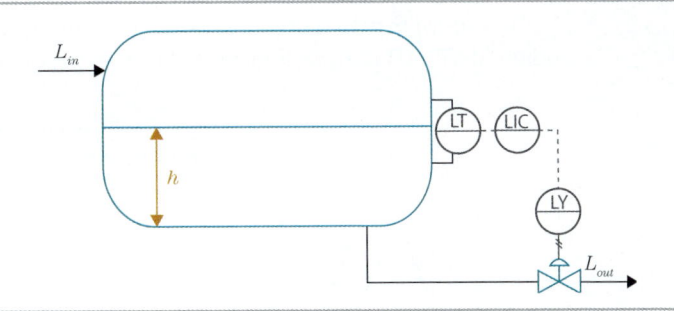

Figura 6.10 Sistema de 2ª ordem: vaso horizontal com controlador

Substituindo-se a Equação 6.38 na Equação 6.37 e definindo-se variáveis desvio:

$$y(t) = h(t) - SP,\ d(t) = L_{in}(t) - \overline{L}_{in.} \tag{6.39}$$

E considerando que o controlador é de ação direta ($K_C = -K_C$), e que $\overline{L}_{in} = \overline{L}_{out}$ obtém-se:

$$CD\frac{dy(t)}{dt} + K_C y(t) + \frac{K_C}{\tau_I}\int_0^t y(t)dt = d(t) \tag{6.40}$$

Aplicando-se Transformada de Laplace:

$$\frac{Y(s)}{D(s)} = \frac{\dfrac{\tau_I s}{K_C}}{\dfrac{\tau_I}{K_C}CDs^2 + \tau_I s + 1} = \frac{\dfrac{\tau_I s}{K_C}}{\tau^2 s^2 + 2\xi\tau s + 1} \tag{6.41}$$

onde:

$$\tau = \sqrt{\frac{CD\tau_I}{K_C}} \quad \text{é a constante de tempo do processo controlado} \tag{6.42}$$

$$\xi = \frac{1}{2}\sqrt{\frac{K_C\tau_I}{CD}} \quad \text{é o fator de amortecimento do processo controlado} \tag{6.43}$$

Da Equação 6.42 e 6.43, tem-se que um aumento no ganho K_C implica em menor constante de tempo enquanto um aumento em τ_I atribui característica de lentidão ao processo controlado (aumento da constante de tempo e do fator de amortecimento). Assim, dependendo dos valores de sintonia do controlador (τ_I e K_C), a resposta a uma perturbação degrau poderá ser subamortecida, criticamente amortecida ou superamortecida. Ou seja, a sintonia determinará o comportamento dinâmico da malha. A Figura 6.11a mostra a resposta a degrau unitário de $u(t)$ (vazão de entrada) no separador sob controle *PI*, com 3 valores testados para K_C. Na Figura 6.11b, o impacto do τ_I para um K_C fixo, é apresentado. O código MATLAB para as Figuras 6.11a,b é mostrado no APÊNDICE 3.

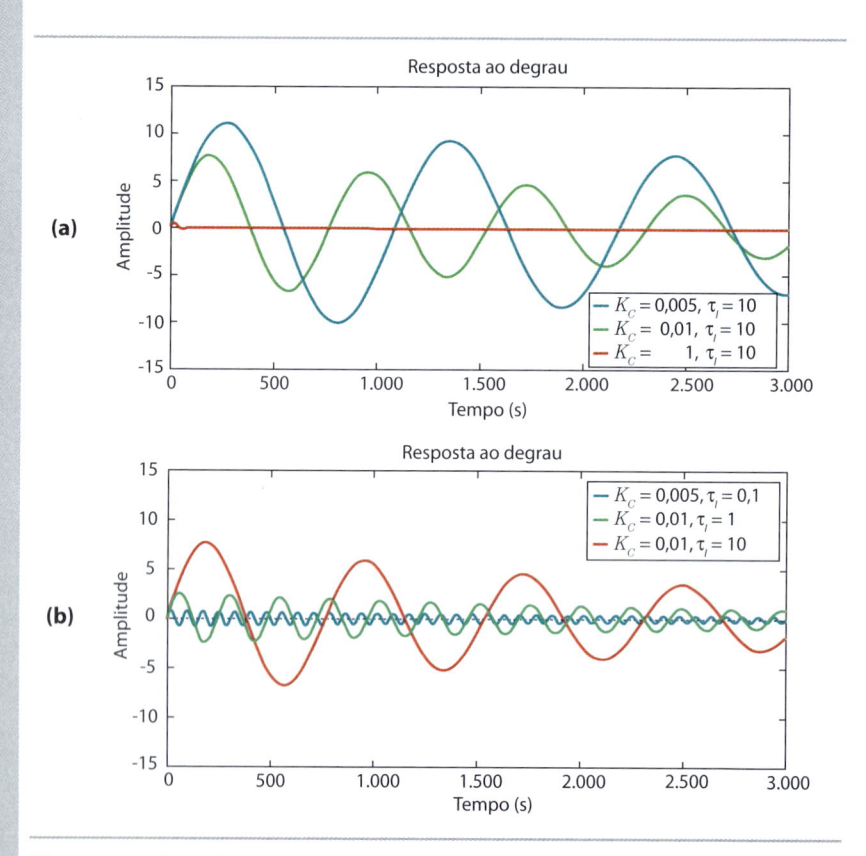

Figura 6.11   Controlador *PI* em sistema de 1ª ordem: sistema de 2ª ordem subamortecido
$C = 5\,\text{m}, D = 3\,\text{m e } K_C = 1$
(a) $\tau_I = 10\text{ e }K_C = 0{,}005, 0{,}01\text{ e }1$
(b) $K_C = 0{,}01\text{ e }\tau_I = 0{,}1, 1\text{ e }10\text{ min}$

6.3 RESPOSTA DINÂMICA DE PROCESSOS DE ORDEM SUPERIOR

Um sistema de ordem N é descrito pela equação diferencial ordinária:

$$\left(a_N s^N + a_{N-1}s^{N-1} + ... + a_0\right)Y(s) = \left(b_M s^M + b_{M-1}s^{M-1} + ... + b_0\right)U(s) \quad (6.44)$$

6.3.1 Sistemas multicapacitivos

Normalmente, sistemas de ordem superior ($n \geq 3$) decorrem de sistemas de ordem inferior em série, denominados "sistemas multicapacitivos". Considere os sistemas não interagentes em série representados na Figura 6.12.

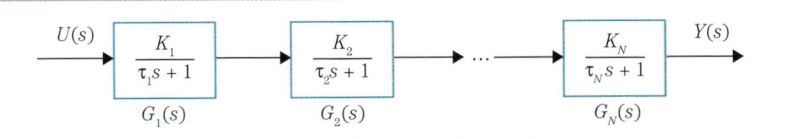

Figura 6.12   Sistemas não interagentes em série

A função de transferência global é dada pela Equação 6.45:

$$\frac{Y(s)}{U(s)} = G_1(s)G_2(s)...G_N(s) = \frac{K_1 K_2 ... K_N}{(\tau_1 s + 1)(\tau_2 s + 1)...(\tau_N s + 1)} \tag{6.45}$$

e corresponde ao produto de cada um dos sistemas de primeira ordem que o compõem. A resposta de Sistemas Multicapacitivos é ilustrada na Figura 6.13 (código MATLAB no APÊNDICE 3), onde se observa que, com a elevação da ordem do sistema, este se assemelha a um tempo morto aparente ou "tempo morto efetivo". Por este motivo, muitas vezes, sistemas de ordem superior são aproximados por sistemas de primeira ordem com tempo morto.

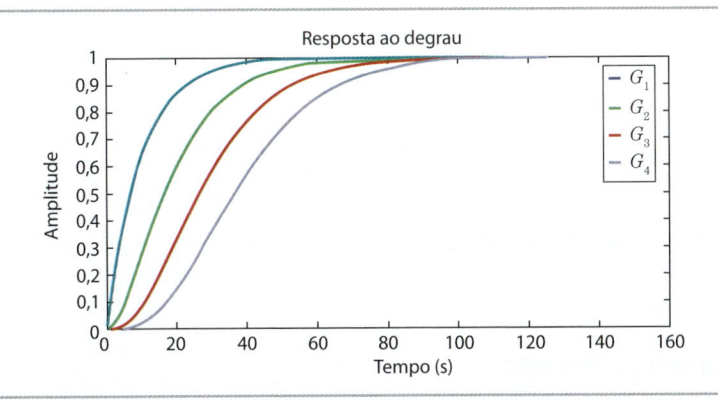

Figura 6.13   Resposta de sistemas multicapacitivos a perturbação degrau

6.3.2 Tempo morto

O tempo morto é uma característica presente em quase todos os processos de interesse. É a propriedade que um dado sistema tem de só responder a uma entrada após transcorrido certo intervalo de tempo, θ, mostrado na Figura 6.14. Esse atraso é descrito no domínio do tempo por $y(t) = u(t - \theta)$, e a função de transferência é $G(s) = e^{-\theta s}$. Destaca-se que o tempo morto pode ser real ou efetivo. Neste caso, surge como aproximação de um grande número de tanques (capacidades) em série, conforme ilustrado na Figura 6.13.

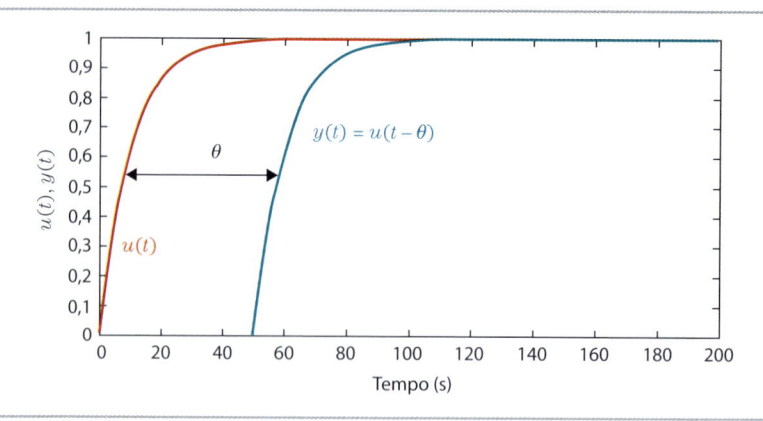

Figura 6.14   Tempo morto

A função de transferência do tempo morto é uma função transcendental que, para uso prático, é aproximada por um quociente de polinômios. Utiliza-se frequentemente as aproximações de Padé, Equações 6.46 e 6.47, respectivamente de 1ª e de 2ª ordem.

$$\text{Padé 1/1:} \quad e^{-\theta s} \cong \frac{1-\dfrac{\theta}{2}s}{1+\dfrac{\theta}{2}s} \tag{6.46}$$

$$\text{Padé 2/2:} \quad e^{-\theta s} \cong \frac{1-\dfrac{\theta}{2}s+\dfrac{\theta^2}{12}s^2}{1+\dfrac{\theta}{2}s+\dfrac{\theta^2}{12}s^2} \tag{6.47}$$

Estas aproximações são adequadas para pequenos valores de tempo morto τ_D. Como ocorre em toda aproximação, à medida que se incorporam mais termos, esta se torna mais precisa.

EXEMPLO 6.3   Separador trifásico

O separador trifásico possui uma câmara de óleo que recebe o óleo proveniente da câmara de separação, esquematizado na Figura 6.15.

O sistema pode ser modelado como multicapacitivo, abordando-se apenas a fase oleosa. Considera-se, neste exemplo, que a vazão que verte da câmara de separação para a câmara de óleo é uma função linear da altura sobre o vertedouro, $L_{vert}(t) = k\left(h_T(t) - h_{vert}\right)$.

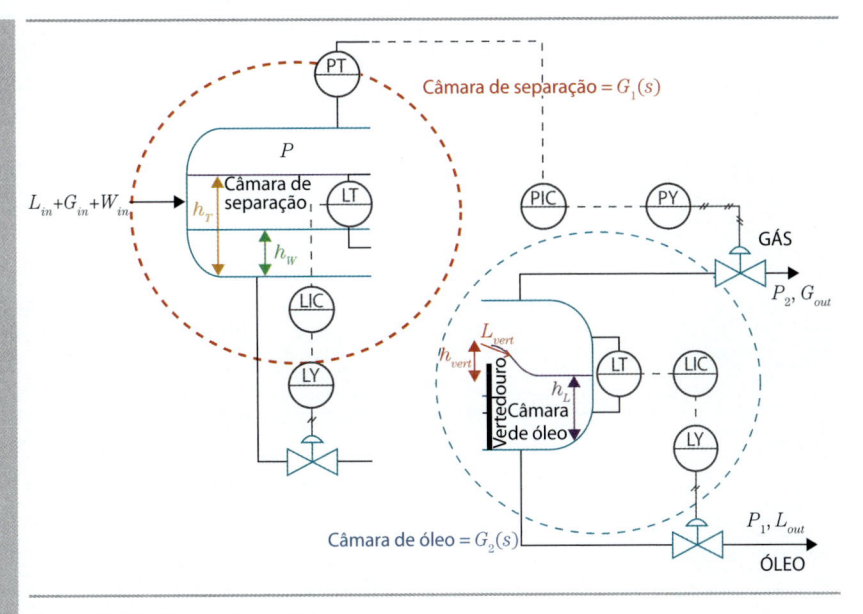

Figura 6.15 Separador trifásico

Definindo-se $y_1(t) = h_T(t)$ e $y_2(t) = h_L(t)$ têm-se, então, os modelos lineares seguintes para as duas câmaras:

$$G_1(s) = \frac{Y_1(s)}{U_1(s)} = \frac{K_1}{\tau_1 s + 1} \tag{6.48}$$

$$G_2(s) = \frac{Y_2(s)}{U_2(s)} = \frac{K_2}{\tau_2 s + 1} \tag{6.49}$$

onde $u_1(t) = L_W(t)$ e $u_2(t) = L_{vert}(t) = k\left(h_T(t) - h_{vert}\right)$. Os índices 1 e 2 indicam as câmaras de separação e de óleo, respectivamente. Note-se que a vazão que verte da câmara de separação corresponde à entrada $u_2(t)$ da câmara de óleo. Tem-se então que $L_{vert} = kh_{vert}$, o que indica que $u_2(t) = Ky_1(t)$

$$G_1(s) = \frac{Y_1(s)}{U_1(s)} = \frac{K_1}{\tau_1 s + 1} \tag{6.50}$$

e

$$G_2(s) = \frac{Y_2(s)}{Y_1(s)} = \frac{K_2}{\tau_2 s + 1} \tag{6.51}$$

$$\frac{Y_2(s)}{U_1(s)} = G_1(s)G_2(s) = \frac{K_1}{\tau_1 s+1} \cdot \frac{K_2}{\tau_2 s+1} = G(s) = \frac{K_p}{\tau^2 s^2 + 2\xi\tau s+1} \qquad (6.52)$$

com

$$\tau^2 = \tau_1 \tau_2 \;\rightarrow\; \tau = \sqrt{\tau_1 \tau_2} \qquad (6.53)$$

$$2\xi\tau = \tau_1 + \tau_2 \;\rightarrow\; \xi = \frac{\tau_1 + \tau_2}{2} \frac{1}{\sqrt{\tau_1 \tau_2}} = \frac{\text{média aritmética}}{\text{média geométrica}} \geq 1 \qquad (6.54)$$

$$K_p = K_1 K_2 \qquad (6.55)$$

A resposta ao degrau de magnitude A é dada pela Equação 6.56:

$$y(t) = K_p A\left[1 - \frac{1}{\tau_2 - \tau_1}\left(\tau_1 e^{-t/\tau_1} - \tau_2 e^{-t/\tau_2}\right)\right] \qquad (6.56)$$

EXEMPLO 6.4 Sistemas interagentes – tanques de lastro em FPSO

São Sistemas Multicapacitivos conforme ilustrado na Figura 6.16, e tratado neste exemplo como dois tanques interagentes.

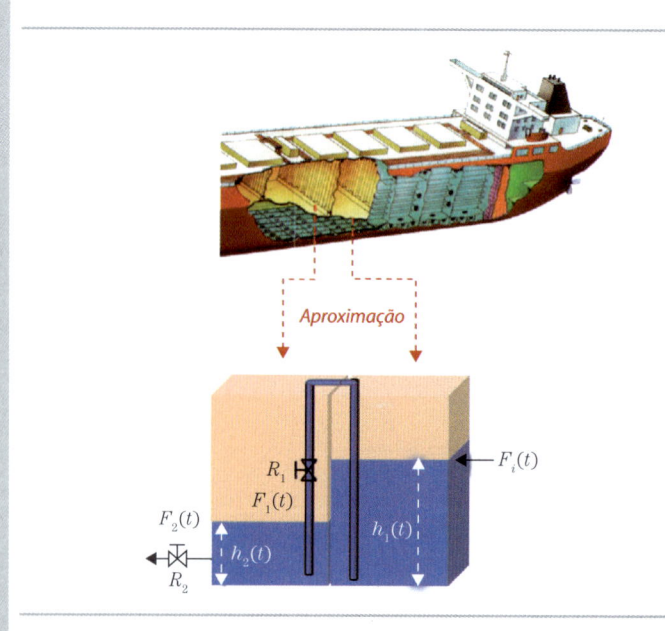

Fonte: http//tigris.marin.ntnu.no

Figura 6.16   Tanques interagentes

Na Figura, $F_i(t)$, $F_1(t)$, $F_2(t)$ são vazões volumétricas e R_1 e R_2 são resistências ao escoamento. Considerando-se $F_1(t) = \dfrac{h_1(t) - h_2(t)}{R_1}$ e $F_2(t) = \dfrac{h_2(t)}{R_2}$, tem-se:

$$A_1 \frac{dh_1(t)}{dt} = F_i(t) - F_1(t) = F_i(t) - \frac{h_1(t) - h_2(t)}{R_1} \qquad (6.57a)$$

$$A_2 \frac{dh_2(t)}{dt} = F_1(t) - F_2(t) = \frac{h_1(t) - h_2(t)}{R_1} - \frac{h_2(t)}{R_2} \qquad (6.57b)$$

ou

$$A_1 \frac{dh_1(t)}{dt} + \frac{h_1(t)}{R_1} = F_i(t) + \frac{h_2(t)}{R_1} \qquad (6.58a)$$

$$A_2 \frac{dh_2(t)}{dt} + \frac{h_2(t)}{R_1} + \frac{h_2(t)}{R_2} = \frac{h_1(t)}{R_1} \qquad (6.58b)$$

Aplicando-se a Transformada de Laplace obtém-se:

$$\left(A_1 R_1 s + 1\right) H_1(s) = R_1 F_i(s) + H_2(s) \qquad (6.59a)$$

$$\left(A_2 R_2 s + \left(1 + \frac{R_2}{R_1}\right)\right) H_2(s) = \frac{R_2}{R_1} H_1(s) \qquad (6.59b)$$

Combinando-se as Equações 6.59a e 6.59b chega-se à função de transferência do processo:

$$\frac{H_2(s)}{H_1(s)} = \frac{\dfrac{R_2}{R_1}}{A_2 R_2 s + \left(1 + \dfrac{R_2}{R_1}\right)} \qquad (6.60)$$

resultando em:

$$\frac{H_1(s)}{F_i(s)} = \frac{R_1 \tau_2 s + \left(R_1 + R_2\right)}{\tau_1 \tau_2 s^2 + \left(\tau_1 + \tau_2 + A_1 R_2\right) s + 1} \qquad (6.61a)$$

$$\frac{H_2(s)}{F_i(s)} = \frac{R_2}{\tau_1 \tau_2 s^2 + \left(\tau_1 + \tau_2 + A_1 R_2\right) s + 1} \qquad (6.61b)$$

onde:

$$\tau_1 = A_1 R_1 \tag{6.62a}$$

$$\tau_2 = A_2 R_2 \tag{6.62b}$$

Este sistema é sobreamortecido. Devido justamente à interação, a estrutura de tanques que interagem é mais lenta que a estrutura de tanques que não interagem.

EXEMPLO 6.5 Sistemas interagentes – tanques de lastro em FPSO

Neste exemplo, utiliza-se o balanço material no vaso horizontal atmosférico para determinar a média temporal da vazão de entrada. Considere o balanço material:

$$CD\frac{dh(t)}{dt} = L_{in}(t) - L_{out}(t) \tag{6.63}$$

A vazão de entrada pode ser estimada por (Nunes, 2005):

$$L_{in,\,estimado}(t) = L_{out}(t) + CD\frac{dh_{medido}(t)}{dt} \tag{6.64}$$

onde $L_{out}(t)$ pode ser medido e $\dfrac{dh_{medido}(t)}{dt}$ obtido a partir de $h_{medido}(t)$. A média temporal deve ser efetuada ao longo do período T da perturbação

$$\left\langle L_{in,\,estimado} \right\rangle = \frac{1}{T}\int_{t-T}^{t} L_{in,\,estimado}\,dt \tag{6.65}$$

$$\left\langle L_{in,\,estimado} \right\rangle = \frac{1}{T}\int_{t-T}^{t} \left(L_{out} + CD\frac{dh_{medido}}{dt} \right)dt \tag{6.66}$$

Aplicando-se a Transformada de Laplace, observando-se que o limite inferior de integração está atrasado de período T, obtém-se:

$$\left\langle L_{in,\,estimado} \right\rangle = \frac{1-e^{-Ts}}{Ts} L_{out}(s) + \frac{CD}{T}(1-e^{-Ts})H(s) \tag{6.67}$$

EXEMPLO 6.6 Plataforma *offshore* semissubmersível

Uma plataforma *offshore* semissubmersível, cujos movimentos são mostrados no diagrama da Figura 6.17, possui quatro tanques de lastro localizados nos seus vértices. Na parte inferior da plataforma, estão as casas de máquinas com as bombas de água. Em cada um dos 4 tanques ($i = 1, 2, 3$ e 4), é utilizada uma bomba para injeção de água e outra de retirada de água, com vazões, respectivamente, $F_{i,in}$ e $F_{i,out}$.

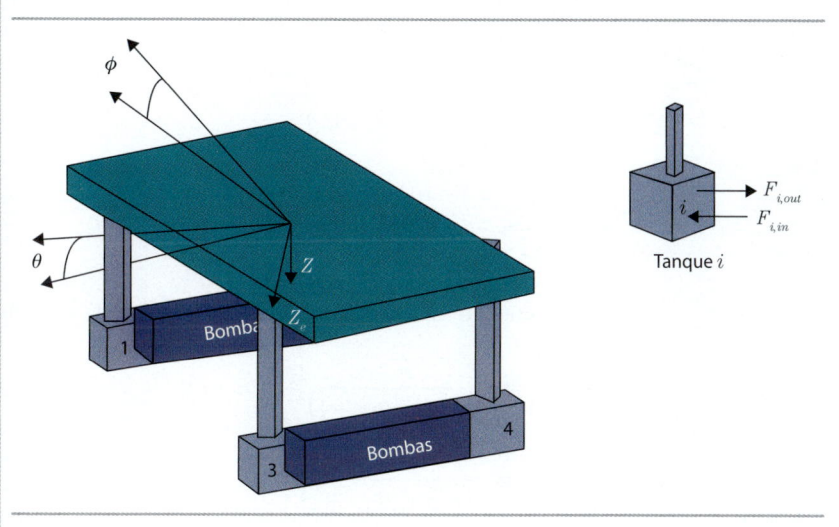

Fonte: Adaptada de Corrêa Junior (2008)

Figura 6.17 Movimentos de plataforma *offshore*

Desprezando-se variações no ângulo de arfagem (*pitch*, θ) e o movimento vertical (*heave*, Z), o jogo da plataforma (ϕ) pode ser modelado por (CORRÊA JUNIOR, 2008):

$$J_x\ddot{\phi} + C\dot{\phi} + K_\phi\phi = d_y g\left(m_1 + m_2 - m_3 - m_4\right) \qquad (6.68)$$

onde J_x é o momento de inércia da embarcação para o eixo x, ϕ é o ângulo de *jogo* (rad), C é o coeficiente de arraste, K_ϕ é a constante do torque restaurador da arfagem, d_y é a distância do centro de cada tanque ao centro da plataforma projetada no eixo y, g é a aceleração da gravidade e m_j é a massa de água no tanque j. Obtenha as funções de transferência $\phi(s)/F_{i,in}(s)$ e $\phi(s)/F_{i,out}(s)$.

Aplicando-se Transformada de Laplace na EDO da Equação 6.68, considerando-se que a plataforma está em estado estacionário na condição inicial, tem-se:

$$\frac{\phi(s)}{M_i(s)} = \frac{d_y g}{J_x s^2 + Cs + K_\phi}, i = 1, 2 \text{ e}$$

$$\frac{\phi(s)}{M_i(s)} = \frac{-d_y g}{J_x s^2 + Cs + K_\phi}, i = 3 \text{ e } 4 \qquad (6.69)$$

Os balanços de massa para os quatro tanques são obtidos pela Equação 6.70:

$$\frac{dM_i}{dt} = \rho\left(F_{i,in} - F_{i,out}\right), \, i = 1, 2, 3 \text{ e } 4 \tag{6.70}$$

onde ρ é a densidade da água do mar. Aplicando-se Transformada de Laplace na Equação 6.70:

$$\frac{M_i(s)}{F_{i,in}(s)} = \frac{\rho}{s}, \, i = 1, 2, 3 \text{ e } 4 \tag{6.71}$$

$$\frac{M_i(s)}{F_{i,out}(s)} = -\frac{\rho}{s}, \, i = 1, 2, 3 \text{ e } 4 \tag{6.72}$$

Combinando-se as Equações 6.69 e 6.70 e 6.71, tem-se:

$$\frac{\phi(s)}{F_{i,in}(s)} = \frac{K}{s\left(\tau^2 s + 2\xi\tau s + 1\right)} \tag{6.73}$$

$$\frac{\phi(s)}{F_{i,out}(s)} = \frac{-K}{s\left(\tau^2 s + 2\xi\tau s + 1\right)} \tag{6.74}$$

onde:

$$K = \frac{\rho d_y g}{K_\phi} \qquad \tau = \sqrt{\frac{J_x}{K_\phi}} \qquad \xi = \frac{C}{2\sqrt{\dfrac{J_x}{K_\phi}}}$$

6.4 APROXIMAÇÃO DE SISTEMAS DE ORDEM SUPERIOR

Vários processos podem ser descritos como um conjunto de sistemas conectados em série. Por exemplo, uma coluna de destilação pode ser descrita por meio de modelos para o tambor, o refervedor e os pratos. Decorre que, para fins de controle, uma coluna de destilação pode ser representada por duas constantes de tempo dominantes (tambor e refervedor, τ_1 e τ_2) e um tempo morto aparente que substitui a dinâmica dos modelos dos pratos. Este tempo morto pode ser aproximado considerando-se que cada prato introduz um tempo morto equivalente à sua constante de tempo. Em suma, o modelo pode ser representado por:

$$G(s) = \frac{Ke^{-\theta s}}{\left(\tau_1 s + 1\right)\left(\tau_2 s + 1\right)} \tag{6.75}$$

onde $\theta = \displaystyle\sum_{i=1}^{NP} \tau_i$ (NP = número de pratos).

EXEMPLO 6.7 Aproximação da resposta de dois tanques em série

Dois tanques em série são submetidos a um experimento em que, no tempo $t = 10$ min, é aplicada uma perturbação degrau na temperatura de alimentação de +4 °C e em $t = 60$ min, uma segunda perturbação de –2 °C é imposta. O processo é esquematizado na Figura 6.18. A resposta dinâmica ao cenário de perturbação imposto é também mostrada na Figura 6.18.

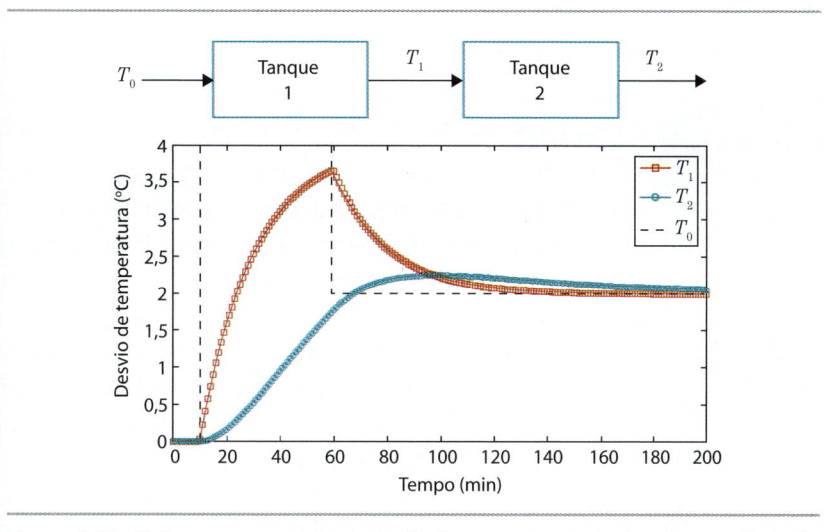

Figura 6.18 Dois tanques em série perturbados na temperatura de alimentação (T_0)

Os dados ("valores experimentais") foram gerados com modelo em SIMULINK, apresentado na Figura 6.19.

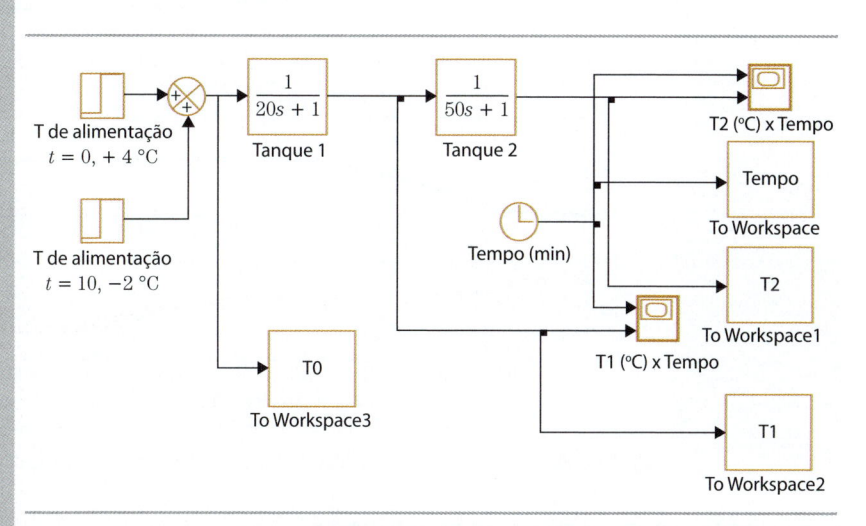

Figura 6.19 Modelo SIMULINK para emular o experimento

Com estes dados, deseja-se ajustar os parâmetros K, τ_1, τ_2, e θ do modelo (Equação 6.75), por minimização do resíduo quadrático (Equação 6.76), em um problema de otimização:

$$\min_{\begin{bmatrix} K \\ \tau_1 \\ \tau_2 \\ \theta \end{bmatrix}} \sum_{i=1}^{NP} \left\{ \left(T_1^{CALC} - T_1^{EXPER} \right)^2 + \left(T_2^{CALC} - T_2^{EXPER} \right)^2 \right\} \tag{6.76}$$

Na Equação 6.76, os sobrescritos CALC e EXPER referem-se a valores calculados e experimentais, respectivamente. Os subscritos 1 e 2 relacionam-se aos tanques (e temperaturas) de mesma numeração.

O objetivo é que os parâmetros do modelo sejam ajustados para que este represente o mais fielmente possível os dados experimentais, a este procedimento denomina-se identificação dos parâmetros do modelo. Um código em MATLAB, mostrado no APÊNDICE 3, invoca a rotina *fminsearch* do *Toolbox* de Otimização para minimizar a função apresentada na Equação 6.76. Ao rodar o programa principal, alimentam-se valores iniciais para os parâmetros do modelo: Tau1 = 1; Tau2 = 1; Ganho = 1; Tmorto = 1 e obtém-se ao final: **Xótimo = 19,8061 50,0648 0,9992 0,0000**. O ajuste final e o progresso na redução do erro quadrático estão mostrados na Figura 6.20, e o código em MATLAB está listado no APÊNDICE 3.

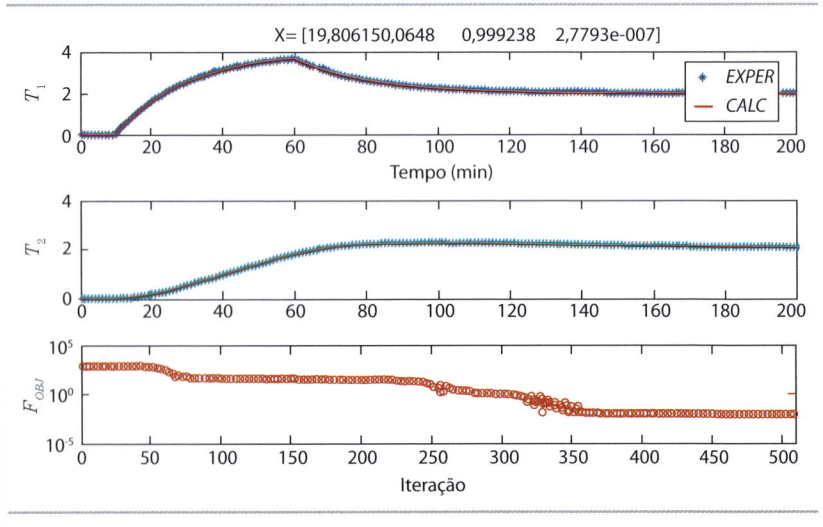

Figura 6.20   Evolução da otimização (F_{OBJ}) e qualidade final do ajuste (T_1 e T_2)

6.5 SISTEMAS COM RESPOSTA INVERSA

A resposta inversa é o resultado de dois efeitos opostos, conforme esquematizado na Figura 6.21.

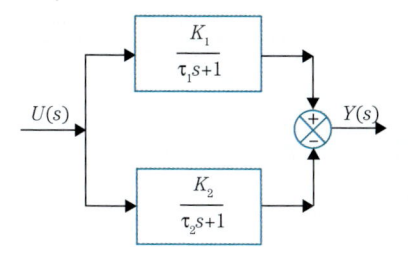

Figura 6.21   Diagrama de blocos de processo com resposta inversa

Se $\dfrac{\tau_1}{\tau_2} > \dfrac{K_1}{K_2} > 1$, a resposta a um degrau na entrada $u(t)$ assume o padrão dinâmi-co esquematizado na Figura 6.22. Diz-se que esses sistemas têm *fase não mínima*.

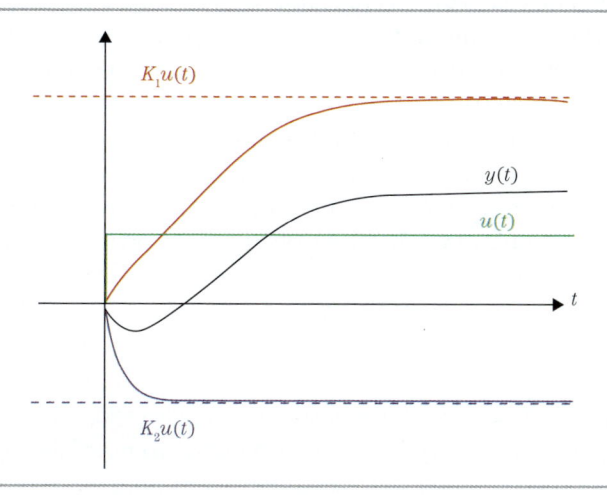

Figura 6.22   Resposta dinâmica de processo com resposta inversa

EXEMPLO 6.8 Resposta inversa

Os sistemas que apresentam resposta inversa têm um número ímpar de zeros positivos. A resposta de um processo com zero (raízes do polinômio do denominador da função de transferência) no semipla-no direito descrito pela função de transferência

$$G(s) = \frac{(1-3s)}{(2s+1)(5s+1)} \tag{6.77}$$

apresenta a resposta inversa obtida com os comandos MATLAB mostrados no APÊNDICE 3.

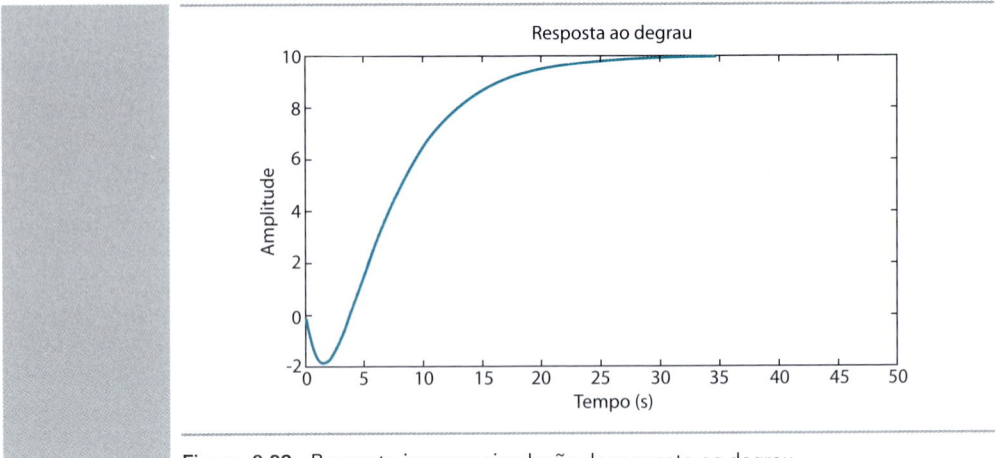

Figura 6.23   Resposta inversa: simulação da resposta ao degrau

Como exemplo de resposta inversa em processos *offshore*, cita-se o *fall back* de líquido no *riser*. O escoamento multifásico no transporte de óleo e gás em tubos e poços, com mudanças de elevação, podem dar origem a escoamento *slug* (escoamento intermitente) (HAVRE, 2001).

Inicialmente, o líquido (água e óleo) acumula-se nas partes inferiores do *riser* (formação de *slug*). Após algum tempo, o líquido bloqueia a passagem do gás ocorrendo um aumento de pressão. O *plug* formado continua crescendo até que a pressão seja suficiente para expulsá-lo (produção de *slug*). Ocorre então um decréscimo de pressão e penetração do gás no *riser*. Com o decréscimo da pressão hidrostática na base do *riser*, há maior penetração do gás e aceleração do fluxo. À medida que o gás e o líquido são transportados para a plataforma, a pressão a jusante diminui e, a certa altura, o gás penetra o *plug* de líquido, cessando o fluxo de líquido, que cai para a parte inferior do *riser* (*fall back*), recomeçando o processo.

Note-se que nos sistemas *offshore* é o escoamento multifásico a maior fonte de instabilidades no processamento. O escoamento em golfada severa ocorre naturalmente em *risers* com linhas de produção tendo inclinação negativa. Outra fonte possível de instabilidades ocorre quando numa malha de controle os valores de sintonia ultrapassam certos limites.

EXERCÍCIOS PROPOSTOS

6.1)   Dado um sistema descrito pela equação diferencial

$$\frac{d^2y(t)}{dt^2} + 0{,}5\frac{dy(t)}{dt} + y(t) = 2u(t),$$

trata-se de processo subamortecido, criticamente amortecido ou superamortecido (justifique)? Esboce a resposta a uma perturbação degrau unitário em $u(t)$.

6.2)   Dado o processo $Y(s) = \dfrac{5}{s+6}U(s)$, $U(s) = \dfrac{1}{s+2}Z(s)$, esboce a resposta a uma perturbação degrau unitário em $Z(s)$.

6.3) Um processo, em resposta a uma perturbação degrau unitário na variável $u(t)$, em $t = 1$ h apresentou a curva de resposta a seguir. Proponha um modelo do processo, fornecendo os valores dos parâmetros.

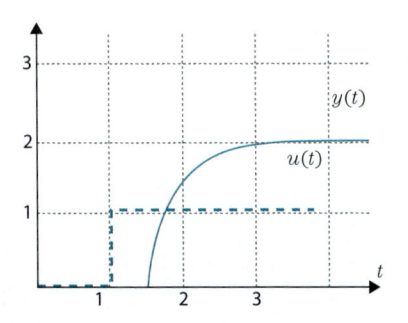

6.4) Esboce a resposta de um sistema de primeira ordem a uma sequência de pulsos com período equivalente a 10 constantes de tempo, conforme ilustrado na figura a seguir.

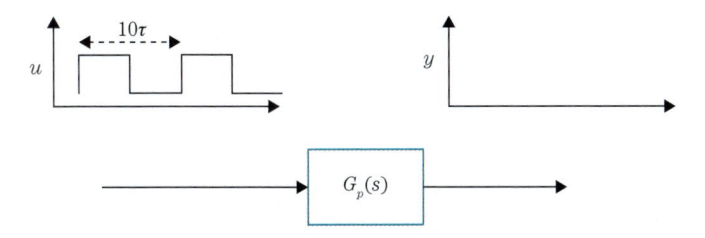

6.5) Deseja-se identificar as características dinâmicas de uma planta, que intuiu-se ser de primeira ordem. O processo apresenta vazão de vapor como variável de entrada e a variável de saída medida é a temperatura. Após uma perturbação rápida ("degrau") de 1.000 lb/h para 1.100 lb/h, a temperatura do fluido passa de 100 °F (estado estacionário inicial) para 110 °F em 30 min, e finalmente se acomoda em novo estado estacionário de 120 °F.

a) Qual o ganho do processo?
b) Qual a constante de tempo do processo?

6.6) Considere os tanques de mistura, em série:

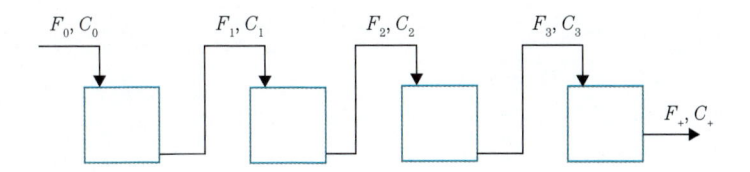

☐ $F_0 = F_1 = F_2 = F_3 = F_4 = F = 2$ m³/min (constantes)
☐ $C_0(t) = 2\ sen(5t)$ kgmol/m³

a) Formule o modelo do processo.
b) Resolva as EDO's resultantes por Transformada de Laplace.
c) Simule o resultado em MATLAB.

Estabilidade de
Sistemas Dinâmicos

NOMENCLATURA

$a_1, a_2,..., a_n$	Coeficientes da equação diferencial de ordem n
$b_1, b_2,..., b_m$	Coeficientes da equação diferencial de ordem m
$A_1, A_2,..., A_n$	Coeficientes da expansão em frações parciais
$C(s)$	Variável controlada
$D(s)$	Variável de perturbação
$G(s)$	Função de transferência
K	Ganho na função de transferência
K_C	Ganho do controlador
$\mathscr{L}\{...\}, \mathscr{L}^{-1}\{...\}$	Transformada de Laplace, Transformada Inversa de Laplace
$p_1,..., p_n$	Polos da função de transferência
$R(s)$	*Setpoint*, valor de referência da variável controlada
t	Tempo
$U(s)$	Variável de entrada, Transformada de Laplace de $u(t)$
$y^{(n)}, u^{(m)}$	Derivada de ordem n da variável de resposta $y(t)$, derivada de ordem m da entrada $u(t)$
$Y(s)$	Variável de resposta, Transformada de Laplace de $y(t)$
$z_1,..., z_m$	Zeros da função de transferência

Subscritos

C	Controlador
D	Perturbação de carga
M	Sensor
P	Processo
V	Válvula

Símbolos gregos

τ	Constante de tempo
ξ	Fator de amortecimento
ω	Frequência (rad/min ou Hz)

Uma definição de estabilidade muito utilizada é a de estabilidade BIBO (*Bounded Input Bounded Output*). O conceito baseia-se em que um sistema dinâmico estável, quando perturbado por uma entrada finita, produz uma saída finita, independentemente do seu estado inicial. Uma perturbação finita é aquela que sempre permanece entre um limite superior e um limite inferior (por exemplo, senoide e degrau).

A estabilidade de um sistema linear pode ser analisada a partir da função de transferência no plano complexo. Um sistema descrito pela função de transferência $G(s)$, perturbado com um sinal $U(s)$ tem como saída, no domínio de Laplace, $Y(s)$.

$$Y(s) = G(s)U(s) = K\frac{(s-z_1)(s-z_2)...(s-z_m)}{(s-p_1)(s-p_2)...(s-p_n)}U(s); \quad m \leq n \tag{7.1}$$

onde z_i ($i = 1, ..., m$) são ditos ZEROS e p_j ($j = 1, ..., n$) POLOS de $G(s)$. A função de transferência pode ser representada como uma soma de frações simples da forma:

$$Y(s) = G(s)U(s) = \left(\frac{A_1}{(s-p_1)} + \frac{A_2}{(s-p_2)} + \cdots + \frac{A_n}{(s-p_n)}\right)U(s) \tag{7.2}$$

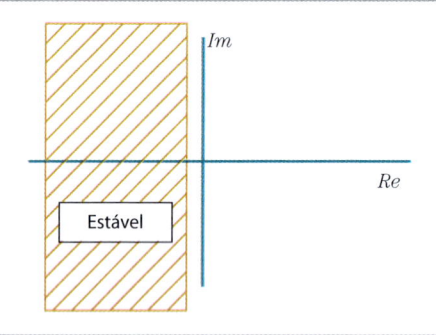

Figura 7.1   Lugar geométrico de polos estáveis

Analisando-se $G(s)$, observa-se que, se a função de transferência possuir **um polo com parte real positiva**, a transformada inversa deste termo (ver Tabela 4.1) é uma função exponencial crescente $A_i e^{p_i t}$. Dado que o sinal de saída é formado pela soma de exponenciais, e que um destes termos é continuamente crescente, a saída será ilimitada. Dessa forma, define-se que: **se a função de transferência de um sistema dinâmico apresentar pelo menos um polo com parte real positiva, o sistema é INSTÁVEL**. Logo, todos os polos de uma função de transferência devem estar localizados no semiplano esquerdo (SPE) do plano complexo s para que o sistema seja estável, conforme ilustrado na **Figura 7.1**.

Observe-se que o denominador da função de transferência de um sistema, quando igualado a zero, fornece a *Equação Característica* deste sistema,

$$(s-p_1)(s-p_2)...(s-p_n)=0 \tag{7.3}$$

e que as raízes desta equação são os polos da função de transferência, e definem a estabilidade do sistema. As raízes da equação característica são facilmente obtidas para sistemas racionais, conforme exemplificado a seguir.

EXEMPLO 7.1 Equação característica de malha *feedback*

Dada a malha *feedback* apresentada na Figura 7.2

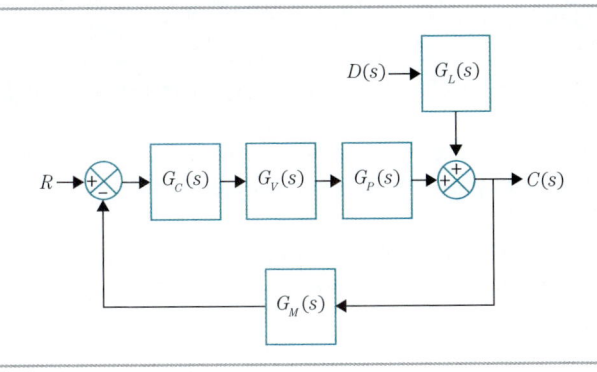

Figura 7.2   Malha de controle *feedback*

Com $G_P(s)=G_D(s)=\dfrac{8}{(s+2)^3}$, $G_V=G_M=1$, $G_C=K_C$ tem-se, por álgebra dos blocos, que

$$\frac{C(s)}{D(s)}=\frac{G_L(s)}{1+G_C(s)G_V(s)G_P(s)G_M(s)} \tag{7.4}$$

Logo, a Equação Característica da malha *feedback* é:

$$1+G_C(s)G_V(s)G_P(s)G_M(s)=0 \tag{7.5}$$

Substituindo-se os valores, tem-se:

$$1+\frac{8K_C}{(s+2)^3}=0 \tag{7.6a}$$

ou

$$s^3+6s^2+12s+8+8K_C=0 \tag{7.6b}$$

O valor atribuído a K_C altera as raízes da equação característica, conforme ilustrado na Figura 7.3 (código MATLAB no APÊNDICE 3).

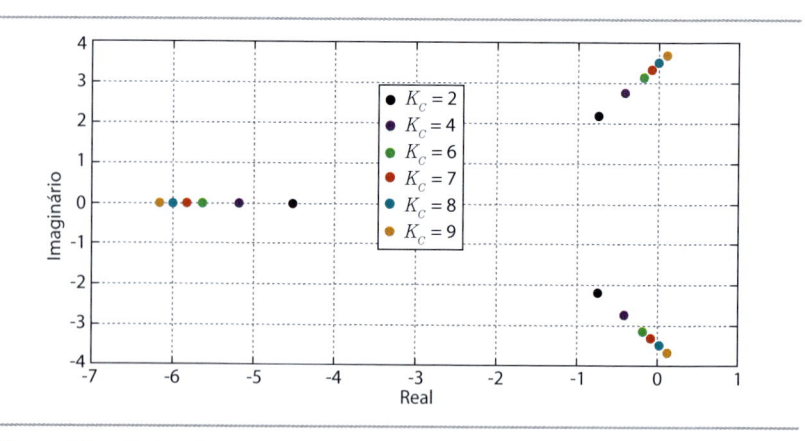

Figura 7.3   Raízes da equação característica em função de K_C ("Lugar das raízes")

Observa-se que valores de $K_C > 8$ tornam positiva a parte real de um par de raízes complexas, tornando a malha instável.

O Exemplo seguinte ilustra um procedimento que permite analisar a localização das raízes da equação característica no plano s como função da magnitude do ganho do controlador *feedback*.

EXEMPLO 7.2   Lugar das raízes

Considere uma malha *feedback* com equação característica

$$1 + K_C \frac{1}{(s+3)(s+2)(s+1)} = 0 \tag{7.7}$$

O ganho K_C limite de estabilidade pode ser encontrado com o diagrama do lugar das raízes, gráfico da Figura 7.4 (comandos MATLAB no APÊNDICE 3).

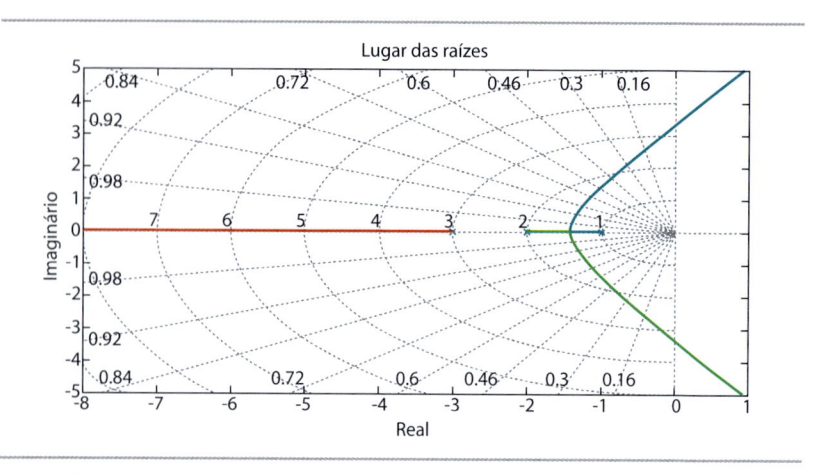

Figura 7.4   Lugar das raízes

$K_C = 60$ é o máximo valor de K_C que mantém a estabilidade da malha. Valores maiores conduzirão as raízes da Equação característica para o semiplano direito do plano s.

EXEMPLO 7.3 Localização de polos de sistema de segunda ordem e estabilidade

Considerando-se uma malha feedback com função de transferência de controle servo $C(s)/R(s)$, $G(s) = \dfrac{K}{\tau^2 s^2 + 2\xi\tau s + 1}$, deseja-se analisar a estabilidade em função da localização dos polos de $G(s)$.

O código MATLAB apresentado no APÊNDICE 3 constrói a Figura 7.5, que mostra a localização dos polos da malha fechada no plano s, evidenciando a característica oscilatória das raízes complexas conjugadas, e a instabilidade de raízes posicionadas no semiplano direito.

Observa-se que quanto maior o valor de ξ, mais próximo do eixo real encontra-se o polo e, consequentemente, menos oscilatória a resposta. Por outro lado, quanto mais afastado do eixo imaginário estiver o par complexo conjugado, mais rápida será a resposta (ver na Equação 6.23 que a parte real de polos conjugados é inversamente proporcional à constante de tempo do processo). Figura semelhante pode ser construída para raízes reais, mantendo-se a propriedade de raízes afastadas do eixo imaginário corresponderem a respostas rápidas.

7.1 CRITÉRIO DE ESTABILIDADE DE ROUTH-HURWITZ

Routh (1905) e Hurwitz (1875) apresentaram um método para indicar a presença e o número de raízes instáveis, sem calculá-las, isto é, a estabilidade do processo pode ser testada sem que seja necessário resolver a equação característica para obtenção dos polos. O método é aplicável tanto a malhas fechadas quanto abertas, bastando, apenas, utilizar a equação característica apropriada.

Considere-se um processo de ordem N, representado pela seguinte equação característica:

$$a_N s^N + a_{N-1} s^{N-1} + \ldots + a_1 s + a_0 = 0 \tag{7.8}$$

onde a_N é positivo. Uma condição necessária (mas não suficiente) para estabilidade do processo é que *todos os coeficientes* na equação característica sejam *positivos e não nulos*. Caso essa condição seja obedecida, constrói-se a MATRIZ DE ROUTH ($\{N + 1\}$ linhas):

$$
\begin{array}{cccc}
a_n & a_{n-2} & a_{n-4} & \ldots \\
a_{n-1} & a_{n-3} & a_{n-5} & \ldots \\
b_1 & b_2 & b_3 & \ldots \\
c_1 & c_2 & \ldots & \ldots \\
\ldots & & &
\end{array}
\tag{7.9a}
$$

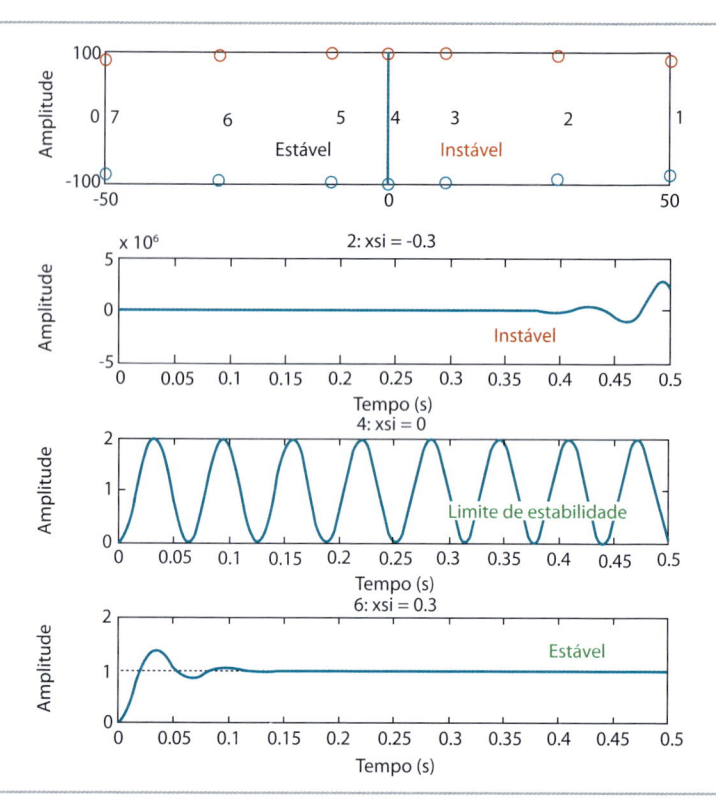

Figura 7.5 Dinâmica associada à localização das raízes (complexas) no plano s. A numeração segue as raízes complexas conjugadas indicadas no gráfico superior esquerdo.

onde:

$$b_1 = \frac{1}{a_{n-1}} \begin{vmatrix} a_{n-1} & a_{n-3} \\ a_n & a_{n-2} \end{vmatrix}$$

$$b_2 = \frac{1}{a_{n-1}} \begin{vmatrix} a_{n-1} & a_{n-5} \\ a_n & a_{n-4} \end{vmatrix} \text{etc.}$$

(7.9b)

$$c_1 = \frac{1}{b_1} \begin{vmatrix} b_1 & b_2 \\ a_{n-1} & a_{n-3} \end{vmatrix}$$

$$c_2 = \frac{1}{b_1} \begin{vmatrix} b_1 & b_3 \\ a_{n-1} & a_{n-5} \end{vmatrix} \text{etc.}$$

(7.9c)

ou

$$b_1 = \frac{a_{n-1}a_{n-2} - a_n a_{n-3}}{a_{n-1}} \qquad\qquad c_1 = \frac{b_1 a_{n-3} - a_{n-1}b_2}{b_1} \text{etc.} \qquad (7.9d)$$

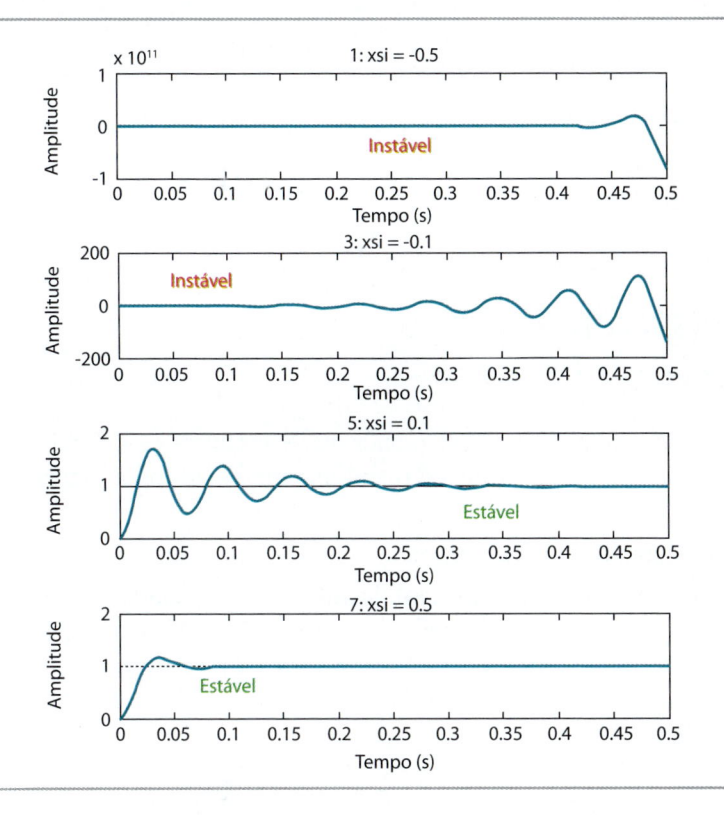

$$b_2 = \frac{a_{n-1}a_{n-4} - a_n a_{n-5}}{a_{n-1}} \qquad\qquad c_2 = \frac{b_1 a_{n-5} - a_{n-1} b_3}{b_1} \text{ etc.}$$

O *Critério de Estabilidade de Routh* é uma condição necessária e suficiente para que todas as raízes da equação característica se encontrem no SPE. Essa condição é que *todos os elementos da 1ª coluna da Matriz de Routh sejam positivos*.

EXEMPLO 7.4 Revendo a malha *feedback* do Exemplo 7.1

Para a malha *feedback* do Exemplo 7.1, deseja-se saber que valores de K_C causam instabilidade. Avaliando-se a equação característica,

$$s^3 + 6s^2 + 12s + 8 + 8K_C = 0 \tag{7.10}$$

a primeira condição de estabilidade de Routh é obedecida se $(8 + 8K_C)$ > 0. Logo, a condição $K_C > -1$ deve ser satisfeita para que o sistema seja estável. Contudo, esta é uma condição necessária, mas não suficiente, restando aplicar a 2ª Condição (obtida a partir da Matriz de Routh):

$$\begin{array}{cc} 1 & 12 \\ 6 & 8+8K_C \\ \dfrac{6(12)-(1)(8+8K_C)}{6} & 0 \\ 8+8K_C & 0 \end{array}$$ (7.11)

e as condições de estabilidade adicionais são:

$$\begin{aligned} 72-(8+8K_C) > 0 & \quad \therefore K_C < 8 \\ 8+8K_C > 0 & \quad \therefore K_C > -1 \end{aligned}$$ (7.12)

Logo, qualquer K_C positivo menor que 8 garantirá a estabilidade da malha. Esta conclusão ratifica o resultado apresentado na Figura 7.3.

EXEMPLO 7.5 Aletas de estabilização em navios

Considere que aletas de estabilização estão instaladas em um navio, que permitem alterar o ângulo de *jogo* em δ_a (rad), de acordo com a função de transferência $\delta_a(s)/\delta_d(s) = 1/(s + 1)$. Assuma $\tau = 1\text{s}$ para então obter o K_C limite de estabilidade e considere o diagrama de blocos da Figura 7.6.

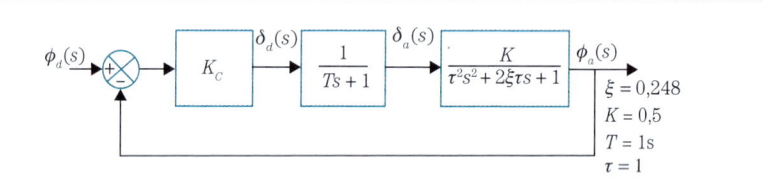

Figura 7.6   Diagrama de blocos de sistema de aletas de estabilização de navios

A função de transferência da malha fechada é

$$\frac{\phi_a}{\phi_d} = \frac{\dfrac{KK_C}{(Ts+1)(\tau^2 s+2\xi\tau s+1)}}{1+\dfrac{KK_C}{(Ts+1)(\tau^2 s+2\xi\tau s+1)}} = \frac{KK_C}{(Ts+1)(\tau^2 s+2\xi\tau s+1)+KK_C}$$ (7.13)

com equação característica:

$$(Ts+1)(\tau^2 s+2\xi\tau s+1)+KK_C = 0$$ (7.14a)

obtendo-se os coeficientes do polinômio do MATLAB:

```
>> T=1;K=1;xsi=0.248;tau=1;
>> p=conv([T 1],[tau^2, 2*xsi*tau, 1])
p = 1.0000     1.4960     1.4960     1.0000
```

Substituindo-se os valores numéricos, tem-se:

$$s^3 + 1,496s^2 + 1,496s + (1 + K_C) = 0 \qquad (7.14b)$$

Aplicando-se o Critério de Routh, a primeira condição de estabilidade é obedecida se $(1 + K_C) > 0$.

$$
\begin{array}{cc}
1 & 1,496 \\
1,496 & 1 + K_C \\
\dfrac{(1,496)^2 - (1)(1 + K_C)}{1,496} & 0 \\
1 + K_C & 0
\end{array}
\qquad (7.15)
$$

obtendo-se:

$$(1,496)^2 - (1)(1 + K_C) > 0 \qquad (7.16)$$

Logo $-1 < K_C < 1,238$.

7.2 MÉTODO DA SUBSTITUIÇÃO DIRETA

O eixo imaginário é a fronteira entre as regiões de estabilidade (semiplano esquerdo – SPE, e semiplano direito – SPD). Esse eixo corresponde a **raízes puramente imaginárias** ($s = \pm \omega i$). Logo, substituindo-se s por ωi na Equação Característica do processo, é possível calcular o *limite de estabilidade* para o sistema dinâmico, e esse procedimento é denominado "Método de Substituição Direta".

EXEMPLO 7.6 Método da substituição direta aplicado à malha *feedback* do Exemplo 7.1

Voltando à malha do Exemplo 7.1, aplica-se o método da Substituição Direta.

$$s^3 + 6s^2 + 12s + 8 + 8K_C = 0 \qquad (7.17a)$$

Substituindo-se s por ωi tem-se

$$-\omega i^3 - 6\omega^2 + 12\omega i + 8 + 8K_C = 0 \qquad (7.17b)$$

Parte Real = 0

$$-6\omega^2 + 8 + 8K_C = 0 \qquad (7.17c)$$

Parte Imaginária = 0

$$-\omega^3 + 12\omega = 0 \qquad (7.17d)$$

Da Equação 7.15d, obtém-se $\omega = 3.4641$ rad/s e, substituindo este resultado na Equação 7.15c: $K_{C,LIM} = 8$, confirmando o resultado obtido anteriormente. Este é o valor de K_C limite de estabilidade.

Neste Capítulo, apresentou-se a noção de estabilidade de sistemas dinâmicos, principal requisito de uma malha de controle. Métodos de cálculo do limite de estabilidade de sistemas dinâmicos lineares foram introduzidos e serão a base de alguns procedimentos de sintonia de controladores, utilizados no Capítulo 8.

EXERCÍCIOS PROPOSTOS

7.1) Considere o modelo linearizado para o separador bifásico (com $C = 3$m, $D = 2$m) apresentado no Capítulo 2. Dados:

- ☐ A válvula do Exemplo 2.1 que, no estado estacionário, está com 50% de abertura. Considere válvula com dinâmica de primeira ordem, sendo sua constante de tempo de 7 s. Apoie-se no material apresentado no APÊNDICE 2 sobre válvulas de controle, e proponha a função de transferência para a válvula.
- ☐ O sensor de nível tem faixa de $0 - 3$ m, padrão analógico, e é descrito por modelo de primeira ordem com constante de tempo de 1 s;
- ☐ A abertura da válvula é comandada por controlador proporcional: $P(s) = K(H_{SP} - H_M)$, onde H_{SP} é o valor desejado para o nível (mA) e H_M é o nível medido (mA).

a) Desenhar o diagrama de blocos da malha de controle;
b) Obter a Equação característica do processo;
c) Aplicar o método da substituição direta para encontrar o K_C limite de estabilidade do controlador;
d) Simular o desempenho do controlador para perturbação senoidal na vazão de alimentação.

7.2) Esboce a curva de resposta de um processo cuja equação característica apresente raízes complexas conjugadas $r_1 = Re + Im\ i$ e $r_2 = Re - Im\ i$, com $Re < 0$. No mesmo gráfico, desenhe a curva correspondente a uma elevação na magnitude de Im.

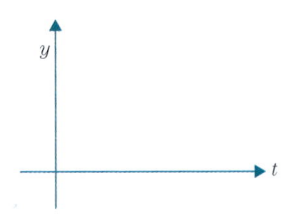

7.3) Dada a resposta de um processo de segunda ordem a uma perturbação degrau em seu *setpoint*, quais das seguintes opções poderiam ser raízes da equação característica? (a) 1 e 0,2; (b) 1 e $-0,2$; (c) $0,2 + i$ e $0,2 - i$; (d) $-0,2 + i$ e $-0,2 - i$; (e) $0,2i$ e $-0,2i$. Justifique a sua resposta.

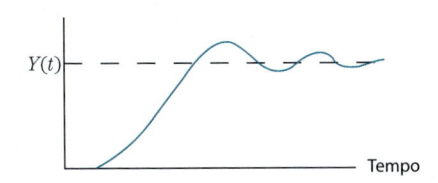

7.4) Um processo é representado pelo seguinte sistema de equações ordinárias lineares

$$\begin{cases} \dfrac{dx_1(t)}{dt} = x_1(t) + 2x_2(t) \\[3mm] \dfrac{dx_2(t)}{dt} = -2x_1(t) + x_2(t) \end{cases}$$

a)   Qual o ponto estacionário?
b)   Analise a estabilidade do processo.

7.5) Dado o diagrama de blocos

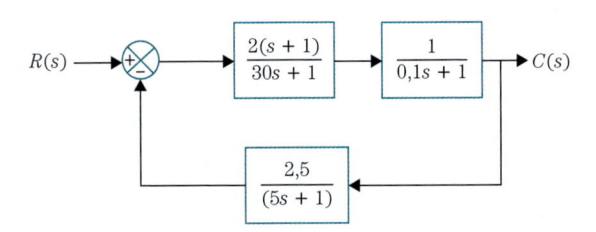

Pedem-se:
a)   Com base na função de transferência $C(s)/R(s)$, analise a estabilidade do processo.
b)   A resposta $C(t)$ a uma perturbação degrau de amplitude 2 na entrada $R(t)$.

7.6) Um processo descrito por $G(s) = \dfrac{(s-5)}{(s-2)(s+1)}$ é estável ou instável? Por quê?

8 Projeto de Malhas de Controle

Apesar de grandes avanços na área de controle nos últimos 50 anos, os controladores PID apresentam-se na atualidade como os mais usados. Aström e Hägglund (2004) referem-se a pesquisa envolvendo mais de 11.000 controladores nas indústrias de refino, química e de papel mostrando que 97% das malhas de controle regulatório apresentava a estrutura PID, sendo a maioria PI. A indústria *offshore* não se constitui exceção a este quadro. Ainda segundo Aström e Hägglund, todos os livros de controle apresentam um capítulo de sintonia de controladores PID. Este capítulo trata de malhas de controle *feedback* empregando controladores PID, em abordagem de controle de processos SISO (*Single Input Single Output*).

NOMENCLATURA

$C(s)$	Variável controlada
$c_m(t), C_M(s)$	Variável controlada medida, Transformada de Laplace de $c_m(t)$
$D(s)$	Variável de perturbação
$e(t), E(s)$	Erro de rastreamento, Transformada de Laplace de $e(t)$
$G(s)$	Função de transferência
K	Ganho na função de transferência
K_C	Ganho proporcional do controlador
$\mathscr{L}\{...\}, \mathscr{L}^{-1}\{...\}$	Transformada de Laplace, Transformada Inversa de Laplace
$M(s)$	Transformada de Laplace da variável manipulada
$p_1,..., p_n$	Polos da função de transferência
P	Período de oscilação
PB	Banda proporcional
PT, PY	Sensor/transmissor de pressão, conversor de sinal analógico para sinal digital
$r(t), R(s)$	*Setpoint* (valor de referência da variável controlada), Transformada de Laplace de $r(t)$
SC	Saída do controlador
t	Tempo

$u(t), U(s)$	Variável de entrada, Transformada de Laplace de $u(t)$
$y^{(n)}, u^{(m)}$	Derivada de ordem n da variável de resposta $y(t)$, derivada de ordem m da entrada $u(t)$
$Y(s)$	Variável de resposta, Transformada de Laplace de $y(t)$
$z_1,...,z_m$	Zeros da função de transferência

Subscritos

lim	Limite
MF	Malha fechada
V, C, P, D, M	Válvula, controlador, processo, perturbação, medição, respectivamente

Símbolos gregos

τ_D	Constante de tempo derivativa
τ_I	Constante de tempo integral
ξ	Fator de amortecimento
ω	Frequência (rad/min ou Hz)
θ	Tempo morto
α	Fator de filtro derivativo

8.1 MALHA DE CONTROLE *FEEDBACK*

Este tipo de malha atua em função do erro de controle, definido por:

$$e(t) = r(t) - c_m(t) \tag{8.1}$$

onde $r(t)$ é o valor de referência para a variável controlada (*setpoint*) e $c_m(t)$ é a variável controlada medida pelo elemento final de controle (o sensor).

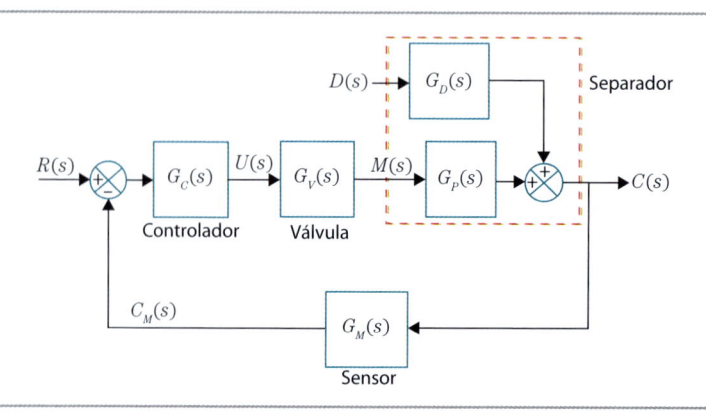

Figura 8.1   Malha *feedback* para controle de nível de separador bifásico

Utiliza-se como ilustração a malha de controle de nível do separador, cujo diagrama de blocos é apresentado na Figura 8.1, onde $D(s)$ é a vazão de alimentação de líquido do separador (L_{in}), $C(s)$ é o nível de líquido no separador (H), $R(s)$ é o valor de referência para o nível (*setpoint*), $G_P(s)$ e $G_D(s)$ são, respectivamente, a função que relaciona o nível à vazão manipulada pelo controlador ($M(s)$, a vazão de retirada de líquido – L_{out}) e a perturbação (L_{in}).

A função de transferência da malha fechada (o sistema controlado) é:

$$H(s) = \frac{G_C(s)G_V(s)G_P(s)}{1+G_C(s)G_V(s)G_P(s)G_M(s)}R(s) + \frac{G_D(s)}{1+G_C(s)G_V(s)G_P(s)G_M(s)}D(s) \quad (8.2a)$$

$$H(s) = G_S(s)R(s) + G_R(s)D(s) \quad (8.2b)$$

Esta representação auxilia na percepção de dois desafios que o sistema de controle tem que resolver:

Controle regulatório ou rejeição de perturbações ($R(s) = 0, D(s) \neq 0$). No caso considerado, controle de nível no separador, assume-se que o *setpoint* é um valor fixo ($R(s) = 0$, em variável desvio) e que o controle deve atuar para manter a variável controlada no valor desejado, ou seja, $C(s) = 0$.

$$C(s) = G_R(s)D(s) \quad (8.3)$$

O sistema de controle deve fazer com que a variável controlada não acompanhe as variações da perturbação. Para que a malha de controle rejeite as perturbações, o ideal é que $G_R(s) = 0$ para que $C(s) = 0$ (Equação 8.3). Observando-se a constituição de $G_R(s)$, conclui-se que um aumento de $G_C(s)$ (no denominador da função de transferência) conduz mais rapidamente ao objetivo almejado.

Controle servo ou rastreamento de *setpoint* variável. ($R(s) \neq 0, D(s) = 0$). O sistema de controle deve garantir que a variável controlada acompanhe da melhor forma possível o valor desejado. É o caso do controle do braço mecânico de um robô.

$$C(s) = G_S(s)R(s) \quad (8.4)$$

O ideal é que $G_S(s) = 1$ para que $C(s) = R(s)$. Novamente, observando-se a forma da $G_S(s)$, conclui-se que esse objetivo pode ser aproximado mais facilmente elevando-se $G_C(s)$.

Em processos contínuos, o mais comum é o controle regulatório. Normalmente, os processos operam com poucas modificações. Em situações de partida ou parada, em alterações de estado estacionário de operação ou em processos em batelada, o controle servo torna-se relevante. Na prática, $G_D(s)$ é raramente conhecida, optando-se, frequentemente, no projeto de malhas, pelo problema servo, esperando-se que um desempenho adequado também se verificará na operação regulatória.

8.2 AÇÕES DO CONTROLADOR PID

Na sua atuação, o controlador PID emprega três ações de controle baseadas no sinal de erro (Equação 8.1): Proporcional (P), Integral (I) e Derivativa (D). Essas ações são usadas de forma isolada (P) ou combinadas (PI, PD ou PID) e estão descritas na Equação 8.5 pela lei de controle PID, na forma paralela ideal:

$$u(t) = K_C \left(e(t) + \frac{1}{\tau_I} \int_0^t e(t)dt + \tau_D \frac{de(t)}{dt} \right)$$ (8.5)

onde K_C, τ_I e τ_D são denominados de *Parâmetros de Sintonia* e ponderam a contribuição dos respectivos termos na atuação do controlador PID, e $u(t)$ está sob a forma de variável desvio:

$$u(t) = u'(t) - u_S$$ (8.6)

onde u_S é denominado *bias* do controlador, isto é, o sinal de controle na ausência de erro, e $u'(t)$ representa o valor da saída do controlador. Aplicando-se a Transformada de Laplace à Equação 8.6, obtém-se a função de transferência do controlador PID ideal:

$$G_C(s) = \frac{U(s)}{E(s)} = K_C \left(1 + \frac{1}{\tau_I s} + \tau_D s \right)$$ (8.7)

As ações integral, proporcional e derivativa podem ser interpretadas como ações baseadas no passado (integral), no presente (proporcional) e no futuro (derivativa) (ASTROM, 2002).

☐ Ação Proporcional

A ação proporcional é diretamente proporcional ao erro de controle:

$$u'(t) = u_S + K_C e(t)$$ (8.8)

e a sua função de transferência resume-se a:

$$G_C(s) = K_C$$ (8.9)

A ação proporcional é relacionada à agressividade do controlador, agindo mais ou menos severamente em resposta a modificações do erro de rastreamento.

O sinal do ganho determina a ação do controlador. Para ganhos positivos, o controlador é dito de *ação reversa* (a saída do controlador aumenta com a redução do sinal da variável medida). Em caso contrário, o controlador é dito de *ação direta*. Em geral, em controladores lógicos programáveis (CLPs), escolhe-se a ação pela definição do erro de rastreamento:

$$e(t) = r(t) - c_m(t), \qquad reversa$$ (8.10a)

$$e(t) = c_m(t) - r(t), \qquad direta$$ (8.10b)

Verifica-se, pela Figura 8.2, que, sob estabilização do erro, a saída do controlador permanecerá constante. Esta é uma desvantagem deste controlador, pois poderá conduzir a *offset* (erro de estado estacionário).

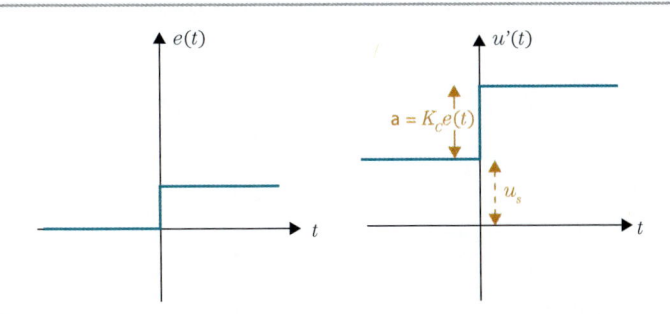

Figura 8.2   Ação proporcional

☐ **Ação Integral**
É descrita pela Equação 8.11:

$$u(t) = \frac{1}{\tau_I} \int_0^t e(t)dt \tag{8.11}$$

Esta ação, ao contrário da proporcional, não pode ser usada isoladamente, pois a saída do controlador só será significativa após o erro persistir por um certo intervalo de tempo. Consequentemente, a ação integral é usada com a ação proporcional e é a forma mais comum de controladores *feedback*, conhecida como *controlador PI*:

$$u(t) = K_C \left\{ e(t) + \frac{1}{\tau_I} \int_0^t e(t)dt \right\} \tag{8.12}$$

A função de transferência do controlador PI é:

$$\frac{U(s)}{E(s)} = K_C \left(1 + \frac{1}{\tau_I s} \right) \tag{8.13}$$

Com a combinação das duas ações (P + I), a saída do controlador é alterada assim que detectada variação no erro, em virtude da ação proporcional, enquanto a ação integral atua sobre a persistência do erro. Quando $t = \tau_I$, a ação integral terá "repetido" a ação proporcional, considerando-se erro constante. Esta terminologia é usada em alguns controladores comerciais que têm a ação integral sintonizada como "minutos por repetição". Há também os controladores comerciais que são sintonizados em "repetições por minuto" $\left(K_I = \frac{K_C}{\tau_I} \right)$.

Nota-se na Figura 8.3 que enquanto o sinal de erro permanecer constante a saída do controlador será aumentada (pela ação integral), eliminando *offset*, isto é, o erro quando o tempo tende a infinito.

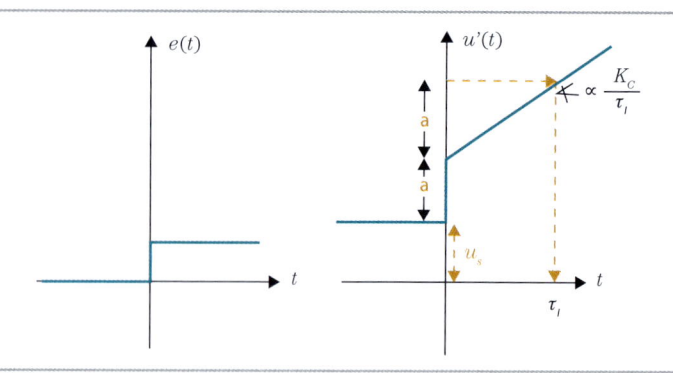

Figura 8.3   Ação proporcional e integral

☐   **Ação Derivativa**

Contribui para a saída do controlador sempre que houver variação no erro (derivada do erro com o tempo). Esta característica torna inapropriado o seu uso em sinais com ruídos (a exemplo de sinais de nível e de vazão). Por outro lado, é muito usada em variáveis *lentas* como temperatura e composição, já que antecipa a saída do controlador.

Esta ação é usada junto com a ação proporcional (controlador **PD**):

$$u(t) = K_C\left[e(t) + \tau_D\,\frac{de(t)}{dt}\right] \tag{8.14}$$

ou com a ação proporcional e integral (controlador **PID**), quando assume a forma da Equação 8.5. A função de transferência do controlador PID (Equação 8.7) corresponde a uma implementação em paralelo das três ações, conforme representado no diagrama de blocos da Figura 8.4.

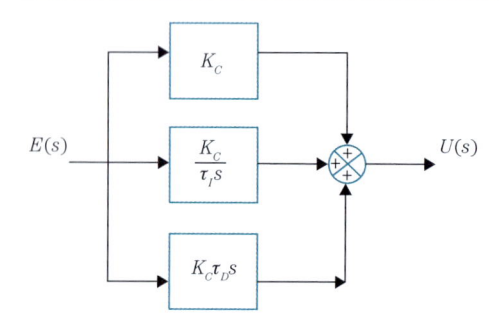

Figura 8.4   PID Paralelo

Observa-se pela função de transferência que a ação derivativa ideal não é fisicamente realizável. Os controladores comerciais aproximam a ação derivativa usando, por exemplo, a função de transferência:

$$\frac{U(s)}{E(s)} = K_C \left[1 + \frac{1}{\tau_I s} \right] \left[\frac{\tau_D s + 1}{\alpha \tau_D s + 1} \right], \quad 0{,}05 < \alpha < 0{,}2 \tag{8.15}$$

Na Equação 8.15, as três ações são aplicadas em série:

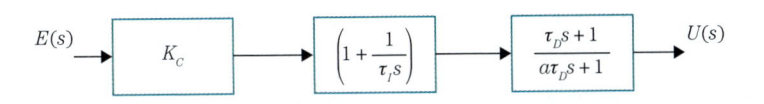

Figura 8.5   PID em série

Uma outra modificação prática se faz necessária para a ação derivativa. A motivação é evitar que, ao se alterar o valor desejado para a variável controlada (*setpoint*), normalmente na forma de um degrau, ocorra ação excessiva na válvula: para um degrau, $\frac{de(t)}{dt}$ assume a forma de um impulso, gerando uma violenta ação de controle. Isto é evitado aplicando-se a ação derivativa não sobre o erro, mas sim sobre a variável medida, conforme mostrado na Equação 8.16 e Figura 8.6.

$$u(t) = K_C \left\{ e(t) + \frac{1}{\tau_I} \int_0^t e(\tau) d\tau - \tau_D \frac{dc_m(t)}{dt} \right\} \tag{8.16}$$

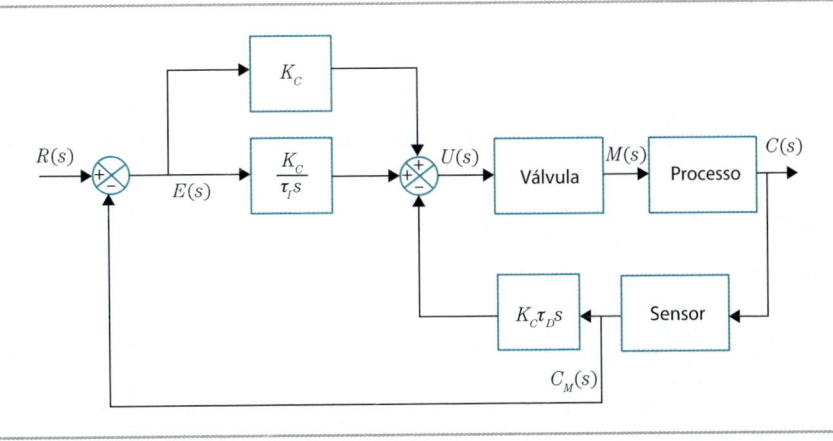

Fonte: Adaptada de Aström (2002)

Figura 8.6   Ação derivativa sobre a variável controlada medida

Destaca-se, ainda, a situação em que um controlador com ação integral não consegue eliminar o erro: a sua saída continua crescendo (integrando o erro) até saturar o elemento final de controle (válvula completamente aberta ou fechada). Quando o erro mudar de sinal, a ação integral começará a diminuir (ao integrar valores negativos). Porém, como a saída do controlador permaneceu saturada, durante certo tempo esta permanecerá na sua posição extrema, impedindo a correção do erro e, consequentemente, gerando uma sobre-elevação perigosa na variável controlada. Essa situação é denominada *reset windup* e ocorre com maior frequência em sistemas que continuam recebendo o erro, mas não têm ação no processo: batelada, quando a unidade está sendo recarregada, estratégias de controle em que a ação da válvula depende de mais de um controlador etc.

Para contornar essa situação torna-se necessária uma estratégia *anti-reset windup*, como a ilustrada na Figura 8.7.

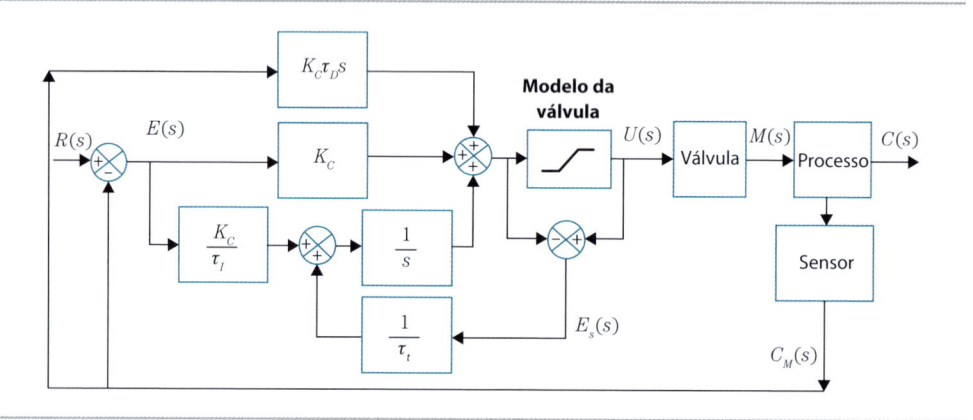

Fonte: Adaptada de Aström (2002)

Figura 8.7   *Anti-reset windup*

O sistema sugerido por Astrom, Figura 8.7, utiliza um *feedback* extra gerado pela diferença entre a saída do controlador e a saída da válvula ($E_s(s)$), alimentado à saída do integrador com um ganho $1/\tau_t$. Este sinal é zero quando não há saturação do atuador, não tendo qualquer efeito em condições normais. Sob a saturação do atuador, $E_s(s)$ é diferente de zero, e a saída do atuador para o processo fica constante (igual ao valor de saturação). A entrada para o integrador é $\dfrac{1}{\tau_t}E_s(s)+\dfrac{K_C}{\tau_I}E(s)$. Logo, em estado estacionário,

$$E_s(s)=\frac{K_C\tau_t}{\tau_I}E(s) \tag{8.17}$$

A saída do atuador é:

$$m(t)=m_{lim}+\frac{K_C\tau_t}{\tau_I}e(t) \tag{8.18}$$

onde m_{lim} é o limite de saturação da variável manipulada. τ_t pode ser interpretada como a constante de tempo que determina o tempo de restabelecimento da ação integral. Aström denomina esta constante de *constante de tempo de rastreamento*, e recomenda que seja sintonizada como $\sqrt{\tau_I\tau_D}$.

8.3 SINTONIA DE CONTROLADOR PID

O comportamento dinâmico de um controlador PID é definido pelos parâmetros de sintonia. Nesta seção, apresentam-se métodos de seleção desses valores.

8.3.1 Método da sensibilidade limite (método do ganho limite)

O método, proposto por Ziegler e Nichols, em 1942, baseia-se em encontrar o LIMITE DE ESTABILIDADE da malha, $K_{C,LIM}$, isto é, o valor do ganho proporcional que promove a oscilação com amplitude sustentada da variável controlada em resposta a uma perturbação (de *setpoint* ou de carga), com o controlador dotado exclusivamente de ação proporcional. A sintonia baseia-se em um ponto da curva de Nyquist da função de transferência de malha aberta: a interseção com o eixo imaginário, caracterizado pela frequência $\omega_{CRIT}\left(\omega_{-180°}\right)$ e o ganho limite $(K_{C,LIM})$. O procedimento para determinar a frequência e o ganho correspondente consiste em:

a) Com a planta no estado estacionário e em malha fechada, remover a ação integral $(\tau_I = \infty)$ e derivativa $(\tau_D = 0)$

b) Escolher um valor para K_C

c) Perturbar o sistema (degrau de *setpoint* ou de carga)

d) Observar o transiente. Se a resposta se apresentar subamortecida, aumentar K_C e retornar à etapa *c*. Repetir o procedimento até atingir oscilação sustentada, como mostrado na Figura 8.8 (curva $K_C = 8$). Para este valor de K_C, denominado K_C limite de estabilidade $(K_{C,LIM})$, registrar o período de oscilação (P_{LIM}). Se a resposta oscilar divergindo, reduzir K_C e voltar à etapa *c*.

As etapas (a), (b), (c) são ilustradas com o código MATLAB do APÊNDICE 3 para o sistema do Exemplo 7.1.

Com $K_{C,LIM}$ e P_{LIM}, determinam-se os parâmetros de sintonia do controlador utilizando-se as *Correlações de Ziegler-Nichols* mostradas na Tabela 8.1. Observa-se na Figura 8.8 que quanto maior o ganho do controlador (mais próximo do $K_{C,LIM}$) mais oscilatório o sistema e menor o período de oscilação (mais rápido). Para valores de $K_C > K_{C,LIM}$, o sistema oscila com amplitude crescente, isto é, torna-se instável.

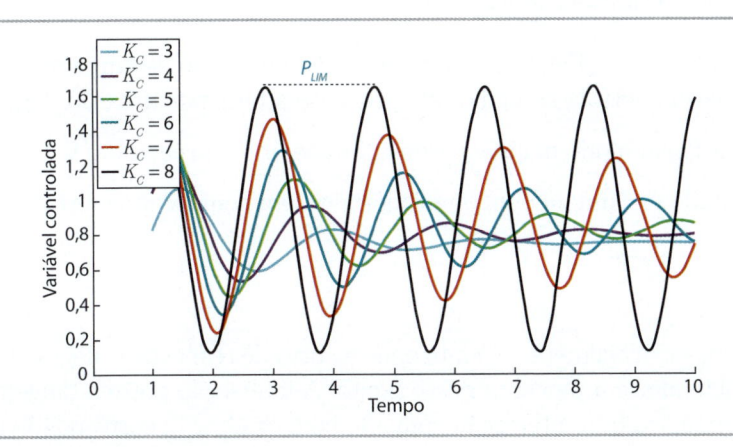

Figura 8.8   Método da sensibilidade limite

Tabela 8.1   Correlações de Ziegler-Nichols

	K_C	τ_I	τ_D
P	$K_{C,LIM}/2$	–	–
PI	$K_{C,LIM}/2{,}2$	$P_{LIM}/1{,}2$	–
PID	$K_{C,LIM}/1{,}7$	$P_{LIM}/2$	$P_{LIM}/8$

Notar que, ao passar de um controlador P para um PI, a correlação indica uma redução do ganho pois a ação integral aproxima o sistema da fronteira de instabilidade. Por outro lado, a ação derivativa permite elevar o ganho proporcional, por antecipar a resposta, conferindo estabilidade à malha de controle.

O conjunto de parâmetros obtidos promove uma razão de decaimento entre 1/3 e 1/4. Ressalta-se que, antes do experimento, deve-se determinar a ação (direta ou reversa) do controlador, isto é, o sinal do K_C. O método, se experimentalmente conduzido, é demorado (precisa ser estabelecido o estado estacionário antes de se voltar a perturbar o sistema), é arriscado (atinge-se o limite de estabilidade), e alguns processos não apresentam ganho limite. Por estes motivos, o método não é muito utilizado na prática industrial.

8.3.2 Método da curva de reação

Também proposto por Ziegler-Nichols, o método da curva de reação baseia-se em teste com controlador em modo manual, após estabelecido estado estacionário.

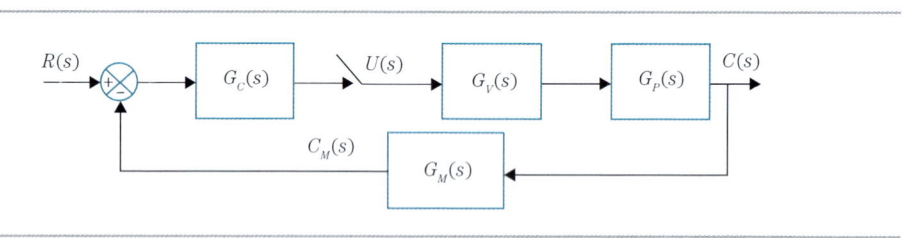

Figura 8.9   Experimento para obter a curva de reação

O gráfico $C_M(t)$ x t (Figura 8.10) recebe a denominação de **curva de reação**, a resposta da variável controlada medida do processo a uma perturbação degrau na saída do controlador (em modo manual). Considera-se que o processo $G(s) = \dfrac{C_M(s)}{U(s)}$ pode ser representado por um modelo de primeira ordem com tempo morto:

$$G(s) = \frac{Ke^{-\theta s}}{\tau s + 1} \tag{8.19a}$$

Determina-se inicialmente o ponto onde a curva de resposta ao degrau tem máxima inclinação, obtendo-se a tangente nesse ponto. A interseção entre a tangente e o eixo fornece o parâmetro θ. A interseção com a linha $C = C_{M,\,final}$ corresponde a $t = \theta + \tau$, permitindo obter a constante de tempo. Os parâmetros K, θ, τ são obtidos conforme indicado na Figura 8.10. θ, τ deverão ser identificados na mesma base de tempo empregada no *hardware* de controle (por exemplo, CLP) enquanto que o ganho K é identificado em forma adimensional:

$$K = \frac{C_{M,final} - C_{M,inicial}}{U_{final} - U_{inicial}} \tag{8.19b}$$

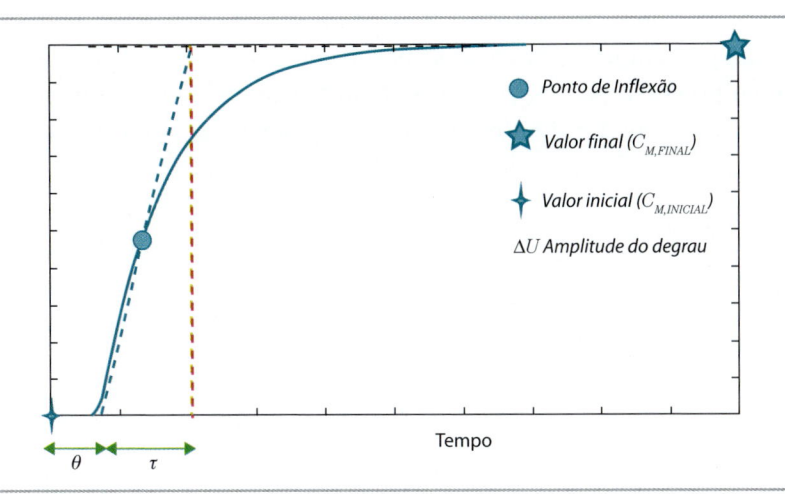

Figura 8.10 Curva de reação

Ziegler e Nichols definiram as correlações de sintonia apresentadas na Tabela 8.2. Uma estimativa da constante de tempo da malha fechada (τ_{MF}) é dada.

Tabela 8.2 Método da curva de reação

	K_C	τ_I	τ_D	τ_{MF}
P	$\dfrac{\tau}{K\theta}$	–	–	$4\,\theta$
PI	$0,9\,\dfrac{\tau}{K\theta}$	$3,3\,\theta$	–	$5,7\,\theta$
PID	$1,2\,\dfrac{\tau}{K\theta}$	$2\,\theta$	$0,5\,\theta$	$3,4\,\theta$

A faixa de validade do método é para $1 < \dfrac{\tau}{\theta} < 10$. Em teoria, o método apresenta a vantagem de só necessitar de um teste. Na prática, em virtude de ruídos, testes adicionais tornam-se necessários. Destaca-se que o método apresenta a desvantagem de ser executado em malha aberta. Logo, processos instáveis em malha aberta não podem ser sintonizados por esse procedimento. Como outra desvantagem, tem-se a dificuldade em determinar a inclinação da curva, e, consequentemente, θ.

Por último, o método proposto por Ziegler-Nichols influenciou a prática de controle PID principalmente por se basear em poucos parâmetros e em equação simples.

Aström (2002) comenta que é surpreendente que essa sintonia seja tão citada já que em poucas situações fornece desempenho adequado. Os dois procedimentos propostos por Ziegler-Nichols baseiam-se em extensivas simulações, com o critério de desempenho de razão de decaimento de 1/4, correspondendo a uma fator de amortecimento $\xi = 0,2$, o que é pequeno e atribui baixa robustez à malha.

8.3.3 Método Cohen-Coon

Esse método, proposto em 1953, é usado como alternativa ao método Ziegler-Nichols. É um procedimento em malha aberta, como o da curva de reação. O método admite que o processo pode ser representado por modelo de 1ª ordem com tempo morto, de acordo com a Figura 8.10. As correlações de ajuste estão mostradas na Tabela 8.3.

Tabela 8.3   Correlações do método de sintonia Cohen-Coon

	K_C	τ_I	τ_D
P	$\dfrac{1}{K}\left[\dfrac{\tau}{\theta}+\dfrac{1}{3}\right]$	–	–
PI	$\dfrac{1}{K}\left[0,9\dfrac{\tau}{\theta}+0,083\right]$	$\theta\tau\left[\dfrac{3,33+0,33\dfrac{\theta}{\tau}}{1+2,2\dfrac{\theta}{\tau}}\right]$	–
PID	$\dfrac{1}{K}\left[1,35\dfrac{\tau}{\theta}+0,270\right]$	$\theta\tau\left[\dfrac{3,2+6\dfrac{\theta}{\tau}}{13+8\dfrac{\theta}{\tau}}\right]$	$\dfrac{0,37\,\theta}{1+0,2\left[\dfrac{\theta}{\tau}\right]}$

8.3.4 Método de sintonia Aström-Hagglund

Aström e Hagglund (2004) propõem modelo de primeira ordem com tempo morto,

$$G(s) = \frac{Ke^{-\theta s}}{\tau s + 1} \tag{8.20a}$$

onde K é o ganho estático, τ é a constante de tempo (ou atraso) e θ o atraso de transporte. Processos integradores são aproximados pelo modelo:

$$G(s) = \frac{K_V}{s} e^{-\theta s} \tag{8.20b}$$

onde K_V é o ganho de velocidade e θ o atraso de transporte (pode ser visto como o limite do modelo de primeira ordem quando τ tende para o infinito). Esses parâmetros podem ser obtidos de experimentos simples, a exemplo do apresentado para outros métodos, e fornecem a sintonia proposta na Tabela 8.4.

Tabela 8.4 Correlações Aström e Hagglund

$G(s)$	K_C	τ_I	τ_D
$\dfrac{Ke^{-\theta s}}{\tau s+1}$	$\dfrac{1}{K}\left[0,2+0,45\dfrac{\tau}{\theta}\right]$	$\theta\left[\dfrac{0,8\,\tau+0,4\,\theta}{0,1\,\tau+\theta}\right]$	$\dfrac{0,5\,\theta\,\tau}{\tau+0,3\,\theta}$
$\dfrac{K_V}{s}e^{-\theta s}$	$0,25\,K_V$	$8\,\theta$	$0,5\,\theta$

Observa-se nas Tabelas 8.2, 8.3 e 8.4 que os parâmetros empregados nas correlações de sintonia são função do grupo adimensional θ/τ e de K:

- ☐ quanto maior θ/τ mais rápida poderá ser a sintonia (maior o K_C);
- ☐ quanto menor o K, maior deverá ser o K_C.

8.3.5 Sintonia pela "regra simples" de Skogestad

Baseia-se em aproximação da resposta de sistema de ordem superior e com resposta inversa por um tempo morto aparente (ver Capítulo 6) ou "efetivo". Assim, o tempo morto aparente pode ser adotado como o tempo morto original mais os vários termos aproximados. Segundo Skogestad (2003), a aproximação é conservativa pois o efeito do tempo morto em uma malha de controle é menos prejudicial ao seu desempenho dinâmico do que o atraso de igual magnitude que este aproxima. Recomenda regra simples de aproximação ("regra da metade"): *a maior constante de tempo desprezada (do denominador) é distribuída igualmente entre o tempo morto aparente e a menor constante de tempo entre as constantes retidas na aproximação.* Em suma, dada a função de transferência genérica:

$$G_0(s) = \frac{\prod\limits_{j}\left(-T_{j0}s+1\right)}{\prod\limits_{i}\left(\tau_{i0}s+1\right)}e^{-\theta_0 s} \tag{8.21}$$

onde os atrasos τ_{i0} estão ordenados de acordo com a magnitude, e T_{j0} (numeradores negativos) denotam respostas inversas. De acordo com a "regra da metade", para se obter uma aproximação de primeira ordem $G(s)=\dfrac{Ke^{-\theta s}}{\tau_1 s+1}$, utiliza-se:

$$\tau_1 = \tau_{10} + \frac{\tau_{20}}{2}; \quad \theta = \theta_0 + \frac{\tau_{20}}{2} + \sum_{i\geq 3}\tau_{i0} + \sum_{j}T_{j0} + \frac{h}{2} \tag{8.22}$$

onde h é o período de amostragem. Para uma aproximação de $2^{\underline{a}}$ ordem

$$G(s) = \frac{Ke^{-\theta s}}{\left(\tau_1 s+1\right)\left(\tau_2 s+1\right)}$$

$$\tau_1 = \tau_{10}, \quad \tau_2 = \tau_{20} + \frac{\tau_{30}}{2}; \quad \theta = \theta_0 + \frac{\tau_{30}}{2} + \sum_{i \geq 4} \tau_{i0} + \sum_{j} T_{j0} + \frac{h}{2} \qquad (8.23)$$

Para constantes de tempo positivas no numerador, Skogestad sugere "cancelar" o termo $(T_0 s + 1)$ com um numerador vizinho $(\tau_0 s + 1)$ com as seguintes aproximações:

$$\frac{T_0 s + 1}{\tau_0 s + 1} \approx \begin{cases} T_0 / \tau_0 \, , & T_0 \geq \tau_0 \geq \theta & \text{Regra T1} \\ T_0 / \theta, & T_0 \geq \theta \geq \tau_0 & \text{Regra T1a} \\ 1, & \theta \geq T_0 \geq \tau_0 & \text{Regra T1b} \\ T_0 / \tau_0, & \tau_0 \geq T_0 \geq 5\theta & \text{Regra T2} \\ \dfrac{\tilde{\tau} / \tau_0}{(\tilde{\tau} - \tau_0) s + 1}, & \text{para } \tilde{\tau} = \min(\tau_0, 5\theta) \geq T_0 & \text{Regra T3} \end{cases} \qquad (8.24)$$

onde θ é o tempo morto efetivo (aparente) cujo valor depende da aproximação das constantes de tempo ("regra da metade"), havendo necessidade de assumir θ e iterar. Se houver mais de um T_0 positivo no numerador deve-se aproximar um T_0 a cada vez, iniciando com o maior T_0. τ_0 é normalmente escolhido como a maior constante do denominador ($\tau_0 > T_0$) e utilizadas as regras T2 ou T3 (Equação 8.24). A exceção é se não houver τ_0 maior ou se existir uma constante do denominador próxima a T_0. Neste caso, Skogestad recomenda selecionar τ_0 como a menor constante de tempo do denominador ($\tau_0 < T_0$) que se aproxime de T_0 e empregar as regras T1, T1a ou T1b.

O procedimento de sintonia proposto é resumido a seguir:

☐ aproximar comportamento dinâmico de processo de ordem superior por processo de primeira ordem (parâmetros da Equação 8.22) ou de segunda ordem (parâmetros da Equação 8.23);

☐ Escolher, com o objetivo de robustez, a constante de tempo da malha fechada (τ_{MF}) (parâmetro de sintonia) e aplicar a sintonia fornecida pelas correlações da Tabela 8.5.

Os ajustes propostos por Skogestad são para o controlador em série:

$$G_C(s) = K_C \left(1 + \frac{1}{\tau_I s} \right)(\tau_D s + 1) \qquad (8.25)$$

O valor ótimo de τ_{MF} é determinado por um compromisso entre:

☐ Resposta rápida e boa rejeição a perturbação (favorecidas por um valor baixo de τ_{MF}), e

☐ Estabilidade, robustez e pequenas ações na variável manipulada (favorecido por τ_{MF} alto). Uma boa solução de compromisso é $\tau_{MF} = \theta$.

Tabela 8.5 Correlações de Skogestad

$G(s)$	K_C	τ_I	τ_D
$G(s) = \dfrac{Ke^{-\theta s}}{\tau_1 s + 1}$	$\dfrac{\tau_1}{K}\left[\dfrac{1}{\theta + \tau_{MF}}\right]$	$\min\left[\tau_1, 4\left(\tau_{MF} + \theta\right)\right]$	–
$G(s) = \dfrac{Ke^{-\theta s}}{\left(\tau_1 s + 1\right)\left(\tau_2 s + 1\right)}$	$\dfrac{\tau_1}{K}\left[\dfrac{1}{\theta + \tau_{MF}}\right]$	$\min\left[\tau_1, 4\left(\tau_{MF} + \theta\right)\right]$	τ_2
$G(s) = \dfrac{Ke^{-\theta s}}{\tau_1 s}$	$\dfrac{\tau_1}{K}\left[\dfrac{1}{\theta + \tau_{MF}}\right]$	$4\left(\tau_{MF} + \theta\right)$	–
$G(s) = \dfrac{Ke^{-\theta s}}{\tau_1 s\left(\tau_2 s + 1\right)}$	$\dfrac{\tau_1}{K}\left[\dfrac{1}{\theta + \tau_{MF}}\right]$	$4\left(\tau_{MF} + \theta\right)$	τ_2
$G(s) = \dfrac{K''e^{-\theta s}}{s^2}$	$\dfrac{\tau_1}{K}\left[\dfrac{1}{4\left(\theta + \tau_{MF}\right)^2}\right]$	$4\left(\tau_{MF} + \theta\right)$	$4\left(\tau_{MF} + \theta\right)$

Para processo dominado por atraso ($\tau_1 > 8\theta$), os valores de τ_1 e θ podem ser de difícil identificação e, segundo Skogestad, não são importantes para o projeto do controlador. Assim, recomenda que esses processos sejam aproximados por modelo integrador:

$$G(s) = \frac{K}{\tau_1 s + 1} \approx \frac{K}{\tau_1 s} = \frac{K'}{s} \tag{8.26}$$

EXEMPLO 8.1 **Aproximação de sistema de segunda ordem pelo método de Skogestad**

Para o processo $G(s) = \dfrac{1}{(s+1)(0,2s+1)}$, obter pela regra de simplificação de Skogestad um modelo de primeira ordem com tempo morto. Dado $G(s) = \dfrac{Ke^{-\theta s}}{\tau_1 s + 1}$ tem-se:

$K = 1$,

A maior constante de tempo do denominador é = 1. Logo, τ_1 é aproximado por:

$\tau_1 = 1 + 0,2 / 2 = 1,1$

$\theta = 0,2 / 2 = 0,1$.

Note-se que a menor constante de tempo (= 0,2) foi desprezada formalmente no modelo simplificado, sendo considerada nos valores de τ_1 e θ (cada qual assumindo metade do valor dessa constante).

EXEMPLO 8.2 Aproximação de sistema de ordem superior pelo método de Skogestad

Aproximações para o processo

$$G_0(s) = \frac{K(-0,3s+1)(0,08s+1)}{(2s+1)(s+1)(0,4s+1)(0,2s+1)(0,05s+1)^3}$$

de ordem superior, são buscadas para fins de sintonia de malhas de controle. O procedimento de aproximação de Skogestad é empregado para obter modelo de 1ª ordem com tempo morto e modelo de 2ª ordem com tempo morto.

a) aproximação de 1ª ordem com tempo morto:
$\tau_1 = 2$ (= maior constante de tempo) + ½ × 1 (metade da segunda maior constante de tempo) = 2,5
$\theta = $ ½ × 1 (metade da segunda maior constante de tempo) + (0,4 + 0,2 + 0,05 × 3 + 0,3 − 0,08) (termo contendo todas as demais constantes) = 1,47

b) aproximação de 2ª ordem com tempo morto:
$\tau_1 = 2$ (= maior constante de tempo)
$\tau_2 = 1$ (segunda maior constante de tempo) + ½ × 0,4 (metade da terceira maior constante de tempo) = 1,2
$\tau = $ ½ × 0,4 (metade da terceira maior constante de tempo) + (0,2 + 0,05 × 3 + 0,3 − 0,08) (demais constantes) = 0,77

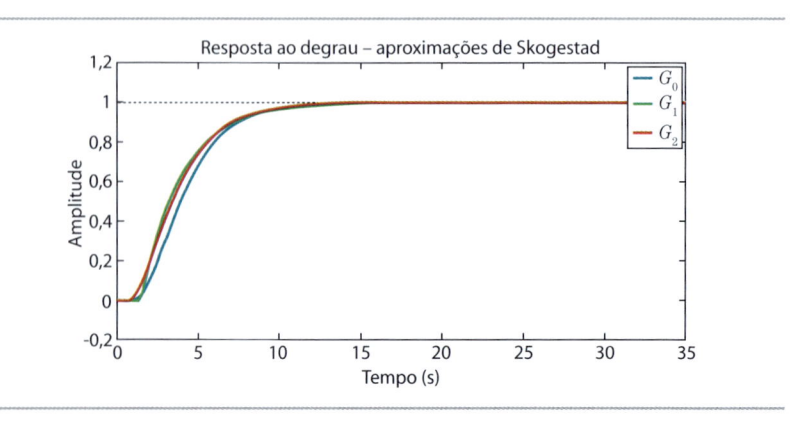

Figura 8.11   Aproximações de Skogestad para $G_0(s)$

A comparação da resposta do processo a uma perturbação degrau, e as duas aproximações obtidas são mostradas na Figura 8.11, produzidas com o código MATLAB listado no APÊNDICE 3, para $K = 1$.

8.3.6 Parametrizações de algoritmos PIDs

A Equação 8.7 do controlador PID (não interagente, isto é, paralelo, considerado nas sintonias de Ziegler-Nichols e Cohen-Coon) e a Equação 8.25 (PID interagente, ou seja, em série), adotada no procedimento de sintonia de Skogestad, são reproduzidas a seguir para análise das parametrizações:

$$G_C(s) = K_C\left(1 + \frac{1}{\tau_I s} + \tau_D s\right) \tag{8.27a}$$

$$G_C(s) = K_C'\left(1 + \frac{1}{\tau_I' s}\right)\left(\tau_D' s + 1\right) = K_C'\left(1 + \frac{\tau_D'}{\tau_I'}\right)\left[1 + \frac{1}{\tau_I'\left(1 + \frac{\tau_D'}{\tau_I'}\right)s} + \frac{\tau_D'}{\left(1 + \frac{\tau_D'}{\tau_I'}\right)}s\right] \tag{8.27b}$$

Por comparação das duas leis de controle (interagente e não interagente) tem-se:

$$K_C = K_C'\left(1 + \frac{\tau_D'}{\tau_I'}\right) \tag{8.27c}$$

$$\tau_I = \tau_I'\left(1 + \frac{\tau_D'}{\tau_I'}\right) \tag{8.27d}$$

$$\tau_D = \frac{\tau_D'}{\left(1 + \frac{\tau_D'}{\tau_I'}\right)} \tag{8.27e}$$

Conclui-se que a parametrização para controladores PID é função da estrutura do controlador. Deduz-se, também, que para controladores P, PI ou PD, as duas formas (interagente e não interagente) são equivalentes.

EXEMPLO 8.3 Análise comparativa de procedimentos de sintonia

Comparar as respostas do processo

$$G_0(s) = \frac{K(-0,3s+1)(0,08s+1)}{(2s+1)(s+1)(0,4s+1)(0,2s+1)(0,05s+1)^3}$$

controlado de acordo com as regras de sintonia de Skogestad (reparametrizadas para PID não interagente), Ziegler-Nichols (curva de reação) e Cohen-Coon.

A Tabela 8.6 apresenta os desempenhos das sintonias aplicadas. A Figura 8.12 mostra as respectivas respostas do processo sob as várias sintonias investigadas (o código MATLAB está listado no APÊNDICE 3).

Tabela 8.6   Desempenho de sintonias aplicadas a processo de ordem superior

	K_C	τ_I	τ_D
$G(s) = \dfrac{1e^{-1,47s}}{2,5s+1}$			
Ziegler-Nichols (curva de reação)	2,04	2,94	0,74
Cohen-Coon	2,57	1,40	0,49
Skogestad 1ª Ordem, $\tau_{MF} = \tau_{MF\,ZN}$	0,39	2,50	0
Skogestad 1ª Ordem, $\tau_{MF} = \theta$	0,85	2,50	0
$G(s) = \dfrac{1e^{-0,77s}}{(2s+1)(1,2s+1)}$			
Skogestad 2ª Ordem, $\tau_{MF} = \tau_{MF\,ZN}$	0,95	3,20	1,92
Skogestad 2ª Ordem, $\tau_{MF} = \theta$	2,08	3,20	1,92

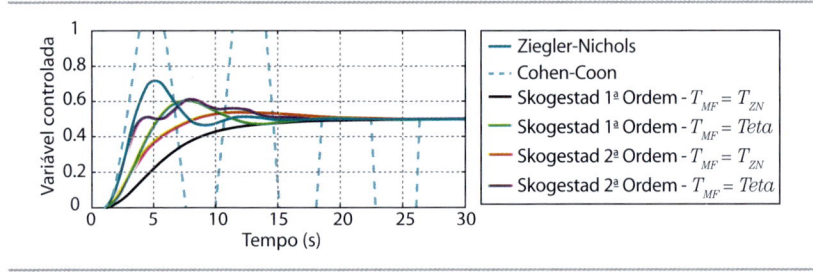

Figura 8.12   Comparação de métodos de sintonia

Observa-se que a Sintonia Cohen-Coon produziu resposta instável. Nota-se que o desempenho da sintonia Cohen-Coon é ruim para valores de $\theta/\tau < 2$ (o caso em questão apresenta $\theta/\tau = 0,58$) já que esse método teve como objetivo a sintonia de processos com tempos mortos maiores do que aqueles estudados por Ziegler e Nichols. O desempenho apresentado pela sintonia Ziegler-Nichols é mais rápido e agressivo quando comparado com o procedimento sugerido por Skogestad, que tem na aproximação de 2ª ordem com $\tau_{MF} = \theta$ o desempenho mais rápido e oscilatório.

As simulações foram produzidas com código que explora a integração dos ambientes MATLAB e SIMULINK, mostrado no APÊNDICE 3. O código utiliza o modelo SIMULINK sintoniza.mdl, reproduzido na Figura 8.13.

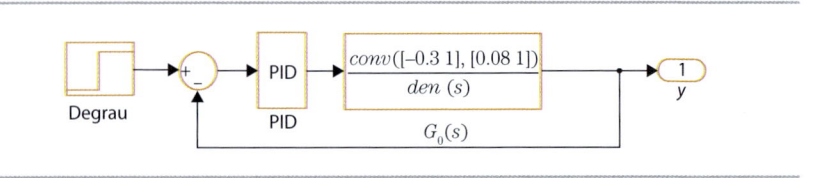

Figura 8.13   Modelo SIMULINK sintoniza.mdl

8.3.7   Sumário das correlações de sintonia

Observam-se nos procedimentos de sintonia que:

☐ K_C é inversamente proporcional ao ganho do processo, KK_VK_M.

☐ K_C decresce com o aumento de θ/τ.

☐ τ_I e τ_D aumentam com o aumento de θ/τ (tipicamente, $\tau_D = 0{,}25\ \tau_I$).

☐   Deve-se reduzir K_C quando se aumenta a ação integral.

☐   Deve-se aumentar K_C quando se adiciona a ação derivativa.

☐   Para reduzir oscilações, devem-se diminuir K_C e aumentar τ_I.

Convém ressaltar algumas desvantagens das correlações de sintonia, a saber:

☐   Ignoram problemas de interações entre as malhas de controle (que afetam o limite de estabilidade).

☐   A ação derivativa é normalmente dependente do controlador comercial empregado.

☐   As correlações adotam modelo de primeira ordem com tempo morto que pode ser inapropriado para o processo em questão.

☐   K, τ podem variar com o estado de operação do processo.

☐   Mudanças em parâmetros dos equipamentos e erros de medição podem diminuir as margens de estabilidade.

☐   Razão de decaimento de ¼ introduz comportamento muito oscilatório.

Logo, além dos procedimentos descritos, empregam-se frequentemente alguns critérios baseados na prática de controle de processos, como:

☐   Manter o controlador simples: sempre que os objetivos de controle permitirem, empregar controlador puramente proporcional (P).

☐   Para evitar oscilações excessivas, sempre que possível, usar valores altos para τ_I.

☐   Por causa da ocorrência de ruídos de medição, evitar o uso da ação derivativa, restringindo-a a processos lentos (como no controle de temperatura). Nesses casos, deve-se filtrar o sinal medido. Na prática industrial, apenas 5% dos controladores fazem uso da ação derivativa.

☐   Em controle de nível, o objetivo de controle frequentemente está restrito a amortecer oscilações de vazão para unidades a jusante. Assim, recomenda-se controle puramente proporcional, com faixa morta.

☐   Em controle de vazão, evitar ação derivativa, e atenuar a ação integral.

8.4   SINTONIA DE CONTROLADOR BASEADA EM RESPOSTA TRANSIENTE

Os controladores podem ser sintonizados com base em características desejáveis descritas no domínio do tempo:

☐   A resposta deve ser rápida.

☐   O controlador deve rejeitar adequadamente as perturbações.

☐   A malha deve ser insensível a erros de modelagem e erros de medição.

☐   A sintonia deve evitar ação de controle excessiva.

☐   A malha de controle deve se adequar a uma larga faixa de condições operacionais.

Alguns critérios baseados em aspectos da curva de resposta são usados: razão de decaimento (c/a), tempo de acomodação (t_s) e tempo de subida (t_r) (descritos no Capítulo 6, Seção 6.2). Adicionalmente, podem ser usados critérios baseados na totalidade dos pontos da curva de resposta: buscam-se os parâmetros dos controladores que minimizem critérios de desempenho. Por exemplo:

a) Integral do erro quadrático (Integral of Squared Error – ISE): conduz a tempo de acomodação maior.

$$ISE = \int_0^\infty \left[e(t)\right]^2 dt \tag{8.28a}$$

b) Integral do erro absoluto (Integral of Absolute Value of Error – IAE): permite maiores desvios e, consequentemente, implica menores *overshoots*.

$$IAE = \int_0^\infty |e(t)| dt \tag{8.28b}$$

c) Integral do erro absoluto ponderado pelo tempo (ITAE): penaliza mais fortemente os erros finais, isto é, penaliza *offset*.

$$ITAE = \int_0^\infty t|e(t)| dt \tag{8.28c}$$

EXEMPLO 8.4 Sintonia de PID baseada em otimização da resposta transiente

Neste exemplo, aplica-se procedimento de sintonia baseado em otimização do critério de desempenho ISE. Utiliza-se modelo da malha *feedback* em ambiente SIMULINK para processo com resposta inversa descrito no Exemplo 6.8:

$$G(s) = \frac{(1-3s)}{(2s+1)(5s+1)} \tag{8.29}$$

A Figura 8.14 (o código MATLAB para construção do Exemplo está listado no APÊNDICE 3) apresenta a resposta dinâmica da malha fechada com a Sintonia Inicial e com a Sintonia Otimizada pelo critério de minimização da ISE. A Tabela 8.7 mostra os valores para os parâmetros de sintonia obtidos ao final do procedimento de otimização.

Tabela 8.7   Parâmetros de sintonia otimizados pelo critério ISE

Parâmetros	Valor inicial	Valor otimizado
K_c	−1,0	−11,2
τ_I	1,0	8,1
τ_D	1,0	2,5

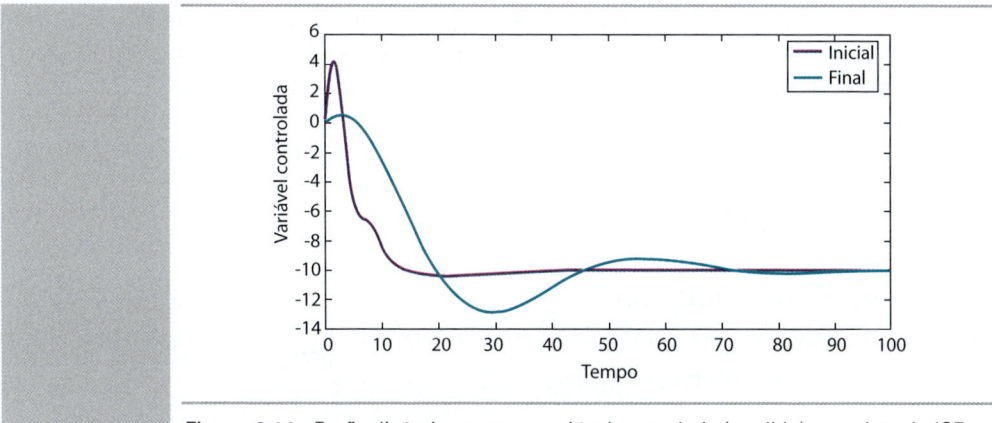

Figura 8.14 Perfis dinâmicos para a variável controlada (medida) com sintonia ISE

8.4.1 Correlações de sintonia para mínimo ITAE

A Tabela 8.8 lista as correlações de sintonia para mínimo ITAE. Estas correlações, assim como as anteriores, não se aplicam a processos integradores. É importante ressaltar que estas correlações referem ao PID ideal. Se o sistema de controle tiver algoritmo PID em forma diferente da padrão, os parâmetros de sintonia deverão ser transformados para o formato do equipamento. Alguns sistemas de controle empregam parâmetros de sintonia em forma adimensional (% faixa da entrada por % faixa da saída) e deverão igualmente ser transformados se sintonizados em unidades de engenharia.

Tabela 8.8 Correlações de sintonia para mínimo ITAE

	Tipo de resposta	K_C	τ_I	τ_D
P	Regulatória	$\dfrac{0,49}{K}\left(\dfrac{\tau}{\theta}\right)^{1,084}$	–	–
PI	Servo	$\dfrac{0,586}{K}\left(\dfrac{\tau}{\theta}\right)^{0,916}$	$\dfrac{\tau}{1,03-0,165\left[\left(\dfrac{\theta}{\tau}\right)\right]}$	–
PI	Regulatória	$\dfrac{0,859}{K}\left(\dfrac{\tau}{\theta}\right)^{0,977}$	$\dfrac{\tau}{0,674}\left(\dfrac{\theta}{\tau}\right)^{0,680}$	–
PID	Servo	$\dfrac{0,965}{K}\left(\dfrac{\tau}{\theta}\right)^{0,855}$	$\dfrac{\tau}{0,796-0,147\left[\left(\dfrac{\theta}{\tau}\right)\right]}$	$0,308\tau\left(\dfrac{\theta}{\tau}\right)^{0,929}$
PID	Regulatória	$\dfrac{1,357}{K}\left(\dfrac{\tau}{\theta}\right)^{0,947}$	$\dfrac{\tau}{0,842}\left(\dfrac{\theta}{\tau}\right)^{0,738}$	$0,381\tau\left(\dfrac{\theta}{\tau}\right)^{0,995}$

Fonte: http://www.apco-inc.com

A faixa de validade do método é para $1 < \dfrac{\tau}{\theta} < 10$.

Nos testes envolvendo degraus, é recomendado que a perturbação seja em torno do ponto de operação, e que sejam testados degraus positivos e negativos pois vários processos apresentam direcionalidade (em virtude de não linearidades). Por último, os procedimentos de sintonia apresentados são baseados em modelo e devem ser usados como valor inicial para procedimento de sintonia fina em campo.

8.5 SÍNTESE DIRETA DE CONTROLADORES

Seja $\dfrac{C(s)}{R(s)} = \dfrac{G_C(s)G_P(s)}{1+G_C(s)G_P(s)}$ (fazendo-se $G_M(s)G_V(s) = 1$). O método da Síntese Direta especifica a resposta em malha fechada desejada, $\left(\dfrac{C(s)}{R(s)}\right)_d$, e, dado o modelo do processo, $G_P(s)$, determina-se $G_C(s)$:

$$G_C(s) = \frac{1}{G_P(s)}\left(\frac{\left(\dfrac{C(s)}{R(s)}\right)_d}{1-\left(\dfrac{C(s)}{R(s)}\right)_d}\right) \tag{8.30}$$

8.5.1 Controlador PI

Considere-se um processo de segunda ordem com um controlador PI:

$$G_P(s) = \frac{K}{\left(\tau_1 s + 1\right)\left(\tau_2 s + 1\right)} \tag{8.31}$$

$$G_C(s) = K_C\left(1+\frac{1}{\tau_I s}\right) \tag{8.32}$$

Tomando-se $\tau_I = \tau_1$ (e $\tau_1 > \tau_2$), obtém-se:

$$\frac{C(s)}{R(s)} = \frac{KK_C}{\tau_1 s\left(\tau_2 s + 1\right) + KK_C} \tag{8.33}$$

Para $[C(s)/R(s)]_d$ de segunda ordem, ou seja:

$$\left(\frac{C(s)}{R(s)}\right)_d = \frac{1}{\tau^2 s^2 + 2\xi\tau s + 1} \tag{8.34a}$$

têm-se

$$\tau = \sqrt{\frac{\tau_1\tau_2}{KK_C}} \tag{8.34b}$$

$$\xi = \frac{1}{2}\sqrt{\frac{\tau_1}{\tau_2 KK_C}} \tag{8.34c}$$

Normalmente, seleciona-se K_C que forneça ξ entre 0,4 e 0,5.

8.5.2 Processo com tempo morto

Considere-se um processo de primeira ordem com tempo morto:

$$G_P(s) = \frac{Ke^{-\theta s}}{\tau_1 s + 1} \tag{8.35}$$

A utilização da Aproximação de Padé 1/1 para o termo exponencial fornece:

$$G_P(s) \approx \frac{K}{\tau_1 s + 1} \frac{1 - \dfrac{\theta}{2}s}{1 + \dfrac{\theta}{2}s} \tag{8.36}$$

Especificando-se que a malha fechada tenha função de transferência descrita na Equação 8.37, obtém-se pelo procedimento de síntese direta o controlador das Equações 8.38 e 8.39.

$$\left(\frac{C(s)}{R(s)}\right)_d = \frac{1 - \dfrac{\theta}{2}s}{\tau_c s + 1} \tag{8.37}$$

$$G_C(s) = \frac{1}{G_P(s)}\left(\frac{\left(\dfrac{C(s)}{R(s)}\right)_d}{1 - \left(\dfrac{C(s)}{R(s)}\right)_d}\right) = \left[\frac{(\tau_1 s + 1)\left(1 + \frac{\theta}{2}s\right)}{K\left(1 - \frac{\theta}{2}s\right)}\right]\left[\frac{\dfrac{1 - \theta/2\,s}{\tau_c s + 1}}{1 - \dfrac{1 - \theta/2\,s}{\tau_c s + 1}}\right] =$$

$$\frac{(\tau_1 s + 1)\left(1 + \frac{\theta}{2}s\right)}{K\left(\frac{\theta}{2} + \tau_c\right)s} \tag{8.38}$$

$$G_C(s) = \frac{\dfrac{\theta \tau_1}{2}s^2 + \left(\tau_1 + \dfrac{\theta}{2}\right)s + 1}{K\left(\dfrac{\theta}{2} + \tau_c\right)s} = \left[\frac{\tau_1 \dfrac{\theta}{2}}{K\left(\dfrac{\theta}{2} + \tau_c\right)} + \frac{\theta \tau_1}{2K\left(\dfrac{\theta}{2} + \tau\right)}s + \frac{1}{K\left(\dfrac{\theta}{2} + \tau_c\right)}\frac{1}{s}\right] \tag{8.39}$$

A Equação 8.39 corresponde a um controlador PID com a sintonia da Equação 8.40a, b, c.

$$K_C = \frac{\tau_1 \dfrac{\theta}{2}}{K\left(\dfrac{\theta}{2} + \tau_c\right)} \tag{8.40a}$$

$$\frac{K_C}{\tau_I} = \frac{1}{K\left(\dfrac{\theta}{2} + \tau_c\right)} \tag{8.40b}$$

$$K_C \tau_D = \frac{\theta \tau_1}{2K\left(\dfrac{\theta}{2} + \tau\right)} \tag{8.40c}$$

8.5.3 Correlações de sintonia por síntese direta, para controle regulatório

Chen e Seborg (2007) aplicaram a síntese direta com especificação da resposta regulatória, e sugeriram correlações de sintonia PID. A Tabela 8.9 lista algumas propostas dos autores.

Tabela 8.9   Correlações de sintonia PI/PID por síntese direta para resposta regulatória

Modelo do Processo	$\left(\dfrac{C(s)}{L(s)}\right)_d$	Sintonia
$\dfrac{Ke^{-\theta s}}{(\tau s + 1)}$	$\dfrac{K_D s e^{-\theta s}}{(\tau_{MF} s + 1)^2}$	$KK_C = \dfrac{\tau^2 + \tau\theta - (\tau_{MF} - \tau)^2}{(\tau_{MF} + \theta)^2}$ $\tau_I = \dfrac{\tau^2 + \tau\theta - (\tau_{MF} - \tau)^2}{(\tau_{MF} + \theta)}$ $\tau_D = 0$
$\dfrac{Ke^{-\theta s}}{(\tau s + 1)}$	$\dfrac{K_D s\left(1 + \dfrac{\theta}{2}s\right)e^{-\theta s}}{(\tau_{MF} + \theta)^3}$	$KK_C = \dfrac{\left(2\tau\theta + \dfrac{\theta^2}{2}\right)\left(3\tau_{MF} + \dfrac{\theta}{2}\right) - 2\tau_{MF}^3 - 2\tau_{MF}^2\theta}{2\left(\tau_{MF} + \dfrac{\theta}{2}\right)^3}$ $\tau_I = \dfrac{\left(2\tau\theta + \dfrac{\theta^2}{2}\right)\left(3\tau_{MF} + \dfrac{\theta}{2}\right) - 2\tau_{MF}^3 - 2\tau_{MF}^2\theta}{2(\tau_{MF} + \theta)\theta}$ $\tau_D = \dfrac{3\tau_{MF}^2\tau\theta^2 + \dfrac{\tau\theta^2}{2}\left(3\tau_{MF} + \dfrac{\theta}{2}\right) - 2(\tau + \theta)\tau_{MF}^3}{\left(2\tau\theta + \dfrac{\theta^2}{2}\right)\left(3\tau_{MF} + \dfrac{\theta}{2}\right) - 2\tau_{MF}^3 - 3\tau_{MF}^2\theta}$
$\dfrac{Ke^{-\theta s}}{s}$	$\dfrac{K_D s e^{-\theta s}}{(\tau_{MF} s + 1)^2}$	$KK_C = \dfrac{(2\tau_{MF} + \theta)}{(\tau_{MF} + \theta)^2}$ $\tau_I = 2\tau_{MF} + \theta$ $\tau_D = 0$

(continua)

(continuação)

$\dfrac{Ke^{-\theta s}}{(\tau_1 s+1)(\tau_2 s+1)}$	$\dfrac{K_D s e^{-\theta s}}{(\tau_{MF} s+1)^3}$	$KK_C = \dfrac{(\tau_1+\tau_2)\theta+(\tau_1\tau_2)(3\tau_{MF}+\theta)-\tau_{MF}^3-3\tau_{MF}^2\theta}{(\tau_{MF}+\theta)^3}$
		$\tau_I = \dfrac{\left[(\tau_1+\tau_2)\theta+(\tau_1\tau_2)\right](3\tau_{MF}+\theta)-\tau_{MF}^3-3\tau_{MF}^2\theta}{\tau_1\tau_2+(\tau_1+\tau_2+\theta)\theta}$
		$\tau_D = \dfrac{3\tau_{MF}^2\tau_1\tau_2+\tau_1\tau_2\theta(3\tau_{MF}+\theta)-(\tau_1+\tau_2+\theta)\tau_{MF}^3}{\left[(\tau_1+\tau_2)\theta+\tau_1\tau_2\right](3\tau_{MF}+\theta)-\tau_{MF}^3-3\tau_{MF}^2\theta}$

8.6 CONTROLE POR MODELO INTERNO

O procedimento é apresentado considerando-se a malha *feedback* da Figura 8.15.

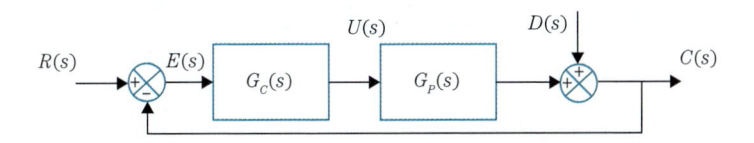

Figura 8.15 Controlador *feedback* $G_C(s)$

Tem-se que

$$C(s) = G_P(s)U(s) + D(s) \tag{8.41}$$

Para controle perfeito: $E(s) = (R(s)-C(s)) = 0 \Rightarrow C(s) = R(s)$. Logo

$$U(s) = \frac{1}{G_P(s)}[R(s)-D(s)] \tag{8.42}$$

A perturbação $D(s)$ não é medida, mas tem-se disponível um modelo do processo, $\tilde{G}_P(s)$, tornando possível obter-se uma *estimativa da perturbação* pela saída do processo:

$$\tilde{D}(s) = C(s) - \tilde{G}_P(s)U(s) \tag{8.43}$$

Definindo-se $G_{IMC}(s) = \dfrac{1}{\tilde{G}_P(s)}$, pode-se escrever:

$$U(s) = G_{IMC}(s)[R(s)-\tilde{D}(s)] \tag{8.44}$$

Esta equação pode ser expressa em diagrama de blocos (ver Figura 8.16) e é chamada de **Estrutura IMC**.

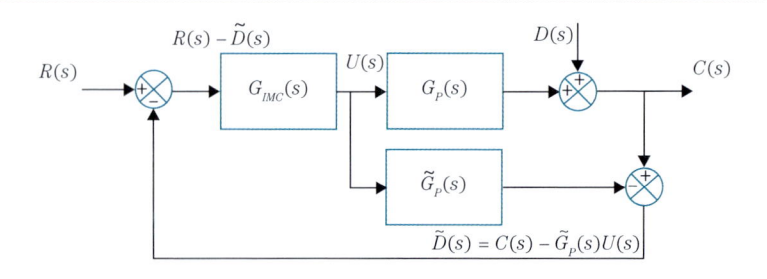

Figura 8.16 Estrutura IMC

Pelos diagramas das Figuras 8.15 e 8.16, obtém-se

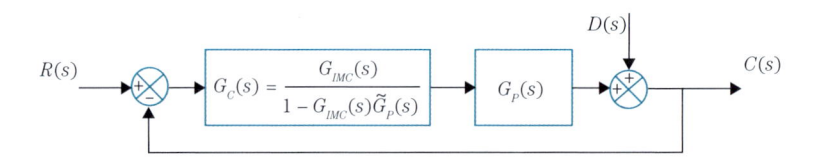

Figura 8.17 Relação $G_C(s) - G_{IMC}(s)$

e que:

$$U(s) = \frac{G_C(s)}{1 + G_C(s)\left[G_P(s) - \tilde{G}_P(s)\right]}(R(s) - C(s)) \qquad (8.45)$$

ou

$$C(s) = \frac{G_P(s)G_C(s)}{1 + G_C(s)\left[G_P(s) - \tilde{G}_P(s)\right]}R(s) + \frac{1 - \tilde{G}_P(s)G_C(s)}{1 + G_C(s)\left[G_P(s) - \tilde{G}_P(s)\right]}D(s) \qquad (8.46)$$

Deve-se considerar no projeto que:

- $\tilde{G}_P(s)$, na prática, não é igual a $G_P(s)$;
- implementar $G_{IMC}(s)$ como $G_P(s)^{-1}$ é raramente realizável em virtude de funções de transferência "impróprias", tempo morto e zeros no semiplano direito;

Para contornar estes impedimentos práticos, o procedimento de projeto é modificado admitindo-se modelo do processo separado em duas partes:

$$\tilde{G}_P(s) = \tilde{G}_P(s)_+ \tilde{G}_P(s)_- \qquad (8.47)$$

onde:
$\tilde{G}_P(s)_+$ contém todas as partes não inversíveis (tempo morto, zero no semiplano direito), e ganho 1 (um); e
$\tilde{G}_P(s)_-$ contém o resto, inversível.

Adicionalmente, o procedimento requer a especificação de filtro:

$$G_{IMC}(s) = \frac{1}{\tilde{G}_-(s)} f(s) \tag{8.48}$$

onde $f(s)$ é um filtro, usualmente na forma

$$f(s) = \frac{1}{(\lambda s + 1)^n} \tag{8.49}$$

cujos parâmetros λ e n são escolhidos de forma a garantir que $G_{IMC}(s)$ seja "própria", isto é, fisicamente realizável. Se necessário, a estrutura IMC ($C(s)$) pode ser convertida para a forma convencional $G_C(s)$ para implantação:

$$G_C(s) = \frac{G_{IMC}(s)}{1 - G_{IMC}(s)\tilde{G}_P(s)} \tag{8.50}$$

EXEMPLO 8.5 Projeto de controlador IMC

Projetar controle IMC para um processo de primeira ordem cuja função de transferência é: $G_P(s) = \dfrac{5}{8s+1}$. Converter o controlador para a forma convencional.

A inversa da função de transferência do processo é:

$$G_{IMC}(s) = \frac{8s+1}{5} \tag{8.51}$$

Para garantir que seja fisicamente realizável ($G_{IMC}(s) = f(s)/G(s)$ seja "própria") basta um filtro de primeira ordem ($\lambda = 1$ e $n = 1$):

$$G_{IMC}(s) = \frac{1}{G_P(s)} f(s) = \frac{1}{5}\frac{(8s+1)}{(\lambda s+1)} \tag{8.52}$$

que pode ser implementado utilizando-se uma unidade *lead-lag*.

$$G_C(s) = \frac{G_{IMC}(s)}{1 - G_{IMC}(s)\tilde{G}(s)} = \frac{\dfrac{1}{5}\dfrac{(8s+1)}{(\lambda s+1)}}{1 - \dfrac{1}{5}\dfrac{(8s+1)}{(\lambda s+1)}\dfrac{5}{(8s+1)}} =, \tag{8.53}$$

$$\frac{(8s+1)}{5\lambda s} = \frac{8}{5\lambda}\left(1 + \frac{1}{8s}\right)$$

equivalente a PI convencional com ganho proporcional à constante do filtro. Note-se que valores altos de λ correspondem a controladores mais lentos.

8.6.1 Correlações de sintonia IMC

Rivera, Morari e Skogestad (1986) empregaram o procedimento IMC a modelos típicos de aplicações industriais e propuseram correlações listadas na Tabela 8.10.

Tabela 8.10 Correlações de sintonia de P/PI/PID pelo procedimento IMC

Modelo do processo	K_C	τ_I	τ_D
$\dfrac{K}{(\tau s + 1)}$	$\dfrac{\tau}{K\tau_{MF}}$	τ	–
$\dfrac{Ke^{-\theta s}}{(\tau s + 1)}$ $\tau_{MF} > 0{,}8\theta$	$\dfrac{(2\tau + \theta)}{K(2\tau_{MF} + \theta)}$	$\tau + \dfrac{\theta}{2}$	$\dfrac{\tau\theta}{2\tau + \theta}$
$\dfrac{Ke^{-\theta s}}{(\tau s + 1)}$ $\tau_{MF} > 1{,}7\theta$	$\dfrac{(2\tau + \theta)}{K 2\tau_{MF}}$	$\tau + \dfrac{\theta}{2}$	–
$\dfrac{K}{(\tau_1 s + 1)(\tau_2 s + 1)}$	$\dfrac{\tau_1 + \tau_2}{K\tau_{MF}}$	$\tau_1 + \tau_2$	$\dfrac{\tau_1 \tau_2}{\tau_1 + \tau_2}$
$\dfrac{K}{\tau^2 s^2 + 2\xi\tau s + 1}$	$\dfrac{2\xi\tau}{K\tau_{MF}}$	$2\xi\tau$	$\dfrac{\tau}{2\xi}$
$\dfrac{K}{s}$	$\dfrac{1}{K\tau_{MF}}$	–	–
$\dfrac{K}{s(\tau s + 1)}$	$\dfrac{1}{K\tau_{MF}}$	–	τ

As mesmas considerações apresentadas no procedimento de Skogestad referentes a τ_{MF} se aplicam ao IMC. Alerta-se que incertezas de modelagem deverão ser compensadas com maiores τ_{MF}. Segundo Shamsuzzoha e Lee (2007), as regras de sintonia IMC-PID apresentam bom rastreamento de *setpoint*, mas fornecem desempenho lento para a malha quando sujeita a perturbações de carga (controle regulatório), característica que se agrava quando a relação θ/τ é pequena. Os autores apresentam uma estrutura de filtro ótimo que melhora a rejeição a perturbações.

8.7 COMPARAÇÃO SÍNTESE DIRETA – IMC

Em geral, tanto a Síntese Direta quanto o método IMC não garantem que o controlador projetado resultará na forma PI/PID. No entanto, a escolha adequada da resposta da malha fechada e o uso de aproximações de Padé ou séries de potências para o tempo morto podem conduzir a controladores PI/PID, com modelos de processos comumente empregados em aplicações industriais (CHEN; SEBORG, 2002). Para processos de ordem superior, procedimentos de redução de ordem como apresentado pela sintonia de Skogestad podem ser empregados.

Considerando-se a situação para a qual $\tilde{G}_P(s)$ é inversível: $G_{IMC}(s) = \dfrac{1}{\tilde{G}_P(s)} f(s)$
e $G_C(s) = \dfrac{1}{\tilde{G}_P(s)} \left(\dfrac{f(s)}{1 - f(s)} \right)$.

Se $f(s) = [C(s)/R(s)]_d$, a expressão obtida torna-se idêntica à Síntese Direta. Logo, para processos de fase não mínima, o filtro do IMC e o procedimento de Síntese Direta são equivalentes. Quando $\tilde{G}_P(s)$ for não inversível, o IMC e a síntese direta também levarão a controladores idênticos, mas $f(s)$ e $[C(s)/R(s)]_d$ terão formas diferentes.

8.8 VERSÃO DISCRETA *VS* VERSÃO CONTÍNUA

O algoritmo da Equação 8.5 é a versão (não interagente) contínua do controlador PID já que o valor calculado pela lei de controle é diretamente a posição do atuador. Uma alternativa é o cálculo da variação da posição do atuador, a versão discreta, que é obtida derivando-se a Equação 8.5, mostrando-se na Equação 9.54 a versão PI:

$$\frac{du(t)}{dt} = K_C \left\{ \frac{de(t)}{dt} + \frac{1}{\tau_I} e(t) \right\} \tag{8.54}$$

com o uso de diferenças finitas, a Equação 8.54 é aproximada:

$$\frac{\Delta u(t)}{\Delta t} = K_C \left\{ \frac{e_i - e_{i-1}}{\Delta t} + \frac{1}{\tau_I} e_i \right\} \tag{8.55}$$

onde e_i é o erro atual, e_{i-1} é o erro no instante anterior, $\Delta u(t)$ é a variação da posição do atuador e Δt o período de amostragem (COOPER, 2004).

8.9 CONTROLADORES COMERCIAIS

Os controladores comerciais apresentam diferenças na implantação da lei de controle. A Tabela 8.11 mostra alguns modelos, compilando informações disponíveis na página eletrônica da BestTune (www.besttune.com). Na Tabela, *SC* é a saída do controlador e *VP* é a variável de processo (variável controlada medida), e *PB* é a "banda proporcional" (*Proportional Band*) (= $100/K_C$).

Tabela 8.11 Alguns controladores comerciais

Fabricantes	Modelos	Lei de controle	Parâmetros do controlador
Allen Bradley	Logix5550 PID Independente	$SC = K_p e + K_i \int e\,dt + K_d \dfrac{d(-VP)}{dt}$	K_p: Ganho proporcional K_i: Ganho integral K_d: Ganho derivativo
	Logix5550 PID Dependente	$SC = K_c \left(e + \dfrac{1}{T_i} \int e\,dt + T_d \dfrac{d(-VP)}{dt} \right)$	K_c: Ganho proporcional (sem unidades) T_i: "Reset time" (min/rep) T_d: "Rate time" (min)

(continua)

(continuação)

Bailey	Function Code FC19 com $K = 1$	$$SC = K\left(K_p e + \frac{K_i}{60}\int edt + 60K_d\frac{de}{dt}\right)$$	K: Multiplicador de ganho (sem unidades) K_p: Ganho proporcional (sem unidades) K_i: "Reset Integral" 1/min K_d: "Derivative rate action" (min)
Concept	PID1P – Controlador PID com estrutura paralela	$$SC = KP\left(e + KI\int edt + KD\frac{de}{dt}\right)$$	KP: Ganho proporcional KI: "Integral rate" (1/milisegundos) KD: "Differentiation rate"
Fischer & Porter	DCU 3200 CON Ideal com $KP = 1$	$$SC = KC\left(KPe + \frac{1}{TR}\int edt + TD\frac{de}{dt}\right)$$ Se $KP = 1$, a equação se reduz a: $$SC = KC\left(e + \frac{1}{TR}\int edt + TD\frac{de}{dt}\right)$$	KC: Ganho sem unidades KP: Ganho proporcional TR: Tempo de *reset* (min/rep) TD: Tempo derivativo (min)
GE Fanuc	Series 90-30 and 90-70 Independent Form PID	$$SC = K_p e + K_i\int edt + K_d\frac{de}{dt}$$	K_p: Ganho (0.01) K_i: "Reset time" (0.001rep/s) K_d: "Derivative gain"
Hartmann & Braun	Freelance 2000 PID	$$SC = CP\left(e + \frac{1}{TR}\int edt + TD\frac{de}{dt}\right)$$	CP: Valor de correção proporcional, sem unidades TR: Tempo de *reset*(milisegundos) TD: Tempo de *rate* (milisegundos)
Honeywell	TDC 3000 APM Non – Interactive PID	$$SC = K\left(e + \frac{1}{T1}\int edt + T2\frac{de}{dt}\right)$$	K: Ganho sem unidades $T1$: Constante de tempo integral (min/rep) $T2$: Constante de tempo derivativo (min)
Modicon	984 PLC PID2 Equation	$$SC = \frac{100}{PB}\left(e + K2\int edt + K3\frac{de}{dt}\right)$$	PB: Banda proporcional sem unidades $K2$: Constante do modo integral (0.01min/rep) $K3$: Constante do modo derivativo (0.01min)
Siemens	S7 PB41 CONT_C PID	$$SC = Ganho\cdot e + \frac{1}{TI}\int edt + TD\frac{de}{dt}$$	*Ganho:* Ganho proporcional sem unidades TI: Tempo *reset* (segundos) TD: Tempo derivativo (segundos)
Yokogawa	Field Control Station (FCS) PID	$$SC = \frac{100}{PB}\left(e + \frac{1}{Ti}\int edt + Td\frac{de}{dt}\right)$$	PB: Banda proporcional sem unidades Ti: Tempo integral (segundos) Td: Tempo derivativo (segundos)

Fonte: http://www.expertune.com

Finalmente, apresentam-se na Tabela 8.12 ajustes comuns para algumas malhas de controle (*PB* é a banda proporcional).

Tabela 8.12 Ajustes comuns para malhas de controle típicas

Tipo de malha	PB %	Integral (min/repetições)	Integral (repetições/min)	Derivativa (min)	Tipo de válvula
Vazão	50 a 500	0,005 a 0,05	20 a 200	–	Linear ou = %
Pressão, Líquido	50 a 500	0,005 a 0,05	20 a 200	–	Linear ou = %
Pressão, Gás	1 a 50	0,1 a 50	0,02 a 10	0,02 a 0,1	Linear
Nível	1 a 50	1 a 100	0,1 a 1	0,01 a 0,05	Linear ou = %
Temperatura	2 a 100	0,2 a 50	0,02 a 5	0,1 a 20	Igual Percentagem
Cromatógrafo	100 a 2.000	10 a 120	0,008 a 0,1	0,1 a 20	Linear

Fonte: http://www.expertune.com

EXERCÍCIOS PROPOSTOS

8.1) Um sistema dinâmico é modelado por função de transferência de primeira ordem com tempo morto. Comente sobre as seguintes afirmativas relativas ao controlador PID:

   a) Quanto maior o tempo morto, maior deverá ser a ação derivativa.

   b) Quanto maior o ganho do processo menor deverá ser o ganho do controlador.

8.2) Um processo de segunda ordem, $G(s) = \dfrac{1}{(s+1)(0,2s+1)}$ é controlado com controlador puramente proporcional. Considere $G_M(s) = 1$ e $G_V(s) = 1$. Pede-se a sintonia do controlador que forneça comportamento subamortecido com *razão de decaimento* $\left(RD = {-2\pi\xi}\Big/{\sqrt{1-\xi^2}}\right)$ de 1/3.

8.3) Dado um processo com função de transferência $G(s) = \dfrac{1}{(s+1)}$, obtenha um controlador por síntese direta tal que a resposta servo do controlador seja de primeira ordem com constante de tempo 0,2. Obtenha, por comparação com a função de transferência de um PID ideal, os parâmetros K_C, τ_I e τ_D.

8.4) Considere o processo $G_P(s) = \dfrac{2}{(s+2)(s+1)}$, $G_M(s) = \dfrac{1}{(0,5s+1)}$ e $G_V(s) = 1$.

   a) Pelo método de Routh, ache a faixa de K_C para que um controlador puramente proporcional estabilize o processo.

   b) Obtenha a sintonia Ziegler-Nichols para um controlador PI.

8.5) Considere um sistema de controle de pressão esquematizado a seguir

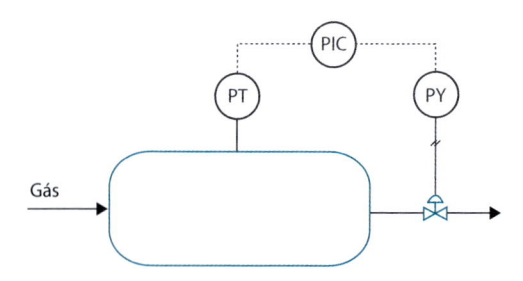

O transmissor de pressão tem faixa de 0-100 psig. O controlador de pressão é PI. A vazão nominal na válvula é 1.000 scfh, com abertura de 33%. A válvula é linear, falha aberta, de dinâmica desprezível, com ∆P aproximadamente constante. O tanque foi modelado, obtendo-se: $\dfrac{P(s)}{F(s)} = \dfrac{3e^{-2s}}{10s+1}$.

Pedem-se:

a) Sintonia Ziegler-Nichols para controlador. Especifique a ação do controlador.

b) O *offset* para perturbação degrau unitário no *setpoint* do controlador.

c) Deseja-se fazer a síntese de um novo controlador pelo método da síntese direta e especifica-se $P(s)/P_{SP}(s) = 1\,e^{-2s}/(s+1)$. Igualando esta especificação à expressão da resposta $P(s)/P_{SP}(s)$ obtida do diagrama de blocos da malha, obtenha uma equação para o controlador, utilizando uma expressão de Padé de ordem um para o tempo morto. Compare com o controlador obtido no item (a).

8.6) O método de síntese direta apresentado neste capítulo baseia-se na resposta servo.

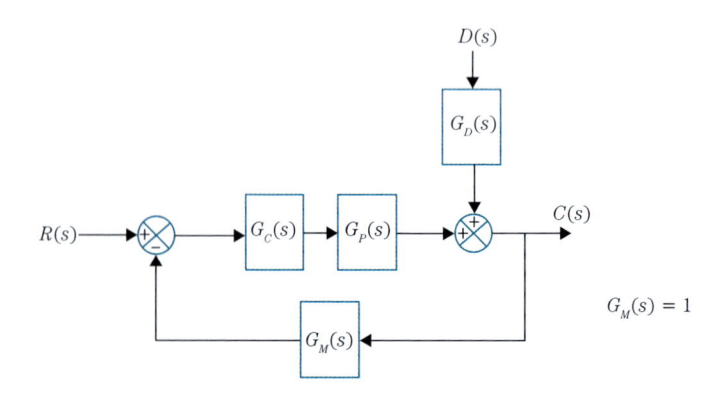

a) Dado o diagrama de blocos acima, desenvolva uma expressão de síntese direta de controlador para rejeição à perturbação (*resposta regulatória*).

b) Para um processo com $G_P(s) = \dfrac{2e^{-5s}}{10s+1}$, e $G_D(s) = G_P(s)$, especifique a *resposta regulatória* $Q = \dfrac{Kse^{-\theta s}}{(\tau s+1)^2}$, aproximando $e^{-\theta s} \cong 1-\theta s$, e obtenha a função de transferência do controlador. Analise se este é realizável.

c) Comparando o controlador obtido no item anterior com a estrutura PID, obtenha os parâmetros de sintonia em função de K, θ e τ.

d) Para $K = 2$, $\theta = 2$ e $\tau = 5$, analise a estabilidade da malha pelo critério de Routh.

8.7) Compare o desempenho dos procedimentos de sintonia Ziegler-Nichols, Cohen-Coon e Skogestad (investigando ordem de aproximação e constante de tempo da malha fechada) aplicado a processo descrito pela função de transferência

$$G(s) = \frac{1}{(s+1)(0,1s+1)(0,01s+1)(0,001s+1)}$$

8.8) Use o procedimento de síntese direta para obter as correlações de sintonia para o algoritmo de controle ideal não interagente (Equação 8.5). Considere que o processo pode ser descrito por uma função de transferência de segunda ordem com tempo morto:

$$G_P(s) = \frac{Ke^{-\theta_P s}}{(\tau_1 s+1)(\tau_2 s+1)}$$

e que o tempo morto do processo é pequeno, podendo ser aproximado por $e^{-\theta_P s} = 1 - \theta_P s$.

9 Resposta em Frequência

Este capítulo aborda a análise de sistemas lineares no domínio frequencial. Apresentam-se critérios de estabilidade e procedimento de sintonia neste domínio.

NOMENCLATURA

$A, \hat{A}$	Amplitude da oscilação de entrada e amplitude da oscilação de saída, respectivamente
$G(s)$	Função de transferência
K_P	Ganho do processo
MF	Margem de fase, $180° - \phi$
MG	Margem de ganho, $1/RA_{crit}$
P	Período de oscilação
RA	Razão de amplitude, $\dfrac{\hat{A}}{A}$
s	Variável de Laplace
t	Tempo
$u(t), U(s)$	Variável de entrada, Transformada de Laplace de $u(t)$
$y^{(n)}, u^{(m)}$	Derivada de ordem n da variável de resposta $y(t)$, derivada de ordem m da entrada $u(t)$
$Y(s)$	Variável de resposta, Transformada de Laplace de $y(t)$

Subscritos

$crit$	Referente a frequência crítica
LIM	Limite referente à frequência crítica
MA	Malha aberta

Símbolos gregos

τ_D	Constante de tempo derivativa
τ_I	Constante de tempo integral
τ	Período natural de oscilação
ξ	Fator de amortecimento
ω	Frequência (rad/min ou Hz)
ϕ	Ângulo de fase

Considere um processo linear, representado pela função de transferência $G(s)$, perturbado por uma senoide $u(t) = sen(\omega t)$. No domínio de Laplace, o diagrama da Figura 9.1 ilustra a situação.

$$U(s) = \frac{A\omega}{s^2 + \omega^2} \longrightarrow \boxed{G(s)} \longrightarrow Y(s) = \frac{A\omega}{s^2 + \omega^2} G(s)$$

Figura 9.1   Processo submetido a perturbação senoidal

A resposta em frequência fica caracterizada pelo número complexo $G(\omega i)$, que pode ser obtido substituindo-se s por ωi na função de transferência $G(s)$:

$$G(\omega i) = |G(\omega i)| \underline{/G(\omega i)}\, i \tag{9.1}$$

$$|G(\omega i)| = \sqrt{Re^2\{G(\omega i)\} + Im^2\{G(\omega i)\}} \tag{9.2a}$$

$$\phi = \underline{/G(\omega i)} = arctan\left(\frac{Im\{G(\omega i)\}}{Re\{G(\omega i)\}}\right) = (-\Delta t/P)(180°) \tag{9.2b}$$

onde Δt é a defasagem entre as ondas senoidais de entrada e de resposta, e P o período de oscilação. No domínio do tempo, a resposta é representada na Figura 9.2.

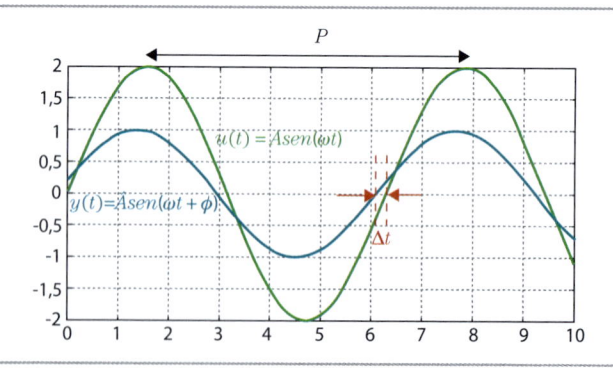

Figura 9.2   Resposta frequencial

A saída de um sistema, como descrito na Figura 9.1, perturbado com uma senoide de amplitude A e frequência ω, é:

$$Y(s) = G(s)\frac{A\omega}{s^2 + \omega^2} = \frac{a}{s + \omega i} + \frac{\tilde{a}}{s - \omega i} + \sum_k \frac{b_k}{s + p_k} \tag{9.3}$$

onde a e $\tilde{a}$ são coeficientes complexos conjugados, e o somatório representa os termos associados aos demais polos da função de transferência $G(s)$. Para uma resposta em regime permanente (estabelecido), sabe-se que os polos com parte real negativa correspondem a respostas exponenciais que se extinguem no tempo. Portanto, em regime estabelecido, a resposta do sistema é dada pelos dois primeiros termos da Equação 9.3. Calculando-se os coeficientes associados a esses termos tem-se que:

$$a = \left[G(\omega i)\frac{A\omega}{s^2 + \omega^2}(s + \omega i) \right]_{s=-\omega i} = -\frac{AG(-\omega i)}{2i}$$

$$\tilde{a} = \left[G(\omega i)\frac{A\omega}{s^2 + \omega^2}(s - \omega i) \right]_{s=+\omega i} = \frac{AG(\omega i)}{2i} \tag{9.4}$$

A resposta temporal do sistema é então:

$$y(t) = A|G(\omega i)|\frac{e^{i(\omega t + \phi)} - e^{-i(\omega t + \phi)}}{2i} = A|G(\omega i)|\,sen\,(\omega t + \phi) = \hat{A}sen\,(\omega t + \phi) \tag{9.5}$$

e, portanto, a *relação de amplitudes* (*RA*, definida como a amplitude da senoide de saída dividida pela amplitude da senoide de entrada) é dada pelo módulo da função de transferência quando substituído s por ωi. O ângulo de fase entre a senoide de entrada e a de saída é dada por ϕ, definido na Equação 9.2b.

A razão de amplitudes $\left(RA = \dfrac{\hat{A}}{A} \right)$ e o ângulo de fase (ϕ) do sistema obedecem às seguintes relações:

$$RA = |G(\omega i)| = \sqrt{Re^2\{G(\omega i)\} + Im^2\{G(\omega i)\}} \tag{9.6}$$

e

$$\phi = \underline{/G(\omega i)} = arctan\left(\frac{Im\{G(\omega i)\}}{Re\{G(\omega i)\}} \right) \tag{9.7}$$

com

$$G(\omega i) = Re\{G(\omega i)\} + iIm\{G(\omega i)\} = RAe^{i\phi} \tag{9.8}$$

Para um sistema da forma:

$$G(s) = \frac{G_1(s)G_2(s)...G_M(s)}{G_a(s)G_b(s)...G_N(s)} \tag{9.9}$$

obtém-se a resposta frequencial substituindo-se s por ωi:

$$G(\omega i) = \frac{G_1(\omega i)\,G_2(\omega i)...G_M(\omega i)}{G_a(\omega i)\,G_b(\omega i)...G_N(\omega i)} \tag{9.10}$$

Logo:

$$|G(\omega i)| = \frac{|G_1(\omega i)|\,|G_2(\omega i)|\,...\,|G_M(\omega i)|}{|G_a(\omega i)|\,|G_b(\omega i)|\,...\,|G_N(\omega i)|} \tag{9.11}$$

ou seja,

$$RA = \frac{\left(RA_1\right)\left(RA_2\right)\dots\left(RA_M\right)}{\left(RA_a\right)\left(RA_b\right)\dots\left(RA_N\right)} \tag{9.12}$$

$$\phi = \left\{\left(\phi_1\right)+\left(\phi_2\right)+\dots+\left(\phi_M\right)\right\}-\left\{\left(\phi_a\right)+\left(\phi_b\right)+\dots+\left(\phi_N\right)\right\} \tag{9.13}$$

que caracterizam completamente a resposta em frequência de um sistema linear.

A resposta do processo a uma perturbação senoidal, com ω variando de 0 a ∞ é chamada de *resposta frequencial*, e é representada por um par de gráficos denominados de **diagrama de Bodé**, que apresenta um gráfico log-log de RA contra a frequência e, outro semilog de φ contra a frequência. Em várias referências de controle, reporta-se RA em decibéis: $1\ dB = 20\ log\ (RA)$.

9.1   RESPOSTA EM FREQUÊNCIA DE UM SISTEMA DE 1ª ORDEM

Considere-se a função de transferência de um sistema de 1ª ordem:

$$G(s) = \frac{K}{\tau s + 1} \tag{9.14}$$

Para se construir a resposta frequencial do sistema, adota-se o seguinte procedimento:

a)   substitui-se a variável s por ωi, obtendo-se o número complexo $G(\omega i)$:

$$G(\omega i) = \frac{K}{\tau \omega i + 1} \tag{9.15}$$

b)   racionaliza-se $G(\omega i)$ multiplicando-se o numerador e o denominador pelo complexo conjugado do denominador, obtendo-se um número complexo em formato mostrado na Equação 9.16:

$$G(\omega i) = \frac{K(1-\tau\omega i)}{(1+\tau\omega i)(1-\tau\omega i)} = \frac{K}{\left(1+\tau^2\omega^2\right)} - i\frac{\tau\omega K}{\left(1+\tau^2\omega^2\right)} =$$

$$Re\left\{G(\omega i)\right\} + iIm\left\{G(\omega i)\right\} \tag{9.16}$$

c)   obtém-se a Razão de Amplitude e o Ângulo de Fase, aplicando-se as Equações 9.6 e 9.7, resultando em:

$$\begin{cases} RA = \dfrac{K}{\sqrt{1+\tau^2\omega^2}} \\[3mm] \phi = arctan\left(-\tau\omega\right) \end{cases} \tag{9.17}$$

A relação de amplitudes e a fase, para $\omega \to \infty$ e $\omega \to 0$, apresentam o seguinte comportamento assintótico:

$$\begin{cases} \lim_{\omega \to 0} RA \cong K & \lim_{\omega \to 0} \phi \cong 0° \\ \lim_{\omega \to \infty} RA \cong \dfrac{K}{\tau \omega} & \lim_{\omega \to \infty} \phi \cong -90° \end{cases} \tag{9.18}$$

O sistema de primeira ordem ilustrado em gráfico $Re\{G(\omega i)\} \times Im\{G(\omega i)\}$ é denominado **Diagrama de Nyquist**, e está apresentado na Figura 9.3a. No diagrama de Nyquist, cada ponto da curva corresponde a $G(\omega i)$ em uma dada frequência, e a distância de um ponto à origem é $\sqrt{Re^2\{G(\omega i)\} + Im^2\{G(\omega i)\}}$, que, por definição, é o módulo de $G(\omega i)$, ou a RA naquela frequência.

Analogamente, o ângulo formado pela reta que une $G(\omega i)$ à origem com o eixo horizontal corresponde ao ângulo de fase naquela frequência. Observa-se neste gráfico que a curva $G(\omega i)$ inicia em $\omega = 0$ e termina em $\omega = \infty$. Em $\omega = 0$, $RA = K$. Para $\phi = -45°$, $RA = 0{,}707\,K$.

As Equações 9.17 mostram que, quanto maior a frequência, menor a RA, e, consequentemente, o sistema filtra as oscilações de alta frequência. Por esta razão, sistemas de primeira ordem são denominados *filtros de 1ª ordem*. Na alta frequência do gráfico $log\omega \times log\,RA$ do diagrama de Bodé (**assíntota de alta frequência**), dividindo-se RA pelo ganho estático da função de transferência, tem-se:

$$log(RA) = log\left(\frac{K}{\tau \omega}\right) = log\left(\frac{K}{\tau}\right) - log(\omega) \tag{9.19}$$

Isto significa que a assíntota para altas frequências do diagrama de Bodé de RA é uma reta com uma inclinação -1 em um gráfico *log-log* (ou 20 dB/década). A inclinação da assíntota para baixas frequências é claramente igual a 0, e a interseção das assíntotas de altas $\left(RA \cong \dfrac{K}{\tau \omega}\right)$ e baixas frequências $\left(RA \cong K\right)$ (Equações 9.18) ocorre na *frequência de canto* ou *frequência de quebra*:

$$K = \frac{K}{\tau \omega} \tag{9.20}$$

e, portanto,

$$\omega = \frac{1}{\tau} \tag{9.21}$$

Nesta frequência, o ângulo de fase é $arctan(-1) = -45°$.

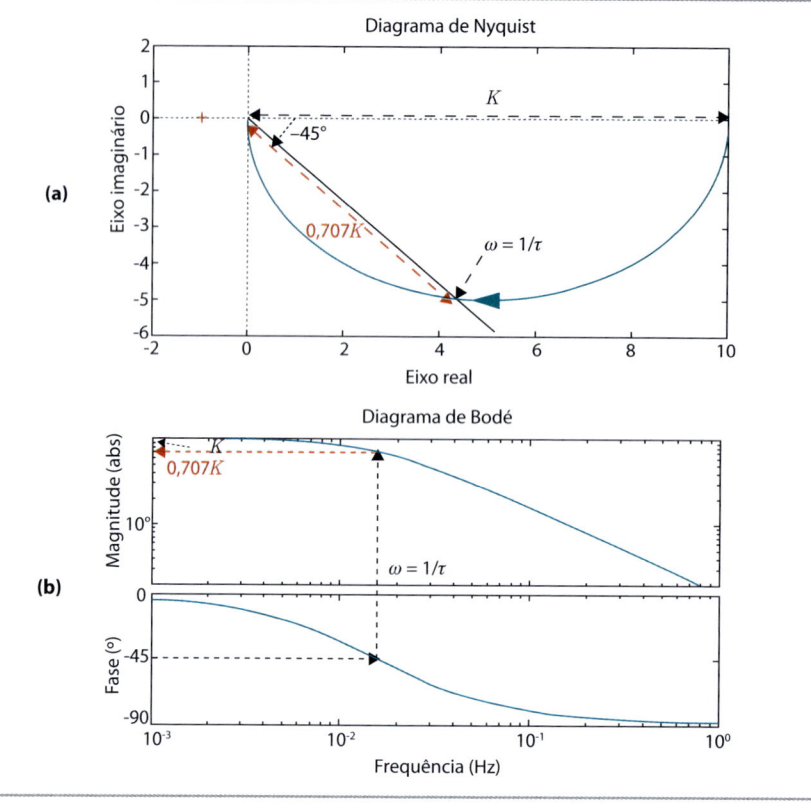

Figura 9.3   Resposta frequencial de um sistema de 1ª ordem: (a) Diagrama de Nyquist;
(b) Diagrama de Bodé

A inclinação da assíntota de alta frequência está associada ao excesso do número de polos (np) em relação aos zeros (nz) da função de transferência: *inclinação* = ($nz - np$) × (−1). Analogamente, o valor mínimo do ângulo de fase (assíntota de alta frequência do gráfico de fase) decorre do excesso de polos em relação aos zeros da função de transferência: *fase mínima* = ($nz - np$) × (−90°), na ausência de tempo morto.

EXEMPLO 9.1 Diagrama de Bodé de processo de 1ª ordem

Para um processo de primeira ordem com constante de tempo igual a 10 e ganho unitário, traça-se o diagrama de Bodé com o *Toolbox de Controle do MATLAB*.

```
>> G=tf([1] , [10,1])
Transfer function:
    1
------------
10 s + 1

>>bode(G)
```

Produzindo o diagrama de Bodé da Figura 9.4.

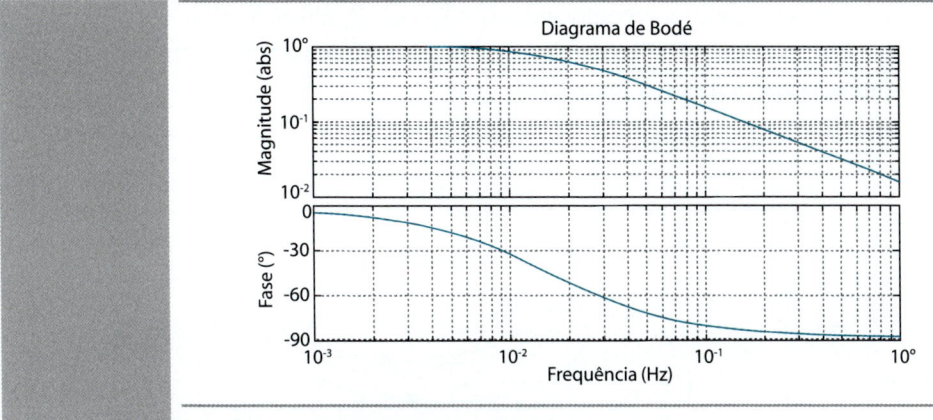

Figura 9.4 Diagrama de Bodé para sistema de 1ª ordem

9.2 RESPOSTA EM FREQUÊNCIA DE UM SISTEMA DE 2ª ORDEM

Dada a função de transferência de um sistema de 2ª ordem, $G(s) = \dfrac{K}{\tau^2 s^2 + 2\xi\tau s + 1}$, seguindo-se o mesmo procedimento descrito no item anterior, obtêm-se:

$$G(i\omega) = \frac{K\left(1 - \tau^2\omega^2\right)}{\left(1 - \tau^2\omega^2\right)^2 + \left(2\xi\tau\omega\right)^2} + i\,\frac{\left(-2\xi\tau\omega\right)K}{\left(1 - \tau^2\omega^2\right)^2 + \left(2\xi\tau\omega\right)^2} \tag{9.22}$$

$$\begin{cases} RA = \dfrac{K}{\sqrt{\left(1 - \tau^2\omega^2\right)^2 + \left(2\xi\tau\omega\right)^2}} \\[3mm] \phi = arctan\left(\dfrac{-2\xi\tau\omega}{1 - \tau^2\omega^2}\right) \end{cases} \tag{9.23}$$

Observa-se o comportamento de sistemas de 2ª ordem subamortecidos nos diagramas de Nyquist e Bodé mostrado na Figura 9.5. Nota-se que, para valores pequenos de ξ, existe um pico de ressonância, ou valor máximo. Especificamente, sistemas subamortecidos com $0 < \xi < \sqrt{2}/2$ apresentam um máximo em RA (RA_{max}) em uma frequência chamada "frequência de ressonância" (Equação 9.24). Para calcular o valor máximo de RA_{max}, deve-se determinar o mínimo de $\left(1 - \tau^2\omega^2\right)^2 + \left(2\xi\tau\omega\right)^2$, obtido derivando-se esta função em relação a ω e igualando-se a expressão resultante a zero, e resolvendo-a para ω:

$$\varpi = \frac{\sqrt{1 - 2\xi^2}}{\tau} \tag{9.24}$$

Substituindo-se este valor de frequência na Equação 9.23 tem-se a Razão de Amplitude:

$$RA_{max} = \frac{K}{2\xi\sqrt{1 - \xi^2}} \tag{9.25}$$

Para sistemas superamortecidos com $0 < \xi < \sqrt{2}/2$, $RA < K_P, \forall \omega$.

Observa-se na Figura 9.5b que um maior fator de amortecimento em um sistema de segunda ordem implica menor RA.

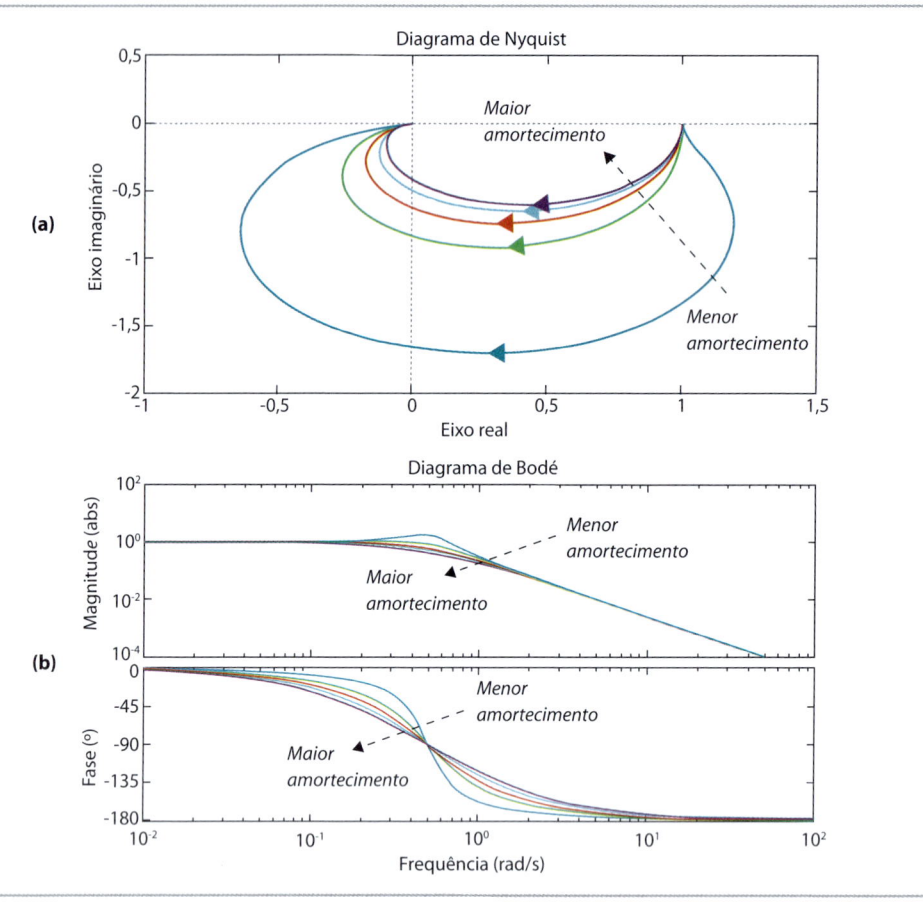

Figura 9.5   Sistemas de $2^{\underline{a}}$ ordem subamortecidos: (a) Diagrama de Nyquist; (b) Diagrama de Bodé

O seguinte comportamento assintótico é verificado para estes sistemas:

$$\begin{cases} \lim_{\omega \to 0} RA \cong K & \lim_{\omega \to 0} \phi \cong 0° \\ \\ \lim_{\omega \to \infty} RA \cong \dfrac{K}{(\tau\omega)^2} & \lim_{\omega \to \infty} \phi \cong -180° \end{cases} \tag{9.26}$$

Para a função de transferência $G(s) = \dfrac{K}{\tau^2 s^2 + 2\xi\tau s + 1}$, $nz = 0$ e $np = 2$, e a assíntota de alta frequência $= (2-0) \times (-1) = -2$ (ou –40 dB/década). Analogamente, o valor mínimo do ângulo de fase desta função de transferência (fase mínima) é $(2-0) \times (-90°) = -180°$.

9.3 RESPOSTA EM FREQUÊNCIA DE PROCESSO COM TEMPO MORTO

A função de transferência relativa ao tempo morto é:

$$G(s) = e^{-\theta s} \quad \therefore \quad G(\omega i) = e^{-\theta i \omega} \tag{9.27}$$

ou seja, $RA = 1$ e $\phi = -\omega\theta$. Assim, um processo de 1ª ordem com tempo morto mantém a sua razão de amplitude e tem a sua fase retardada em $-\omega\theta$. O mesmo ocorre para um processo de ordem superior com tempo morto.

Na Figura 9.6, está apresentado o diagrama de Bodé para um processo de 2ª ordem com $\xi = 0,3$, $\tau = 10$ e $\theta = 0,05$, construído com o código MATLAB mostrado a seguir:

```
tau=10; xsi=0.3; tauD=0.05;
den=[tau^2 2*xsi*tau 1];
G=tf([1],den,'OutputDelay',5);
bode(G)
```

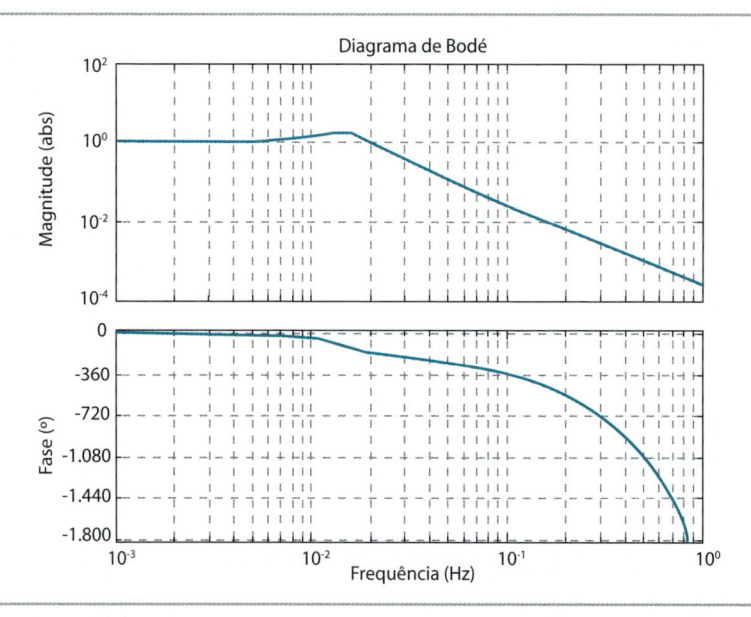

Figura 9.6 Diagrama de Bodé para sistema de 2ª ordem subamortecido, com tempo morto: $\xi = 0,3$, $\tau = 10$ e $\theta = 0,05$

Tem-se na Figura 9.6 que um sistema com tempo morto não apresenta fase mínima, sendo portanto classificado como "sistema de fase não mínima".

9.4 RESPOSTA EM FREQUÊNCIA DE UM PROCESSO PURAMENTE CAPACITIVO

Dado um sistema integrador, substituindo-se s por ωi tem-se:

$$G(\omega i) = \frac{K}{s}\bigg|_{s=-\omega i} = \frac{K}{\omega i} = \frac{K}{\omega i}\frac{-\omega i}{-\omega i} = -\frac{K}{\omega}i \tag{9.28}$$

O módulo de $G(\omega i)$ é:

$$\left|G(\omega i)\right| = \sqrt{0 + \left(\frac{K}{\omega}\right)^2} = \frac{K}{\omega} \quad \Rightarrow \quad RA = \frac{K}{\omega} \quad \Rightarrow \quad log(RA) = log(K) - log(\omega) \qquad (9.29)$$

e a fase,

$$\angle G(\omega i) = arctan\left(\frac{-K/\omega}{0}\right) = -arctan(\infty) = -90° \qquad (9.30)$$

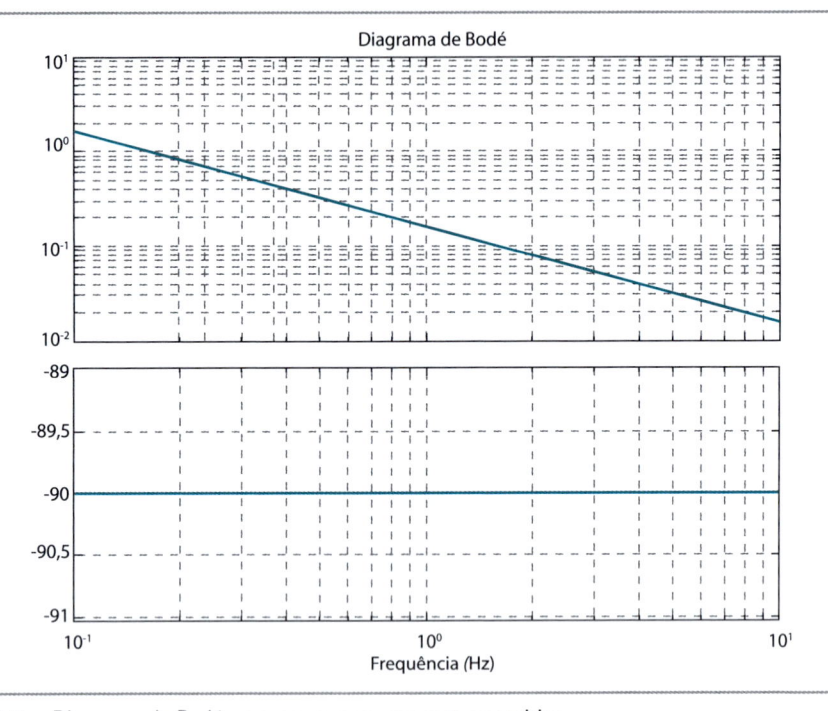

Figura 9.7　Diagrama de Bodé para processo puramente capacitivo

A Figura 9.7 ilustra o fato que sistemas capacitivos apresentam inclinação da assíntota de baixa frequência de −1, em qualquer frequência, distinguindo-se dos sistemas abordados anteriormente. Assim, o diagrama de Bodé na região de baixa frequência permite identificar se o processo tem ou não característica integradora. Destaca-se também que o ângulo em −90° na baixa frequência é igualmente característico destes sistemas. Este atraso de fase introduzido pelo termo integrador afeta a estabilidade de malhas de controle.

9.5　SINTONIA DE CONTROLADORES PID BASEADA NA RESPOSTA EM FREQUÊNCIA

A estabilidade de malhas de controle pode ser analisada no domínio da frequência e é empregada em análise e projeto de malhas de controle.

9.5.1 Controlador proporcional

Considerando-se a função de transferência de controladores puramente proporcionais, $G_C(s) = K_C$, obtém-se a resposta frequencial

$$RA = \sqrt{Re^2\{G(\omega i)\} + Im^2\{G(\omega i)\}} = \sqrt{K_C^2} = K_C \tag{9.31a}$$

$$\phi = arctan\left[Im\{G(\omega i)\}/Re\{G(\omega i)\}\right] = arctan(0/K_C) = 0 \tag{9.31b}$$

Conclui-se que controladores puramente proporcionais não afetam o ângulo de fase da malha de controle, apenas a sua razão de amplitude. Consequentemente, em uma malha de controle *feedback*, quanto maior o K_C maior a razão de amplitude operando sobre o sinal do erro de controle.

9.5.2 Controlador PI

Para $G_C(s) = K_C\left(1 + \dfrac{1}{\tau_I s}\right)$ tem-se:

$$G_C(\omega i) = K_C\left(1 + \frac{1}{\tau_I \omega i}\right) = K_C\left(\frac{1 + \tau_I \omega i}{\tau_I \omega i}\right) =$$

$$K_C\left(\frac{1 + \tau_I \omega i}{\tau_I \omega i}\right)\left(\frac{\tau_I \omega i}{\tau_I \omega i}\right) = K_C\left(-\frac{\tau_I \omega i - (\tau_I \omega)^2}{(\tau_I \omega)^2}\right) \tag{9.32}$$

Como $Re\{G_C(\omega i)\} = K_C$ e $Im\{G_C(\omega i)\} = \dfrac{-K_C}{\tau_I \omega}$, decorre que:

$$RA = K_C\sqrt{1 + \frac{1}{\omega^2 \tau_I^2}} \tag{9.33a}$$

$$\phi = arctan\left(-\frac{1}{\tau_I \omega}\right) \tag{9.33b}$$

Conclui-se que a razão de amplitude é elevada e que a defasagem tende para $-90°$ em baixas frequências. Isso implica que a ação de controle cresce mais rapidamente em baixas frequências, e que há um atraso de 1/4 de ciclo na ação. Em altas frequências, a RA tende a K_C e a defasagem tende a zero.

EXEMPLO 9.2 Diagrama de Bodé para controlador PI

Deseja-se construir o diagrama de Bodé da resposta frequencial de controladores PI.

O *Toolbox* de Controle (introduzido no APÊNDICE 6) é usado para construir a Figura 9.8, utilizando-se o código MATLAB listado no APÊNDICE 3.

Para $K_C = 2$, $\tau_I = 10$ tem-se o diagrama da Figura 9.9. Pela análise de assíntotas (indicadas pelas curvas tracejadas), tem-se: $\omega_{quebra} = \dfrac{1}{\tau_I}$, e a inclinação ($\omega \to 0$) é -1.

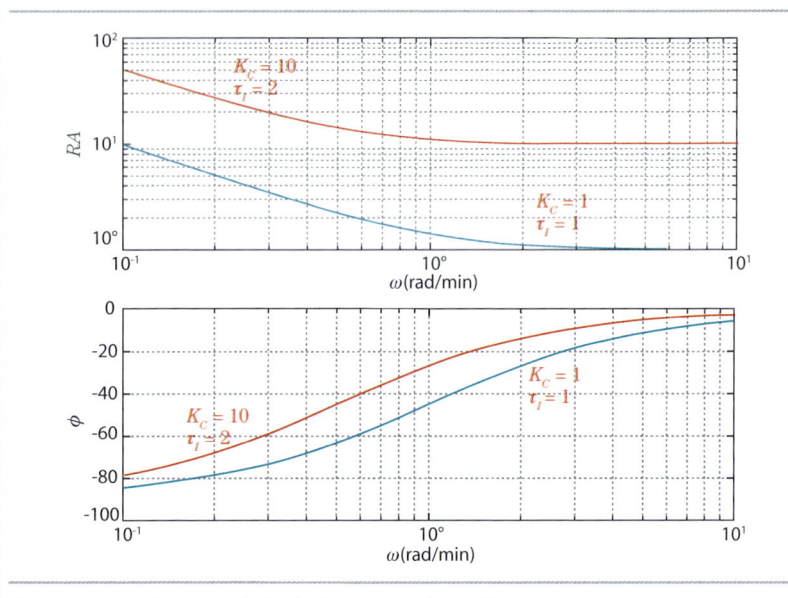

Figura 9.8   Diagrama de Bodé de controladores PI

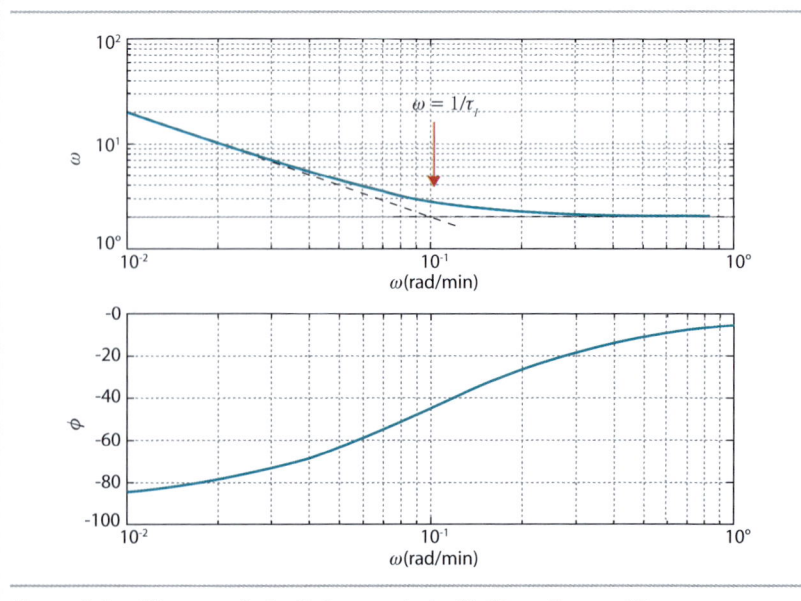

Figura 9.9   Diagrama de Bodé de controlador PI: $K_C = 2$, $\tau_I = 10$

EXEMPLO 9.2 Diagrama de Bodé para controlador PI

Considere a função de transferência da malha fechada do separador bifásico com controlador PI conforme apresentado no Exemplo 5.1. Deseja-se obter a resposta frequencial para a função de transferência $Y(s)/D(s)$.

$$G(s) = \frac{Y(s)}{D(s)} = \frac{-\dfrac{\tau_I s}{K_C K_{x_L}}}{\tau^2 s^2 + 2\xi\tau s + 1} \tag{9.34a}$$

onde:

$$\tau = \sqrt{-\frac{CD\tau_I}{K_C K_{x_L}}} \tag{9.34b}$$

$$\xi = \frac{1}{2}\sqrt{\frac{-K_C K_{x_L}\tau_I}{CD}} \tag{9.34c}$$

Com base na Equação 9.34a, identifica-se que

$$\frac{Y(s)}{D(s)} = \frac{G_2(s)}{G_1(s)} \tag{9.35a}$$

onde:

$$G_1(s) = \frac{-K_C K_{x_L}}{\tau_I s} \quad \text{(processo puramente capacitivo, isto é, integrador)} \tag{9.35b}$$

$$G_2(s) = \frac{1}{\tau^2 s^2 + 2\xi\tau s + 1} \quad \text{(processo de segunda ordem subamortecido, se } 0 < \xi < 1) \tag{9.35c}$$

Logo:

$$RA = \frac{RA_2}{RA_1} \quad \text{e} \quad \phi = \phi_2 - \phi_1 \tag{9.36a}$$

com:

$$RA_1 = \frac{-\dfrac{K_C K_{x_L}}{\tau_I}}{\omega}, \quad \phi 1 = -90° \tag{9.36b}$$

$$RA_2 = \frac{1}{\sqrt{\left(1 - \tau^2\omega^2\right)^2 + \left(2\xi\tau\omega\right)^2}} \quad \phi_2 = -arctan\left(\frac{2\xi\tau\omega}{1 - \tau^2\omega^2}\right) \tag{9.36c}$$

Assim:

$$RA = \frac{\dfrac{\tau_I}{-K_C K_{x_L}} \omega}{\sqrt{\left(1-\tau^2\omega^2\right)^2 + \left(2\xi\tau\omega\right)^2}}$$ (9.37a)

$$\phi = -arctan\left(\frac{2\xi\tau\omega}{1-\tau^2\omega^2}\right) + 90°$$ (9.37b)

Com o código MATLAB listado no APÊNDICE 3, constrói-se o Diagrama de Bodé para o sistema:

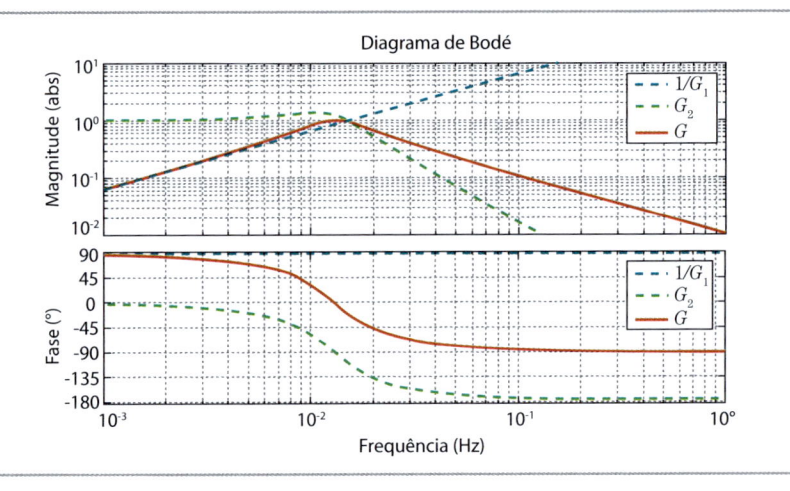

Figura 9.10 Diagrama de Bodé

A Figura 9.10 mostra as contribuições das funções de transferência $1/G_1(s)$, $G_2(s)$ e $G(s) = G_2(s)/G_1(s)$. Observa-se que:

☐ Na baixa frequência, o denominador é $\cong 1$ ($1 - \tau^2\omega^2 \cong 1$), o que atribui à malha aberta uma inclinação +1, que é responsável por levar RA a zero quando ω tende a zero (estado estacionário). Isto é: o zero no numerador anula o *offset*, e é a contribuição da ação integral do controlador;

☐ Na alta frequência, $G_2(s)$ contribui com inclinação −2, derrubando o RA à medida que a frequência tende a infinito. Note-se que isso é necessário: quanto maior a frequência, menor deve ser a RA para se evitar amplificar ruídos (sinais de alta frequência).

☐ Observa-se, também, que, em baixas frequências, o nível do separador em malha fechada com controlador PI está quase em fase com a entrada (perturbação). Já para frequências mais altas, a defasagem tende a crescer.

9.5.3 Controlador PD

Seguindo-se um procedimento análogo ao controlador PI, tem-se para o controlador PD:

$$G_C(s) = K_C\left(1 + \tau_D s\right)$$

$$RA = K_C\sqrt{\omega^2 \tau_D{}^2 + 1} \tag{9.38a}$$

$$\phi = arctan\left(\omega\tau_D\right) \tag{9.38b}$$

Note-se que a frequência de quebra, quando a assíntota de baixa frequência $(\omega \to 0)$ encontra a assíntota de alta frequência $(\omega \to \infty)$, é $\omega_{quebra} = \dfrac{1}{\tau_D}$, e que a assíntota de alta frequência apresenta inclinação "+1".

9.5.4 Controlador PID ideal

Para um controlador PID ideal tem-se:

$$G_C(s) = K_C\left(1 + \frac{1}{\tau_I s} + \tau_D s\right)$$

$$RA = K_C\sqrt{\left(\omega\tau_D - \frac{1}{\omega\tau_I}\right)^2 + 1} \tag{9.39a}$$

$$\phi = arctan\left(\omega\tau_D - \frac{1}{\omega\tau_I}\right) \tag{9.39b}$$

Observa-se para este controlador que a assíntota de alta frequência tem inclinação "+1" (comportamento PD) enquanto a assíntota de baixa frequência tem inclinação "–1" (comportamento PI).

9.6 CRITÉRIO DE ESTABILIDADE DE BODÉ

Apresentou-se, na Seção 6.2.1 (Figura 6.5) e no Exemplo 7.2 o *lugar das raízes* da Equação Característica da malha *feedback* fechada, produzido pela variação do ganho do controlador. No domínio da frequência, essa análise pode ser estendida. Como a Equação Característica é uma entidade vetorial, pode ser interpretada em termos do seu ângulo e da sua magnitude:

$$\angle G_{MA}(s) = -180° \tag{9.40a}$$

$$\left|G_{MA}(s)\right| = 1 \tag{9.40b}$$

Formula-se, assim, o Critério de Estabilidade de Bodé: *Um sistema em malha fechada é instável se a resposta frequencial da função de transferência da malha aberta* $G_{MA}(s) = G_C(s)G_V(s)G_P(s)G_M(s)$ *apresentar RA maior que 1 na* *frequência crítica ω_C* (frequência na qual $\phi = -180°$). *Caso contrário, a malha fechada é estável.*

Destaca-se que, na frequência crítica, o sistema encontra-se no limiar de instabilidade, apresentando oscilação com amplitude sustentada.

O critério de estabilidade de Bodé só se aplica a sistemas estáveis em malha aberta, e sem multiplicidade de frequências críticas.

9.7 CRITÉRIO DE ESTABILIDADE DE NYQUIST

O critério de Nyquist baseia-se na função de transferência da malha aberta, $G_{MA}(s)$: *dada a equação característica da malha fechada, $1 + G_{MA}(s) = 0$, se a função $G_{MA}(s)$ apresentar P polos instáveis e se o gráfico polar (Diagrama de Nyquist) envolver o ponto $(-1,0)$ do plano imaginário N vezes quando ω variar de 0 a ∞, o número de polos instáveis na malha fechada é $Z = N + P$.*

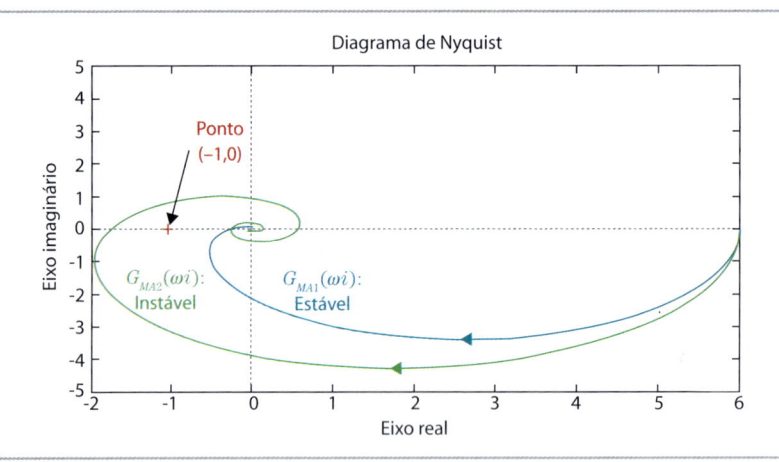

Figura 9.11　Critério de estabilidade de Nyquist. Assume-se na figura que as duas funções de malha aberta não possuem raízes instáveis

No critério de Nyquist, Z é o número de raízes da equação $1 + G_{MA}(s) = 0$ localizados no semiplano direito. Isto é, dada a equação característica da malha fechada, $1 + G_{MA}(s) = 0$, o sistema é estável se a curva polar $G_{MA}(\omega i)$ não envolver o ponto $(-1,0)$.

O critério de Nyquist é exemplificado na Figura 9.11.

Destaca-se que, ao contrário do critério de Bodé, o critério de Nyquist não apresenta restrições de aplicação a sistemas instáveis em malha aberta, ou que apresentem múltiplas frequências críticas.

9.8 MARGEM DE GANHO E MARGEM DE FASE

A margem de ganho (MG) e a margem de fase (MF) são medidas da proximidade de um sistema em relação ao seu limite de estabilidade. Seja $RA_C \equiv RA_{MA}$ em $\omega = \omega_C$ (ou seja, a razão de amplitude na frequência em que a defasagem atinge $-180°$). A margem de ganho é definida como:

$$MG \equiv \frac{1}{RA_C} \qquad (9.41a)$$

Seja ω_g a frequência na qual $RA_{MA} = 1$. O ângulo de fase correspondente é ϕ_g. A margem de fase é definida como:

$$MF = 180° + \phi_g \qquad (9.41b)$$

Para o sistema apresentado na Figura 9.12, verifica-se que a frequência crítica é obtida em $\phi = -180°$. Para esta frequência, a RA é menor do que 1, sendo a malha fechada ESTÁVEL, de acordo com o critério de Bodé. Na Figura 9.12, apresenta-se o conceito de "de ganho" (*MG*) e "margem de fase" (*MF*). Os dois conceitos traduzem o grau de afastamento que um sistema apresenta do limite de estabilidade definido por $RA = 1$ e $\phi = -180°$.

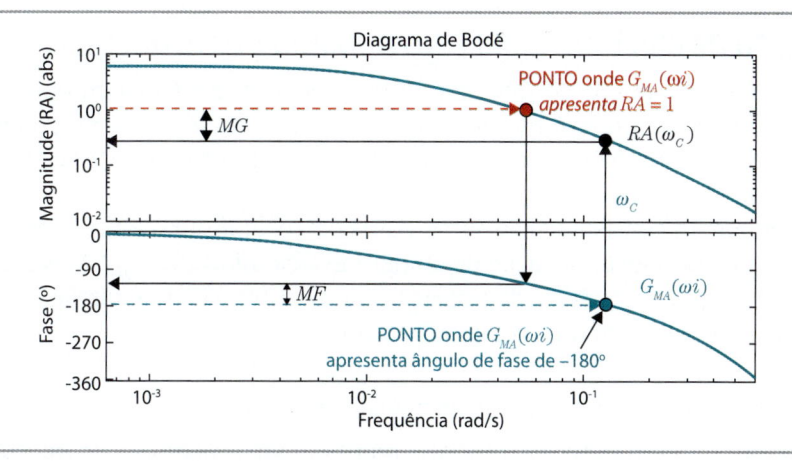

Figura 9.12 Critério de estabilidade de Bodé

EXEMPLO 9.4 Diagrama de Nyquist – margem de ganho e margem de fase

Dadas as funções de transferência

$$G_1(s) = \frac{e^{-5s}}{10s+1}, G_2(s) = \frac{2}{100s+1} \text{ e } G_3(s) = \frac{3}{0,1s+1},$$

construir o diagrama de Nyquist para a função de malha aberta resultante do produto destas.

Com o código MATLAB listado no APÊNDICE 3, calcula-se a seguinte $G_{MA}(s)$:

$$G_{MA}(s) = \frac{6e^{-5s}}{s^3 + 11,1s^2 + 11,1s + 1}$$

e constrói-se a Figura 9.13. Para o sistema estável, G_{MA}, ilustra-se na Figura 9.13 as margens de ganho e de fase.

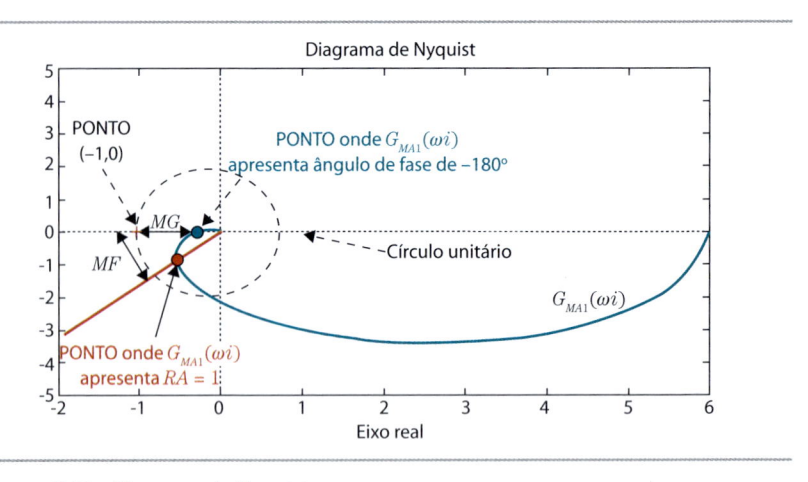

Figura 9.13   Diagrama de Nyquist

9.9   PROJETO DE CONTROLADORES NO DOMÍNIO DA FREQUÊNCIA

A vantagem do projeto no domínio da frequência é ser facilmente aplicável a sistemas de ordem superior, e não racionais (ou seja, sistemas que não podem ser descritos exclusivamente como a razão entre dois polinômios na variável s, como tempo morto).

O procedimento consiste em se obter, para controlador puramente proporcional, o valor de K_C que promove oscilação de amplitude sustentada, $K_{C,LIM}$. Aplica-se, para identificar o $K_{C;LIM}$ e a frequência de oscilação, ω_C, o Critério de Estabilidade de Bodé. O procedimento é ilustrado no Exemplo 9.5 a seguir.

EXEMPLO 9.5 Análise de estabilidade no domínio da frequência

Considere-se o processo representado pela função de transferência

$$G_P(s) = \frac{2}{\left(0,5s+1\right)^3} \tag{9.42a}$$

com $G_V(s) = 0,1$ e $G_M(s) = 10$, considerando que a malha de controle é dotada de controlador puramente proporcional, deseja-se analisar a estabilidade para 3 valores de K_C: 1, 4 e 20.

A função de transferência de malha aberta é dada na Equação 9.42b:

$$G_{MA}(s) = \frac{2K_C}{\left(0,5s+1\right)^3} \tag{9.42b}$$

com diagrama de Bodé da Figura 9.14 (construída com código MATLAB listado no APÊNDICE 3). Observa-se que o ganho do controlador não altera a frequência crítica, movendo apenas a curva de RA para cima, à medida que se aumenta o seu valor. O critério de Bodé está na curva magenta ($K_C = 4$). A Tabela 9.1 mostra a análise de estabilidade obtida.

Tabela 9.1   Análise de estabilidade

K_c	RA_{MA}	Estável?
1	0,25	Sim
4	1,0	Criticamente estável
20	5,0	Não

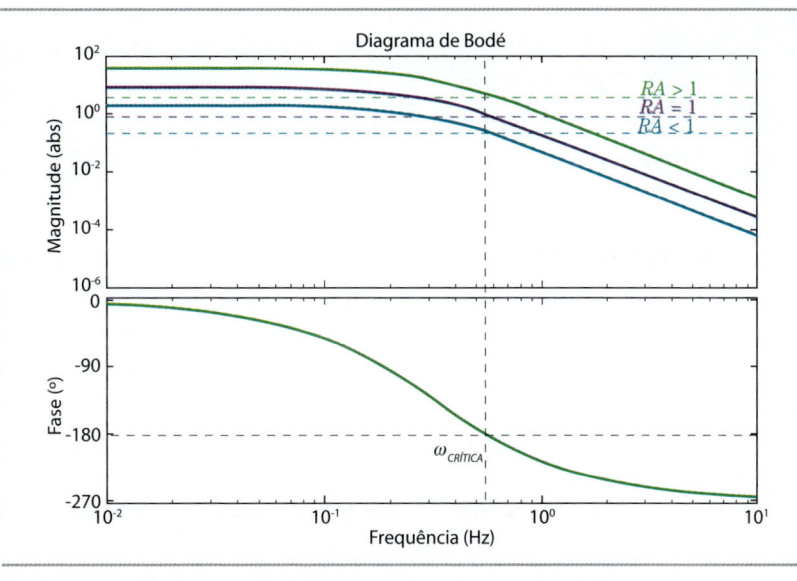

Figura 9.14   Diagrama de Bodé para 3 ganhos de controlador P

Com o limite de estabilidade e a frequência crítica, a sintonia Zie-gler-Nichols apresentada na Tabela 8.1 pode ser empregada.

EXEMPLO 9.6 **Estabilidade de Malhas de Controle para processo de 1ª ordem com TM**

Deseja-se determinar a estabilidade em malha fechada do sistema

$$G_P(s) = \frac{4e^{-2s}}{5s+1} \tag{9.43}$$

para $G_V(s) = 2,0$, $G_M(s) = 0,25$ e $G_C(s) = K_C$. Considere as constantes de tempo em minutos.

Tem-se que:

$$RA_{MA} = RA_P RA_V RA_M RA_C \tag{9.44a}$$

$$\phi_{MA} = \phi_P + \phi_V + \phi_M + \phi_C \tag{9.44b}$$

Substituindo-se as expressões de RA e ϕ de cada elemento da malha nas Equações 9.44a,b obtém-se:

$$RA_{MA} = \frac{(4)(2)(0,25)K_C}{\sqrt{(5\omega)^2 + 1}}$$ (9.45a)

$$\phi_{MA} = -arctan\,(5\varpi) - 2\varpi$$ (9.45b)

A frequência crítica é calculada a partir da Equação 9.45b, pelo Critério de Bodé (ver código MATLAB no APÊNDICE 3). Obtém-se, que a malha é estável para valores de $K_C < 2,2934$ rad/min. No valor limite de K_C, a malha apresenta oscilação sustentada com período dado pela Equação 9.45c.

$$P_C \equiv \frac{2\pi}{\omega_C}$$ (9.45c)

9.9.1 Margem de ganho e margem de fase de malhas de controle

A margem de ganho (MG) e a margem de fase (MF) de sistemas são calculadas de acordo com as Equações 9.41a,b. Segundo o critério de estabilidade de Bodé, um sistema é estável se a $MG > 1$. *Os controladores são sintonizados para, no ângulo de fase igual a $-180°$,* ou seja, *na frequência crítica* (ω_C), $1,7 < MG < 2,0$. Margens de ganho muito elevadas podem corresponder a respostas muito lentas ou insensíveis à ação de controle.

Ainda segundo o critério de estabilidade de Bodé, um sistema é estável para $MF > 0$. *Os controladores são sintonizados para, na frequência correspondente a $RA = 1$ (correspondendo a ângulo ϕ_g),* $30° < MF < 45°$. Margens de fase mais elevadas podem corresponder a respostas muito agressivas.

Além da margem de ganho e da margem de fase, outros aspectos da resposta frequencial de malhas são relevantes:

1) *Bandwidth:* um sistema rastreia razoavelmente bem sinais senoidais com frequências inferiores à frequência ω_{BW}, isto é, a frequência para $RA = 0,707$.

2) **Modelo do Processo:** O excesso de polos da malha aberta (inclinação na alta frequência), o número de integradores (inclinação na baixa frequência) etc. A informação pode ser confirmada no *gráfico de fase*. Na baixa frequência, o número de integradores (n) corresponde a $n = \underline{/G(i\omega)}/90°$ (n é a inclinação de $|G(\omega i)|$).

3) **Ganho de Estado Estacionário:** O valor da interseção da assíntota de baixa frequência com o eixo vertical corresponde ao ganho de estado estacionário. Para processos integradores, *contrói-se* o diagrama $RA/K_{MA} \times \omega$ e verifica-se que, em $\omega = 1$, $RA/K_{MA} = 1$.

EXERCÍCIOS PROPOSTOS

9.1) a) Proponha a $G(s)$, com os valores dos parâmetros. Justifique.

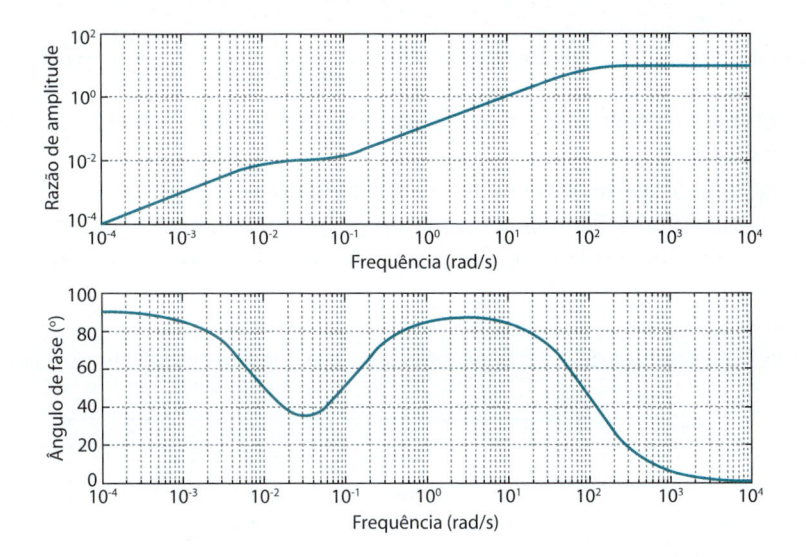

b) Esboce o diagrama de Nyquist correspondente.

9.2) Considere os tanques de mistura, em série:

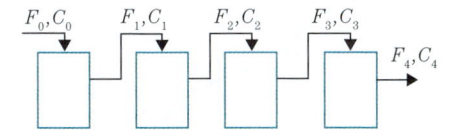

☐ $F_0 = F_1 = F_2 = F_3 = F_4 = F = 2$ m³/min (constantes)
☐ $C_0 = 2\,sen\,(5t)$ Kgmol/m³
☐ $V_1 = V_2 = V_3 = V_4 = V$ (m³)

a) Obtenha a função de transferência $C_4(s)/C_0(s)$.
b) Especifique o valor de V para que a amplitude de $C_4(t)$ seja de 0,1 Kgmol/m³.
c) Qual o ângulo de fase de $C_4(t)$ para o sistema dimensionado no item anterior.

9.3) Dados: $G_1(s) = K\,(s+1)\,/\,(2s+1); G_2(s) = 2\,e^{-0,1\,s}\,/\,(s+1); G_3(s) = 3\,/\,(0,3s+1)$

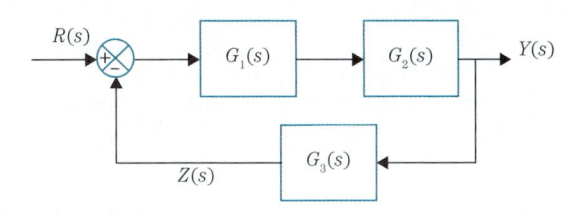

Para o sistema com $K = 1$, e o sistema sem realimentação (malha aberta), obtenha a onda senoidal em $z(t)$ para $r(t) = 3\,sen(0,2\,t)$.

9.4) Dada a função de malha aberta $G_{MA}(s) = \dfrac{1}{(s+1)(5s+1)(0,5s+1)} G_C(s)$, obtenha:

a) A sintonia do controlador, puramente proporcional, que forneça uma margem de fase de 45°.
b) A margem de ganho fornecida pela sintonia do item (a).
c) A sintonia Ziegler-Nichols, puramente proporcional, para esta malha. Compare com a sintonia obtida na parte (a) em termos de margem de ganho e margem de fase.

9.5) Analise a estabilidade de um processo com o seguinte diagrama de Bodé.

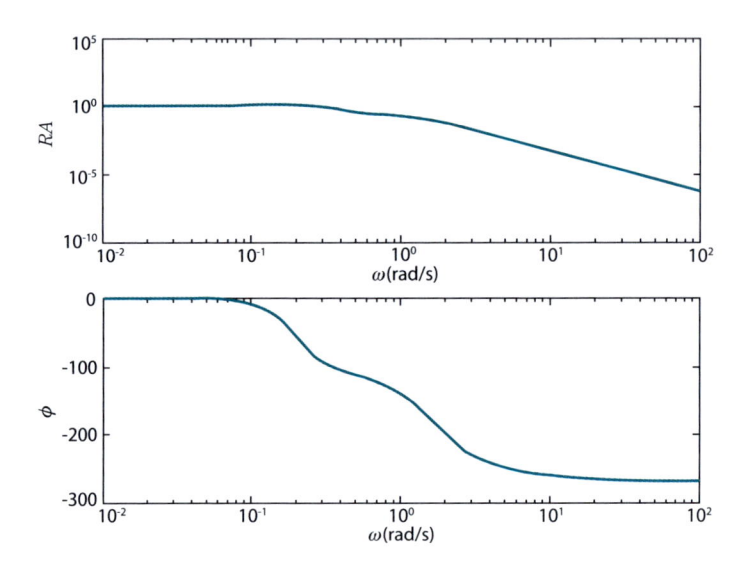

9.6) Considere dois separadores bifásicos em série conforme a figura abaixo.

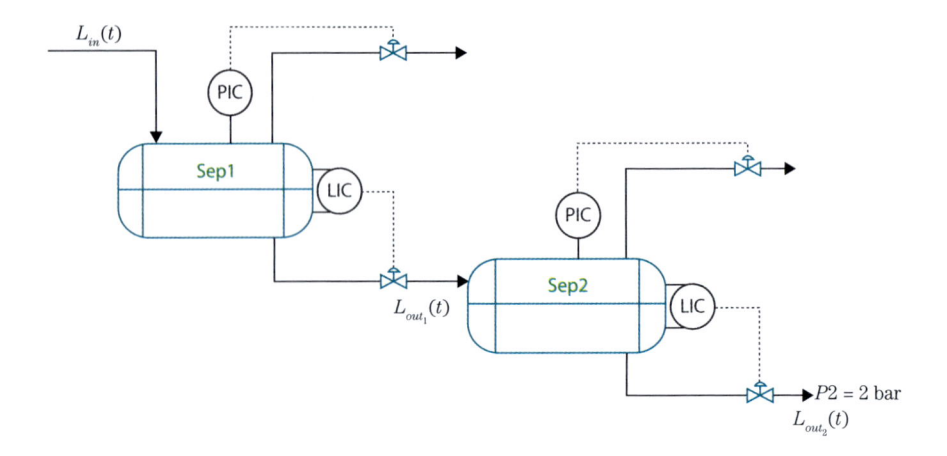

Os separadores 1 e 2 operam com 10 e 5 bar, respectivamente, de modo que podemos representá-los como integradores puros. Ambos os vasos são idênticos

($C = 5, D = 2, K_{XL,1} = K_{XL,2} = 1$) e possuem controladores PI com sintonia idêntica ($K_{C,1} = K_{C,2} = -2$ e $\tau_{I,1} = \tau_{I,2} = 10$). Com base no modelo de separador bifásico apresentado no Capítulo 2:

   a) Determine a amplitude da oscilação de nível do segundo separador para uma golfada senoidal de amplitude 1 (m³/min) e frequência de 0,1 ciclos/min na vazão de entrada do primeiro vaso. Observação: ω (rad/min) $= f$ (ciclos/min) $\cdot 2\pi$ (rad/ciclo).

   b) Determine os valores de $K_{C,1}$ para os quais o sistema fica instável (para $\tau_{I,1} = 1$).

9.7) Seja um separador trifásico com as seguintes dimensões: $D = 4$ m, $C_{CS} = 16$ m, e projetado para receber 16 m³/min (140.000 bpd) de líquido. Adota-se altura do vertedouro $h_{vert} = D/2$ e *setpoint* tanto para o nível de água ($\bar{h}_W$) quanto para o nível de óleo ($\bar{h}_L$) em $D/4$.

   a) Considere o modelo do separador trifásico desenvolvido no Capítulo 2 onde se supôs que não há acúmulo na fase oleosa da câmara de separação, isto é, $\dfrac{dh_T(t)}{dt} = 0$, e que a eficiência de separação é dada por $\varepsilon = \alpha\,(h_{vert} - h_W(t))$. Seja $Y1(s) =$ nível de óleo, $Y2(s) =$ nível de água, $K_D = BSW\,\alpha\,(h_{vert} - \bar{h}_W)$, $K = \dfrac{1}{BSW\,\alpha\,\bar{L}_{in}}$, $\tau = \dfrac{C_{CS}D}{BSW\,\alpha\,\bar{L}_{in}}$ conforme a figura abaixo. Determine a função de transferência que relaciona o nível da câmara de óleo com a vazão de entrada, isto é, $Y1(s)/D(s)$ em termos das funções de transferência exibidas na figura e supondo controladores Proporcional puro (K_{C1} e K_{C2}) para as malhas de controle de nível de óleo e água.

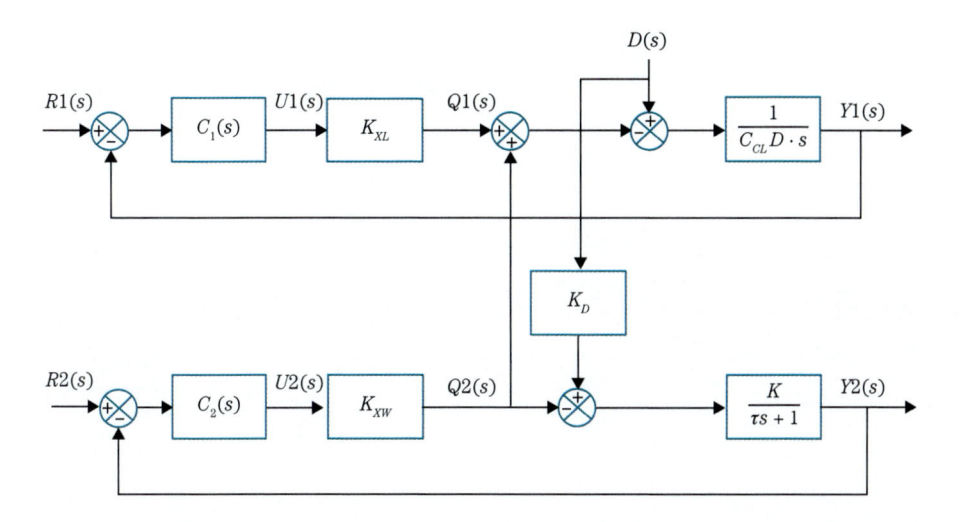

   b) Baseado na informação de que numa situação crítica a vazão da carga $L_{in}(t)$ possui 50% de água ($BSW = 0,5$) e irá oscilar conforme uma onda senoidal com amplitude de 4 m³/min (35.000 bpd) e período de 10 minutos (frequência de 0,1 ciclos/min), um projetista propõe que para o separador se adote uma câmara de óleo de 4 metros de comprimento sob o argumento de que este é o tamanho mínimo para absorver as oscilações de vazão nesta, uma vez que ele considera que serão utilizados controladores proporcionais puros com sintonia $K_{C1} = -1$, $K_{C2} = -1$ e válvulas com $K_{XL} = 1$, $K_{XW} = 1$ e $\alpha = 0,5$. Supondo que o valor máximo permitido para o nível na câmara de óleo é $3D/8$ avalie a afirmação do projetista determinando as oscilações de nível.

10 Dinâmica de Resposta – PID

Desenvolve-se neste capítulo a análise de respostas dinâmicas para uma malha *feedback* genérica, esquematizada na Figura 10.1, onde: $G_M(s) = K_M$, $G_P(s) = K_P/(\tau_P + s)$, $G_D(s) = K_D/(\tau_D + s)$, $G_V(s) = K_V$ e $K_{I/P} = 0,75$ psig/mA. $C(s)$ é a variável controlada, $D(s)$ é a variável de carga e $R(s)$ é o *setpoint* da malha de controle.

NOMENCLATURA

A	Área transversal
$C(s), C_M(s)$	Variável controlada, variável controlada medida
$D(s)$	Transformada de Laplace da perturbação $d(t)$
$E(s)$	Transformada de Laplace do erro de rastreamento do *setpoint*
$F(t), F_0(t)$	Vazões volumétricas de alimentação e descarga em tanque de nível
$G(s)$	Função de transferência
$h(t), H(s)$	Nível de separador bifásico, Transformada de Laplace de $h(t)$
K	Ganho da função de transferência
Lim	Limite
$L_{in}(t)$	Vazão de carga de líquido de separador bifásico
LT, LY, LIC	Sensor/transmissor de nível, conversor I/P para malhas de nível, e controlador/indicador de nível, respectivamente
$M(s)$	Transformada de Laplace da variável manipulada do processo
$N(s)$	Transformada de Laplace do ruído de medição
$q(t)$	Vazão volumétrica
$R(s)$	Transformada de Laplace do *setpoint*
S	Variável de Laplace
$S(s)$	Função de transferência de sensibilidade
T	Tempo
$T(s)$	Função de transferência de sensibilidade complementar
$T(t)$	Temperatura
$u(t), U(s)$	Variável de entrada, Transformada de Laplace de $u(t)$

$V(t)$	Volume
$y^{(n)}, u^{(m)}$	Derivada de ordem n da variável de resposta $y(t)$, derivada de ordem m da entrada $u(t)$
$Y(s)$	Variável de resposta, Transformada de Laplace de $y(t)$

Subscritos

D, V, M, P, C	Perturbação, válvula, sensor, processo e controlador, respectivamente
I/P	Conversor de sinal analógico (4-20mA) em pneumático (3-15psig)
MA	Malha aberta

Símbolos gregos

τ_D	Constante de tempo derivativa
τ_I	Constante de tempo integral
τ_P	Constante de tempo do processo
ξ	Fator de amortecimento
ω	Frequência, rad/min ou Hz

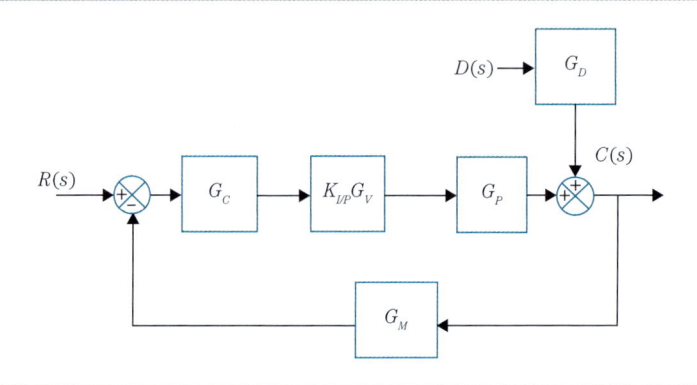

Figura 10.1   Malha de controle *feedback*

Apresenta-se a dinâmica da malha sob controle P e PI, na ocorrência de perturbações de *setpoint* e perturbações de carga.

10.1 EFEITO DO CONTROLADOR PROPORCIONAL, SOB PERTURBAÇÃO DE CARGA

Seja $R(s) = 0$ e $D(s) = M/s$. Para $G_C(s) = K_C$ tem-se:

$$\frac{C(s)}{D(s)} = \frac{\dfrac{K_D}{(\tau_D s + 1)}}{1 + \dfrac{K_C K_{I/P} K_V K_M K_P}{(\tau_P s + 1)}} \xrightarrow{D(s) = M/s} C(s) = \frac{M}{s} \frac{\dfrac{K_D}{(\tau_D s + 1)}}{1 + \dfrac{K_C K_{I/P} K_V K_M K_P}{(\tau_P s + 1)}} \quad (10.1)$$

Definindo-se

$$K_{MA} = K_P K_C K_{I/P} K_V K_M$$

obtém-se

$$C(s) = \frac{M}{s} \frac{\dfrac{K_D}{(\tau_D s + 1)}}{\tau_P s + (1 + K_{MA})} \tag{10.2}$$

$$C(s) = \frac{M}{s} \frac{K_D}{1 + K_{MA}} \frac{(\tau_P s + 1)}{\dfrac{\tau_P \tau_D}{1 + K_{MA}} s^2 + \left[\dfrac{\tau_P}{1 + K_{MA}} + \tau_D\right] s + 1} \tag{10.3}$$

$$\tau = \sqrt{\frac{\tau_P \tau_D}{1 + K_{MA}}}; \ \xi = \frac{1}{2} \sqrt{\frac{1 + K_{MA}}{\tau_P \tau_D}} \left[\frac{\tau_P}{1 + K_{MA}} + \tau_D\right] \tag{10.4}$$

Com as relações obtidas na Equação 10.4, mostra-se que um aumento de K_C torna a malha mais rápida ($\uparrow K_C \Rightarrow \downarrow \tau$), mas promove aumento nas oscilações por diminuir o fator de amortecimento (ξ). Adicionalmente, verifica-se que o controlador puramente proporcional aplicado a este sistema não elimina *offset*:

$$Offset = R(t \to \infty) - C_M(t \to \infty) = 0 - lim_{s \to 0}\{sC(s)K_M\} = MK_M \frac{K_D}{1 + K_{MA}} \neq 0 \tag{10.5}$$

Na Equação 10.5, utiliza-se a definição de *offset*, a saber: *o erro de rastreamento quando o tempo tende a infinito*, isto é, a diferença entre o *setpoint* e a saída do sensor (a variável controlada medida) no estado estacionário. Destaca-se nesta abordagem que para se mensurar o *offset* é necessária a medição da variável controlada. Adicionalmente, o sinal de *setpoint* é obtido no padrão de instrumentação utilizado pela malha, por exemplo, analógico (mA). Assim, o *offset* medido é K_M vezes o *offset* que ocorre na saída do processo, observado por meio da leitura do sensor, portanto incorporando eventual viés de medição.

10.2 EFEITO DO CONTROLADOR PI, SOB PERTURBAÇÃO DE CARGA

Para $R(s) = 0$, $D(s) = \dfrac{M}{s}$ e controlador PI $\left(G_C(s) = K_C\left(1 + \dfrac{1}{\tau_I s}\right)\right)$, tem-se:

$$\frac{C_M(s)}{D(s)} = \frac{\dfrac{K_M K_D}{(\tau_D s + 1)}}{1 + \dfrac{K_C K_{I/P} K_V K_M K_P}{(\tau_P s + 1)}\left(\dfrac{1 + \tau_I s}{\tau_I s}\right)} \tag{10.6}$$

$$\frac{C_M(s)}{D(s)} = \frac{K_M K_D \tau_I (\tau_P s + 1) s}{(\tau_D s + 1)(\tau_P s + 1)\tau_I s + K_C K_{I/P} K_V K_M K_P (\tau_D s + 1)(1 + \tau_I s)} \tag{10.7}$$

$$\frac{C_M(s)}{D(s)} = \frac{K_M K_D \tau_I (\tau_P s + 1) s}{\tau_D \tau_I \tau_P s^3 + (\tau_D \tau_I + \tau_I \tau_P) s^2 + \tau_I s + K_{MA}(\tau_D \tau_I s^2 + (\tau_D + \tau_I) s + 1)} \quad (10.8)$$

Observa-se que a função de transferência obtida é de 3ª ordem: o controlador PI adiciona 1 zero e 1 polo à função de transferência de malha fechada do processo de 1ª ordem. Uma análise qualitativa da resposta a uma perturbação degrau fornece:

- [ ] por causa do zero (avanço de fase) poderá haver sobrevalor (*overshoot*);
- [ ] se *as raízes da equação característica* forem reais e negativas, a resposta atinge o seu valor final exponencialmente;
- [ ] se *as raízes da equação característica* forem números complexos conjugados, a resposta é oscilatória (por exemplo, subamortecida);
- [ ] se pelo menos uma das raízes for positiva (parte real, quando complexas), a resposta cresce indefinidamente, não atingindo um novo estado estacionário.

O *offset* neste caso é dado por:

$$Offset = R(t \to \infty) - C_M(t \to \infty) = 0 - lim_{s \to 0} \left\{ s \frac{M}{s} \frac{C_M(s)}{D(s)} \right\} = 0 \quad (10.9)$$

Conclui-se que a malha não apresentará *offset* se possuir a ação integral adicionada ao controlador.

10.3 ANÁLISE DO SINAL DE ERRO

Dado o diagrama de blocos da Figura 10.2, onde um ruído de medição é admitido na entrada do sensor, tem-se:

$$E(s) = R(s) - C_M(s) \quad (10.10)$$

onde $C_M(s) = G_M(s) C(s)$ e $R(s)$ é o valor de referência, tem-se:

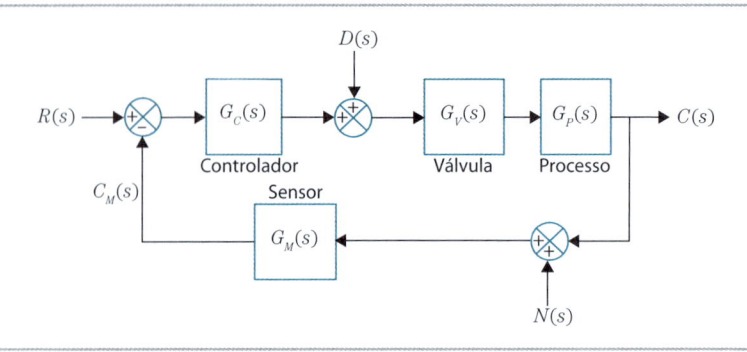

Figura 10.2   Malha *feedback* com perturbação de carga e ruído de medição

$$C_M(s) = G_M(s)\left[\frac{C(s)}{R(s)}R(s) + \frac{C(s)}{D(s)}D(s) + \frac{C(s)}{N(s)}N(s)\right] \tag{10.11a}$$

Logo,

$$C_M(s) = \frac{G_C(s)G_V(s)G_P(s)G_M(s)}{1+G_C(s)G_V(s)G_P(s)G_M(s)}R(s) + \frac{G_V(s)G_P(s)G_M(s)}{1+G_C(s)G_V(s)G_P(s)G_M(s)}D(s)$$

$$- \frac{G_C(s)G_V(s)G_P(s)G_M(s)}{1+G_C(s)G_V(s)G_P(s)G_M(s)}G_M(s)N(s) \tag{10.11b}$$

Consequentemente, o erro de rastreamento é:

$$E(s) = \left(1 - \frac{G_C(s)G_V(s)G_P(s)G_M(s)}{1+G_C(s)G_V(s)G_P(s)G_M(s)}\right)R(s) - \frac{G_V(s)G_P(s)G_M(s)}{1+G_C(s)G_V(s)G_P(s)G_M(s)}D(s)$$

$$+ \frac{G_C(s)G_V(s)G_P(s)G_M(s)}{1+G_C(s)G_V(s)G_P(s)G_M(s)}G_M(s)N(s) \tag{10.12}$$

Definindo-se a função de transferência da malha aberta, $G_{MA}(s)$:

$$G_{MA}(s) = G_C(s)G_V(s)G_P(s)G_M(s) = G(s)G_C(s) \tag{10.13}$$

tem-se:

$$E(s) = \frac{1}{1+G(s)G_C(s)}R(s) - \frac{G(s)}{1+G(s)G_C(s)}D(s) + \frac{G(s)G_C(s)G_M(s)}{1+G(s)G_C(s)}N(s) \tag{10.14}$$

Definindo-se:

$$S(s) = \frac{1}{1+G_{MA}(s)}, \text{ Função de sensibilidade} \tag{10.15}$$

$$T(s) = \frac{G_{MA}(s)}{1+G_{MA}(s)}, \text{ Função de sensibilidade complementar} \tag{10.16}$$

reescreve-se a Equação 10.14:

$$E(s) = S(s)R(s) - S(s)G(s)D(s) + T(s)G_M(s)N(s) \tag{10.17}$$

Da análise da Equação 10.7, conclui-se que:

❑ Para minimizar o erro de rastreamento $T(s)$ e $S(s)$ devem ser pequenos ($|S(\omega i)|$ e $|T(\omega i)|$ pequenos na faixa de frequência de interesse). Como $S(s) + T(s) = 1$, há um conflito entre estes dois objetivos ($T \uparrow \Rightarrow S \downarrow$), deve-se buscar uma solução de compromisso.

☐ Para minimizar o *offset*, busca-se $S(s) \to 0$, isto é, $G_{MA}(s) \gg 1$.

$$Offset = R(t \to \infty) - C_M(t \to \infty) = \frac{M}{s} - lim_{s \to 0}\left\{ s \frac{G_{MA}(s)}{1 + G_{MA}(s)} \frac{M}{s} \right\} \qquad (10.18)$$

☐ $S(s) \to 0$ também contribui para aumentar a rejeição a perturbações. Contudo, $S(s) \to 0$ maximiza $T(s)$, isto é, promove alta sensibilidade a ruído de medição.

☐ Para eliminar o *offset*, $G_{MA}(s)$ deverá ter excesso de integradores em relação a $R(s)$:

$$Offset = lim_{s \to 0}\left\{ sR(s)\left(1 - \frac{G_{MA}(s)}{1 + G_{MA}(s)}\right) \right\} = lim_{s \to 0}\left\{ sR(s)\left(\frac{1}{1 + G_{MA}(s)}\right) \right\} \qquad (10.19)$$

A análise para $R(s) = \dfrac{1}{s}$ é apresentada a partir da Equação 10.20.

$$Offset = lim_{s \to \infty}\left\{ s\frac{1}{s}\left(\frac{1}{1 + G_{MA}(s)}\right) \right\} \qquad (10.20)$$

Vê-se que a eliminação do *offset* requer que $G_{MA}(s)$ tenha pelo menos 1 integrador.

EXEMPLO 10.1 Tanque de nível

Considere o tanque de nível descrito pelo seguinte balanço material:

$$A\frac{dh(t)}{dt} = F_0(t) - F(t) \qquad (10.21)$$

Aplicando-se Transformada de Laplace, obtém-se a função de transferência da Equação 10.22:

$$\frac{H(s)}{F(s)} = -\frac{1}{As} \qquad (10.22)$$

Com controlador P, $G_M(s) = K_M$ e $G_V(s) = K_V$ tem-se:

$$Offset = lim_{s \to 0}\left\{ s\frac{1}{s}\left(\frac{1}{1 - \dfrac{K_C K_V K_M}{As}}\right) \right\} =$$

$$lim_{s \to 0}\left\{ \frac{As}{As - K_C K_V K_M} \right\} = 0 \qquad (10.23)$$

EXEMPLO 10.2 Tanque de aquecimento

Considere o tanque de aquecimento representado pelo modelo:

$$\frac{T(s)}{Q(s)} = \frac{K_P}{\tau_p s + 1} \tag{10.24}$$

Tem-se que, para controlador P:

$$Offset = lim_{s \to 0} \left\{ s\frac{1}{s} \left(\frac{1}{1 + \dfrac{K_C K_V K_M}{\tau_p s + 1}} \right) \right\} =$$

$$lim_{s \to 0} \left\{ \frac{\tau_p s + 1}{\tau_p s + \left(1 + K_C K_V K_M \right)} \right\} \neq 0 \tag{10.25}$$

Logo, se o processo não apresentar componente integrador, o controlador é a única alternativa para que a função de transferência de malha aberta tenha característica integradora. Para generalizar, define-se:

$$G'_{MA}(s) = G_{MA}(s)/s^{NI} \tag{10.26}$$

onde NI é o número de integradores em $G_{MA}(s)$. A malha fechada submetida a perturbação de *setpoint* e

$$R(s) = 1/s^{NR} \tag{10.27}$$

com NR sendo o número de integradores em $R(s)$ (por exemplo, a função degrau tem $NR = 1$), tem erro de rastreamento dado por:

$$E(s) = \left(\frac{1}{1 + G_{MA}(s)} \right) R(s) = \frac{s^{-NR}}{1 + s^{-NI} G_{MA}(s)} =$$

$$\frac{s^{-NR}}{s^{-NI} \left(s^{NI} + G'_{MA}(s) \right)} = \frac{s^{NI-NR}}{\left(s^{NI} + G'_{MA}(s) \right)} \tag{10.28}$$

Conclui-se que, para eliminar *offset*, **NI > NR**.

EXEMPLO 10.3 Controle de nível de separador bifásico

Com base no diagrama de blocos do controle de nível do separador bifásico apresentado na Figura 10.3, deseja-se determinar as funções de transferência entre o *setpoint* $(R(s))$ e o nível $H(s)$ e entre a vazão de entrada $L_{in}(s)$ e o nível $H(s)$.

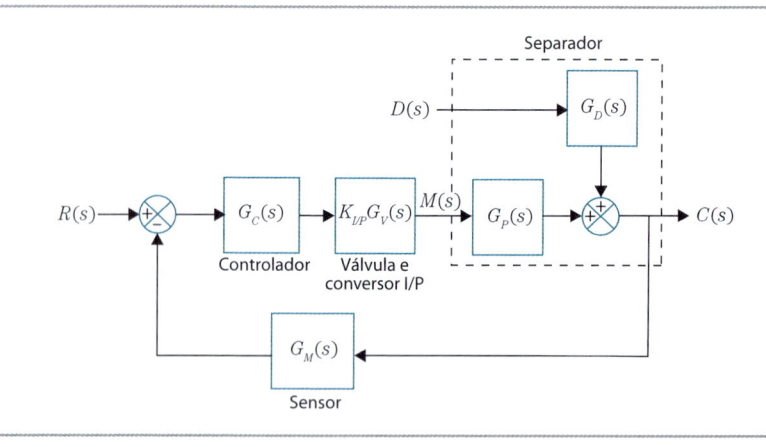

Figura 10.3   Diagrama de blocos de separador bifásico

As funções de controle servo e regulatório são, respectivamente:

$$\frac{C(s)}{R(s)} = \frac{G_C(s)G_V(s)G_P(s)}{1 + G_C(s)G_V(s)G_P(s)G_M(s)} \tag{10.29}$$

e

$$\frac{C(s)}{D(s)} = \frac{G_D(s)}{1 + G_C(s)G_V(s)G_P(s)G_M(s)} \tag{10.30}$$

EXEMPLO 10.4 Malha de controle *feedback* do Exemplo 7.1

Para a malha *feedback* do Exemplo 7.1, deseja-se calcular o *offset* para perturbação de carga: $D(s) = \dfrac{1}{s}$.

Da função de transferência de controle regulatório obtém-se:

$$C(s) = \frac{8}{s^3 + 6s^2 + 12s + 8 + 8K_C} \frac{1}{s} \tag{10.31}$$

e, aplicando-se o teorema do valor final:

$$C(t \to \infty) = \lim_{s \to 0} sC(s) = \frac{8}{8 + 8K_C} = \frac{1}{1 + K_C} \tag{10.32}$$

Conclui-se que o aumento de K_C reduz $C(t \to \infty)$, porém sem efetivamente atingir o zero. Convém mencionar que a elevação de K_C tem o efeito paralelo de ampliar ruídos de medição. Além disto, existe um valor limite de K_C para estabilidade.

EXERCÍCIOS PROPOSTOS

10.1) Uma malha de controle *feedback* apresenta ruído de medição. Conclua (justificando) sobre:

a) Tipo de controlador a ser empregado (P, PI ou PID).

b) Redução do impacto do ruído no erro de rastreamento.

10.2) Dado o processo esquematizado abaixo

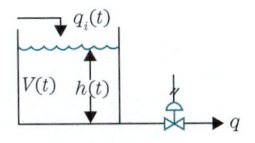

e as seguintes informações:

- ☐ válvula linear, ar para abrir, com queda de pressão constante, passando 0,2 ft³/min quando com 30% de abertura;
- ☐ transmissor de nível com *span* de 10 ft e zero de 15 ft; instrumentação analógica $h_{nominal}$ = 20 ft;
- ☐ controlador puramente proporcional com ganho K_C = 3.

Calcule o *offset* do processo para uma variação degrau de 20 ft para 22 ft no *setpoint* do controlador.

10.3) O nível de líquido de um tanque cilíndrico vertical (A = 25 ft²) é controlado manipulando-se a vazão de retirada do tanque com controlador PI. A vazão de saída é apenas função da posição de abertura da válvula, que tem característica linear com fluxo de 20 ft³/min quando totalmente aberta. Utiliza-se um transmissor de nível com alcance de 2 ft. O sistema de medição e a válvula de controle têm dinâmica desprezível. No estado estacionário, a vazão de entrada é 10 ft³/min.

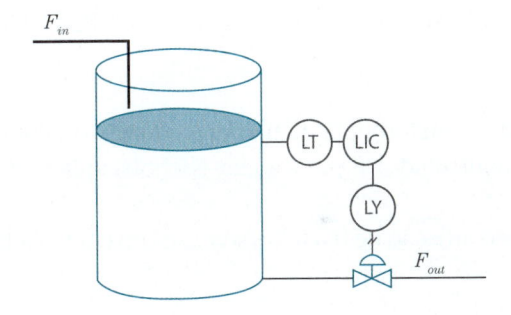

a) Desenvolva a relação entre K_C e τ_I que forneça uma malha fechada criticamente amortecida.

b) Para um sistema criticamente amortecido com τ_I = 5 min, calcule a constante de tempo da malha fechada.

10.4) Considere dois tanques em série, esquematizados a seguir.

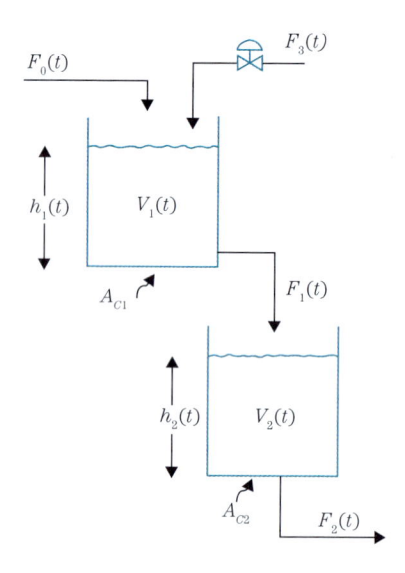

O processo tem as seguintes características:

- [ ] A_{c_1} = área transversal do tanque 1 = 1 m^2.
- [ ] A_{c_2} = área transversal do tanque 2 = 3 m^2.
- [ ] Densidade constante.
- [ ] $F_1(t) = h_1(t)$ e $F_2(t) = 5\, h_2(t)$ (em m^3/s).
- [ ] Controla-se $h_2(t)$ manipulando-se $F_3(t)$.
- [ ] No estado estacionário, $F_0(t)$ é 0,5 m^3/s e h_{1s} é 1 m.
- [ ] A válvula é "raiz quadrada", ar para abrir, com queda de pressão constante, e dinâmica de primeira ordem com tempo de resposta de 2 s. No estado estacionário, passa 0,5 m^3/s com 60% de abertura.
- [ ] O sensor de nível tem *range* 0 – 12 m, a instrumentação é analógica, e apresenta tempo morto de 4 s. Utilize expansão de Padé 1/1.

Pedem-se:

a) As funções de transferência da malha *feedback* de controle.

b) Sintonia do controlador P por Ziegler-Nichols, aplicando o método da substituição direta.

c) *Offset* para perturbação de 0,5 m no *setpoint* do controlador sintonizado em (b).

11 Estruturas de Controle Avançado

Neste capítulo são apresentadas estruturas avançadas de controle com uso em produção de petróleo. Não se aborda no escopo desta obra estruturas de controle preditivo.

NOMENCLATURA

A	Área transversal
AT, AIC	Sensor/transmissor de composição, controlador/indicador de composição
$C(s), C_M(s)$	Variável controlada, variável controlada medida
CFF	Controlador *feedforward*
$D(s)$	Transformada de Laplace da perturbação $d(t)$
$E(s)$	Transformada de Laplace do erro de rastreamento do *setpoint*
$F(t), F_0(t)$	Vazões volumétricas de alimentação e descarga em tanque de nível
FT, FY, FIC	Sensor/transmissor de vazão, conversor I/P para malha de vazão, controlador/indicador de vazão
$G(s)$	Função de transferência
$h(t), H(s)$	Nível de separador bifásico, Transformada de Laplace de $h(t)$
K	Ganho da função de transferência
Lim	Limite
$L_{in}(t)$	Vazão de carga de líquido de separador bifásico
LT, LY, LIC	Sensor/transmissor de nível, conversor I/P para malha de nível, e controlador/indicador de nível, respectivamente
$m(t), M(s)$	Variável manipulada, Transformada de Laplace de $m(t)$
$N(s)$	Transformada de Laplace do ruído de medição
PT, PY, PIC	Sensor/transmissor de pressão, conversor I/P para malha de pressão, controlador/indicador de pressão
$q(t)$	Vazão volumétrica
$R(s)$	Transformada de Laplace do *setpoint*
s	Variável de Laplace
$S(s)$	Função de transferência de sensibilidade
T	Tempo

$T(s)$	Função de transferência de sensibilidade complementar
$T(t)$	Temperatura
TT, TY, TIC	Sensor/transmissor de temperatura, conversor I/P para malha de temperatura, controlador/indicador de pressão
$u(t), U(s)$	Variável de entrada, Transformada de Laplace de $u(t)$
$V(t)$	Volume
$y^{(n)}, u^{(m)}$	Derivada de ordem n da variável de resposta $y(t)$, derivada de ordem m da entrada $u(t)$
$Y(s)$	Variável de resposta, Transformada de Laplace de $y(t)$

Subscritos

D, V, M, P, C	Perturbação, válvula, sensor, processo e controlador, respectivamente
I/P	Conversor de sinal analógico (4-20mA) em pneumático (3-15psig)
MA	Malha aberta
ref	Referência para a variável de estado

Sobrescritos

-1	Matriz inversa
T	Matriz transposta

Símbolos gregos

ρ	Densidade
τ_I	Constante de tempo integral
λ	Quociente ganho em malha aberta/ganho em malha fechada

11.1 CONTROLE EM CASCATA

Considere uma malha *feedback* para controle de sistemas em série, G_{P1} e G_{P2}, definidos respectivamente como *processo primário* e *processo secundário*, representado pelo diagrama de blocos da Figura 11.1. Para perturbações $D_2(s)$ frequentes, o desempenho da malha *feedback* convencional se deteriora.

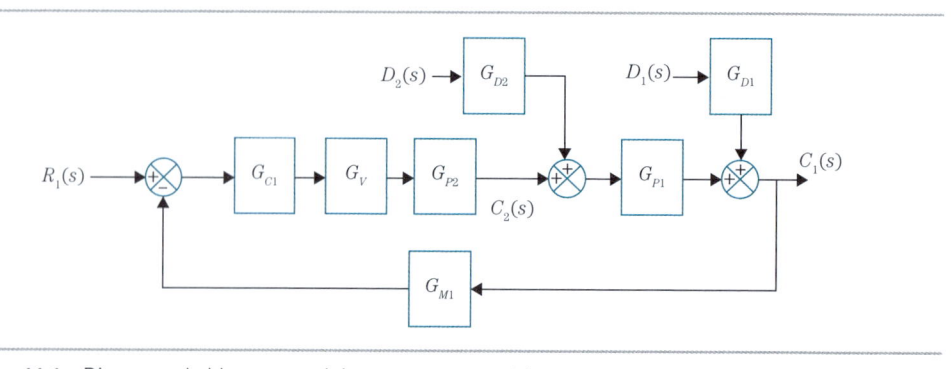

Figura 11.1   Diagrama de blocos com dois processos em série

Observa-se na Figura 11.1 que a perturbação $D_2(s)$ afeta a saída do processo secundário $(G_{P2}(s))$, entrada do processo primário $(G_{P1}(s))$.

Como exemplo, considera-se uma caldeira de vapor com queima de gás natural em UPGNs. A operação do forno está submetida a perturbações na pressão de suprimento de gás (*header* de gás). O processo primário é a queima de gás nos tubos, função direta da admissão de gás no forno, conforme indicado na Figura 11.2a. O processo secundário é a transferência do calor liberado na combustão para o fluido de processo (água) a ser aquecido. A vazão de produção de vapor é a variável controlada principal $(C_1(s))$, enquanto a pressão de admissão do gás no forno, que define a quantidade de combustível para a queima, é uma variável auxiliar $(C_2(s))$, sob o efeito de flutuações de pressão a montante da válvula $(D_2(s))$. A variável de perturbação primária $(D_1(s))$ poderia ser a composição do gás (manifestada por meio do seu poder calorífico). O diagrama de blocos da Figura 11.2b apresenta a perturbação secundária $(D_2(s)$, pressão de suprimento de gás), o *setpoint* da malha mestre $(R_1(s)$, valor de referência para a produção de vapor), o controlador mestre (*FIC*, controlador de vazão de produção de vapor) e o controlador escravo (*PIC*, controlador de pressão do gás natural a jusante da válvula) que recebe *setpoint* $(R_2(s))$ remoto do controlador mestre. Observa-se que o controlador da variável primária não atua diretamente sobre a válvula e sim sobre o *setpoint* da malha *feedback* auxiliar que controla a resposta do processo secundário. Claramente, a entrada do processo secundário "sente" a perturbação antes, e propaga o seu efeito para o processo primário, justificando a introdução de uma malha auxiliar para rejeitar essa perturbação já no processo secundário, preservando o processo primário.

Generalizando, em um diagrama de controle cascata (Figura 11.3), onde uma variável de controle auxiliar se apresenta para anunciar a entrada de uma perturbação no sistema primário, destaca-se.

☐ a perturbação secundária $(D_2(s))$ não é medida, mas sim o seu efeito sobre a entrada do processo primário $(C_2(s))$;

☐ a entrada do processo primário $(C_2(s))$ é chamada de "variável secundária" na malha *feedback* – a "variável escrava";

☐ o controlador escravo controla essa variável secundária ajustando a abertura da válvula de controle;

☐ o controlador mestre controla a variável primária $(C_1(s))$ ajustando o *setpoint* do controlador escravo.

O controle cascata pode melhorar o desempenho quando comparado ao controle *feedback* convencional quando:

☐ a perturbação afeta uma variável secundária que, por sua vez, afeta diretamente a saída primária que se deseja controlar no processo; ou

☐ o ganho do processo secundário, incluindo o atuador, é não linear.

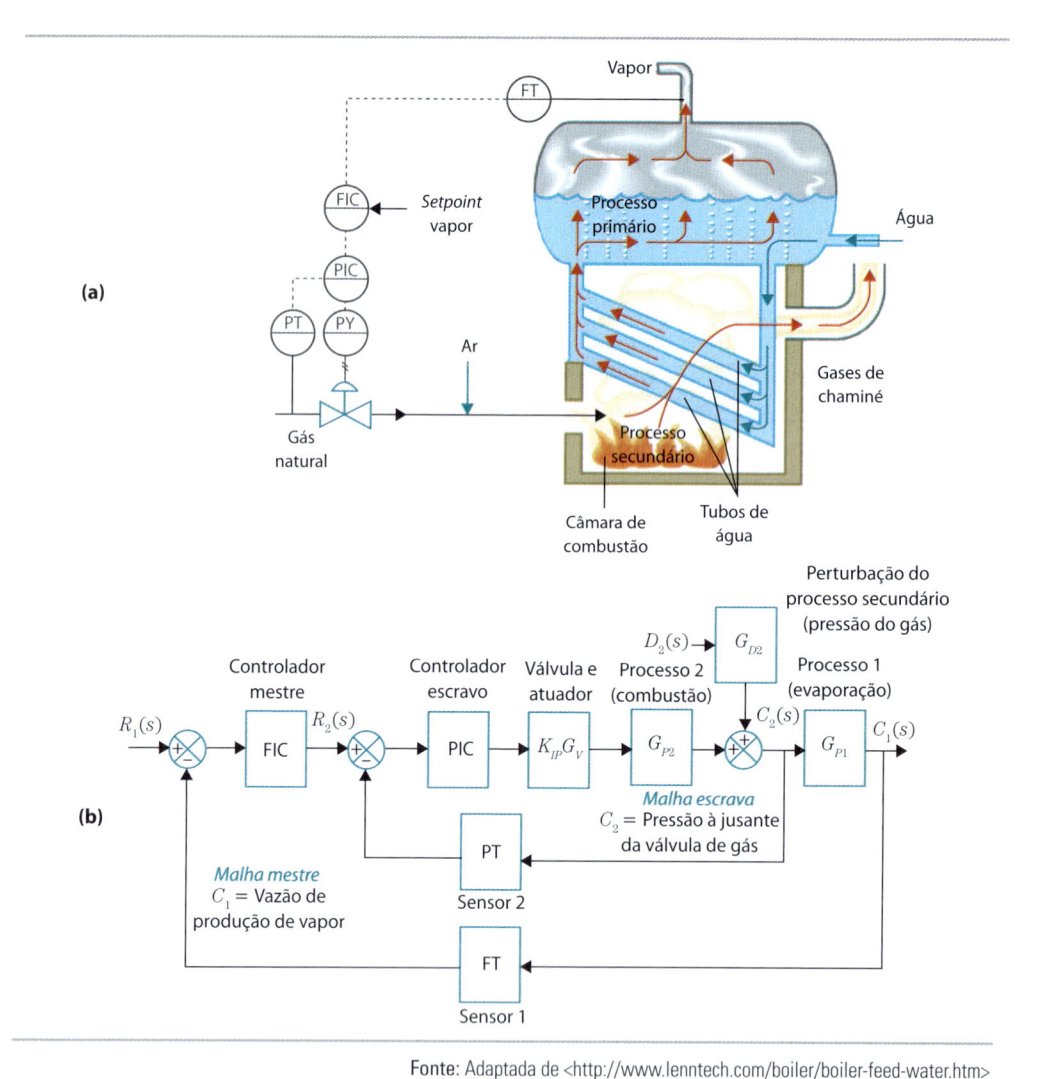

Fonte: Adaptada de <http://www.lenntech.com/boiler/boiler-feed-water.htm>

Figura 11.2   Estrutura de controle cascata: (a) Controle cascata de caldeira de vapor; (b) Diagrama de blocos

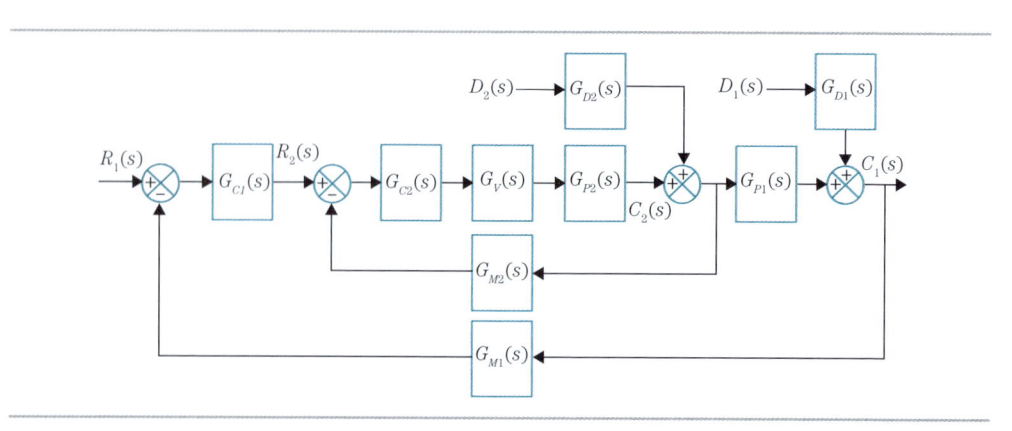

Figura 11.3 Diagrama de blocos de controle cascata

No primeiro caso, o controle cascata pode limitar o efeito sobre a variável primária da perturbação que entra na malha escrava. No segundo caso, a malha escrava pode limitar o efeito da variação de ganhos do processo secundário sobre a variável primária. Em resumo, o controle cascata atinge dois objetivos:

1) Suprimir o efeito da perturbação na variável primária (vazão de produção de vapor).

2) Reduzir a sensibilidade da variável primária a variações de ganho do processo. Na ausência da malha secundária, observa-se que o ganho da vazão de vapor a manipulações de pressão é afetado por alterações na pressão da corrente de alimentação de gás natural a montante da válvula de controle.

EXEMPLO 11.1 Controle cascata de escoamento em *risers*: Storkaas e Skogestad

O escoamento multifásico em *risers* se distingue de aplicações comuns de escoamento por apresentar uma grande variedade de padrões de escoamento que se desenvolvem de acordo com as vazões praticadas, as propriedades dos fluidos e a geometria da tubulação. De particular interesse no contexto de processos *offshore*, tem-se o escoamento *slug* (ver Capítulo 15). Trata-se de um escoamento induzido por gravidade, resultante de um ponto inferior conectado a um tubo inclinado (Figuras 11.4, 15.1). A queda de pressão no *riser* e a fricção interfacial entre as fases em escoamento impedem o escoamento do líquido, que se acumula na parte inferior, formando um *slug*. Storkaas e Skogestad (2003) analisaram a estabilidade da pressão em função da abertura da válvula de *choke* mostrada na Figura 11.4.

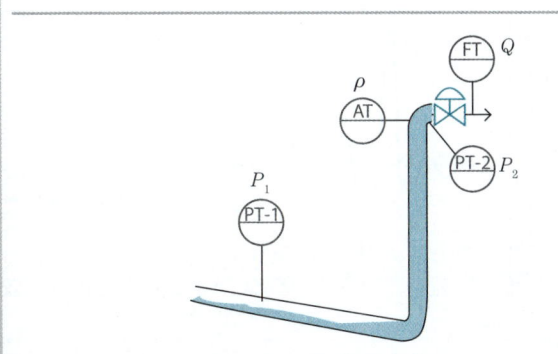

Fonte: Adaptada de Storkaas e Skogestad (2003)

Figura 11.4 *Slugs* em *riser* de produção. Variáveis consideradas

Storkaas e Skogestad propuseram o diagrama de blocos da Figura 11.5, onde $Y_2(s)$ é a vazão $Q(s)$ e $Y_1(s)$ é a pressão $P_2(s)$. Considerando o modelo dos autores, deseja-se simular o controle cascata para minimizar a formação de *slugs*.

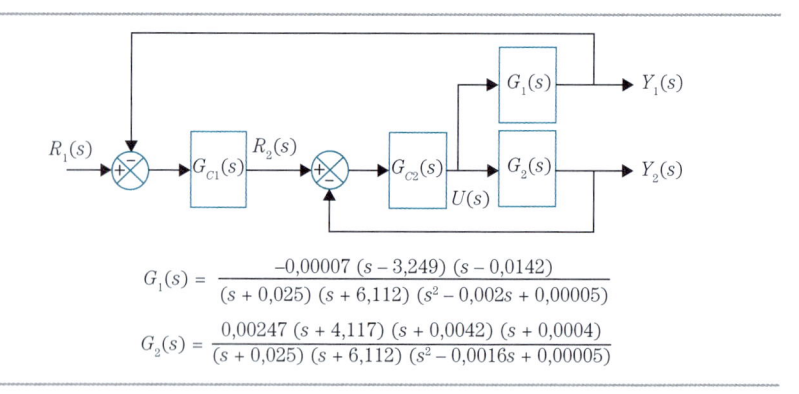

$$G_1(s) = \frac{-0{,}00007\ (s-3{,}249)\ (s-0{,}0142)}{(s+0{,}025)\ (s+6{,}112)\ (s^2-0{,}002s+0{,}00005)}$$

$$G_2(s) = \frac{0{,}00247\ (s+4{,}117)\ (s+0{,}0042)\ (s+0{,}0004)}{(s+0{,}025)\ (s+6{,}112)\ (s^2-0{,}0016s+0{,}00005)}$$

Fonte: Adaptada de: Storkaas e Skogestad (2003) Cascade Control of Unstable Systems with Application to Stabilization of Slug Flow, <http://www.petronics.ntnu.no/publications/storkaas/storkaas_AdChem04.pdf>

Figura 11.5   Diagrama de blocos para controle cascata de *riser* de produção

Na malha secundária, os autores empregaram controlador PI com $K_{C2} = 8\ \text{bar}^{-1}$ (ação reversa) e $\tau_{I2} = 40$ s. A malha mestre foi sintonizada neste exemplo, com $K_{C1} = -0{,}1$ (ação direta) e $\tau_{I1} = 1.000$ s. O modelo SIMULINK desenvolvido para este problema é mostrado no APÊNDICE 3. Em $t = 2.600$ s, os controladores são colocados em modo automático com $U = 0{,}175$ como valor estacionário. A linha tracejada na Figura 11.6 representa o *setpoint* de P_2. Em $t = 8.000$ s, o *setpoint* de P_2 é reduzido de 52 bar para 47 bar. O desempenho da malha indica que a estratégia *anti-slug* de Stokaas e Skogestad teve sucesso na estabilização do escoamento.

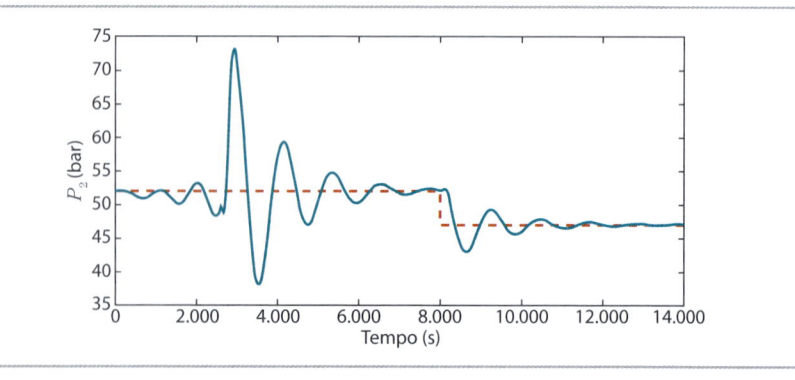

Figura 11.6   Controle cascata de *slugs* em *risers*. A linha tracejada vermelha é o *setpoint* de pressão

A dinâmica da malha escrava em resposta a perturbação deve ser rápida comparada à da malha mestre, e deve ser sintonizada antes de se sintonizar a malha mestre (sintonia "de dentro para fora"), com mínimo *overshoot*. Adicionalmente, a malha mestre apresenta melhor controlabilidade quando a escrava está com baixa ação integral e ganho alto. Utilizam-se os métodos anteriormente apresentados para sintonia.

11.1.1 Resposta dinâmica de controle cascata

A resposta dinâmica é desenvolvida a partir do diagrama de blocos apresentado na Figura 11.2, que, por álgebra de blocos reduz-se ao diagrama da Figura 11.7.

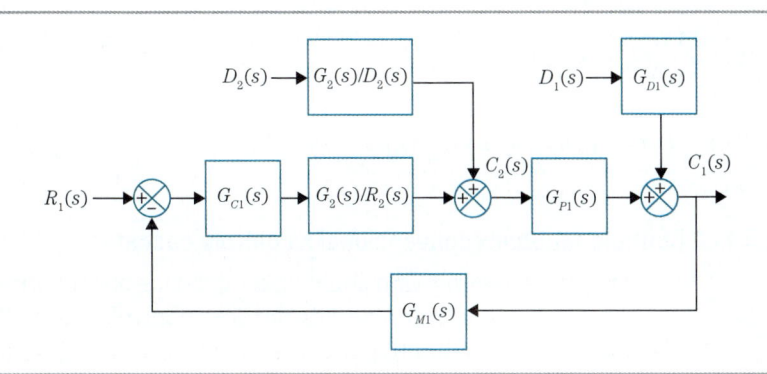

Figura 11.7   Diagrama de blocos reduzido para controle cascata

As dinâmicas $C_2(s)/D_2(s)$ e $C_2(s)/R_2(s)$, estão associadas na Equação 11.1 para produzir a resposta dinâmica $C_2(s)/D_2(s)$:

$$C_2(s) = \frac{G_{C_2}(s)G_V(s)G_{P_2}(s)}{1+G_{C_2}(s)G_V(s)G_{P_2}(s)G_{M_2}(s)}R_2(s) + \frac{G_{D_2}(s)}{1+G_{C_2}(s)G_V(s)G_{P_2}(s)G_{M_2}(s)}D_2(s) \quad (11.1)$$

consequentemente:

$$C_1(s) = \frac{G_{C_1}(s)\dfrac{C_2(s)}{R_2(s)}G_{P_1}(s)}{1+G_{C_1}(s)\dfrac{C_2(s)}{R_2(s)}G_{P_1}(s)G_{M_1}(s)}R_1(s) + \frac{\dfrac{C_2(s)}{R_2(s)}G_{P_1}(s)}{1+G_{C_1}(s)\dfrac{C_2(s)}{R_2(s)}G_{P_1}(s)G_{M_1}(s)}D_2(s)+$$

$$\frac{G_{D_1}(s)}{1+G_{C_1}(s)\dfrac{C_2(s)}{R_2(s)}G_{P_1}(s)G_{M_1}(s)}D_1(s) \quad (11.2)$$

Observando-se a Figura 11.7, destacam-se dois aspectos relevantes:

☐ A válvula de um controle *feedback* convencional é "substituída" pela função de transferência da malha secundária $\left(C_2(s)/R_2(s)\right)$.

☐ $G_{C2}(s)$ aumentando traz como efeitos
  a) $C_2(s)/R_2(s) \to 1$, melhorando o rastreamento, e
  b) $C_2(s)/D_2(s) \to 0$, aumentando a rejeição a perturbações (em $D_2(s)$).

Logo, sintonizando-se a malha secundária para alto desempenho (ganho alto), o efeito da perturbação sobre a malha primária é eliminado.

A Equação característica da malha cascata é dada pela Equação 11.3, que pode ser reescrita na Equação 11.4 sob substituição da função de transferência da malha secundária $C_2(s)/R_2(s)$ resultando na Equação (11.4). Note-se que se $G_{C_2}(s)=1$ e $G_{M_2}(s)=0$ a equação característica da malha *feedback* convencional é obtida.

$$1+G_{C_1}(s)\frac{C_2(s)}{R_2(s)}G_{P_1}(s)G_{M_1}(s)=0 \tag{11.3}$$

$$1+G_{C_2}(s)G_V(s)G_{P_2}(s)G_{M_2}(s)+G_{C_1}(s)G_{C_2}(s)G_V(s)G_{P_2}(s)G_{P_1}(s)G_{M_1}(s)=0 \tag{11.4}$$

EXEMPLO 11.2 Controle *feedback* convencional x controle cascata

Deseja-se determinar o limite de estabilidade para controle *feedback* convencional e controle cascata de dois controladores $P(K_{C2}=4)$. Calcule o *offset* resultante para degrau unitário em $D_2(s)$, dados:

$$G_{P1}(s)=\frac{4}{(2s+1)(4s+1)};\ G_V(s)=\frac{5}{s+1};\ G_{D1}(s)=\frac{1}{3s+1}$$

$$G_{M1}(s)=0{,}05;\ G_{M2}(s)=0{,}2;\ G_{P2}(s)=11;\ G_{D2}(s)=1$$

(constantes de tempo em minutos). O diagrama de blocos é mostrado na Figura 11.8.

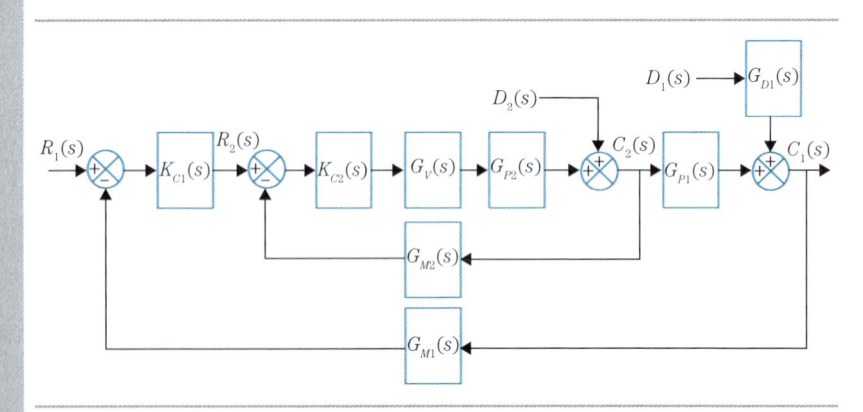

Figura 11.8   Diagrama de blocos

Com álgebra de blocos e substituindo-se as funções de transferência, obtém-se a função de transferência para a malha interna (Equação 11.5).

$$\frac{C_2(s)}{R_2(s)}=\frac{4\dfrac{5}{2s+1}}{1+(4)(0{,}2)\left(\dfrac{5}{2s+1}\right)}=\frac{20}{s+5}=\frac{4}{0{,}2s+1} \tag{11.5}$$

resultando em equação característica da malha primária dada por:

$$8s^3 + 46s^2 + 31s + \left(5 + 4K_{C_1}\right) = 0 \tag{11.6}$$

Utilizando-se o critério de estabilidade de Routh, obtém-se $K_{C1,LIM} = 43,3$. Considerando-se uma malha de controle *feedback* convencional $\left(K_{C2} = 1, G_{M2} = 0\right)$, a equação característica equivalente é:

$$1 + K_C \frac{5}{(s+1)} \frac{4}{(2s+1)(4s+1)}(0,05) = 0 \quad \therefore$$

$$8s^3 + 14s^2 + 7s + \left(1 + K_C\right) = 0 \tag{11.7}$$

fornecendo $K_{C,LIM} = 11,25$. Conclui-se que a malha escrava possibilita uma sintonia mais rápida para o controlador mestre. Para o cálculo de *offset*, utiliza-se $R_1(s) = 0$, $D_1(s) = 0$, e $D_2(s) = \frac{1}{s}$:

$$offset = lim_{t \to \infty}\left(0 - C_{1,m}\right) = -lim_{s \to 0}\left[s\frac{1}{s}G_{M_1}(s)\frac{C_1(s)}{D_2(s)}\right] \tag{11.8}$$

$$\frac{C_1(s)}{D_2(s)} = \frac{G_{P_1}(s)G_{D_2}(s)}{1 + G_{C_2}(s)G_V(s)G_{M_2}(s) + G_{C_1}(s)G_{C_2}(s)G_V(s)G_{P_1}(s)G_{M_1}(s)} \tag{11.9}$$

obtendo-se, para o controle cascata:

$$offset = \frac{-0,2}{5 + 4K_{C1}} \tag{11.10}$$

Por outro lado, para o controle *feedback* convencional (sem cascata), isto é, com $G_{C2}(s) = 1$ e $G_{M2}(s) = 0$, tem-se

$$\frac{C_1(s)}{D_2(s)} = \frac{G_{P_1}(s)G_{D_2}(s)}{1 + G_{C_1}(s)G_V(s)G_{P_1}(s)G_{M1}(s)} \tag{11.11}$$

donde:

$$offset = \frac{-0,2}{1 + 1,04K_{C1}} \tag{11.12}$$

O *offset* para diferentes valores de K_{C1} está apresentado na Tabela 11.1, que permite concluir que a estrutura de controle cascata possibilita redução do *offset* em relação à malha *feedback* convencional. A redução de *offset* no controle cascata é possível pelo maior limite de estabilidade obtido, que permite elevar o ganho do controlador mestre em relação ao limite encontrado no controle *feedback* convencional.

Tabela 11.1   Influência do K_{C1} no *offset* da malha cascata

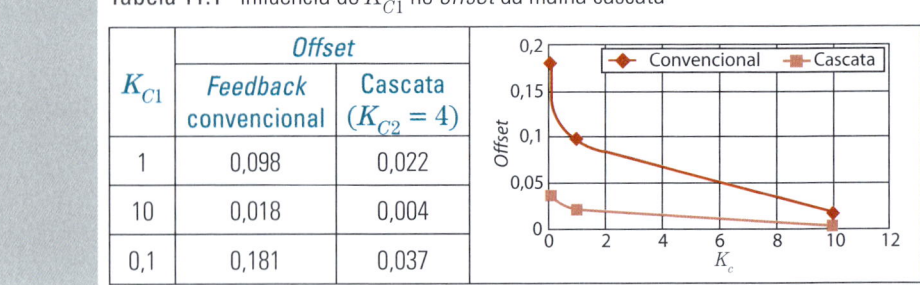

| K_{C1} | Offset | |
	Feedback convencional	Cascata ($K_{C2} = 4$)
1	0,098	0,022
10	0,018	0,004
0,1	0,181	0,037

11.2 CONTROLE *FEEDFORWARD*

O sistema de controle baseado exclusivamente em uma estrutura de realimentação negativa só atua após ter detectado um desvio entre o *setpoint* (valor de referência) e a variável controlada medida. Assim, um processo lento pode ser bastante perturbado até ser tomada a ação de controle conveniente. Além disso, esta ação também deve atravessar todo o processo para que seu efeito seja percebido na variável controlada. Na estrutura de controle antecipativo (*feedforward*), a perturbação ($D(s)$) é medida antes de afetar o processo e a ação de controle (controlador $G_{FF}(s)$), tomada de forma imediata, é tal que seu efeito na variável controlada é o oposto àquele da perturbação. Assim, a variável controlada ($C(s)$) permanecerá inalterada e, teoricamente, o controle será perfeito ($C(s) = 0$). Na prática, a variável controlada será menos perturbada, ou seja, haverá menor desvio do *setpoint*. A Figura 11.9 mostra o diagrama de blocos da estrutura *feedforward*.

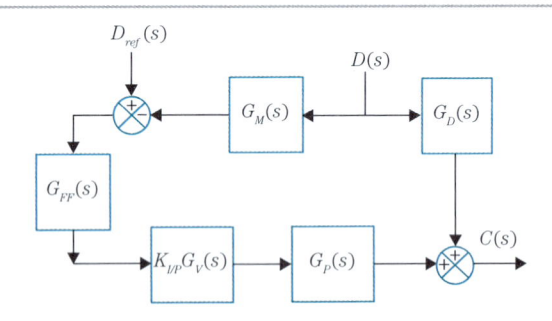

Figura 11.9   Estrutura de controle *feedforward*

Uma comparação das estruturas de controle *feedforward* e *feedback* está apresentada na Figura 11.10 para controle de nível de um *boiler*.

Neste, a demanda de vapor em unidade a jusante define a alimentação de gás (ver estrutura de controle da Figura 11.2) transferindo mais calor para os tubos, consequentemente perturbando o nível de água. Na estrutura *feedforward*, a perturbação do nível (representada por flutuação de demanda de vapor) é medida e comparada com a situação de demanda de referência. Com base nessa informação, o controlador define a abertura da válvula de alimentação de água, de forma a rejeitar a perturbação. Note-se que a variável controlada, nível de água, não é medida e sim a variável de perturbação, vapor produzido sob demanda. Na estrutura *feedback*, o nível é perturbado, medido e comparado ao seu valor de referência, e o desvio resultante é corrigido pelo controlador.

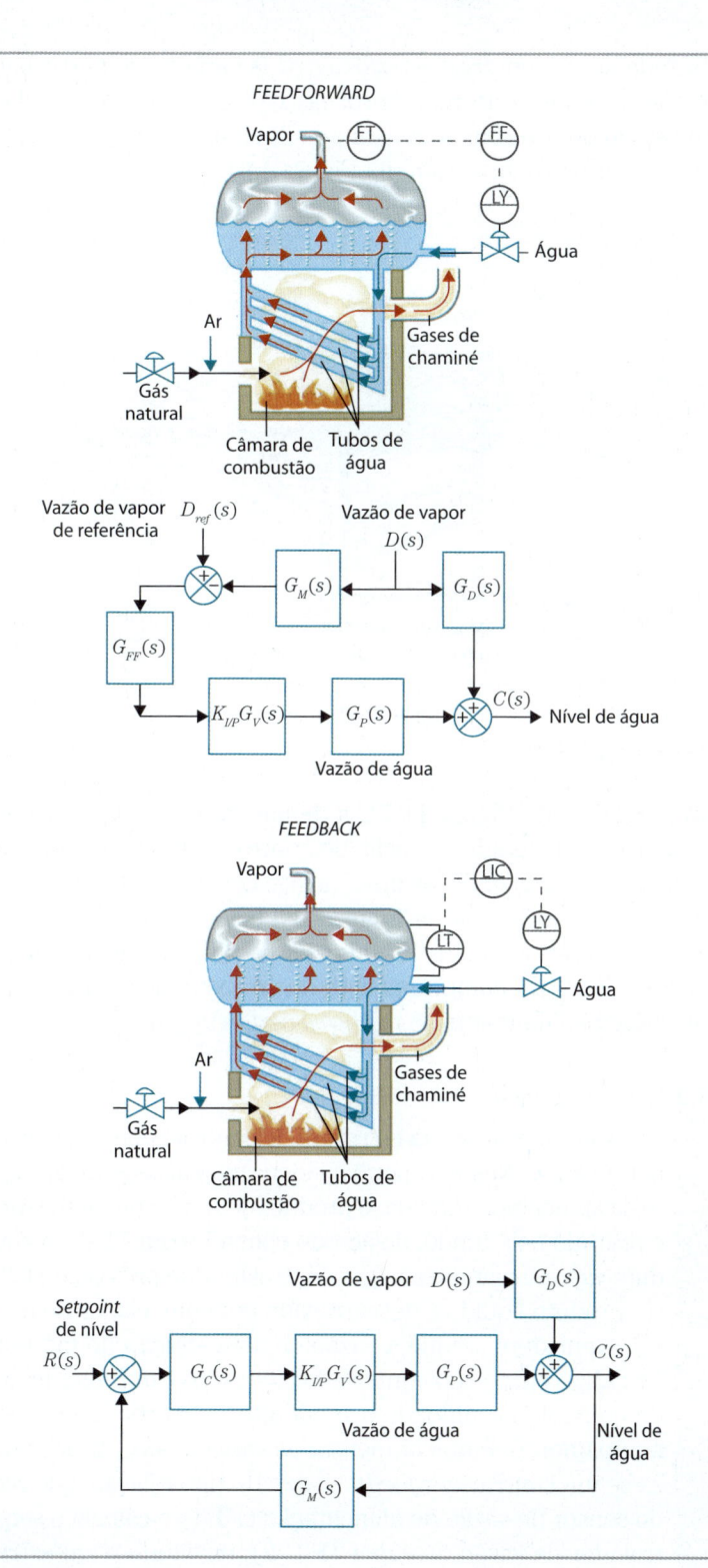

Figura 11.10 Estrutura de controle *feedforward* × estrutura de controle *feedback*

Generalizando-se, em controle *feedforward*, a variável de perturbação é medida para atuar de forma compensatória no processo ANTES que a variável controlada se desvie do seu estado de referência. A forma mais simples de controle *feedforward* é o controle relação ou *ratio*, mostrado na Figura 11.11.

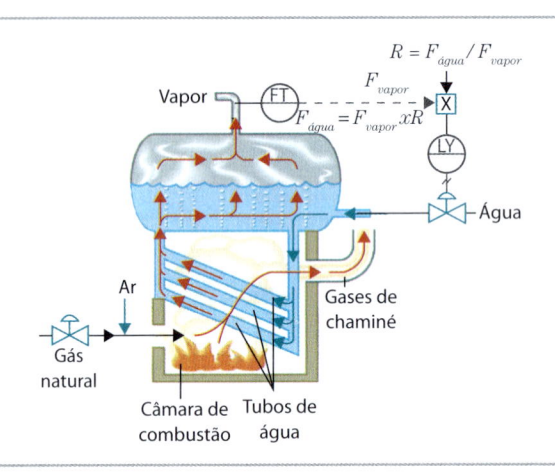

Fonte: Adaptada de <http://www.lenntech.com/boiler/boiler-feed-water.htm>

Figura 11.11 Controle relação

No controle relação da Figura 11.11, a demanda de vapor (vazão de vapor) é a perturbação do processo medida, e a ação de controle é feita na vazão da corrente de água, mantendo-se a relação entre as duas vazões constante. Para explicitar a função do controlador relação, utiliza-se na Figura 11.11 o símbolo "X". Alternativamente, pode-se representá-lo por FY, com "Y" indicando a função cálculo, ou empregar-se o símbolo RC (*Ratio Control*), conforme ilustrado no Exemplo 11.3 a seguir. Destaca-se que o controle relação é um controle *feedforward* estático.

EXEMPLO 11.3 Tambor de *flash*

Como exemplo da estrutura de controle relação, considere um tambor de *flash*. Neste, vapor é condensado em sepentina, vaporizando parte da alimentação líquida, o produto de topo, enquanto o produto líquido é retirado pelo fundo, de acordo com a Figura 11.12. A retirada de produto vapor é manipulada por controlador de pressão do tambor (PIC-1), e o produto líquido é descarregado por controlador de nível (LIC-1).

Considere-se que a vazão de alimentação do tambor é a variável de carga, pois o seu controlador tem *setpoint* definido pelos objetivos de controle de unidade a montante, perturbando o desempenho do equipamento. Para compensar as variações verificadas na carga, utiliza-se um controlador *feedforward* do tipo relação, que recebe a leitura do sensor de vazão de alimentação (FT-1) e calcula o *setpoint* do controlador de vazão de vapor (FIC-2), enviando-o em estrutura cascata (o *feedforward* RC-1 é o controlador mestre do FIC-2).

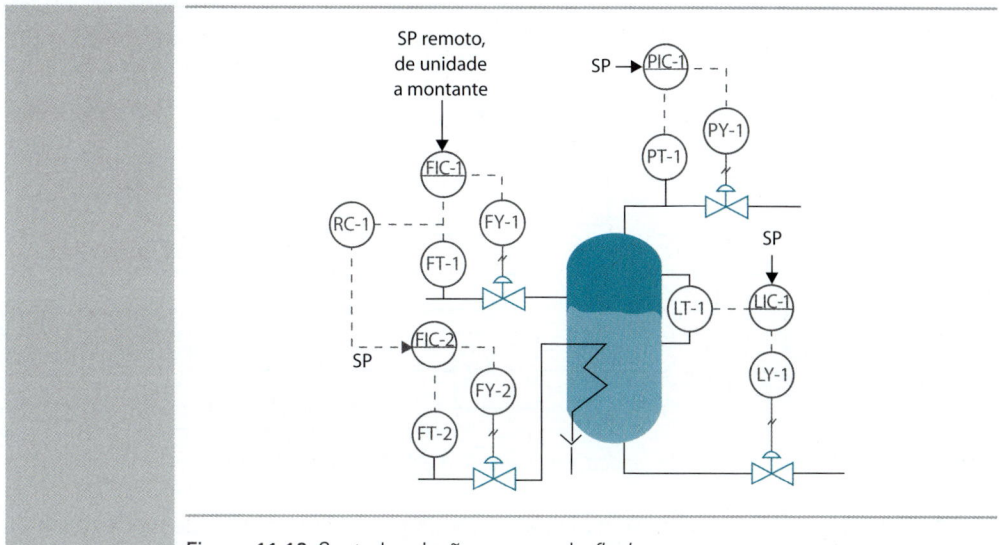

Figura 11.12 Controle relação em vaso de *flash*

11.2.1 Comparação: *feedback* e *feedforward*

Estão listadas a seguir as vantagens e desvantagens das estruturas *feedback* e *feedforward*:

Feedback

☐ Vantagens: (**a**) simplicidade – ação corretiva independe da perturbação; (**b**) não requer modelo do processo (conhecimento); e (**c**) versátil e robusto (havendo necessidade de re-sintonizar quando as condições de processo mudam).

☐ Desvantagens: (**a**) só toma ação corretiva quando ocorre desvio da variável controlada; (**b**) a ação corretiva não é imediata (a dinâmica do processo se impõe); (**c**) não é possível, em teoria, atingir controle perfeito na presença de perturbações de carga; e (**d**) sob perturbações frequentes e severas, o controle pode não se estabilizar.

Feedforward

☐ Vantagens: (**a**) toma ação corretiva antes que a variável controlada se desvie; (**b**) em teoria, pode atingir controle perfeito na presença de perturbações de carga (se modelo perfeito); (**c**) não afeta a estabilidade do sistema.

☐ Desvantagens: (**a**) a perturbação tem de ser medida (custos de capital e manutenção), (**b**) requer modelo do processo (conhecimento do processo); (**c**) o controlador ideal que resulta em controle perfeito pode não ser fisicamente realizável.

Buscando-se obter as vantagens das duas alternativas, frequentemente se combina a ação de controle *feedforward* à de controle *feedback*, conforme apresentado na Figura 11.13.

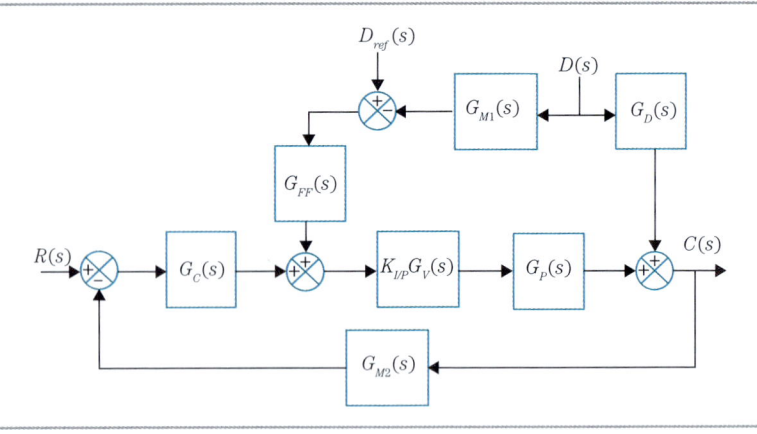

Figura 11.13 Estruturas de controle *feedback* combinada à estrutura *feedforward*

Nesta composição, associa-se a malha *feedback* para corrigir erros de modelagem ou efeitos de outras perturbações não consideradas no projeto do controlador *feedforward*.

11.2.2 Projeto de controladores *feedforward*

O projeto de controladores *feedforward* baseia-se em modelo do processo a ser controlado. Quando modelos de estado estacionário são empregados, o procedimento de projeto fornece um *feedfoward* estático, enquanto que o emprego de modelos dinâmicos levam à síntese de controlador *feedforward* dinâmico.

11.2.2.1 Feedforward *estático*

O procedimento é ilustrado para o trocador de calor da Figura 11.14. O objetivo de controle é manter T_2 no *setpoint*, T_{SP}, apesar de variações na vazão de entrada, manipulando uma corrente de utilidade F_V (vapor que condensa no casco enquanto transfere calor para o fluido de processo que escoa nos tubos). Na Figura, F é a vazão da corrente de processo, alimentada a temperatura T_i.

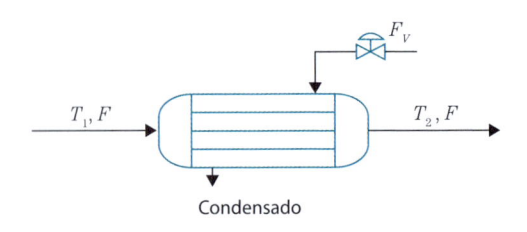

Figura 11.14 Trocador de calor

No estado estacionário, o calor adicionado à corrente de processo é igual ao calor de condensação do vapor:

$$F_V \Delta H_V = FC\left(T_2 - T_1\right) \tag{11.13}$$

onde ΔH_V é o calor latente de vaporização, F é a vazão do fluido de processo e C o calor específico do líquido. A lei de controle é obtida explicitando-se a variável manipulada F_V:

$$F_V = \frac{C}{\Delta H_V} F\left(T_2 - T_1\right) = KF\left(T_{SP} - T_1\right) \tag{11.14}$$

K é um parâmetro que pode ser ajustado (sintonia final). Em resumo, na estrutura *feedforward* concebida, mede-se F e T_1, e ajusta-se F_V (conhecido T_{SP}), para controlar T_2, conforme mostrado na Figura 11.15.

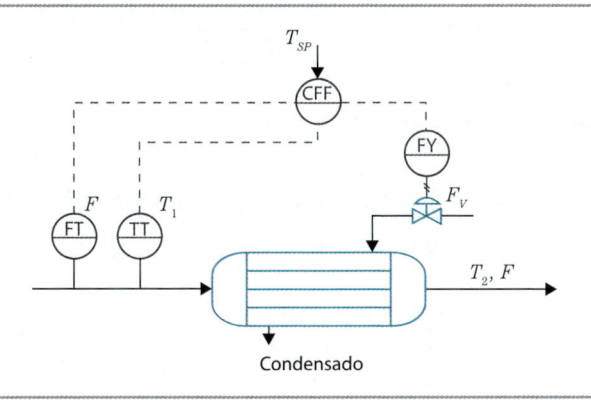

Figura 11.15 Controle *feedforward* de trocador de calor

EXEMPLO 11.4 Estrutura *feedback* combinada a estrutura *feedforward*

Considere o trocador de calor da Figura 11.14. Deseja-se uma estratégia de controle que combine a estrutura *feedforward* à estrutura *feedback*.

Tem-se no controle *feedback*, que T_2 é medido e comparado ao valor de referência (*setpoint*, T_{SP}), o erro obtido é enviado ao controlador que ajusta F_V como na Figura 11.16.

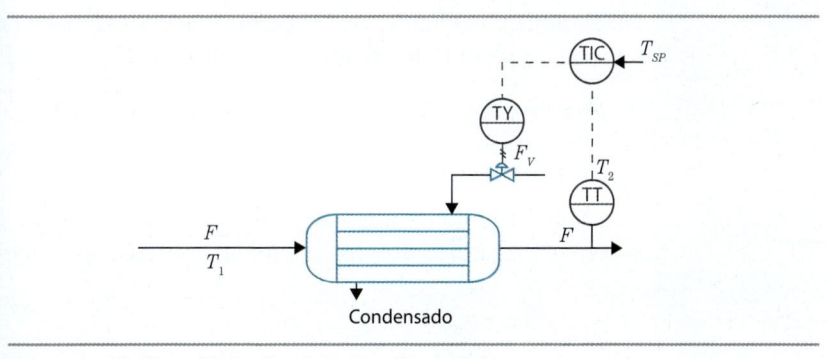

Figura 11.16 Controle *feedback* de trocador de calor

A estrutura *feedforward* / *feedback* combina as soluções de controle das Figuras 11.15 e 11.16, de acordo como proposto na Figura 11.17.

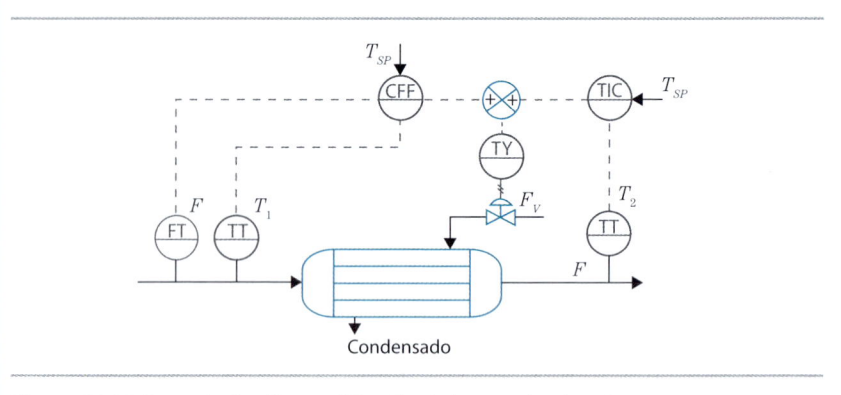

Figura 11.17 Controle *feedforward/feedback* de trocador de calor

EXEMPLO 11.5 Lei de controle *feedfoward* estático para tambor de *flash*

Considere o tambor de *flash* esquematizado na Figura 11.18.

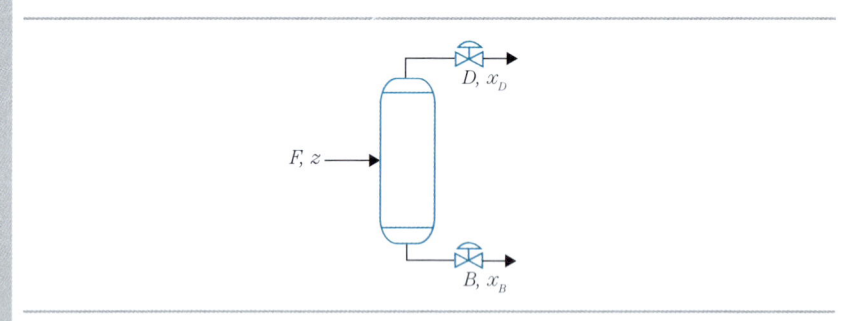

Figura 11.18 Controle *feedforward* de tambor de *flash*

Sejam z, y, x as frações molares do composto leve na alimentação, no produto vapor e no produto líquido, respectivamente. O objetivo de controle é manter y apesar de perturbações em F e z, manipulando D. No estado estacionário, os balanços de massa global e para o composto leve são apresentados respectivamente nas Equações 11.15 e 11.16:

$$F = D + B \tag{11.15}$$

$$Fz = Dy + Bx \tag{11.16}$$

Substituindo-se a Equação 11.15 na Equação 11.16, y e x pelos *setpoints* y_{SP} e x_{SP} obtém-se a lei de controle *feedforward*:

$$D = \frac{F\left(z - x_{SP}\right)}{y_{SP} - x_{SP}} \tag{11.17}$$

11.2.2.2 Feedforward *dinâmico*

No desenvolvimento a seguir, adota-se o diagrama de blocos da Figura 11.9.

Considere o projeto um controlador *feedforward* para compensar perturbações em $D(s)$ (adota-se sensor da perturbação com $G_M(s) = 1$). O critério de projeto do controlador *feedforward* ($G_{FF}(s)$) é que a variação na variável controlada ($C(s)$) seja nula frente a perturbações na variável de carga ($D(s)$). De acordo com a Figura 11.9:

$$C(s) = G_M(s)G_{FF}(s)G_V(s)G_P(s)D(s) + G_D(s)D(s) \tag{11.18}$$

Como $C(s) = 0$, para qualquer valor de $D(s)$, por premissa de projeto, tem-se:

$$G_{FF}(s) = -\frac{G_D(s)}{G_M(s)G_V(s)G_P(s)} \tag{11.19}$$

EXEMPLO 11.6 Projeto de *feedforward* dinâmico

Sejam

$$G_D(s) = \frac{K_D}{\tau_D s + 1}, \qquad G_P(s) = \frac{K_P e^{-\theta s}}{\tau_P s + 1} \tag{11.20}$$

logo

$$G_{FF}(s) = \frac{K_D(\tau_P s + 1)}{K_P(\tau_D s + 1)} e^{+\theta s} \tag{11.21}$$

Note-se que o sinal positivo na exponencial implica em predição da perturbação (fisicamente não realizável).

EXEMPLO 11.7 *Feedforward* dinâmico combinado a *feedback*

Considere o processo descrito pelas funções de transferência a seguir, onde foi considerado que o sensor da variável de perturbação tem a mesma função de transferência do sensor da variável controlada ($= G_M(s)$).

$$G_V(s) = 2, \qquad G_P(s) = \frac{2}{s+1}, \qquad G_M(s) = 1, \qquad G_D(s) = \frac{6}{4s+1}$$

tem-se

$$G_{FF}(s) = \frac{3}{2}\frac{(s+1)}{(4s+1)} \tag{11.22}$$

O controlador obtido é fisicamente realizável (o número de zeros da função de transferência é igual ao número de polos) e a resposta da malha combinada, considerando-se na Figura 11.13 controlador *feedback* puramente proporcional, é dada por:

$$C(s) = \frac{-G_{FF}(s)(2)\left(\dfrac{2}{s+1}\right) + \left(\dfrac{6}{4s+1}\right)}{1 + K_C(2)\left(\dfrac{2}{s+1}\right)} D(s)$$ (11.23)

EXEMPLO 11.8 *Feedforward* fisicamente não realizável

Supondo-se

$$G_P(s) = \frac{K_P}{(\tau_1 s + 1)(\tau_2 s + 1)} \qquad G_D(s) = \frac{K_D}{\tau_D s + 1}$$ (11.24)

obtém-se

$$G_{FF}(s) = \frac{K_D}{K_P} \frac{(\tau_1 s + 1)(\tau_2 s + 1)}{(\tau_D s + 1)}$$ (11.25)

Como a ordem do numerador da função de transferência do controlador é maior do que a ordem do denominador, este não é fisicamente realizável. Contudo, controladores aproximados podem melhorar de forma significativa o controle (por exemplo, considerar $s = 0$ na parte não realizável do controlador).

11.2.3 Unidades *lead-lag* (LL)

As unidades *lead-lag* são usadas para compensação dinâmica em controladores *feedforward* por ser um componente disponível na maioria dos *hardwares* de controle industriais, com função de transferência de acordo com a Figura 11.19.

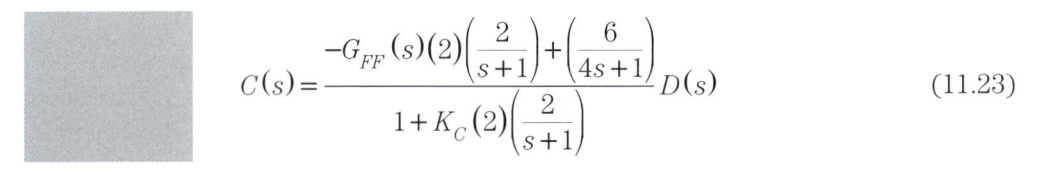

Figura 11.19 Unidade *lead-lag*

O nome do bloco deve-se a um zero $\left(s = \dfrac{-1}{\tau_1}, lead\right)$ e um polo $\left(s = \dfrac{-1}{\tau_2}, lag\right)$ que atribuem, respectivamente, uma avanço e um atraso de fase na resposta dinâmica do processo. Para uma perturbação degrau na carga ($D(s)$), tem-se

$$M(s) = \left(\frac{\tau_1 s + 1}{\tau_2 s + 1}\right)\frac{1}{s}$$ (11.26)

cuja transformada inversa fornece:

$$M(t) = 1 + \left(\frac{\tau_1 - \tau_2}{\tau_2}\right) e^{-t/\tau_2}$$ (11.27)

com as curvas características mostradas na Figura 11.20, gerada pelo código MATLAB listado no APÊNDICE 3, para $\tau_1 > \tau_2$, $\tau_1 = \tau_2$ e $\tau_1 < \tau_2$, e degrau de amplitude 2 aplicado em $t = 3$ unidades de tempo.

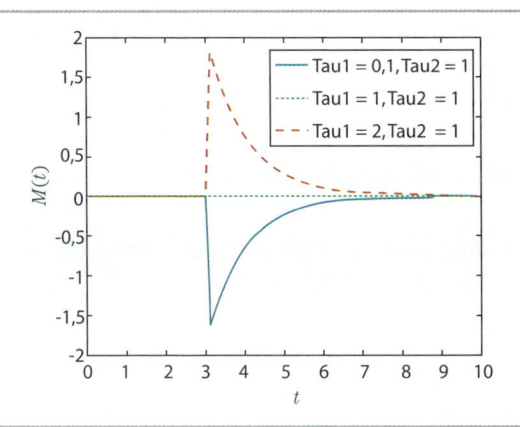

Figura 11.20 Resposta de unidade *lead-lag* a perturbação degrau de amplitude 2

Na Figura, a amplitude do "salto" inicial é igual a $\dfrac{\tau_1}{\tau_2}$.

EXEMPLO 11.9 Unidade *lead-lag* como controlador *feedforward*

Sejam as funções de transferência de uma malha de controle

$$G_D(s) = -\frac{K_D}{\tau_D s+1}, \quad G_P(s) = -\frac{K_P}{\tau_P s+1}, \quad K_{I/P}G_V(s)=1, \quad G_M(s)=1$$

O controlador *feedforward* resultante é

$$G_{FF}(s) = \left(\frac{K_D}{K_P}\right)\left(\frac{\tau_P s+1}{\tau_D s+1}\right) \tag{11.28}$$

A função de transferência obtida, Equação 11.28, a unidade *lead-lag*, encontra ampla aplicação como bloco simulador de controle *feedforward*.

11.2.4 *Lead-lag* com tempo morto como controlador *feedforward*

A aplicação de unidades *lead-lag* como controladores *feedforward* ocorre normalmente na forma apresentada na Equação 11.29.

$$G_{FF}(s) = \frac{M(s)}{D(s)} = K\left(\frac{\tau_1 s+1}{\tau_2 s+1}\right) e^{-(\theta_2 - \theta_1)s} \tag{11.29}$$

A sintonia experimental desse controlador é realizada de acordo com o procedimento a seguir, no qual se utiliza:

$$G_D(s) = \frac{K_D}{\tau_D s + 1} e^{-\theta_P}, \ G_P(s) = \frac{K_P}{\tau_P s + 1} e^{-\theta_P}, \ K_{I/P} G_V(s) = 1, \ G_M(s) = 1$$

1: Ajustar K

☐ Uma boa estimativa inicial deve ser obtida a partir do modelo estacionário do processo.

☐ A sintonia fina é feita por meio de pequenos degraus (3-5%) na variável de carga, $D(s)$; ajusta-se K de forma a eliminar a ocorrência de *offset* (isto é, $C \to R$). Durante a sintonia de K_{FF}, as constantes de tempo τ_1, τ_2 devem ser fixadas em zero.

A Figura 11.21 apresenta o impacto de K na resposta da malha *feedforward* (código listado no APÊNDICE 3).

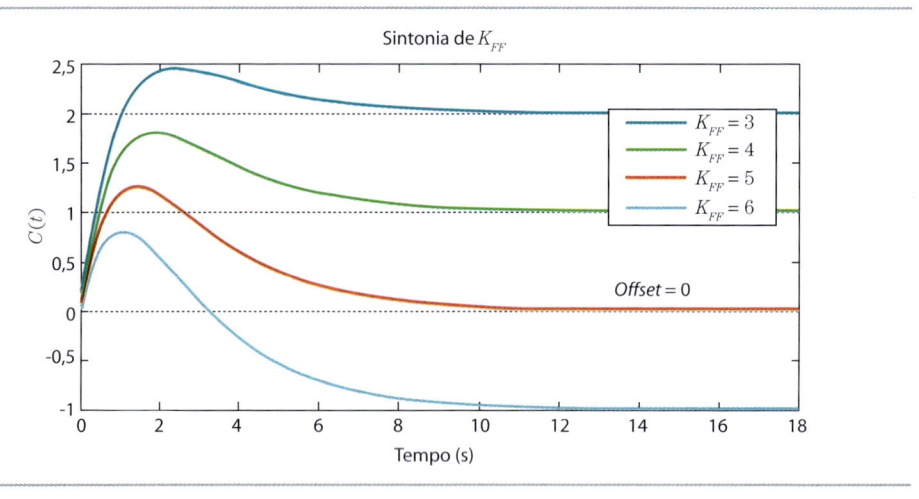

Figura 11.21 Ajuste de Parâmetros *lead-lag*: $K. \tau_D = 1, K_D = 5, \tau_P = 2, K_P = 1, \tau_{12} = \tau_2 = 0$

Pela Equação 11.28, $K_{FF} = 5$. O procedimento de sintonia permite identificar K_{FF} corretamente a partir da ocorrência de *offset* nulo quando o valor adequado é empregado, isto é, $C(\infty) = 0$ para o problema regulatório em questão.

2: Ajustar $\theta_{FF} = \theta_1 - \theta_2$ analisando o "desequilíbrio dinâmico": identificar parâmetro que minimize área. A Figura 11.22 mostra a simulação da malha com os parâmetros K_{FF}, τ_1, τ_2 iguais aos respectivos parâmetros das funções de transferência $G_D(s)$ e $G_P(s)$, variando-se a diferença $\theta_{FF} = \theta_1 - \theta_2$. Observa-se que a curva vermelha, correspondente ao valor correto, apresenta área nula sob a curva $C(t) \times t$. A listagem do código MATLAB encontra-se no APÊNDICE 3.

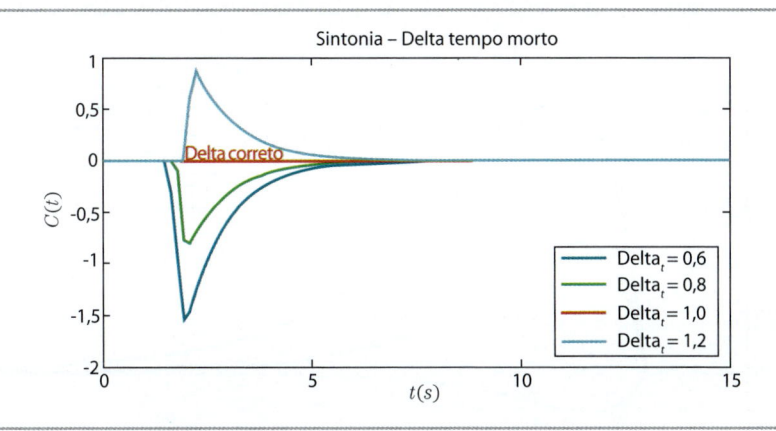

Figura 11.22 Ajuste de parâmetros *lead-lag* $\theta_{FF} = \theta_2 - \theta_1$: $\tau_D = 1, K_D = 5, \tau_P = 2, K_P = 1, \tau_1 = \tau_P$, $\tau_2 = \tau_D, K_{FF} = K_D/K_P$

3: Calcular valores iniciais para τ_1, τ_2

☐ Valores teóricos para τ_1, τ_2 podem ser obtidos de modelos dinâmicos.

☐ Alternativamente, utiliza-se a curva de resposta obtida experimentalmente, para mudanças em M e D.

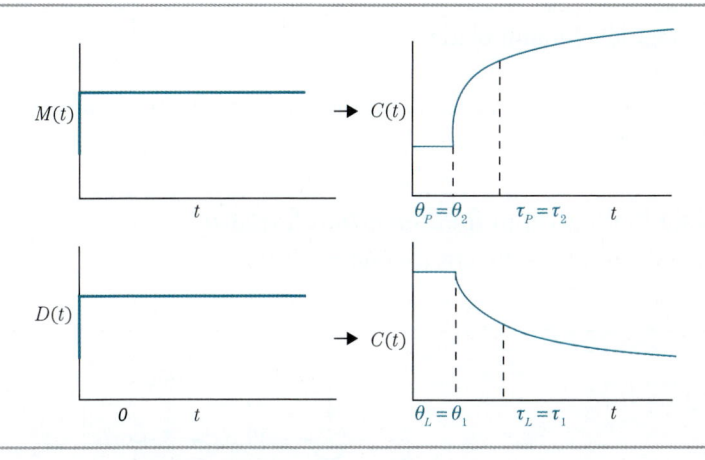

Figura 11.23 Ajuste de parâmetros *lead-lag*: τ_1, τ_2

4: Sintonia fina de τ_1, τ_2 por meio de pequenas mudanças (degraus) em $D(s)$

☐ Resposta desejada: mínima área em torno de $C(t) = 0$. A Figura 11.24 ilustra simulações da malha *feedforward* sob combinações de constantes de tempo da unidade *lead-lag*.

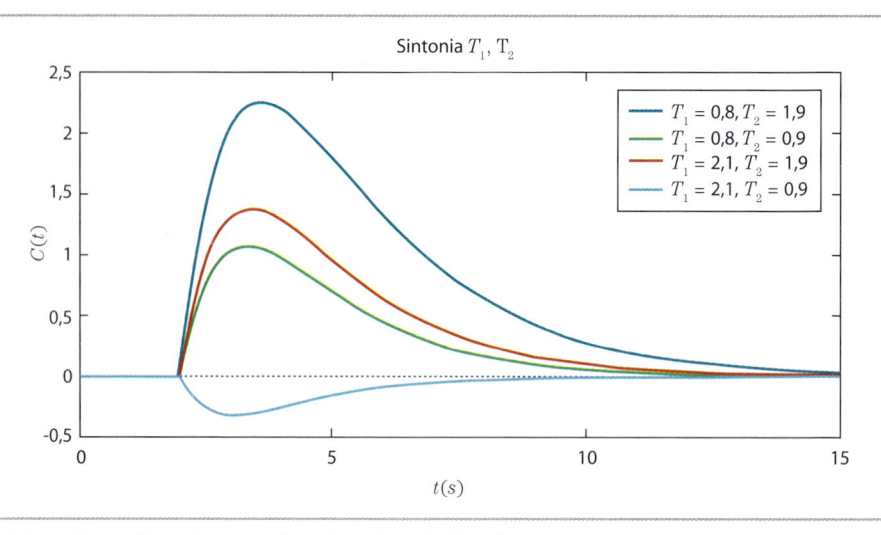

Figura 11.24 Ajuste de parâmetros *lead-lag*: sintonia fina de τ_1, τ_2· $\tau_D = 1, K_D = 5, \tau_P = 2, K_P = 1,$
    $\theta_1 = 1, \theta_2 = 2, K_{FF} = K_D/K_P$

Em sintonia subsequente, para reduzir a área, τ_1 e τ_2 devem ser ajustados para manter $\tau_1 - \tau_2$ constante. Frequentemente, escolhe-se uma estimativa inicial para τ_1 e faz-se $\dfrac{\tau_1}{\tau_2} = 2,0$ ou 0,5, dependendo se a resposta à carga é mais rápida ou mais lenta que a resposta à variável manipulada.

5: Sintonizar o controlador *feedback* usando regras convencionais como, por exemplo, Ziegler-Nichols.

11.2.5 Estabilidade do arranjo *feedback/feedforward*

Considere o diagrama de blocos da Figura 11.25.

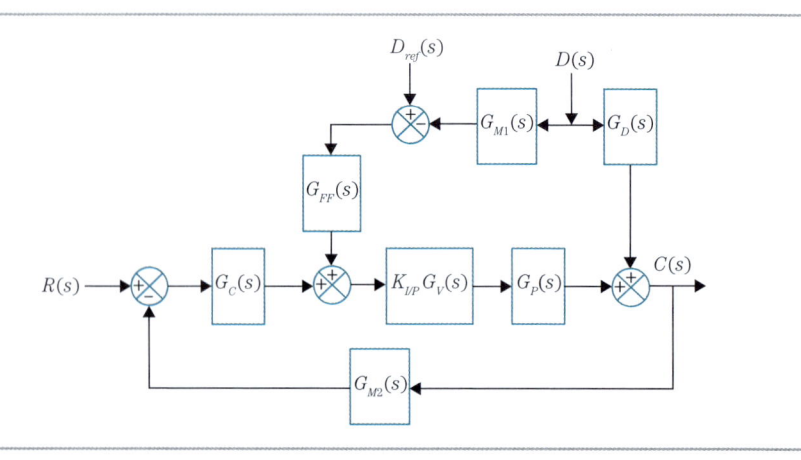

Figura 11.25 Diagrama de blocos para controle *feedback/feedforward*

A função de transferência $\dfrac{C(s)}{D(s)}$ é:

$$\frac{C(s)}{D(s)} = \frac{G_D(s) - G_{M1}(s)G_{FF}(s)K_{IP}(s)G_V(s)G_P(s)}{1 + G_C(s)K_{IP}(s)G_V(s)G_P(s)G_{M2}(s)} \qquad (11.30)$$

Logo, a equação característica, $1 + G_C(s)K_{IP}(s)G_V(s)G_P(s)G_{M2}(s) = 0$, não inclui $G_{FF}(s)$ e, consequentemente, a adição de um controlador *feedforward* não afeta a estabilidade do sistema *feedback*.

11.3 CONTROLE SELETIVO E CONTROLE *OVERRIDE*

Em alguns processos, há uma deficiência de variáveis manipuladas (N_M) em relação ao número de variáveis de saída (N_C) que se deseja controlar, $N_C \neq N_M$. Nesta situação, apresentam-se dois esquemas de controle que, utilizando controlador do tipo SISO (*Single Input, Single Output*) e chaves seletoras, gerenciam o conflito de interesses criado pela multiplicidade de sinais controlados: controle *seletivo* e controle *override*.

11.3.1 Controle seletivo

Neste esquema, existe um controlador e uma variável manipulada definidos para o processo, mas o sinal alimentado ao controlador (variável controlada medida) é obtido por uma seleção entre múltiplas leituras de sensores, por meio de uma chave seletora:

☐ "Chave Seletora de Valor Alto" (HS), e
☐ "Chave Seletora de Valor Baixo" (LS)

As duas chaves são explicadas na Figura 11.26.

Como exemplo, utiliza-se o controle de *ponto quente* em reatores de escoamento empistonado (*plug flow*) catalíticos exotérmicos: múltiplas medições (temperatura em várias posições do leito catalítico), único controlador (TIC) e único elemento final de controle (válvula do fluido de refrigeração), esquematizado na Figura 11.27.

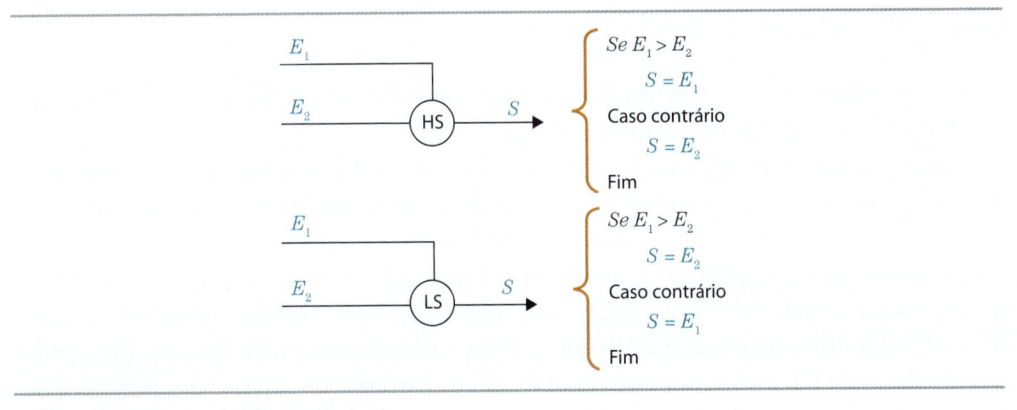

Figura 11.26 Chaves seletoras de sinais

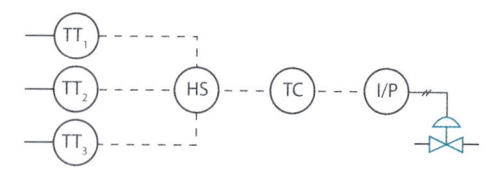

Figura 11.27 Controle seletivo: ponto quente em reator exotérmico

11.3.2 Controle *override*

Nesse esquema, em condições normais de operação, uma variável de saída determina as mudanças na variável manipulada (SISO). As demais saídas ficam sem controle, variando livremente, sendo apenas monitoradas. Ocorrendo situação extrema em uma destas variáveis, esta assume o comando sobre a única variável manipulada disponível, tornando-se a malha de controle prevalecente. Nessas situações, as chaves seletoras alternam o sinal de controle entre dois controladores, como no esquema ilustrado na Figura 11.28, definido como *controle override*. Este dispõe de duas medições (nível do tanque e vazão de descarga), 2 controladores (LC e FC) e 1 elemento final de controle (válvula da corrente de descarga do tanque). Ressalta-se que, em sistemas digitais, essas "chaves" são substituídas por lógica digital.

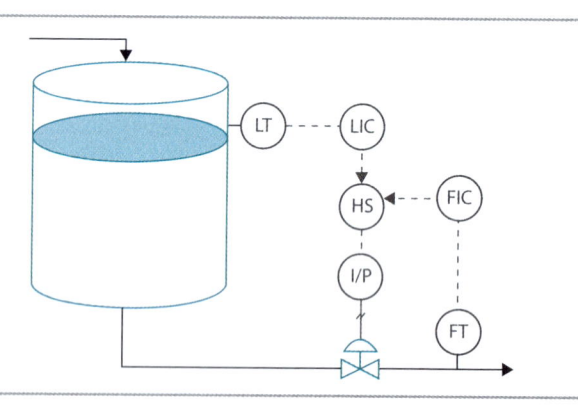

Figura 11.28 Controle *override* de nível sobre vazão

Outra aplicação para ilustrar a estratégia *override* encontra-se em um forno de preaquecimento, mostrado na Figura 11.29.

Neste esquema, o controlador TIC_1 (cujo *setpoint* é a temperatura de limite metalúrgico do material da serpentina) recebe sinal do sensor abaixo do valor máximo permitido, requerendo mais combustível para anular o erro. Contudo, o controlador TIC_2 (cujo *setpoint* é inferior ao limite metalúrgico dos tubos, controlado por TIC_1) requer menos combustível. Assim, em condições normais, o sinal selecionado pela chave LS é aquele proveniente do TIC_2. Na eventualidade dos tubos se aproximarem do limite, TIC_1 reduzirá o seu sinal de saída (ordenando menos combustível do que a quantidade solicitada pelo TIC_2), assumindo, consequentemente, o controle sobre a válvula. Uma modificação da estratégia deve-se ao fato de existirem vários tubos no forno, sendo mais adequado acompanhar a temperatura de todos os tubos e selecionar aquela que apresentar maior valor (mais próximo do limite metalúrgico): esta deverá ser utilizada para controle no TIC_1, combinando, assim, um controle seletivo com um controle *override* (Figura 11.30).

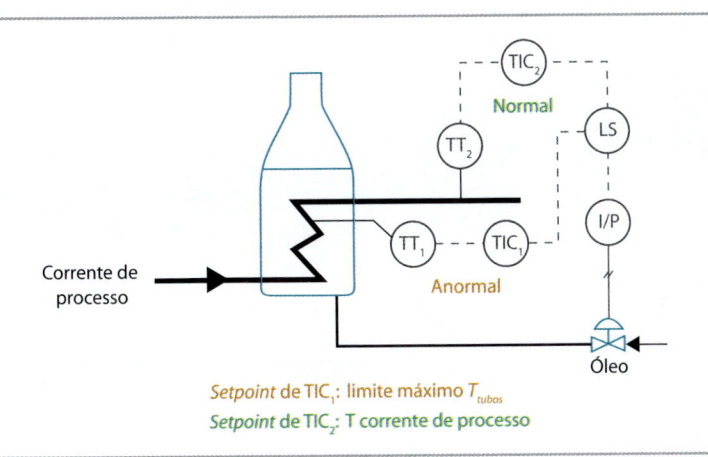

Figura 11.29 Controle *override* de temperatura em forno

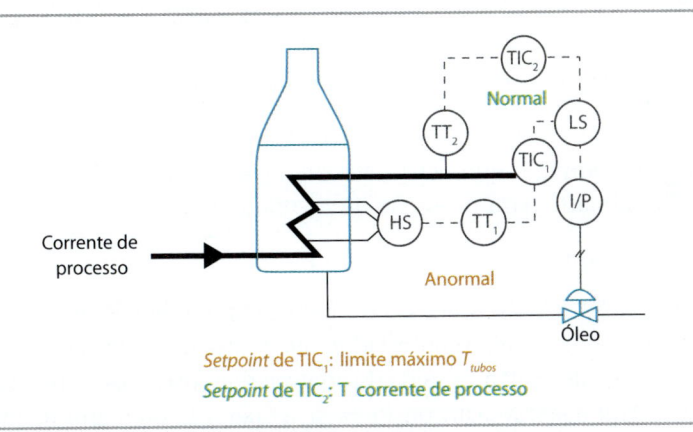

Figura 11.30 Controle seletivo e controle *override* combinados

EXEMPLO 11.10 Controle override em separadores bifásicos

Na operação de separadores bifásicos em plataformas *offshore* a válvula *choke* de produção é mantida com abertura constante, e o nível do separador é controlado com atuação da vazão de descarga de líquido. Contudo, na ocorrência de golfadas severas, o volume do separador pode não ter capacidade suficiente para suportar o transiente, correndo o risco de inundar a linha de gás. Deseja-se projetar um esquema de proteção capaz de sustentar essa situação.

Uma estratégia *override* de um controlador de nível máximo é proposta para conter a elevação do nível acima de um valor máximo definido. Para tal, um controlador de nível máximo (LIC_2) opera em *stand by*, enviando o seu sinal para uma chave que seleciona entre o valor fixado para a válvula de *choke* (X_{CHOKE}) e o valor enviado pelo controlador de nível máximo. Em paralelo, opera o controlador de nível (LIC_1), responsável pelo controle em situação normal. A Figura 11.31 apresenta o diagrama P&I dessa alternativa.

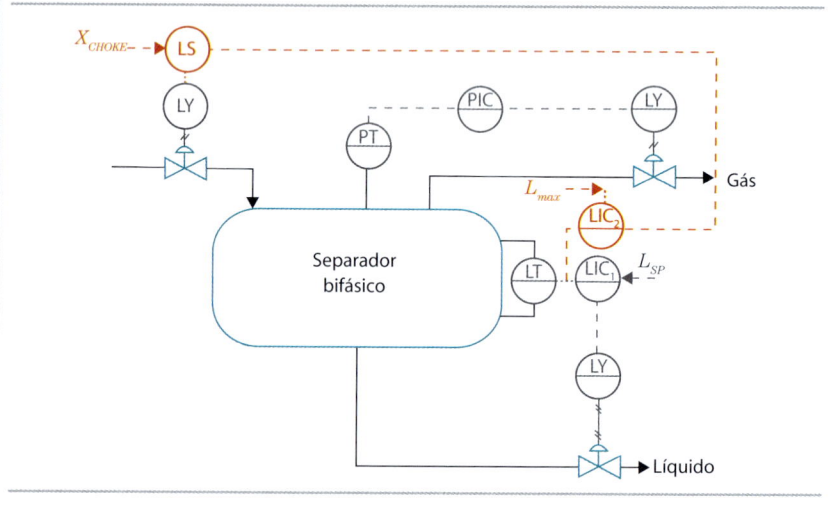

Figura 11.31 Controle *override* na válvula de *choke* de produção

Destaca-se que o controlador LIC_{max} deve ter ação puramente proporcional, e que estratégia análoga (com uso de chave HS) pode ser instalado para proteção de nível mínimo.

11.4 CONTROLE *SPLIT RANGE*

Quando a atuação sobre o processo é conduzida por meio de duas variáveis manipuladas, coordenadas por um único controlador, que utiliza uma única medição, a estratégia de controle adotada é de "partir" a saída do controlador entre esses dois atuadores. Como exemplo para ilustrar a estratégia, considere-se a operação do reator da Figura 11.32.

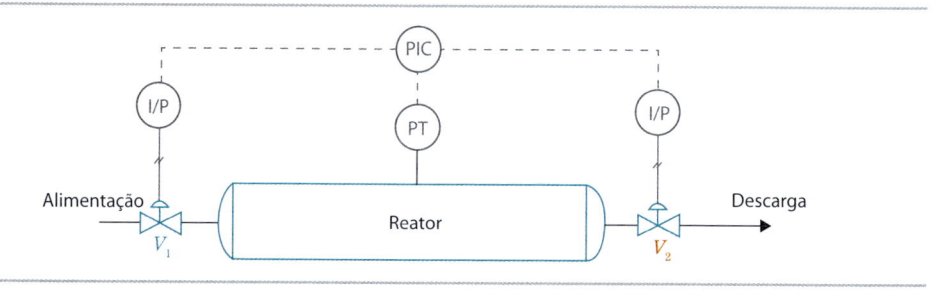

Figura 11.32 Estratégia *split range* em reator

As atuações nas duas válvulas (V_1, ar para abrir, e V_2, ar para fechar) são coordenadas pelo controlador de pressão do reator. Em operação normal, a válvula V_2 está totalmente aberta. Sob elevação de *setpoint*, V_2 é comandada na direção de redução de abertura. Para redução de *setpoint*, V_1 tem sua abertura reduzida, com V_2 totalmente aberta, conforme gráfico da Figura 11.33.

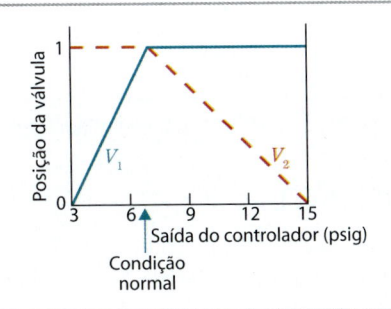

Figura 11.33 Coordenação das aberturas de V_1 e V_2 por controlador PC *split range*

Como um segundo exemplo, considere o controle de pressão de uma coluna de destilação (variáveis manipuladas: admissão de N_2 e purga de produto), mostrado na Figura 11.34. Se a pressão estiver acima do seu *setpoint*, o controlador (PC) reduzirá a admissão de N_2. Quando a válvula V_1 (ar para fechar) estiver totalmente fechada, a pressão será reduzida pela abertura da válvula de purga, V_2 (ar para abrir). Esta ação sobre as válvulas é obtida dividindo-se a faixa do sinal de saída do controlador, como mostrado na Figura 11.35. Por exemplo, o sinal pneumático representado atuará em V_1 de 3 a 9 psig, e em V_2 de 9 a 15 psig, como apresentado na Figura 11.36.

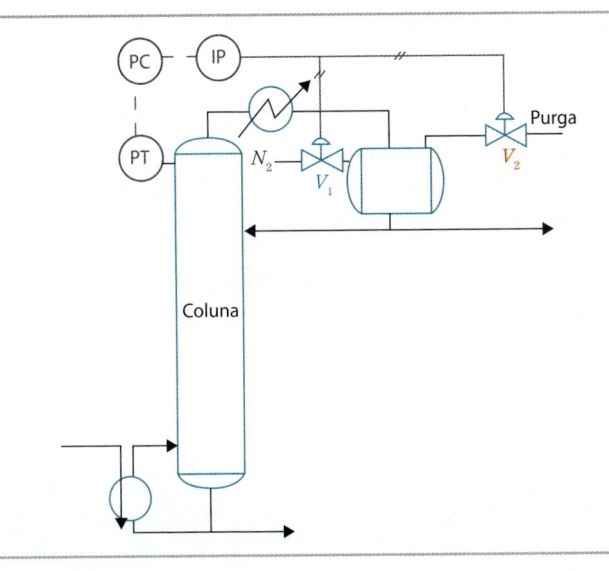

Figura 11.34 Controle *split range* de pressão em coluna de destilação

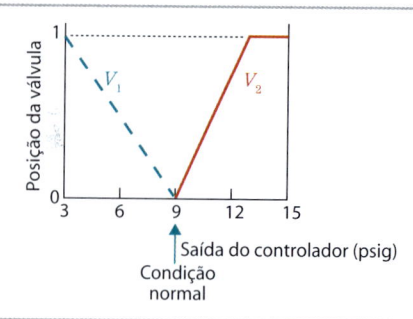

Figura 11.35 Coordenação das aberturas de V_1 e V_2 por controlador *split range* em coluna de destilação

11.5 CONTROLE MULTIVARIÁVEL

A maioria das plantas industriais tem várias entradas $(u_1, u_2, ..., u_n)$ e várias saídas $(y_1, y_2, ..., y_m)$, sendo denominado de SISTEMA MULTIVARIÁVEL. Em alguns casos, as variáveis manipuladas afetam principalmente as variáveis controladas correspondentes e cada par entrada-saída pode ser considerado uma planta de uma entrada e uma saída (SISO), controladas em malhas independentes. Coloca-se, então, uma decisão importante: que variável de entrada i deve ser utilizada para controlar a $j^{ésima}$ variável de saída? Esse problema é denominado de *emparelhamento de variáveis*. Cada emparelhamento u_i com y_j é denominado de *configuração de controle*.

Para um sistema com duas entradas e duas saídas tem-se duas configurações de controle:

Configuração 1	Configuração 2
$u_1 - y_1$	$u_1 - y_2$
$u_2 - y_2$	$u_2 - y_1$

Para um sistema nxn, existem $n!$ configurações de emparelhamento entrada-saída. Intuitivamente, é de se esperar que uma configuração seja melhor do que a outra. Como, então, escolher a melhor configuração?

Outra consideração importante em sistemas multivariáveis é que as n entradas podem afetar cada uma das m saídas. Esse problema é definido como *interação*, e é dos mais graves em controle multivariável. O emparelhamento a ser escolhido deve contribuir para minimizar o problema de interação.

11.5.1 Método de análise de interação: matriz RGA

Dado um processo 2x2, ilustrado na Figura 11.36,

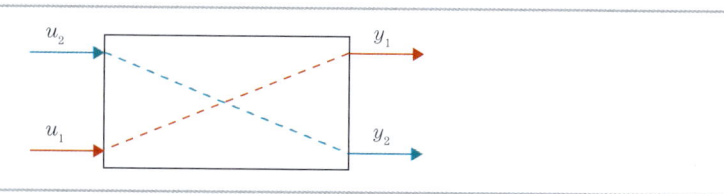

Figura 11.36 Interação em controle multivariável

tem-se que $y_1 = f_1(u_1, u_2)$ e $y_2 = f_2(u_1, u_2)$. Na vizinhança de um ponto de operação, pode-se escrever:

$$\Delta y_1 = \frac{\partial y_1}{\partial u_1}\Delta u_1 + \frac{\partial y_1}{\partial u_2}\Delta u_2 = K_{11}\Delta u_1 + K_{12}\Delta u_2 \tag{11.31}$$

$$\Delta y_2 = \frac{\partial y_2}{\partial u_1}\Delta u_1 + \frac{\partial y_2}{\partial u_2}\Delta u_2 = K_{21}\Delta u_1 + K_{22}\Delta u_2 \tag{11.32}$$

O ganho K_{ij} pode ser obtido de modelos matemáticos ou experimentos (pulso ou degrau) na planta, e é definido como

$$K_{11} = \frac{\Delta y_1}{\Delta u_1}\bigg|_{u_2} ; \quad K_{21} = \frac{\Delta y_2}{\Delta u_1}\bigg|_{u_2} \tag{11.33}$$

Um segundo ganho é de interesse na análise: $a_{11} = \dfrac{\Delta y_1}{\Delta u_1}\bigg|_{y_2}$, uma medida de como u_1 afetaria y_1 se y_2 estivesse sob controle perfeito (isto é, mantido constante). A relação entre esses dois ganhos é uma medida de como a segunda malha $(y_2 - u_2)$ afeta a primeira malha $(y_1 - u_1)$:

$$\lambda_{11} = \frac{K_{11}}{a_{11}} \tag{11.34}$$

Comparando-se os λ_{ij}, pode-se apontar qual a entrada u_j que tem maior efeito sobre uma dada resposta y_i, e decidir-se sobre o melhor emparelhamento $u_j - y_i$. Os ganhos relativos, arranjados em forma matricial fornecem a MATRIZ DE GANHOS RELATIVOS (*RGA, Relative Gain Array*).

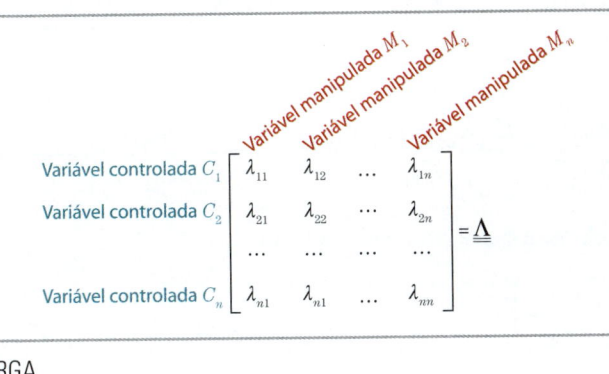

Figura 11.37 Matriz RGA

Cálculo da matriz RGA para sistema 2x2

Cálculo dos λ_{ij} para o sistema 2x2 ilustrado na Figura 11.36.

$$\Delta y_1 = K_{11}\Delta u_1 + K_{12}\Delta u_2 \tag{11.35}$$

$$\Delta y_2 = K_{21}\Delta u_1 + K_{22}\Delta u_2 \tag{11.36}$$

e, considerando-se controle perfeito de y_2:

$$\Delta y_2 = 0 = K_{21}\Delta u_1 + K_{22}\Delta u_2 \ \therefore \ \Delta u_2 = -\frac{K_{21}}{K_{22}}\Delta u_1 \tag{11.37}$$

Pela combinação das Equações 11.35 e 11.37, obtém-se:

$$\Delta y_1 = \left(K_{11} - \frac{K_{12}K_{21}}{K_{22}}\right)\Delta u_1 \tag{11.38a}$$

e:

$$a_{11} = \frac{\left(K_{11} - \dfrac{K_{12}K_{21}}{K_{22}}\right)\Delta u_1}{\Delta u_1} = \frac{K_{11}K_{22} - K_{12}K_{21}}{K_{22}} \tag{11.38b}$$

Logo:

$$\lambda_{11} = \frac{K_{11}}{a_{11}} = \frac{K_{11}K_{22}}{K_{11}K_{22} - K_{12}K_{21}} \tag{11.39}$$

Analogamente:

$$a_{12} = \frac{\Delta y_1}{\Delta u_2}\bigg|_{y_2} = \frac{K_{12}K_{21} - K_{11}K_{22}}{K_{21}} \Rightarrow \lambda_{12} = \frac{K_{12}K_{21}}{K_{12}K_{21} - K_{11}K_{22}} \tag{11.40}$$

$$a_{21} = \frac{\Delta y_2}{\Delta u_1}\bigg|_{y_1} = \frac{K_{12}K_{21} - K_{11}K_{22}}{K_{12}} \Rightarrow \lambda_{21} = \frac{K_{12}K_{21}}{K_{12}K_{21} - K_{11}K_{22}} \tag{11.41}$$

e

$$a_{22} = \frac{\Delta y_2}{\Delta u_2}\bigg|_{y_1} = \frac{K_{11}K_{22} - K_{12}K_{21}}{K_{11}} \Rightarrow \lambda_{22} = \frac{K_{11}K_{22}}{K_{11}K_{22} - K_{12}K_{21}} \tag{11.42}$$

A matriz RGA para o sistema 2x2 é então

$$\underline{\underline{\Lambda}} = \begin{bmatrix} \lambda_{11} & \lambda_{12} \\ \lambda_{21} & \lambda_{22} \end{bmatrix} \tag{11.43}$$

Na RGA, observa-se que:
- a soma dos termos de cada linha é 1;
- a soma dos termos de cada coluna é 1.

Essas conclusões, obtidas para um sistema 2x2, são gerais para qualquer sistema nxn:

$$\begin{cases} \sum_{j=1}^{n} \lambda_{ij} = 1 \\[2em] \sum_{i=1}^{n} \lambda_{ij} = 1 \end{cases}$$

(11.44)

Generalizando-se a definição para um sistema nxn:

$$\lambda_{ij} = \frac{\left(\dfrac{\partial y_i}{\partial u_j}\right)_{u_{k \neq j}}}{\left(\dfrac{\partial y_i}{\partial u_j}\right)_{y_{k \neq j}}}$$

(11.45)

Note-se, pela definição, que:

$$\lambda_{ij} = \frac{\text{Ganho da controlada } i \text{ a variações na manipulada } j \text{, com as demais malhas ABERTAS}}{\text{Ganho da controlada } i \text{ a variações na manipulada } j \text{, com as demais malhas FECHADAS}}$$

Dessa forma, λ_{ij} é uma medida de interação entre as malhas de controle em uma determinada configuração.

11.5.2 Efeito retaliatório em sistemas multivariáveis

Para o sistema 2x2 representado na Figura 11.38.

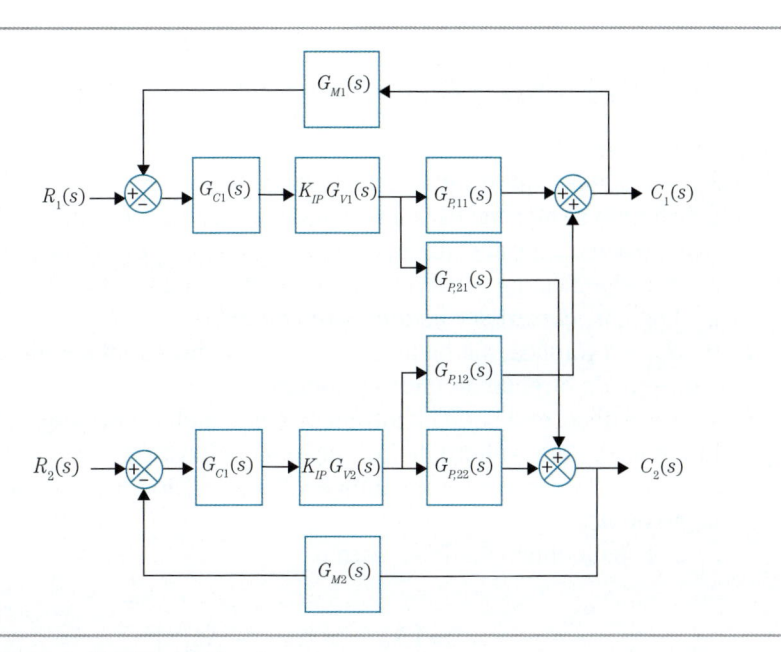

Figura 11.38 Sistema multivariável 2x2

O efeito retaliatório da malha 2 sobre a malha 1 está destacado na linha pontilhada da Figura 11.39, configurando um *feedback escondido.*

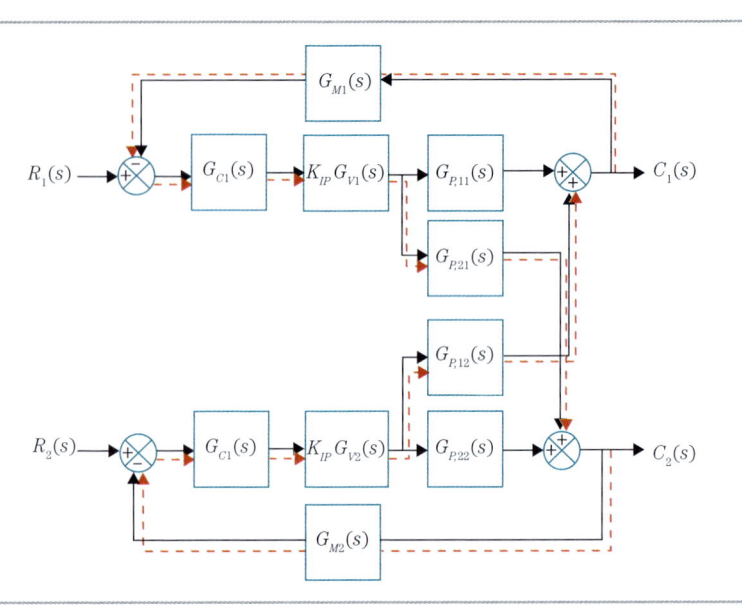

Figura 11.39   *Feedback* escondido em sistemas multivariáveis: caso *2x2*

Definindo-se $\Delta y_{1,m}$ como a influência direta da variável manipulada u_1 na variável controlada y_1, e $\Delta y_{1,r}$ como o efeito retaliatório das demais malhas na variável controlada y_1, tem-se:

$$\lambda_{11} = \frac{\Delta y_{1,m}}{\Delta y_{1,m} + \Delta y_{1,r}} = \frac{\Delta y_{1,m}}{\Delta y_1^*} \qquad (11.46)$$

Para um sistema *2x2*:

- ☐ $\lambda_{11} = 1$ significa que a variável manipulada u_1 não afeta a variável controlada y_2, concluindo-se que não há ação retaliatória da variável controlada y_2 via variável manipulada u_2, mesmo que u_1 impacte y_2. Logo, u_1 é **perfeita para controlar** y_1.
- ☐ $\lambda_{11} = 0$ significa que a variável manipulada u_1 não afeta a variável controlada y_1. Logo, u_1 *deverá ser usada para controlar* y_2.
- ☐ $0 < \lambda_{11} < 1$ implica que há interação e que **a direção do efeito de interação é a mesma da direção do efeito principal.**
- ☐ $\lambda_{11} > 0{,}5$ decorre de que há interação e que **o efeito principal** $(\Delta y_{1,m})$ **contribui mais do que o efeito da interação** na resposta y_1.
- ☐ $\lambda_{11} < 0{,}5$ significa que **a contribuição da interação prevalece sobre a manipulação de** u_1.
- ☐ $\lambda_{11} > 1$, pela definição de λ_{11}, isto é,

$$\lambda_{11} = \frac{\Delta y_{1,m}}{\Delta y_{1,m} + \Delta y_{1,r}} > 1 \Rightarrow \left(\Delta y_{1,m} > \Delta y_{1,m} + \Delta y_{1,r} \right)$$

Logo, $\Delta y_{1,r}$ tem sinal oposto a $\Delta y_{1,m}$, mas $\Delta y_{1,m}$ é maior do que $\Delta y_{1,r}$.

❐ $\lambda_{11} < 0$ resulta de $\Delta y_{1,m} < \left|\Delta y_{1,r}\right|$ com $\Delta y_{1,m} < 0$. Logo, **a direção em que u_1 afeta y_1 com a malha 2 aberta é oposta à direção quando essa malha estiver fechada,** devendo ser sempre evitada esta situação.

O cálculo da RGA exposto para um sistema $2x2$ pode ser estendido para um sistema nxn: seja K a matriz de ganhos estáticos do processo multivariável, define-se

$$R = \left(K^{-1}\right)^T \text{(com elementos } r_{ij}) \qquad (11.47)$$

$$\lambda_{ij} = K_{ij} r_{ij} \qquad (11.48)$$

EXEMPLO 11.11 RGA para processo 4x4

Dada a Matriz de Ganhos Estacionários de um processo 4x4, calcular a matriz RGA e selecionar o emparelhamento adequado.

$$K = \begin{bmatrix} 3,0000 & 2,0000 & 4,0000 & 5,5000 \\ 0,7000 & 2,0000 & 3,0000 & 1,0000 \\ 1,0000 & 1,0000 & 2,0000 & 1,0000 \\ 0 & 4,0000 & 3,0000 & 2,5000 \end{bmatrix}$$

Com o código MATLAB listado no APÊNDICE 3, gera-se a Matriz de ganhos relativos:

$$\underline{\underline{\Lambda}} = \begin{bmatrix} -2,0000 & -1,1810 & 1,5619 & 2,6190 \\ -2,3333 & -4,7619 & 7,1429 & 0,9524 \\ 5,3333 & 3,4381 & -5,6762 & -2,0952 \\ 0 & 3,5048 & -2,0286 & -0,4762 \end{bmatrix}$$

Na linha 1 da matriz $\underline{\underline{\Lambda}}$, o elemento não negativo mais próximo de 1 é 1,5619, correspondente à terceira coluna (terceira variável manipulada). Logo, y_1 deve ser controlada por u_3. Para a variável controlada 2, verifica-se que o ganho relativo 0,9524 é o melhor (mais próximo de 1) indicando o emparelhamento y_2 com u_4. Restam duas variáveis a emparelhar: y_3 e y_4. Dado que y_4 não reage a u_1 (a primeira coluna da quarta linha é nula), como u_3 e u_4 já estão comprometidas com o controle de y_1 e y_2, respectivamente, y_4 deverá ser emparelhado com u_2. O último par é $y_3 - u_1$. Por último, verifica-se, como esperado, que o somatório dos elementos da primeira linha e o somatório dos elementos da primeira coluna totaliza 1.

Kurt E. Häggblom (1995) trata da sensibilidade de sistemas representados por $\underline{G}$ que apresentem g_{ij} próximos ou iguais a zero. Para esses sistemas, uma pequena perturbação absoluta em g_{ij} pode modificar completamente as propriedades do sistema, mesmo se $\left|\lambda_{ij}\right|$ for pequeno. O autor ilustra esse comportamento com o processo

$$\begin{bmatrix} y_1(s) \\ y_2(s) \end{bmatrix} = \frac{1}{10s+1}\begin{bmatrix} 1 & 10 \\ 0 & 1 \end{bmatrix}\begin{bmatrix} u(s) \\ y(s) \end{bmatrix} \qquad (11.49)$$

que apresenta matriz RGA conforme Equação 11.50

$$\underline{\underline{\Lambda}} = \begin{bmatrix} 1 & 0 \\ 0 & 1 \end{bmatrix} \qquad (11.50)$$

O emparelhamento decorrente da matriz $\underline{\underline{\Lambda}}$ é perfeito ao longo da diagonal. No entanto, a entrada $g(s) = 10$, muito maior que as demais g_{ij} (Equação 11.49), indica que $u_2^{22}(s)$ tem forte influência em y_1. Essa interação não é eliminada com o controle descentralizado $u_1 - y_1/u_2 - y_2$. A sensibilidade de sistemas triangulares, ou seja, $\underline{K}$ é uma matriz triangular analisada propondo-se uma pequena perturbação em K_{21}, que é modificado para o fator 0,09:

$$\underline{\underline{K}} = \begin{bmatrix} 1 & 10 \\ 0,09 & 1 \end{bmatrix} \quad \therefore \quad \underline{\underline{\Lambda}} = \begin{bmatrix} 10 & -9 \\ -9 & 10 \end{bmatrix} \qquad (11.51)$$

Os autores, ainda comentando sobre falhas da matriz RGA como indicador de controlabilidade, usam exemplo de Hovd e Skogestad:

$$G(s) = \frac{(1-s)}{(1-5s^2)}\begin{bmatrix} 1 & -4,19 & -25,96 \\ 6,19 & 1 & -25,96 \\ 1 & 1 & 1 \end{bmatrix} \qquad (11.52)$$

Com RGA dada por:

$$\underline{\underline{\Lambda}} = \begin{bmatrix} 1 & 5 & -5 \\ -5 & 1 & 5 \\ 5 & -5 & 1 \end{bmatrix} \qquad (11.53)$$

indicando o emparelhamento ao longo da diagonal. Este emparelhamento, segundo os autores, fornece constante de tempo de malha fechada (τ_{MF}) de 1.160 s enquanto para o emparelhamento dado por pares ij com $\lambda_{ij} = 5$, os autores reportam $\tau_{MF} = 220$.

Outros indicadores de controlabilidade

Dada uma matriz $\underline{\underline{K}}$, esta pode ser decomposta em valores singulares (SVD, em inglês):

$$\underline{\underline{K}} = \underline{\underline{U}} \ \underline{\underline{\Sigma}} \ \underline{\underline{V}}$$

$$\underline{\underline{\Sigma}} = \begin{bmatrix} \sigma_1 & & \\ & \ddots & \\ & & \sigma_n \end{bmatrix} \tag{10.54}$$

obtida no MATLAB com o comando

[U, SIGMA, V] = svd [k];

Tem-se que quanto maior for o menor valor singular de $\underline{\underline{K}}$, σ_{min}, mais controlável ou "resiliente" é o processo pois "menos singular" será a matriz $\underline{\underline{K}}$, ou seja, mais facilmente invertida. Como o sistema *feedback* tenta inverter a matriz de funções de transferência do processo, quanto maior o σ_{min}, mais fácil será o controle do processo.

11.5.3 Desacopladores

As interações apresentadas por processos multivariáveis resultam em ação retaliatória de uma malha sobre a outra, configurando o *"feedback* escondido" da Figura 11.40. Um emparelhamento bem planejado pode reduzir efeitos de interação entre as malhas (talvez eliminar), porém, pode ser necessário adotar-se um esquema especial de controle para desacoplamento das malhas, visando reduzir as interações existentes. No desenvolvimento a seguir, para simplificar a análise, as válvulas e sensores são assumidos com função de transferência unitária $\left(G_{Mi}(s) = K_{I/P}G_{Vi}(s) = 1\right)$. O diagrama de blocos resultante é apresentado na Figura 11.40, considerando emparelhamento 1-1/2-2, com desacopladores $(D_{21}(s)$ e $D_{12}(s))$. $M_{11}(s)$ e $M_{12}(s)$ são as contribuições da malha 1 e da malha 2 no valor assumido por $M_1(s)$, definindo-se, analogamente, $M_{21}(s)$ e $M_{22}(s)$. O impacto da malha 2 na malha 1 é denominado $C_{21}(s)$ enquanto $C_{11}(s)$ é o efeito em $C_1(s)$ em virtude de movimentos da variável manipulada da malha 1 (analogamente, define-se $C_{12}(s)$).

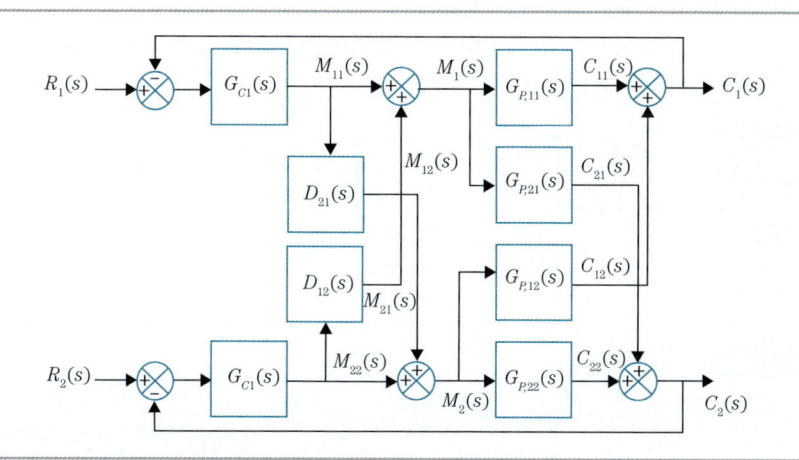

Figura 11.40 Desacopladores de malhas para sistema *2x2*

11.5.3.1 Projeto dos desacopladores

Os desacopladores são projetados considerando-se que uma malha é uma perturbação de carga para a outra (por exemplo, na malha 1, a perturbação assume o valor $M_2(s)\,G_{P12}(s)$), como controladores *feedforward*. No desenvolvimento a seguir, $M_1(s)$ e $M_2(s)$ são as variáveis manipuladas das malhas 1 e 2, respectivamente.

O desacoplador $D_{21}(s)$ é projetado para cancelar $C_{21}(s)$ (ou seja, interação $M_1(s)$ – $C_2(s)$) de tal forma que para $R_2(s) = 0$, $C_2(s)$ permanecerá inalterado ($C_2(s) = 0$, $M_{22}(s) = 0$):

$$M_2(s) = M_{22}(s) \ \text{ e } \ M_1(s) = M_{12}(s) \therefore C_1(s) = 0 = G_{P_{11}}(s)M_{12}(s) + G_{P_{12}}(s)M_{22}(s) \quad (11.55)$$

como $M_{21}(s) = D_{21}(s)M_{11}(s)$, tem-se

$$G_{P_{21}}(s) + G_{P_{22}}(s)D_{21}(s)M_{11}(s) = 0 \Rightarrow D_{21}(s) = -\frac{G_{P_{21}}(s)}{G_{P_{22}}(s)} \quad (11.56)$$

O desacoplador $D_{12}(s)$ é projetado para cancelar $C_{12}(s)$ (isto é, interação $M_2(s)$ – $C_1(s)$), tal que para $R_1(s) = 0$, $C_1(s) = 0$ (ou seja, $M_{11}(s) = 0$):

$$M_2(s) = M_{22}(s) \ \text{ e } \ M_1(s) = M_{12}(s) \therefore C_1(s) = 0 = G_{P_{11}}(s)M_{12}(s) + G_{P_{12}}(s)M_{22}(s) \quad (11.57)$$

como $M_{12}(s) = D_{12}(s)M_{22}(s)$, tem-se

$$\left(G_{P_{11}}(s)D_{12}(s) + G_{P_{12}}(s)\right)M_{22}(s) = 0 \Rightarrow D_{12}(s) = -\frac{G_{P_{12}}(s)}{G_{P_{11}}(s)} \quad (11.58)$$

Para situações em que os desacopladores obtidos são fisicamente não realizáveis, aconselha-se o uso de desacopladores estáticos (obtidos fazendo $s = 0$).

EXEMPLO 11.12 Unidade *lead-lag* como desacoplador de interações

Considere o processo modelado pela matriz de funções de transferência $\underline{\underline{G}}_P(s)$.

$$\underline{\underline{G}}_P(s) = \begin{bmatrix} \dfrac{5e^{-5s}}{4s+1} & \dfrac{2e^{-4s}}{8s+1} \\[2ex] \dfrac{3e^{-3s}}{12s+1} & \dfrac{6e^{-3s}}{10s+1} \end{bmatrix} \quad (11.59)$$

Os desacopladores resultantes são detalhados nas Equações 11.60 e 11.61.

$$D_{12}(s) = -\frac{\dfrac{2e^{-4s}}{8s+1}}{\dfrac{5e^{-5s}}{4s+1}} = -0,25\frac{(4s+1)}{(8s+1)}e^{s}, \text{ fisicamente não realizável} \quad (11.60)$$

$$D_{21}(s) = -\frac{\dfrac{3e^{-3s}}{12s+1}}{\dfrac{6e^{-3s}}{10s+1}} = -0,5\frac{(10s+1)}{(12s+1)}, \text{ unidade } lead\text{-}lag \quad (11.61)$$

Uma aproximação possível para o controlado da Equação 11.60 é utilizar

$$D_{12}(s) = -0,25\frac{(4s+1)}{(8s+1)} \quad (11.62)$$

Algumas observações finais sobre desacopladores são listadas a seguir:

- ☐ É possível utilizar desacopladores parciais (quando apenas uma das variáveis é de importância).
- ☐ Para processos não lineares, é possível adaptar os parâmetros dos desacopladores de acordo com o ponto operacional.
- ☐ Os desacopladores sofrem a mesma crítica feita a controladores *feedforward*: são suscetíveis a erros de modelagem.

EXERCÍCIOS PROPOSTOS

11.1) Seja $C_1(s)$ a variável controlada principal e $C_2(s)$ uma variável auxiliar, descritas pelas equações abaixo:

$$C_1(s) = \frac{3,5e^{-s}}{5s+1}C_2(s) + \frac{0,5}{20s+1}D_1(s)$$

$$C_2(s) = \frac{-1,5}{(3s+1)(2s+1)}M(s) + \frac{0,3}{0,5s+1}D_2(s)$$

Considerando-se as funções da válvula e do sensor ($G_V(s)$ e $G_M(s)$) UNITÁRIAS, pedem-se:

- a) O diagrama de blocos de uma estrutura de controle cascata.
- b) Sintonia da malha escrava (controlador puramente proporcional) para margem de fase de 30°.
- c) Sintonia Zigler-Nichols da malha mestre.

11.2) O controle cascata de um reator CSTR com camisa refrigerada a água é apresentado a seguir. Na representação, C_1 é a temperatura do reator, C_2 é a temperatura da camisa, D_2 a temperatura de alimentação da água de refrigeração e D_1 a concentração do reagente A (reação A → B, exotérmica).

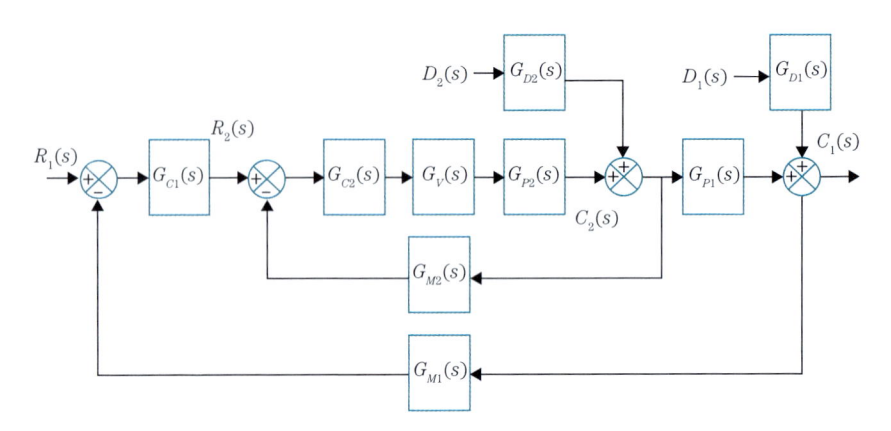

Sobre o processo, tem-se:
- ☐ instrumentação analógica;
- ☐ válvula linear ar-para-fechar, com queda de pressão constante e passando 50 kg/h quando totalmente aberta; dinâmica desprezível;
- ☐ sensor 1: *span* de 50 °C. Sensor 2: *span* de 10 °C;
- ☐ dinâmica desprezível para os dois sensores.

$$G_{P_1}(s) = \frac{-2}{(3s+1)} \ °C/°C; \qquad G_{P_2}(s) = \frac{3}{(s+1)^3} \ °C/(kg/h);$$

$$G_{D_1}(s) = \frac{(2s+1)}{(5s+1)} \ °C/(gmol/m^3); \quad G_{D_2}(s) = \frac{e^{-3s}}{4s+1} \ °C/°C;$$

Pedem-se:
- a) Sintonize a malha escrava por Ziegler-Nichols, para PI.
- b) Sintonize a malha mestre ($G_{C1} = K_{C1}$) para margem de fase de 30°.
- c) *Offset* para perturbação degrau unitário em D_1.

11.3) O trocador de calor esquematizado na figura a seguir tem a temperatura da corrente de processo controlada por TIC-11 (está indicado na figura o termopar TT-11). As funções de transferência dos componentes da malha são:

$$K_{I/P} G_V = \frac{0,2}{(10s+1)}, \ G_P = \frac{4}{(30s+1)}, \ G_M = \frac{1}{(3s+1)}$$

(constantes de tempo em minutos). Uma estrutura cascata, tendo como medição secundária a vazão de suprimento do vapor ($F_Y(t)$) deve ser usada. A função de transferência para o sensor de vazão é: $G_{M,F} = \dfrac{0,2}{(2s+1)}$.

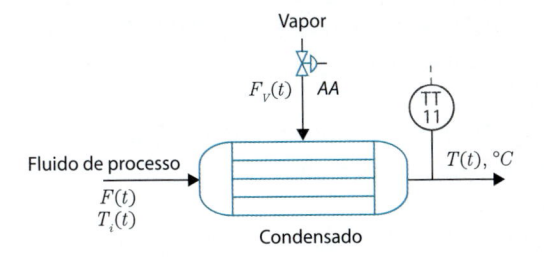

Sintonize a malha escrava, controlador puramente proporcional, para que apresente fator de amortecimento (ξ) igual a 1,1, e a malha mestre, controlador PID, por Ziegler-Nichols (utilizando análise frequencial).

a) Qual a margem de fase da malha mestre?

11.4) Dado o processo representado pelo diagrama de blocos a seguir

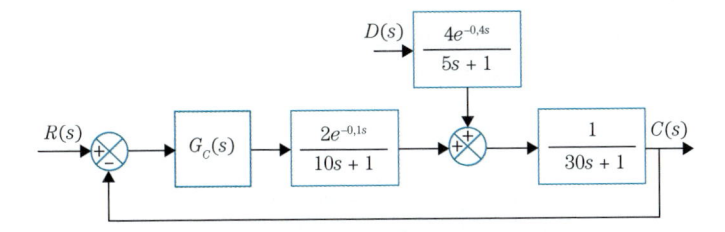

a) Sintonize controlador puramente proporcional para margem de ganho de 1,7.
b) Desenhe diagrama de blocos para esquema cascata ($G_{M2}(s) = 1$).
c) Sintonize malha escrava ($G_{C2}(s) = K_C(s)$) para a margem de fase de 45°.
d) Sintonize a malha mestre (puramente proporcional) para a mesma margem de ganho obtida no *feedback* convencional do item (a).
e) Compare os *offsets* alcançados nos dois esquemas de controle.

11.5) Dado o processo do problema 11.4, projete controlador *feedforward* para compensar perturbações em $D(s)$.

11.6) Um processo é descrito pelo modelo a seguir.

$$\underline{C}(s) = \begin{bmatrix} \dfrac{0,81e^{-0,6s}}{1,4s+1} & \dfrac{1,2e^{-1,1s}}{2,4s+1} & \dfrac{0,5}{2,2s+1} \\[3mm] \dfrac{1,1e^{-0,3s}}{1,5s+1} & \dfrac{0,90e^{-s}}{2,0s+1} & \dfrac{-1,5}{1,8s+1} \end{bmatrix} \begin{bmatrix} M_1(s) \\[1mm] M_2(s) \\[1mm] U(s) \end{bmatrix}$$

C_1 é controlada pela manipulação de $M_1(s)$ e $C_2(s)$ por meio da manipulação de $M_2(s)$. $C_1(s)$ e $C_2(s)$ são perturbadas pela variável de processo $U(s)$. Considere as válvulas e os sensores com dinâmica desprezível e ganhos unitários.

a) Projete controladores *feedforwards* para compensar $C_1(s)$ e $C_2(s)$ por perturbações na variável $U(s)$. Comente o projeto.

b)   Desenhe o diagrama de blocos do esquema de controle combinando os controladores *feedback* com respectivos *feedforwards* que rejeitam as perturbações em $U(s)$.

c)   Simule o processo frente a perturbações degrau em $U(s)$, introduzindo erro de modelagem nos tempos mortos envolvidos. Comente o desempenho do controlador.

d)   Alternativamente, ajuste unidades *lead-lag* para desempenharem como controlador *feedforward*, seguindo procedimento descrito neste Capítulo.

11.7) Esboce o diagrama P&I do sistema de controle de uma coluna de destilação tal que:

- ☐   A pressão da coluna seja controlada por *split-range* sobre válvula de admissão de N_2 e válvula de purga da fase vapor do tambor de refluxo.
- ☐   O nível do tambor de refluxo seja controlado por manipulação da vazão de refluxo.
- ☐   O refluxo mínimo (R_{min}) seja obedecido.

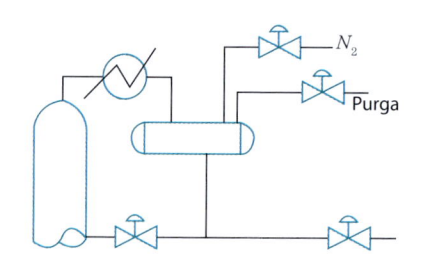

11.8) Explique o funcionamento do esquema de controle de nível de tambor de refluxo de uma coluna de destilação, esquematizado abaixo. (R = Refluxo, D = Destilado)

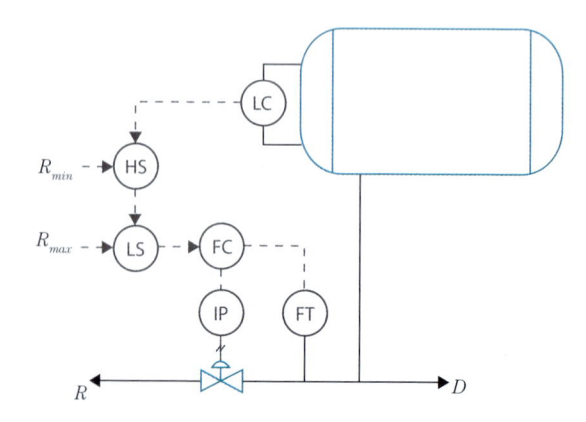

11.9) Considerando que perturbações podem ocorrer na entrada de um processo, que estrutura de controle deveria ser usada para melhorar o seu desempenho? No caso da perturbação afetar diretamente a saída do processo, que configuração você recomendaria? Justifique.

11.10) Dado o processo

$$\begin{bmatrix} T(s) \\ C(s) \end{bmatrix} = \begin{bmatrix} \dfrac{0,09}{(40s+1)} & \dfrac{11}{(40s+1)} & \dfrac{1,1}{(40s+1)} & 0 & 0 \\[3mm] \dfrac{0,04}{(40s+1)} & 0 & 0 & \dfrac{0,9}{(40s+1)} & \dfrac{0,09}{(40s+1)} \end{bmatrix} \begin{bmatrix} F_B(s) \\ T_B(s) \\ T_A(s) \\ C_A(s) \\ C_B(s) \end{bmatrix},$$

considere F_B a variável manipulada, T_A a perturbação e T a controlada. Obtenha um esquema controle *feedforward* para compensar o efeito de T_A na controlada T. Desenhe o diagrama de blocos.

11.11) Considere o fluxograma de processo a seguir

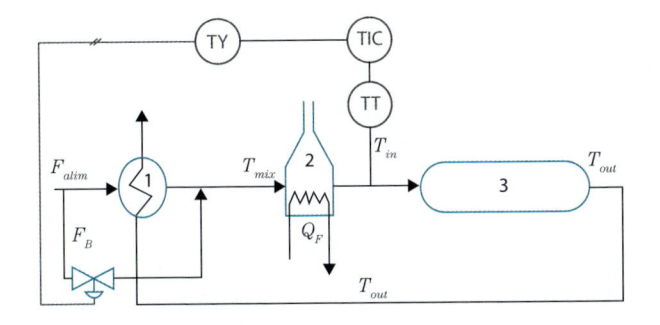

Neste, a carga do reator (3) é preaquecida com a corrente de saída do reator (a temperatura T_{out}) até a temperatura T_{MIX} em um trocador de calor (1). A temperatura de alimentação é ajustada no forno (2) para atingir o valor especificado T_{in}, que é controlada com válvula de *by-pass* do trocador (F_B). Esboce estratégia de controle cascata em que a temperatura de saída do reator (T_{out}) é controlada por malha mestre atuando no controlador de temperatura de entrada. A estrutura de controle deverá conter proteção contra saturação da válvula de *by-pass* via controle da carga térmica do forno, e esquema de proteção de ponto quente no reator.

11.12) Para o processo apresentado no Problema 11.12, são dadas as funções de transferência a seguir (constantes de tempo em minutos)

$$G_{FE1}(s) = \frac{T_{mix}(s)}{T_{out}(s)} = \frac{0,005e^{-2s}}{0,25s+1} \qquad G_{FE2}(s) = \frac{T_{mix}(s)}{F_B(s)} = -\frac{0,005e^{-2s}}{0,25s+1}$$

$$G_{F1}(s) = \frac{T_{in}(s)}{Q_F(s)} = \frac{1}{(s+10)^3(s+1)} \qquad G_{F2}(s) = \frac{T_{in}(s)}{T_{mix}(s)} = \frac{0,005}{0,125s+1}$$

$$G_R(s) = \frac{T_{out}(s)}{T_{in}(s)} = \frac{8e^{-6s}}{s+1}$$

Simule a estrutura de controle concebida.

11.13) Para a planta modelada abaixo:

$$\begin{bmatrix} C_1(s) \\ C_2(s) \\ C_3(s) \end{bmatrix} = \begin{bmatrix} \dfrac{5e^{-40s}}{100s+1} & \dfrac{e^{-4s}}{10s+1} & 0 \\ \dfrac{-5}{10s+1} & 0 & \dfrac{e^{-4s}}{10s+1} \\ 0 & 0 & \dfrac{5e^{-10s}}{100s+1} \end{bmatrix} \begin{bmatrix} M_1(s) \\ M_2(s) \\ M_3(s) \end{bmatrix}$$

a) Decida sobre o emparelhamento com base na matriz RGA.
b) Projete desacopladores para as malhas de controle. Desenhe o digrama de blocos.

11.14) Um determinado sistema multivariável tem três saídas (y_1, y_2 e y_3) e pode ser controlado pelas entradas u_1, u_2, e u_4. A entrada u_3 é uma perturbação para o processo.

$$\begin{bmatrix} y_1(s) \\ y_2(s) \\ y_3(s) \end{bmatrix} = \begin{bmatrix} \dfrac{0,5e^{-0,2s}}{3s+1} & \dfrac{0,07e^{-0,3s}}{2,5s+1} & \dfrac{0,04e^{-0,3s}}{2,5s+1} & \dfrac{0,01e^{-0,5s}}{10s+1} \\ 0 & 0 & 0 & \dfrac{0,5e^{-0,1s}}{2,1s+1} \\ \dfrac{0,004e^{-0,5s}}{1,5s+1} & \dfrac{-0,003e^{-0,2s}}{s+1} & \dfrac{-0,006e^{-0,4s}}{1,6s+1} & 0 \end{bmatrix} \begin{bmatrix} u_1(s) \\ u_2(s) \\ u_3(s) \\ u_4(s) \end{bmatrix}$$

a) Qual o emparelhamento recomendável?
b) Projete desacopladores, se necessários.

Controle de Nível de Separadores

Este capítulo aborda o controle de nível em separadores de produção, um dos equipamentos mais perturbados por instabilidades no escoamento dos fluidos advindos dos poços produtores de petróleo. Nos sistemas *offshore* esta situação é agravada pelo fato do escoamento possuir amplitudes de oscilação ainda maiores que aquelas verificadas em sistemas *onshore*. Neste cenário, os separadores, além de promoverem a separação das fases (água, óleo e gás), desempenham o objetivo de amortecer oscilações de produção. Por outro lado, as restrições de carga e espaço em unidades *offshore* promovem o uso de equipamentos compactos, o que os torna mais sensíveis às oscilações da produção. É neste contexto que se busca desenvolver uma sintonia ideal para os equipamentos de uma plataforma de petróleo. O objetivo de controle para esses equipamentos é ilustrado no fluxograma do processo *offshore* da Figura 12.1.

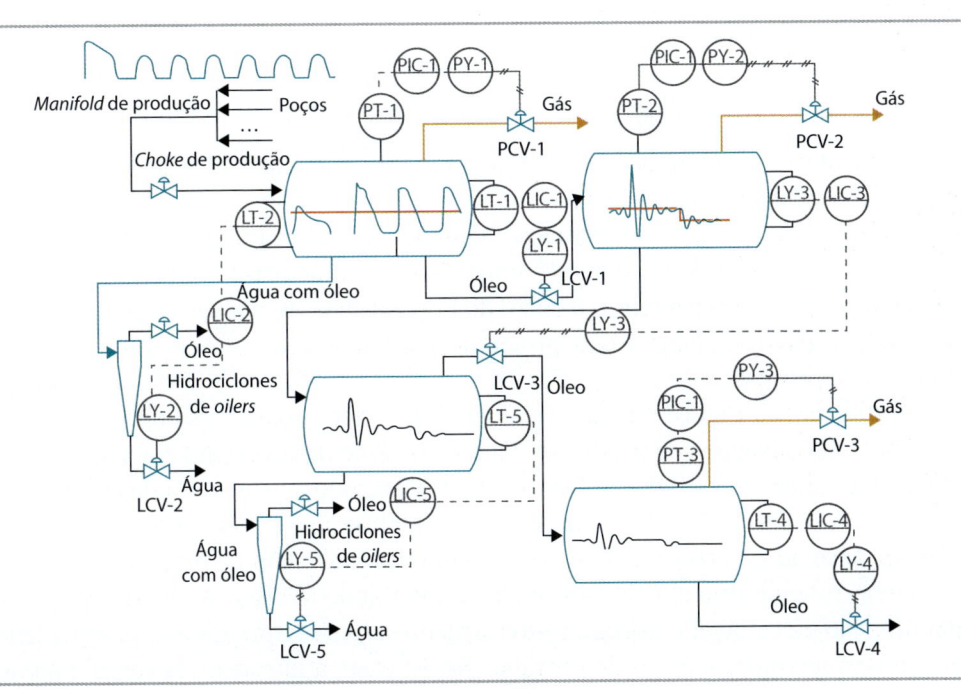

Figura 12.1 Oscilações de produção em separadores *offshore*

NOMENCLATURA

C, D	Comprimento e diâmetro de separador (m)
C_V	Coeficiente de vazão da válvula
$d(t), D(s)$	Perturbação (L_{in}) do separador, e sua Transformada de Laplace
$E(s)$	Transformada de Laplace do erro de rastreamento do *setpoint*
f	Fator de adaptação da sintonia do controlador
F	Vazão volumétrica
$h(t), H(s)$	Nível de separador bifásico, Transformada de Laplace de $h(t)$
$L_{in}(t), L_{out}(t)$	Vazão de carga e descarga de líquido de separador bifásico, respectivamente
LT, LY, LIC	Sensor/transmissor de nível, conversor I/P para malha de nível, e controlador/indicador de nível, respectivamente
PT, PY, PIC	Sensor/transmissor de pressão, conversor I/P para malha de pressão, controlador/indicador de pressão
$q(t), q(s)$	Vazão de descarga (L_{out}) do separador, e sua Transformada de Laplace
$R(s)$	Transformada de Laplace do *setpoint*
s	Variável de Laplace
TT, TY, TIC	Sensor/transmissor de temperatura, conversor I/P para malha de temperatura, controlador/indicador de pressão
$V(t)$	Volume
$y(t), Y(s)$	Resposta controlada do separador (nível, h) e sua Transformada de Laplace
ΔP	Queda de pressão

12.1 CONTROLE DE INVENTÁRIO

O inventário em plantas de processamento tem como aspectos positivos promover mistura reduzindo flutuações de composição, amortizar as oscilações da alimentação e atender requisitos de processo (por exemplo, líquido para bombeamento, tempo de residência para reações e contato entre fases). Como aspectos negativos, destacam-se o custo do equipamento, o custo do inventário e, de relevância para unidades *offshore*, o espaço de planta. Logo, projeta-se para mínimo inventário que satisfaça os objetivos de processo.

Destaca-se na Figura 12.1 a função dinâmica dos separadores de produção de amortecer as oscilações de produção. Para o controle de nível (interface gás-líquido ou interface água-óleo) os controladores são sintonizados, na maioria das vezes, para manipular a abertura da válvula no sentido de manter a variável controlada próxima ao valor desejado – *setpoint*. Quando há aumento na vazão de entrada do separador, o controlador atua abrindo a válvula, aumentando a descarga deste. Portanto a manutenção da variável controlada em torno do *setpoint* aproxima a vazão de saída ao comportamento da vazão de entrada. Nesse caso, a filtragem da carga é menor. Inversamente, quanto mais livre para oscilar estiver a variável controlada, maior a estabilidade da vazão de saída – maior a capacidade de filtragem da carga. Há, porém, limites para essas oscilações. Considere o controle de nível em separador bifásico. Este não pode subir a tal ponto de ocorrer arraste de líquido pelo gás ou descer de modo a permitir a passagem de gás com o líquido. Nessas unidades, o volume retido (*hold up*) deve ser explorado para prover operação suave.

Há na literatura diversos algoritmos que visam atenuar as oscilações na vazão da carga, e são referidos com diversos nomes, sendo o mais comum *Averaging Level Control*. Alternativamente pode-se atingir o mesmo objetivo com estratégias de controle abordadas no Capítulo 11 como, por exemplo, o esquema cascata (ilustrado no Exemplo 11.1), controle *feedforward* (PINTO et al., 2009), controle ótimo (CAMPO e MORARI, 1989) e controle preditivo (não abordado no escopo deste livro) (CAMPO e MORARI, 1989). Contudo verifica-se que via de regra essas aplicações requerem medições adicionais (como vazão) enquanto outras não colocam restrições nas flutuações de nível, o que do ponto de vista operacional é proibitivo. As condições operacionais de uma planta de processamento primário, onde se têm frequentes mudanças de carga devido aos testes dos poços e alterações de regime de escoamento na linha de produção, são tais que o algoritmo ideal é aquele que possa adaptar-se melhor a essas mudanças. Ao mesmo tempo, do ponto de vista operacional, simplicidade é desejável.

Visando atender a essa demanda foi desenvolvido o Controle por Bandas (NUNES, 2004), estratégia de controle cuja idéia central é permitir oscilações de nível dentro de uma faixa mas também garantindo que o nível não irá se distanciar desta, isto é, não irá ultrapassar os limites operacionais do vaso. Propõe-se que, quando o nível se encontre dentro da banda, o controlador assuma sintonia (lenta) com pouca ação sobre a válvula de controle; e quando o nível ultrapassar a banda, os parâmetros do controlador devem ser adaptados visando garantir o retorno do nível para dentro da banda. A definição dos valores ideais para a sintonia dentro e fora da banda além da melhor forma de transição entre estas será discutido adiante. Deve-se buscar uma transição suave a fim de evitar alterações bruscas na vazão e nível.

Com base no Controle por Bandas diversas implementações foram feitas na Petrobras sob as mais diversas denominações: Controle Avançado (plataforma P-26), Controle para Amortecimento de Vazão (plataforma P-07), Controle por Bandas (plataforma P-19) etc.

12.2 CONTROLE POR BANDAS

Tomemos como base os modelos de separadores que operam a altas pressões (maiores que a atmosférica) conforme desenvolvido no Capítulo 2.

Idealmente a vazão de saída de um separador dever ser constante. Nessa condição, o separador se comporta como um filtro ótimo, mas, para isso a vazão de descarga deve corresponder ao valor médio da alimentação de líquido. Contudo esta implementação só pode ser realizada se definirmos uma maneira de calcular o valor médio da vazão de entrada, o que pode ser obtido a partir do balanço material do vaso.

$$CD \frac{dh_L(t)}{dt} = L_{in}(t) - L_{out}(t) \tag{12.1a}$$

A vazão de entrada é obtida a partir das medições de vazão de saída, $L_{out}(t)$, e da derivada do nível $h_L(t)$.

$$L_{in}(t)_{estimado} = L_{out}(t)_{medido} + CD \frac{dh_L(t)}{dt}_{medido} \tag{12.1b}$$

Partindo da premissa que as oscilações na vazão de entrada são periódicas, a média temporal pode ser estimada se integrarmos a Equação 12.1b ao longo do período T da onda conforme a seguir:

$$\left\langle L_{in\ estimado} \right\rangle = \frac{\displaystyle\int_{t-T}^{t} \left(L_{out}(t) + CD \frac{dh_L(t)}{dt} \right) dt}{T} \tag{12.1c}$$

Agora que temos a média da vazão de entrada devemos adotar este valor para a vazão de saída L_{out}. Adotando como variáveis desvio $q(t) = L_{out}(t) - \bar{L}_{out}$ e $y(t) = h_L(t) - \bar{h}_L$ e aplicando a Transformada de Laplace à Equação (12.1c) tem-se:

$$Q(s) = \frac{1 - e^{-Ts}}{Ts} Q(s) + \frac{CD}{T} \left(1 - e^{-Ts} \right) Y(s) \tag{12.1d}$$

Utilizando a equação do balanço material e adotando $d(t) = L_{in}(t) - \bar{L}_{in}$ têm-se as seguintes funções de transferência em malha fechada:

$$\frac{Q(s)}{D(s)} = \frac{1 - e^{-Ts}}{Ts} \tag{12.1e}$$

$$\frac{Y(s)}{D(s)} = \frac{Ts - 1 + e^{-Ts}}{CDTs^2} \tag{12.1f}$$

A análise na freqüência mostra que a lei de controle da Equação 12.1f efetua o amortecimento de ondas senoidais de forma precisa, ou seja, Q fica constante e o nível oscila retornando a posição inicial após a passagem da onda, desde que T corresponda ao período exato desta. Entretanto, do ponto de vista prático, raramente pode-se atribuir um período claramente definido a uma golfada. Consequentemente a posição final do nível pode situar-se em qualquer posição, por exemplo, muito próximo dos limites da banda, o que é indesejado. Esse comportamento se deve em parte à média temporal das derivadas.

No Controle por Bandas (NUNES, 2004) adota-se um controlador proporcional ao nível em substituição ao segundo termo da Equação 12.1d o que, em termos práticos, implica em corrigir as diferenças entre L_{out} e L_{in} por um valor proporcional ao acúmulo de líquido no separador e não mais pela derivada do nível.

$$U(s) = \frac{(1-e^{-Ts})}{Ts}U(s) + K_C\left(R(s) - Y(s)\right) \tag{12.2}$$

Lembrando que $Q(s) = K_{x_L} U(s)$ a lei de controle pode ser reescrita como:

$$Q(s) = \frac{K_{x_L} K_C Ts}{Ts - 1 + e^{-Ts}} \left(R(s) - Y(s)\right) \tag{12.3}$$

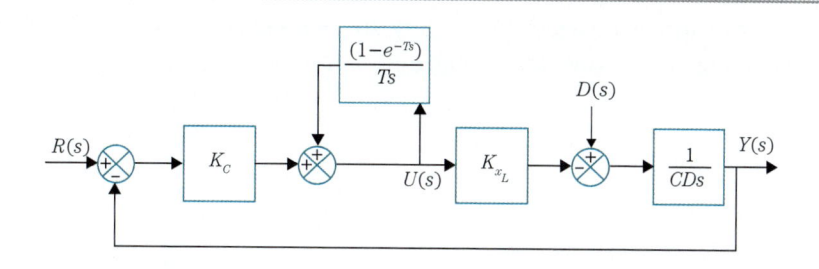

Figura 12.2   Controle por Bandas

O diagrama de blocos deste controle, aplicado ao separador, é visto na Figura 12.2. As funções de transferência em malha fechada são:

$$\frac{Q(s)}{D(s)} = \frac{K_C T}{CD\left(Ts - 1 + e^{-Ts}\right) + K_{x_L} K_C T} \tag{12.4}$$

$$\frac{Y(s)}{D(s)} = \frac{Ts - 1 + e^{-Ts}}{\left(CD\left(-1 + e^{-Ts}\right) + K_C T\right)s + CDTs^2} \tag{12.5}$$

Não obstante, sua relativa simplicidade a implementação da malha proposta foge aos padrões encontrados em unidades industriais, nos motivando a buscar uma simplificação a mais, o que é possível utilizando a aproximação de Padé para a exponencial:

$$e^{-Ts} \cong \frac{2 - Ts}{2 + Ts} \tag{12.6}$$

Sua substituição na função de transferência (12.5) leva à equação de um controle proporcional e integral.

$$\frac{K_C Ts}{Ts - 1 + e^{-Ts}} \cong K_C\left(1 + \frac{2}{Ts}\right) \tag{12.7}$$

Nesse caso o tempo integral τ_I é T/2. Essa aproximação dá bons resultados e simplifica muito a implementação, uma vez que se pode utilizar o controlador de nível PID, existente em todas as plantas. É importante ter em mente que nesse caso não se deve limitar a integral (*reset wind-up*) e sua janela de atuação deve ser igual ao período T da perturbação.

O separador atmosférico (Surge) da plataforma P-07 foi escolhido como objeto de estudo para demonstração de aplicabilidade e desempenho do Controle por Bandas. Nesta plataforma o Surge possui $D = 2{,}8$ m, $C = 5{,}4$ m, $\bar{h}_L = 1{,}3$ m (estado estacionário do nível), $\bar{L}_{in} = 5$ m³/min (estado estacionário da vazão). A fim de se comparar o desempenho do controlador PID existente com o Controle por Bandas neste equipamento, foram efetuadas simulações no SIMULINK do MATLAB. As medições de nível e vazão de saída do Surge (com frequência de amostragem de 6 segundos) foram utilizadas para estimar a vazão de carga deste conforme a Equação 12.1b. A Figura 12.3 apresenta os resultados da estimação.

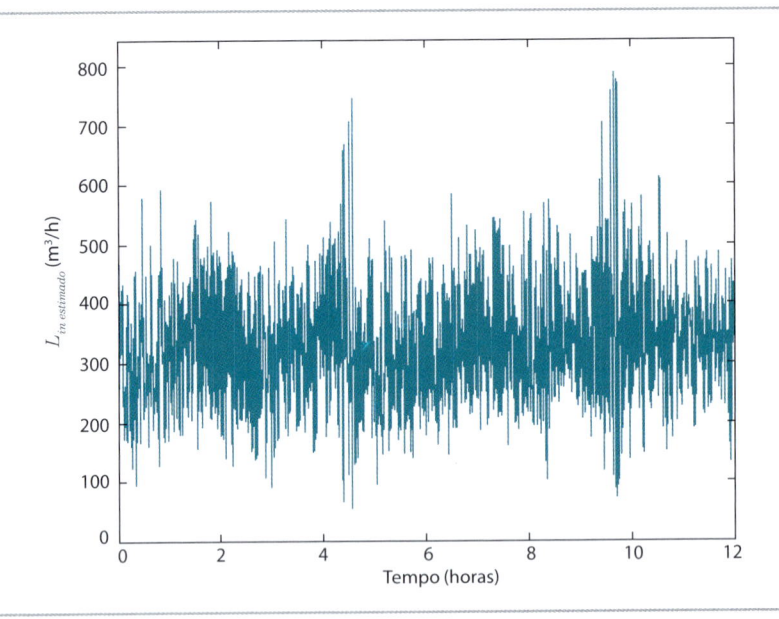

Figura 12.3   Vazão de entrada no Surge

Os limites da banda considerados foram $h_{max} = 1{,}6$ m, $h_{min} = 1{,}0$ m. Dentro da banda adotou-se controlador proporcional puro com valor $K_C = 0{,}48$. Fora da banda adotou-se $K_C = 0{,}67$ e $\tau_I = 100$.

Os resultados da simulação são vistos nas Figuras 12.4a e 12.4b. Verifica-se uma filtragem muito boa da carga com o nível oscilando dentro dos limites da banda. Note que os limites adotados (entre 1,6 e 1,0 m) correspondem a determinado volume de filtragem 12,8 m³.

O mesmo volume pode ser obtido entre outros limites, por exemplo 1,4 e 0,8 m, caso seja do interesse da operação em trabalhar com limites mais baixos. A capacidade de estabilização do Controle por Bandas fica nitidamente demonstrada.

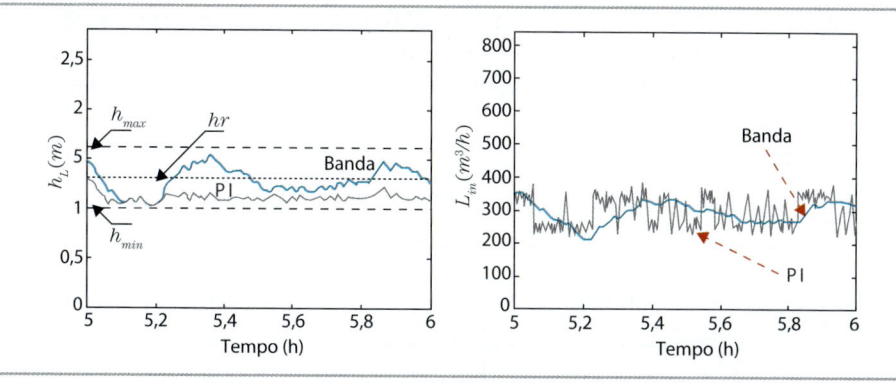

Fonte: Nunes (2004)

Figura 12.4 (a) Variação de nível; (b) Vazão de saída L_{out}

Nos sistemas onde se sabe a amplitude máxima das oscilações de carga a sintonia de K_C pode ser obtida pela analise de RA, a partir de valores máximos permitidos para as oscilações no vaso.

12.3 CONTROLADORES: P, P-LAG E PI

Na implementação do Controle por Bandas deve-se atentar tanto para os parâmetros de sintonia dentro e fora da banda assim como para a estratégia de migração entre as sintonias. Em sistemas com oscilações muito fortes na vazão de entrada a banda será ultrapassada com frequência, tornando o Controle por Bandas inócuo. Discutiremos aqui as limitações na capacidade de atenuação de vasos com determinado volume útil.

Em muitos casos o controle puramente proporcional pode ser uma alternativa para o controle de nível (Shinskey, 2009) Este controle promove uma vazão de saída igual à média exponencialmente ponderada ao longo da constante de tempo integral do tanque – o tempo para a operação promover a passagem de 0% a 100% (ou de 100% a 0%) do nível. Determina-se a máxima perturbação na vazão de alimentação ($\Delta L_{in,max}$) e calcula-se K_c para se obter o máximo valor permitido de nível, conforme ilustrado na Figura 12.5.

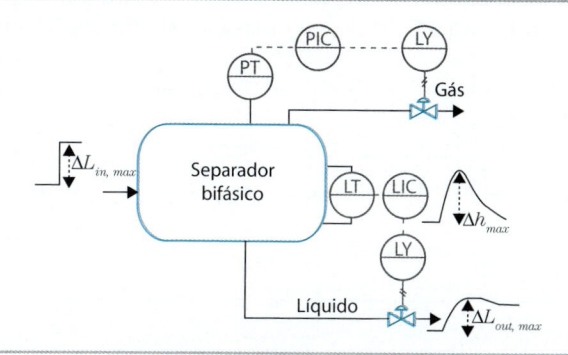

Figura 12.5 Controlador de nível puramente proporcional, com *offset* de nível

A malha de controle de nível da Figura 12.6 apresenta dinâmica de resposta conforme Equação 12.8. Nesta, $D(s)$ é a Transformada de Laplace da perturbação $L_{in}(t)$, $Y(s)$ é a Transformada de Laplace do nível $h(t)$ e $Q(s)$ é a vazão de descarga $L_{out}(t)$.

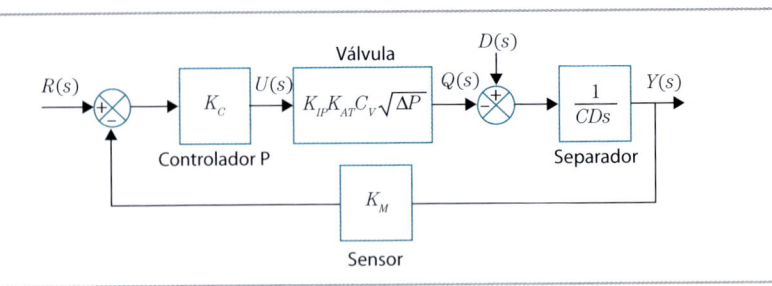

Figura 12.6 Controlador de nível P

$$\frac{Y(s)}{D(s)} = \frac{\dfrac{1}{K_C K}}{\left(\dfrac{CD}{K_C K}s + 1\right)}, \quad \frac{Q(s)}{D(s)} = \frac{1}{\left(\dfrac{CD}{K_C K}s + 1\right)}, \quad K = K_M K_{IP} K_{AT} C_V \sqrt{\Delta P} \qquad (12.8)$$

onde C_V é o coeficiente de vazão e ΔP a diferença de pressão na válvula, C e D são o comprimento e o diâmetro do separador, respectivamente, desprezando-se a dinâmica da válvula e utilizando o modelo linearizado do separador (Capítulo 2, Figura 2.7). Na Equação 12.8, as constantes K_{IP} (12 psig/16 mA) e K_{AT} (1/12 psig) convertem o sinal analógico enviado pelo controlador em fração de abertura da válvula (0 – 1). A resposta (em variável desvio) do nível a uma perturbação degrau de amplitude $\Delta L_{in,max}$ em $L_{in}(t)$ é:

$$y(t) = h(t) = \left[1 - exp\left(-\frac{K_C K}{CD}t\right)\right] \qquad (12.9)$$

Tem-se que Δh_{max} é $\dfrac{\Delta L_{in,max}}{K_C K}$, isto é, K_C deverá ser fixado em $\dfrac{\Delta L_{in,max}}{\Delta h_{max} K}$.

Alternativamente, a ação do controlador pode ser reduzida impondo-se um bloco de atraso (*lag*) à entrada (ou à saída) do controlador (Figura 12.7).

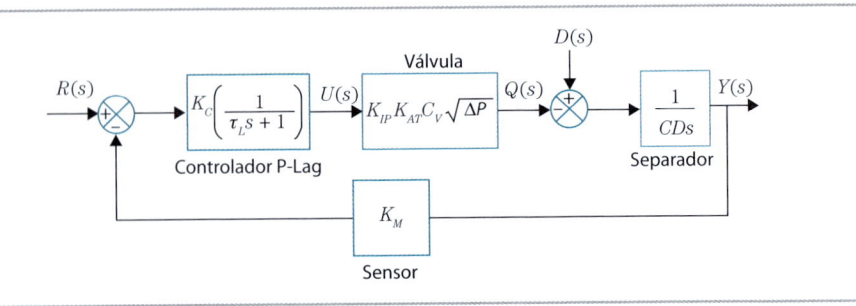

Figura 12.7 Controlador de nível P-Lag

Esta alternativa reduz a variação da vazão de saída além de filtrar ruídos e transientes de alta frequência, obtendo-se a resposta regulatória da Equação 12.10a.

$$\frac{Y(s)}{D(s)} = \frac{\dfrac{\tau_L s + 1}{K_C K}}{\left(\dfrac{CD\tau_L}{K_C K} s^2 + \dfrac{CD}{K_C K} s + 1\right)}, \qquad K = K_M K_{IP} K_{AT} C_V \sqrt{\Delta P} \qquad (12.10a)$$

um sistema de avanço de primeira ordem e atraso de segunda ordem. A vazão de descarga é dada pela Equação 12.10b.

$$\frac{Q(s)}{D(s)} = \frac{1}{\left(\dfrac{CD\tau_L}{K_C K} s^2 + \dfrac{CD}{K_C K} s + 1\right)} \qquad (12.10b)$$

Para uma perturbação degrau de amplitude $\Delta L_{in,max}$ em $L_{in}(t)$, aplicando-se o teorema do valor final na função de transferência da Equação 12.10a, obtém-se que a malha apresentará $offset = \dfrac{\Delta L_{in,max}}{K_C K}$, como no caso puramente proporcional. A resposta ao degrau é obtida como:

$$Y(s) = \frac{L_{in,max}}{K_C K s} \frac{\tau_L s + 1}{\left(\dfrac{CD\tau_L}{K_C K} s^2 + \dfrac{CD}{K_C K} s + 1\right)}, \qquad K = K_M K_{IP} K_{AT} C_V \sqrt{\Delta P} \qquad (12.11a)$$

ou

$$Y(s) = \frac{L_{in,max}}{K_C K s} \frac{\tau_L s + 1}{s \left(s + \left[\dfrac{1}{2\tau_L} - \dfrac{1}{2\tau_L}\sqrt{1 - \dfrac{4K_C K \tau_L}{CD}}\right]\right)\left(s + \left[\dfrac{1}{2\tau_L} - \dfrac{1}{2\tau_L}\sqrt{1 - \dfrac{4K_C K \tau_L}{CD}}\right]\right)} \qquad (12.11b)$$

Para $\xi = 1$, ocorrem raízes repetidas $(= -1/2\tau_L)$, e

$$1 - \frac{4K_C K \tau_L}{CD} = 0, \quad \tau_L = \frac{CD}{4KK_C} \qquad (12.11c)$$

Com expansão em frações parciais:

$$Y(s) = \frac{\Delta L_{in,max}}{K} \left[\frac{A_1}{\left(s - \dfrac{1}{2\tau_L}\right)} + \frac{A_2}{\left(s - \dfrac{1}{2\tau_L}\right)^2} + \frac{B}{s}\right] \qquad (12.11d)$$

A transformada inversa fornece a resposta:

$$y(t) = h(t) = \frac{\Delta L_{in,max}}{KK_C}\left\{4\tau_L^2 - \tau_L e^{\frac{-t}{2\tau_L}}\left[t + 4\tau_L\right]\right\} \tag{12.12a}$$

A derivada do nível é obtida pelos comandos do MATLAB a seguir:

```
>>syms t TL
>>h=4*TL^2–TL*exp(-t/2/TL)*(t+4*TL)
>>dh=diff(h,t)
>>dh =
1/2*exp(–1/2*t/TL)*(t+4*TL)–TL*exp(–1/2*t/TL)
```

A derivada só é nula em $t = \infty$, quando a altura atinge seu valor máximo igual a

$$\Delta h_{max} = \frac{L_{in,max}}{KK_C} \text{ ou } K_C = \frac{\Delta L_{in,max}}{\Delta h_{max}K} \tag{12.12b}$$

Em resumo, o controlador P deverá ser sintonizado com K_C de acordo com a Equação 12.12b e τ_L deverá obedecer à igualdade mostrada na Equação 12.11c.

Para o caso de controlador PI, Figuras 12.8 e 12.9, a função de transferência para controle regulatório é mostrada na Equação 12.13a.

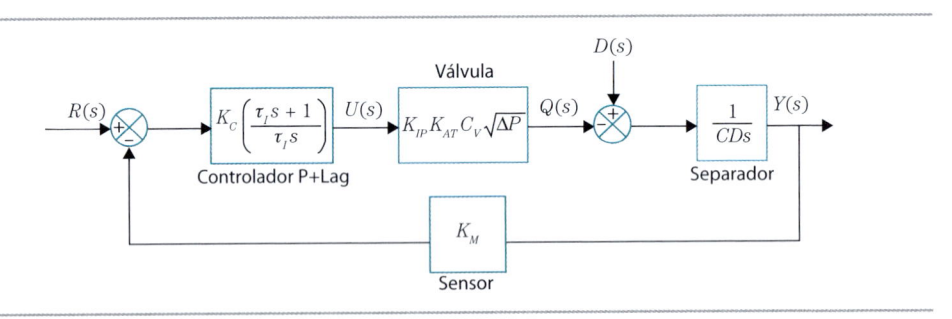

Figura 12.8　Controlador de nível PI

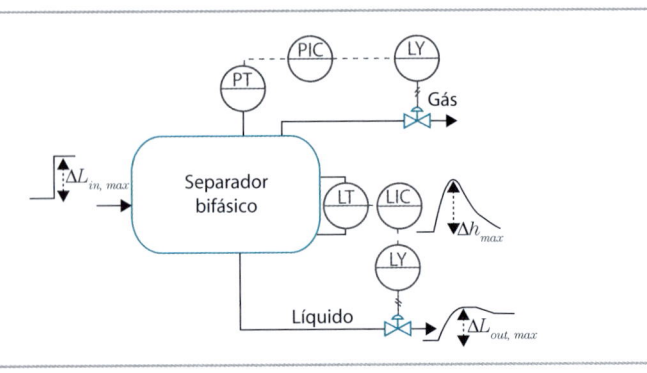

Figura 12.9　Controlador de nível PI, sem *offset* de nível

$$\frac{Y(s)}{D(s)} = \frac{\dfrac{\tau_I s}{K_C K_M K_{IP} C_V \sqrt{\Delta P}}}{\left(\dfrac{CD\tau_I}{K_C K_M K_{AT} K_{IP} C_V \sqrt{\Delta P}} s^2 + \tau_I s + 1\right)}$$

$$\frac{Q(s)}{D(s)} = \frac{\tau_I s + 1}{\left(\dfrac{CD\tau_I}{K_C K_M K_{AT} K_{IP} C_V \sqrt{\Delta P}} s^2 + \tau_I s + 1\right)} \qquad (12.13a)$$

com

$$\tau = \sqrt{\frac{CD\tau_I}{K_C K_M K_{AT} K_{IP} C_V \sqrt{\Delta P}}} \qquad (12.13b)$$

e

$$\tau_I = 2\xi \sqrt{\frac{CD\tau_I}{K_C K_M K_{AT} K_{IP} C_V \sqrt{\Delta P}}} \Rightarrow \tau_I = \frac{4\xi^2 CD}{K_C K_M K_{AT} K_{IP} C_V \sqrt{\Delta P}} \qquad (12.13c)$$

onde

$$K_C = \frac{\Delta L_{in,max}}{\Delta h_{max} K}$$

EXEMPLO 12.1 Controle de nível de separador bifásico: P, P-Lag e PI

Considere o separador da plataforma de P-07 descrito na Seção 12.2. Seja uma perturbação degrau de amplitude máxima igual 90 m³/h. Compare o desempenho de controladores P, P-Lag e PI. Adote que o desvio máximo aceitável para o nível (Δh_{max}) é de 0,6 m, K_M de 8 mA/m e válvula de dinâmica desprezível com ganho $K_V = C_V \sqrt{\Delta P} = 90$ (m³/h)/ *fração de abertura da válvula* e $\xi = 1$ e $K_{IP} = 0,75$ psig/mA..

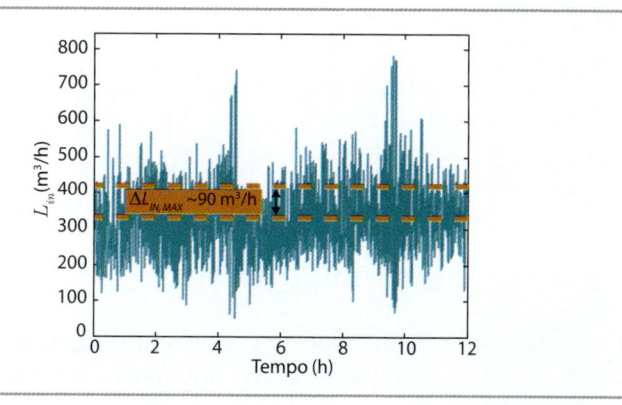

Figura 12.10 Flutuações na vazão de alimentação de separador da Plataforma P-07

A sintonia dos controladores é desenvolvida a seguir:

a) Controlador P:

$$K_C = \frac{\Delta L_{in,max}}{\Delta h_{max} K_M K_{AT} K_{IP} C_V \sqrt{\Delta P}} \tag{12.14a}$$

b) Controlador P-Lag, com $\xi = 1$ (raízes reais e repetidas):

$$\Delta h_{max} = \frac{\Delta L_{in,max}}{K_C K}, \qquad K = K_M K_{IP} K_{AT} C_V \sqrt{\Delta P} \tag{12.14b}$$

$$K_C = \frac{\Delta L_{in,max}}{\Delta h_{max} K} \tag{12.14c}$$

$$\tau_L = \frac{CD}{4} \frac{\Delta h_{max}}{\Delta L_{in,max}} \tag{12.14d}$$

c) Controlador PI, com $\xi = 1$ (raízes reais e repetidas):

$$\Delta h_{max} = \frac{\Delta L_{in,max}}{K_C K} \tau_I \frac{1}{\left(\frac{CD\tau_I}{K_C K} s^2 + \tau_I s + 1 \right)} = \frac{\Delta L_{in,max}}{K_C K} \tau_I \frac{1}{(\tau s + 1)^2} \tag{12.14e}$$

Calcula-se

$$\tau = \frac{2CD}{K_C K} \tag{12.14f}$$

e, para $\xi = 1$,

$$\tau_I = \frac{4CD}{K_C K} \tag{12.14g}$$

logo

$$Y(s) = \Delta L_{IN,MAX} \frac{1}{\left(s + \frac{1}{\tau} \right)^2} \tag{12.15a}$$

Da Tabela 4.1, linha 12:

$$y(t) = \Delta L_{in,max} t e^{-t/\tau} \tag{12.15b}$$

Derivando-se o nível em relação ao tempo e igualando a expressão resultante a zero, obtém-se o tempo para o nível atingir o seu valor máximo, t_{max}, e Δh_{max}:

$$t_{max} = \frac{2CD}{K_C K} \tag{12.15c}$$

$$y = \Delta h_{max} = \Delta L_{in,max} \frac{2CD}{K_C K} e^{-1} = \Delta L_{in,max} \frac{0{,}736CD}{K_C K_M K_{IP} K_{AT} C_V \sqrt{\Delta P}} \tag{12.16}$$

Tem-se, então, que

$$K_C = 0{,}736 \frac{\Delta L_{in,max}}{\Delta h_{max}} \frac{CD}{K_M K_{IP} K_{AT} C_V \sqrt{\Delta P}} \tag{12.17}$$

De forma resumida, as sintonias para as três alternativas de controle de nível do separador bifásico estão apresentadas na Tabela 12.1, onde $K = K_M K_{IP} K_{AT} C_V \sqrt{\Delta P}$.

O código MATLAB, reproduzido no APÊNDICE 3 calcula as respostas temporais reportadas na Figura 12.11. Um controle mais rigoroso pode ser obtido impondo-se desvio máximo de 0,2 m no nível dos separadores, como pode ser visto na Figura 12.11b Observa-se que os controladores não exploram a capacidade pulmão do separador, transferindo para L_{out} as perturbações L_{in}. Adicionalmente, os controladores P e P-Lag mantêm *offset* dentro do limite de sintonia imposto para desvio do nível (Δh_{max}).

Tabela 12.1 Sintonia de controladores de nível para a P-07, com $\xi = 1$

	K_C	τ_I	τ_L
P	$K_C = \dfrac{\Delta L_{in,max}}{\Delta h_{max} K} = 3{,}33$	–	–
P-Lag	$K_C = \dfrac{\Delta L_{in,max}}{\Delta h_{max} K} = 3{,}33$	–	$\tau_L = \dfrac{CD\,\Delta h_{max}}{4\Delta L_{in,max}} = 0{,}0252$
PI	$K_C = 0{,}736 \dfrac{\Delta L_{in,max}}{\Delta h_{max}} \dfrac{CD}{K} = 37{,}09$	$\tau_I = \dfrac{4CD}{K_C K} = 0{,}0362$	–

Observa-se que os controladores P e P-Lag admitem oscilações no nível enquanto o PI rejeita rapidamente o impacto da perturbação (desvio do *setpoint* em torno de zero), o que perturba a operação de equipamentos a jusante.

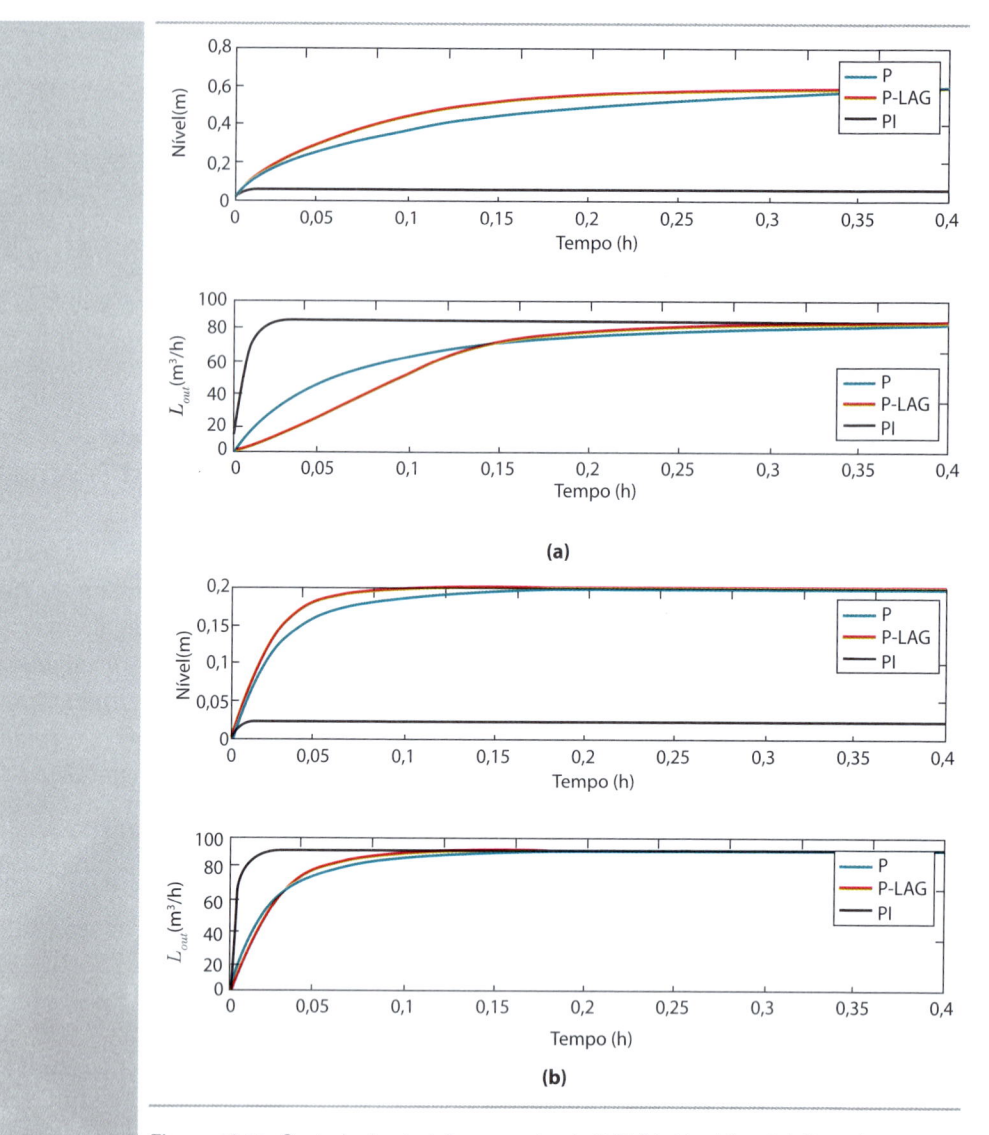

Figura 12.11   Controle de nível de separador da P-07 (Variável Desvio). Perturbação
Degrau $= +90$ m^3/h em L_{in}: (a) $\Delta h_{max} = 0,6$ m; (b) $\Delta h_{max} = 0,2$ m

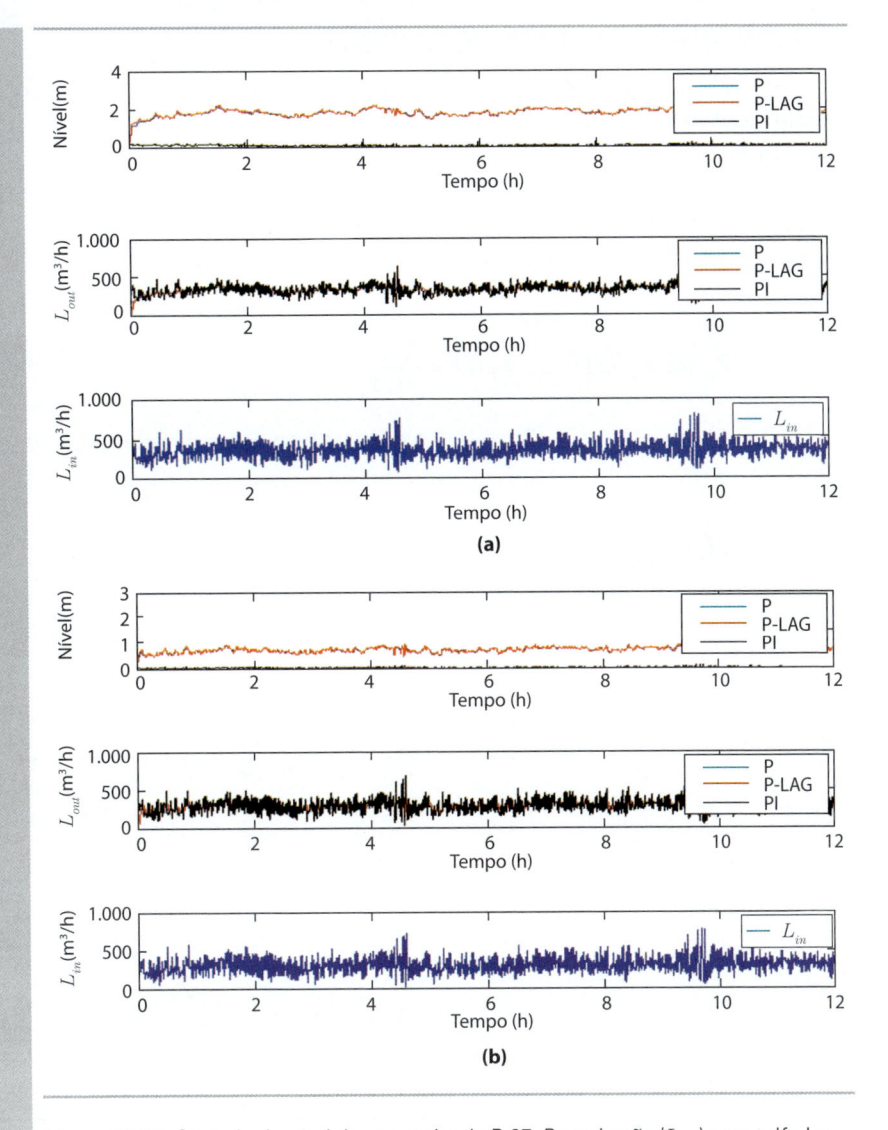

Figura 12.12 Controle de nível de separador da P-07. Perturbação (L_{in}) com golfadas – série histórica da P-07: (a) $\Delta h_{max} = 0,6$ m; (b) $\Delta h_{max} = 0,2$ m

12.4 SINTONIA COM TRANSIÇÃO SUAVE

Nesta seção iremos explorar a transição entre sintonias. Uma forma simples e bastante utilizada é através do uso de rampa. Há na literatura diversas propostas mais elaboradas.

Cheung e Luyben (1980) exploram diferentes estratégias de controle de nível, dentre elas a estratégia de Shunta e Fhervari (1976), o controlador de faixa ampla (*wide-range*), com lei de adaptação dos parâmetros de sintonia (K_C e τ_I) fornecida pela Equação 12.18.

$$K_C(t) = f(t)K_{C0}; \quad \tau_I(t) = \frac{\tau_{I0}}{f(t)}$$
(12.18)

A lei de adaptação de Shunta e Fhervari tem fator de adaptação conforme Equação 12.19, com o parâmetro K_1 fixado em 25.

$$f(t) = \left(1 + \left|e(t)\,Kln\left(K_1\right)\right|\right)\left(25^{\left|e(t)\right|K_1}\right)$$
(12.19)

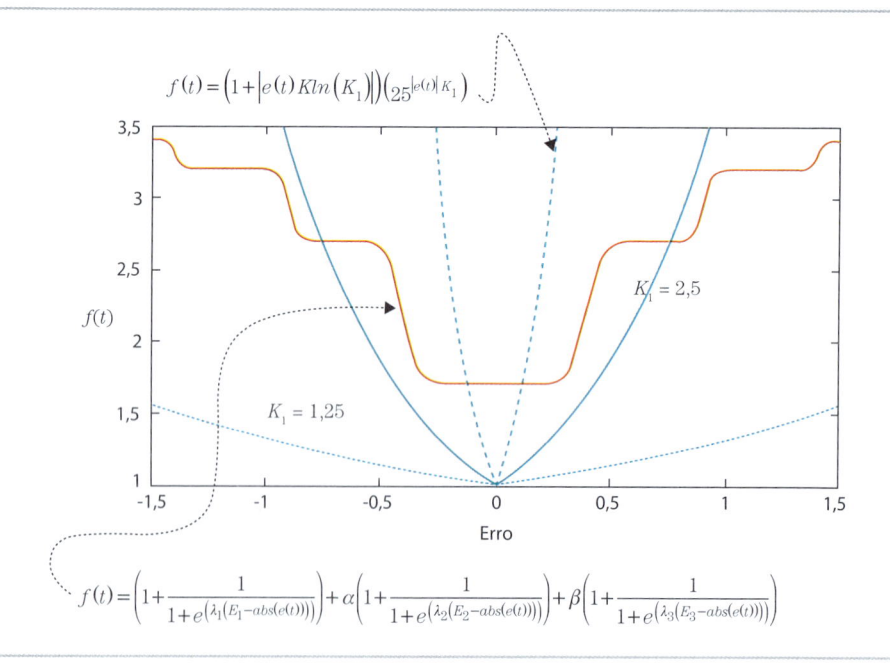

Fonte: Araujo et al., 2007

Figura 12.13 Fator f para adaptação da sintonia de controlador PI em função do erro (em mA). Equação 12.20, com $\alpha = 0{,}5, \beta = 0{,}2, \lambda_1 = 30, \lambda_2 = 50, \lambda_3 = 70, E_1 = 0{,}4, E_2 = 0{,}9$ e $E_3 = 1{,}4\,\mathrm{mA}$

Observa-se na Figura 12.13 (curva azul) que o parâmetro K_1 no valor originalmente proposto tem adaptação muito forte mesmo para pequenos desvios de *setpoint*, reduzindo a capacidade de amortecer oscilações. Por outro lado, reduzindo-se este parâmetro o controle fica lento. Alternativamente, Araujo et al. (2007) propõem uma lei de adaptação que cria patamares para o fator $f(t)$, permitindo intensificar a ação do controlador PI por faixas de valores de erros, de acordo com a Equação 12.20.

$$f(t) = \left(1 + \frac{1}{1 + e^{(\lambda_1 E_1 - abs(e(t)))}}\right) + \alpha\left(1 + \frac{1}{1 + e^{(\lambda_2 E_2 - abs(e(t)))}}\right) + \beta\left(1 + \frac{1}{1 + e^{(\lambda_3 E_3 - abs(e(t)))}}\right) \quad (12.20)$$

Esta função (Figura 12.13, curva vermelha), sem apresentar descontinuidades, faz uma transição suave entre diferentes patamares de intensidade na ação de controle. Os parâmetros α e β definem cada patamar de ganho, enquanto E_1, E_2 e E_3 estabelecem as fronteiras de erro. Os parâmetros λ_1, λ_2 e λ_3 são aceleradores de transição entre patamares. Para comparação, é apresentada a função relatada por Cheung e Luyben e a função proposta por Araujo et al.

No procedimento de sintonia dos controladores e parâmetros da Equação 12.20, utiliza-se alimentação de gás e líquido com padrão de escoamento *slug*, por se apresentar como a situação mais severa de operação do ponto de vista dinâmico (Figura 12.14). A Figura 12.15 mostra o modelo em SIMULINK para adaptação dos parâmetros de sintonia do controlador, onde o bloco *Atualiza Sintonia* (MATLAB Function) contém o código MATLAB de adaptação da sintonia do controlador, listado no APÊNDICE 3.

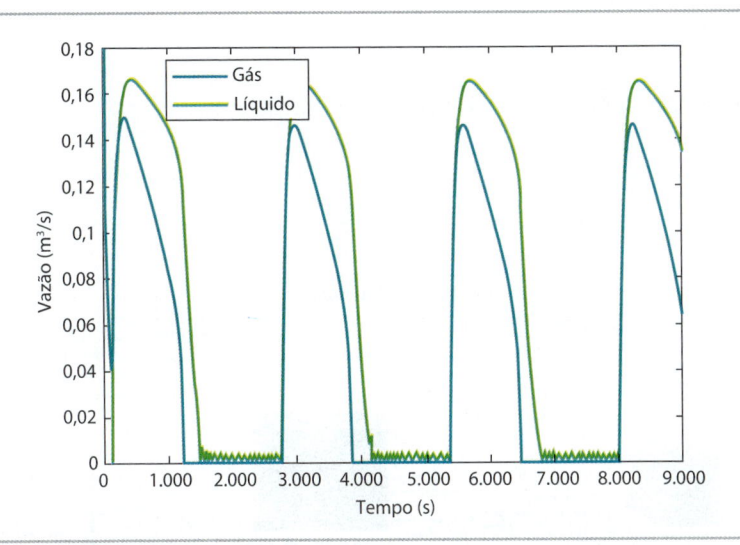

Figura 12.14 Alimentação de óleo e gás para o separador bifásico

O modelo do separador apresentado no Capítulo 13 é implementado em ambiente SIMULINK, sob controle de pressão e transição suave aplicado ao nível (Equação 12.20), e é mostrado na Figura 12.15. O processo (separador representado pelo bloco S-function, utiliza a função *sim2ph.m* apresentada no APÊNDICE 3), (b) blocos de controladores de nível e de pressão, e (c) sensores (nestes, os sinais de nível e de pressão são calculados pelo modelo do separador são convertidos para o padrão analógico de 4-20 mA). As chaves seletoras de entrada permitem selecionar entre o padrão intermitente e um padrão de constância nas vazões, para teste de sintonia.

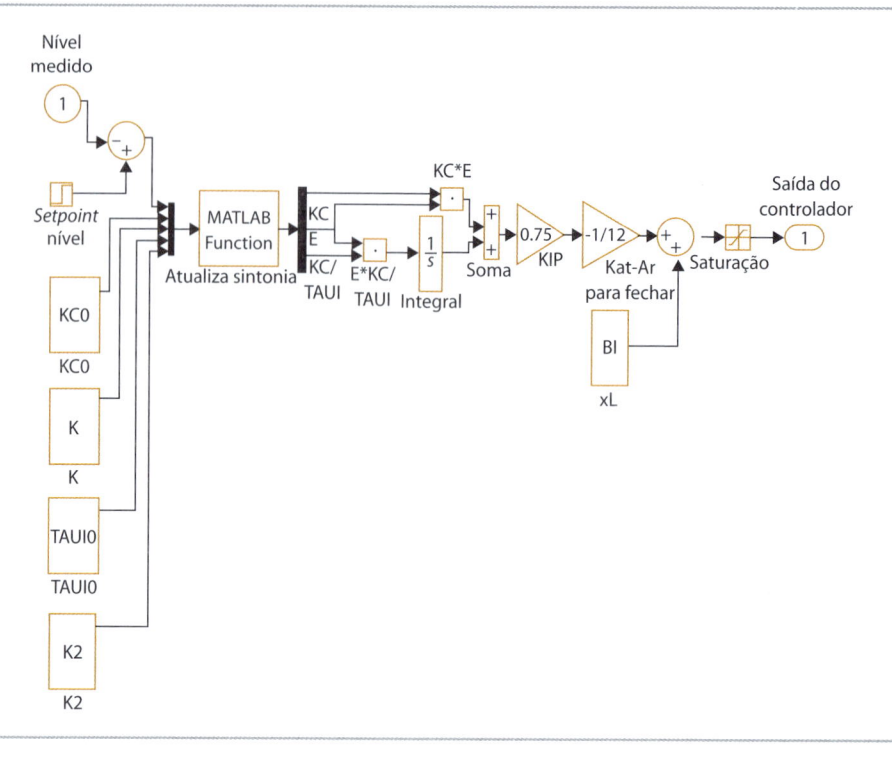

Figura 12.15 Modelo SIMULINK para transição suave entre sintonias

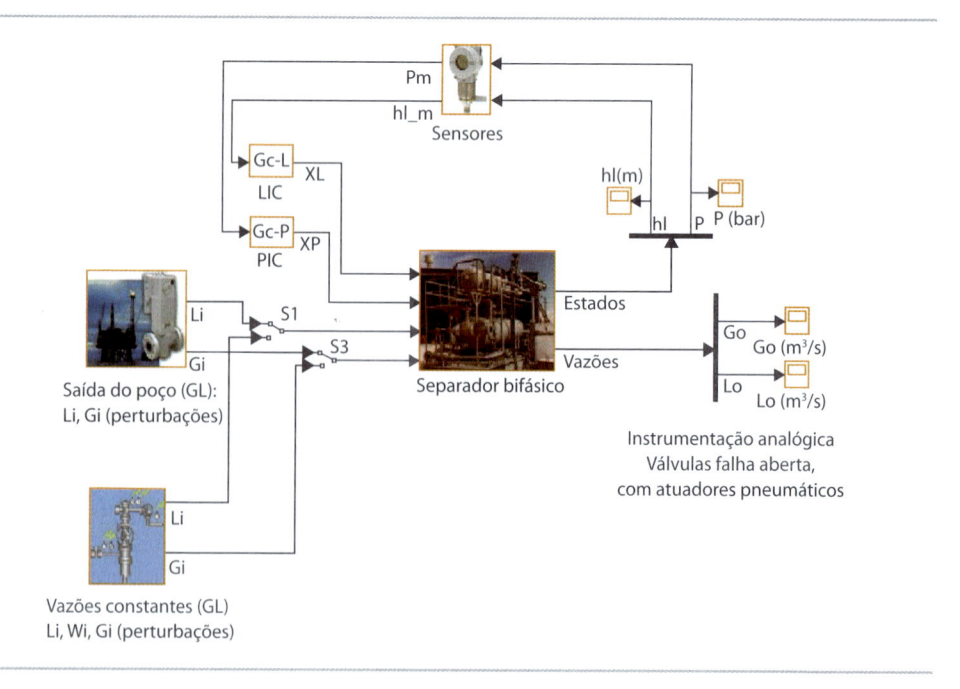

Figura 12.16 Simulador de separador bifásico com controles de pressão e de nível

Os parâmetros de sintonia do controlador de nível e do controlador de pressão foram obtidos pela minimização da função objetivo:

$$min_{\underline{\theta}} \; F_{OBJ} = R \, var\Big(abs\big(\delta x_G\big)\Big) + R \, var\Big(abs\big(\delta x_O\big)\Big) + Q \, var\big(abs(\delta P)\big) \quad (12.21)$$

sujeito a $h_{min} \leq h \leq h_{max}$

onde $\{\delta x_G\} = \big(1 - q^{-1}\big)\{x_G\}$, $\{\delta x_O\} = \big(1 - q^{-1}\big)\{x_O\}$ e $\{\delta P\} = \big(1 - q^{-1}\big)\{P\}$, e θ é o vetor com os parâmetros de sintonia do controlador. A notação {.} refere-se à série temporal no intervalo de 0 a 9.000 s, e q^{-1} representa o operador de deslocamento. R é um peso que define a contribuição na função objetivo de penalidade no movimento das válvulas, e Q a contribuição do desvio entre a pressão de *setpoint* e a obtida. Observe-se que o erro no nível não é considerado no desempenho da estrutura de controle, desde que este seja mantido entre os limites máximo e mínimo estabelecidos ($h_{min} = 0,1D$, $h_{max} = 0,9D$). Dessa forma, utiliza-se a capacidade de atenuação do separador. As variáveis de busca do problema são os parâmetros de s intonia do controle adaptativo de nível ($K_{Co}, \tau_{I0}, \alpha, \beta$) sendo fixados $\lambda_1 = 30, \lambda_2 = 50, \lambda_3 = 70, E_1 = 0,4$, $E_2 = 0,9$ e $E_3 = 1,4$. Adicionalmente, incluiu-se no conjunto de variáveis de busca o ganho e a constante integral do controlador de pressão (K_C e τ_I).

No APÊNDICE 3, o algoritmo de otimização empregado foi o de Nelder & Mead, por meio de função do *Toolbox* de Otimização do MATLAB (*fminsearch*). Como esse algoritmo é de busca irrestrita, são impostos limites de valores mínimo e máximo nos parâmetros de sintonia por meio da transformação de variáveis apresentada na Equação 12.22.

$$\underline{\theta} = \sqrt{\frac{\underline{y} - \underline{y}_{min}}{\underline{y}_{max} - \underline{y}}} \qquad (12.22)$$

As restrições de nível mínimo e nível máximo são implementadas como penalidades na função objetivo original (F_{OBJ}), como mostrado na Equação 12.23.

$$F_{OBJ}^{MOD} = F_{OBJ} + W \int_{t=0}^{tfinal} \left(1 + \frac{1}{1 + exp\big(200\big(h_{max} - h\big)\big)} - \frac{1}{1 + exp\big(200\big(h_{min} - h\big)\big)}\right) dt =$$

$$= F_{OBJ} + W \int_{t=0}^{tfinal} (SATL)dt \qquad (12.23)$$

Na Equação 12.23, F_{OBJ} é o valor da função objetivo, F_{OBJ}^{MOD} é a função objetivo aumentada para incluir a penalidade de nível mínimo e de nível máximo, e W é o peso atribuído à penalidade no cálculo da função objetivo modificada. Para um separador com diâmetro de 3 m, a penalidade de nível (*SATL*) está mostrada na Figura 12.17.

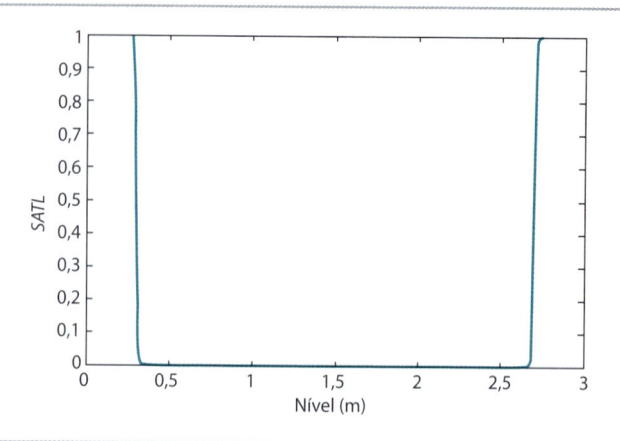

Figura 12.17 Penalidade de nível máximo e mínimo

O código MATLAB para otimização dos parâmetros de sintonia é mostrado no APÊNDICE 3.

As condições simuladas correspondem a *setpoint* do controlador de nível em 1 m e a malha de pressão operada com *setpoint* de 8 bar, em separador com diâmetro (D) de 3 m e comprimento (C) de 8 m. Adota-se, também, pressão a jusante das válvulas (gás e líquido) (P_L e P_G) em 6 bar e coeficientes das válvulas de líquido e gás em 1.025 (C_V^{MAXL}) e 120 (C_V^{MAXG}), respectivamente. As faixas dos sensores de nível e de pressão empregados são, respectivamente, 0-2, 2 m e 1-100 bar. Na otimização, os limites impostos para as variáveis de busca (parâmetros de sintonia) estão apresentados na Tabela 12.2.

Tabela 12.2 Limites nas variáveis de busca

Parâmetro de sintonia (y)	Limite inferior (y_{min})	Limite superior (y_{max})
K_{C0}	0,01	1
τ_{I0}	0,05	1.000
α	0,01	5
β	0,05	1.000
K_C	1	1.000
τ_I	1	1.000

O procedimento de sintonia é aplicado para diferentes ponderações nos termos da F_{OBJ}, mantido o peso da penalidade no nível (W) em 1.000. Apresenta-se na Tabela 12.3 os resultados das ponderações R e Q, com indicação do IAE (integral do erro absoluto) e ISE (integral do erro quadrático) para a malha de nível, em cada situação testada. Observa-se que o Caso b apresenta os maiores desvios em relação ao *setpoint*, como pode também ser visto na Figura 12.18.

Tabela 12.3 Sintonia de controle em função dos pesos R e Q

	Caso base	Caso a	Caso b	Caso c	Caso d
	$R = 1.000$	$R = 100$	$R = 10$	$R = 10$	$R = 10$
	$Q = 10$	$Q = 10$	$Q = 10$	$Q = 100$	$Q = 1.000$
Sintonia					
Nível	$K_{C0} = 0,62$	$K_{C0} = 0,92$	$K_{C0} = 0,54$	$K_{C0} = 0,51$	$K_{C0} = 0,49$
	$\tau_{I0} = 126,3$	$\tau_{I0} = 80,8$	$\tau_{I0} = 119,6$	$\tau_{I0} = 102,9$	$\tau_{I0} = 204,7$
	$\alpha = 0,53$	$\alpha = 0,02$	$\alpha = 0,44$	$\alpha = 0,05$	$\alpha = 0,11$
	$\beta = 0,25$	$\beta = 0,08$	$\beta = 0,21$	$\beta = 0,05$	$\beta = 0,06$
Sintonia					
Pressão	$K_C = 10,33$	$K_C = 20,4$	$K_C = 55,1$	$K_C = 212,5$	$K_C = 286,0$
	$\tau_I = 123,2$	$\tau_I = 891,7$	$\tau_I = 85,3$	$\tau_I = 290,9$	$\tau_I = 170,6$
ISE Nível	1.616,6	1.185,8	1.964,5	1.0617	1.0200
IAE Nível	2.790,4	1.988,9	2.904,1	6.211,2	6.135,4
F_{OBJ}	0,289	0,057	0,044	0,250	2,482

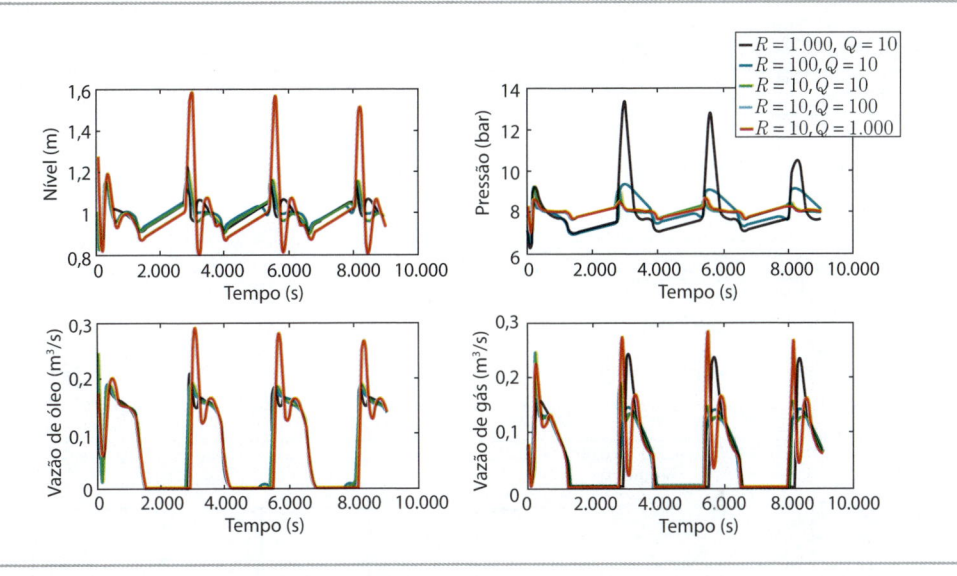

Figura 12.18 Desempenho de controle para os casos descritos na Tabela 12.2:
nível (m), pressão (bar), vazão de óleo (L_{out}, m³/s), e vazão de gás (G_{out}, m³/s).

$$F_{OBJ} = R \; var\left(abs\left(\delta x_G\right)\right) + R \; var\left(abs\left(\delta x_O\right)\right) + Q \; var\left(abs\left(\delta P\right)\right)$$

A análise dos resultados permite concluir que a valorização da pressão na função objetivo favorece rastreamento do *setpoint* de pressão, mas introduz severas perturbações nas vazões e no nível. Um equilíbrio nos dois pesos (Caso b: $R = 10$, $Q = 10$)

favorece a suavização das vazões, com flutuações de nível dentro da restrição de valor mínimo e valor máximo.

Com base nos resultados apresentados, é testada modificação da lei de adaptação (Equação 12.20) para que o controlador não atue na faixa de erro $-0,4 < E(mA) < +0,4$, visando ao aumento da capacidade de filtragem de flutuações. Isso é possível subtraindo-se $(1+ \alpha + \beta)$ na Equação 12.20. O mesmo procedimento de sintonia apresentado na seção anterior é adotado, partindo-se dos mesmos valores iniciais dos parâmetros.

A otimização fornece os parâmetros reportados na Tabela 12.4, em que os valores do caso base são repetidos para comparação. Observa-se que a banda (faixa morta) requer maior ação integral (menor τ_{I0}) na malha de nível, o mesmo ocorrendo para a malha de pressão. Esta última teve seu ganho aumentado por um fator de 4,6 sugerindo que quanto maior as flutuações na malha de nível, ou seja, quanto maior a função de filtro do separador, mais ágil deverá ser o controlador de pressão, perturbado por um volume de gás variando em função do comportamento da fase líquida. O ISE e o IAE registram a maior flutuação de nível ao longo do horizonte de simulação.

Tabela 12.4   Sintonia de controle ($R = 1.000$, $Q = 10$, $W = 1.000$)

	K_{C0}	τ_{I0}	α	β	K_C	τ_I	ISE	IAE
Caso base	0,62	126,3	0,53	0,25	10,33	123,2	1.616,6	2.790,4
Faixa morta	0,64	56,60	0,70	0,20	47,10	89,46	5.378,6	5.397,6

A Figura 12.19 mostra as variáveis controladas e manipuladas.

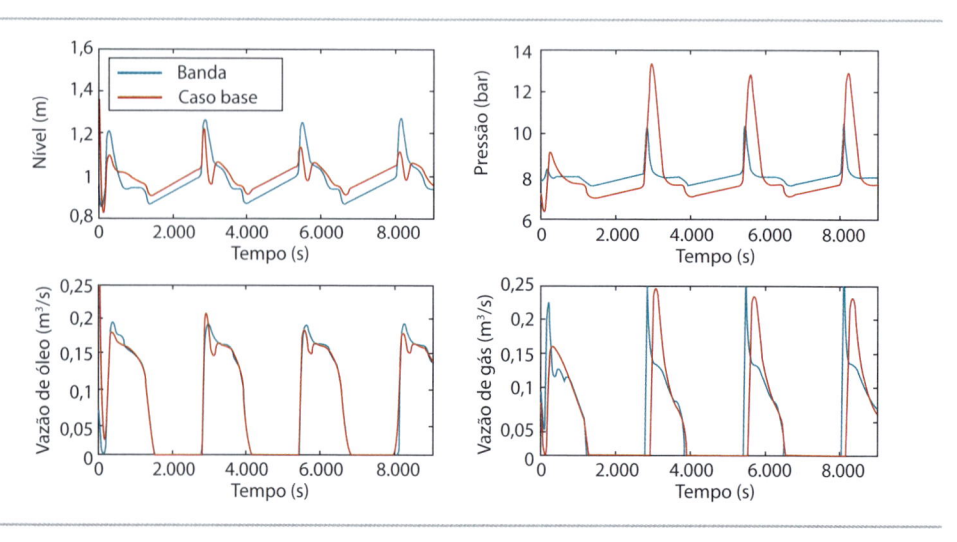

Figura 12.19 Desempenho de controle: Nível (m), pressão (bar), vazão de óleo (L_{out}, m³/s), e vazão de gás (G_{out}, m³/s)

A sintonia obtida no caso base é testada para operação do processo com alimentação em "golfadas" por 5.000 s (L_{in}, G_{in}) seguida por um suprimento constante: alimentações de gás e de óleo constantes em 0,165 m³/s e 0,1 m³/s, respectivamente. Adicionalmente, em $t = 7.000$ s é aplicado um degrau no *setpoint* de nível, com 1 m de amplitude. Na Figura 12.20, observa-se o bom desempenho das malhas de controle, destacando-se que a alimentação nos 5.000 s finais tem padrão totalmente distinto do apresentado ao processo no procedimento de sintonia.

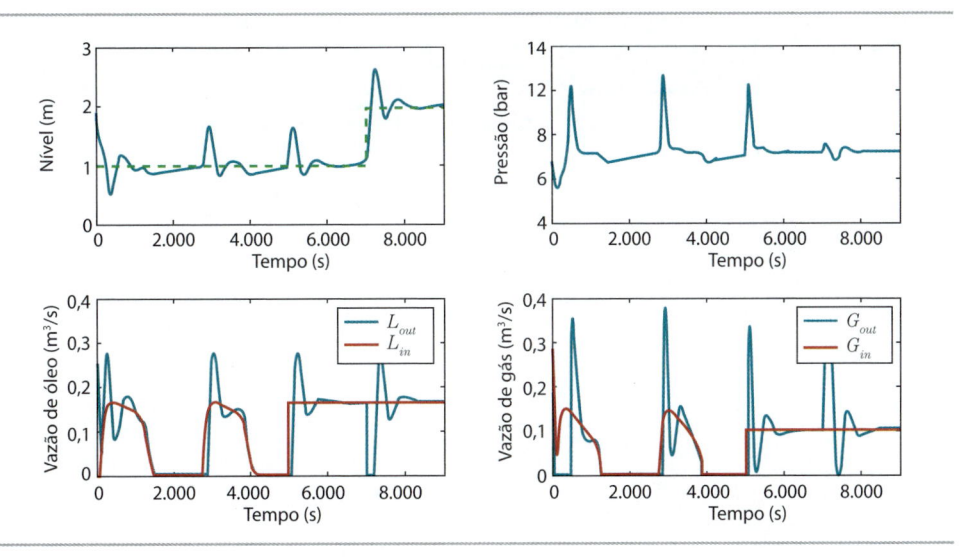

Figura 12.20 Desempenho da sintonia do caso base sob diferentes condições de alimentação de gás e líquido, e mudança de *setpoint de nível*: nível (m), pressão (bar), vazão de óleo $(L_{out}, L_{in}, \text{m}^3/\text{s})$, e vazão de gás $(G_{out}, G_{in}, \text{m}^3/\text{s})$

EXERCÍCIOS PROPOSTOS

12.1) Calcule a sintonia de controlador de nível na situação descrita a seguir:

$V = 50$ m³, $A = 25$ m², $F = 1,5$ m³/min, $\Delta F_{max} = 1,0$ m³/min

Considere dois casos: (a) controle rígido, e (b) controle que suavize variações na vazão de descarga. Nos dois casos, qual será a maior taxa de variação de nível para uma perturbação na alimentação de 1,0 m³/min?

12.2) No controle de golfadas é proposto o uso de dois controladores de nível em paralelo: um controlador (LIC) atuando em válvula a jusante, e um controlador, puramente proporcional (indicado na figura a seguir como "Controlador") atuando em válvula a montante. Explique porque o "Controlador" (atuando na válvula a montante) não deve possuir o termo integral.

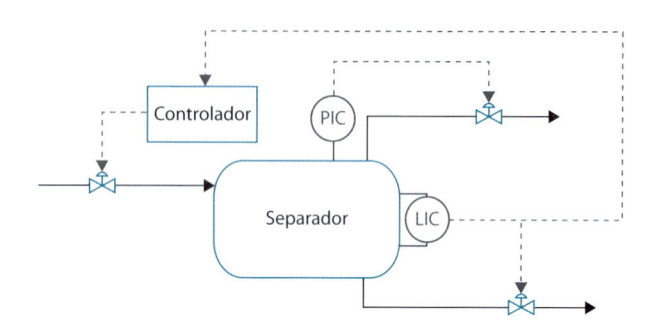

Modelagem de Equipamentos de Tratamento de Óleo e Água

Neste capítulo, voltamos à discussão iniciada no Capítulo 2 sobre a modelagem dos sistemas de separação em plataformas de petróleo. Desta vez abordamos as não linearidades de maior impacto no comportamento dinâmico de tais sistemas. No caso dos separadores trifásicos e hidrociclones, será analisada a influência da distribuição de gotas na eficiência de separação das fases aquosa e oleosa. Não serão aqui considerados os fenômenos de transferência de massa ou equilíbrio termodinâmico pois com base em nossa experiência anterior verifica-se que estes, além de serem extremamente trabalhosos, pouco agregariam aos resultados finais. Portanto, as seguintes premissas são adotadas:

- ❑ O sistema está em equilíbrio termodinâmico.
- ❑ O gás é modelado como gás ideal.
- ❑ As equações das válvulas de óleo e gás apresentam como variáveis dinâmicas a pressão de operação do vaso e a abertura dessas válvulas.
- ❑ O processo é isotérmico.

Na medida do possível, utilizamos dados operacionais para validação dos modelos propostos ou para inferências.

NOMENCLATURA

BSW	Fração de água e sedimentos
C_{VG}, C_{VL}, C_{VW}	Coeficiente de vazão da válvula de gás, óleo e água
C_{CS}, C_{CL}	Comprimento da câmara de separação e de óleo (m)
D	Diâmetro do vaso (m)
Dp	Diâmetro da gota (μm)
F	Split. Razão entre as vazões de *overflow* e de entrada no hidrociclone
$h_T(t)$	Altura da fase aquosa + fase oleosa (m)
$h_{VERT}(t)$	Altura de líquido sobre o vertedouro (m)
$h_W(t), h_L(t)$	Alturas da fase aquosa e fase oleosa (m)

$L_{in}(t), G_{in}(t)$	Vazões de entrada de líquido e gás (m³/s)
$L_{out}(t), W_{out}(t), G_{out}(t)$	Vazões de saída de óleo, água e gás (m³/s)
MM	Peso molecular (kg/mol)
$M_G(t)$	Massa de gás dentro do vaso (kg)
$P(t)$	Pressão do vaso (bar)
P_1, P_2, P_3	Pressões a jusante das válvulas de óleo, gás e água
T	Temperatura (K)
TOG	Concentração (ppms) de óleo e graxa na descarga aquosa W_{out}
V	Volume do vaso (m³)
$V_T(t)$	Volume da fase aquosa + fase oleosa do vaso (m³)
$V_W(t), V_L(t), V_G(t)$	Volume das fases aquosa, oleosa e gasosa (m³)
$V_{WFL}(t)$	Volume de água na fase oleosa
$V_{WFLCL}(t)$	Volume de água dispersa no óleo na câmara de óleo
$V_{WFLCS}(t)$	Volume de água dispersa na fase oleosa na câmara de separação
$vol(i)$	Fração volumétrica das gotas de iésimo tamanho
v_{ter}	Velocidade terminal da partícula
$x_L(t), x_W(t), x_G(t)$	Fração de abertura das válvulas de óleo, água e gás

Símbolos gregos

$\varepsilon(t)$	Eficiência
μ_W	Viscosidade da água
$\rho_L, \rho_G(t), \rho_W$	Densidades das fases oleosa, gasosa e aquosa (kg/m³)

A nomenclatura adotada na modelagem do escoamento em hidrociclones é mostrada a seguir.

r, θ, λ	Coordenadas cilíndricas
R_1, R_{crit}, a	R_1 representa o raio a partir do qual as gotículas de óleo entram no hidrociclone, R_{crit} é o raio a partir do qual gotículas de determinado tamanho chegam ao ponto em que ocorre a reversão do fluxo axial, a é o raio do tubo (rejeito) de *overflow*, e R_c é o raio do hidrociclone
V_θ, V_R, V_Z, V_0	Velocidades tangencial, radial, axial da gotícula e na entrada do sistema
W	Componente da velocidade perpendicular ao tampo, dirigida para o ciclone
Ψ	Função corrente
q_λ, q_r, q_θ	Velocidades tangencial, radial e angular

13.1 SEPARADORES BIFÁSICOS

O separador bifásico é utilizado para retirar o gás presente nas correntes oleosas. Encontra-se em praticamente todas as unidades de produção de petróleo. É projetado para um tempo de residência da fase líquida entre 3 e 5 minutos e para valores limites de velocidade do gás a partir da qual pode ocorrer arraste de líquido. Diversos dispositivos internos ao vaso (por exemplo, vanes e recheios estruturados) auxiliam na retenção de líquido disperso na fase gasosa. Para óleos com tendência a formação de espuma adotam-se valores menores de velocidade máxima do gás. A seguir, analisaremos um modelo não linear para esse equipamento.

13.1.1 Balanços de massa do separador bifásico

Considere o separador bifásico esquematizado na Figura 13.1.

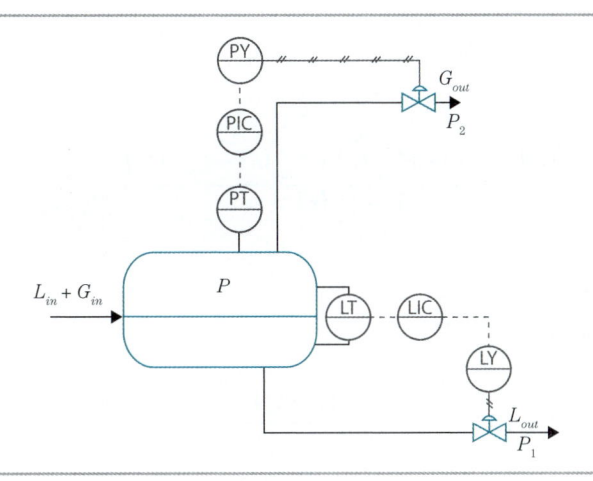

Figura 13.1 Separador bifásico

Para o balanço de massa da fase líquida adotamos o desenvolvimento efetuado no Capítulo 2.

$$\frac{dh_L(t)}{dt} = \frac{L_{in}(t) - L_{out}(t)}{2C\sqrt{(D - h_L(t))h_L(t)}}$$ (13.1)

Para a fase gasosa temos que:

$$\frac{dM_G(t)}{dt} = \frac{d(V_G(t)\rho_G(t))}{dt}\big(G_{in}(t) - G_{out}(t)\big)\rho_G(t)$$

$$\frac{d(V_G(t)\rho_G(t))}{dt} = \frac{dV_G(t)}{dt} + \frac{d\rho_G(t)}{dt}$$

$$\rho_G(t) = \frac{P(t)MM}{RT} \text{ onde } MM = \text{massa molar}$$

$$\frac{d(V_G(t)\rho_G)}{dt} = \frac{MM}{RT}\left(V_G\frac{dP(t)}{dt} + P(t)\frac{dV_G(t)}{dt}\right)$$

$V = V_L(t) + V_G(t)$, logo $dV_G(t) = dV - dV_L(t)$, com $dV = 0$, obtendo-se:

$$\frac{dV_G(t)}{dt} = -\frac{dV_L(t)}{dt} = -\big(L_{in}(t) - L_{out}(t)\big)$$

$$\frac{d\left(V_G(t)\rho_G(t)\right)}{dt} = \frac{MM}{RT}\left(V_G\frac{dP(t)}{dt} - P(t)\frac{dV_L(t)}{dt}\right) = \left(G_{in}(t) - G_{out}(t)\right)\rho_G(t)$$

$$\frac{MM}{RT}\left(V_G\frac{dP(t)}{dt} - P(t)\left(L_{in}(t) - L_{out}(t)\right)\right) = \left(G_{in}(t) - G_{out}(t)\right)\rho_G(t)$$

$$\frac{dP(t)}{dt} = \frac{P(t)\left(G_{in}(t) - G_{out}(t) + L_{in}(t) - L_{out}(t)\right)}{V_G(t)}$$

$$\frac{dP(t)}{dt} = \frac{P(t)\left(G_{in}(t) - G_{out}(t) + L_{in}(t) - L_{out}(t)\right)}{V - V_L(t)} \tag{13.2}$$

13.1.2 Equações de válvulas

☐ Válvula de óleo

$$L_{out}(t) = 2{,}4\cdot10^{-4}x_L(t)\,C_{VL}\sqrt{\frac{P(t) - P_1}{\rho_L\big/\rho_{H_2O,\,15{,}5\,°C}}} \tag{13.3}$$

☐ Válvula de gás

$$G_{out}(t) = 2{,}4\cdot10^{-4}x_G(t)\,C_{VG}\sqrt{\frac{\left(P(t) - P_2\right)\left(P(t) + P_2\right)}{\rho_G(t)\big/\rho_{H_2O,\,15{,}5\,°C}}} \tag{13.4}$$

13.1.3 Relações geométricas

$$V_L(t) = \frac{CD^2}{4}\left[arccos\left[\frac{D - 2h_L(t)}{D}\right] - \left[2\frac{\sqrt{\left(D - h_L(t)\right)h_L(t)}}{D}\right]\left[\frac{D - 2h_L(t)}{D}\right]\right] \tag{13.5}$$

13.1.4 Modelo linearizado de separador bifásico

No APÊNDICE 7, apresenta-se a linearização do modelo acima. Os resultados da linearização são apresentados a seguir para um caso particular:

C	= 8,00 m	D	= 3,00 m
C_{VG}	= 120,00	C_{VL}	= 1.025,00
P_1	= 6,00 bar	P_2	= 6,00 bar
ρ_L	= 850,00 kg/l	$\rho_{H_2O,\,15{,}5\,°C}$	= 999,20 kg/l
g	= 9,81 m/s^2	$V = \dfrac{\pi D^2}{4}C$	= 56,60 m^3
MM_{AR}	= 0,029 kg/mol	MM_G	= 0,021 kg/mol

nas condições de estado estacionário correspondentes a:

$$\overline{L_{in}} = 0{,}165 \text{ m}^3/\text{s} \qquad \overline{L_{out}} = 0{,}165 \text{ m}^3/\text{s}$$

$$\overline{h_L} = 2 \text{ m} \qquad \overline{G_i} = 0{,}100 \text{ m}^3/\text{s}$$

$$\overline{G_{out}} = 0{,}1 \text{ m}^3/\text{s} \qquad \overline{x_L} = 0{,}5$$

$$\overline{x_G} = 0{,}5 \qquad \overline{P} = 8 \text{ bar}$$

$$\overline{V_L} = 40{,}05 \text{ m}^3 \qquad \overline{T} = 303{,}15 \text{ K}$$

Assim:

$$\frac{H_L(s)}{L_{in}(s)} = \frac{K_{p1}}{\tau_{p1}s+1} = \frac{264{,}7}{5983{,}5s+1} \qquad \frac{H_L(s)}{x_L(s)} = \frac{K_{p2}}{\tau_{p2}s+1} = \frac{-103{,}9}{5983{,}5s+1}$$

$$\frac{H_L(s)}{P(s)} = \frac{K_{p3}}{\tau_{p3}s+1} = \frac{-12{,}0}{5983{,}5s+1} \qquad \frac{P(s)}{L_{in}(s)} = \frac{K_{p4}}{\tau_{p4}s+1} = \frac{12{,}1}{24{,}9s+1}$$

$$\frac{P(s)}{G_{in}(s)} = \frac{K_{p5}}{\tau_{p5}s+1} = \frac{12{,}1}{24{,}9s+1} \qquad \frac{P(s)}{x_L(s)} = \frac{K_{p6}}{\tau_{p6}s+1} = \frac{-4{,}7}{24{,}9s+1}$$

$$\frac{P(s)}{H_L(s)} = \frac{K_{p7}}{\tau_{p7}s+1} = \frac{-0{,}1}{24{,}9s+1} \qquad \frac{P(s)}{x_G(s)} = \frac{K_{p8}}{\tau_{p8}s+1} = \frac{-5{,}6}{24{,}9s+1}$$

$$\frac{P(s)}{T(s)} = \frac{K_{p9}}{\tau_{p9}s+1} = \frac{-0{,}005}{24{,}9s+1}$$

A resposta linear é dada por combinação das funções de transferência acima. O modelo linear do separador bifásico é simulado em ambiente SIMULINK (ver APÊN-DICE 7) e comparado ao modelo não linear na Figura 13.2. A sintonia do controle com transição suave (Seção 12.4) obtida no Capítulo 12 é empregada, utilizando-se vazões de gás e óleo constantes.

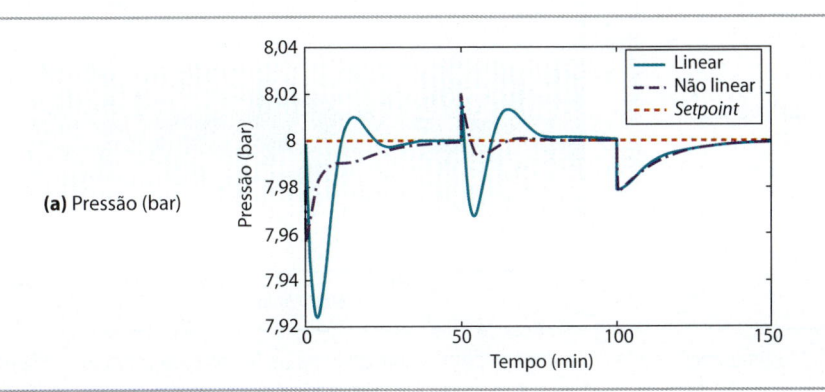

(a) Pressão (bar)

(continua)

(continuação)

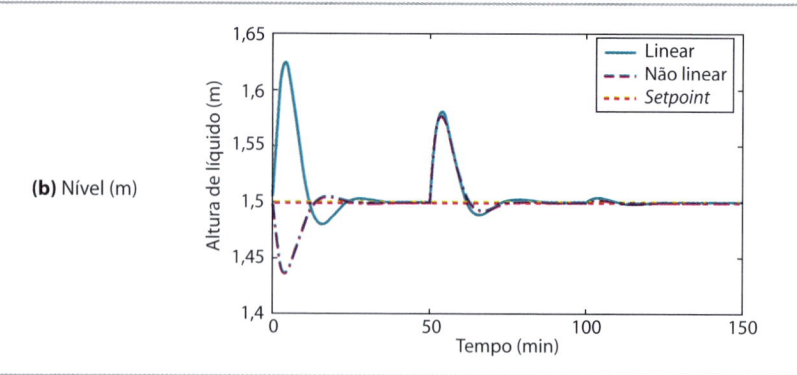

(b) Nível (m)

Figura 13.2   Comparação de resultados: modelo linearizado e modelo não linear para separador bifásico sob escoamento estacionário (vazões constantes)

A simulação é realizada também com golfadas ocorrendo desde o tempo 0s, com série temporal de uma plataforma da Petrobras (conforme Figura 13.3), tudo o mais mantido constante.

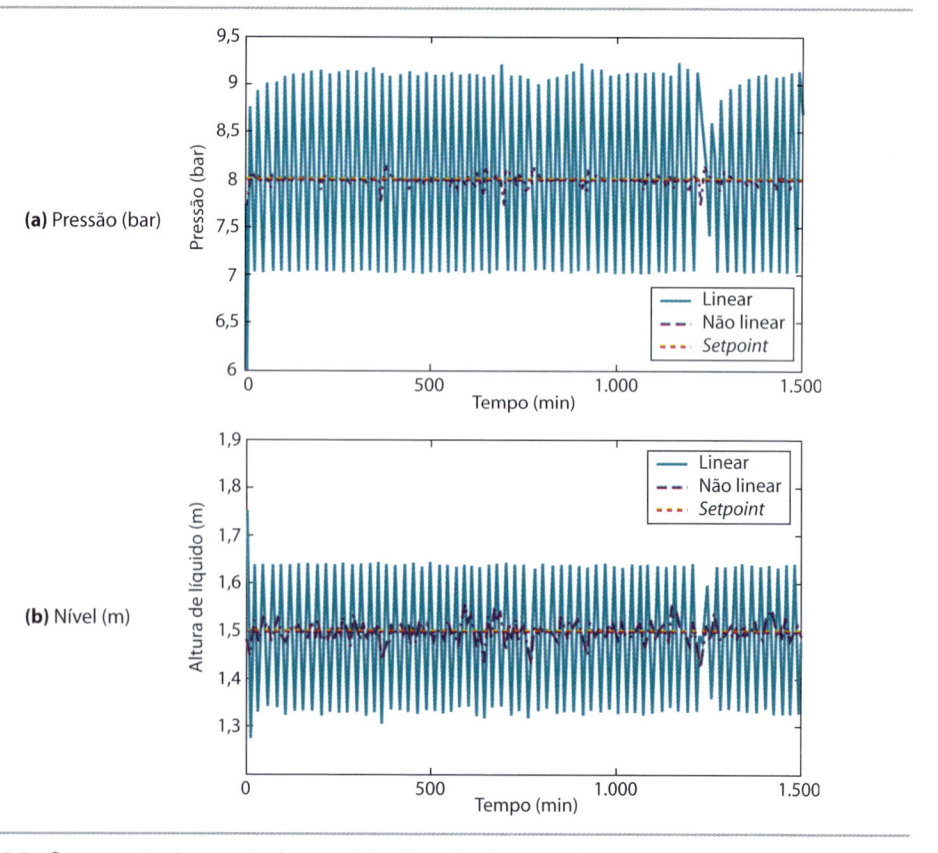

(a) Pressão (bar)

(b) Nível (m)

Figura 13.3   Comparação dos resultados: modelos linearizado e não linear para separador bifásico sob regime de "golfadas" de $t = 0$ s a $t = 5.000$ s (vazões constantes em $t > 5.000$ s)

Observa-se que o modelo linear subestima o efeito das golfadas, devendo ser usado com cautela. Contudo, os resultados indicam que é viável desenvolver preditores de variáveis não medidas para auxiliar o controle do nível no separador submetido a golfadas.

13.2 TRATADORES ELETROSTÁTICOS

O tratamento eletrostático se baseia no uso de campo elétrico para promover a atração e eventual coalescência entre gotas de água emulsionada na fase oleosa. Faz-se necessário evitar o excesso de água ou bolhas de gas na região entre as placas eletrostáticas sob pena de formação de arco voltaico e fuga de corrente o que se traduz em altas amperagens e perda de eficiência do equipamento. A carga normalmente é injetada no fundo do vaso para que possa ser lavada pela água presente no tratador reduzindo o BSW antes de atingir a região entre os eletrodos. Trata-se do maior equipamento numa planta de tratamento de óleo, com tempo de residência em torno de 30 minutos. A modelagem fenomenológica de tais sistemas é muito complexa e pouco usada na indústria. Costumam-se adotar modelos empíricos ajustados com dados de campo.

13.2.1 Eficiência de separação

No Capítulo 2, foi feita uma modelagem simplificada deste equipamento faltando definir a função eficiência de separação. Nesse sentido há uma excelente correlação desenvolvida pela Petrobras[1] que relaciona tempo de residência, viscosidade da fase oleosa, tensão entre eletrodos e densidade das fases com o teor de água na carga, BSW_{in}. Para efeito de controle de processos nos interessa a relação entre a eficiência e o tempo de residência de modo que, alternativamente, propõe-se

$$BSW_{out}(t) = BSW_{in}(t) + a\, T_{RL}^{b}(t) \tag{13.6}$$

$T_{RL}(t)$ se refere ao tempo de residência da fase oleosa no tratador. Para o tratador representado na Figura 13.5 tem-se:

$$T_{RL}(t) = \frac{V - V_W(t)}{L_{out}(t)} \tag{13.7}$$

Onde V se refere ao volume do tratador eletrostático. Note que a Equação 13.6 nos possibilita calcular a eficiência de separação definida como:

$$\varepsilon = \frac{\text{Vazão de água descartada pelo tratador}}{\text{Vazão de água na entrada do tratador}} \tag{13.8}$$

O ajuste dos parâmetros deve ser feito com dados de campo e vale para as condições operacionais reinantes inclusive o BSW de entrada. Cabe lembrar que, frequentemente, o excesso de água na vazão de entrada do tratador eletrostático resulta em aumento do BSW de saída mais por conta do engargalamento do sistema de tratamento de água (por exemplo, limitação da capacidade dos hidrociclones) a jusante do tratador do que propriamente por uma queda de eficiência do tratamento eletrostático.

---

[1]   ALVES, Robson P.; OLIVEIRA, Roberto C. Tecnologias de tratamento eletrostático no processamento primário de petróleos pesados. In: *Terceiro seminário de processamento e instalações de produção*. Búzios-RJ, Petrobras, 2006. p. 1-7.

Nas Figuras 13.4a e b a seguir, são apresentados dados de campo de dois trata-dores eletrostáticos de uma mesma plataforma. No primeiro tratador, ocorre alta am-peragem (fuga de corrente) e baixo desempenho. No segundo caso, a amperagem é adequada para o tratamento eletrostático o que resulta em melhor desempenho.

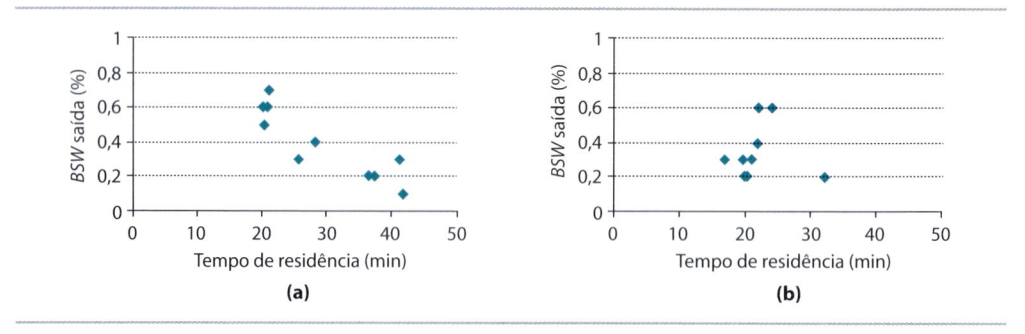

Figura 13.4   Correlação de desempenho de tratadores eletrostáticos: (a) 150 Amperes; (b) 70 Amperes

A dispersão de valores apresentada na Figura 13.4 é comum e decorre de varia-ções em concentração de desemulsificante, temperatura de operação, alinhamento de poços, entre outras.

13.2.2 Balanço de massa do tratador eletrostático

Considere a configuração de vasos representado na Figura 13.5. O vaso número 1 corresponde ao separador bifásico e o número 2 ao tratador eletrostático.

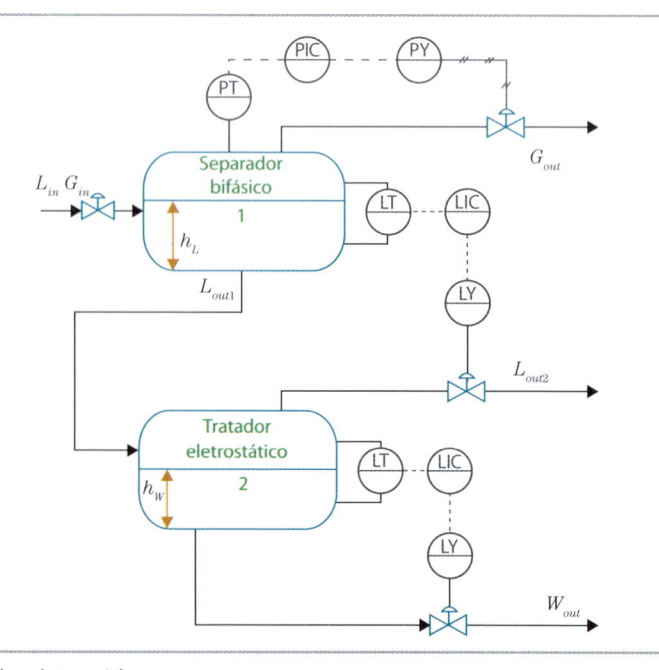

Figura 13.5   Tratador eletrostático

Para o balanço de massa do separador bifásico tem-se:

$$\frac{dh_L(t)}{dt} = \frac{L_{in} - L_{out,1}(t)}{2C_1\sqrt{(D_1 - h_L(t))h_L(t)}} \tag{13.9}$$

$$\frac{dP(t)}{dt} = \frac{P(t)\left(G_{in}(t) - G_{out}(t) + L_{in}(t) - L_{out,1}(t)\right)}{V - V_L(t)} \tag{13.10}$$

Considerando que não há óleo presente na corrente de saída de água $W_{out}(t)$, tem-se para o tratador as seguintes equações:

$$\frac{dh_W(t)}{dt} = \frac{L_{out,1}(t)\ BSW\ \varepsilon(t) - W_{out}(t)}{2C_2\sqrt{(D_2 - h_W(t))h_W(t)}} \tag{13.11}$$

Onde $L_{out,1}(t) = L_{out,2}(t) + W_{out}(t)$ e $\varepsilon(t) = \dfrac{W_{out}(t)}{L_{out,1}(t)BSW}$ \tag{13.12}

$$\frac{dV_{WFL}(t)}{dt} = L_{in}(t)BSW(1 - \varepsilon(t)) - L_{out,2}(t)\frac{V_{WFL}(t)}{V - V_W(t)} \tag{13.13}$$

13.2.3 Relações geométricas

$$V_L(t) = \frac{C_1 D_1^2}{4}\left[arccos\left[\frac{D_1 - 2h_L(t)}{D_1}\right] - \left[2\frac{\sqrt{(D_1 - h_L(t))h_L(t)}}{D_1}\right]\left[\frac{D_1 - 2h_L(t)}{D_1}\right]\right] \tag{13.14}$$

$$V_W(t) = \frac{C_2 D_2^2}{4}\left[arccos\left[\frac{D_2 - 2h_W(t)}{D_2}\right] - \left[2\frac{\sqrt{(D_2 - h_W(t))h_W(t)}}{D_2}\right]\left[\frac{D_2 - 2h_W(t)}{D_2}\right]\right] \tag{13.15}$$

13.2.4 Equações de vazão

☐ Óleo

$$L_{out,2}(t) = 2{,}4 \cdot 10^{-4} x_L(t)\, C_{VL}\sqrt{\frac{P(t) - P_1}{\rho_L / \rho_{H_2O,15{,}5\,°C}}} \tag{13.16}$$

☐ Gás

$$G_{out}(t) = 2{,}4 \cdot 10^{-4} x_G(t)\, C_{VG}\sqrt{\frac{(P(t) - P_2)(P(t) + P_2)}{\rho_G(t) / \rho_{H_2O,15{,}5\,°C}}} \tag{13.17}$$

☐ Água

$$W_{out}(t) = 2,4 \cdot 10^{-4} x_W(t) \, C_{VW} \sqrt{\frac{P(t) - P_3}{\rho_W / \rho_{H_2O, 15,5\,°C}}} \tag{13.18}$$

13.3 SEPARADORES TRIFÁSICOS

Os separadores trifásicos são responsáveis por descartar a água dita *livre*, ou seja a água em condições de descarte para envio ao sistema de tratamento de água. Quando este sistema é composto de hidrociclones seguido de flotador essa água deve ter, no máximo, 2.000 ppms de óleo para que possa atingir os 29 ppms requeridos pela legislação para descarga mar. Quando não há hidrociclones a água descartada deve ter, no máximo, 400 ppms para envio aos flotadores ou tanques de decantação. Conclui-se que a quantidade de água *livre* depende da configuração de cada sistema e por isso mesmo ainda não há uma definição clara desta. Todavia, além do TOG, a distribuição de tamanho de gotas é tema recorrente nas discussões acerca do desempenho de tais sistemas. Iremos aqui explorar o escoamento interno dos separadores e o trajeto das gotas dispersas visando avaliar sua influência na eficiência de separação água-óleo. Veremos que quando utilizados de forma adequada, estes modelos podem ser uma importante ferramenta de análise de desempenho especialmente quando calibrados com dados no campo.

A Figura 13.6 mostra um separador de produção típico encontrado nas plantas de processamento *offshore*. Na entrada do equipamento, uma placa defletora promove a fragmentação das fases, facilitando assim a saída do gás. Após se chocar com a placa defletora, óleo e água vão para a câmara de separação (CS), onde ocorre parcialmente a separação gravitacional entre os dois líquidos e o gás é exaurido. A fase oleosa da câmara de separação (correspondente a todo o líquido acima da interface, ou seja, o óleo mais a água nele emulsionada) verte para a câmara de óleo[2], onde o nível é controlado manipulando-se a vazão de saída da fase oleosa. Analogamente, a fase aquosa corresponde à água livre mais o óleo nesta disperso. O controle de nível de interface atua sobre a vazão de saída da fase aquosa. O controle de pressão atua sobre a vazão de saída de gás.

A carga do vaso, representada por $L_{in}(t)$ e $G_{in}(t)$, indicam as vazões das fases líquida (óleo mais água) e gasosa respectivamente.

Vários dispositivos internos são utilizados visando melhorar a eficiência de separação. Um eliminador de névoa, é instalado para retirar da fase gasosa a dispersão de líquido carreada pelo gás. Placas coalescedoras, instaladas na câmara de separação, auxiliam na separação líquido-líquido. Iremos aqui modelar o escoamento entre as placas paralelas.

---

[2] Alguns separadores não possuem vertedouro, mas um tubo pescador o que elimina a necessidade de uma câmara de óleo.

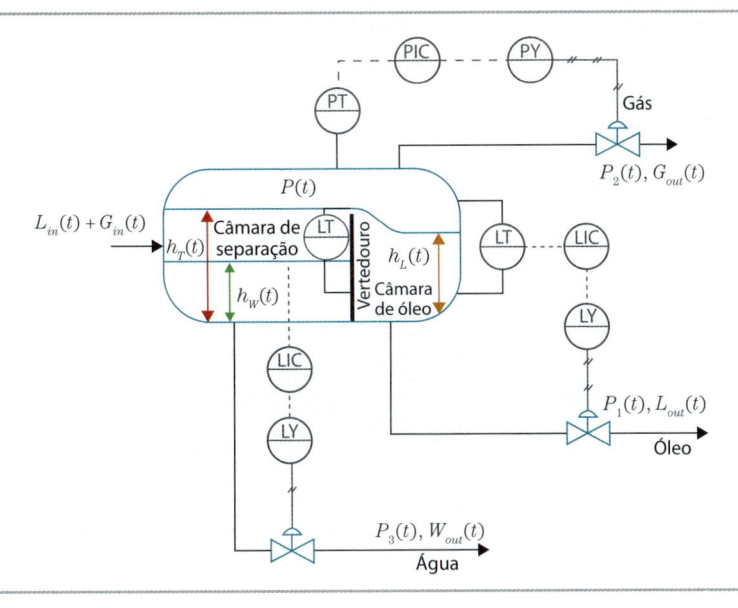

Figura 13.6   Separador trifásico

13.3.1 Modelagem do escoamento em separadores trifásicos

Inicialmente, analisamos as trajetórias (ao longo do separador) das gotas dispersas, a fim de determinar a eficiência de separação para diferentes diâmetros de gotas. É importante ressaltar que a definição da interface água-óleo (ou nível de água) depende tanto do instrumento utilizado para medi-la como do grau de emulsão existente. Ao contrário da crença comum, verifica-se que a água descartada pelo separador é apenas uma fração do volume correspondente ao nível da interface. Para os cálculos do tempo de residência deveríamos, a rigor, determinar as linhas de corrente do escoamento e suas zonas de estagnação, o que iria requerer sofisticadas simulações em modelagem fluidodinâmica computacional. Iremos aqui idealizar o escoamento na câmara de separação, conforme a Figura 13.7. Note que a região de estabilidade de fluxo é apenas uma fração da câmara de separação e depende da configuração interna (chicanas, placas coalescedoras, quebra vortex etc.) do vaso, assim como da vazão de descarte de água.

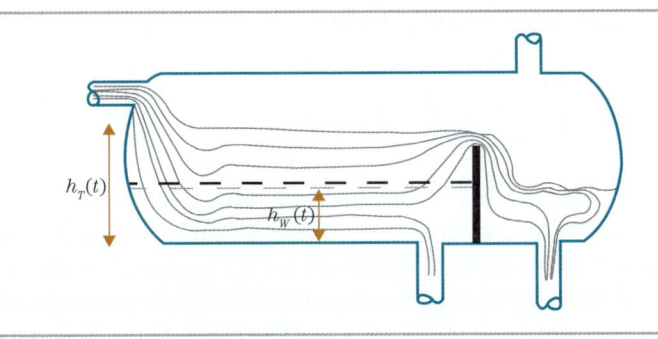

Figura 13.7   Escoamento no separador trifásico

A presença de elementos internos (coalescedores, chicanas, vertedouros etc.) tem efeito sobre a separação. Nas plataformas, onde há potencial de incrustação, a presença dos internos pode ser prejudicial à separação, pois frequentemente ocorre o entupimento das placas coalescedoras. Nesses casos, sua instalação não é recomendada.

As placas coalescedoras visam reduzir o espaço transversal ao escoamento percorrido pela gota dispersa, aumentando assim a eficiência de separação (ver Figuras 13.8 e 13.9). As placas encontram-se inclinadas para possibilitar o deslizamento das gotas acumuladas.

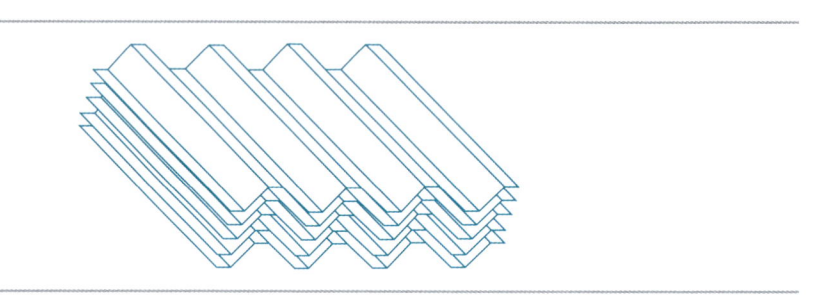

Figura 13.8   Placas coalescedoras

Consideramos que o escoamento nessas placas pode ser aproximado por um conjunto de placas paralelas horizontais.

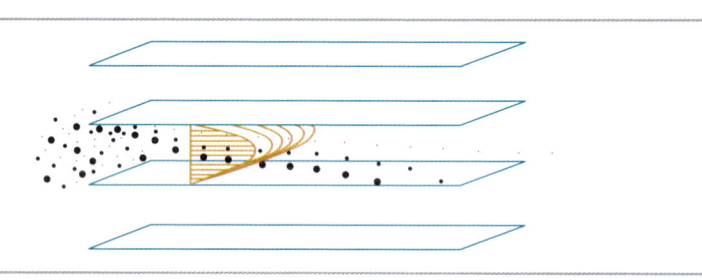

Figura 13.9   Placas paralelas

Em virtude da baixa velocidade, o escoamento de fluidos é considerado laminar. Como as placas são muito largas e próximas entre si, o perfil de velocidades considerado é parabólico (indicado na Figura 13.9);

$$v_x = k_v <v_x> \left[\frac{y}{h_{placa}} - \frac{y^2}{h_{placa}^2} \right]$$
(13.19)

onde y é o eixo vertical (medido da face de uma das placas à placa adjacente) e v_x é a velocidade no sentido do escoamento. A Figura 13.9 mostra o esquema de placas paralelas modelado. Com os perfis de velocidade (v_x) apresentados, pode-se determinar as eficiências de separação de gotas dispersas em função de seus tamanhos, desde que tenhamos uma expressão para as velocidades de queda, v_y (ou velocidade terminal). Para tal, iremos doravante considerar regime de Stokes avaliando o escoamento de uma gota de água dispersa na fase oleosa escoando entre placas coalescedoras. Posteriormente, ampliaremos a análise para gotas de óleo dispersas na fase aquosa.

13.3.2 Separação das dispersões

Para determinação da velocidade terminal das gotículas, a Equação 13.20 de Stokes será adotada. Considera-se que efeitos de concentração e parede, assim como as sinuosidades das placas, são desprezíveis.

$$v_{ter} = \frac{K_1 g (\rho_W - \rho_L) D_p^2}{18\mu_L} \tag{13.20}$$

onde

$$K_1 = 0,843 \log \frac{\phi}{0,065} \tag{13.21}$$

A esfericidade ϕ considerada é 1 e, consequentemente, K_1 também é 1. Estando as gotículas sujeitas a um perfil parabólico para as velocidades v_x, tem-se o perfil de velocidade apresentado na Figura 13.10.

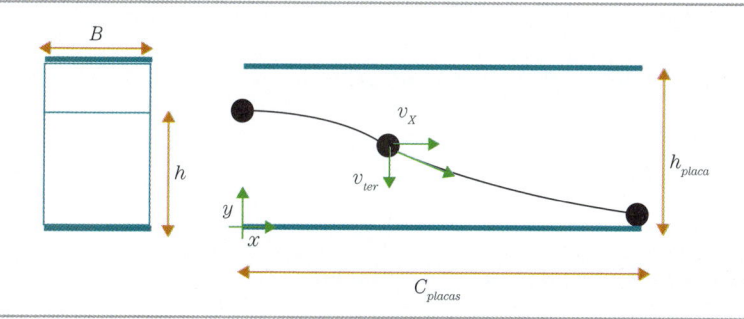

Figura 13.10 Perfil de velocidade de uma gota de água dispersa na fase oleosa

onde C_{placas}, h_{placa} e B são o comprimento, altura e largura das placas respectivamente. Considerando-se também que não ocorre coalescência entre gotas, pode-se determinar as trajetórias das gotas a partir das componentes da velocidade em x e y.

$$v_x = \frac{dx}{dt}; \quad v_y = \frac{dy}{dt} \quad e \quad \frac{dx}{v_x} = \frac{dy}{v_y} \tag{13.22}$$

Portanto, a velocidade terminal para as gotas de água na fase oleosa é:

$$\int_0^C v_{ter} dx = \int_0^h k_v < v_x > \left[\frac{y}{h_{placa}} - \left(\frac{y}{h_{placa}} \right)^2 \right] dy \tag{13.23}$$

onde h é a distância percorrida verticalmente pela gota dispersa. Para $k_v = 6$, e integrando tem-se:

$$v_{ter} \, C_{placa} = 6 < v_x > \left[\frac{h^2}{2h_{placa}} - \frac{h^3}{3h_{placa}^2} \right] \tag{13.24}$$

como $< v_x > = Q / \left(B \cdot h_{placa} \right)$, onde Q é a vazão volumétrica entre as placas, então

$$v_{ter} = \frac{Q}{C_{placa} B} \left[3\varepsilon_p^{\,2} - 2\varepsilon_p^{\,3} \right] \tag{13.25}$$

onde $\varepsilon_p = \dfrac{h}{h_{placa}}$, é a eficiência de separação de cada gota p. Substituindo-se a expressão de v_{ter}, tem-se

$$\frac{g \left(\rho_W - \rho_1 \right) D_p^{\,2}}{18\mu} = Vaz^a \, o \, \frac{1}{C_{placa} B} \left[3\varepsilon_p^{\,2} - 2\varepsilon_p^{\,3} \right] \tag{13.26}$$

Particularizando para o caso onde o diâmetro de partícula, $D_p^{\,*}$, cuja eficiência de separação é 50%, ou seja, onde $h = h_{placa} / 2$, obtém-se

$$\frac{g \left(\rho_W - \rho_1 \right) D_p^{*2}}{18\mu} = \frac{Q}{C_{placa} \, B \, 2} \tag{13.27}$$

Dividindo-se as Equações 13.26 e 13.27, tem-se

$$\left(\frac{D_p}{D_p^*} \right)^2 = 6\varepsilon_p^{\,2} - 4\varepsilon_p^{\,3} \tag{13.28}$$

A eficiência global de separação é dada por:

$$\varepsilon = \frac{\displaystyle\sum_i \varepsilon_p(i) \, vol(i)}{\displaystyle\sum_i vol(i)} \tag{13.29}$$

A Equação 13.28 possui solução analítica. Pode-se demonstrar que a eficiência atinge seu valor máximo, 1, quando $D_p = \sqrt{2D_p^*}$. Quando uma distribuição acumulativa sigmoidal é usada para representar a distribuição de gotas, tem-se a seguinte expressão para o volume acumulado:

$$vol \left(D_p \right) = \frac{1}{1 + \left(\dfrac{D_p 50}{D_p} \right)^{par}} \tag{13.30}$$

onde $D_p 50$ e par são parâmetros da equação. Assim, para calcular a eficiência global, deve-se efetuar a seguinte integração.

$$\varepsilon = \int_0^{vol\left(\sqrt{2D_p^*}\right)} \varepsilon_p \cdot dvol + \left(1 - vol\left(\sqrt{2D_p^*}\right)\right) \tag{13.31}$$

Partindo-se da Equação 13.31, pode-se elaborar a função ε_{LW} (eficiência de remoção de óleo da fase aquosa). De forma análoga, todo o desenvolvimento feito aqui pode ser aplicado à fase aquosa na geração da função ε_{WL} (eficiência de remoção de água da fase oleosa). Essas funções possuem como argumento a vazão volumétrica, a altura da fase e a distribuição de gotas. A vazão em cada placa é calculada como a vazão total dividida pelo número de placas submersas.

EXEMPLO 13.1 Separação água-óleo com placas Paralelas

A seguir analisamos as eficiências de separação para um separador típico em estado estacionário.

☐ **Dados do separador**
- $D = 2$ m
- $C = 5$ m
- CS (comprimento da câmara de separação) = 4 m
- C_{placas} (comprimento das placas paralelas) = 0,90 m

☐ **Dados da fase aquosa**
- h_W (altura de água ou interface água-óleo) = 0,70 m
- $BSW = 40\%$

☐ **Dados da fase oleosa**
- L_{in} (vazão de óleo) = 118 m3/h
- μ_L (viscosidade da fase oleosa, kg/m/s) = 0,017
- h_{vert} (altura do vertedouro) = 0,87 m
- h_T (interface gás-óleo) = 0,90 m

A seguir, iremos analisar a eficiência de separação de gotas de óleo (dispersas em água) em função do diâmetro destas para três casos: 1) placas de espaçamento igual à altura da fase; 2) placas de espaçamento igual à metade da altura da fase e; 3) placas de espaçamento igual a um décimo da altura da água.

Os resultados para a fase aquosa são apresentados na Figura 13.11. Verifica-se que, para o menor espaçamento considerado, não devem ocorrer gotas de diâmetro maior que 150 micras na água descartada pelo separador. Inversamente, devemos esperar gotas com diâmetro abaixo de 450 micras nos vasos sem internos. Esses dados valem apenas para a condição operacional citada acima pois esta afeta diretamente a velocidade de escoamento das fases. A definição do maior tamanho de gota serve para a criação de fronteiras na definição dos sistemas de tratamento, mas não é informação suficiente para determinar a eficiência dos equipamentos envolvidos, a rigor precisamos da distribuição do tamanho das gotas.

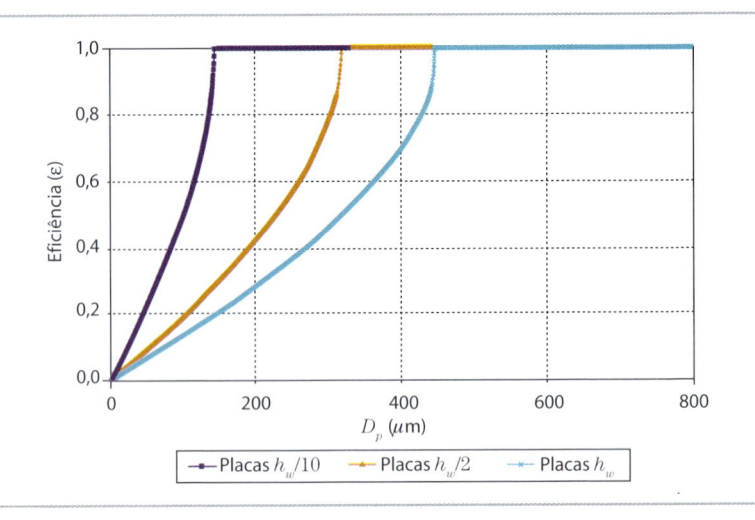

Figura 13.11 Eficiências de separação para diferentes diâmetros de gotas de óleo

A Figura 13.12 apresenta os resultados da simulação do modelo para a fase oleosa. Na comparação entre as duas fases ressalta a menor eficiencia de remoção de gotas da fase oleosa (o que resulta no maior diâmetro das gotas de água remanescentes). Isto se explica pelo maior valor da viscosidade da fase oleosa, o que dificulta o deslocamento vertical das gotas permitindo que apenas aquelas muito grandes encostem nas placas antes de serem arrastadas para fora da câmara de separação. É importante considerar que entre as placas coalescedoras e o ponto de descarte de água há espaço onde a separação sem placas continua a ocorrer, mas que é de difícil quantificação, uma vez que depende dos perfis de velocidades locais.

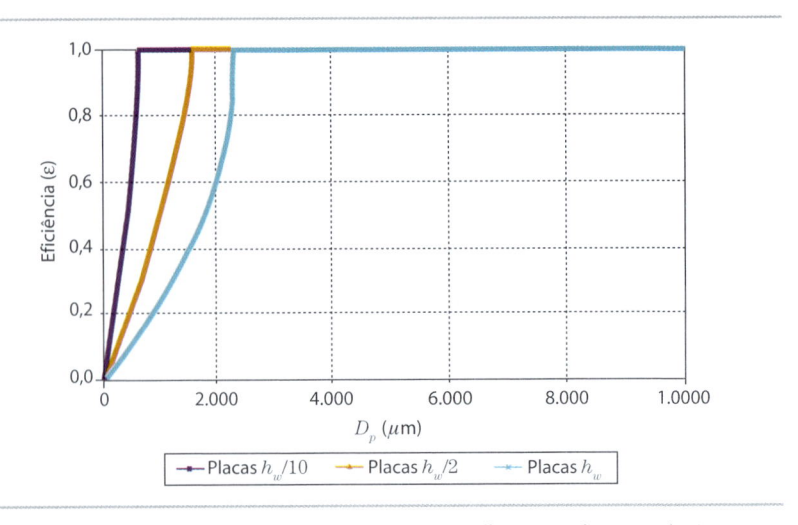

Figura 13.12 Eficiência de separação para diferentes diâmetros de gotas de água

A modelagem apresentada até aqui ignora os fenômenos de interface e seus efeitos sobre a estabilidade das emulsões. Vê-se adiante alguns fundamentos do processo de formação de emulsões.

13.3.3 Estabilidade de emulsões

As emulsões são geradas pelo cisalhamento de misturas água-óleo ao longo do escoamento do reservatório até a planta de processo nas plataformas. A estabilidade das emulsões decorre da ação de agentes demulsificantes que migram para a interface da gota criando uma película protetora que impede que gotas que venham a se chocar coalesçam. São agentes emulsificantes parafinas solidificadas, ácidos naftênicos, resinas e asfaltenos, produtos de corrosão (por exemplo, FeS), produtos de incrustação (por exemplo, CaSO4, BaSO4, CaCO3), finos (areia, carbornatos) e produtos inibidores de corrosão. São agentes promotores do cisalhamento os acidentes e equipamentos percorridos pelos fluidos produzidos como os canhoneados (região de interface entre o reservatório e o poço produtor), válvulas, trocadores de calor, curvas acentuadas, bombas centrífugas submersas etc. O regime do escoamento multifásico nas linhas de produção também tem impacto sobre as emulsões. O escoamento turbulento provoca cisalhamento enquanto no escoamento estratificado é possível efetuar a separação água-óleo. Vê-se no Capítulo 14 as condições necessárias para que o escoamento seja estratificado.

Em escoamentos com baixo número de Reynolds a razão entre as forças viscosas e forças interfaciais, denominado número Capilar, determina a deformação e eventual quebra da gota.

$$Cap = \frac{G\,\mu\,D_p}{2\gamma} \qquad (13.32)$$

onde G corresponde ao tensor gradiente de velocidade [s^{-1}].

Em escoamentos com número de Reynolds elevados, por exemplo, hidrociclones, as forças de inércia predominam no processo de quebra de gotas. Portanto o número de Weber, que relaciona as forças de inércia e as forças devido a tensão interfacial, passa a ser determinante.

$$We = \frac{\rho\,v^2 D_p}{2\gamma} \qquad (13.33)$$

onde v corresponde a flutuação da velocidade do escoamento gerada pelo vórtice [m/s].

Os modelos baseados na equação de Stokes são válidos para grandes gotas. Quanto menor a gota, maior a influência dos agentes emulsificantes na estabilização das emulsões. Não surpreende que se consiga representar com razoável precisão – conforme visto na seção anterior – os valores de diâmetro máximo de gotas de óleo nas correntes aquosas descartadas por separadores trifásicos. Determinar a distribuição de gotas menores, contudo, é uma tarefa bem mais trabalhosa e que requer avaliação com testes de campo. Nesse sentido, pesquisadores do CENPES, liderados pelos consultores Ana Maria Travalloni e Oswaldo Aquino, têm realizado um trabalho pioneiro na determinação da distribuição de diâmetro de gotas nos sistemas de tratamento de água em algumas plataformas da Petrobras.

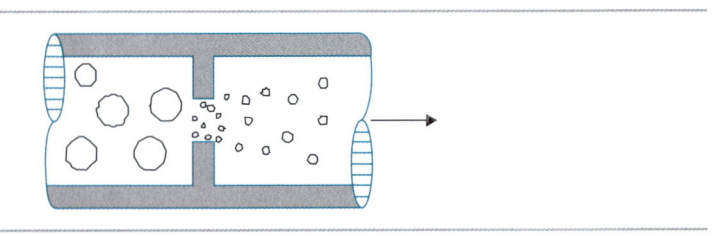

Figura 13.13 Quebra de gotas por meio de válvulas de controle

Dados coletados de uma plataforma indicam que as distribuições de gotas encontradas nas correntes aquosas são bimodais. Foram levantadas as distribuições a montante e a jusante dos hidrociclones. Verificou-se que a distribuição apresenta um perfil bimodal com uma população de gotas menores (0 a 50μm) e outra de gotas maiores (50 a 300μm), conforme mostrado na Figura 13.14.

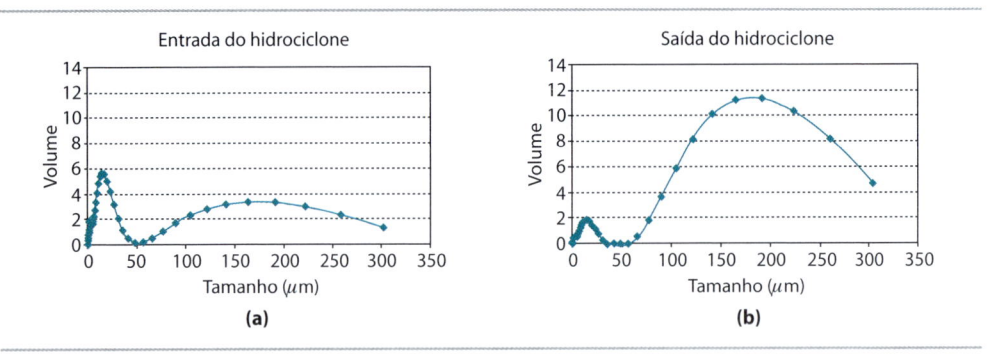

Fonte: Petrobras

Figura 13.14 Distribuição do tamanho de gotas a montante e a jusante de hidrociclones

A distribuição da Figura 13.15a, entrada do hidrociclone, corresponde à água descartada pelo separador trifásico. O valor máximo de $Dp = 300$ deve ser comparado com os resultados obtidos na Figura 13.11.

Na entrada do hidrociclone, observou-se que as gotas menores estavam em maior quantidade que as maiores. Por outro lado, à saída do equipamento, constata-se uma maior representação das gotas maiores. Conclui-se que tenha ocorrido quebra e coalescência.

Dados de campo também foram obtidos para avaliação da quebra das gotas provocadas por válvulas de controle utilizadas na entrada de degaseificadores, conforme apresentado na Figura 13.15. Nesta, observando-se a distribuição a montante e a jusante da válvula, para duas concentrações de desemulsificante (45 ppm e 90 ppm), conclui-se que há quebra no tamanho das gotas de óleo. Para a concentração de desemulsificante mais elevada, há uma quebra menor destas gotas, pois o desemulsificante tem a função de desestabilizar as gotas favorecendo coalescência, com consequente formação de gotas maiores, melhorando a separação das fases. Note-se que a concentração de desemulsificante tem maior impacto nas gotas menores: aumentando-se a sua concentração, as gotas são maiores após a válvula. Em resumo, na passagem pela válvula, há aumento no teor de finos, que promove heterogeneidade das distribuições, um indicativo de quebra não uniforme das gotas.

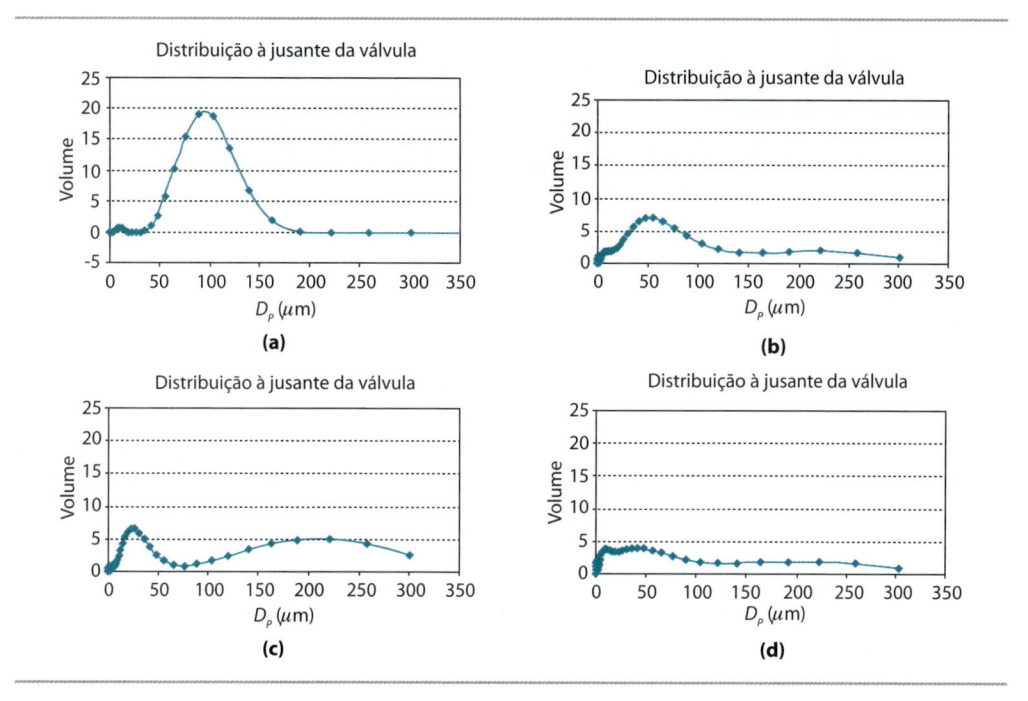

Figura 13.15 Modificação da distribuição de gotas em virtude da válvula de controle: (a) Concentração de desemulsificante = 90 ppm, posição a montante; (b) Concentração de desemulsificante = 90 ppm, posição a jusante; (c) Concentração de desemulsificante = 45 ppm, posição a montante; (d) Concentração de demulsificante = 45 ppm, posição a jusante

A obtenção de dados de campo para a fase oleosa é ainda mais difícil pois os métodos de análise óticos apresentam dificuldades de leitura em sistemas opacos. Comumente, se faz diluição com solvente claro para leitura em microscópio. Felizmente, constata-se que a discussão do tamanho das gotas é mais importante para os sistemas de tratamento de água que para o óleo pois, para atingir 1% de *BSW*, os tratadores eletrostáticos são mais sensíveis a outras variáveis como o teor de água na carga, a tensão entre eletrodos, a concentração de desemulsificante etc., do que propriamente com a distribuição do tamanho das gotas.

As discussões até aqui efetuadas demonstram as limitações dos modelos teóricos, razão pela qual ainda há muito desenvolvimento e pesquisa a serem feitos na área. A seguir apresenta-se um das muitas formas de se superar as dificuldades apresentadas aliando a modelagem fenomenológica à correlações de campo.

13.3.4 Balanços de massa para separador trifásico

Nos balanços de massa a seguir observam-se as seguintes considerações:

☐ A concentração de óleo na água descartada (em torno de 2.000 ppm) é muito pequena. Dessa forma, a água descartada é considerada água pura.

☐ O *BSW* da fase oleosa, $L_{out}(t)$, resultará da diferença entre a vazão de água na entrada e o descarte de água.

A seguir, são descritos os balanços de massa em cada região do separador.

☐ Câmara de separação

$$\frac{dh_T(t)}{dt} = \frac{L_{in}(t) - L_{VERT} - W_{out}(t)}{2C_{CS}\sqrt{\left(D - h_T(t)\right)h_T(t)}} \tag{13.34}$$

☐ Câmara de óleo

$$\frac{dh_L(t)}{dt} = \frac{L_{VERT}(t) - L_{out}(t)}{2C_{CL}\sqrt{\left(D - h_L(t)\right)h_L(t)}} \tag{13.35}$$

Se o nível da câmara de óleo for maior que a altura do vertedouro, $\dfrac{dh_L(t)}{dt} = \dfrac{dh_T(t)}{dt}$

☐ Fase gasosa

$$\frac{dP(t)}{dt} = \frac{P(t)\left(G_{in}(t) + L_{in}(t) - G_{out}(t) - L_{out}(t) - W_{out}(t)\right)}{V - V_W(t) - V_L(t)} \tag{13.36}$$

☐ Fase aquosa

$$\frac{dh_W(t)}{dt} = \frac{L_{in}(t)\,BSW_{in}\,\varepsilon(t) - W_{out}(t)}{2C_{CS}\sqrt{\left(D - h_W(t)\right)h_W(t)}} \tag{13.37}$$

☐ Água dispersa na fase oleosa na câmara de separação

$$\frac{dV_{WFLCS}(t)}{dt} = L_{in}(t)\,BSW_{in}\,\left(1 - \varepsilon(t)\right) - L_{VERT}\frac{V_{WFLCS}(t)}{V_T(t) - V_W(t)} \tag{13.38}$$

☐ Água dispersa na fase oleosa na câmara de óleo

$$\frac{dV_{WFLCL}(t)}{dt} = L_{VERT}(t)\frac{V_{WFLCS}(t)}{V_T(t) - V_W(t)} - L_{out}(t)\frac{V_{WFLCL}(t)}{V_L(t)} \tag{13.39}$$

13.3.5 Relações geométricas de separador trifásico

$$V_T(t) = \frac{C_{CS} D^2}{4}\left[arccos\left[\frac{D - 2h_T(t)}{D}\right] - \left[2\frac{\sqrt{(D - h_T(t))h_T(t)}}{D}\right]\left[\frac{D - 2h_T(t)}{D}\right]\right] \quad (13.40)$$

$$V_L(t) = \frac{C_{CL} D^2}{4}\left[arccos\left[\frac{D - 2h_L(t)}{D}\right] - \left[2\frac{\sqrt{(D - h_L(t))h_L(t)}}{D}\right]\left[\frac{D - 2h_L(t)}{D}\right]\right] \quad (13.41)$$

13.3.6 Equações de vazão

☐ Vertedouro

$$L_{VERT}(t) = k\left(D - 0{,}2\left[h_T(t) - h_{VERT}\right]\right)\left(h_T(t) - h_{VERT}\right)^{1,5} \quad (13.42)$$

onde:

$$k = 25\sqrt{2g}$$

$$g = 9{,}81$$

☐ Óleo

$$L_{out}(t) = 2{,}4 \cdot 10^{-4} x_L(t)\, C_{VL}\sqrt{\frac{P(t) - P_1}{\rho_L\big/\rho_{H_2O,\,15{,}5\,°C}}} \quad (13.43)$$

☐ Gás

$$G_{out}(t) = 2{,}4 \cdot 10^{-4} x_G(t)\, C_{VG}\sqrt{\frac{(P(t) - P_2)(P(t) + P_2)}{\rho_G(t)\big/\rho_{H_2O,\,15{,}5\,°C}}} \quad (13.44)$$

☐ Água

$$W_{out}(t) = 2{,}4 \cdot 10^{-4} x_W(t)\, C_{VW}\sqrt{\frac{P(t) - P_3}{\rho_W\big/\rho_{H_2O,\,15{,}5\,°C}}} \quad (13.45)$$

13.3.7 Correlação para TOG de água descartada pelo separador trifásico

Como alternativa aos complexos cálculos apresentados na modelagem fenomenológica, dados de operação de plataformas de petróleo podem permitir o desenvolvimento de uma correlação experimental para o TOG na água descartada. Para isso, basta avaliar o TOG da água descartada para pelo menos três diferentes alturas (recomenda-se 30, 50 e 70%) do nível de interface água-óleo de modo a permitir a construção de uma curva conforme dados operacionais apresentados na Figura 13.14.

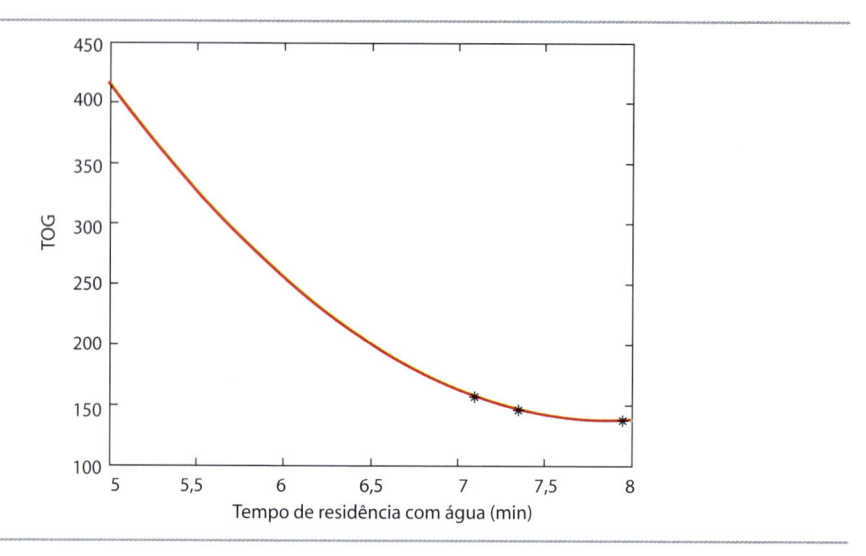

Figura 13.16 TOG em função do tempo de residência

A função estimada pela equação do segundo grau é $TOG = 34T_R^2 - 537T_R + 2.250$. A correlação permite determinar a concentração de óleo (TOG) para diferentes niveis de interface se aceitarmos a extrapolação de valores dentro da faixa operacional (30 a 70% do nível), o que é bastante razoável.

Os dados apresentados na Figura 13.16 mostram que para o caso deste óleo o TOG é pouco sensível à altura de água indicando uma boa definição de interface, o que o torna um excelente candidato ao Controle por Bandas apresentado no Capítulo 12. Na definição dos limites da banda, deve-se adotar o valor inferior como sendo o valor de interface correspondente à pior qualidade permissível de água descartada (lembrando que esse valor irá depender do sistema a jusante). O valor superior da banda é mais difícil de determinar, mas, ao mesmo tempo, é o menos preocupante, pois um eventual arraste de água para a fase oleosa terá como destino o tratador eletrostático, onde a água poderá ser descartada. Como regra de bolso pode-se adotar 80% do nível de interface, mas o leitor deve estar questionando se o arraste de água pela fase oleosa, mesmo que momentâneo, não será um problema para o equipamento a jusante, por exemplo, tratador eletrostático. Cabe ressaltar que em se tratando do Controle por Bandas tratam-se de oscilações de nível e que, assim sendo, seu efeito sobre o tratador é passageiro e dependerá da dinâmica de todo o sistema. Para responder a essa indagação deve-se simular o sistema integrado da planta de processo da plataforma, mas, para isso, precisa-se investigar os hidrociclones conforme introduzido na próxima seção.

O modelo de separador trifásico foi linearizado (NUNES, 2001) para as condições operacionais apresentadas no Exemplo 13.1. A título de ilustração, a distribuição de gotas adotada possui os seguintes parâmetros: $D_p50 = 470\,\mu$m, par $= 2{,}3$. A linearização resultou na matriz de funções de transferência apresentada na Equação 13.46.

$$
\begin{bmatrix} H_W(s) \\ H_L(s) \\ P(s) \end{bmatrix} = \begin{bmatrix} -\dfrac{17}{206s+1} & 0 & -\dfrac{2{,}4}{367s+1} \\ -\dfrac{126}{322s+1} & -\dfrac{169}{330s+1} & -\dfrac{43}{508s+1} \\ 0 & 0 & -\dfrac{2{,}4}{2s+1} \end{bmatrix} \begin{bmatrix} X_W(s) \\ X_L(s) \\ X_G(s) \end{bmatrix}
\tag{13.46}
$$

13.4 HIDROCICLONES *DE-OILERS*

Inicialmente, as plataformas *offshore* empregaram grandes vasos separadores para tratar a água de produção. Os altos custos para acomodar estes sistemas incentivaram o desenvolvimento de hidrociclones *de-oiler* para a indústria *offshore* de óleo na década de 1980, tornando-se rapidamente equipamentos padrões para a recuperação de óleo de águas de produção. A expansão no uso destes equipamentos é justificada por serem compactos (substituindo equipamentos de grande porte), de fácil operação, baixa manutenção (por não apresentarem partes móveis) e baixo custo (OPEX), e resistirem aos movimentos dos FPSOs. Adicionalmente, as forças gravitacionais geradas nos *de-oilers* são muito elevadas e, portanto, estes podem ser instalados verticalmente, horizontalmente ou em estruturas móveis como os FPSO's.

Os *de-oilers* separam o óleo com eficiência de 70 a 90% para as distribuições de gotas tipicamente encontradas no campo. Os hidrociclones são utilizados para possibilitar um maior descarte de água dos separadores de produção. Esses sistemas são projetados para especificar a concentração de óleo na água em torno de 0,1%, ou seja 1.000 ppm. Com os *de-oilers*, atinge-se uma concentração final de óleo de 40 ppm a 100 ppm, para um tempo de residência de 2 a 3 s.

São fabricados com diâmetros de 40-70 mm e construídos geralmente em aço inox duplex para máxima durabilidade e resistência. Constituem-se em um tubo composto de trechos cilíndricos e cônicos justapostos cujo princípio de funcionamento consiste geralmente na entrada tangencial de água oleosa, sob pressão, no trecho de maior diâmetro do hidrociclone, sendo direcionada internamente, em fluxo espiral, em direção ao trecho de menor diâmetro. O contínuo decréscimo de diâmetro faz com que esse fluxo seja acelerado, gerando uma força centrífuga que força o componente mais pesado (água) contra as paredes. O fluxo axial reverso ocorre, na parte central do equipamento, em virtude do diferencial de pressão existente entre as paredes e o centro, que se estabelece em consequência do campo centrífugo, associado à perda de intensidade do vórtice ao longo do escoamento axial. A fase líquida central que deixa o hidrociclone pela parte superior (*overflow*), contendo o óleo, é denominada rejeito. A saída de água se localiza na parte inferior do equipamento (*underflow*), contendo uma certa quantidade de óleo residual. A Figura 13.17 mostra um desses equipamentos.

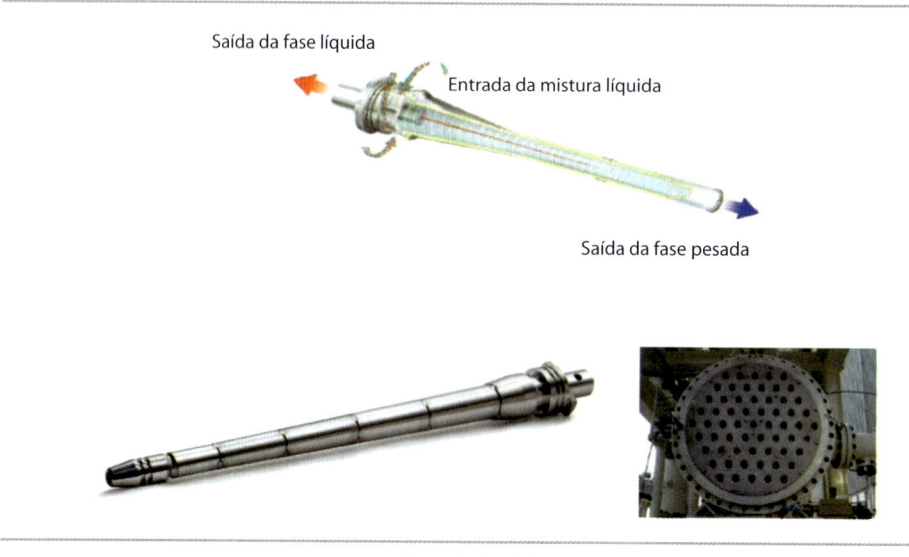

Saída da fase líquida

Entrada da mistura líquida

Saída da fase pesada

Fonte: Krebs Hydrocyclones: <http://www.flsmidth.com> (FLSmidth Krebs Inc.)

Figura 13.17 Desenho esquemático de hidrociclones para separação água-óleo

Quanto menor a gota, menor a sua velocidade de sedimentação. Frequentemente, as gotas dispersas na corrente de processo têm tamanho pequeno (da ordem de micrômetros) dificultando a separação. É possível separar gotas pequenas diminuindo o tamanho do equipamento, ocorrendo como efeito colateral o aumento da queda de pressão. Destaca-se que a separação pode ser favorecida aumentando-se a força gravitacional ou promovendo-se a coalescência.

Diâmetros pequenos elevam a remoção de óleo, mas diminuem a capacidade do hidrociclone. A solução adotada para este *trade-off* é o emprego de múltiplos hidrociclones em um vaso, como desenhado na Figura 13.18, associando eficiência com altas vazões. A Figura 13.19 reproduz a curva disponibilizada por fabricante (Cyclonixx) para o diâmetro de vaso de hidrociclones em função da vazão de projeto.

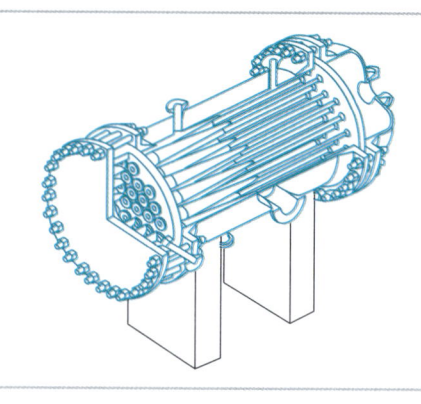

Fonte: Ditria, J.C. Hoyack, M.E., (1994)

Figura 13.18 Desenho de hidrociclone *de-oiler*

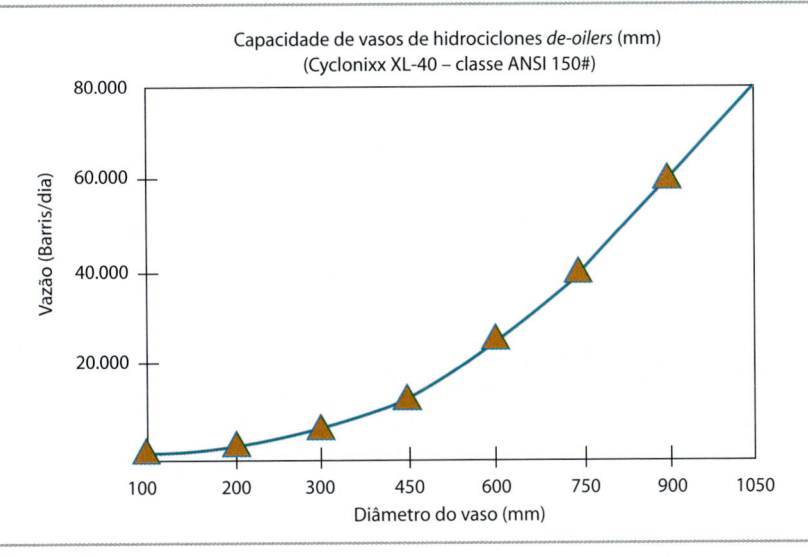

Fonte: Adaptada de <http://www.apexprocess.com.au>

Figura 13.19 Capacidade de vasos de hidrociclones *de-oiler*

Nos processos de tratamento primário do petróleo, são utilizados módulos de hidrociclones, isto é, vários hidrociclones são montados em paralelo de modo que a vazão de alimentação se divida, passando frações aproximadamente iguais em cada equipamento. O modelo fenomenológico desenvolvido por Moraes (1994) permite estimar a eficiência de separação de dispersões água-óleo, com as seguintes premissas:

- ☐ As concentrações de óleo são baixas o suficiente para justificar a modelagem monofásica do escoamento.
- ☐ Na fase dispersa (óleo), não há quebra ou coalescência de gotas.
- ☐ As forças viscosas não são consideráveis de modo que adota-se escoamento não viscoso. Tem-se o vórtice livre.
- ☐ Estado estacionário. As constantes de tempo envolvidas são muito pequenas.

A diferença de constante de tempo entre o separador (600 s) e os hidrociclones (2 s) é muito grande justificando a hipótese de estado pseudo-estacionário para o último. Por outro lado, os dados experimentais indicam que há quebra e coalescência ao longo do hidrociclone de modo que é importante o ajuste do modelo aos dados de campo. A seguir, são apresentadas as equações finais do modelo, sendo omitido o desenvolvimento matemático completo adotado por Moraes (1994).

13.4.1 Modelagem do escoamento em hidrociclone

Considerando-se a parte cônica do hidrociclone, conforme a Figura 13.20, as equações de conservação da massa e da quantidade de movimento, em coordenadas esféricas (r, θ, λ) levam, após algumas considerações simplificadoras, a uma equação diferencial para a função corrente, Ψ,

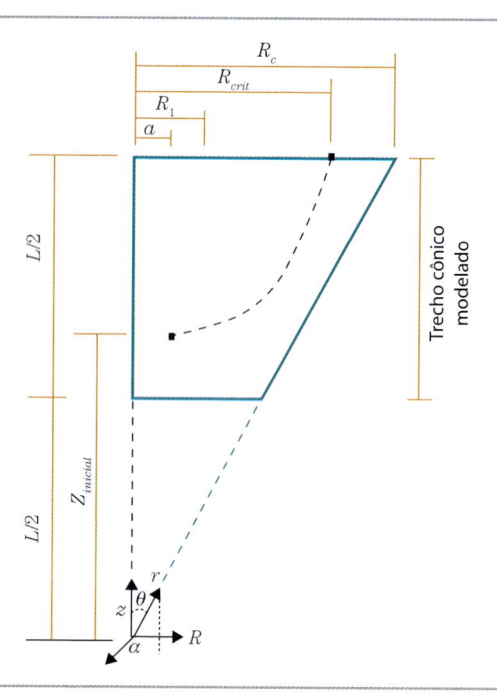

Figura 13.20 Representação esquemática da parte cônica do hidrociclone

$$\frac{\partial^2 \psi}{\partial r^2} + \frac{sen\,(\theta)}{r^2}\frac{\partial}{\partial \theta}\left(\frac{1}{sen\,(\theta)}\right)\frac{\partial \psi}{\partial \theta} = \frac{V_0^2}{W} \tag{13.47}$$

As linhas de corrente são as trajetórias do fluido ao longo do hidrociclone. O equacionamento acima, após algumas considerações, resulta numa expressão para a velocidade tangencial $q\lambda$,

$$\frac{\rho_W}{\mu_W}\frac{q_r}{R}\frac{d}{dR}\left(Rq_\lambda\right) = \frac{d}{dR}\left(\frac{1}{R}\frac{d}{dR}\left(Rq_\lambda\right)\right) \tag{13.48}$$

que pode ser decomposta em duas equações diferenciais ordinárias:

$$\frac{dX}{dR} = X\frac{\rho_W}{\mu_W}\frac{q_r}{} \tag{13.49}$$

$$\frac{dq_\lambda}{dR} = X - \frac{q_\lambda}{R} \tag{13.50}$$

onde:

$$q_r\left(R,z\right) = q_r\left(R,z\right)\frac{R}{z} + q_\theta\left(R,z\right)cos\left(\frac{R}{z}\right) \tag{13.51}$$

$$q_z\left(R,z\right) = q_r\left(R,z\right)cos\left(\frac{R}{z}\right) - q_\theta\left(R,z\right)\frac{R}{z} \tag{13.52}$$

$$q_r(R,z) = \left[2A\cos\left(\frac{R}{z}\right) + 2B\cos\left(\frac{R}{z}\right)\ln\left(\frac{R}{2z}\right) + 2B - \frac{DR_C^2}{R^2+z^2} \right] \qquad (13.53)$$

$$q_\theta(R,z) = -2\left[A\frac{R}{z} - B\frac{R}{z}\ln\left(\frac{R}{2z}\right) \right] \qquad (13.54)$$

13.4.2 Separação da emulsão em hidrociclone

Para a determinação do movimento radial das gotículas adota-se a equação de Stokes

$$v_{ter} = \frac{1}{18\mu_W}(\rho_W - \rho_L)\frac{D_p^2 q_\lambda^2}{R} \qquad (13.55)$$

onde D_p é o diâmetro da gotícula. As componentes axial e radial da velocidade das gotículas são dadas por

$$V_z = \frac{dz}{dt} \qquad V_R = \frac{dR}{dt} \qquad (13.56)$$

Assim, pode-se estabelecer uma equação diferencial para a trajetória das gotículas dentro do hidrociclone:

$$\frac{dz}{dR} = \frac{q_z}{q_r + v_{ter}} \qquad z(a) = z_{inicial} \qquad (13.57)$$

$z_{inicial}$ é o valor da coordenada axial em que a velocidade axial reverte seu sinal.

Tem-se a hipótese básica de que, na seção de topo do trecho cônico modelado, a entrada da dispersão (fluido + gotas) se faz na coroa circular $R_1 < R < R_c$. Analisando-se a trajetória da gota de óleo, tem-se que, se $R_{crit} > R_c$ então todas as gotículas de diâmetro D_p serão separadas no hidrociclone. Para $R_{crit} < R_c$ deve-se analisar dois casos:

❑ Se $R_{crit} < R_1$, para essas gotas de diâmetro D_p, a eficiência de separação é nula, pois, por hipótese, não há fluxo na seção de topo para $R < R_1$. Assim, todas as gotas com esse diâmetro serão perdidas pelo "*underflow*".

❑ Se $R_{crit} > R_1$, nesse caso, para as gotículas de diâmetro D_p, somente aquelas que, saírem da seção de topo na região definida por $R_{crit} < R < R_c$ serão separadas, e as que ficarem em $R_{crit} < R < R_c$ serão perdidas pelo "*underflow*".

Adicionalmente, considera-se que as gotas de diâmetro D_p estejam uniformemente distribuídas no trecho $R_1 < R < R_c$, ou seja, em toda a área A_1 da seção do topo do hidrociclone, onde:

$$A_1 = \pi\left(R_c^2 - R_1^2\right) \qquad (13.58a)$$

A área da seção ocupada pelas gotas de diâmetro Dp que serão separadas é:

$$A_2 = \pi\left(R_{crit}^2 - R_1^2\right) \qquad (13.58b)$$

A fração de gotículas de diâmetro D_p que é separada é dada por:

$$\varepsilon_p = \frac{\left(R_{crit}^2 - R_1^2\right)}{\left(R_c^2 - R_1^2\right)} \tag{13.59}$$

A eficiência de separação do hidrociclone é calculada somando-se os volumes coletados de cada tamanho de gotícula e dividindo-se pelo volume total de óleo que entra.

$$\varepsilon = \frac{\sum_i \varepsilon_p(i)\, vol(i)}{\sum_i vol(i)} \tag{13.60}$$

onde $vol(i)$ é o volume de fluído com gotículas de diâmetro $D_p(i)$. Ressalta-se que, nesse caso, a eficiência apenas avalia a coleta do óleo na fase aquosa, não envolvendo características da fase oleosa. As condições de contorno desse problema levam às seguintes equações:

$$q_\lambda\big|_a = \frac{V_0 R_c}{a} \text{ e } \frac{dq_\lambda}{dR}\bigg|_a = -\frac{V_0 R_c}{a^2} \tag{13.61}$$

Resumindo, o modelo do hidrociclone é formado pelas Equações 13.56, 13.57 e 13.59, cujas condições de contorno são:

$$X\big|_{R=a} = 0 \tag{13.62}$$

$$\frac{dX}{dR}\bigg|_{R=a} = 0 \tag{13.63}$$

$$z(a) = z_{inicial} \tag{13.64}$$

As equações acima foram simuladas utilizando-se o *solver* de equações algébrico-diferenciais – DASSL. Foi adotada uma distribuição de tamanho de gotículas nas faixas de diâmetros entre 7 e 35 μm. A eficiência de separação reportada oscila em torno de 0,7.

O aumento de F (razão de *split*, porcentagem da vazão total Q que sai pelo orifício de rejeito oleoso) deve ser considerado como um fator redutor da eficiência, visto que, se, por um lado, ao aumentar-se F tem-se uma corrente de água tratada com menor concentração de óleo, tem-se também, por outro lado, uma menor vazão de água tratada $\left(= (1-F)Q\right)$ e uma maior vazão de rejeito $\left(= FQ\right)$. A partir do cálculo de ε, Moraes define a eficiência absoluta da separação, ε_{ABS} para a mesma vazão Q.

$$\varepsilon_{ABS} = \varepsilon(1-F) \tag{13.65}$$

Dessa forma, quando F tende a 1, toda a vazão sai pelo *overflow* e embora a eficiência global seja de 100%, a eficiência absoluta tende a zero.

No modelo fenomenológico, quanto maior a vazão maior a eficiência de separação. Contudo, dados experimentais revelam que há um ponto ótimo a partir do qual a eficiência cai com o aumento de vazão. A Figura 13.21 ilustra uma curva típica de eficiência em função da vazão de operação de um *de-oiler*. Note que devemos trabalhar na faixa de vazão de 5 a 6 m³/h.

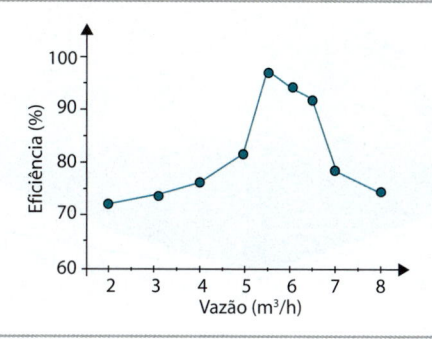

Fonte: Adaptada de Jiang e Zhao (2002)

Figura 13.21 Curva de eficiência típica de um *de-oiler*

Com base no número de Weber modificado

$$We_{mod}(i) = \frac{\rho_W \, D_p(i)}{2\gamma}\left(\frac{Q}{p \cdot R \cdot c^2}\right)$$

Corrêa Junior (2008) propõe um modelo de quebra e coalescência conforme:

$$vol(i) = vol(i)\big(1 - mWe_{mod}^n(i)\big) \tag{13.66}$$

onde m e n são parâmetros de ajuste. A seguir os resultados para $m = 200$, $n = 1$ e $\gamma = 30$ N/m e para a distribuição de gotas da Tabela 13.1.

Tabela 13.1 Distribuição do tamanho de gotas

Índice i	Diâmetro da gota (μm) $D_p(i)$	Fração volumétrica (%) $vol(i)$
1	15	5
2	20	10
3	25	18
4	30	37
5	35	17
6	40	7
7	45	5
8	50	1

A Figura 13.22 apresenta a relação entre a vazão, o diâmetro das gotas e o parâmetro de quebra mWe_{mod}^n. Como resultado, vê-se que, para valores maiores que 150 l/min, a eficiência de separação sofre redução com o aumento da vazão.

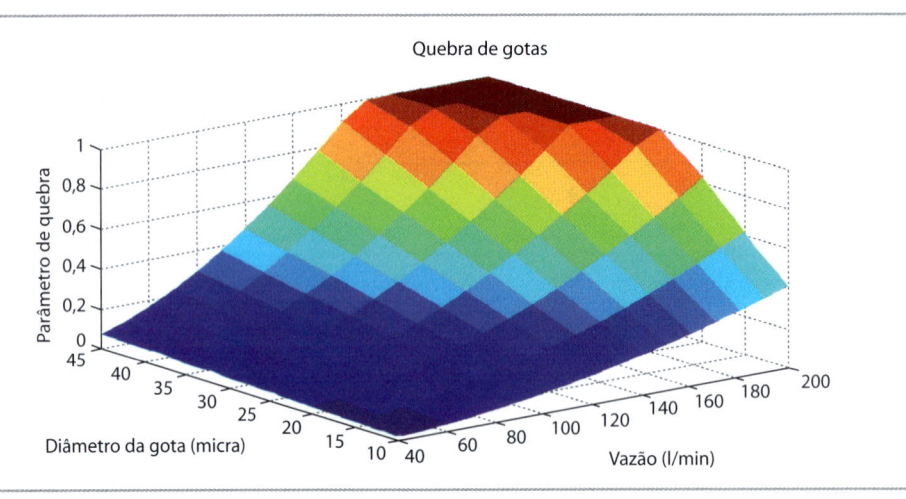

Figura 13.22 Modelo de Corrêa Junior. Quebra de gotas em função da vazão volumétrica e diâmetro de gota

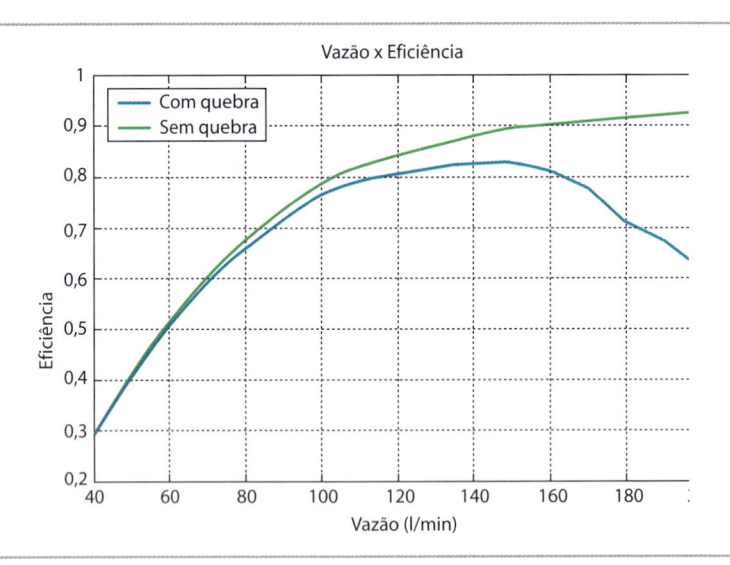

Figura 13.23 Comparação entre eficiência de separação com e sem quebra de gotas

13.4.3 Correlações para eficiência de hidrociclone

Com base em dados operacionais e em resultados do modelo fenomenológico apresentado, Nunes e Lima (2006) geraram uma correlação entre a eficiência de separação e a vazão de entrada para uma determinada geometria de hidrociclone e distribuição de gotas. Diversas simulações do modelo fenomenológico foram efetuadas para diferentes vazões e F (*split*) resultando em correlação empírica mostrada na Equação 13.67.

$$\varepsilon = \frac{1}{1 + a\ e^{bF}} \tag{13.67}$$

Onde:

a $= 3.619,6 - 1.775.039,5 \cdot Q$

b $= -208,9$

Q $=$ vazão de entrada no hidrociclone

F $=$ fração de *split*, razão entre as vazões no *overflow* e de entrada

$D_p 50 = 470 \, \mu m$

par $= 2,3$

A Figura 13.24 mostra o emprego dessa correlação, junto com os valores produzidos pelo modelo fenomenológico, evidenciando a sua adequação para fins de análises de controle.

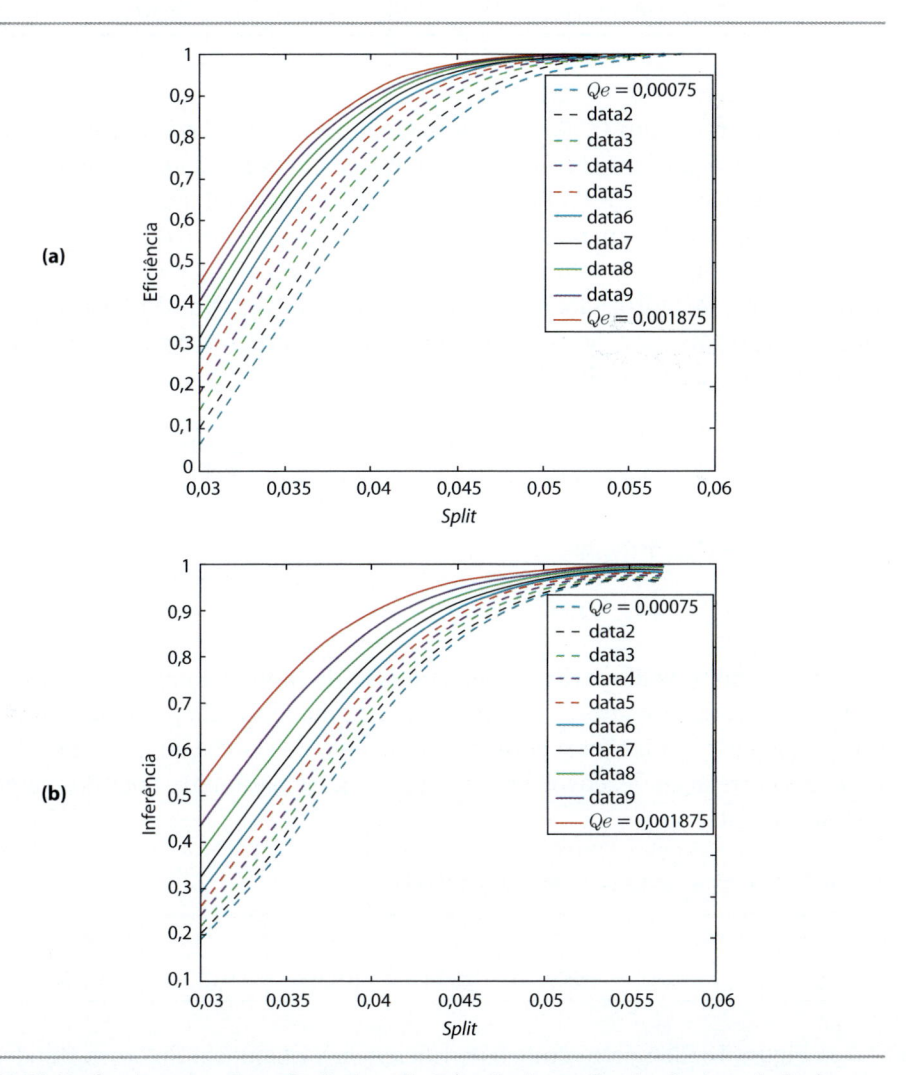

Figura 13.24 Eficiências de separação × Razão de *split*, F (vazão de *overflow*/vazão de *underflow*). (a) Modelo fenomenológico; (b) Correlação empírica de Nunes e Lima

Tabela 13.2 Hidrociclone *de-oiler* simulado

Raio do orifício de rejeito	1,5 mm
FTR, Fator de perdas	0,4
Diâmetro nominal do hidrociclone	35 mm
Ângulo do trecho cônico modelado	1,5°

Fonte: Corrêa Junior (2008)

Tabela 13.3 Caso simulado

Massa específica do óleo	865 kg/m³
Massa específica da água	1.038 kg/m³
Viscosidade da água	0,57 cP
F, Fator de *split*	0,03

alternativamente Pinto (2009), adaptou o código MATLAB de Corrêa Junior, para gerar uma correlação para eficiência de separação em hidrociclone variando as especificações de Vazão, *Split* e Fator de Perdas. Para cada combinação [Q, F, FTR], calculou-se a eficiência de separação de acordo com procedimento descrito na Seção 13.5.4 para a seguinte faixa de valores: $60 < Q$ (L/min) < 150; $0,01 < F < 0,03$ e $FTR = 0,4$, e os parâmetros de hidrociclone resumidos na Tabela 13.3. No APÊNDICE 3, é apresentado o código para geração de dados empregados na regressão. A correlação proposta é apresentada nas Equações 13.68 e 13.69a,b.

$$E_{APROX} = \left(\frac{1}{1 + \alpha_F e^{\beta} F^{(F - \lambda_F)}} \right) \left\{ 1 - \left(\frac{1}{1 + \alpha_Q e^{\beta} Q^{(Q - \lambda_Q)}} \right) \right\} \quad (13.68)$$

$$\alpha_F = \alpha_{F,0} + \alpha_{F,1} Q \quad (13.69a)$$

$$\alpha_Q = \alpha_{Q,0} + \alpha_{Q,1} Q \quad (13.69b)$$

onde Q é a vazão volumétrica de alimentação do hidrociclone, em m³/s. A regressão empregou a rotina *fminsearch.m* do MATLAB, minimizando o somatório do quadrado do resíduo entre a eficiência gerada pelo modelo de Corrêa Junior e a eficiência inferida pela correlação desenvolvida ($\varepsilon - \varepsilon_{APROX}$). Os parâmetros obtidos estão listados na Tabela 13.4.

Tabela 13.4 Parâmetros da correlação de eficiência

$\alpha_{Q,0}$	$\alpha_{Q,1}$	$\alpha_{F,0}$	$\alpha_{F,1}$	λ_Q	λ_F	β_Q	β_F
−0,027	−2,634	−0,803	1209,1	0,0013	0,0234	0,0264	347,24

A Figura 13.25 mostra gráfico de Eficiência x Eficiência Rigorosa (modelo Corrêa Junior, 2008), evidenciando grande aderência da eficiência inferida com a eficiência rigorosa.

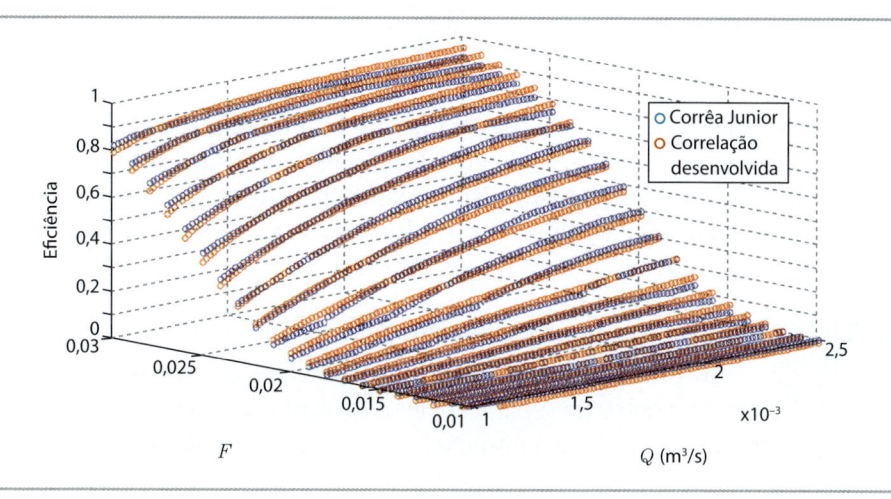

Figura 13.25 Comparação entre eficiências do modelo de Corrêa Junior (2008) e da correlação de Pinto (2009)

13.4.4 Controle de hidrociclones

A Figura 13.26 mostra um típico esquema de controle de hidrociclones *offshore*.

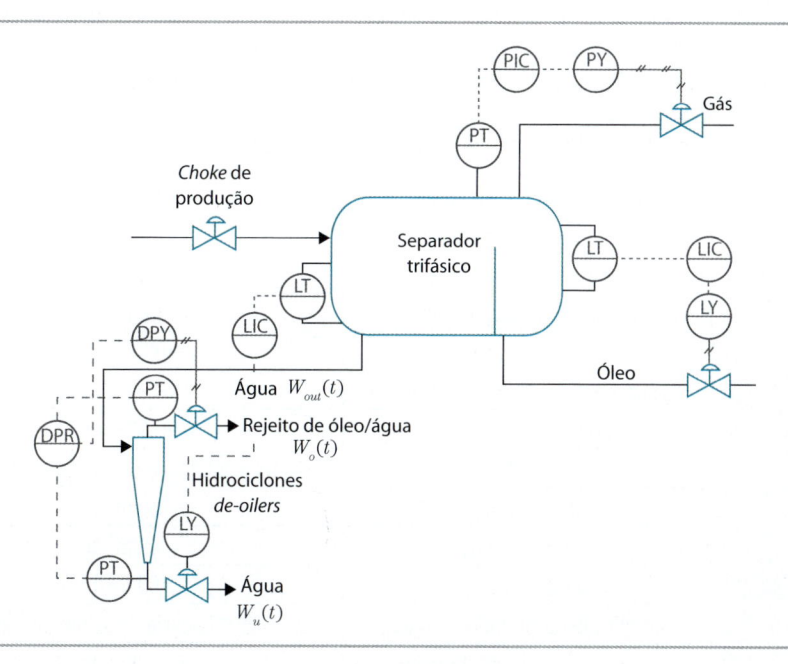

Figura 13.26 Típico esquema de controle de hidrociclone *offshore*

O controle de interface água-óleo atua sobre a vazão de *underflow* do hidrociclone enquanto o controle de *DPR* (*differential pressure ratio*, definida na Equação 13.70) é efetuado no *overflow*. O objetivo de controle do equipamento é manter o *split* constante. A *DPR* deve ser mantida na faixa de 1,7 – 1,8. Para *DPR* < 1,6, a vazão de rejeito é insuficiente, havendo escoamento reverso do óleo e baixa eficiência de separação.

$$DPR = \frac{P_{in} - P_o}{P_{in} - P_u} \tag{13.70}$$

Quando a camada de emulsão no separador é muito grande o TOG da água descartada é muito sensível à oscilação de nível fazendo-se necessário o controle rigoroso do nível de interface no seu *setpoint*. Numa estratégia alternativa, aqui denominada de Controle de *Overflow*, propõe-se que o *split* (a rigor a DPR) acompanhe as oscilações de interface.

EXEMPLO 13.2 Simulação integrada separador-hidrociclone

Os modelos apresentados permitem a simulação dos principais equipamentos de separação de uma planta de processamento *offshore*. Como exemplo de aplicação, adota-se uma simulação acoplada do separador trifásico com os hidrociclones comparando duas propostas de controle distintas para o nível de interface água-óleo: o PID e o Controle por Bandas. Para o modelo do hidrociclone foi adotada a correlação de Nunes e Lima da Seção 13.5.5.

As simulações foram efetuadas no MATLAB e SIMULINK, com a configuração da Figura 13.21. Visando simplificar a análise, simulam-se aqui apenas golfadas de água na corrente de alimentação do separador. Consideram-se oscilações senoidais na vazão de água. Os principais dados da simulação estão listados na Tabela 13.5.

Tabela 13.5 Geometria dos equipamentos e condições de operação

Comprimento do separador	5,4 (m)
Diâmetro do separador	1,8 (m)
Comprimento da câmara de separação	4,4 (m)
Comprimento da câmara de óleo	1,0 (m)
Altura do vertedouro	0,867 (m)
Comprimento das placas paralelas	0,9 (m)
Distância entre placas	0,028 (m)
BSW	50% (40% água livre e 10% água emulsionada)
Vazão de óleo	60 m^3/h
Vazão de água	48 m^3/h
Vazão de gás	450 m^3/h
Amplitude da golfada de água	30% acima da vazão normal
Período da golfada de água	2 minutos
Início da golfada	30 minutos
Setpoint do nível de óleo	0,5 m
Setpoint da pressão	9,5 kgf/cm^2

Controle PID

Os parâmetros de sintonia do PID para o controle de interface água-óleo são vistos na Tabela 13.6. Estes parâmetros foram propositadamente colocados em valores altos visando representar o que muitas vezes ocorre em unidades de produção quando se busca "estabilizar" o nível.

Tabela 13.6 Parâmetros de sintonia de PID

PID	
Setpoint	0,7 m
K_C	5,0
τ_I	0,1
τ_D	0,0

A seguir, mostram-se apenas as principais variáveis de interesse para o problema de controle da interface água-óleo. Outras variáveis como pressão, distribuição de gotas e *BSW* de descarte não são apresentados para facilitar a análise. A Figura 13.27 reproduz os níveis no separador. As oscilações verificadas em todos os níveis ocorrem por conta da perturbação na vazão de água na entrada do separador. Estas mudanças alteram os tempos de residência da fase aquosa perturbando a concentração de óleo na água descartada (TOG), conforme pode-se observar na Figura 13.27b, um resultado direto do modelo adotado pois uma maior velocidade da fase aquosa, v_x, implica arraste das gotas de óleo. As variações no TOG não são grandes e terão pouco efeito sobre o desempenho do hidrociclone.

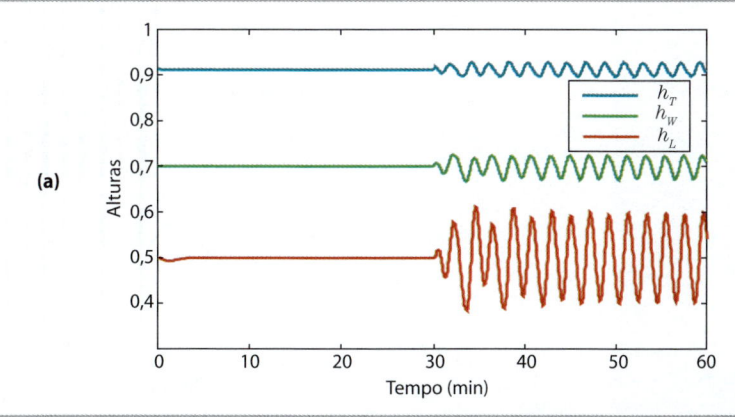

(a)

(continua)

(continuação)

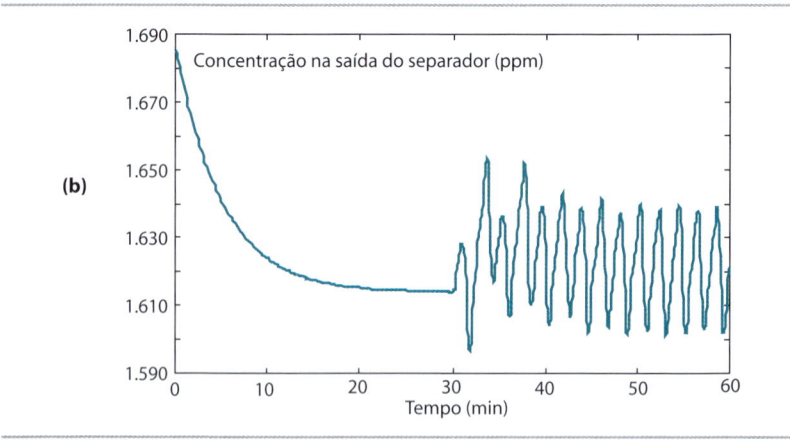

Figura 13.27 (a) Alturas de nível no separador; (b) Concentração de óleo na água descartada pelo separador

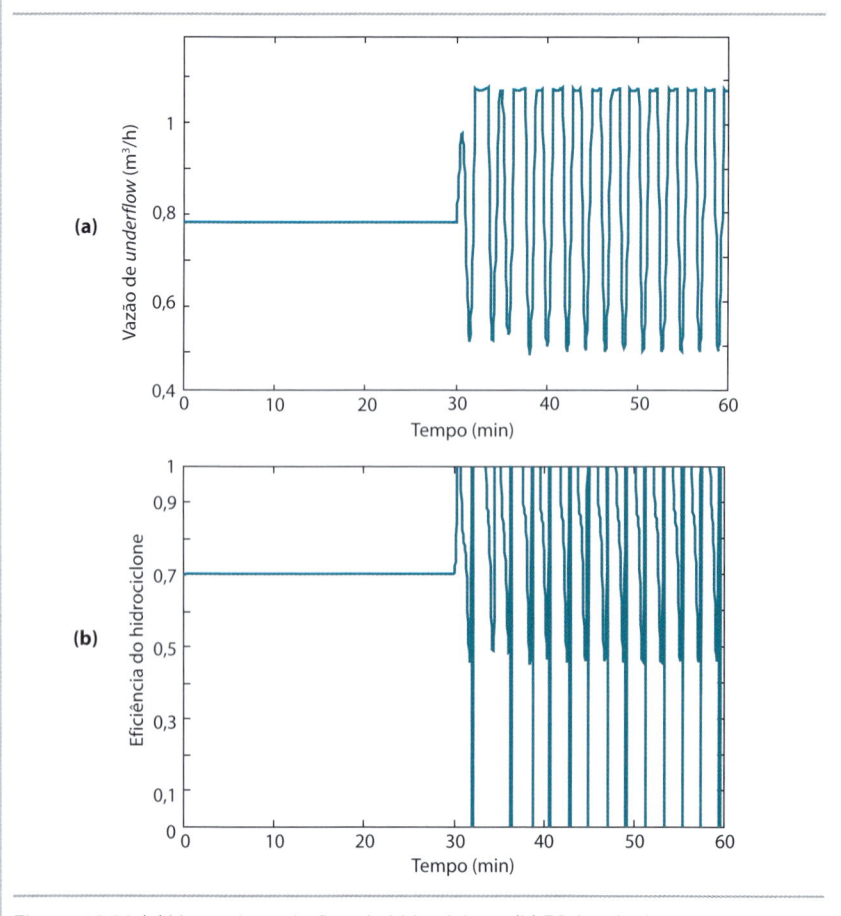

Figura 13.28 (a) Vazão de *underflow* do hidrociclone; (b) Eficiência de separação de óleo no hidrociclone

É importante destacar que a interface água-óleo se mantém numa estreita faixa de oscilação, uma consequência direta da ação mais rigorosa por parte do PID sobre a válvula de *underflow* do hidrociclone. Consequentemente, a estabilidade da vazão do *underflow* fica prejudicada, como se pode observar na Figura 13.28a. As oscilações de vazão são grandes o que, a ser visto adiante, tem efeito negativo sobre a eficiência dos hidrociclones.

Visando manter uma razão de rejeito constante no seu *setpoint*, em 3,5%, o controle de *split* do hidrociclone atua de forma rápida sobre a abertura da válvula de rejeito. Como consequência, essa variável se mantém dentro de uma faixa razoável, entre 0,028 e 0,042. Por outro lado, a eficiência (Figura 13.28b) oscila muito – entre 0 e 100% – o que, na média, produz resultados muito ruins. Note-se que as mudanças no *split*, em valores absolutos, não são muito grandes (Figura 13.29), mas o resultado final sobre a eficiência é tremendamente nocivo. Por conseguinte, a concentração de óleo na água descartada nos hidrociclones chega por alguns momentos a valores altíssimos (Figura 13.29b) comprometendo o desempenho do próximo equipamento na sequência do sistema de tratamento de água, que normalmente é o flotador.

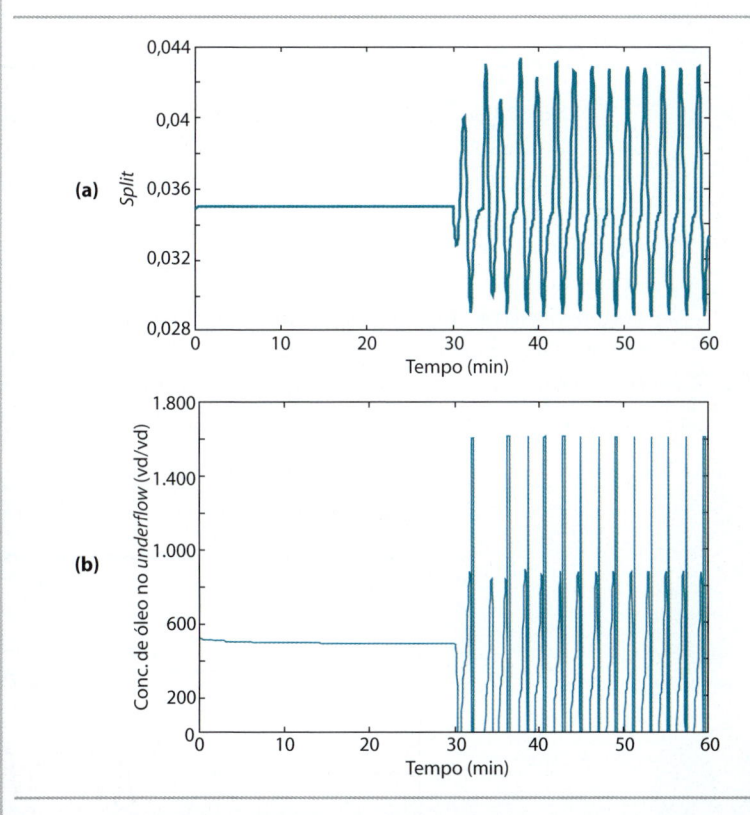

Figura 13.29 (a) *Split* no hidrocliclone; (b) Concentração de óleo na saída de água do hidrociclone

As instabilidades aqui representadas devem ser evitadas por meio do uso de uma malha de controle adequada. A seguir, vê-se como o Controle por Bandas pode ajudar, de uma forma simples, a resolver esse problema.

Controle por Bandas

Os parâmetros adotados para o Controle por Bandas são vistos na tabela abaixo. Note que $K_{C,1}$, $\tau_{I,1}$, e $\tau_{D,1}$ referem-se aos valores dentro da banda assim como $K_{C,2}$, $\tau_{I,2}$, e $\tau_{D,2}$ referem-se aos valores fora da banda.

Tabela 13.7   Controle por Bandas

Controle por Bandas	
Setpoint	0,7 m
$K_{C,1}$	0,5
$\tau_{I,1}$	1,0
$\tau_{D,1}$	0,0
Max banda	0,8 m
Min banda	0,6 m
$K_{C,2}$	5,0
$\tau_{I,2}$	1,0
$\tau_{D,2}$	0,0

Note-se na Figura 13.30a que, para este caso, as oscilações na interface ficam restritas ao interior da banda (entre 0,8m e 0,6m). Ao mesmo tempo em que estas oscilações pouco afetam a qualidade do óleo exportado pelo separador (Figura 13.30b), vê-se que, para o tratamento d'água, os benefícios são muito grandes. A comparação com os resultados obtidos no PID mostram um desempenho muito superior do sistema com o Controle por Bandas. Também deve-se notar que, apesar de se ter oscilações maiores na interface água-óleo do separador de produção, todo o sistema a jusante se estabiliza. Isso vale tanto para a vazão quanto para a concentração de óleo na água descartada pelo separador.

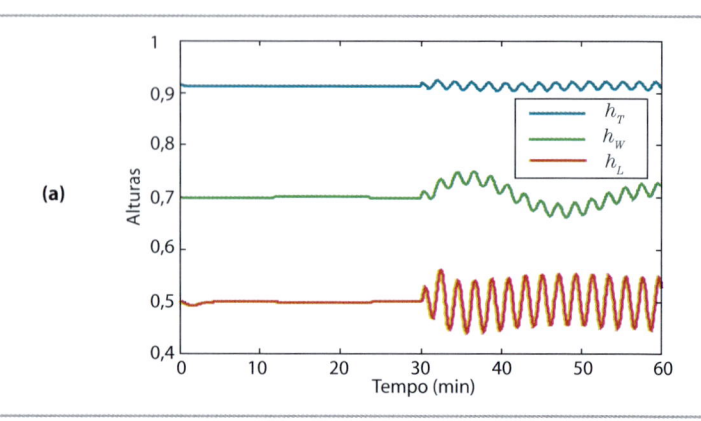

(a)

(continua)

(continuação)

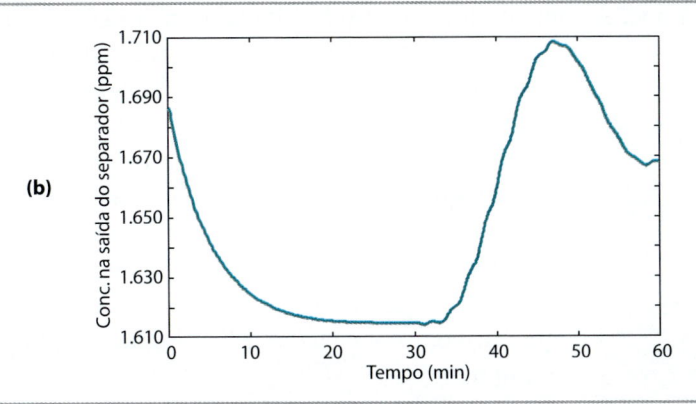

(b)

Figura 13.30 (a) Alturas no separador; (b) Concentração de óleo na água descartada

As mudanças de concentração de óleo na água são lentas, da ordem de minutos, e, como os hidrociclones têm constantes de tempo de aproximadamente 2 segundos, isso em nada afeta seu desempenho.

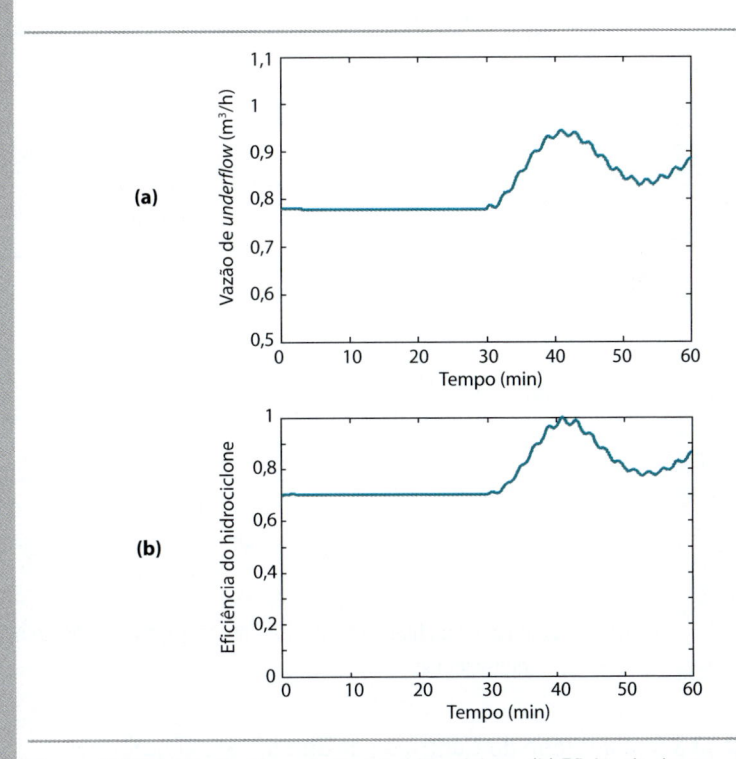

(a)

(b)

Figura 13.31 (a) Vazão de *underflow* do hidrociclone; (b) Eficiência de separação de óleo no hidrociclone

Como grande contribuição dessa estratégia de controle, pode-se destacar a estabilidade na vazão de *underflow*. Na Figura 13.31a, pode-se observar a grande diferença de comportamento dessa estratégia quando comparada ao controle PID (Figura 13.24). Seus resultados sobre a eficiência são muito claros. A Figura 13.31b mostra que, nessas condições, a eficiência obtida é de aproximadamente 80%, oscilando muito pouco.

Note-se que o *split* se mantém praticamente constante (Figura 13.32a), o que é desejado para o bom funcionamento do hidrociclone. Nesse caso, a válvula de *overflow* permanece praticamente parada. Os resultados mostram que a concentração de óleo descartada pelo hidrociclone (Figura 13.32b) tende a se estabilizar em torno de 200 ppm enquanto com controlador PID (Figura 13.29b) oscilava entre 0 e 1.600 ppm.

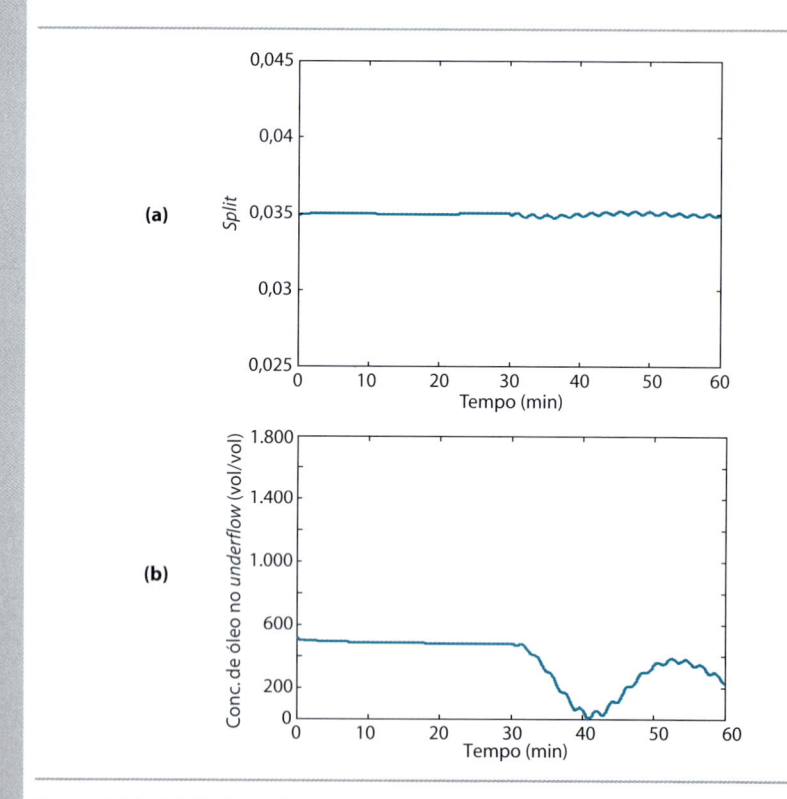

Figura 13.32 (a) *Split* no hidrocliclone; (b) Concentração de óleo na saída de água do hidrociclone

EXEMPLO 13.3 Implantação do Controle por Bandas em plataformas

O algoritmo do Controle por Bandas foi implementado no separador de teste de uma plataforma da Petrobras. Diversos poços foram testados. Nas figuras a seguir vemos como a comutação do PID para o Controle por Bandas tem efeito imediato na estabilização de vazão para dois poços distintos.

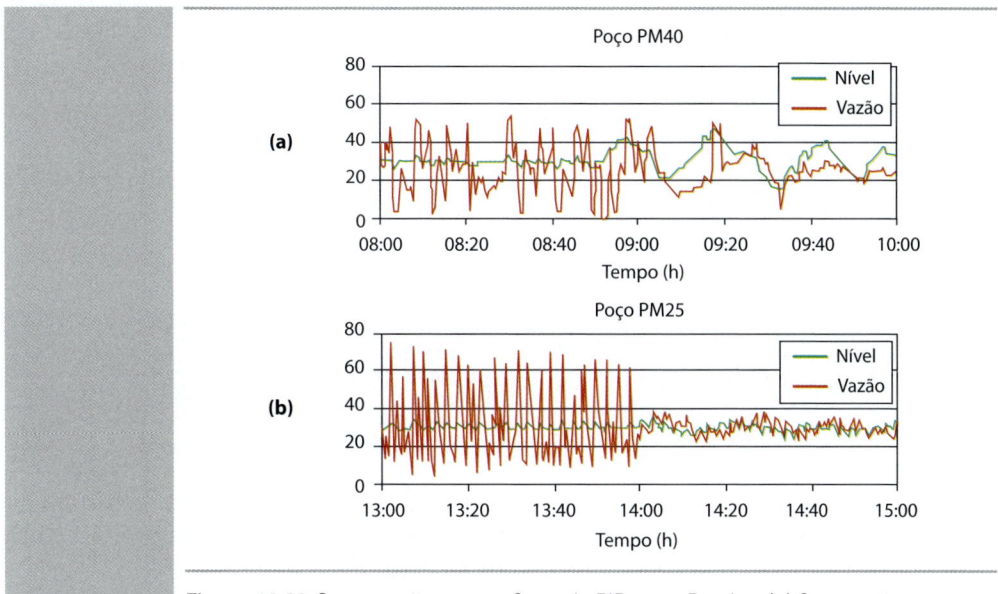

Figura 13.33 Comparação entre o Controle PID e por Bandas: (a) Comutação ocorreu às 9:05; (b) Comutação ocorreu às 14:00

13.5 FLOTADORES

Flotadores são equipamentos de tratamento de água que utilizam microbolhas de gás natural (geralmente em unidades *offshore*) ou ar (mais comum em unidades *onshore*) para a remoção de óleo disperso em gotículas. São classificados em dois tipos: a gás induzido e a gás dissolvido. No primeiro caso, o gás é inserido na corrente gasosa, podendo ser feito por bomba misturadora a montante do vaso ou por meio de edutores gás-líquido (localizados dentro ou fora do vaso). Em unidades *offshore*, no segundo caso, aproveita-se o gás existente nas correntes aquosas para gerar as bolhas fazendo-se necessário instalar uma válvula despressurizadora na entrada do flotador.

A modelagem da captura e arraste das gotas de óleo pelas bolhas de gás tem sido estudada por diferentes pesquisadores. Contudo, não se têm ainda modelos que consigam prever com precisão como a distribuição de tamanho de gotas afeta o desempenho desses equipamentos. Sabe-se que gotas de óleo de tamanho muito pequeno são mais difíceis de separar e que bolhas de gás menores tendem a melhorar o desempenho do equipamento na captura das gotículas de óleo. Vale ressaltar também que esses equipamentos são muito sensíveis aos agentes tensoativos de modo que faz-se necessário o uso de dados de campo para estimativa de seu desempenho. Pesquisadores do CENPES[3] têm efetuado essas avaliações conforme visto na Figura 13.34, em que se apresentam dados coletados para um flotador a gás induzido em operação numa plataforma da Bacia de Campos.

[3] MELO, Marcel et al. RT CENPES/PDP 018/2009, RT CENPES/PDP 015/2009. TRAVALLONI LOUVISSE, Ana M. et al. RT CENPES/PDP/TPAP 033/2005.

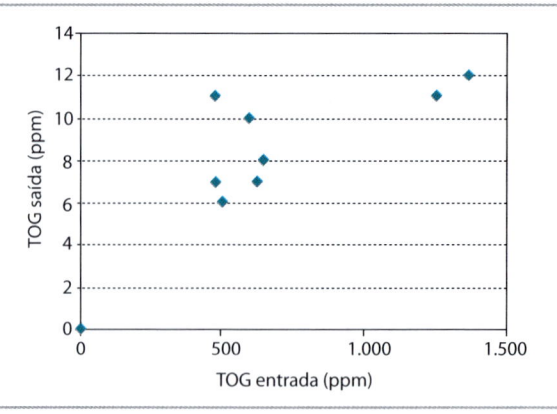

Figura 13.34 Relação entre TOG de entrada e saída de um flotador

O excelente desempenho do flotador apresentado acima precisa ser confrontado com seu tempo de residência a fim de permitir uma análise coerente deste. A Figura 13.35 mostra a curva de desempenho gerada a partir destes dados.

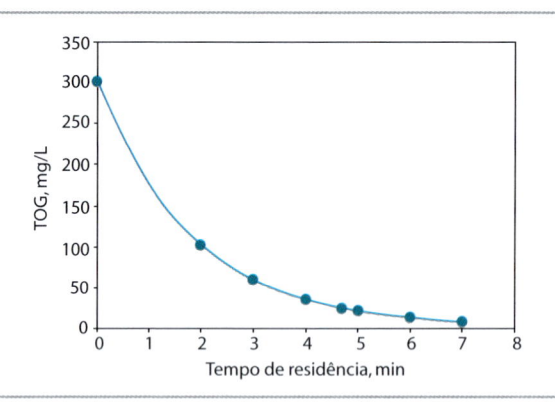

Figura 13.35 Concentração de água descartada *vs* tempo de residência

Assim como nos casos anteriores, vemos que a relação acima permite estimar as concentrações de TOG para diferentes condições operacionais.

EXERCÍCIOS PROPOSTOS

13.1) Considere o tratador eletrostático. Demonstre que para um BSW_{in} = 20% e os seguintes dados:

T_R (min)	BSW_{out} (%)
0	20
20	0,6
40	0,2

Tem-se o seguinte modelo $BSW_{out}(t) = BSW_{in}(t) - 17,76 \cdot T_{RL}^{0,029}(t)$

13.2) Considere o sistema separador trifásico e hidrociclones. Para a malha de controle dos hidrociclones considere que a equação da válvula de *overflow* como sendo $W_o(t) = K_{XO}\left(x_o(t) - \overline{x}_o\right)$ e que o *split*, F, será controlado da forma apresentada no diagrama de blocos.

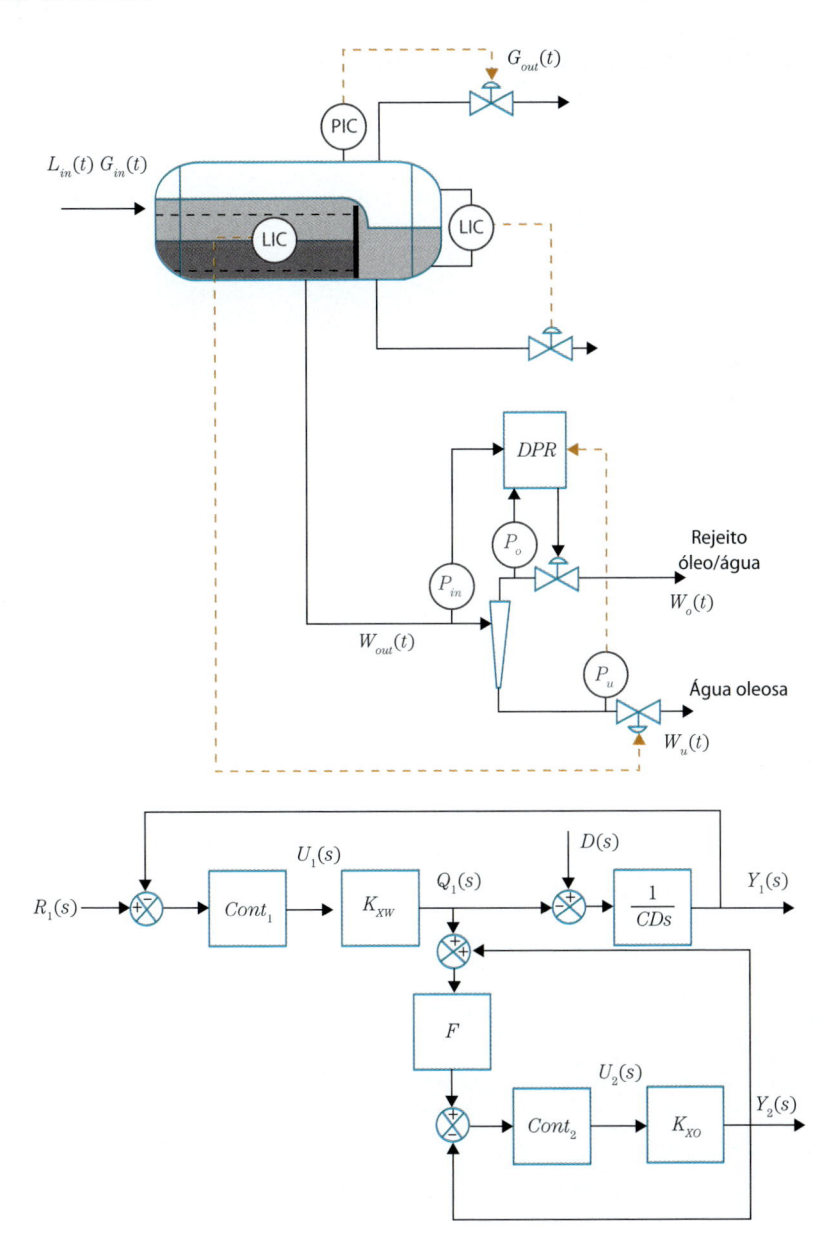

Onde:

$Y_1(s)$ = nível de água

$Y_2(s)$ = vazão de *overflow*

$D(s)$ = vazão de água (correspondente a $L_{in}\varepsilon$)

$U_1(s)$ = abertura da válvula de *underflow*

$R_1(s) = setpoint$ do nível de água
$F \quad = split$

Determine as funções de transferência $FT_1 = \dfrac{Q_1(s)}{D(s)}$ e $FT_2 = \dfrac{Y_2(s)}{K_{XW}U_1(s)}$ para as seguintes situações:

a) Cont1 e Cont2 são controladores proporcionais puros.
b) Cont1 é um controlador PI e Cont2 é proporcional puro.
c) Cont1 e Cont2 são ambos controladores PI.

14 Aspectos Dinâmicos de Sistemas de Produção *Offshore*

Boa parte da complexidade dinâmica do controle de processos *offshore* advém de instabilidades no escoamento de óleo e gás provenientes dos poços produtores de petróleo. No ambiente *offshore*, os grandes comprimentos das linhas de produção e *risers*, assim como o uso de tecnologia *Gas-Lift* de elevação de óleo, podem propiciar condições de escoamento com golfadas. Se tal quadro atinge níveis críticos de severidade (conhecido como escoamento com golfadas severas), tornam-se necessárias estratégias de atenuação no próprio processo de elevação e transporte, ou ainda nas malhas de controle e proteção dos equipamentos de processo. Neste capítulo, apresentamos aspectos dinâmicos de sistemas de produção *offshore* que podem dar origem a padrões de escoamento em golfadas e assim afetar o processamento *offshore* de óleo e gás.

NOMENCLATURA DE MODELAGEM DINÂMICA SIMPLIFICADA SGL PARA SISTEMAS *GAS-LIFT*

A_A, A_T, A_R	Áreas de seção anular, tubular e tubular abaixo da injeção (m^2)
D_A, D_T, D_R	Diâmetros anular, tubular e abaixo do ponto de injeção (m)
d_I, d_P	Diâmetros dos *chokes* de injeção e de produção (m)
f_R	Fator de atrito (Darcy) no escoamento do óleo reservatório → injeção
g	Aceleração da gravidade (9,81 m/s^2)
H_A, H_G, H_L	*Hold-ups* de gás anular, e de gás e de líquido na coluna de produção (kg)
K_{GV}, K_{CV}	Coeficientes de válvulas gaveta e de retenção (*check-vlv*) 100% abertas
L, L_R	Comprimentos total do tubo ao reservatório e deste à injeção (m)
L_A, L_T	Comprimentos anular e tubular da injeção ao *choke* de produção (m)
P_G, T_G, MM_G	Pressão, temperatura e massa molar do gás bombeado (Pa, °C(K), kg/mol)
P_I, P_A, P_T	Pressões na injeção anular no topo anular e na coluna de produção (Pa)
P_R, P_{out}	Pressões do reservatório e após o *choke* de produção (Pa)
P_V	Pressão no ponto de injeção no tubo de produção (Pa)

R	Constante dos gases ideais (8,314 Pa.m^3/K.mol)
Re_R	Número de Reynolds no escoamento do óleo reservatório → injeção
S_I, S_P	Áreas de seção dos *chokes* de injeção e de produção (m^2)
t	Tempo (s)
T_R, T_T, T_A	Temperaturas do reservatório, do tubo e do gás anular (°C(K))
V_T	Volume do tubo de produção acima do ponto de injeção (m^3)
W_G	Vazão de alimentação de gás no espaço anular (kg/s)
W_I, W_C	Vazões de gás na injeção tubular e no *choke* de produção (kg/s)
W_R, W_P	Vazões de óleo do reservatório e no *choke* de produção (kg/s)
X_P	Fração de abertura do *choke* de produção
z	Posição vertical no tubo de produção e no anular a partir do injetor (m)
Z_G, Z_L	Frações mássicas de gás e de líquido na coluna de produção

Subscritos

A, G, I, L, R, C	Anular, gás, injetor, líquido, reservatório e *choke* (produção)
T, M	Referentes à coluna (tubo) de produção e à mistura bifásica nesta

Símbolos gregos

ε_R	Rugosidade da parede tubular no trecho reservatório → injeção (m)
μ_R	Viscosidade dinâmica do óleo em condição de reservatório (Pa.s)
ρ_G, ρ_I	Densidades do gás alimentado e na injeção anular-tubo (kg/m^3)
ρ_R	Densidade do óleo no reservatório (kg/m^3)
ρ_M	Densidade média do fluido bifásico no tubo de produção (kg/m^3)

14.1 INTRODUÇÃO AOS SISTEMAS DE PRODUÇÃO *OFFSHORE*

Os sistemas de produção *offshore* são projetados para elevar o petróleo dos reservatórios às plataformas. A estratégia de exploração adotada define tanto a configuração dos poços quanto o método de elevação do óleo (*Gas-Lift* ou bombeio submerso) a ser usado, e tem efeito direto sobre o regime de escoamento que resultará nas linhas de produção e nos *risers* de plataformas.

Para campos em águas rasas constroem-se plataformas fixas suportadas por jaquetas. Nesses casos, adota-se completação seca, ou seja, uma sonda na plataforma perfura e completa os poços localizados abaixo desta, direcionando-os aos pontos distantes do reservatório. Ao conjunto de válvulas para controle de um dado poço – situado na plataforma – dá-se o nome de *árvore de natal seca*.

Para campos em águas profundas, normalmente acima de 300 metros, adotam-se unidades de produção flutuantes. A Figura 14.1 esquematiza a configuração típica de produção *offshore* em águas profundas, incluindo poço, *árvore de natal molhada*, linha de produção e *riser*. As linhas de produção de óleo e gás operam em escoamento bifásico ou trifásico (no caso de presença de água). Suas inclinações e comprimentos, além das *velocidades superficiais* de cada fase, são fatores importantes na definição do regime de escoamento que se manifesta.

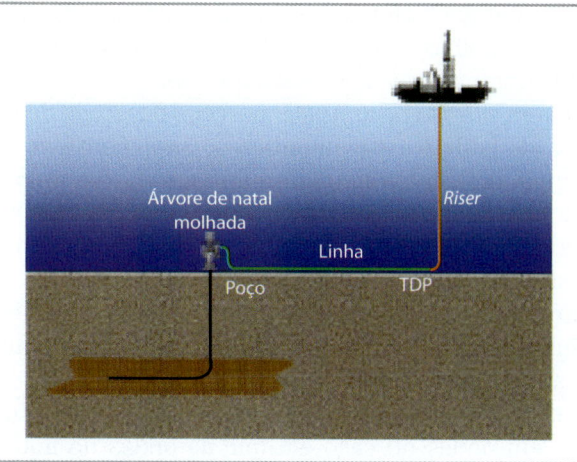

Figura 14.1   Configuração de produção *offshore* em águas profundas

14.1.1 Regimes clássicos de escoamento bifásico

Diversos processos importantes da indústria operam escoamento com duas (ou mais) fases. Dentre as várias possibilidades, o escoamento simultâneo de gás e líquido em dutos – aqui referenciado como apenas escoamento bifásico – tem especial relevância na produção *offshore* de óleo e gás natural. A precisa noção do quadro de escoamento bifásico em questão é um fator chave na engenharia desses sistemas. Modelar, por exemplo, um problema de escoamento bifásico, simplificadamente como um caso de escoamento de fluido homogêneo, poderá acarretar subestimação da perda de carga associada por um fator de até 3 ou 4 vezes (CHISHOLM, 1983). O escoamento bifásico em dutos cilíndricos poderá ocorrer sob diversos regimes razoavelmente distintos.

Qualquer cálculo mais preciso – de gradientes de pressão, por exemplo – ao longo do escoamento bifásico demandará o conhecimento de qual Regime de Escoamento está ocorrendo. A Literatura apresenta várias proposições para classificar Regimes de Escoamento Bifásico. Essa variedade resulta de que toda tentativa de classificar fenômenos naturais complexos representa, na verdade, uma idealização com maior ou menor grau de abrangência, que frequentemente ignora os detalhes de interpenetração, superposição e transição dos próprios fenômenos que procura classificar. Nós nos limitaremos a apresentar apenas uma classificação básica de Regimes de Escoamento Bifásico (CHISHOLM, 1983) comumente aceita na Engenharia. Esta classificação está dividida nos casos seguintes:

□ escoamento bifásico em duto horizontal (ou levemente inclinado);
□ escoamento bifásico em duto vertical (ou inclinado).

Em ambos os casos acima, a classificação de regimes é empírica, totalmente baseada em observações experimentais, sendo organizada em mapas de padrões de escoamento – *flow pattern maps* – em termos das *velocidades superficiais* (e, em alguns casos, também de propriedades como densidade, viscosidade e tensão interfacial) das fases. O Capítulo 15 define os conceitos de *velocidade superficial* de *gás* $\left(U_G^S\right)$ e de *velocidade superficial* de *líquido* $\left(U_L^S\right)$.

Os Regimes de Escoamento Horizontal Bifásico são classificados em:

- ❑ Escoamento em bolhas (*bubble flow*): gás como bolhas dispersas no líquido contínuo que domina a seção de escoamento.
- ❑ Escoamento em *plugs* (*plug flow*): porções ou *plugs* de gás originam-se da coalescência de bolhas e movimentam-se axialmente no interior de fase líquida contínua, definindo um quadro de escoamento intermitente brando.
- ❑ Escoamento estratificado (*stratified flow*): líquido e gás escoam estratificados; o líquido contínuo escoa no fundo do duto, como em calhas, com o gás contínuo estratificado acima; ondas não são observadas.
- ❑ Escoamento em ondas (*wave flow*): escoamento estratificado, porém com ondas na interface gás-líquido e alguma dispersão de líquido no gás; ondas não tocam a parede superior do duto.
- ❑ Escoamento em *slugs* ou em golfadas ou intermitente (*slug flow*): surge do escoamento em ondas no caso em que as ondas no líquido são grandes o bastante para atingir sistematicamente a parede superior do duto, isolando porções de gás que também podem ocupar toda a seção de escoamento, atingindo o fundo do duto; o escoamento é intermitente no sentido de que alternam-se trechos de escoamento com alta fração volumétrica de líquido e outros com alta fração volumétrica de gás.
- ❑ Escoamento anular (*anular flow*): gás tem velocidade e vazão grandes o bastante para ocupar de forma contínua um canal central cilíndrico, concêntrico ao duto, sendo o líquido, com menor velocidade, porém também íntegro, confinado a escoar como um cilíndro oco junto à parede do duto; o núcleo gasoso poderá conter líquido disperso.

Os Regimes de Escoamento Vertical Bifásico são classificados em:

- ❑ Escoamento em bolhas (*bubble flow*): fase gás como bolhas uniformemente dispersas na seção de escoamento, dominada por fase líquida contínua.
- ❑ Escoamento em *Slugs* ou em golfadas ou intermitente (*slug flow*): grandes bolhas de gás sob a forma de "balas" (isto é, as Bolhas de Taylor) escoam em "fila" isolando trechos praticamente só com líquido (que poderá conter pequenas bolhas dispersas); Bolhas de Taylor ocupam quase toda a seção de escoamento, permitindo fina camada de líquido ao redor; o escoamento é intermitente pois alternam-se trechos praticamente só com líquido e outros (as Bolhas de Taylor) praticamente só com gás.
- ❑ Escoamento "batido" (*churn flow*): escoamento agitado e oscilatório, com tendência para ambas as fases dominarem trechos curtos do escoamento com formas irregulares distintas dos casos característicos acima de *slug flow* e *bubble flow*.
- ❑ Escoamento anular (*anular flow*): similar ao caso horizontal, o gás tem velocidade e vazão grandes o bastante para ocupar, de forma contínua, um canal central cilíndrico, concêntrico ao duto, estando o líquido, com menor velocidade, porém íntegro, confinado a escoar como um cilindro oco junto à parede do duto; o núcleo gasoso poderá conter líquido disperso.

As Figuras 14.2a e 14.2b apresentam mapas de padrões de escoamento bifásico para dutos cilíndricos com Ar + Água a 15,5 °C tendo *velocidades superficiais* $\left(U_G^S, U_L^S \right)$

como coordenadas (CHISHOLM, 1983). A Figura 14.2a descreve os domínios dos seis padrões do escoamento horizontal, enquanto a Figura 14.2b faz o mesmo para os quatro padrões de escoamento vertical. Estes mapas são *representações apenas qualitativas* da realidade do sistema ar + água.

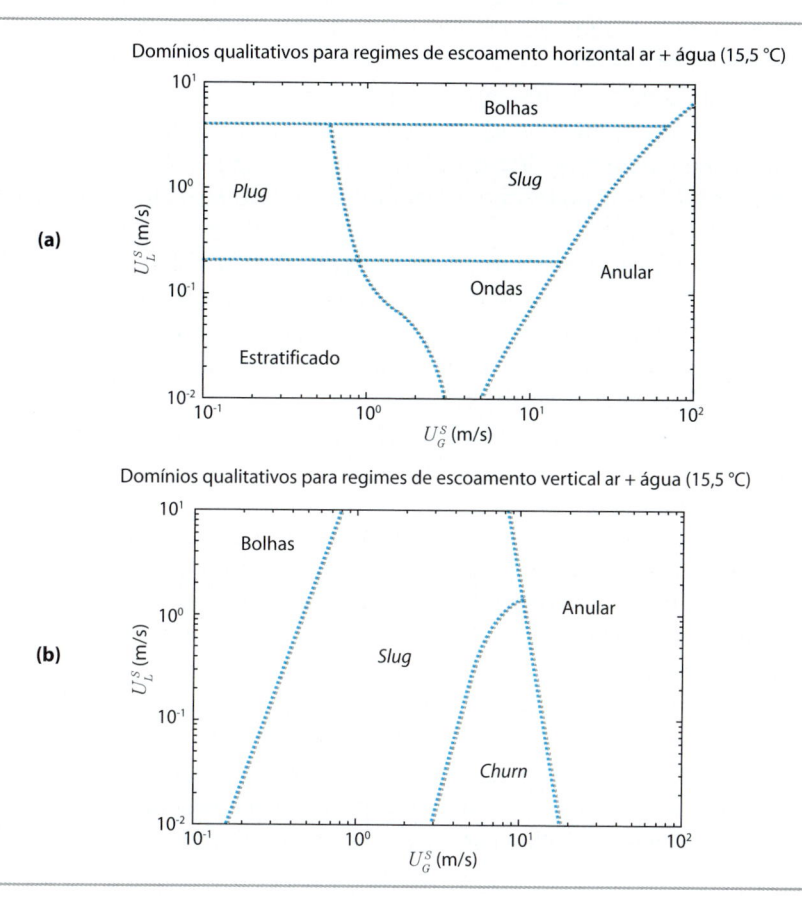

Figura 14.2 Mapas qualitativos de padrões de escoamento bifásico ar + água a 15,5 °C: (a) Escoamento horizontal em dutos cilíndricos; (b) Escoamento vertical em dutos cilíndricos

14.1.2 Escoamento multifásico com golfadas severas

O escoamento bifásico (gás + líquido) e o escoamento multifásico (gás + líquido 1 + líquido 2) têm sido objetos de interesse da pesquisa em Engenharia ao longo das últimas décadas. No contexto *offshore* de produção de óleo e gás, é comum que as linhas de produção horizontais ou pouco inclinadas apresentem escoamento sob o regime *estratificado*, ao passo que nos trechos verticais (*risers*) predominam os escoamentos *intermitentes* ou *em golfadas* (*slug flow*). Os trabalhos de Taitel e Dukler (1976), Chisholm (1983), Schmidt, Beggs e Brill (1980), e Taitel (1986) são referências na área para projetistas e pesquisadores.

Em dutos terrestres o escoamento multifásico horizontal também poderá resultar em golfadas. Em longas linhas de produção, o comprimento das golfadas (*slugs*) poderá crescer, acarretando perturbações nos equipamentos de destino e na produção como um todo. Os principais casos verificados em terra ocorrem nas Unidades de Processamento de gás natural quando da passagem de *pigs*, utilizados para remover líquidos retidos nas linhas de produção em virtude do transporte de gás natural rico em hidrocarbonetos condensáveis. Vasos de grandes volumes, conhecidos como *slug-catchers*, são instalados para absorver tais perturbações. Nesse caso, não se trata, portanto, de um problema causado pelo regime de operação, mas sim pelas ações de limpeza da linha.

No ambiente *offshore*, o escoamento em golfadas (*slug flow*) pode ser observado quando se tem baixas velocidades superficiais de líquido e de gás em uma longa linha horizontal (ou levemente inclinada), seguida por um outro grande trecho vertical (*riser*) como esquematizado na Figura 14.1. Nessa configuração, o escoamento ocorre sob a forma estratificada no trecho horizontal, seguindo-se o padrão de golfadas no trecho vertical (*riser*).

Sob certas condições, entretanto, o escoamento de gás e óleo do poço à plataforma poderá ocorrer em condição de *golfadas severas* (*severe slugging* ou intermitência severa). Esse regime ocasiona o principal e mais preocupante quadro de perturbações na entrada do separador situado na plataforma de processamento, após a restrição de topo do *riser* (*Top-Side Choke*).

Conforme veremos, o uso de tecnologia *Gas-Lift* de elevação de óleo também poderá gerar padrões de golfadas severas (*casing heading instabilities*) em poços verticais (ou muito inclinados).

O regime de golfadas severas é caracterizado por uma instabilidade de fluxo que pode ocorrer em certas condições em virtude de um arranjo linha-*riser* operacionalmente favorável a tal. O quadro é geralmente associado a baixas vazões em linhas relativamente longas, com inclinação levemente negativa até a base do *riser*. O regime de golfadas severas é oscilatório com períodos de vários minutos, havendo intervalos de tempo em que as taxas de escoamento no *riser* são muito baixas ou nulas, alternando-se com intervalos curtos caracterizados por grandes taxas apenas de líquido e outros por grandes vazões apenas de gás. Desta forma, o quadro de golfadas severas manifesta-se apenas em conexão com o trecho vertical de escoamento, ou seja, no *riser*.

As fases de um ciclo de golfada severa são esquematizadas na Figura 14.3.

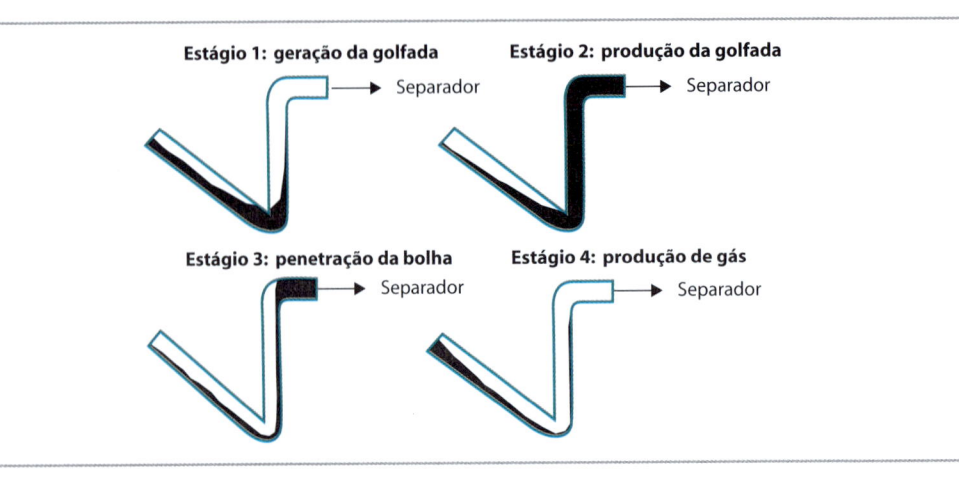

Figura 14.3 Representação dos estágios de um ciclo de golfada severa

No Estágio 1, ocorre o bloqueio na base em *V* do *riser*, provocado pelo acúmulo do líquido que escoa continuamente da linha de produção e pelo líquido que retorna do *riser* (*fall-back*) remanescente do ciclo anterior de golfada severa. Este acúmulo produz um selo líquido na base em *V* do *riser* retendo o gás a montante. No Estágio 1, não há escoamento perceptível no *riser*, havendo o acúmulo de líquido na coluna e de gás a montante deste.

Inicia-se o Estágio 2 quando a pressurização de gás na linha de produção, a montante do *riser*, afinal atinge um valor crítico permitindo que o gás penetre no *riser*, abruptamente empurrando o líquido acumulado (*blow-out*) coluna acima. Durante o Estágio 2, o líquido passa pelo *Top-Side Choke* do *riser*, atingindo o separador primário com grande velocidade. É no Estágio 2 que há propriamente a golfada severa. Suas consequências danosas derivam de um grande volume de líquido adentrar subitamente o separador perturbando as malhas de controle de nível e de pressão.

No início do Estágio 3, o gás ocupa praticamente todo o *riser* e também movimenta-se com alta velocidade através do *Top-Side Choke* ingressando no separador logo após a corrente de líquido, e impactando o controle de pressão. Por fim, tem-se o Estágio 4 caracterizado por uma produção efêmera de gás com taxa decrescente até cessar pelo início do Estágio 1, no qual todo o ciclo é reiniciado.

Schmidt et al. (1980) elaboraram um modelo capaz de prever a formação de golfadas severas assim como o volume e tempo necessário para início do *Blow-out*. Partindo do balanço de pressões na linha de produção e no *riser*, Taitel (1986) elaborou critérios para determinação das condições necessárias para a formação de golfadas severas e como evitá-las via manipulação do *Top-Side Choke* e/ou da pressão de trabalho do separador.

14.2 ELEVAÇÃO DE ÓLEO VIA PROCESSO *GAS-LIFT*

O Processo *Gas-Lift* (Figura 14.4) é uma alternativa para incrementar a produção de poços de petróleo *offshore* com baixa surgência. Nesses casos, a pressão disponível no reservatório geológico de óleo não é suficiente para fazer o fluido escoar a taxas apropriadas, vencendo a gravidade em dois longos trechos verticais: (i) a coluna de produção do poço propriamente; e (ii) o percurso via *riser* através da lâmina de água na zona do campo. Essas dificuldades são especialmente relevantes no cenário atual de E&P de petróleo no País, caracterizado por lâminas de água de 2.000m ou mais.

No contexto da tecnologia *Gas-Lift*, gás natural comprimido (em pressões acima de 100 bar) é bombeado da plataforma de produção e injetado na coluna de produção do poço em questão (Figura14.4). Resumidamente, a injeção de gás na coluna de produção resulta em uma mistura bifásica com densidade bem inferior à do óleo, permitindo que a pressão disponível no reservatório movimente o fluido ascensionalmente em direção à plataforma. A Figura 14.4 e o texto a seguir explicam como o Processo *Gas-Lift* poderá operar por meio de ciclos:

1) Gás natural comprimido é bombeado continuamente para o espaço anular ao redor da coluna de produção através do *choke* de *Gas-Lift*. Esta taxa é especificada no projeto do sistema sendo denominada taxa de alimentação de gás.

2) Na base do espaço anular há uma (ou mais) válvula(s) de injeção que são meras válvulas de retenção (*check-valves*) capazes de abrir, injetando gás na coluna (tubo) de produção. As válvulas de injeção mantêm-se fechadas, abrindo apenas se a pressão na base do espaço anular ultrapassar a pressão correspondente na coluna de produção, dessa forma permitindo fluxo apenas no sentido anular → tubo.

3) Havendo injeção de gás na coluna de produção, reduz-se a densidade média da mistura óleo-gás nesta, permitindo que a pressão disponível no reservatório geológico de óleo empurre a mistura bifásica para cima através do *choke* de produção.

4) A injeção de gás na coluna de produção poderá ser abrupta (pois a abertura dos injetores é rápida e total) e efêmera (especialmente quando se opera a baixas taxas de gás no *choke* de *Gas-Lift*). A interrupção do fluxo de injeção resulta da queda de pressão no espaço anular, por causa do intenso fluxo de gás para a coluna de produção, ocasionando o subsequente fechamento das válvulas de injeção.

5) Durante o período de tempo de recarga do espaço anular (isto é, até sua pressão voltar a suplantar a pressão na coluna de produção), os injetores permanecem fechados, sem produção no sistema *Gas-Lift* e permanecendo estagnada certa coluna de óleo no tubo de produção. Ao elevar-se a pressão na base do espaço anular até o valor de injeção, retorna-se à Etapa (3) acima, iniciando-se mais um ciclo *Gas-Lift*.

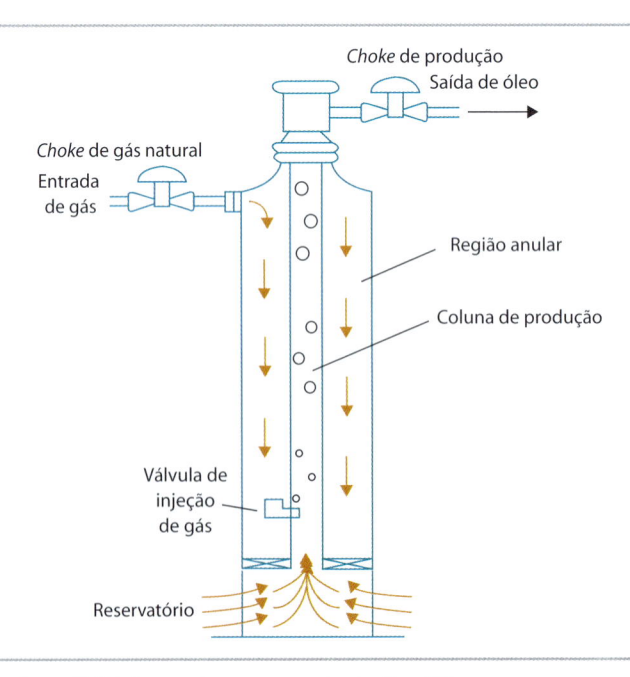

Figura 14.4   Elevação artificial de petróleo por tecnologia *Gas-Lift*

É simples perceber que o aumento da taxa de alimentação de gás favorece à produção de óleo do poço, porém impacta os custos do processo. Mais ainda, a taxa de gás influencia não linearmente a produção. Isto é, sob baixas taxas de alimentação de gás, a taxa de produção de óleo embora baixa, apresenta alta sensibilidade à taxa de gás, resultando em *grandes valores* na produtividade em barris produzidos por kg de gás alimentado (embora com *baixos valores na Produção Bruta* de óleo ao longo de um determinado período de tempo). Por outro lado, operando-se a grandes taxas de gás, a taxa de produção de óleo é grande mas apresenta sensibilidade decrescente à taxa de alimentação de gás, resultando em *baixos valores* na produtividade em barris produzidos por kg de gás alimentado (embora com *grandes* valores *na Produção Bruta de óleo* ao longo de um determinado período de tempo).

Neste sentido, compreende-se porque as condições de operação *Gas-Lift* trazem grandes implicações na economicidade da produção *offshore* de óleo e gás natural. O principal item de custo, a taxa de alimentação de gás (W_G), está relacionado aos custos diretos da plataforma com separação, compressão e transporte de gás em pressões acima de 100 bar. A especificação ótima da taxa de alimentação de gás pode ser feita via otimização do Lucro Operacional *Gas-Lift* (L_{GL}) dado pela diferença entre a Receita da Produção ($W_P \$_P$) e o Custo Operacional *Gas-Lift* ($W_G \$_G$), onde $\$_P$ e $\$_G$ são preço e custo unitários de óleo e gás respectivamente. A produção de óleo W_P é normalmente uma função (não linear) de W_G de comportamento crescente porém com *inclinação decrescente*. Esta otimização corresponde a anular a derivada de L_{GL} resultando no ponto operacional de *Tangente Econômica* do sistema, conforme abaixo:

$$\frac{dL_{GL}}{dW_G} = \frac{d}{dW_G}\left(W_P\$_P - W_G\$_G\right) = 0 \Rightarrow \frac{dW_P}{dW_G} = \frac{\$_G}{\$_P}$$

Isto é, a condição ótima de trabalho $\left(W_G^*\right)$ corresponde ao ponto da curva de produção com inclinação (*tangente*) dada pela razão de custo e preço unitários de gás e de óleo.

Sob certas condições de geometria, percentagem de abertura de válvulas e de taxa de alimentação de gás, o Processo *Gas-Lift* poderá operar ciclicamente, com um padrão de escoamento característico do regime de golfadas severas analogamente ao que ocorre nos sistemas linha-*riser* discutidos na seção anterior. As válvulas de injeção e de *choke* têm certa parcela de responsabilidade pela operação oscilatória do Processo *Gas-Lift*, mas o principal responsável por tal oscilação é a utilização de baixas taxas de alimentação de gás.

As oscilações e golfadas do Processo *Gas-Lift* ocorrem quando a taxa de alimentação não é alta o bastante e o reservatório apresenta pressão decadente. Nesse caso, diz-se que a dinâmica *Gas-Lift* é *dominada pela gravidade* (Figura 14.5) em oposição à situação em que o regime seria *dominado pelo atrito* quando é alto o valor da taxa de alimentação de gás.

O regime operacional *dominado pela gravidade* é instável no sentido de que uma pequena redução na vazão de gás pelo injetor ocasiona aumento da pressão na base da coluna de produção (em virtude do aumento de densidade nessa coluna pela menor presença de gás), reduzindo o diferencial de pressão no injetor e levando a nova redução na taxa de injeção, havendo em algum momento o colapso da injeção de gás (regime operacional instável). As seguintes fases estão associadas a este quadro:

☐ O gás está pressurizado no espaço anular; admitindo-se que sua pressão supera a pressão na base da coluna de produção, a válvula de injeção libera gás rapidamente na base da coluna, reduzindo a densidade da mistura bifásica, forçando sua rápida ascensão, e causando a surgência de óleo do reservatório. A súbita elevação de fluido e sua expulsão pelo *choke* de produção constitui um fenômeno similar a uma golfada severa típica de *risers*.

☐ Como não há expressiva vazão de gás alimentando o espaço anular, vem o momento em que a pressão anular torna-se inferior à pressão na base da coluna de produção, ocasionando o fechamento da válvula de injeção e cessando a entrada de gás.

☐ Imediatamente a produção é interrompida, havendo a descida (*fall-back*) do óleo existente na coluna.

☐ A produção mantém-se nula até que, alguns minutos depois, o espaço anular volte a pressurizar permitindo a injeção de gás para a base da coluna, reiniciando a produção e um novo ciclo *Gas-Lift*.

Por outro lado, quando a vazão de gás alimentado no espaço anular é alta o bastante, a válvula de injeção praticamente não sofrerá interrupção de fluxo. Em consequência, não há paradas, pulsos ou oscilações de produção. Neste caso (Figura 14.5) diz-se que a dinâmica *Gas-Lift* é *dominada pelo atrito*, sendo agora essencialmente estável. Isto ocorre porque uma eventual redução na taxa de gás pelo injetor reduzirá a velocidade de ascensão no tubo de produção, gerando menos atrito na subida da mistura óleo + gás, reduzindo portanto a perda de carga associada, o que, por sua vez, reduz a pressão na zona de injeção (Figura 14.5). Isso aumentará o diferencial de pressão no injetor, acarretando mais injeção de gás, restaurando, portanto, a condição de operação anterior (regime operacional estável).

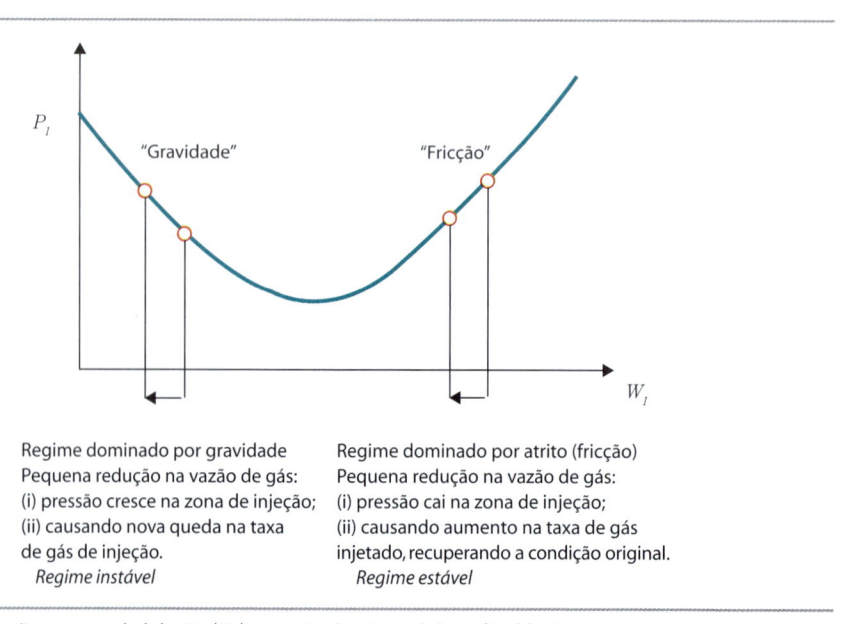

Regime dominado por gravidade
Pequena redução na vazão de gás:
(i) pressão cresce na zona de injeção;
(ii) causando nova queda na taxa de gás de injeção.
Regime instável

Regime dominado por atrito (fricção)
Pequena redução na vazão de gás:
(i) pressão cai na zona de injeção;
(ii) causando aumento na taxa de gás injetado, recuperando a condição original.
Regime estável

Figura 14.5   Pressão na zona de injeção (P_I) *vs* vazão de gás no injetor (W_I) (válida em estado estacionário)

Quando ocorrem as instabilidades típicas *Gas-Lift*, as golfadas geralmente acabam diluídas na linha de produção por conta do seu comprimento e dos inúmeros acidentes ao longo desta até a plataforma. Entretanto, há situações em que golfadas podem afetar o processamento da produção, sendo este, por exemplo, o caso de sistemas de separação submarina de água-óleo-gás que são atualmente considerados alternativa de processamento *offshore*. Tais sistemas de separação são instalados justo a jusante do *choke* de produção *Gas-Lift*, podendo, por esta razão, sentir seriamente os efeitos de eventuais golfadas severas.

14.2.1 Modelo SGL para sistemas *Gas-Lift*

Afim de estudar os princípios físicos chaves de sistemas *Gas-Lift* e descrever condições operacionais que levam aos comportamentos típicos nos regimes oscilatórios (isto é, dominados *por gravidade*) e não oscilatórios (isto é, dominados *pelo atrito*), Aamo et al. (2005) formularam um modelo dinâmico simples para *Gas-Lift*. Esse modelo é implementado aqui e denominado SGL. O modelo SGL é simplificado, possuindo poucas variáveis dependentes e sem distribuição espacial, de modo que a única variável independente é o tempo. Em SGL, a descrição do sistema baseia-se em concentrar a distribuição de massa em 3 volumes:

- ❏ volume anular com gás;
- ❏ volume tubular acima do ponto de injeção, com gás e óleo;
- ❏ volume tubular abaixo da injeção com óleo apenas.

As condições do reservatório e aquelas a jusante do *choke* de produção (por exemplo, um possível vaso separador) são supostas estáticas; isto é, ambos, o reservatório e a descarga do *choke* de produção são admitidos com pressão constante ao longo do horizonte de simulação. O primeiro por ter grande tamanho, e o segundo por ter a pressão supostamente mantida fixa por controladores ou por características da linha ou do equipamento adiante.

Admitindo-se o óleo como incompressível, o *hold-up* do volume tubular abaixo da injeção é considerado constante e dado pela massa da coluna correspondente com óleo, e, portanto, sem exigir maiores atenções. A única variável dinâmica de importância associada a este volume é a vazão de óleo ascendente, dada em função da geometria do duto, da viscosidade do óleo, da pressão do reservatório e da pressão no ponto de injeção de gás no tubo de produção.

O comportamento dinâmico do sistema deriva da interação entre os volumes anular e tubular acima da injeção. O ponto de partida são os balanços dinâmicos de massa – Equações 14.1, 14.2, 14.3 – para os sistemas anular (gás apenas) e tubular (gás e óleo) do poço.

A válvula de injeção de gás anular-tubo é modelada como uma *swing-check-valve* – Equação 14.4 – com vazão de escoamento dependente da diferença de pressão $P_I - P_V$. A válvula de *choke* de alimentação de gás no anular (Equação 14.7) é modelada como um dispositivo de vazão constante (por exemplo, $W_G^{Esp} = 0{,}6$ kg/s). Já o *choke* de produção no topo da coluna (Equações 14.5 e 14.6) é modelado como válvula gaveta parcialmente aberta com fração de abertura X_P.

A seção de escoamento monofásica de óleo entre o reservatório e o ponto de injeção do gás é resolvida em modo pseudoestacionário – Equações 14.8, 14.9 e 14.10 – a partir das pressões do reservatório e do ponto de injeção de gás admitindo-se escoamento incompressível com fator de atrito via Equação de Churchill (CHURCHILL, 1977; COSTA et al., 2002) – Equações 14.9 e 14.10 – a qual compreende todos os regimes hidráulicos.

$$\frac{dH_A}{dt} = W_G - W_I \tag{14.1}$$

$$\frac{dH_G}{dt} = W_I - W_C \tag{14.2}$$

$$\frac{dH_L}{dt} = W_R - W_P \tag{14.3}$$

$$W_I = S_I \sqrt{2\rho_I \frac{max\{0, P_I - P_V\}}{K_{CV}}} \tag{14.4}$$

$$W_C = S_P \, Z_G \, X_P \sqrt{2\rho_M \frac{max\{0, P_T - P_{out}\}}{K_{GV}}} \tag{14.5}$$

$$W_P = S_P \, Z_L \, X_P \sqrt{2\rho_M \frac{max\{0, P_T - P_{out}\}}{K_{GV}}} \tag{14.6}$$

$$W_G = W_G^{Esp} \frac{max\{0, P_G - P_A\}}{|P_G - P_A| + \delta} \qquad \left(\delta = 10^{-6}\right) \tag{14.7}$$

$$\frac{P_R - P_V}{\rho_R} = g \, L_R + \left(\frac{f_R}{2}\right)\left(\frac{L_R}{D_R}\right)\left(\frac{W_R}{A_R \rho_R}\right)^2 \tag{14.8}$$

$$f_R = f\left(\varepsilon_R / D_R, Re_R\right) \qquad \left(\varepsilon_R / D_R = 10^{-5}\right) \tag{14.9}$$

$$Re_R = \frac{4W_R}{\pi D_R \mu_R} \tag{14.10}$$

$$P_I = \left(\frac{RT_A}{MM_G}\right)\frac{H_A}{A_A L_A} + \left(\frac{gH_A}{A_A}\right) \tag{14.11}$$

$$P_A = P_I - \left(\frac{gH_A}{A_A}\right) \tag{14.12}$$

$$\rho_I = \frac{P_I MM_G}{RT_A} \tag{14.13}$$

$$\rho_M = \frac{H_G + H_L}{A_T L_T} \qquad (14.14)$$

$$Z_G = \frac{H_G}{H_G + H_L}, \quad Z_L = \frac{H_L}{H_G + H_L} \qquad (14.15)$$

$$P_T = \left(\frac{RT_T}{MM_G}\right)\frac{H_G}{A_T L_T - H_L / \rho_R} \qquad (14.16)$$

$$P_V = P_T + g\left(\frac{H_L + H_G}{A_T}\right) \qquad (14.17)$$

Note-se que o comportamento volumétrico da fase gás é modelado simplificadamente via gás ideal isotérmico. Temperaturas dos diversos subsistemas também são tratadas de forma simplificada: a temperatura anular é aproximada pela do gás alimentado, enquanto a temperatura no tubo de produção é aproximada pela temperatura do óleo no reservatório.

14.2.2 Modelo SGL modificado

A principal simplificação do Modelo Aamo et al. (2005) consiste em não existir variável independente espacial afetando a resposta do modelo. Essa característica afeta marcadamente o desempenho SGL. Todavia, é possível introduzir-se algumas modificações, mantendo-se o quadro geral de simplicidade, de modo que a limitação de *não haver nenhuma dependência espacial* nas principais variáveis seja removida pelo menos em parte.

Dada a apreciável extensão vertical (da ordem de 2.000 m) do espaço anular e da coluna de produção *Gas-Lift*, é razoável esperar influência gravitacional na distribuição de densidade e de pressão para a fase gás nestes volumes. Isto modificará, por exemplo, as Equações (14.12), (14.13), (14.16) e (14.17) para as pressões P_I, P_A, P_T, P_V, alterando também o cálculo das densidades de gás especialmente em (14.13) e (14.15) para ρ_I, ρ_M.

Estas modificações baseiam-se em resolver independentemente o campo de pressão com base em equações de Hidrostática; isto é, admitindo-se ausência de escoamento de gás ou líquido. Como o sistema *Gas-Lift* costuma operar temporariamente sem movimento de fluido, a solução estática para os campos de pressão e densidade poderá resultar de fato em melhorias no desempenho do modelo. Adicionalmente, essa intervenção introduzirá dependência espacial nas distribuições de pressão e de densidade nas colunas anular e de produção.

14.2.2.1 Modificações nas distribuições de pressão e densidade no espaço anular

Parte-se do balanço de *momentum* em condições estáticas – Equação (14.18a) – expressando-se a densidade anular em termos de um gás ideal isotérmico – Equação (14.18b):

$$\frac{dP}{dz} = -\rho g \tag{14.18a}$$

$$\rho = \frac{P \ MM_G}{R \ T_A} \tag{14.18b}$$

A integração da Equação (14.18a) com (14.18b) produz as Equações (14.19a) e (14.19b) para as distribuições de pressão e densidade (expressas a partir do valor P_A no topo anular) em termos da coordenada espacial z:

$$P = P_A exp\left(\frac{g \ MM_G}{R \ T_A}\left(L_A - z\right)\right) \tag{14.19a}$$

$$\rho = \frac{P_A \ MM_G}{R \ T_A} exp\left(\frac{g \ MM_G}{R \ T_A}\left(L_A - z\right)\right) \tag{14.19b}$$

Com as Equações (14.20) e (14.19b), obtém-se o *hold-up* de gás no espaço anular, conforme mostrado na Equação (14.21):

$$H_A = \int_0^{L_A} \rho \ A_A \ dz \tag{14.20}$$

$$H_A = \frac{P_A \ A_A}{g}\left(exp\left(\frac{g \ MM_G L_A}{R \ T_A}\right) - 1\right) \tag{14.21}$$

Estas relações permitem expressar, em termos de H_A, as pressões P_I, P_A e a densidade ρ_I conforme abaixo:

$$P_A = \frac{H_A \ g}{A_A}\left(exp\left(\frac{g \ MM_G L_A}{R \ T_A}\right) - 1\right)^{-1} \tag{14.22a}$$

$$P_I = \frac{H_A \ g}{A_A} exp\left(\frac{g \ MM_G L_A}{R \ T_A}\right)\left(exp\left(\frac{g \ MM_G L_A}{R \ T_A}\right) - 1\right)^{-1} \tag{14.22b}$$

$$\rho_I = \frac{P_I \ MM_G}{R \ T_A} \tag{14.22c}$$

As novas Equações (14.22a), (14.22b) e (14.22c) são utilizadas no Modelo SGL Modificado no lugar de (14.11), (14.12) e (14.13). Note-se que, na verdade, (14.22c) e (14.22b) são idênticas às antigas (14.13) e (14.12), a novidade resume-se a apenas (14.22a).

14.2.2.2 Modificações nas distribuições de pressão e densidade na coluna de produção

A abordagem é similar à utilizada na Seção 14.2.2.1, exceto que agora a Equação (14.18a) deve ser montada com a densidade média da mistura bifásica, ρ_M, conforme feito na Equação (14.23a). A densidade da mistura, ρ_M, por sua vez, é expressa como função da pressão conforme na Equação (14.23b), admitindo-se que as frações mássicas de gás e de líquido na coluna de produção são espacialmente uniformes, e dadas como antes, pela Equação (14.15):

$$Z_G = \frac{H_G}{H_G + H_L}, \quad Z_L = \frac{H_L}{H_G + H_L} \tag{14.15}$$

Desta forma, têm-se:

$$\frac{dP}{dz} = -\rho_M \, g \tag{14.23a}$$

$$\frac{1}{\rho_M} = \frac{Z_L}{\rho_R} + \left(\frac{Z_G}{MM_G}\right)\frac{R\,T_T}{P} \tag{14.23b}$$

A integração da Equação (14.23a) com (14.23b), ao longo do trecho vertical desde o injetor até o *choke* de produção, produz as Equações (14.24a) e (14.24b) para as pressões no ponto de injeção (P_V) e no topo (P_T) do tubo de produção:

$$P_T = g\left(\frac{H_G + H_L}{A_T}\right)\frac{1}{exp\left(\frac{g\,MM_G}{R\,T_T}\left(\frac{H_G + H_L}{H_G}\right)\left(L_T - \frac{H_L}{\rho_R\,A_T}\right)\right) - 1} \tag{14.24a}$$

$$P_V = g\left(\frac{H_G + H_L}{A_T}\right)\frac{exp\left(\frac{g\,MM_G}{R\,T_T}\left(\frac{H_G + H_L}{H_G}\right)\left(L_T - \frac{H_L}{\rho_R\,A_T}\right)\right)}{exp\left(\frac{g\,MM_G}{R\,T_T}\left(\frac{H_G + H_L}{H_G}\right)\left(L_T - \frac{H_L}{\rho_R\,A_T}\right)\right) - 1} \tag{14.24b}$$

A densidade da mistura gás-líquido no topo $\left(\rho_{MT}\right)$ da coluna de produção é obtida com a Equação (14.23b), calculada na pressão P_T acima:

$$\frac{1}{\rho_{MT}} = \frac{Z_L}{\rho_R} + \left(\frac{Z_G}{MM_G}\right)\frac{R\,T_T}{P_T} \tag{14.25}$$

Ou, mais explicitamente, em termos de *hold-ups* de gás e líquido, como:

$$\rho_{MT} = \frac{H_G + H_L}{\dfrac{H_L}{\rho_R} + H_G\left(\dfrac{R\,T_T}{P_T\,MM_G}\right)} \tag{14.26}$$

A densidade ρ_{MT} deve ser utilizada no Modelo SGL Modificado para calcular a vazão mássica pelo *choke* de produção. Para isto, substituem-se as Equações (14.5) e (14.6) pelas novas expressões a seguir, respectivamente, para a vazão mássica de gás e de óleo através desta restrição:

$$W_C = S_P \, Z_G \, X_P \sqrt{2\rho_{MT} \frac{max\left\{0, \, P_T - P_{out}\right\}}{K_{GV}}} \qquad (14.27)$$

$$W_P = S_P \, Z_L \, X_P \sqrt{2\rho_{MT} \frac{max\left\{0, \, P_T - P_{out}\right\}}{K_{GV}}} \qquad (14.28)$$

14.2.2.3 Resumo sobre utilização das duas versões do modelo SGL

Para clarificar questões de implementação e tendo em vista que na verdade tratam-se de dois modelos *Gas-Lift*, a saber, SGL e SGL Modificado, resumem-se os principais fatos acerca de cada um conforme a seguir (Note-se que, em ambos os casos, as variáveis de estado consistem apenas dos *hold-ups* H_A, H_G, H_L e que todas as equações envolvidas devem ser trabalhadas estritamente no Sistema SI, como listado na Nomenclatura):

☐ Para utilizar Modelo SGL de Aamo et al. (2005), bastará integrar numericamente as Equações Diferenciais Ordinárias Equações (14.1), (14.2) e (14.3), com o suporte algébrico das Equações (14.4) a (14.17);

☐ Para utilizar Modelo SGL Modificado, bastará integrar numericamente as Equações Diferenciais Ordinárias Equações (14.1), (14.2) e (14.3), com o suporte algébrico das Equações (14.4) a (14.17), aplicando-se as seguintes substituições:

   – Usar Equações (14.22a), (14.22b) e (14.22c) no lugar de (14.11), (14.12) e (14.13)

   – Usar Equações (14.24a) e (14.24b) no lugar de (14.16) e (14.17)

   – Usar Equações (14.26), (14.27) e (14.28) no lugar de (14.14), (14.5) e (14.6)

14.2.3 Resolução numérica: código executável SGL

A resolução numérica das equações dos Modelos SGL e SGL Modificado é conduzida por *solvers* de integração numérica de equações diferenciais ordinárias do MATLAB como ODE23, ODE45 etc. A resolução para o Modelo SGL Modificado foi programada no Código Executável SGL para MS-WINDOWS XP, disponibilizado no CD.

14.2.4 Simulação dinâmica *Gas-Lift* com modelo SGL modificado: caso base

Foram identificadas condições de operação capazes de criar fortes oscilações com período de aproximadamente 20 minutos no sistema *Gas-Lift* evidenciando a sua riqueza dinâmica. Estas condições configuram um caso base com horizonte de simulação de 8.000 s. Os valores de parâmetros geométricos e de válvulas *Gas-Lift* no caso base são apresentados na Tabela 14.1. As condições de processo do caso base são mostradas na Tabela 14.2.

As condições iniciais ($t = 0$) das três variáveis de estado do sistema (H_A, H_G, H_L) são atribuídas no caso base conforme os valores da Tabela 14.3. Uma particularidade das condições iniciais da Tabela 14.3 corresponde ao fato do tubo de produção sempre estar em $t = 0$ com 99% v/v de óleo e apenas 1% v/v em gás. Em face da insuficiente pressão disponível no reservatório, isto sempre ocasiona, nos segundos iniciais da trajetória dinâmica, o "derrame" de óleo da coluna de produção em direção ao reservatório (isto é, a taxa de produção de óleo é negativa) até que o balanço hidrostático seja restaurado.

Tabela 14.1 Parâmetros geométricos e de válvulas para caso base *Gas-Lift*

Diâmetros e rugosidade	Comprimentos	Diâmetro de *chokes*	Coeficientes de válvulas 100% abertas	Pressões de descarga
Espaço anular $D_A = 10"$	Total poço $L = 2.048$ m	Injeção $d_I = 0,5"$	Injeção $K_{CV} = 2,3$	–
Coluna de produção $D_T = 5"$	Coluna injeção-reservatório $L_R = 338$ m	Produção $d_P = 2,75"$	Produção $K_{GV} = 0,17$	Produção $P_{out} = 15$ bar
Tubo reservatório $D_R = 5"$	Espaço anular $L_A = 1.710$ m	–	–	–
Rugosidade parede $\varepsilon_R = 10^{-4}$m	Coluna de produção $L_T = 1.710$ m	–	–	–

A partir do caso base faz-se um estudo de sensibilidade em seu entorno alterando-se valores de parâmetros (ou entradas) de processo importantes para a operação *Gas-Lift*. Em cada estudo de sensibilidade, um parâmetro é selecionado e alterado sucessivamente ao longo de uma faixa de interesse específica. Para cada valor alterado deste parâmetro, faz-se a simulação *Gas-Lift* com horizonte de 8.000 s partindo-se sempre da mesma condição inicial do caso base (Tabela 14.3). Foram conduzidos estudos de sensibilidade *Gas-Lift* com respeito aos seguintes fatores de operação:

- ☐ taxa de alimentação de gás (W_G);
- ☐ Pressão de fornecimento do gás (P_G); e
- ☐ fração de abertura do *choke* de produção (X_P).

Por razões de limitação de espaço, apenas será mostrado, na Seção 14.2.5, o estudo de sensibilidade da resposta *Gas-Lift* com respeito à principal entrada do processo, a saber, a taxa de alimentação de gás (W_G).

Tabela 14.2 Condições *Gas-Lift* para caso base e para análise de sensibilidade

		Caso base	Mínimo simulado	Máximo simulado
Óleo	P_R (bar)	160	–	–
	T_R (°C)	68	–	–
	ρ_R (kg/m³)	850	–	–
	μ_R (kg/m.s)	0,012	–	–
	Abertura do *choke* de produção (X_P)	0,6	0,1	0,9
Gás	P_G (bar)	120	80	140
	T_G (°C)	60	–	–
	MM_G (kg/mol)	0,02	–	–
	W_G (kg/s)	0,4	0,2	1,0

Tabela 14.3 Condições iniciais ($t = 0$) para integração do caso base

Hold-up de gás no espaço anular (H_A)	Hold-up de gás no tubo de produção acima da injeção (H_G)	Hold-up de líquido no tubo de produção acima da injeção (H_L)
H_A tal que $P_A = P_G$ em $T_A = T_G$ (Equação (14.22a))	$H_G = 0,01\ V_T\ \rho_G$	$H_L = 0,99\ V_T\ \rho_G$

As Figuras 14.6 a 14.9 apresentam os resultados de simulação dinâmica do caso base ao longo de 8.000 s de horizonte. As Figuras 14.6a e 14.6b apresentam os comportamentos no tempo para os *hold-ups* de gás no espaço anular (em toneladas) e na coluna de produção (em kg). As Figuras 14.7a e 14.7b apresentam comportamentos no tempo para o *hold-up* de óleo (em toneladas) na coluna de produção e para várias pressões chaves do sistema como: (i) Pressão na coluna de produção na posição de injeção (P_V); (ii) Pressão anular na posição de injeção (P_I); e (iii) Pressão no topo anular (P_A). Os comportamentos dessas pressões controlam as injeções de gás ($W_I > 0$) na coluna de produção, pois estas só acontecem quando $P_I \geq P_V$.

As Figuras 14.8a e 14.8b apresentam os comportamentos da pressão no topo da coluna (tubo) de produção (P_T) e das vazões mássicas de óleo no *choke* de produção (W_P) e na base da coluna de produção (W_R) no reservatório. É simples ver que as golfadas cíclicas de óleo no *choke* de produção (bem como no próprio reservatório) são liberadas em associação com pulsos $P_T \geq P_{out}$, sendo P_{out} a pressão a jusante dessa válvula (Tabela 14.1), por exemplo, em um tanque de produção.

A Figura 14.9a apresenta perfis concordantes com os pulsos de óleo da Figura 14.8a ao reportar, respectivamente, pulsos síncronos de vazão mássica de gás injetado (W_I) e de gás passando pelo *choke* de produção (W_C). A Figura 14.9b apresenta o comportamento da densidade média $\left(H_G + H_L\right)/V_T$ na coluna de produção. Percebe-se a sincronia entre os picos de vazão de óleo e gás no *choke* de produção e de gás na válvula de injeção com respeito às depressões de densidade média na coluna de produção.

Como já mencionado, devido às condições iniciais da Tabela 14.3, a pressão do reservatório não sustenta o balanço hidrostático do tubo de produção em $t = 0$. Em consequência, a coluna de produção inicialmente "esvazia" perdendo óleo para o reservatório até obter-se balanço hidrostático na coluna. Isto pode ser visto nos instantes iniciais de simulação: há vazão W_R negativa na Figura 14.8b, e queda do *hold-up* de óleo na coluna de produção pela Figura 14.7a, reduzindo a densidade média (Figura 14.9b) até um patamar que possibilita a entrada de gás pela válvula de injeção, dando origem aos ciclos mostrados.

O comportamento intermitente dos vários escoamentos produz oscilações no *hold-up* de gás do espaço anular (H_A), no *hold-up* de gás na coluna de produção (H_G) e no *hold-up* de óleo na coluna de produção (H_L), conforme pode ser observado nas Figuras 14.6a, 14.6b e 14.7a. A trajetória periódica das variáveis de estado (H_A, H_G, H_L) significa a existência de um ciclo limite no processo do caso base. Este ciclo limite é evidenciado pelas Figuras 14.10a e 14.10b que retratam trajetórias nos planos H_G *vs* H_A e H_L *vs* H_A. Essas trajetórias partem da condição inicial da Tabela 14.3, caracterizada por um alto valor no *hold-up* anular (setor direito das figuras), e convergem para o ciclo limite do caso base situado no setor esquerdo das mesmas.

As Figuras 14.11a e 14.11b apresentam a projeção do ciclo limite do caso base nos planos de pressões nos pontos de injeção tubular e anular (P_V *vs* P_I) e de vazões mássicas de óleo extraído do reservatório e de gás injetado (W_R *vs* W_I).

Por fim, a Figura 14.12 apresenta o inventário de óleo produzido (toneladas) *vs* tempo para o caso base, sendo entendido por óleo produzido aquele que é liberado pelo *choke* de produção. Nesta figura, os pequenos platôs horizontais correspondem aos intervalos de tempo em que o sistema *Gas-Lift* não produz óleo (comparar com o perfil de taxa de produção de óleo na Figura 14.8b). A partir desta figura, a Produtividade Média *Gas-Lift* (expressa em *barris de óleo por kg de gás alimentado*) gerada pelo caso base ao longo de 8.000 s de operação, corresponde aproximadamente a:

$$\text{Produtividade Média } \textit{Gas-Lift}^{\;caso\;base} \cong \frac{240\;t}{0,4\cdot 8.000\;\text{kg}} = 0,075\,\frac{t}{\text{kg}} \cong 0,555\;\text{bbl/kg}$$

Voltaremos a falar em produtividade após o Estudo de Sensibilidade do desempenho *Gas-Lift* com respeito à Taxa de Alimentação de Gás na próxima seção.

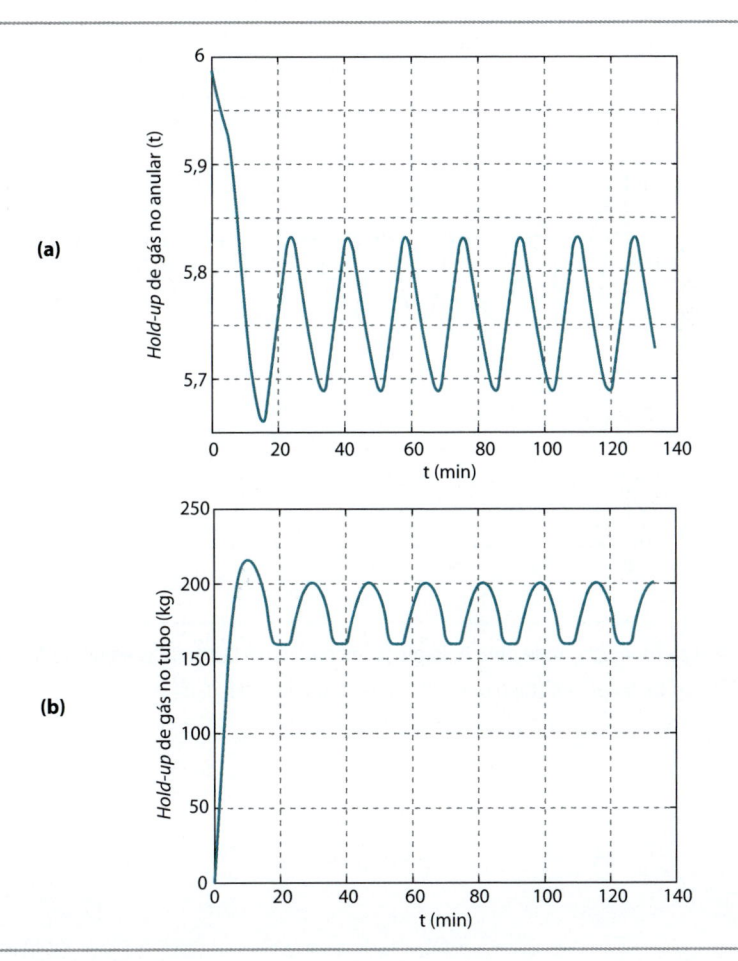

Figura 14.6   Dinâmica de *hold-ups* de gás para caso base: (a) Espaço anular; (b) Tubo de produção

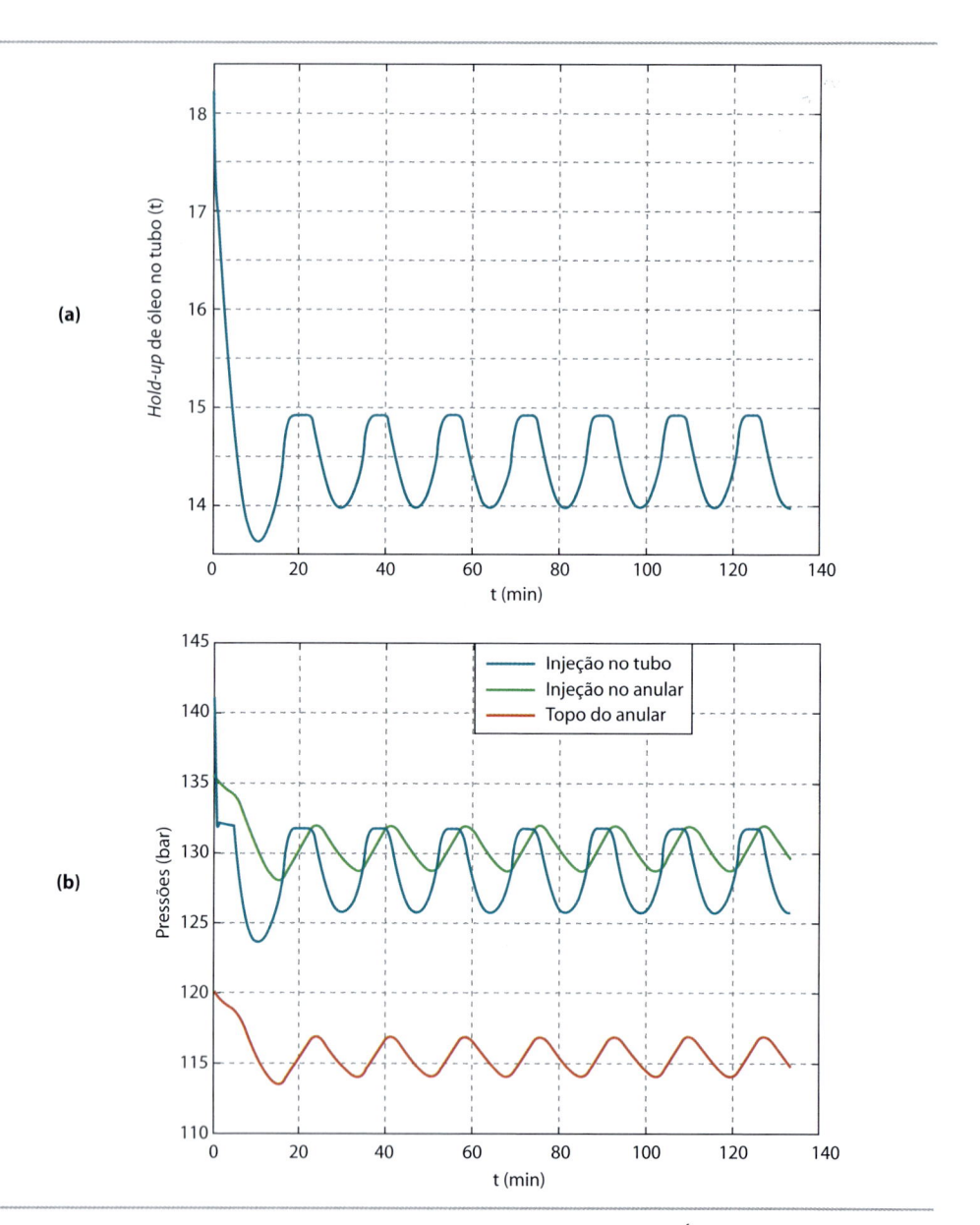

Figura 14.7   Dinâmica de *hold-ups* de óleo e de pressões para caso base: (a) Óleo no tubo de produção; (b) Pressões no anular (topo e injeção) e no tubo de produção (injeção)

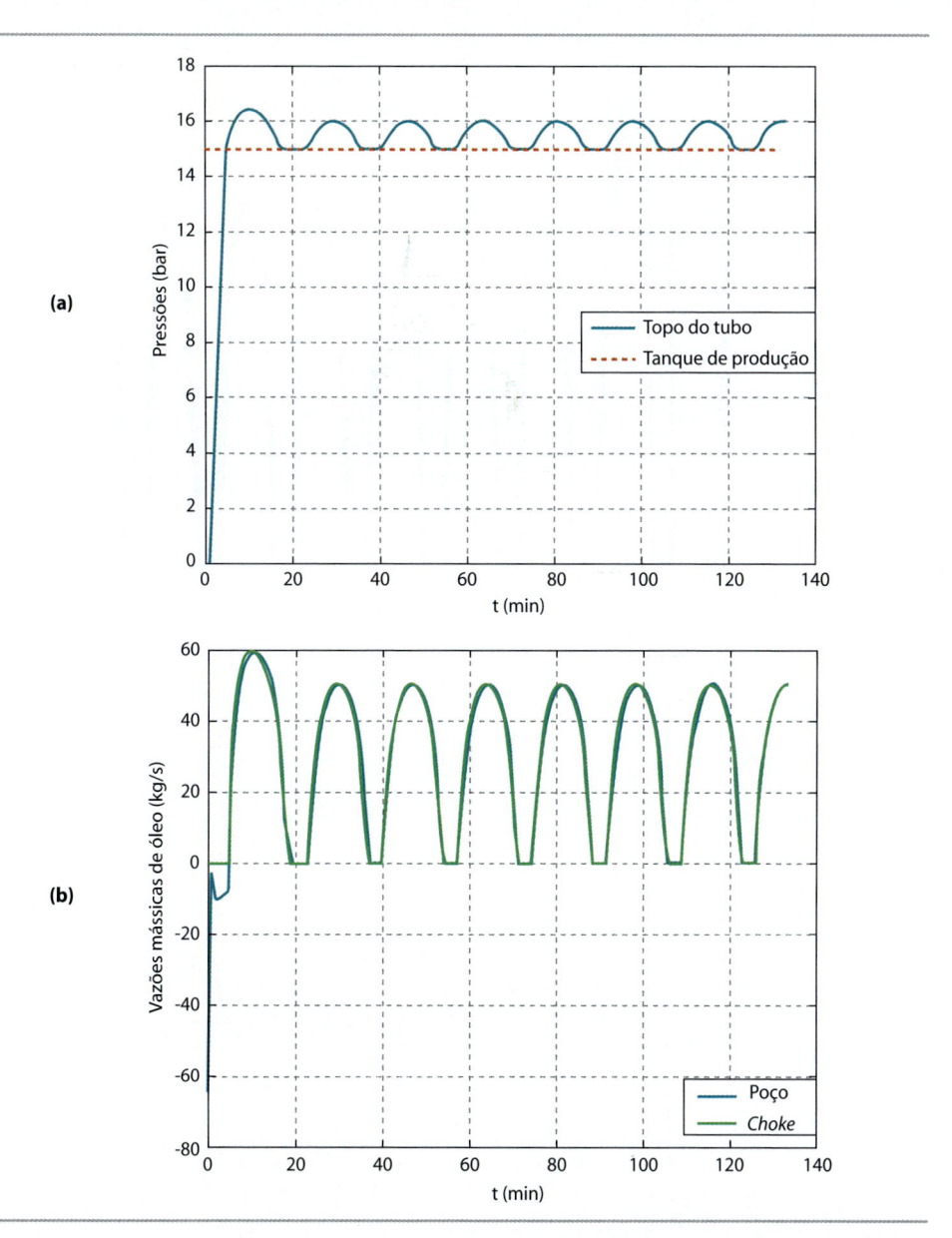

Figura 14.8   Dinâmica *Gas-Lift* para caso base: (a) Pressões no tubo de produção (topo) e na descarga do *choke*; (b) Vazões mássicas de óleo no reservatório e no *choke* de produção

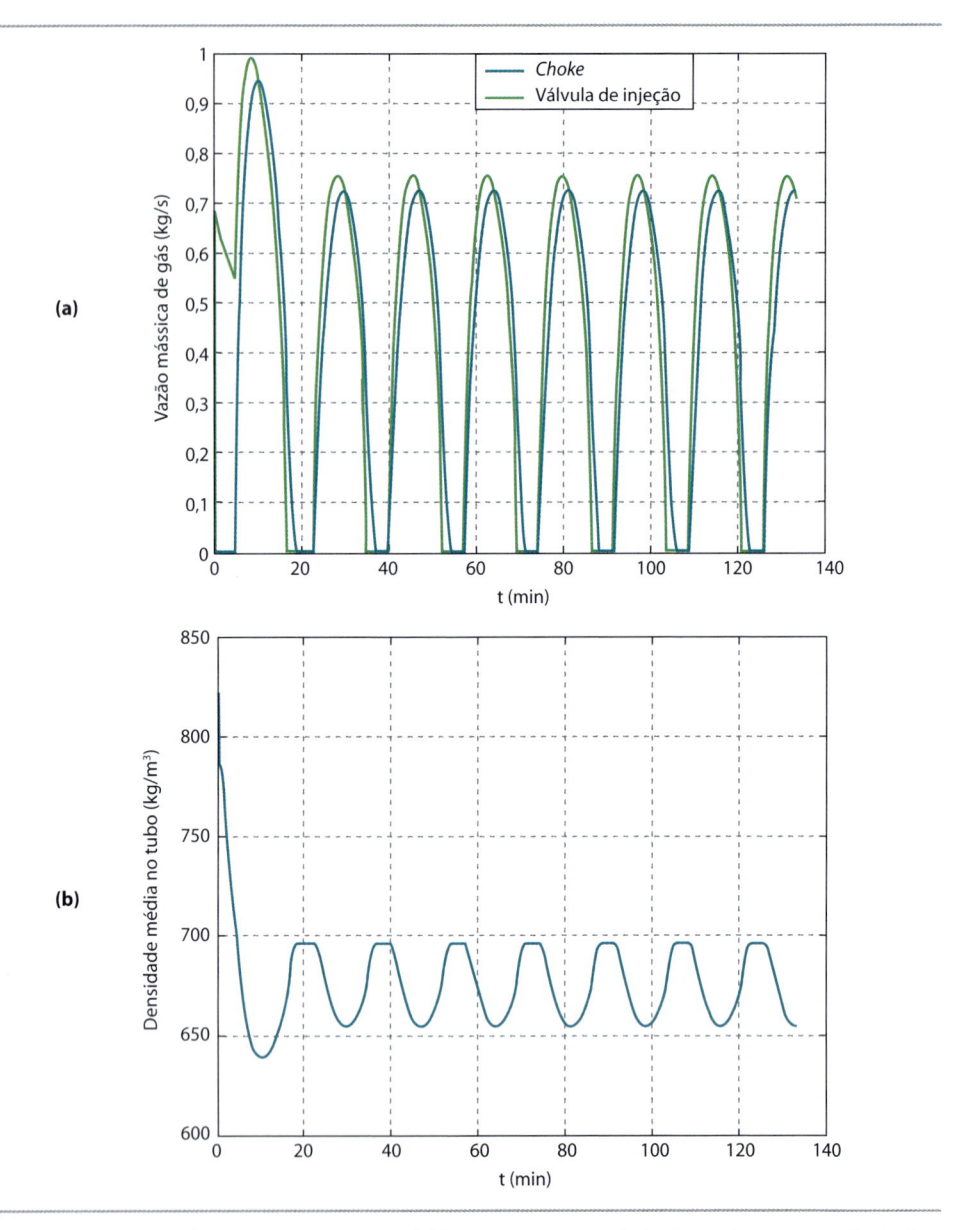

Figura 14.9   Dinâmica *Gas-Lift* para caso base: (a) Vazões de gás no *choke* de produção e na válvula de injeção; (b) Densidade média (kg/m³) na coluna de produção

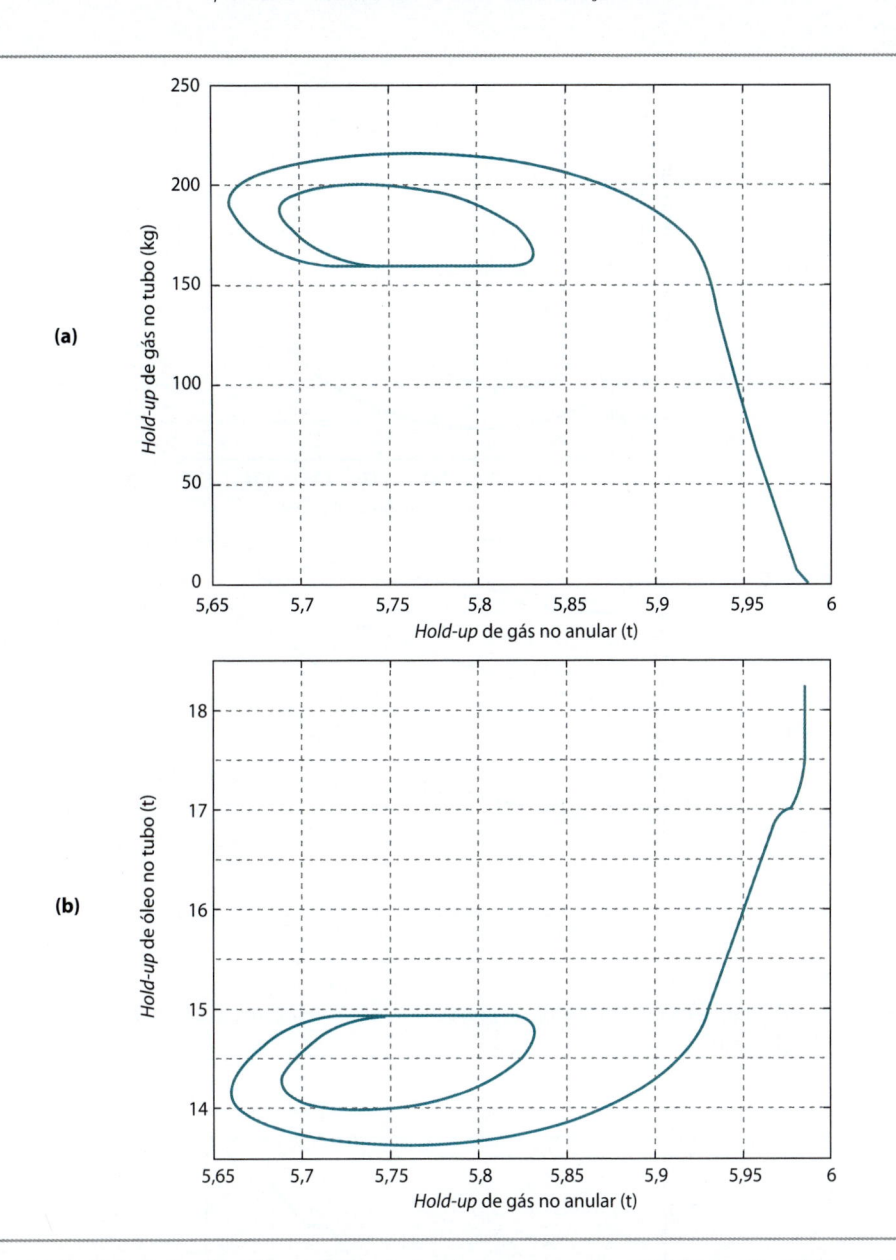

Figura 14.10 Ciclo limite *Gas-Lift* em planos de *hold-ups* para caso base: (a) H_G *vs* H_A; (b) H_L *vs* H_A

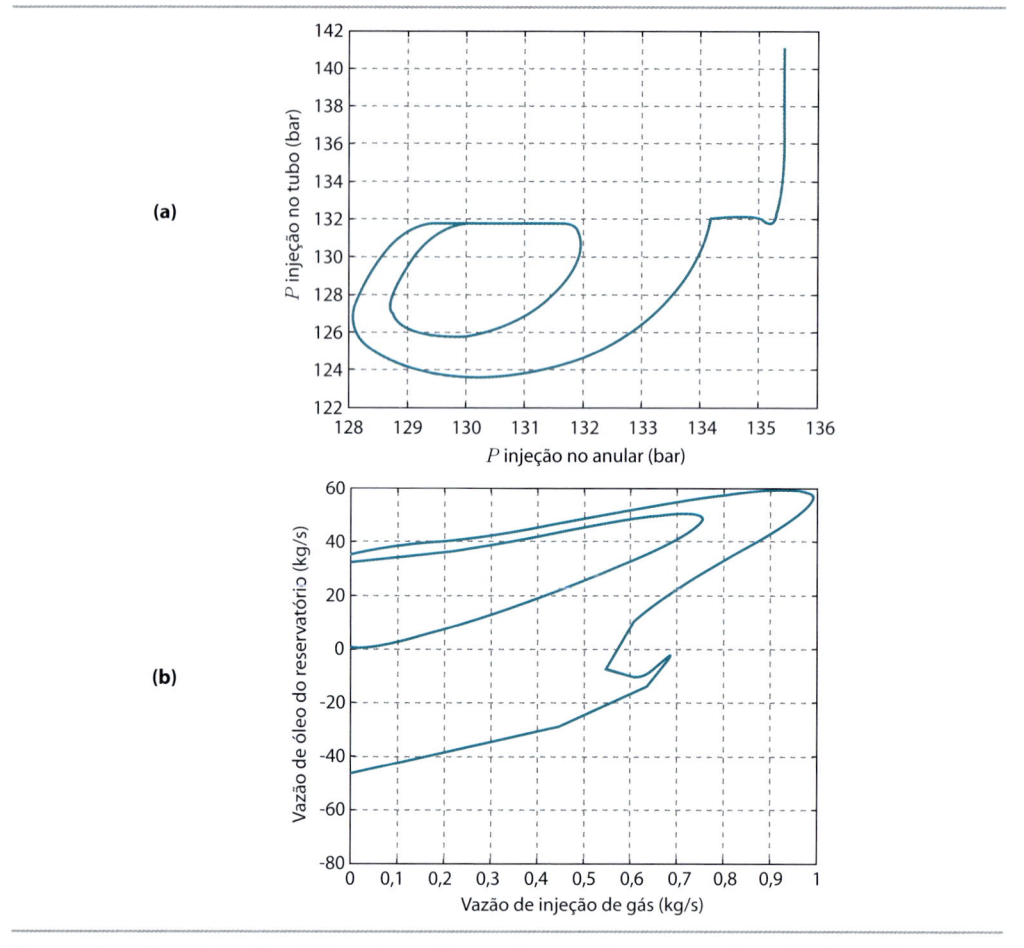

Figura 14.11 Ciclo limite *Gas-Lift* em planos de pressões e vazões para caso base: (a) P_V *vs* P_I; (b) W_R *vs* W_I

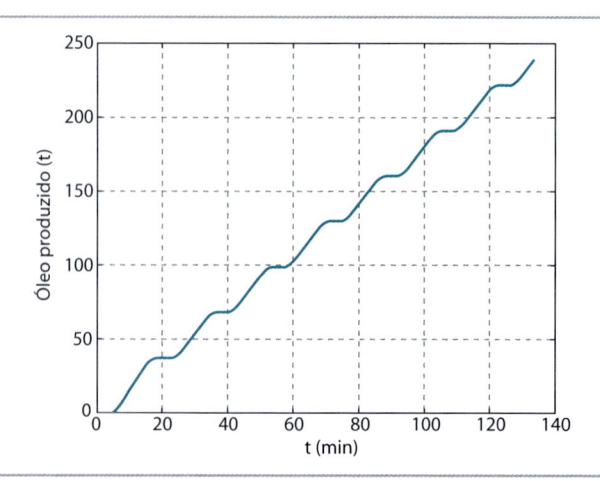

Figura 14.12 Inventário de óleo liberado pelo *choke* de produção para caso base

14.2.5 Estudo de sensibilidade da resposta dinâmica *Gas-Lift*

A influência da taxa de alimentação de gás (W_G) no desempenho *Gas-Lift* foi estudada por meio de sucessivas simulações (no horizonte de 8.000 s partindo-se da condição inicial na Tabela 14.3) para a faixa de taxa de alimentação de gás de 0.2 a 1.0 kg/s. Os resultados foram registrados como Superfícies de Resposta de variáveis *Gas-Lift vs* tempo e W_G.

As Figuras 14.13, 14.14a e 14.14b apresentam, respectivamente, as superfícies de resposta da taxa de óleo aspirado do reservatório W_R (kg/s), da taxa de produção de óleo W_P (kg/s) e da vazão de gás no *choke* de produção W_C (kg/s) *vs* tempo e W_G. Percebe-se a manutenção do regime oscilatório em W_R, W_P e W_C até aproximadamente $W_G^C \cong 0,6$ kg/s. Para W_G superior a W_G^C, o processo *Gas-Lift* opera em condição não oscilatória, praticamente sobre um estado estacionário de produção contínua (isto é, sem a intermitência de produção característica do regime periódico) com taxa W_P crescente com W_G. Conforme citado na Seção 14.2, o domínio oscilatório $\left(W_G \leq W_G^C\right)$ corresponde ao regime *Gas-Lift dominado por gravidade*, enquanto o domínio contínuo $\left(W_G > W_G^C\right)$ corresponde ao regime *Gas-Lift dominado por atrito*. Esses regimes podem ser identificados nas Figuras 14.13 e 14.14.

De forma a evidenciar comportamentos dinâmicos especiais como ciclos limites, as trajetórias dinâmicas de pares de variáveis *Gas-Lift* foram locadas como curvas parametrizadas na taxa de alimentação de gás (W_G). Essas curvas partem todas do mesmo ponto inicial e convergem ($t \to \infty$) para:

- ☐ Ciclo limite no caso do *regime dominado pela gravidade* $\left(W_G < W_G^C\right)$; ou
- ☐ Ponto associado a um estado estacionário estável no caso do *regime dominado pelo atrito* $\left(W_G \geq W_G^C\right)$

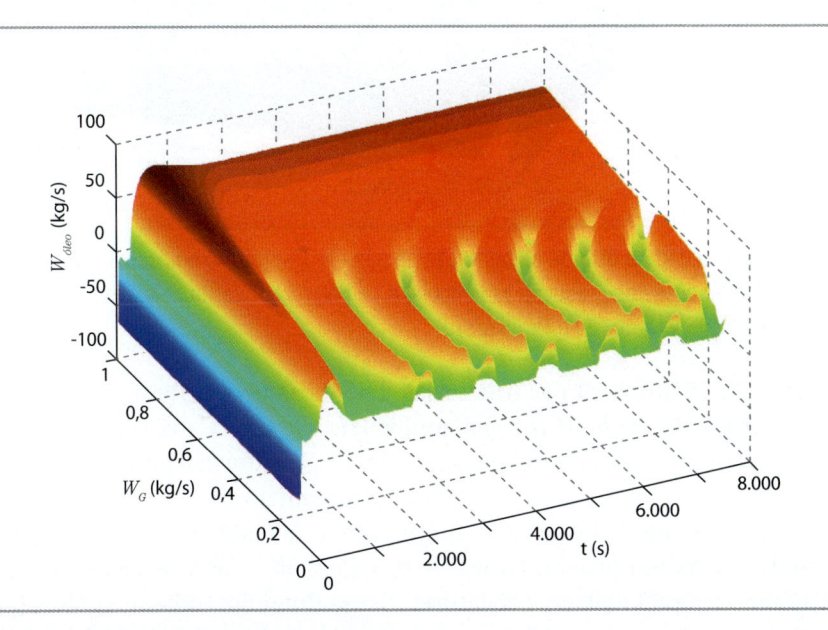

Figura 14.13 Sensibilidade à taxa de alimentação de gás (W_G) próximo ao caso base vazão de óleo do reservatório *vs* tempo(s) e W_G (kg/s)

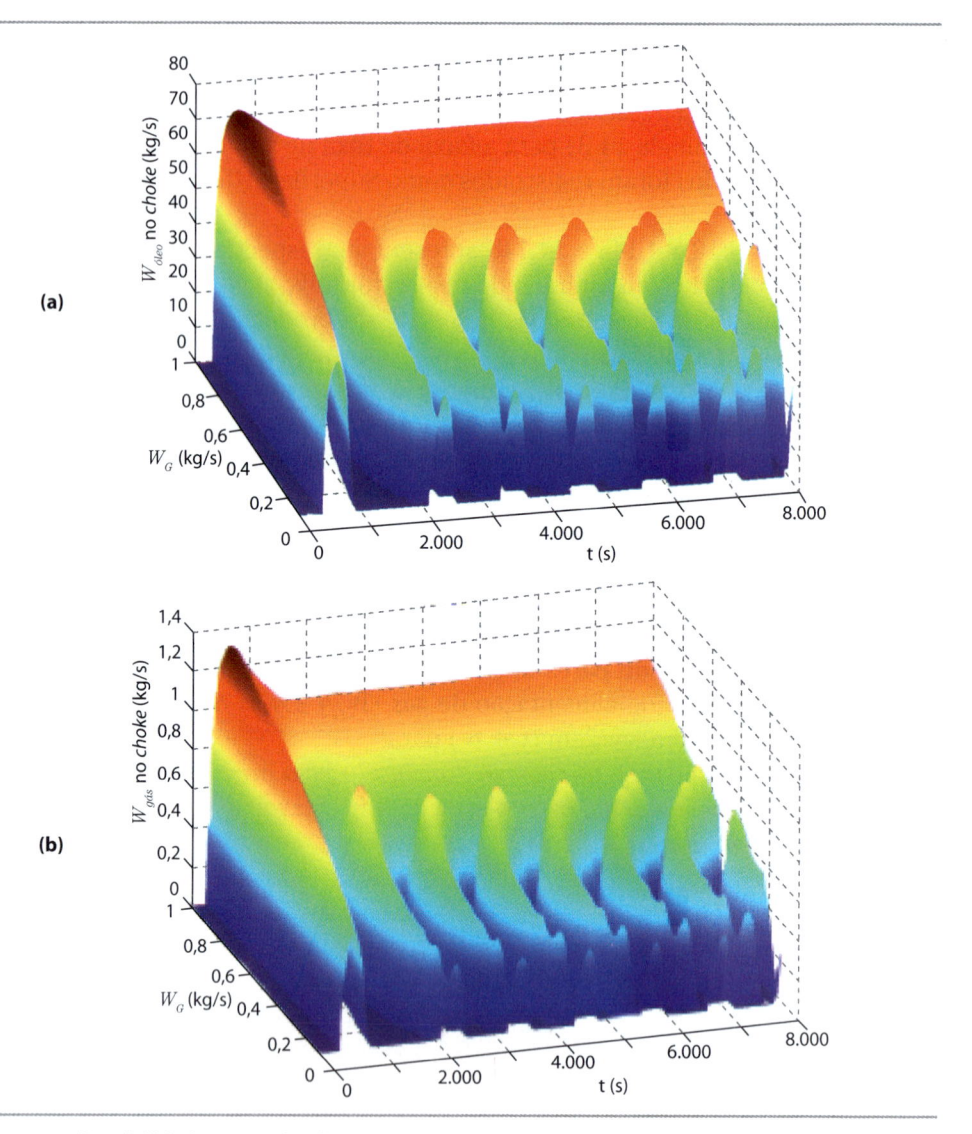

Figura 14.14 Sensibilidade à taxa de alimentação de gás (W_G) próximo ao caso: base (a) Vazão de óleo no *choke* de produção *vs* tempo(s) e W_G (kg/s); (b) Vazão de gás no *choke* de produção *vs* tempo(s) e W_G (kg/s)

A Figura 14.15 apresenta as trajetórias dinâmicas *Gas-Lift* no plano *hold-up* gás no tubo de produção *vs hold-up* gás anular (H_G *vs* H_A). Cada trajetória resulta de uma simulação de 8.000 s em cada valor de W_G, conforme mostrado na legenda. Percebe-se para $W_G \le 0,6$ que as trajetórias terminam no citado ciclo limite do regime oscilatório. O "tamanho" deste ciclo limite parece inicialmente crescer com W_G até um "diâmetro" máximo próximo a $W_G^C \cong 0,6$. Para $W_G > 0,6$ os ciclos desaparecem sendo o regime operacional não oscilatório. Nesse domínio, todas as órbitas terminam em apenas um ponto correspondente a um estado estacionário estável (regime de operação contínua).

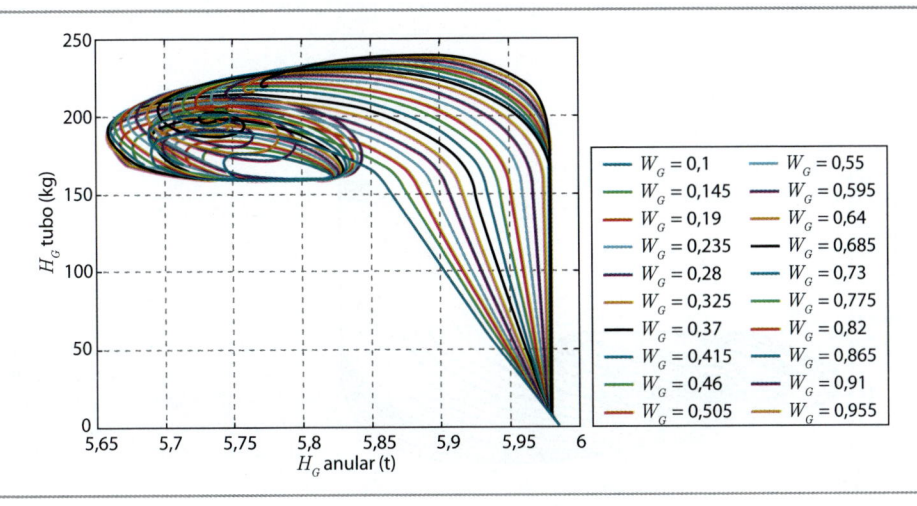

Figura 14.15 Sensibilidade à taxa de alimentação de gás (W_G) próximo ao caso base: *hold-up* gás H_G no tubo *vs hold-up* gás H_A anular (parametrização em W_G (kg/s))

As Figuras 14.16, 14.17a e 14.17b apresentam evidências semelhantes acerca do domínio operacional oscilatório do sistema *Gas-Lift* para $W_G \leq 0,6$.

A Figura 14.16 mostra trajetórias (parametrizadas em W_G) no plano da taxa de aspiração de óleo do reservatório *vs* a taxa de injeção de gás (W_R *vs* W_I). Nesta figura, todas as órbitas partem do mesmo ponto inferior à esquerda com vazão negativa de óleo no tubo de produção em virtude das particularidades da condição inicial escolhida (Tabela 14.3). A separação das várias trajetórias ocorre próxima ao centro da figura quando $W_R \cong 0$ e $W_I \cong 0,7$. Os ciclos limites são evidenciados na coleção de domos concêntricos à esquerda na figura, próximo à faixa $0 \leq W_R \leq 30$.

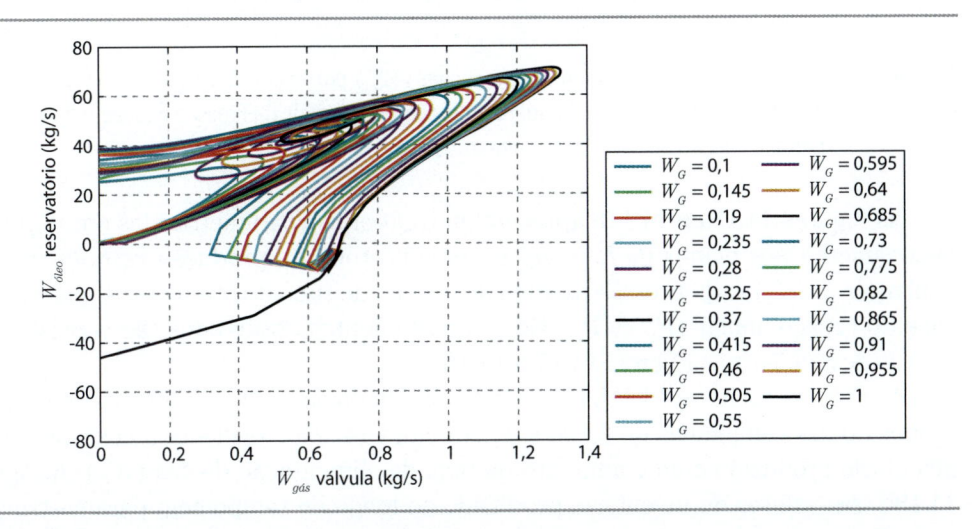

Figura 14.16 Sensibilidade à taxa de alimentação de gás (W_G) próximo ao caso base: óleo aspirado do reservatório (kg/s) *vs* gás injetado (kg/s) (parametrização W_G (kg/s))

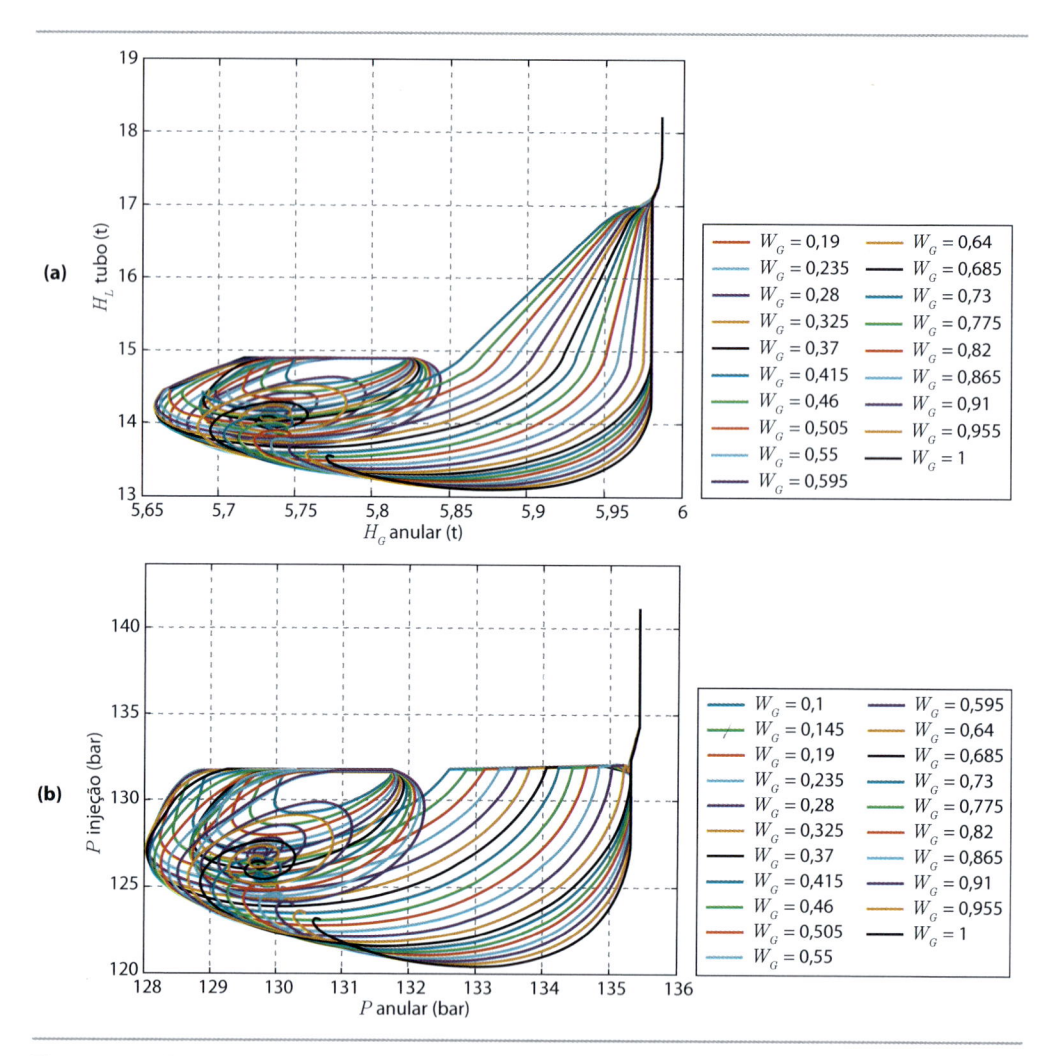

Figura 14.17 Sensibilidade à taxa de alimentação de gás (W_G) próximo ao caso base: (a) *Hold-up* óleo no tubo *vs hold-up* gás anular (parametrização W_G (kg/s)); (b) Pressão injeção tubo *vs* pressão injeção anular (bar) (parametrização W_G (kg/s))

As Figuras 14.17a e 14.17b apresentam trajetórias (parametrizadas em W_G) respectivamente nos planos de *hold-up* de óleo no tubo de produção *vs hold-up* gás anular (H_L *vs* H_A), e de pressão na zona de injeção do tubo de produção *vs* pressão na base do espaço anular (P_V *vs* P_I). Os comportamentos observados são consistentes com as descrições nas Figuras 14.15 e 14.16.

As Figuras 14.18a e 14.18b apresentam a influência de W_G no inventário de óleo produzido nas campanhas de 8.000 s. Pela Figura 14.18a é evidente o cescimento do inventário produzido com o aumento da taxa de alimentação de gás (W_G). A Figura 14.18b traz valores de inventário produzido ao longo do tempo com parametrização W_G. Observa-se a mudança de regime operacional oscilatório (isto é, curvas com pequenos platôs horizontais) para não oscilatório (isto é, curvas monótonas crescentes no tempo) próximo a $W_G^C \cong 0,6$ kg/s. A Figura 14.19a resume a dependência do desempenho *Gas-Lift* na taxa de alimentação de gás, por meio do gráfico de produção média (kg/s de óleo) em campanha de 8.000 s *vs* W_G (kg/s de gás). É visível que a Produção Média do poço sempre aumenta com a taxa de alimentação de gás, embora acima de $W_G^C \cong 0,6$ kg/s a influência de W_G tenda a diminuir.

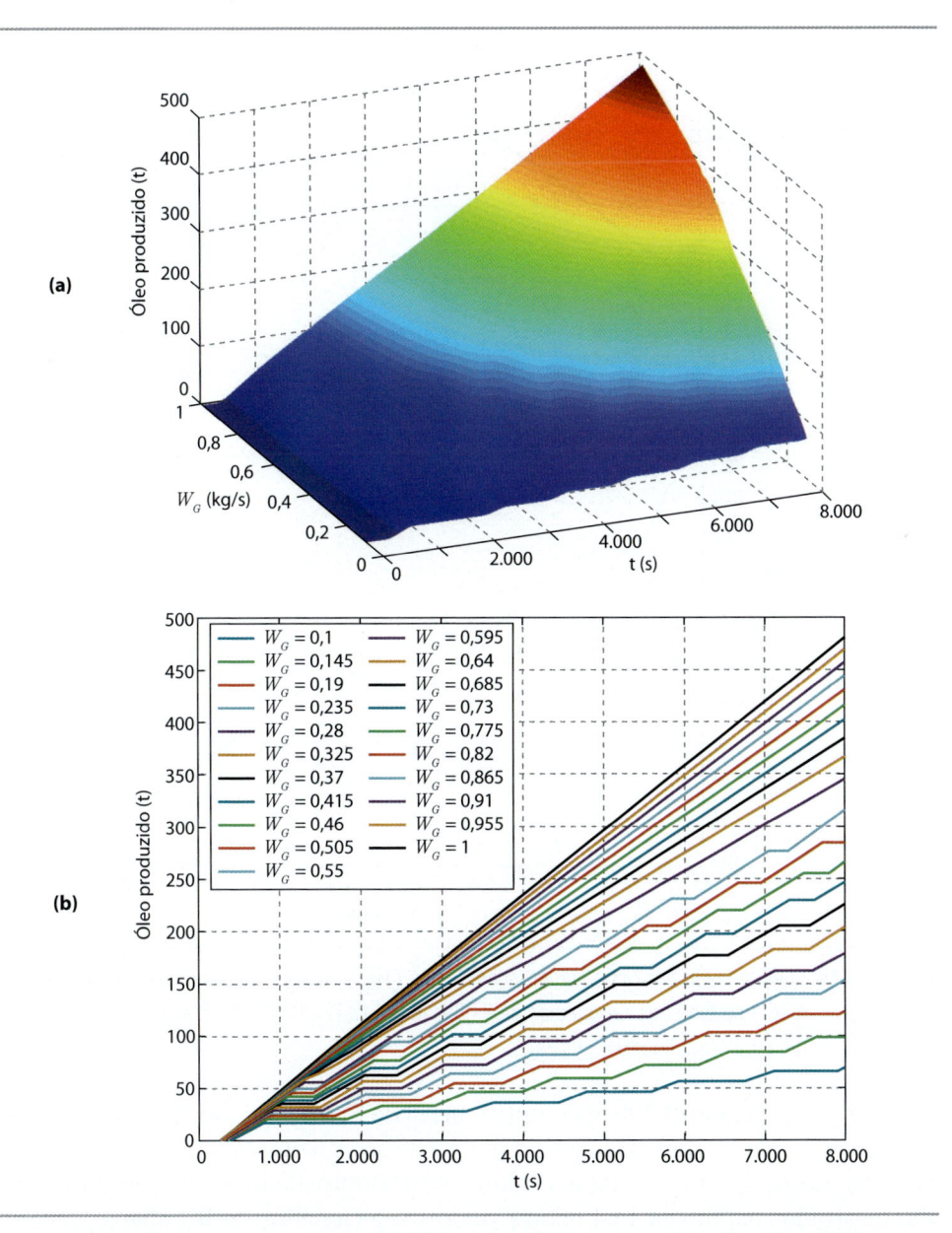

Figura 14.18 Sensibilidade à taxa de alimentação de gás (W_G) próximo ao caso base: (a) Superfície inventário de óleo produzido (t) *vs* tempo(s) e W_G (kg/s); (b) Inventário de óleo produzido (t) *vs* tempo(s) (parametrização W_G (kg/s))

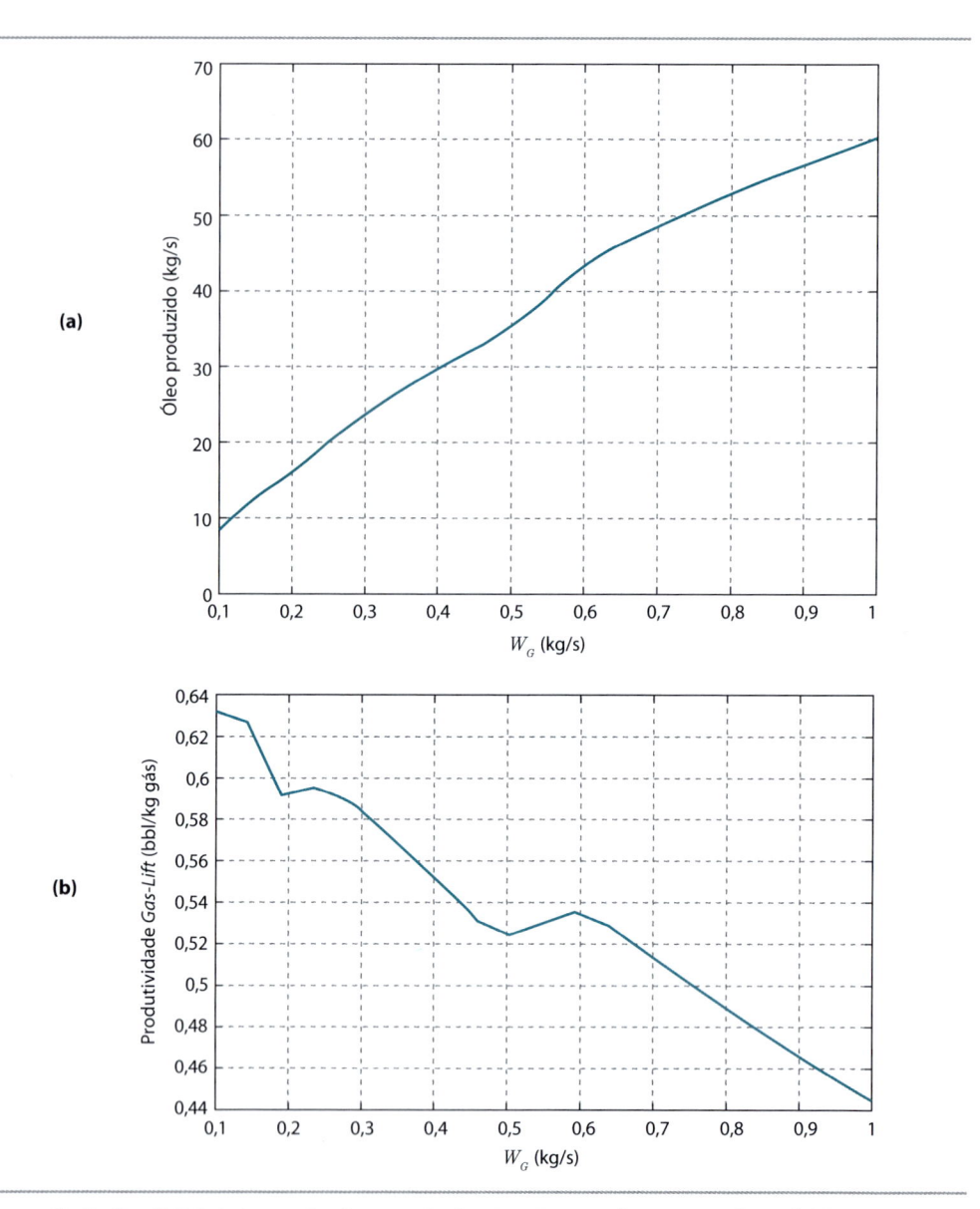

Figura 14.19 Sensibilidade à taxa de alimentação de gás (W_G) próximo ao caso base: (a) Produção média de óleo nas campanhas de 8.000s (kg/s) *vs* W_G (kg/s); (b) Produtividade *Gas-Lift* de óleo (bbl/kg gás) *vs* W_G (kg/s)

Por fim, a Figura 14.19b apresenta o perfil de Produtividade Média *Gas-Lift* – expressa em *barris de óleo produzido por kg de gás alimentado* (bbl/kg) – *vs* taxa de alimentação de gás (W_G). Alguns valores de Produtividade Média *Gas-Lift* também são mostrados na Tabela 14.4 contra valores selecionados de W_G abaixo, próximo e acima do valor crítico $W_G^C \cong 0,6$ kg/s. O que se observa na Figura 14.19b e na Tabela 14.4 é que a Produtividade Média *Gas-Lift* (em bbl/kg) decresce com a taxa de alimentação de gás (W_G). Para baixos valores de W_G (regime *dominado pela gravidade*) esta Produtividade está acima de 0,6 bbl/kg, aproximando-se de 0,4 bbl/kg para maiores valores de W_G (regime *dominado pelo atrito*). Todavia, embora a *Produtividade* decresça com W_G, a *Produção Bruta de Óleo* (em bbl/h) sempre cresce com W_G conforme mostrado nas Figuras 14.18a, 14.18b e 14.19a. Outro aspecto revelado na Figura 14.19b é que a queda da Produtividade com W_G parece variar com W_G de maneiras diferentes dependendo da faixa de valor de W_G:

☐   para $W_G \leq 0,6$ kg/s (regime *Gas-Lift dominado pela gravidade*) a Produtividade Média cai com W_G de forma errática, com subidas e descidas se sucedendo;

☐   para $W_G > 0,6$ kg/s (regime *dominado pelo atrito*) a produtividade cai de forma aproximadamente linear com W_G.

Tabela 14.4   Produtividades *Gas-Lift* (bbl/kg gás) *vs* W_G no entorno do caso base

W_G 0,1 kg/s	W_G 0,2 kg/s	W_G 0,4 kg/s	W_G 0,6 kg/s	W_G 0,7 kg/s	W_G 0,9 kg/s	W_G 1 kg/s
Prod. 0,63 bbl/kg	Prod. 0,59 bbl/kg	Prod. 0,55 bbl/kg	Prod. 0,535 bbl/kg	Prod. 0,515 bbl/kg	Prod. 0,465 bbl/kg	Prod. 0,445 bbl/kg

EXERCÍCIO PROPOSTO

Considere uma versão para o modelo dinâmico *Gas-Lift* ainda mais simplificada que o Modelo de Aamo et al. (2005) ao admitir-se fator de atrito, Equação (14.9), constante no escoamento de óleo no trecho do tubo de produção reservatório → injeção (Equação 14.8). Como o regime de escoamento neste trecho é turbulento, caracterizado por fatores de atrito (da ordem de 10^{-2} ou 10^{-3}) variando lentamente com o Número de Reynolds, uma simplificação usual consiste em usar f_R fixo em algum valor razoável, por exemplo, 0,02. Isto permitirá a resolução analítica da equação de escoamento, Equação (14.8), para a vazão mássica de óleo proveniente do Reservatório W_R. Os seguintes dados se aplicam (use valores adicionais de Tabelas 14.1 e 14.2 quando não listados abaixo):

☐ $L = 2.000$ m, $L_A = L_T = 1.700$ m, $D_A = 0,254$ m, $D_T = D_R = 0,127$ m
☐ $P_G = 120 \times 10^5$ Pa, $T_G = 300$ K, $MM_G = 0,02$ kg/mol, $W_G = 0,4$ kg/s
☐   Constante dos gases $R = 8,314$ Pa.m^3/K.mol
☐ $T_T = 333$ K, $T_A = 300$ K, $P_{out} = 15 \times 10^5$ Pa
☐ $P_R = 160 \times 10^5$ Pa, $\rho_R = 850$ kg/m^3
☐   Parâmetros de válvulas: $X_P = 0,5$, $K_{GV} = 0,2$, $K_{CV} = 2$, $d_I = 0,013$ m, $d_P = 0,07$ m
☐   Fator de atrito no duto do reservatório constante: $f_R = 0,02$

A partir disto e trabalhando no S.I. (usar pressões em Pa, *hold-ups* em kg etc.), responda:

i)   Obter as seguintes expressões (unidades SI):

$$P_A = 1.932 \, H_A \qquad\qquad \text{(Pa)}$$

$$P_V = 138.428 \left(\frac{H_G}{25,34 - H_L/850} \right) + 787,4 \left(H_L + H_G \right) \qquad \text{(Pa)}$$

$$P_T = 138.428 \left(\frac{H_G}{25,34 - H_L/850} \right) \qquad \text{(Pa)}$$

$$W_R = \sqrt{0,00577 \cdot max \left\{ 0, \left(1,345 \cdot 10^7 - P_V \right) \right\}} \qquad \text{(kg/s)}$$

ii) Obter expressões similares para W_I, W_P e W_C em kg/s;

iii) Obter as expressões dinâmicas para H_A, H_G, H_L análogas às Equações (14.1), (14.2) e (14.3);

iv) Obter as condições iniciais nas variáveis H_A, H_G, H_L com os critérios da Tabela 14.3;

v) Operar a integração numérica do problema em horizonte de 150 minutos com *solver* de sistemas de equações diferenciais ordinárias do MATLAB (isto é, ODE23,ODE45 etc.)

15 Escoamento em *Risers* e Linhas de Produção *Offshore*

Um aspecto de alta importância para a engenharia de sistemas de separação *offshore* corresponde à previsão do comportamento fluidodinâmico do sistema de produção submarino, composto por poços, linhas de injeção de gás, linhas de produção de óleo e de gás e *risers* associados. O sistema de produção responde pela elevação e transporte do óleo cru, gás natural e água extraídos dos reservatórios e direcionados à plataforma de processamento. Deste modo, o comportamento dinâmico do sistema de separação *offshore* dependerá fortemente do quadro dinâmico de vazões de óleo, água e gás descarregados pelo sistema de produção.

Por sua vez, o quadro dinâmico de vazões de óleo, água e gás descarregados no sistema de separação *offshore* resulta de:

❑ Características geométricas e topográficas do sistema de produção;
❑ Distribuição de pressões nos poços;
❑ Vazões de injeção de gás natural e de água nos poços e reservatórios;
❑ Grau de fechamento de restrições valvulares (*chokes*) na chegada à plataforma e em diversos pontos do sistema de produção;
❑ Pressões do sistema de separação *offshore*.

É obviamente uma questão de importância primária que o sistema de produção responda com taxas de escoamento de óleo e gás apreciáveis e duradouras, de modo a justificar o investimento associado. Em segundo lugar, é desejável que o sistema de produção opere de forma estável sem apresentar variações abruptas nas taxas pertinentes.

Normalmente, o sistema de produção opera com escoamento bifásico ou multifásico em suas linhas. Nesse contexto, variações abruptas de vazões no sistema de produção podem ocorrer associadas ao quadro de escoamento conhecido como intermitência severa (*severe slugging*).

A intermitência severa pode afetar parte ou a totalidade das linhas e *risers* do sistema de produção, por conseguinte, afetando em grau correspondente o sistema de separação *offshore*. Dessa forma, o estudo de condições para manifestação da intermitência severa, bem como de medidas para atenuar ou remover esse quadro, são importantes para a engenharia e segurança desses sistemas.

Neste capítulo, analisamos alguns aspectos relativos a escoamento bifásico e Regimes de Escoamento Bifásico em linhas de produção (como escoamento estratificado) e em *risers* (como escoamento sob intermitência severa). Como resultado, alguns recursos clássicos da literatura para determinação de condições de manifestação de intermitência severa são apresentados. A discussão utiliza um modelo simples de escoamento bifásico idealizado.

Escoamento bifásico idealizado

A noção intuitiva do fenômeno de coexistência de duas (ou mais) fases em equilíbrio baseia-se na percepção da identidade, individualidade e invariância no tempo de duas (ou mais) porções de matéria sob perfeito contato interfacial. Por outro lado, a noção intuitiva de escoamento baseia-se na percepção de movimento de matéria sob a ação de um processo de transferência de quantidade de movimento.

Embora a presença de campos de força – gravitacional, elétrico, magnético, inercial – seja um fator relevante em problemas de escoamento de matéria, é comum admitir-se que não há influência perceptível de campos de força sobre o domínio espacial de uma fase em equilíbrio termodinâmico. Nessas condições, a fase apresentará uniformidade de propriedades e composição, embora possa estar em movimento causado pela ação de tais campos. Outro aspecto é que, apesar de uniforme, não é necessário que haja continuidade espacial da fase, de modo que ela poderá estar quebrada em subporções ou dispersa em outro meio (outra fase).

Para que essas porções de matéria ou fases possam ser identificadas, suas propriedades devem ser distinguíveis em algum grau. Ao mesmo tempo, para que a individualidade das fases seja estabelecida, deverá haver uma fronteira entre elas – a interface. Na interface, as propriedades relevantes das fases apresentam razoável variação em curtas distâncias. Isto é, ocorrem tão elevados gradientes espaciais na transição interfacial que a ideia de descontinuidade pura e simples é uma abstração aceitável.

Literalmente falando, o termo escoamento bifásico é aplicável a qualquer situação de escoamento em que duas fases coexistentes estejam em movimento – por exemplo, duas fases líquidas imiscíveis como água e um hidrocarboneto leve. No entanto, neste capítulo o termo escoamento Bifásico é aplicado estritamente ao escoamento conjunto de uma fase líquida e de uma fase gás (ou vapor).

Mais especificamente, consideramos que as fases em questão são muito particulares e características do cenário de exploração e produção *offshore* de petróleo e gás natural, em que estão presentes hidrocarbonetos leves, hidrocarbonetos de massa molecular média, hidrocarbonetos pesados e água (provavelmente, com muitos sais iônicos dissolvidos), todos em quantidades apreciáveis. Desse modo, a descrição mais apropriada seria a de escoamento multifásico em que haveria pelo menos três fases, com pelo menos duas delas líquidas, e sendo uma destas fortemente iônica.

A descrição termodinâmica de sistemas desse tipo não é simples. Mais ainda, visando-se a resultados aproveitáveis para a engenharia de *risers* e de sistemas de produção, é possível modelar-se parte dos comportamentos fluidodinâmicos de interesse, relaxando-se em algum grau a descrição composicional e termodinâmica pertinente.

Neste sentido, invocamos a descrição de escoamento bifásico já citada. Embora a natureza do sistema seja (no mínimo) trifásica, admitiremos apenas o escoamento conjunto de uma fase compressível (gás) e de uma fase incompressível (líquido). A fase líquido resulta da dispersão da fase líquida aquosa na fase líquida hidrocarboneto (ou vice-versa, dependendo da que for dominante). Este líquido apresenta densidade intermediária (para fins de cálculos de escoamento) entre os valores correspondentes aos das fases aquosa e de hidrocarbonetos. Adicionalmente, tensões cizalhantes e fatores de atrito para este sistema idealizado seguem fórmulas empíricas disponíveis na literatura.

NOMENCLATURA PARA ESCOAMENTO BIFÁSICO ESTRATIFICADO EM DUTO INCLINADO

A_G, A_L, A	Áreas de seções de escoamento de gás, líquido e total (m^2)
D_G, D_L, D	Diâmetros hidráulicos de gás, líquido e do duto (m)
C_G, C_L, n, m	Parâmetros para expressões de fatores de atrito
f_G, f_L, f_I	Fatores de atrito referentes às tensões cizalhantes τ_G, τ_L, τ_I
h	Altura de líquido no escoamento estratificado (m)
P	Pressão absoluta (Pa)
R	Constante dos gases ideais (8.314 $Pa.m^3/mol.K$)
S_G, S_L, S_I	Perímetros de escoamento de gás, líquido e interface (m)
τ_G, τ_L, τ_I	Tensões cizalhantes parede-gás, parede-líquido e na interface (Pa)
U_G, U_L, U_I	Velocidades das fases (G e L) e do líquido na interface (m/s)
U_G^S, U_L^S	Velocidades superficiais das fases (m/s)
x	Posição axial no duto a favor do escoamento (m)

Símbolos gregos

α	Fração da seção de escoamento ocupada com gás
β	Ângulo de inclinação do duto com a horizontal (rd)
θ	Semiângulo central de molhamento do duto (rd)
σ	Tensão interfacial líquido-gás (Pa.m)
ρ_G, ρ_L	Densidades das fases (kg/m^3)
μ_G, μ_L	Viscosidades dinâmicas das fases (Pa.s)
ν_G, ν_L	Viscosidades cinemáticas das fases (m^2/s)

Subscritos

G, L, I	Gás, líquido e interface

Sobrescritos

BF	Regime de escoamento G + L do tipo *Bubble Flow*
BOE	Limite de intermitência severa em *riser* pelo Critério BOE
$G0$	Solução da Equação Taitel-Dukler com $U_G^S \cong 0$
Lim	Limite de estabilidade de SS em *risers*

S	Superficial
TEI	Transição (de escoamento) estratificado-intermitente
~	Til indicador de grandeza adimensional

NOMENCLATURA EM ANÁLISE DE ESTABILIDADE DE ESCOAMENTO EM *RISERS* (FIGURA 15.6) (nomenclatura anterior mantém-se para trechos estratificados)

A_R, A	Áreas de seções de escoamento do *riser* e da linha de produção (m^2)
D_R, D	Diâmetros do *riser* e da linha de produção (m)
H_R	Comprimento atingido pela coluna de líquido no *Riser* (m)
L_P	Comprimento da linha de produção (m)
L_R	Comprimento do *riser* (m)
MM_G	Massa Molar do gás na linha de produção (kg/mol)
P_R	Pressão absoluta na base do *riser* (Pa)
P_S	Pressão absoluta a montante do *Top-Side Choke* (Pa)
P_G	Pressão absoluta do gás na linha de produção (Pa)
R_L	Retenção (kg) (isto é, *hold-up*) de líquido no *riser*
R_G	Retenção (kg) (isto é, *hold-up*) de gás na linha de produção
t	Tempo (s)
T_G	Temperatura do gás na linha de produção (K)
U_0	Velocidade de bolhas (*Slip Velocity*) relativa ao líquido no *riser* (m/s)
Z_G	Fator de compressibilidade do gás na linha de produção
Z_S	Fator de compressibilidade do gás a montante do *Top-Side Choke*

Símbolos gregos

α^*	Fração de seção de escoamento na base do *riser* ocupada por gás na iminência de SS
ξ	Ângulo de inclinação do *riser* com a horizontal (rd)
ϕ	Fração da seção de escoamento do *riser* com líquido (*Bubble-flow*)
ρ_G	Densidade do gás na linha de produção $\left(\rho_G = \dfrac{P_G \cdot MM_G}{Z_G \cdot R \cdot T_G} \right)$ (kg/m^3)
ρ_L	Densidade do líquido (kg/m^3)
ρ_S	Densidade do gás a montante da restrição de topo no *Riser* (kg/m^3)
$<\rho_G>$	Densidade média $\left(<\rho_G> = \dfrac{\rho_G + \rho_S}{2} \right)$ do gás no *riser* (kg/m^3)
ρ_M	Densidade média bifásica $L + G$ no *riser* em *Bubble-flow* (kg/m^3)

15.1 ESCOAMENTO BIFÁSICO ESTRATIFICADO

A Figura 15.1 apresenta a geometria para escoamento de gás e líquido sob Regime Estratificado Estacionário em duto inclinado. Admite-se que cada fase escoa com perfil de velocidade aproximadamente uniforme e constante. Unidades SI são usadas. Os símbolos principais são descritos na tabela seguinte. A Figura 15.2 representa típica seção deste escoamento de gás e líquido sob Regime Estratificado em duto inclinado.

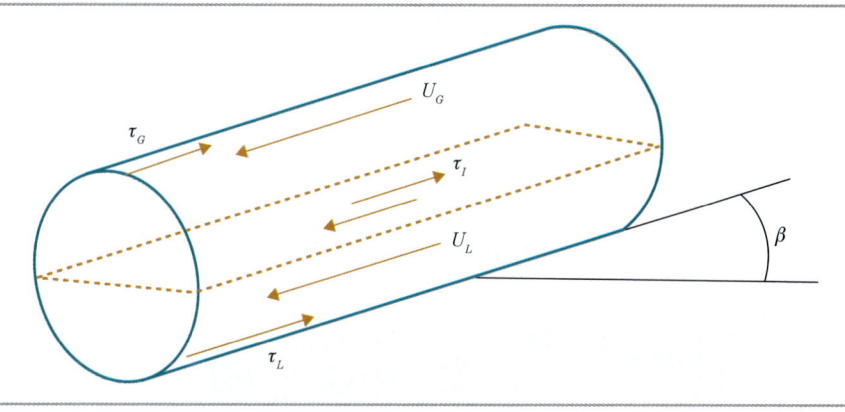

Figura 15.1   Escoamento estratificado (EE) em duto inclinado, velocidades e tensões mostradas

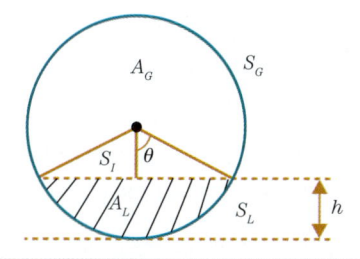

Figura 15.2   Seções de escoamento estratificado de gás e de líquido

Os principais símbolos pertinentes são apresentados nas Nomenclaturas.

15.1.1 Relações geométricas para escoamento estratificado em duto cilíndrico inclinado

Diâmetros hidráulicos equivalentes de cada fase (Figuras 15.1 e 15.2) no escoamento são definidos pelas Equações 15.1 conforme apresentado em Taitel e Dukler (1976):

$$D_L = \frac{4A_L}{S_L}, \ D_G = \frac{4A_G}{S_G + S_I} \tag{15.1}$$

Fórmulas geométricas para a seção de escoamento (Figura 15.2) são expressas em termos da altura de líquido (h) no duto, relacionada, por sua vez, ao ângulo central θ compreendendo o semissetor de molhamento:

$$\frac{h}{D} = \frac{1 - cos\theta}{2} \tag{15.2}$$

$$\theta = arccos\left(1 - \frac{2h}{D}\right) \tag{15.3}$$

Perímetros e áreas de seções de escoamento são, assim, expressos mediante as fórmulas seguintes (TAITEL; DUKLER, 1976):

$$S_L = D \cdot \theta = D \cdot arccos\left(1 - \frac{2h}{D}\right) \tag{15.4a}$$

$$S_G = D \cdot (\pi - \theta) = D \cdot \left(\pi - arccos\left(1 - \frac{2h}{D}\right)\right) \tag{15.4b}$$

$$S_I = D \cdot sen\theta = D \cdot sen\left(arccos\left(1 - \frac{2h}{D}\right)\right), \ S_I = 2D\sqrt{\frac{h}{D}\left(1 - \frac{h}{D}\right)} \tag{15.4c}$$

$$A_L = \frac{D^2}{4}\left(arccos\left(1 - \frac{2h}{D}\right) - 2\left(1 - \frac{2h}{D}\right)\sqrt{\frac{h}{D}\left(1 - \frac{h}{D}\right)}\right) \tag{15.5a}$$

$$A_G = \frac{D^2}{4}\left(\pi - arccos\left(1 - \frac{2h}{D}\right) + 2\left(1 - \frac{2h}{D}\right)\sqrt{\frac{h}{D}\left(1 - \frac{h}{D}\right)}\right) \tag{15.5b}$$

$$\frac{dA_L}{dh} = 2D\sqrt{\frac{h}{D}\left(1 - \frac{h}{D}\right)} \tag{15.5c}$$

Adimensionalizações (expressas com ~) das grandezas geométricas referentes a comprimentos e a áreas são obtidas dividindo-se, respectivamente, por D e por D^2. Têm-se:

$$\tilde{h} = \frac{h}{D} \tag{15.6a}$$

$$\theta = arccos(1 - 2\tilde{h}) \tag{15.6b}$$

$$\tilde{S}_L = arccos(1 - 2\tilde{h}) \tag{15.6c}$$

$$\tilde{S}_G = \pi - arccos(1 - 2\tilde{h}) \tag{15.6d}$$

$$\tilde{S}_I = 2\sqrt{\tilde{h}(1 - \tilde{h})} \tag{15.6e}$$

$$\tilde{A}_L = \frac{1}{4}\left(arccos(1 - 2\tilde{h}) - 2(1 - 2\tilde{h})\sqrt{\tilde{h}(1 - \tilde{h})}\right) \tag{15.6f}$$

$$\tilde{A}_G = \frac{1}{4}\left(\pi - arccos(1 - 2\tilde{h}) + 2(1 - 2\tilde{h})\sqrt{\tilde{h}(1 - \tilde{h})}\right) \tag{15.6g}$$

$$\frac{d\tilde{A}_L}{d\tilde{h}} = 2\sqrt{\tilde{h}(1 - \tilde{h})} \tag{15.6h}$$

$$\tilde{D}_L = \frac{4A_L}{D \cdot S_L} = \frac{4\tilde{A}_L}{\tilde{S}_L}, \ \ \tilde{D}_G = \frac{4A_G}{D(S_G + S_I)} = \frac{4\tilde{A}_G}{\tilde{S}_G + \tilde{S}_I} \tag{15.6i}$$

A fração da seção de escoamento ocupada pela fase gás (α), é dada, em termos de $\tilde{h}$, pelas Equações 15.6j e 15.6k abaixo:

$$\alpha = \frac{A_G}{\pi D^2/4} = \frac{4\tilde{A}_G}{\pi} \tag{15.6j}$$

$$\alpha(\tilde{h}) = \frac{1}{\pi}\left(\pi - arccos(1 - 2\tilde{h}) + 2(1 - 2\tilde{h})\sqrt{\tilde{h}(1 - \tilde{h})}\right) \tag{15.6k}$$

Nos casos em que a fração de gás α é a variável independente, a Equação 15.6k deve ser invertida numericamente para $\tilde{h}$ de modo que as outras variáveis geométricas possam ser determinadas, já que todas são dependentes de $\tilde{h}$. Essa inversão, apesar de iterativa, é direta via algoritmo Newton-Raphson usando-se como estimativa inicial $\tilde{h}^{(0)} = 1 - \alpha$ já que $\alpha(\tilde{h})$ é uma função monótona de $\tilde{h}$ (Figura 15.4b). A dependência desses fatores geométricos em termos de $\tilde{h}$ é apresentada nas Figuras 15.3 e 15.4.

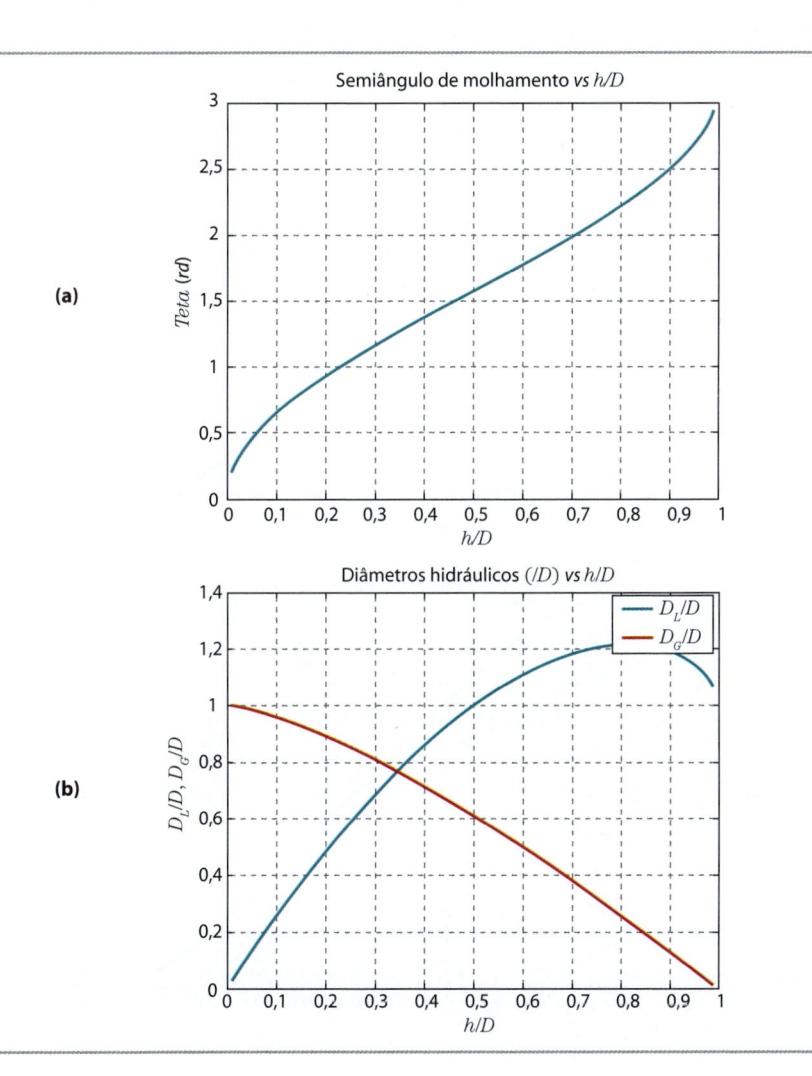

(continua)

(continuação)

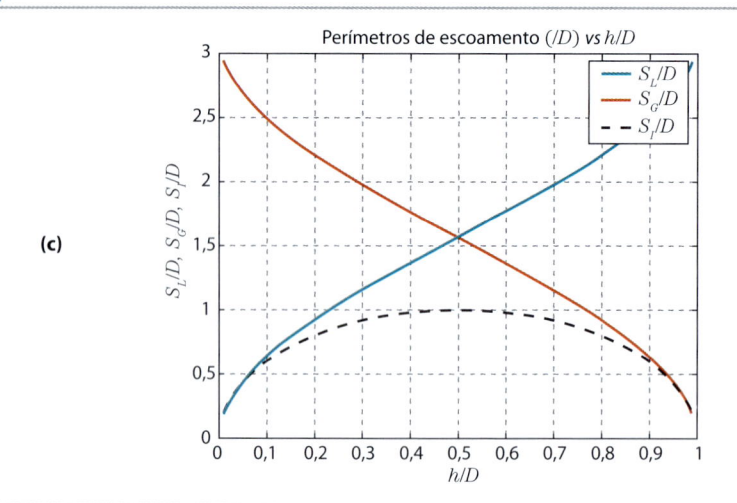

(c)

Figura 15.3 (a) $\theta\left(\tilde{h}\right)$; (b) Diâmetros $\tilde{D}_L$, $\tilde{D}_G$ vs $\tilde{h}$; (c) Perímetros $\tilde{S}_L$, $\tilde{S}_G$, $\tilde{S}_I$ vs $\tilde{h}$

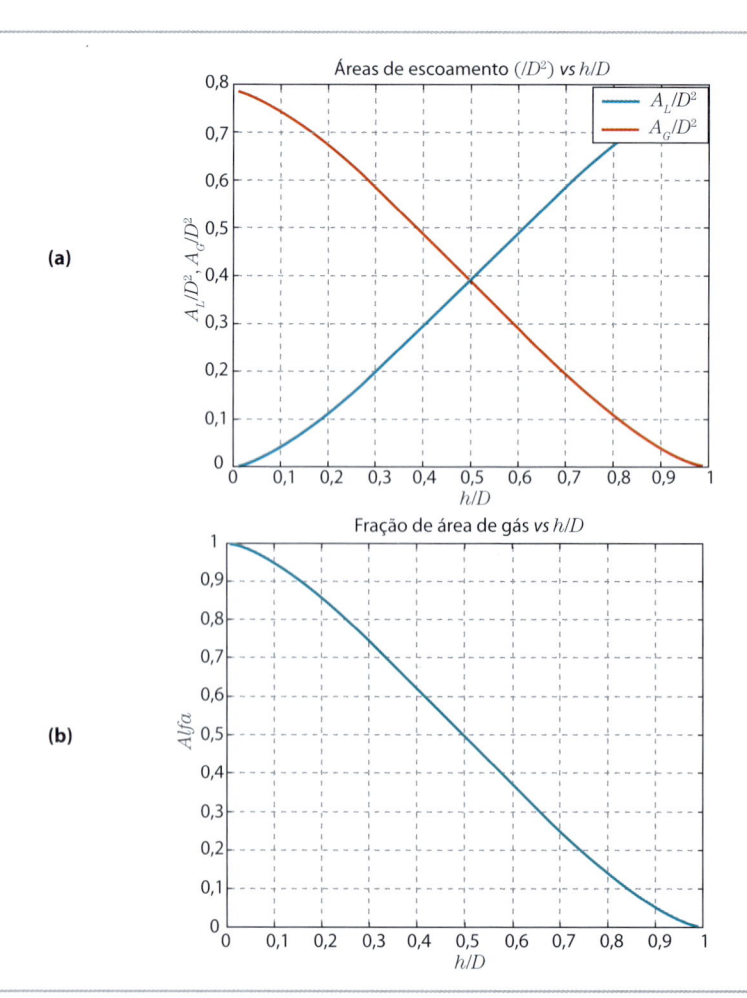

(a)

(b)

(continua)

(continuação)

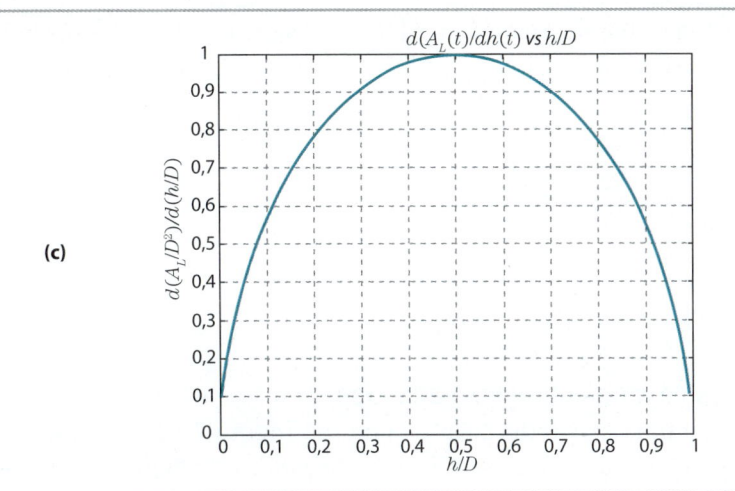

(c)

Figura 15.4   (a) Áreas $\tilde{A}_L\left(\tilde{h}\right)$, $\tilde{A}_G\left(\tilde{h}\right)$; (b) Fr.gás $\alpha\left(\tilde{h}\right)$; (c) Perímetros $\tilde{S}_L$, $\tilde{S}_G$, $\tilde{S}_I$ vs $\tilde{h}$

15.1.2 Velocidades superficiais de escoamento de gás e de líquido

As velocidades superficiais $\left(U_L^S, U_G^S\right)$, dadas nas Equações 15.7, abaixo, são úteis como valores de referência e de caracterização do escoamento. As velocidades superficiais de líquido $\left(U_L^S\right)$ e de gás $\left(U_G^S\right)$ correspondem, respectivamente, às velocidades desenvolvidas em perfil uniforme nos casos em que a linha transporta:

☐   apenas a *mesma vazão mássica de líquido* original e nenhum gás; e
☐   apenas a *mesma vazão mássica de gás* original e nenhum líquido.

Assim, têm-se:

$$U_L^S = \frac{U_L A_L}{A}, \quad U_G^S = \frac{U_G A_G}{A} \tag{15.7}$$

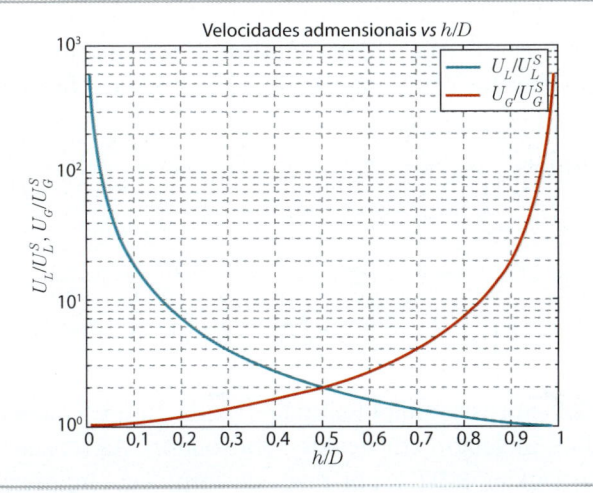

Figura 15.5   Comportamentos de $\tilde{U}_L$, $\tilde{U}_G$ vs $\tilde{h}$

Adimensionalizações de velocidades $\left(\tilde{U}_L, \tilde{U}_G\right)$ são obtidas via velocidades superficiais de cada fase conforme Equações 15.8a e 15.8b. A Figura 15.5 apresenta dependências de $\tilde{U}_L$, $\tilde{U}_G$ em $\tilde{h}$:

$$\tilde{U}_L = \frac{U_L}{U_L^S} = \frac{A}{A_L} \Rightarrow \tilde{U}_L = \frac{\pi}{4\tilde{A}_L} \tag{15.8a}$$

$$\tilde{U}_G = \frac{U_G}{U_G^S} = \frac{A}{A_G} \Rightarrow \tilde{U}_G = \frac{\pi}{4\tilde{A}_G} \tag{15.8b}$$

15.1.3 Balanços de momentum em cada fase

Considere-se uma seção de duto – como na Figura 15.1 – com comprimento Δx estendendo-se de x a $x + \Delta x$, sendo x estabelecida axialmente a favor do escoamento (Figura 15.1). Admite-se que cada fase escoa com perfil uniforme de velocidade, sendo U_L, U_G as velocidades respectivas de fases líquido e gás. Nessas condições os balanços estacionários de momentum em fases líquido e gás, fornecem, respectivamente:

$$P(x)\cdot A_L + A_L \cdot \Delta x \cdot \rho_L \cdot g \cdot sen\beta + S_I \cdot \Delta x \cdot \tau_I = P(x+\Delta x)\cdot A_L + S_L \cdot \Delta x \cdot \tau_L \tag{15.9a}$$

$$P(x)\cdot A_G + A_G \cdot \Delta x \cdot \rho_G \cdot g \cdot sen\beta = P(x+\Delta x)\cdot A_L + S_G \cdot \Delta x \cdot \tau_G + S_I \cdot \Delta x \cdot \tau_I \tag{15.9b}$$

Divisão destas equações por Δx, sob $\Delta x \to 0$, produz, respectivamente:

$$\frac{dP}{dx} = \rho_L \cdot g \cdot sen\beta + \frac{S_I}{A_L}\tau_I - \frac{S_L}{A_L}\tau_L \tag{15.10a}$$

$$\frac{dP}{dx} = \rho_G \cdot g \cdot sen\beta - \frac{S_I}{A_G}\tau_I - \frac{S_G}{A_G}\tau_G \tag{15.10b}$$

Admitindo-se que o gradiente de pressão vertical em uma mesma seção de escoamento é desprezível – isto é, fases com idêntica pressão no mesmo valor de x – e igualando-se os lados direitos das Equações 15.10a e 15.10b, chega-se a

$$\rho_L \cdot g \cdot sen\beta + \frac{S_I}{A_L}\tau_I - \frac{S_L}{A_L}\tau_L = \rho_G \cdot g \cdot sen\beta - \frac{S_I}{A_G}\tau_I - \frac{S_G}{A_G}\tau_G \tag{15.11}$$

ou

$$\frac{S_G}{A_G}\tau_G - \frac{S_L}{A_L}\tau_L + \left(\frac{S_I}{A_L} + \frac{S_I}{A_G}\right)\tau_I + \left(\rho_L - \rho_G\right)g \cdot sen\beta = 0 \tag{15.12}$$

A Equação 15.12 expressa uma identidade válida para escoamento estratificado em duto horizontal ou inclinado em regime estacionário. As tensões cizalhantes são escritas em Taitel e Dukler (1976) por meio de fórmulas empíricas, via fatores de atrito pertinentes, de acordo com:

$$\tau_G = f_G \rho_G \frac{U_G^2}{2}, \quad \tau_L = f_L \rho_L \frac{U_L^2}{2}, \quad \tau_I = f_I \rho_G \frac{\left(U_G - U_L\right)^2}{2} \tag{15.13}$$

Sendo os fatores de atrito também empiricamente relacionados a potências da velocidade de cada fase, de acordo com (TAITEL; DUKLER, 1976):

$$f_G = C_G \left(\frac{D_G U_G}{\nu_G}\right)^{-m}, \quad f_L = C_L \left(\frac{D_L U_L}{\nu_L}\right)^{-n}, \quad f_I \cong f_G \tag{15.14}$$

As constantes nas Equações 15.14 são dadas pelos valores na Tabela 15.1, de acordo com as condições do escoamento.

Tabela 15.1 Constantes para expressões de fatores de atrito em escoamento bifásico

Regime de escoamento	C_G	C_L	m	n
Laminar	16	16	1,0	1,0
Turbulento	0,046	0,046	0,2	0,2

A substituição de Equações 15.13 e 15.14 na Equação 15.12 permite obter:

$$\frac{S_G}{A_G} C_G \left(\frac{D_G U_G}{\nu_G}\right)^{-m} \left(\rho_G \frac{U_G^2}{2}\right) - \frac{S_L}{A_L} C_L \left(\frac{D_L U_L}{\nu_L}\right)^{-n} \left(\rho_L \frac{U_L^2}{2}\right) + \tag{15.15}$$

$$+ \left(\frac{S_I}{A_L} + \frac{S_I}{A_G}\right) C_G \left(\frac{D_G U_G}{\nu_G}\right)^{-m} \left(\rho_G \frac{U_G^2}{2}\right) + \left(\rho_L - \rho_G\right) \cdot g \cdot sen\beta = 0$$

Consideram-se agora duas situações paralelas para introdução de Velocidades Superficiais conforme definidas na Seção 15.1.2:

a) duto de mesmo diâmetro D, horizontal, transportando apenas líquido na mesma vazão mássica do problema e velocidade U_L^S, sendo $\rho_L \cdot U_L \cdot A_L = \rho_L \cdot U_L^S \cdot \frac{\pi D^2}{4}$;

b) duto de mesmo diâmetro D, horizontal, transportando apenas gás na mesma vazão mássica do problema e velocidade U_G^S, sendo $\rho_G \cdot U_G \cdot A_G = \rho_G \cdot U_G^S \cdot \frac{\pi D^2}{4}$.

Balanços de momentum, análogos às Equações 15.10a e 15.10b, usando-se as Equações 15.13 e 15.14, respectivamente para as situações [A] e [B], levam às Equações 15.16a e 15.16b a seguir:

$$\left.\frac{dP}{dx}\right|_G = C_G \left(\frac{D \cdot U_G^S}{\nu_G}\right)^{-m} \left(\rho_G \frac{\left(U_G^S\right)^2}{2}\right) \cdot \frac{4}{D} \text{ (para [A])} \tag{15.16a}$$

$$\left.\frac{dP}{dx}\right|_L = C_L \left(\frac{D \cdot U_L^S}{\nu_L}\right)^{-n} \left(\rho_L \frac{\left(U_L^S\right)^2}{2}\right) \cdot \frac{4}{D} \text{ (para [B])} \tag{15.16b}$$

Com as Equações 15.16a e 15.16b, a Equação 15.15 admite a seguinte colocação:

$$\frac{S_G}{A_G}\cdot\left.\frac{dP}{dx}\right|_G\cdot\frac{C_G\left(\dfrac{D_GU_G}{\nu_G}\right)^{-m}\left(\rho_G\dfrac{U_G^2}{2}\right)}{C_G\left(\dfrac{D\cdot U_G^S}{\nu_G}\right)^{-m}\left(\rho_G\dfrac{\left(U_G^S\right)^2}{2}\right)\cdot\dfrac{4}{D}}-\frac{S_L}{A_L}\cdot\left.\frac{dP}{dx}\right|_L\cdot\frac{C_L\left(\dfrac{D_LU_L}{\nu_L}\right)^{-n}\left(\rho_L\dfrac{U_L^2}{2}\right)}{C_L\left(\dfrac{D\cdot U_L^S}{\nu_L}\right)^{-n}\left(\rho_L\dfrac{\left(U_L^S\right)^2}{2}\right)\cdot\dfrac{4}{D}}+$$

$$+\left(\frac{S_I}{A_L}+\frac{S_I}{A_G}\right)\cdot\left.\frac{dP}{dx}\right|_G\cdot\frac{C_G\left(\dfrac{D_GU_G}{\nu_G}\right)^{-m}\left(\rho_G\dfrac{U_G^2}{2}\right)}{C_G\left(\dfrac{D\cdot U_G^S}{\nu_G}\right)^{-m}\left(\rho_G\dfrac{\left(U_G^S\right)^2}{2}\right)\cdot\dfrac{4}{D}}+\left(\rho_L-\rho_G\right)\cdot g\cdot sen\beta=0 \qquad (15.17)$$

15.1.4 Equação Taitel-Dukler para escoamento estratificado em regime estacionário

A Equação 15.17 pode ser colocada em um formato adimensional e conveniente para problemas de escoamento estratificado em regime estacionário (TAITEL; DUKLER, 1976). Utilizando-se as identidades seguintes:

$$\frac{4A_L}{S_L}=D_L,\quad \tilde{D}_L=\frac{D_L}{D},\quad \tilde{U}_L=\frac{U_L}{U_L^S}=\frac{A}{A_L} \qquad (15.18a)$$

$$\frac{4A_G}{S_G+S_I}=D_G,\quad \tilde{D}_G=\frac{D_G}{D},\quad \tilde{U}_G=\frac{U_G}{U_G^S}=\frac{A}{A_G} \qquad (15.18b)$$

A Equação 15.17 pode ser reescrita, após divisão por $\left.\dfrac{dP}{dx}\right|_G$, como:

$$\frac{D\cdot S_G}{4A_G}\cdot\left(\tilde{D}_G\tilde{U}_G\right)^{-m}\left(\tilde{U}_G\right)^2-\frac{D\cdot S_L}{4A_L}\cdot\left(\tilde{D}_L\tilde{U}_L\right)^{-n}\left(\tilde{U}_L\right)^2\cdot\frac{\left.\dfrac{dP}{dx}\right|_L}{\left.\dfrac{dP}{dx}\right|_G}+$$

$$+\left(\frac{D\cdot S_I}{4A_L}+\frac{D\cdot S_I}{4A_G}\right)\cdot\left(\tilde{D}_G\tilde{U}_G\right)^{-m}\left(\tilde{U}_G\right)^2+\frac{\left(\rho_L-\rho_G\right)\cdot g\cdot sen\beta}{\left.\dfrac{dP}{dx}\right|_G}=0 \qquad (15.19)$$

Ou ainda,

$$\left(\frac{D\cdot\left(S_G+S_I\right)}{4A_G}+\frac{D\cdot S_I}{4A_L}\right)\cdot\left(\tilde{D}_G\tilde{U}_G\right)^{-m}\left(\tilde{U}_G\right)^2+\frac{\left(\rho_L-\rho_G\right)\cdot g\cdot sen\beta}{\left.\dfrac{dP}{dx}\right|_G}-$$

$$-\frac{D\cdot S_L}{4A_L}\cdot\left(\tilde{D}_L\tilde{U}_L\right)^{-n}\left(\tilde{U}_L\right)^2\cdot\frac{\left.\dfrac{dP}{dx}\right|_L}{\left.\dfrac{dP}{dx}\right|_G}=0 \qquad (15.20)$$

Utilizando-se agora as identidades geométricas apresentadas na Seção 15.1:

$$\tilde{A}_L = \frac{A_L}{D^2}, \quad \tilde{S}_L = \frac{S_L}{D} \tag{15.21a}$$

$$\tilde{A}_G = \frac{A_G}{D^2}, \quad \tilde{S}_G = \frac{S_G}{D} \tag{15.21b}$$

E definindo-se os seguintes termos adimensionais:

$$Y = \frac{(\rho_L - \rho_G) \cdot g \cdot sen\beta}{\left.\dfrac{dP}{dx}\right|_G} \Rightarrow Y = \frac{(\rho_L - \rho_G) \cdot g \cdot sen\beta}{C_G \cdot \left(\dfrac{D \cdot U_G^S}{v_G}\right)^{-m} \dfrac{\rho_G \left(U_G^S\right)^2}{2} \cdot \dfrac{4}{D}} \tag{15.22}$$

$$X^2 = \frac{\left.\dfrac{dP}{dx}\right|_L}{\left.\dfrac{dP}{dx}\right|_G} \Rightarrow X^2 = \frac{\dfrac{4C_L}{D} \cdot \left(\dfrac{D \cdot U_L^S}{v_L}\right)^{-n} \dfrac{\rho_L \left(U_L^S\right)^2}{2}}{\dfrac{4C_G}{D} \cdot \left(\dfrac{D \cdot U_G^S}{v_G}\right)^{-m} \dfrac{\rho_G \left(U_G^S\right)^2}{2}} \tag{15.23}$$

$$\Rightarrow X^2 = \left(\frac{C_L}{C_G}\right) \cdot \left(\frac{\rho_L}{\rho_G}\right) \cdot \left(\frac{U_L^S}{U_G^S}\right)^2 \cdot \frac{\left(\dfrac{D \cdot U_L^S}{v_L}\right)^{-n}}{\left(\dfrac{D \cdot U_G^S}{v_G}\right)^{-m}} \tag{15.24}$$

A Equação 15.20 torna-se:

$$\left(\frac{\tilde{S}_G}{\tilde{A}_G} + \frac{\tilde{S}_I}{\tilde{A}_G} + \frac{\tilde{S}_I}{\tilde{A}_L}\right) \cdot \left(\tilde{D}_G \tilde{U}_G\right)^{-m} \left(\tilde{U}_G\right)^2 + 4Y - \frac{\tilde{S}_L}{\tilde{A}_L} \cdot \left(\tilde{D}_L \tilde{U}_L\right)^{-n} \left(\tilde{U}_L\right)^2 \cdot X^2 = 0 \tag{15.25a}$$

onde:

$$\tilde{U}_L = \frac{A}{A_L} = \frac{\pi}{4\tilde{A}_L}, \quad \tilde{U}_G = \frac{A}{A_G} = \frac{\pi}{4\tilde{A}_G} \tag{15.25b}$$

$$\tilde{D}_L = \frac{D_L}{D} = \frac{4\tilde{A}_L}{\tilde{S}_L}, \quad \tilde{D}_G = \frac{D_G}{D} = \frac{4\tilde{A}_G}{\tilde{S}_G + \tilde{S}_I} \tag{15.25c}$$

sendo $\tilde{A}_L$, $\tilde{A}_G$, $\tilde{S}_L$, $\tilde{S}_G$ funções apenas de $\tilde{h}$ conforme descrito pelas Equações 15.6.

A Equação 15.25a – Equação Taitel-Dukler para escoamento bifásico estratificado estacionário – pode ser representada condensadamente, em forma adimensional, através da versão abaixo:

$$\Phi(\tilde{h}) + 4Y - \Lambda(\tilde{h}) \cdot X^2 = 0 \tag{15.26}$$

Sendo:

$$\Phi(\tilde{h}) = \left(\frac{\tilde{S}_G}{\tilde{A}_G} + \frac{\tilde{S}_I}{\tilde{A}_G} + \frac{\tilde{S}_I}{\tilde{A}_L}\right) \cdot \left(\tilde{D}_G \tilde{U}_G\right)^{-m} \left(\tilde{U}_G\right)^2 \tag{15.27a}$$

$$\Lambda(\tilde{h}) = \frac{\tilde{S}_L}{\tilde{A}_L} \cdot \left(\tilde{D}_L \tilde{U}_L\right)^{-n} \left(\tilde{U}_L\right)^2 \tag{15.27b}$$

$$Y = K_Y \cdot \left(U_G^S\right)^{m-2} \tag{15.27c}$$

$$K_Y = \left(\frac{\rho_L - \rho_G}{\rho_G}\right) \cdot \left(\frac{D \cdot g \cdot sen\beta}{2C_G}\right) \cdot \left(\frac{v_G}{D}\right)^{-m} \tag{15.27d}$$

$$X^2 = K_X \cdot \left(\frac{\left(U_L^S\right)^{2-n}}{\left(U_G^S\right)^{2-m}}\right) \tag{15.27e}$$

$$K_X = \left(\frac{C_L}{C_G}\right) \cdot \left(\frac{\rho_L}{\rho_G}\right) \cdot \left(\frac{v_L^n}{v_G^m}\right) \cdot D^{m-n} \tag{15.27f}$$

A Equação Taitel-Dukler poderá ser resolvida para U_L^S ou U_G^S conforme a seguir. No caso turbulento, os expoentes m e n são bem menores que 1 ($m = n = 0{,}046$). Por este motivo, multiplica-se a Equação 15.26 por $\left(U_G^S\right)^{2-m}$ ($2 - m > 0$), obtendo-se:

$$\Phi(\tilde{h}) \cdot \left(U_G^S\right)^{2-m} + 4K_Y - \Lambda(\tilde{h}) \cdot K_X \cdot \left(U_L^S\right)^{2-n} = 0 \tag{15.27g}$$

Resolvendo-se a Equação 15.27g para U_L^S ou U_G^S, obtém-se, respectivamente:

$$U_L^S = \left(\frac{\Phi(\tilde{h}) \cdot \left(U_G^S\right)^{2-m} + 4K_Y}{\Lambda(\tilde{h}) \cdot K_X}\right)^{\frac{1}{2-n}} \quad \text{(quando } \tilde{h}, U_G^S \text{ conhecidos)} \tag{15.27h}$$

$$U_G^S = \left(\frac{\Lambda(\tilde{h}) \cdot K_X \cdot \left(U_L^S\right)^{2-n} - 4K_Y}{\Phi(\tilde{h})}\right)^{\frac{1}{2-m}} \quad \text{(quando } \tilde{h}, U_L^S \text{ conhecidos)} \tag{15.27i}$$

Observa-se, por fim, que os papéis nas Equações 15.26 e 15.27 estão separados:
- coeficientes K_X, K_Y dependem apenas de propriedades físicas dos fluidos e de constantes geométricas da linha;
- termos $\Phi(\tilde{h})$, $\Lambda(\tilde{h})$ dependem apenas do nível de líquido adimensional ($\tilde{h}$) característico do escoamento estratificado (EE);
- velocidades superficiais de fases $\left(U_L^S, U_G^S\right)$ aparecem apenas em Y e X^2.

Em um problema típico, a Equação 15.26 tem 3 incógnitas: $\tilde{h}, U_L^S, U_G^S$. Um algoritmo para sua resolução demanda o fornecimento de 2 destas variáveis, como o seguinte:

- ☐ Entrar $\tilde{h}, U_G^S$.
- ☐ Calcular Y com as Equações 15.27c e 15.27d; calcular $\Phi(\tilde{h})$, $\Lambda(\tilde{h})$ com as Equações 15.27a e 15.27b.
- ☐ Calcular X^2 com a Equação 15.26.
- ☐ Calcular U_L^S com a Equação 15.27e, ou diretamente com a Equação 15.27h.

Os comportamentos dos coeficientes $\Phi(\tilde{h})$, $\Lambda(\tilde{h})$ da Equação Taitel-Dukler *vs* $\tilde{h} = \dfrac{h}{D}$ são mostrados na Figura 15.6 para a seção com escoamento estratificado (EE) do sistema na Tabela 15.2 (Seção 15.4). Esta figura também reproduz a dependência do fator de proporcionalidade da Equação de Boe (Seção 15.3) contra $\tilde{h} = \dfrac{h}{D}$ nas mesmas condições.

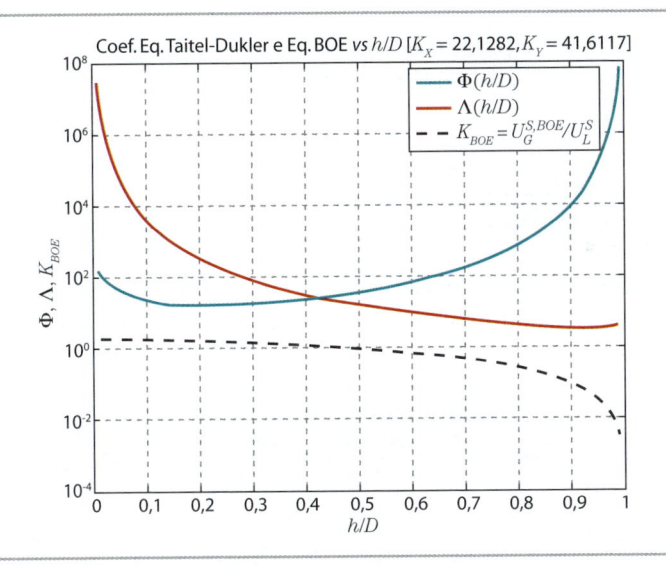

Figura 15.6 Coeficientes da Equação Taitel-Dukler $\Phi(\tilde{h})$, $\Lambda(\tilde{h})$ e da Equação de Boe $\left(K_{BOE}\right)$ *vs* $\tilde{h} = h/D$ (ver Tabela 15.2)

15.1.5 Simplificação da Equação Taitel-Dukler para baixa velocidade superficial de gás

A simplificação da Equação 15.26 no caso de baixos valores de U_G^S, consiste em remover U_G^S dos denominadores e substituir $U_G^S \cong 0$ explicitando-se o resultado final para U_L^S, referenciado como $U_L^{S,\,G0}$. Esta simplificação foi utilizada por Taitel (TAITEL, 1986) a casos EE com baixa vazão de gás relativamente ao líquido. Parte-se das Equação Taitel-Dukler sob a forma das Equações 15.26 e 15.27 a seguir:

$$\Phi(\tilde{h}) + 4Y - \Lambda(\tilde{h}) \cdot X^2 = 0 \tag{15.26}$$

$$Y = K_Y \cdot \left(U_G^S\right)^{m-2} \tag{15.27c}$$

$$K_Y = \left(\frac{\rho_L - \rho_G}{\rho_G}\right) \cdot \left(\frac{D \cdot g \cdot sen\beta}{2C_G}\right) \cdot \left(\frac{v_G}{D}\right)^{-m} \tag{15.27d}$$

$$X^2 = K_X \cdot \left(\frac{\left(U_L^S\right)^{2-n}}{\left(U_G^S\right)^{2-m}}\right) \tag{15.27e}$$

$$K_X = \left(\frac{C_L}{C_G}\right) \cdot \left(\frac{\rho_L}{\rho_G}\right) \cdot \left(\frac{v_L^n}{v_G^m}\right) \cdot D^{m-n} \tag{15.27f}$$

$$U_L^S = \left(\frac{\Phi(\tilde{h}) \cdot \left(U_G^S\right)^{2-m} + 4K_Y}{\Lambda(\tilde{h}) \cdot K_X}\right)^{\frac{1}{2-n}} \quad (\text{quando } \tilde{h}, U_G^S \text{ conhecidos}) \tag{15.27h}$$

Sendo $2 - m > 0$, ao substituir-se $U_G^S \cong 0$ na Equação 15.27h, obtém-se a solução de escoamento EE para $U_G^S \cong 0$ (TAITEL, 1986):

$$U_L^{S,G0} = \left(\frac{4K_Y}{\Lambda(\tilde{h}) \cdot K_X}\right)^{\frac{1}{2-n}} \tag{15.28}$$

A Figura 15.7 apresenta o comportamento de $U_L^{S,G0}$ vs a fração de gás $\alpha(\tilde{h})$ para a seção com escoamento estratificado (EE) do sistema descrito na Tabela 15.2 (Seção 15.4).

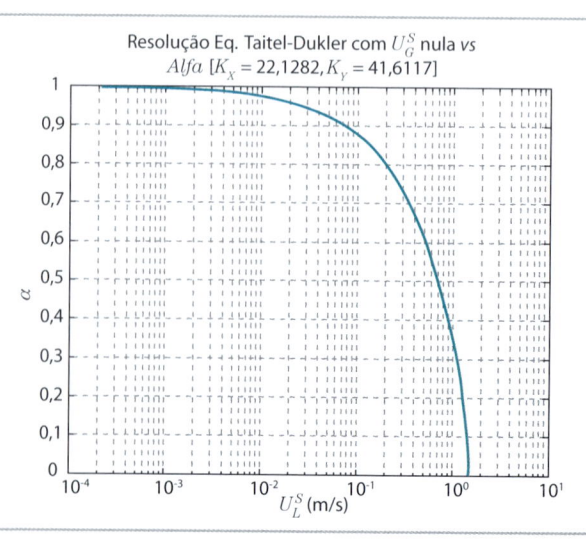

Figura 15.7   Solução $U_L^{S,G0}$ vs α para escoamento estratificado com $U_G^S \cong 0$

Dados referentes ao trecho com EE do sistema na Tabela 15.2.

15.1.6 Resolução da Equação Taitel-Dukler para velocidades superficiais conhecidas

Para linhas horizontais ou de baixa inclinação sob escoamento estratificado (EE) a Equação (15.26) – Equação Taitel-Dukler – poderá ser resolvida para $\tilde{h}$ se as velocidades superficiais das fases U_G^S e U_L^S são conhecidas. Isto envolverá um processo de busca iterativa para $\tilde{h} \in [0,1]$ com respeito a Equação (15.26), usando-se as Equações (15.27a), (15.27b), (15.6c) a (15.6i), (15.8a), (15.8b) para $\Phi(\tilde{h})$ e $\Lambda(\tilde{h})$. Nesta busca, o resíduo (Equação 15.26) é colocado como $\Omega(\tilde{h}) = \Phi(\tilde{h}) + 4Y - \Lambda(\tilde{h}) \cdot X^2$. Em seguida, aplica-se o algoritmo abaixo:

Algoritmo para resolver a Equação Taitel-Dukler com velocidades superficiais conhecidas

- ☐ Entrar valores de propriedades $\rho_G, \rho_L, \nu_G, \nu_L$ e parâmetros da linha: $D, sen\beta$
- ☐ Entrar valores de velocidades superficiais das fases: U_G^S, U_L^S
- ☐ Calcular

$$K_X = \left(\frac{C_L}{C_G}\right) \cdot \left(\frac{\rho_L}{\rho_G}\right) \cdot \left(\frac{\nu_L^n}{\nu_G^m}\right) \cdot D^{m-n} \text{ e } K_Y = \left(\frac{\rho_L - \rho_G}{\rho_G}\right) \cdot \left(\frac{D \cdot g \cdot sen\beta}{2C_G}\right) \cdot \left(\frac{\nu_G}{D}\right)^{-m}$$

- ☐ Calcular $Y = K_Y \cdot \left(U_G^S\right)^{m-2}$ e $X^2 = K_X \cdot \left(\dfrac{\left(U_L^S\right)^{2-n}}{\left(U_G^S\right)^{2-m}}\right)$

- ☐ Fazer $n = 0$; Fazer $ERRO = 1$
- ☐ Entrar Estimativa Inicial $\tilde{h}^{(0)} = 0,25$ (por exemplo)
- ☐ Enquanto $ERRO > 10^{-6}$

    – Calcular $\Phi\left(\tilde{h}^{(n)}\right) = \left(\dfrac{\tilde{S}_G}{\tilde{A}_G} + \dfrac{\tilde{S}_I}{\tilde{A}_G} + \dfrac{\tilde{S}_I}{\tilde{A}_L}\right)\left(\tilde{D}_G \tilde{U}_G\right)^{-m} \left(\tilde{U}_G\right)^2$ (15.27a)

    – Calcular $\Lambda\left(\tilde{h}^{(n)}\right) = \dfrac{\tilde{S}_L}{\tilde{A}_L}\left(\tilde{D}_L \tilde{U}_L\right)^{-n} \left(\tilde{U}_L\right)^2$ (15.27b)

    – Calcular $\Omega\left(\tilde{h}^{(n)}\right) = \Phi\left(\tilde{h}^{(n)}\right) + 4 \cdot Y - \Lambda\left(\tilde{h}^{(n)}\right) \cdot X^2$

    – Fazer $\tilde{h}^{(n+1)} = \tilde{h}^{(n)} + 0,001$

    – Se $n > 0 \rightarrow \tilde{h}^{(n+1)} = \tilde{h}^{(n)} - \dfrac{\Omega\left(\tilde{h}^{(n)}\right) \cdot \left(\tilde{h}^{(n)} - \tilde{h}^{(n-1)}\right)}{\Omega\left(\tilde{h}^{(n)}\right) - \Omega\left(\tilde{h}^{(n-1)}\right)}$

    – $ERRO = \tilde{h}^{(n+1)} - \tilde{h}^{(n)}$

    – $n = n + 1$

- ☐ Fim: $\tilde{h} = \tilde{h}^{(n)}$

15.2 TRANSIÇÃO DE ESCOAMENTO BIFÁSICO ESTRATIFICADO PARA ESCOAMENTO BIFÁSICO INTERMITENTE

Como visto na Equação 15.26, o lugar geométrico da condição de escoamento estratificado (EE) – não distinguindo-se os subcasos estratificado suave e estratificado com ondas (*wavy*) – estende-se bidimensionalmente (dimensão 2) em virtude de haver 3 variáveis $\left(\tilde{h}, U_L^S, U_G^S\right)$ em apenas uma equação – Equação 15.26. Ora, sendo bidimensional, o domínio EE terá bordas de dimensão 1 (curvas) ao encontrar os domínios de outros tipos de escoamento bifásico. O domínio do escoamento intermitente (EI) é um dos possíveis vizinhos do domínio EE. Outro possível vizinho corresponde ao domínio do Escoamento Anular (EA), caracterizado por altas taxas de escoamento de ambas as fases.

A fronteira entre os domínios EE e EI constitui a curva de transição estratificado-intermitente (TEI). A condição de escoamento intermitente (EI) abrange os subcasos *slug flow* (SF) e *plug flow* (PF), conforme apresentado em Taitel e Dukler (1976).

Sobre a TEI existirão ainda as 3 variáveis anteriores $\left(\tilde{h}, U_L^S, U_G^S\right)$ e ainda valerá a Equação 15.26 associada ao domínio EE. Todavia, uma nova relação estará presente permitindo reduzir o número de graus de liberdade a apenas 1, conforme esperado para a TEI. Essa relação extra foi formulada por Taitel e Dukler (1976) com base na Teoria de Kelvin-Helmholtz aplicada à estabilidade de ondas formadas sobre uma superfície plana de líquido escoando entre placas paralelas. A condição extra formulada por Taitel e Dukler para a TEI é dada pela Equação 15.29a abaixo expressa em termos da velocidade do gás na transição $\left(U_G^{TEI}\right)$:

$$U_G^{TEI} = \left(1 - \frac{h}{D}\right)\sqrt{\left(\frac{\rho_L - \rho_G}{\rho_G}\right) \cdot \left(\frac{g \cdot \cos\beta \cdot A_G}{\dfrac{dA_L}{dh}}\right)} \qquad (15.29a)$$

Esta expressão pode ser recolocada em termos da velocidade superficial do gás na transição $\left(U_G^{S,TEI}\right)$ mediante a transformação:

$$U_G^{S,TEI} = \frac{U_G^{TEI} \cdot A_G}{A} \Rightarrow U_G^{S,TEI} = \frac{U_G^{TEI} \cdot \tilde{A}_G}{\tilde{A}} = \alpha \cdot U_G^{TEI} \qquad (15.29b)$$

Portanto, a condição de transição estratificado-intermitente (TEI) é expressa em termos da velocidade superficial do gás como:

$$U_G^{S,TEI} = \alpha(\tilde{h})(1 - \tilde{h})\sqrt{\left(\frac{\rho_L - \rho_G}{\rho_G}\right) \cdot \left(\frac{g \cdot D \cdot \cos\beta \cdot \tilde{A}_G}{\dfrac{d\tilde{A}_L}{d\tilde{h}}}\right)} \qquad (15.30)$$

Para aplicação da Equação 15.30, as Equações 15.6 são novamente utilizadas para cálculo dos termos geométricos EE em função de $\tilde{h}$, tais como $\alpha(\tilde{h})$, $\tilde{A}_G(\tilde{h})$, $\dfrac{d\tilde{A}_L}{d\tilde{h}}$. Um algoritmo para traçar a curva da transição estratificado-intermitente (TEI), varrida em termos de $\tilde{h}$ (de 0 a 1) é dado a seguir.

Algoritmo para traçar transição estratificado-intermitente (TEI)

❑ Entrar Parâmetros Físicos e Geométricos: $\rho_G, \rho_L, \beta, D, \nu_L, \nu_G$

❑ Calcular K_X, K_Y com Equações 15.27d e 15.27f

☐ Fazer $\tilde{h} = \dfrac{h}{D}$ variar de 0 a 1

- Calcular $\alpha(\tilde{h})$, $\tilde{A}_G(\tilde{h})$, $\dfrac{d\tilde{A}_L}{d\tilde{h}}$ (Equações 15.6); $\Phi(\tilde{h})$, $\Lambda(\tilde{h})$ (Equações 15.27a,b)
- Calcular $U_G^{S,TEI}$ com Equação 15.30
- Calcular $Y = K_Y \cdot \left(U_G^{S,TEI}\right)^{m-2}$ pela Equação 15.27c
- Calcular X^2 com Equação 15.26
- Calcular $U_L^{S,TEI}$ com Equação 15.27e: $X^2 = K_X \cdot \left(\dfrac{\left(U_L^{S,TEI}\right)^{2-n}}{\left(U_G^{S,TEI}\right)^{2-m}}\right)$
- Locar em Gráfico Log-Log $U_G^{S,TEI}$ vs $U_L^{S,TEI}$

☐ Fim

15.3 CURVA DE BOE PARA LIMITE DE INTERMITÊNCIA SEVERA EM *RISERS*

A Curva de Boe evidencia uma condição limite no escoamento em *risers* com configuração geométrica similar ao mostrado na Figura 15.8. Nessa configuração, o *riser* ascende após um prolongado trecho de duto submarino quase horizontal, levemente inclinado negativamente em direção ao *riser*. Essa configuração permite que, sob taxas de gás baixas ou moderadas, comparativamente à de líquido, este bloqueie o gás na base do *riser*, dando origem ao fenômeno de intermitência severa – *severe slugging* (SS) – no regime de escoamento na ascensão do *riser*. Outras variáveis de interesse também são mostradas na Figura 15.8. A nomenclatura para este cenário é aquela apresentada no início do capítulo.

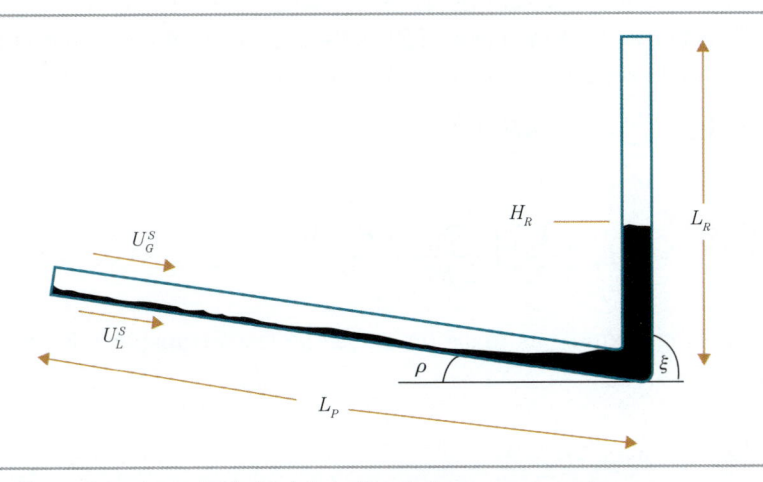

Figura 15.8   *Riser* e linha de produção (L_P) de inclinação levemente negativa

O conceito por trás do Critério de Boe é que haverá condições para intermitência severa (SS) se a taxa de acúmulo de líquido na base do *riser* (em virtude da chegada contínua de líquido em U_L^S) tiver potencial para elevar a pressão estática nesse ponto a uma taxa superior à taxa de crescimento da pressão na linha de produção, em virtude do acúmulo de gás (via chegada contínua de gás em U_G^S) bloqueado pelo selo líquido. É claro que esse bloqueio, uma vez ocorrendo, será temporário porque a pressurização do gás em L_P acabará por "vencer" a carga hidrostática da coluna de líquido, impulsionando-a *riser* acima por meio de escoamento em regime de *slugging* severo. Quando essa expansão do gás promover uma queda de pressão em L_P, o escoamento cessará, reiniciando-se o acúmulo de líquido na base do *riser* e de gás na linha de produção até que o novo *slug* possa ser posto em movimento. Isso explica os ciclos característicos do escoamento *severe slugging* em sistemas de *risers*: vazões nulas ou muito pequenas por algum tempo, alternando com um pulso de taxa elevada de líquido (*slug*) seguido por um pulso (propulsor) de vazão de gás. Os fenômenos característicos de escoamento com golfadas em linhas de *risers*, envolvidos no Critério de Boe, foram qualitativamente descritos na Seção 14.1, na Figura 14.1 e no texto explicativo próximo a essa figura (ver Capítulo 14).

Uma abordagem simplificada desse problema pode ser construída a partir das Equações 15.31, abaixo, para as retenções (*hold-ups*) de líquido no *riser* e de gás na linha de produção em um dado instante t:

$$R_L(t) = A_R \cdot \rho_L \cdot H_R(t) \tag{15.31a}$$

$$R_G(t) = A \cdot L_P \cdot \left(\frac{A_G}{A}\right) \cdot \left(\frac{P_G(t) \cdot MM_G}{Z_G \cdot R \cdot T_G}\right) \tag{15.31b}$$

onde o último termo no lado direito da Equação 15.31b refere-se à densidade do gás na linha de produção, admitindo-se que a pressão nessa linha é aproximadamente uniforme, embora varie no tempo. Admitimos também ser aproximadamente constante e uniforme, nessa linha, o valor da fração da seção de escoamento ocupada por gás ($\alpha = A_G/A$). A partir das Equações 15.31, a taxa de acúmulo de líquido no *riser* e a taxa de acúmulo de gás na linha bloqueada pelo selo líquido, são, respectivamente:

$$\frac{dR_L(t)}{dt} = A_R \cdot \rho_L \cdot \frac{dH_R(t)}{dt} \tag{15.32a}$$

$$\frac{dR_G(t)}{dt} = A \cdot L_P \cdot \left(\frac{A_G}{A}\right) \cdot \left(\frac{MM_G}{Z_G R T_G}\right) \frac{dP_G(t)}{dt} \tag{15.32b}$$

Essas taxas igualam-se às taxas de ambas as fases transportadas pela linha de produção:

$$\frac{dR_L(t)}{dt} = A \cdot \rho_L \cdot U_L^S \tag{15.33a}$$

$$\frac{dR_G(t)}{dt} = A \cdot \rho_G \cdot U_G^S \tag{15.33b}$$

Com Equações 15.33 e Equações 15.32, obtêm-se:

$$\frac{dH_R(t)}{dt} = \frac{A}{A_R} \cdot U_L^S \tag{15.34a}$$

$$\frac{dP_G(t)}{dt} = \left(\frac{A}{A_G}\right) \cdot \left(\frac{P_G}{L_P}\right) \cdot U_G^S \tag{15.34b}$$

Escrevendo-se a dependência entre a pressão na base do *riser* (P_R) e o comprimento de coluna de líquido existente, tem-se:

$$P_R(t) = g \cdot sen\xi \cdot \rho_L \cdot H_R(t) \tag{15.35}$$

Levando a:

$$\frac{dH_R(t)}{dt} = \frac{1}{g \cdot sen\xi \cdot \rho_L} \cdot \frac{dP_R(t)}{dt} \tag{15.36}$$

Por fim, com as Equações 15.34a, 15.34b e 15.36, têm-se as seguintes expressões para as taxas "potenciais" de pressurização na base do *riser* e na linha de produção:

$$\frac{dP_R(t)}{dt} = g \cdot sen\xi \cdot \rho_L \cdot \left(\frac{A}{A_R}\right) \cdot U_L^S \tag{15.37a}$$

$$\frac{dP_G(t)}{dt} = \left(\frac{A}{A_G}\right) \cdot \left(\frac{P_G}{L_P}\right) \cdot U_G^S \tag{15.37b}$$

O Critério de Boe é fundamentado pelo seguinte:

$$\frac{dP_G}{dt} > \frac{dP_R}{dt} \Rightarrow U_G^S > U_G^{S,BOE} \text{ Não há condições para SS} \tag{15.38a}$$

$$\frac{dP_G}{dt} = \frac{dP_R}{dt} \Rightarrow U_G^S = U_G^{S,BOE} \text{ Condição Incipiente para SS} \tag{15.38b}$$

Com as Equações 15.37 e 15.38b, resulta o Critério de Boe para Condição Incipiente de SS:

$$\left(\frac{A}{A_G}\right) \cdot \left(\frac{P_G}{L_P}\right) \cdot U_G^{S,BOE} = g \cdot sen\xi \cdot \rho_L \cdot \left(\frac{A}{A_R}\right) \cdot U_L^S \tag{15.39}$$

Fatorada em termos adimensionais, a Equação 15.40 é a expressão final do Critério de Boe para Condição Incipiente de SS no sistema de *riser*:

$$U_G^{S,BOE} = \alpha(\tilde{h}) \cdot \left(\frac{L_P \cdot \rho_L \cdot g \cdot sen\xi}{P_G}\right) \cdot \left(\frac{D}{D_R}\right)^2 U_L^S \tag{15.40}$$

Para fins de programação, escreve-se a Equação 15.40 como:

$$U_G^{S,BOE} = K_{BOE}(\tilde{h}) \cdot U_L^S, \quad K_{BOE}(\tilde{h}) = \alpha(\tilde{h}) \cdot \left(\frac{L_P \cdot \rho_L \cdot g \cdot sen\xi}{P_G} \right) \cdot \left(\frac{D}{D_R} \right)^2 \quad (15.41)$$

O comportamento do fator de proporcionalidade $K_{BOE}(\tilde{h}) = U_G^{S,BOE}/U_L^S$ contra $\tilde{h} = h/D$ é apresentado na Figura 15.6 (Seção 15.1) para os dados referentes ao sistema da Tabela 15.2 (Seção 15.4).

Observações a respeito do Critério de Boe na Equação 15.40:

a) O critério perde seu sentido para linha de produção inclinada para cima ($\beta < 0$). Nessas condições, não há como justificar o bloqueio na base do *Riser*. Assim, o que deve ser feito consiste em deslocar o ponto de aplicação do critério a montante na linha de produção (isto é, reduzindo-se L_P), de modo a garantir aplicação do critério no último ponto da linha (a favor do escoamento) em que esta inclina-se para baixo ($\beta > 0$), sendo o trecho da linha a jusante deste ponto incluso como parte do *riser*.

b) A Equação 15.40 (ou 15.41) do Critério de Boe, pode ser resolvida conjuntamente (ou não) com a Equação de Escoamento Estratificado de Taitel-Dukler para o trecho da linha de produção, Equação 15.26, obtendo-se 2 restrições entre as variáveis $\tilde{h}, U_L^S, U_G^S$ o que dará origem à Curva de Boe, aqui denominada BOE. Todavia, deve-se atentar para o fato de que esta curva terminará ao encontrar a TEI, já que além deste encontro a condição EE (e, portanto, também a Equação 15.26) perde sua validade. Além disto, deve-se ter em mente que a Equação de Boe (15.40) costuma ser usada de forma desvinculada da exigência de condição de escoamento estratificado na linha de produção. Isto, por exemplo, ocorrerá se essa linha já estiver em *slug flow*.

c) Pelas razões anteriores, BOE costuma ser locada no diagrama $ln\left(U_L^S\right)$ vs $ln\left(U_G^S\right)$ aplicando-se diretamente a Equação 15.40 aos valores de U_L^S da TEI. Nesse caso, a região do plano U_G^S vs U_L^S passível de apresentar *severe slugging* (SS) corresponderá à intersecção dos domínios interiores delimitados pelas curvas TEI e BOE, a saber:

$$\left\{ \left(U_G^S, U_L^S\right) \middle| U_G^S < U_G^{S,TEI} \right\} \cap \left\{ \left(U_G^S, U_L^S\right) \middle| U_G^S < U_G^{S,BOE} \right\}$$

d) O ganho com o traçado de BOE em superposição à TEI no plano U_G^S vs U_L^S, consiste na redução do espaço U_G^S vs U_L^S onde SS poderá ocorrer; já que o domínio EE (interior da TEI) associado à linha de produção é vasto e muito maior do que o domínio de condições EE na linha capazes de desenvolver SS no *riser*. A presença de BOE reduz o domínio U_G^S vs U_L^S passível de SS porque há uma ponderável faixa de condições U_G^S vs U_L^S, evidenciada entre BOE e TEI ($U_G^{S,BOE} < U_G^S < U_G^{S,TEI}$), onde SS não será observado.

Algoritmo para traçar Curva de Boe (BOE) conjuntamente à TEI

- ☐ Fornecer Parâmetros Físicos, Geométricos e de Operação: $\rho_G, \rho_L, \beta, D, L_P, P_G, \nu_L, \nu_G$
- ☐ Calcular K_X, K_Y com Equações 15.27d e 15.27f

☐ Fazer $\tilde{h} = \dfrac{h}{D}$ variar de 0 a 1

- Calcular $\alpha(\tilde{h})$, $\tilde{A}_G(\tilde{h})$, $\dfrac{d\tilde{A}_L}{d\tilde{h}}$ com Equações 15.6; $\Phi(\tilde{h})$, $\Lambda(\tilde{h})$ com Equações 15.27a, 15.27b

- Calcular $U_G^{S,TEI}$ com Equação 15.30

- Calcular $Y = K_Y \cdot \left(U_G^{S,TEI}\right)^{m-2}$ pela Equação 15.27c

- Calcular X^2 com Equação 15.26

- Calcular $U_L^{S,TEI}$ com Equação 15.27e: $X^2 = K_X \cdot \left(\dfrac{\left(U_L^{S,TEI}\right)^{2-n}}{\left(U_G^{S,TEI}\right)^{2-m}}\right)$

- Calcular $U_G^{S,BOE} = \alpha(\tilde{h}) \cdot \left(\dfrac{L_P \cdot \rho_L \cdot g \cdot sen\xi}{P_G}\right) \cdot \left(\dfrac{D}{D_R}\right)^2 U_L^{S,TEI}$

- Locar em Gráfico Log-Log $U_G^{S,TEI}$ vs $U_L^{S,TEI}$ e $U_G^{S,BOE}$ vs $U_L^{S,TEI}$

☐ Fim

15.4 CASO BASE PARA ESTUDO EM INTERMITÊNCIA SEVERA

O quadro de condições apresentados na Tabela 15.2 será aqui utilizado para exemplificação na determinação de condições para SS (*severe slugging* ou intermitência severa).

Tabela 15.2 Condições para aplicação de critérios em *severe slugging*

Gás (*well-head*)						
T_G 5 C	P_G 58 bar	MM_G 0,019 kg/mol	Z_G 0,8	μ_G 8×10^{-5} Pa.s	ρ_G 59,3 kg/m³	ν_G $1,4\times10^{-6}$ m²/s
Líquido (*well-head*)						
		σ 0,071 Pa.m		μ_L 8×10^{-3} Pa.s	ρ_L 900 kg/m³	ν_L $8,9\times10^{-6}$ m²/s
Linha de Produção (*Flow-Line*)						
		D 6 in	L_P 1.240 m	β 1,01 graus	Seção 0,01824 m²	
Riser						
		D 6 in	L_R 620 m	ξ 90 graus	Seção 0,01824 m²	α^* 0,89
Top-Side Choke						
	P_S 2 bar		Z_S 1,0			
	5 bar		0,99			
	10 bar		0,95			
	20 bar		0,94			
	40 bar		0,93			

15.5 RESULTADOS TEI E BOE PARA O CASO BASE 15.4

A Figura 15.9a apresenta curvas TEI e BOE para condições da Tabela 15.2. A Figura 15.9b é repetição de 15.9a, acrescida da resolução da Equação Boe com a Equação Taitel-Dukler para a seção EE do sistema (Observação [B], Seção 15.3). Embora válida apenas até atingir a borda TEI do domínio EE, há concordância perfeita com BOE no interior EE.

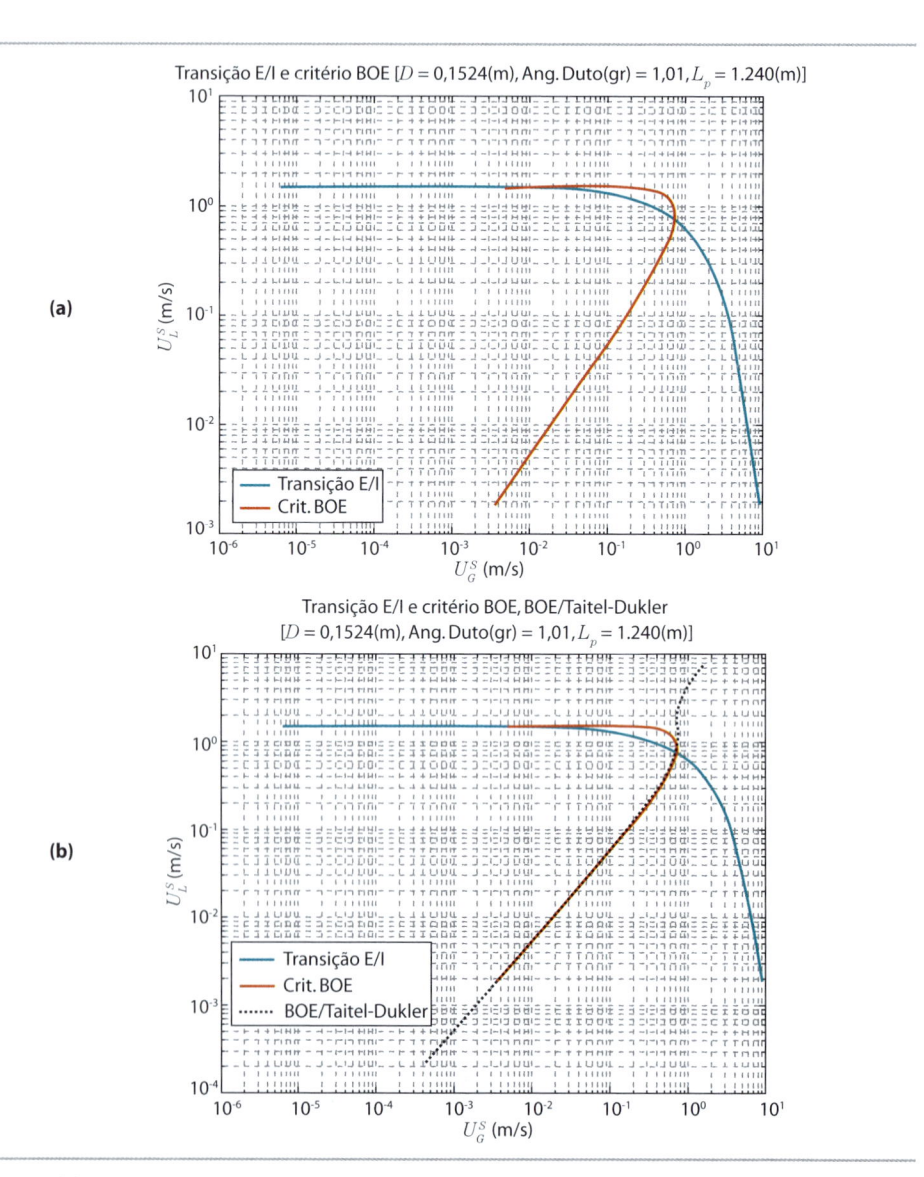

Figura 15.9　(a) Transição E/I (TEI) e Critério Boe (BOE); (b) TEI, BOE e solução da Equação Boe conjunta com Equação Taitel-Dukler

15.6 LIMITE DE ESTABILIDADE PARA NÃO OCORRÊNCIA DE GOLFADAS SEVERAS EM *RISERS*

Para um sistema de *riser* de produção, Taitel (1986) formulou a condição necessária de pressão justo a montante do *Top-Side Choke* (P_S) para não ocorrência de SS (*severe slugging*) no sistema. A ideia por trás desse trabalho é que, elevando-se a pressão justo a montante do *Top-Side Choke* (via aumento da restrição do *choke* ou aumento da pressão do tanque separador, ou ambos), é possível impedir-se a ascensão de toda a coluna líquida no *riser* por meio de escoamento SS, associado ao fenômeno de *Blow-out* (Figura 14.1) da coluna de líquido pelo gás comprimido na base do *riser*. Em outras palavras, elevando-se P_S seria possível quebrar a tendência para manifestação de SS, forçando o gás e o líquido a escoarem em *slug flow* ordinário (ou seja, com *slugs* de líquido de comprimento moderado).

A equação apresentada por Taitel (1986) – aqui generalizada para *risers* com diâmetros diferentes daquele da linha de produção ($D_R \neq D$) e com inclinações eventualmente diferentes de 90 graus ($\xi = 90°$) – é apresentada na Equação 15.42 abaixo. Esta equação expressa o valor limite da pressão P_S (P_S^{Lim}) acima do qual (isto é, para $P_S > P_S^{Lim}$) SS estaria impedido de ocorrer.

$$P_S^{Lim} = \left(L_P \cdot \left(\frac{\alpha}{\alpha^*}\right) \cdot \left(\frac{D}{D_R}\right)^2 - L_R \cdot sen\xi \right) \cdot g \cdot \rho_L \tag{15.42}$$

Na Equação 15.42, α e α^* expressam valores da fração da seção de escoamento ocupada por gás, respectivamente nas seguintes locações:

☐ linha de produção escoando sob EE; e

☐ base do *riser* por ocasião da entrada de gás na coluna preenchida com líquido, sob a forma de uma Bolha de Taylor, dando partida à fase de *Blow-out* do ciclo de SS.

O valor de α deve ser calculado com um modelo EE aplicado à linha de produção. Por exemplo, a Equação Taitel-Dukler, Equação 15.26, ou a sua versão para $U_G^S \cong 0$, Equação 15.28, especialmente recomendada para o início do *Blow-out*. Por outro lado, segundo Taitel (1986), o valor de α^* é praticamente independente da velocidade superficial de gás, sendo recomendado (TAITEL, 1986) a utilização de $\alpha^* = 0,89$ em face da ausência de melhor informação.

Na prática, a aplicação da Equação 15.42 é conduzida no sentido inverso, ao discutido acima:

☐ parte-se de vários valores candidatos para P_S fornecidos pelo projetista do sistema;

☐ para cada um desses valores, a Equação 15.42 é resolvida para α;

☐ a partir da Equação 15.6k para $\alpha(\tilde{h})$, obtêm-se os valores correspondentes de $\tilde{h}$;

☐ com o modelo EE para $U_G^S \cong 0$, Equação 15.28, obtêm-se $U_L^{S,G0}$ correspondentes aos respectivos valores mínimos de U_L^S acima dos quais SS não ocorre $(U_L^{S,Lim})$.

Os vários limites $U_L^{S,Lim}$, correspondentes aos vários P_S fornecidos, definem limites inferiores no plano U_G^S vs U_L^S acima dos quais *não* há SS. Esses limites terão importância se ocorrerem *dentro* da zona de intersecção dos domínios interiores às curvas TEI e BOE – zona esta, contendo, a princípio, o domínio onde SS tem condição de ocorrer – pois assim, reduz-se ainda mais o setor do plano U_G^S vs U_L^S capaz de desenvolver SS.

O algoritmo seguinte é apresentado com o objetivo de determinação de $U_L^{S,Lim}$ a partir das pressões P_S. Os valores de $U_L^{S,Lim}$ devem ser lançados em gráfico juntamente com TEI e BOE visando a delimitar, para cada P_S fornecido, a zona habilitada a SS. Para isso, os patamares de $U_L^{S,Lim}$ são traçados até atingir TEI ou BOE, valendo a condição que ocorrer em primeiro lugar.

Algoritmo para determinação de limites inferiores de $U_L^S(U_L^{S,Lim})$ para não ocorrência de SS sob valores de pressão P_S justo a montante do Top-side Choke

☐ Entrar Parâmetros Físicos e Geométricos: $\rho_G, \rho_L, \beta, \xi, D, D_R, L_P, L_R, \nu_L, \nu_G$

☐ Entrar Lista de Pressões justo a montante do *Top-Side Choke* $\left(P_S^{(k)}, k = 1..N\right)$

☐ Calcular K_X, K_Y com Equações 15.27d e 15.27f;

☐ Entrar pontos das curvas TEI e BOE;

☐ Traçar TEI e BOE;

☐ Fazer $k = 1..N$

  – Com $P_S^{(k)}$ calcular α com Equação 15.42;

  – Inverter $\alpha = \alpha(\tilde{h})$ (Equação 15.6k) obtendo $\tilde{h}$;

  – Calcular $\Lambda(\tilde{h})$ com Equação 15.27b;

  – Calcular $U_L^{S,Lim(k)}$ com Equação 15.28: $U_L^{S,G0} = \left(\dfrac{4K_Y}{\Lambda(\tilde{h}) \cdot K_X}\right)^{\frac{1}{2-n}}$

  – Calcular $U_G^{S,Lim(k)} = MIN\left(TEI\left(U_L^{S,Lim(k)}\right), BOE\left(U_L^{S,Lim(k)}\right)\right)$

  – Locar Patamar $\left(U_L^{S,Lim(k)} \to U_L^{S,Lim(k)}, 0 \to U_G^{S,Lim(k)}\right)$ no plano $ln\left(U_G^S\right)$ vs $ln\left(U_L^S\right)$

☐ Fim

A Figura 15.10 apresenta os resultados obtidos com o algoritmo anterior sobre o diagrama $ln\left(U_G^S\right)$ vs $ln\left(U_L^S\right)$ para as condições da Tabela 15.2, Seção 15.4, com pressões P_S de 2, 5, 10, 20 e 40bar. O diagrama da Figura. 15.10 contém as curvas TEI e BOE previamente apresentadas nas Figuras 15.9. É visível que o aumento de P_S reduz o valor $U_L^{S,Lim}$ aumentando a extensão do domínio sem SS (ou seja, a região $U_L^S > U_L^{S,Lim}$).

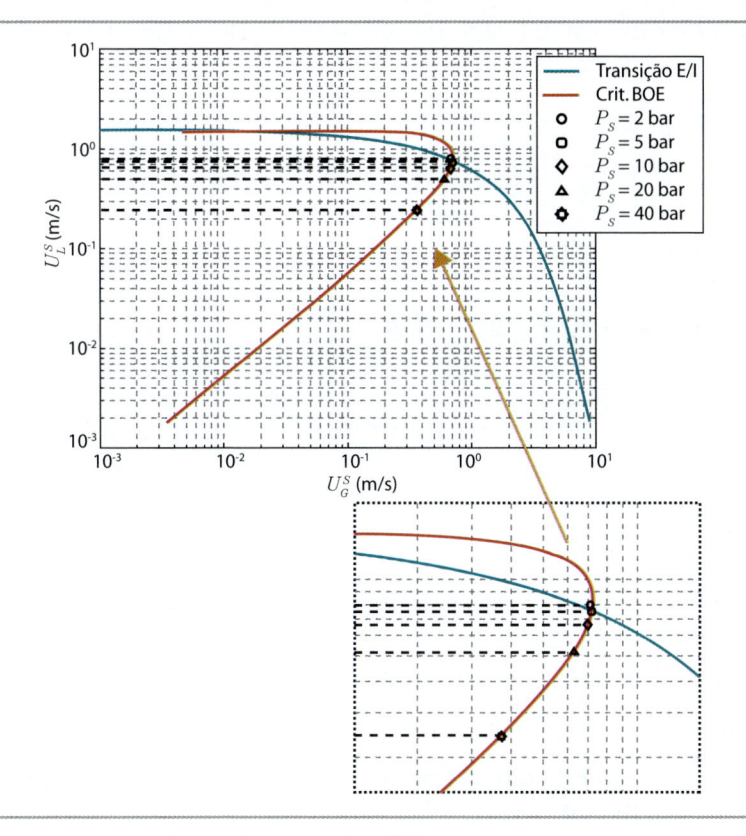

Figura 15.10 Curvas TEI e BOE e limites inferiores $U_L^{S,Lim}$ para não ocorrer SS nas pressões a montante do *choke* em 2, 5, 10, 20, 40 bar (ver ampliação)

15.7 LIMITE DE ESTABILIDADE DE FLUXO EM *RISERS*

Taitel (1986) formulou um critério de estabilidade para o escoamento estacionário em *risers*, originalmente fora da condição de *severe slugging* (SS), por exemplo em regime *bubble flow* (BF) ou *slug flow* (SF). Este critério determina o valor mínimo da pressão justo a montante do *Top-Side Choke* (P_S^{Lim}) de modo a estabilizar o regime de escoamento (BF ou SF) no *riser*, evitando assim a manifestação de *severe slugging* (SS).

Esse critério pode ser expresso da mesma forma anteriormente apresentada na Seção 15.6, apenas substituindo-se, na Equação 15.42, a densidade do líquido (ρ_L) pela densidade da mistura bifásica (ρ_M) em escoamento BF ou SF. Admite-se como ponto básico a validade de condição EE no escoamento na linha de produção, o qual ocorre com velocidades superficiais U_L^S, U_G^S.

Isto posto, no *riser*, a condição BF prevalecerá se a fração volumar de líquido (ϕ) for igual ou superior a 70% (TAITEL, 1986). Em caso contrário, o regime de escoamento no *riser* será provavelmente SF. No presente trabalho, a análise de estabilidade de fluxo no *riser* será desenvolvida apenas no contexto BF. Para a situação de *slug flow* (SF), a teoria descrita no Apêndice C de Taitel (1986) deve ser empregada em lugar daquela apresentada aqui.

Neste contexto, a estabilidade do escoamento BF no *riser* está garantida se $P_S > P_S^{Lim}$, onde:

$$P_S^{Lim} = \left(L_P \cdot \left(\frac{\alpha}{\alpha^*} \right) \cdot \left(\frac{D}{D_R} \right)^2 - L_R \cdot sen\xi \right) \cdot g \cdot \rho_M \tag{15.43}$$

Na Equação 15.43 utiliza-se:

$$\rho_M = (1 - \phi) < \rho_G > + \phi \rho_L \Leftrightarrow \phi = \frac{\rho_M - < \rho_G >}{\rho_L - < \rho_G >} \tag{15.44a}$$

$$< \rho_G > = \frac{\rho_G + \rho_S}{2} \tag{15.44b}$$

$$\rho_S = \frac{P_S \cdot MM_G}{Z_S \cdot R \cdot T_G} \tag{15.44c}$$

Nestas fórmulas, considera-se a densidade do gás no *riser* ($< \rho_G >$) como uma média aritmética entre o valor ρ_G na linha de produção e o valor ρ_S na pressão P_S justo a montante do *Top-Side Choke*. Neste ponto, há uma diferença para o trabalho de Taitel (1986), no qual é considerada a densidade do gás no *riser* com o valor $\rho_S = \frac{P_S \cdot MM_G}{Z_S \cdot R \cdot T_G}$. O emprego de ρ_S no lugar de $< \rho_G >$ tem como consequência o aumento de ϕ, favorecendo a modelagem BF em lugar de SF.

Admitindo-se que o escoamento no *riser* seja do tipo BF, define-se a velocidade de deslocamento das bolhas relativamente ao líquido no *riser – Slip Velocity – U_0*, dada por (TAITEL, 1986):

$$U_0 = 1 \cdot 53 \cdot \left(\frac{g \left(\rho_L - < \rho_G > \right) \cdot \sigma}{\rho_L^2} \right)^{1/4} \tag{15.45}$$

Com U_0 acessam-se as relações entre as velocidades das fases em BF:

$$U_G^{BF} = U_0 + U_L^{BF} \tag{15.46a}$$

$$U_L^S = U_L^{BF} \cdot \phi \tag{15.46b}$$

$$U_G^S = U_G^{BF} \cdot (1 - \phi) \tag{15.46c}$$

Onde U_L^S, U_G^S são as velocidades superficiais das fases no *riser*, cujos valores também satisfazem à condição EE na linha de produção. A partir das fórmulas anteriores, eliminam-se as velocidades U_L^{BF}, U_G^{BF}, obtendo-se a relação básica entre velocidades superficiais em BF:

$$U_G^S = (1 - \phi) \cdot \left(U_0 + U_L^S / \phi \right) \tag{15.47a}$$

ou

$$U_L^S = \left(\frac{\phi}{1-\phi}\right)U_G^S - \phi \cdot U_0 \qquad (15.47b)$$

Por fim, na Equação 15.43, e analogamente à Equação 15.42, α e α^* expressam valores da fração da seção de escoamento ocupada por gás, respectivamente nas seguintes locações:

- linha de produção escoando em regime EE; e
- base do *riser* por ocasião da entrada de gás na coluna preenchida com líquido, sob a forma de uma Bolha de Taylor, iniciando o *Blow-out* do ciclo de SS.

O valor de α deve ser calculado com o modelo EE aplicado à linha de produção. Já o valor de α^* é praticamente independente da velocidade superficial de gás, sendo recomendado (TAITEL, 1986) $\alpha^* = 0,89$ em face da ausência de melhor informação.

Na prática, a determinação do limite de estabilidade de fluxo no *riser*, para um dado valor de P_S no *Top-Side Choke*, é expressa como uma curva de pontos ($U_L^{S,Lim}$, $U_G^{S,Lim}$) correspondentes aos vários valores possíveis de $\tilde{h} = h/D$ na linha de produção. As equações envolvidas são:

- Equação 15.43 com $P_S^{Lim} = P_S$, definindo o limite de fluxo estável no *riser*;
- Equação Taitel-Dukler (Equação 15.26) para o EE na linha de produção com termos calculados a partir das identidades geométricas pertinentes ao EE (Equações 15.6);
- Equação 15.47a ou 15.47b típica do BF no *riser*.

São, portanto, 3 equações para 4 graus de liberdade: $\tilde{h}$, $U_L^{S,Lim}$, $U_G^{S,Lim}$, o que dá origem a uma curva no Plano U_G^S vs U_L^S para cada valor de P_S a considerar.

As curvas limites $U_L^{S,Lim}$ vs $U_G^{S,Lim}$, referentes a cada P_S fornecido, traduzem fronteiras no plano U_G^S vs U_L^S acima das quais o escoamento é estável no *riser* (isto é, a hipótese de SS está afastada).

As curvas $U_L^{S,Lim}$ vs $U_G^{S,Lim}$ obtidas devem ser lançadas em gráfico juntamente com TEI e BOE visando a delimitar, para cada P_S fornecido, a zona habilitada a SS; ou seja, o domínio do Plano U_G^S vs U_L^S resultante da intersecção de:

- região abaixo da TEI $\left(U_L^S \le U_L^{S,TEI}, U_G^S \le U_G^{S,TEI}\right)$;
- região abaixo da BOE $\left(U_L^S \le U_L^{S,BOE}, U_G^S \le U_G^{S,BOE}\right)$;
- região abaixo de $U_L^{S,Lim}$ vs $U_G^{S,Lim}$ $\left(U_L^S \le U_L^{S,Lim}, U_G^S \le U_G^{S,Lim}\right)$.

Um resumo do procedimento numérico associado é o seguinte:

- parte-se de valores candidatos para P_S fornecidos pelo projetista do sistema;
- para cada P_S obtêm-se ρ_S e $<\rho_G>$ com Equações 15.44, e U_0 com Equação 15.45;
- para cada P_S, faz-se $\tilde{h} = h/D$ variar de 0 a 1. Obtém-se $\alpha(\tilde{h})$ para cada $\tilde{h}$;
- a Equação 15.43 é então resolvida para o ρ_M correspondente a cada $\tilde{h}$ no P_S em questão;

- [ ] a partir de ρ_M e da Equação 15.44a, obtêm-se valores correspondentes de ϕ para cada $\tilde{h}$;
- [ ] para cada $\tilde{h}$ resolvem-se as Equações 15.26 e 15.47a ou 15.47b para $U_L^{S,Lim}$, $U_G^{S,Lim}$;
  - usa-se a Equação 15.28 para obter $U_L^{S,G0}$ como estimativa inicial de $U_L^{S,Lim}$;
  - usa-se a Equação 15.45 para obter U_0 como estimativa de $U_G^{S,Lim}$;
  - descartam-se os pontos sem convergência em $U_L^{S,Lim}$, $U_G^{S,Lim}$ e/ou com valores não físicos de ϕ ($\phi < 0$, $\phi > 1$).

O algoritmo seguinte consolida estas noções com o objetivo de determinação de $U_L^{S,Lim}$ vs $U_G^{S,Lim}$ a partir das pressões P_S.

Algoritmo para determinação de limites inferiores $U_L^{S,Lim}$ vs $U_G^{S,Lim}$ para estabilidade de fluxo no riser sob valores de pressão P_S justo a montante do Top-Side Choke

- [ ] Entrar Parâmetros: $\rho_G, \rho_L, \beta, \xi, D, D_R, L_P, L_R, P_G, T_G, MM_G, \nu_L, \nu_G$
- [ ] Entrar Lista de Pressões justo a montante do *Top-Side Choke* $\left(P_S^{(k)}, k = 1..N\right)$
- [ ] Calcular K_X, K_Y com Equações 15.27d e 15.27f
- [ ] Fazer $k = 1..N$
  - Com $P_S^{(k)}$ calcular ρ_S e $<\rho_G>$ com Equações 15.44, e U_0 com Equação 15.45
  - Fazer $\tilde{h} = h/D$ variar de 0 a 1
    - [ ] Calcular $\alpha(\tilde{h})$ com Equação 15.6k
    - [ ] Calcular $\Phi(\tilde{h})$, $\Lambda(\tilde{h})$ com Equações 15.27a, 15.27b
    - [ ] Calcular $U_L^{S,G0}(\tilde{h}) = \left(\dfrac{4K_Y}{\Lambda(\tilde{h}) \cdot K_X}\right)^{\frac{1}{2-n}}$ (Equação 15.28)
    - [ ] Resolver Equação 15.43 para ρ_M
    - [ ] Resolver Equação 15.44a para ϕ
    - [ ] Resolver (via Algoritmo A ou Algoritmo B) Equações 15.47 e 15.26 para $U_L^{S,Lim}$, $U_G^{S,Lim}$
  - Locar curva de valores $U_L^{S,Lim}$, $U_G^{S,Lim}$ para $P_S^{(k)}$
- [ ] Fim

Algoritmo A: resolução Equações 15.26, 15.47 para $U_L^{S,Lim}$, $U_G^{S,Lim}$ via iteração em $U_L^{S,Lim}$

- [ ] Entrar Termos para Equação Taitel-Dukler: $\tilde{h}$, $\Phi(\tilde{h})$, $\Lambda(\tilde{h})$, K_Y, K_X
- [ ] Entrar Termos do Regime BF: U_0, $\phi(\tilde{h})$
- [ ] Entrar Estimativa Inicial dada por $U_L^{S,G0}(\tilde{h})$ e U_0
- [ ] $U_G^{S,Lim} = U_0, U_L^{S,Lim} = U_L^{S,G0}$; $n = 1$; $Erro = 1$

☐ Enquanto $(n < 25)$ & $(Erro > 10^{-6})$

  – Calcular $U_G^{S,Lim} = (1 - \phi) \cdot \left(U_0 + U_L^{S,Lim}/\phi \right)$ (Equação 15.47a)

  – Novo

$$U_L^{S,Lim} : U_L^{S,Lim,novo} = \left(\frac{\Phi(\tilde{h}) \cdot \left(U_G^{S,Lim} \right)^{2-m} + 4K_Y}{\Lambda(\tilde{h}) \cdot K_X} \right)^{\frac{1}{2-n}}$$ (Equação 15.27h)

  – $Erro = \left| U_L^{S,Lim,novo} - U_L^{S,Lim} \right|$

  – $U_L^{S,Lim} = U_L^{S,Lim,novo}$

  – $n = n + 1$

☐ Fim

Algoritmo B: resolução Equações 15.26 e 15.47 para $U_L^{S,Lim}$, $U_G^{S,Lim}$ via iteração em $U_G^{S,Lim}$

☐ Entrar Termos para Equação Taitel-Dukler: $\tilde{h}, \Phi(\tilde{h}), \Lambda(\tilde{h}), K_Y, K_X$

☐ Entrar Termos do Regime BF: $U_0, \phi(\tilde{h})$

☐ Entrar Estimativa Inicial dada por $U_L^{S,G0}(\tilde{h})$ e U_0

☐ $U_G^{S,Lim} = U_0, U_L^{S,Lim} = U_L^{S,G0}; n = 1; Erro = 1$

☐ Enquanto $(n < 25)$ & $(Erro > 10^{-6})$

  – Calcular $U_L^{S,Lim} = \left(\frac{\phi}{1 - \phi} \right) U_G^{S,Lim} - \phi \cdot U_0$ (Equação 15.47b)

  – Novo

$$U_G^{S,Lim} : U_G^{S,Lim,novo} = \left(\frac{\Lambda(\tilde{h}) \cdot K_X \cdot \left(U_L^{S,Lim} \right)^{2-n} - 4K_Y}{\Phi(\tilde{h})} \right)^{\frac{1}{2-m}}$$ (Equação 15.27i)

  – $Erro = \left| U_G^{S,Lim,novo} - U_G^{S,Lim} \right|$

  – $U_G^{S,Lim} = U_G^{S,Lim,novo}$

  – $n = n + 1$

☐ Fim

As Figuras 15.11, 15.12 e 15.13 apresentam os resultados obtidos com os algoritmos anteriores sobre o diagrama $ln\left(U_G^S \right)$ vs $ln\left(U_L^S \right)$ para as condições na Tabela 15.2, Seção 15.4, juntamente com curvas TEI e BOE apresentadas nas Figuras 15.9 e 15.10. São estudadas as condições de pressões P_S de 2, 5, 10, 20 e 40 bar, locadas, respectivamente, com símbolos círculo, quadrado, losango, triângulo e hexagrama; todas com continuações tracejadas.

As continuações tracejadas das curvas $U_L^{S,Lim}$ vs $U_G^{S,Lim}$ retratam situações já fora do regime BF no *riser*, em virtude dos baixos valores encontrados para a fração de líquido ϕ ($\phi < 0,5$), embora tenham sido geradas com a modelagem BF das Equações 15.44 a 15.47.

Como ocorreu nas Figuras 15.10, é visível que o aumento de P_S desloca as curvas limites $U_L^{S,Lim}$ vs $U_G^{S,Lim}$ para baixo, aumentando a extensão do domínio a salvo do SS (isto é, a região $U_L^S < U_L^{S,Lim}, U_G^S < U_G^{S,Lim}$).

A Figura 15.12 apresenta, em versão 3D, o mesmo conteúdo da Figura 15.11, acrescentando-se a fração de líquido (ϕ) no *riser* sobre o eixo z, de modo a permitir a verificação do regime BF no *riser* ($\phi \geq 0,7$). No entanto, também é visível que o traçado $U_L^{S,Lim}$ vs $U_G^{S,Lim}$, além do fim do regime BF no *riser*, não é capaz de afetar a análise de estabilidade, pois o regime BF colapsa pouco depois da curva BOE (Figura 15.11), que é uma das fronteiras além da qual SS não ocorre.

Por fim, a Figura 15.13 é instrutiva pois estabelece a concordância entre os limites de estabilidade de escoamento BF no *riser* e os limites de estabilidade de não ocorrência de *Blow-out* característico do SS. Isto é, a Figura 15.13 evidencia coerência ao retratar que as curvas de limite de estabilidade de fluxo encontram os limites de estabilidade de *Blow-out* para $\phi \cong 1$, que é justamente a condição utilizada na Equação 15.42.

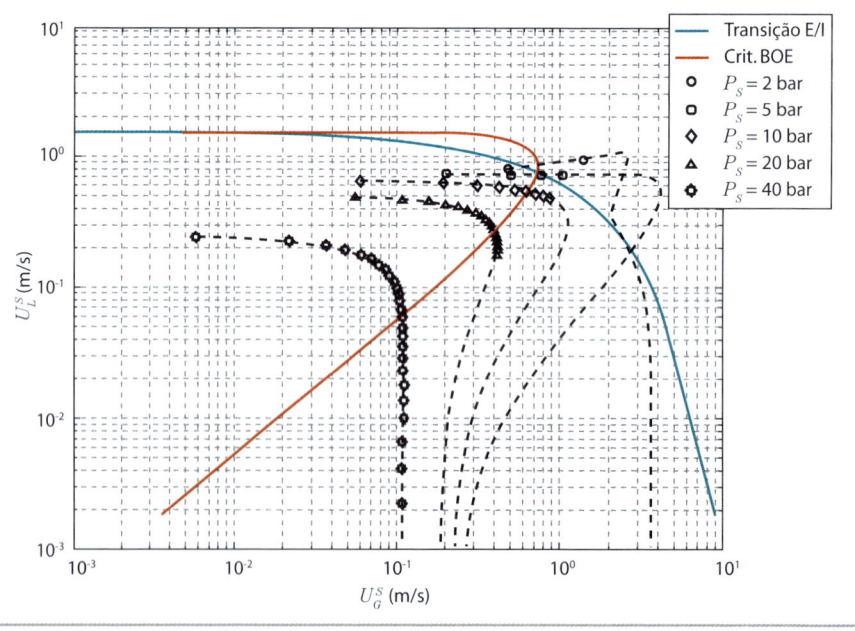

Figura 15.11 Limites de estabilidade de fluxo em *riser* para $P_S = 2, 5, 10, 20, 40$ bar

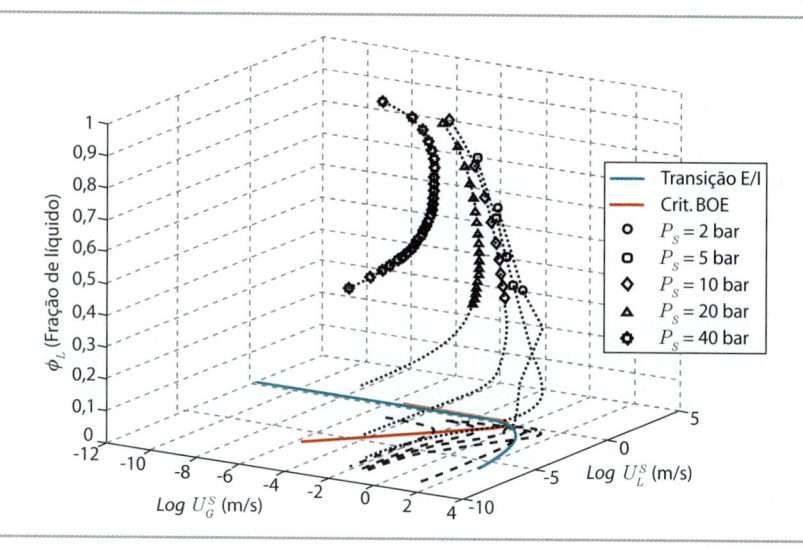

Figura 15.12 Limites de estabilidade de fluxo em *riser* para $P_S = 2, 5, 10, 20, 40$ bar eixo vertical com ϕ (fração de líquido no escoamento BF do *riser*)

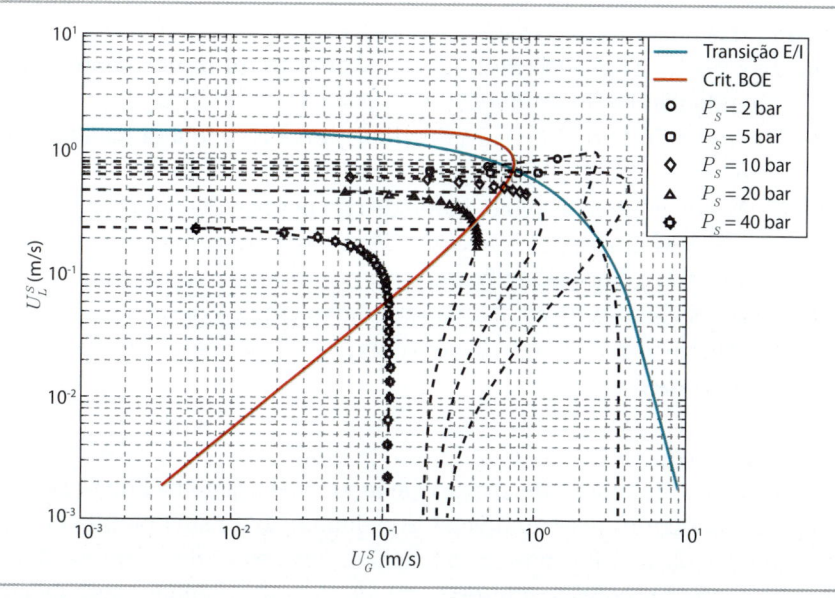

Figura 15.13 Concordância de limites de estabilidade de fluxo (Figura 15.11) com limites de estabilidade para não haver *Blow-out* (Figura 15.10) $P_S = 2, 5, 10, 20, 40$ bar

15.8 CONCLUSÕES

Foram demonstrados alguns recursos de modelagem de escoamento bifásico unidimensional úteis para a engenharia de sistemas de produção *offshore* de óleo e gás, dotados de uma linha de produção aproximadamente horizontal (ou levemente inclinada negativamente) que termina em um *riser*.

Inicialmente, apresentou-se uma discussão teórica acerca de escoamento estratificado (EE) em dutos inclinados. Em conexão com isto, evidenciou-se um objeto particularmente útil para análise de trechos EE, aqui referenciada como Equação Taitel-Dukler para EE. Mostrou-se como essa equação poderá ser resolvida para U_L^S a partir de $\tilde{h}$ e U_G^S, bem como, para U_G^S a partir de $\tilde{h}$ e U_L^S. Mostrou-se também como pode ser feita a redução dessa equação para casos de baixa velocidade superficial de gás ($U_G^S \cong 0$).

Em seguida, foram discutidos e modelados *objetos* para análise de escoamento de gás e líquido em linha de produção inclinada e terminando em um *riser*, visando a delimitar subdomínios no plano de velocidades superficiais de operação U_G^S *vs* U_L^S protegidos da ocorrência de *severe slugging* (SS), bem como capazes de desenvolver SS e seus fenômenos característicos de *Blow-out* de líquido e intermitência de fluxo.

Tais *objetos* correspondem a *loci* limites ou fronteiras – associados a propriedades da linha de produção, do *riser*, do *Top-Side Choke*, ou de todos conjuntamente – no exterior das quais SS não se manifesta, são eles:

[Obj1] Locus da Transição de Regimes Estratificado-Intermitente (TEI) envolvendo a linha de produção;

[Obj2] Locus Limite de Boe para SS (BOE) envolvendo a linha de produção e o *riser*;

[Obj3] Loci de limites de estabilidade de não ocorrência de *Blow-out vs* pressão justo a montante do *Top-Side Choke*, envolvendo a linha de produção, o *riser* e seu *Top-Side Choke*;

[Obj4] Loci de limites de estabilidade de fluxo em *risers vs* pressão justo a montante do *Top-Side Choke*, envolvendo a linha de produção, o *riser* e seu *Top-Side Choke*.

A delimitação precisa do subdomínio do plano U_G^S *vs* U_L^S capaz de desenvolver SS é importante como orientação de projeto, de modo que o sistema linha-*riser* seja especificado para não operar nessa condição. A delimitação do subdomínio de manifestação SS pode ser obtida, em boa aproximação, com os *objetos* apresentados neste trabalho. Para isto, procede-se à intersecção de todos os domínios apontados nos *loci* acima como permissíveis à manifestação de SS. Por exemplo:

☐ Para a TEI, a região permissível ao SS consiste no seu interior, já que, além da TEI, a linha de produção opera em *slug flow* (SF) ou em escoamento anular (EA), o que garante os mesmos regimes SF e EA no *riser*, inviabilizando SS.

☐ Para a BOE, a região permissível ao SS também consiste no seu interior, que corresponde ao domínio em que um selo líquido pode ser formado na base do *riser* bloqueando gás na linha de produção e levando aos ciclos de *Blow-out* de líquido típicos da SS.

☐ Para os limites de estabilidade de *Blow-out* a região permissível para SS consiste nos valores $U_L^S < U_L^{S,Lim}$, sendo $U_L^{S,Lim}$ função da pressão justo a montante do *Top-Side Choke*.

☐ Para os limites de estabilidade de fluxo no *riser*, a região permissível para SS consiste no domínio $U_L^S < U_L^{S,Lim}$ e $U_G^S < U_G^{S,Lim}$, sendo o *locus* $U_G^{S,Lim}$ *vs* $U_L^{S,Lim}$ função da pressão justo a montante do *Top-Side Choke*.

Todos os *loci* limites descritos acima foram discutidos, modelados e reproduzidos para as condições de exemplificação da Seção 15.4. Foram apresentados algoritmos simples e confiáveis para o traçado de todos estes *objetos*. Uma vez traçados tais *loci* no plano U_G^S *vs* U_L^S, pode-se verificar o grau de proteção de um ponto (U_G^S, U_L^S), candidato a operacional, com respeito à manifestação SS. Bastará locar este ponto sobre os diagramas como os das Figuras 15.10 ou 15.11, e verificar se ele pertence à região passível de manifestação SS.

Os recursos deste capítulo foram programados no Código Executável E2F_RISER para MS-WINDOWS XP, dotado de painel de controle autoexplicativo para construção dos objetos *Obj1*, *Obj2*, *Obj3* e *Obj4* acima, que está disponibilizado no CD.

EXERCÍCIO PROPOSTO

Considere um sistema de produção *offshore* com linha de produção (LP) e *riser* (R) ambos de 4" transportando óleo e gás natural. O sistema está sendo analisado com respeito ao risco de manifestar *severe slugging* (SS). O escoamento bifásico pode ser considerado em regime turbulento. Os dados do sistema seguem abaixo:

☐ Propriedades do gás: $\rho_G = 50$ kg/m³, $\nu_G = 10^{-6}$ m²/s.
☐ Propriedades do líquido: $\rho_G = 850$ kg/m³, $\nu_L = 10^{-5}$ m²/s.
☐ Geometria da LP: $D_{LP} = 4" \cong 0,1$ m, $L_{LP} = 2.000$ m, $\theta = 1°$ (com a horizontal).
☐ Geometria *riser*: $D_R = 4" \cong 0,1$ m, $L_R = 500$ m, $\theta = 90°$ (com a horizontal).
☐ Taxa de gás disponível: $U_G^S = 2$ m/s.
☐ Pressão do gás na LP: $P_G = 60$ bar.
☐ Aceleração da gravidade: $g = 10$ m/s.

Determine:

(i) A taxa de líquido U_L^S (isto é, a velocidade superficial de líquido) para que a Transição de Regimes de Escoamento Estratificado-Intermitente (TEI) seja atingida na LP.

(ii) A altura adimensional $(\tilde{h} = h/D)$ de líquido na LP na condição de (i) e a fração da seção de escoamento ocupada pelo gás $(\alpha(\tilde{h}))$.

(iii) Atingindo-se a TEI na LP, haverá risco de *severe slugging* (SS) em R? Justifique.

(iv) Um engenheiro afirma que é possível manter o mesmo tráfego de líquido do item (i) reduzindo-se, substancialmente a taxa de gás para $U_G^{S,SAFE} < 2$ m/s sem acarretar riscos de SS no sistema. Comente isto e obtenha $U_G^{S,SAFE}$ (inferior a 2 m/s) em caso de tal condição ser possível. Por que é interessante poder manter a taxa de líquido constante ao mesmo tempo em que se reduz a taxa de gás?

(v) Note que a Altura Adimensional de Líquido ($\tilde{h} = h/D$) na LP no caso (v) acima, deverá ser diferente daquela obtida nos itens (i) e (ii). Obtenha este novo valor de $\tilde{h}$ e a nova fração de área de gás $\alpha(\tilde{h})$.

Respostas

(i) $U_L^{S,TEI} = 0{,}1906$ m/s

(ii) $\tilde{h}^{TEI} = 0{,}2574$, $\alpha^{TEI} = 0{,}7965$, $\tilde{A}_G^{TEI} = 0{,}6256$, $\tilde{A}_L^{TEI} = 0{,}1598$

(iii) Não há risco de SS pois LP estará na iminência de EI garantindo EI não severo em R

(iv) $U_G^{S,SAFE}$ poderá ser o Limite de Boe no mesmo $U_L^{S,TEI} = 0{,}1906$ m/s; isto é, $U_G^{S,SAFE} = U_G^{S,BOE} = 0{,}414$ m/s

(v) $\tilde{h}^{SAFE} = 0{,}284$, $\alpha^{SAFE} = 0{,}7662$, $\tilde{A}_G^{SAFE} = 0{,}602$, $\tilde{A}_L^{SAFE} = 0{,}183$

Referências

AAMO, O. M. et al. Observer Design for Multiphase Flow in Vertical Pipes with Gas-Lift – Theory and Experiments. **J. Process Control**, 247-257, 2005.

ARAÚJO, O. Q. F. de Medeiros, J. L. **Relatório 1: modelo básico** *gas-lift* – projeto modelagem dinâmica de *gas-lift* em poços de petróleo, Contrato Petrobras 0050.0018933.06-2, FUJB 12.421-4, ago. 2006.

ARAÚJO, O. Q. F.; DE MEDEIROS, J. L. **Relatório 2: modelagem de separadores com controle adaptativo** – projeto modelagem dinâmica de *gas-lift* em poços de petróleo, Contrato Petrobras 0050.0018933.06-2, FUJB 12.421-4, jan. 2007.

ARAÚJO, O. Q. F.; DE MEDEIROS, J. L.; NUNES, G. C. Modeling and control solutions for riser slugging in offshore oil field. **Proceedings of European Congress of Chemical Engineering (ECCE-6)**, Copenhagen, set. 2007.

ASTRÖM, K. J. **Control System Design**, 2002.

ASTRÖM, K. J.; HÄGGLUND, T. Revisiting the Ziegler-Nichols step response method for PID control. **Journal of Process Control** 14, 635-650, 2004.

BAUMANN, H. D. **Control valve primer:** a user's guide, instrument society of America. 3. ed. 1998.

BISHOP, T.; et al. Ease control valve selection. Disponível em: http://www.cepmagazine.org>. Acesso em: nov. 2002.

CAMPO, P. J.; MORARI, M. Model predictive optimal averaging level control. **AIChE Journal**, 35(4):579-591, 1989.

CHEN, D.; SEBORG, D. E. IMC-PID Controller design for improved disturbance rejection of time-delayed processes. **Ind. Eng. Chem. Res.,** 46, 2077-2091, 2007.

CHISHOLM, D. **Two-phase flow in pipelines and heat exchangers**. London: Longman Group Limited, 1983.

CHEUNG, T. F.; LUYBEN, W. L. Nonlinear and nonconventional liquid level controllers. **Ind. Eng. Chem. Fundam.**, 19, 93-98, 1980.

CHURCHILL, S. Friction-factor equation spans all fluid-flow regimes. **Chemical Engineering** 11, 91-92, 1977.

COOPER, D. J. Practical process control. Disponível em: <http://www.controlstation.com>. Acesso em: 2004.

CORRÊA JUNIOR, C. A. **Desenvolvimento de modelo computacional de previsão de quebra de gotas em simulador de separação de óleo e água em um hidrociclone.** Programa de Pós-Graduação em Modelagem Computacional do Instituto Politécnico da Universidade do Estado do Rio de Janeiro, mar. 2008.

COSTA, A. L. H., de Medeiros, J. L. ARAÚJO, O. Q. F. A time series approach for pipe network simulation. **Proceedings of IPC-2002 International Pipeline Conference.** Calgary, Canada, Paper IPC02-27145, 2002.

COUGHANOWR, D. R. **Process systems analysis and control.** 2. ed. New York: Mc-Graw-Hill, 1991.

DITRIA, J. C.; HOYACK, M. E. **The separation of solids and liquids with hydrocyclone based technology for water treatment and crude processing,** SPE Asia Pacific Oil & Gas Conference, SPE 28815, Melbourne, Australia, 7-10 nov. 1994.

FAANES, A.; SKOGESTAD, S. Buffer tank design for acceptable control performance. **End. Eng. Chem. Res.**, v. 42, 2198-2208, 2003.

FINBORUD, A.; FAUCHER, M.; SELLMAN, E. New method for improving oil droplet growth for separation enhancement. SPE 56643. **SPE Annual Technical Conference and Exhibition held in Houston**, Texas, 3-6, out. 1999.

GODHAVN, J. M.; FARD, M. P.; FUCHS, P. H. New slug control strategies, tuning rules and experimental results. **Journal of Process Control**, 15, 547-557, 2005.

HAVRE, K. Active feedback control as the solution to sever slug. SPE7150. 2001 **SPE Annual Technical Conference and Exhibition.** New Orleans: Louisiana, EUA, 2001.

HOAGLAND, M.; DODSON, B. **Way life works:** the science lover´s illustrated guide to how life grows, develops, reproduces and gets along. Three Rivers Press, 1998.

HORTON, E. C.; FOLEY, M. W.; KWOK, K. E. Performance assessment of level controllers. **Int. J. Adapt. Control Signal Process**, 17, 663-684, 2003.

JIANG, M.; ZHAO, L. Effects of geometric and operating parameters on pressure drop and oil-water separation performance for hydrocyclones. *Proceedings of The Twelfth International Offshore and Polar Engineering Conference.* Japan: Kitakyushu, maio 26-31, 2002.

LUYBEN, W. L. **Essentials of process control.** New York: McGraw-Hill, 1997.

MARLIN, T. E. **Process control.** 2. ed. New York: McGraw-Hill, 2000.

McDONALD, K.; McAVOY, T.; TITS, A. Optimal averaging level control. **AIChE Journal**, 32(1): 75-86, 1986.

MIRANDA DE SOUZA, J. N.; DE MEDEIROS, J. L.; COSTA, A. L. H. A two-phase transient flow model for undersea risers of oil and gas production. **Proceedings of the 4th Mercosur Congress on Process Systems Engineering** – ENPROMER-2005, Rio de Janeiro, set. 2005.

MIRANDA DE SOUZA, J. N.; DE MEDEIROS, J. L. **Relatório 2** – projeto modelagem e simulação de escoamento multifásico em dutos de produção de óleo e gás natural – Petrobras 0050.0031092.072, FUJB 13494-5, fev. 2008.

MORAES, C. A. C. **Modelo fluidodinâmico para estimativa de eficiência em hidrociclone para águas oleosas.** Tese de Mestrado, Rio de Janeiro: UFRJ/COPPE, 1994.

NUNES, G. C. **Modelagem e simulação dinâmica de separador trifásico água-óleo-gás.** Tese de Mestrado. Rio de Janeiro: UFRJ/COPPE, 1994.

NUNES, G. C. **Análise da estrutura de controle da plataforma de PNA-1.** Comunicação Técnica SUPEN/DIPREX/SEDEM-021/97, maio 1997.

NUNES, G. C. **Design and analysis of multivariable predictive control applied to an oil water-gas separator**. Ph. D. Thesis, University of Florida, Florida, Gainesville, USA, 2001.

NUNES, G. C. Controle por bandas: conceitos básicos e aplicação no amortecimento de oscilações de carga em unidades de produção de petróleo. **Bol. Téc. PETROBRAS**, v. 47 (2/4), 151-165, Rio de Janeiro, abr./dez. 2004.

NUNES, G. C. Controle por bandas para processamento primário: conceitos básicos no amortecimento de oscilações de carga de unidades de produção de petróleo. **Boletim Técnico Petrobras**, 41(2/4) abr-dez. 2004.

NUNES, G. C. **Controle por bandas para processamento primário: aplicação e conceitos fundamentais**, Comunicação Técnica CENPES/PDP/TE-022, abr. 2004.

NUNES, G. C. et al. Band control: concepts and application in dampening oscillations of feed of petroleum production units. **16th IFAC World Congress**, Prague, Check Republic, jul. 2005.

NUNES, G. C. Process control in E&P: Recent developments and trends. 2nd Mercosur Congress on Chemical Engineering, **4th Mercosur Congress on Process Systems Engineering**. Rio de Janeiro, 2005.

NUNES, G. C.; LIMA, E. L. **Relatório Parcial da Avaliação de Diferentes Estratégias de Controle para Hidrociclones para Altos Teores de Óleo**. Relatório Técnico CENPES/PDP/RT/ TPAP n. 015/2006, maio 2006.

NUNES, G. C. et al. A practical strategy for controlling flow oscillations in surge tanks. Latin American **Applied Research**, 37, 195-200, 2007.

RIVERA, D. E.; MORARI, M.; SKOGESTAD, S. Internal model control. 4. PID controller design. **Ind. Eng. Chem. Process Des., Dev.**, 25, 252-265, 1986.

PINTO, D. D. et al Slug control structures for mitigation of disturbances to offshore units. PSE 2009 – **10th International Symposium on Process Systems Engineering**. Salvador, 2009.

SEBORG, D. E.; EDGAR, T. F.; MELLICHAMP, D. A. **Process dynamics and control**. 2. ed. New York: John Wiley, 2003.

SHAMSUZZOHA, M.; LEE, M. IMC-PID Controller design for improved disturbance rejection of time-delayed processes. **Ind. Eng. Chem. Res.**, 46, 2077-2091, 2007.

SCHMIDT, Z.; BRILL, J. P.; BEGGS, H. D. Experimental study of severe slugging in a two-phase flow pipeline-riser pipe system. **Society of Petroleum Engineers J.**, (SPEJ), out. 1980, p. 407-414.

SHINSKEY, F. G. **Process control systems**. 4. ed. New York: McGraw-Hill, 1996.

SHINSKEY, F. G. Special rules for tuning level controllers. Disponível em: <http://www.controlglobal.com/articles/2005/382.html>. Acesso em: 2009.

SHRIDHAR, R.; E COOPER, D. J. A Tuning strategy for unconstrained SISO model predictive control, **Industrial Engineering Chemical Research**, 1977.

SHUNTA, J. P., FERHERVARI, Nonlinear control of liquid level. **Instru. Technol.**, 23, 43-48, 1976.

SKOGESTAD, S.; POSTLETHWAITE, I. **Multivariable feedback control**. New York: Wiley, 1996.

SKOGESTAD, S. Simple analytic rules for model reduction and PID controller design. **Journal of Process Control**, v. 13, 291-309, 2003.

SMITH, C. A.; CORRIPIO, A. B. **Principles and practice of automatic process Control**. New York: John Wiley & Sons, 1985.

STEPHANOPOLOUS, G. **Chemical process control**. Englewood Cliffs: Prentice Hall, 1984.

STORKAAS, E.; SKOGESTAD, S. Cascade control of unstable systems with application to stabilization of slug flow, cascade control of unstable systems with application to stabilization of slug flow, **IFAC Symposium ADCHEM**, 2003.

SHUNTA, J. P.; FERHERVARI, W. Nonlinear control of liquid level. **Instrum. Technol.**, 23, 43-48, 1976.

TAITEL, Y.; DUKLER, A. E. A Model for predicting flow regime transitions in horizontal and near horizontal gas-liquid flow. **AIChE Journal**, n. 1, 47-55, 22, 1976.

TAITEL, Y. Stability of severe slugging. int. **J. of Multiphase Flow**, n. 2, 203-217, 12, 1986.

VILAGINES, R.; HALLM, A. R. W. Comparative behaviour of multiphase flowmeter test facilities. **Oil & Gas Science and Technology. Rev. IFP**, v. 58, n. 6, p. 647-657, 2003.

1 Relações Geométricas de Vasos Horizontais

A1.1 ALTURA X VOLUME

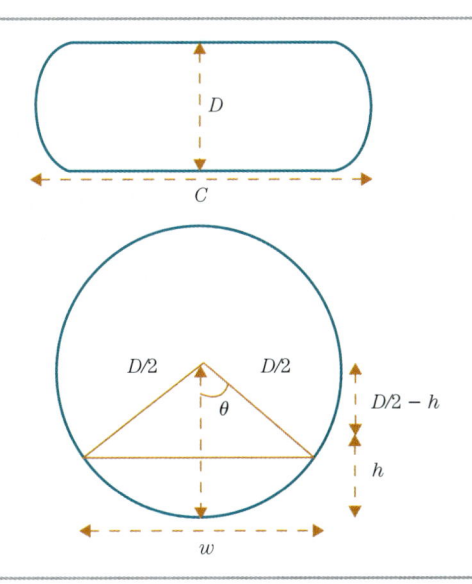

Considere o triângulo retângulo descrito.

$$\cos\theta = \frac{D-2h}{D} \;\rightarrow\; \theta = arccos\left(\frac{D-2h}{D}\right)$$

$$sen\theta = \frac{w}{D} \;\rightarrow\; \theta = arcsen\frac{w}{D}$$

Aplicando regra de Pitágoras temos:

$$\left(\frac{D}{2}-h\right)^{2}+\left(\frac{w}{2}\right)^{2}=\left(\frac{D}{2}\right)^{2} \;\rightarrow\; \frac{D^{2}}{4}-\frac{2D}{2}h+h^{2}+\frac{w^{2}}{4}=\frac{D^{2}}{4} \;\rightarrow\; \frac{w^{2}}{4}=hD-h^{2}$$

$$w = 2 \cdot \sqrt{(D-h)h} \tag{A1.1}$$

$$sen\theta = \frac{2\sqrt{(D-h)h}}{D}$$

$$Area = \frac{2\theta}{2\pi} \cdot \frac{\pi D^2}{4} - \left(\frac{D}{2} sen\theta\right)\left(\frac{D}{2} - h\right)$$

$$Area = \frac{\theta\,D^2}{4} - \left(\frac{D}{2} sen\theta\right)\left(\frac{D}{2} cos\theta\right)$$

$$Area = \frac{\theta\,D^2}{4} - \frac{D^2}{4} sen\theta\,cos\theta$$

$$Area = \frac{D^2}{4} \cdot [\theta - sen\theta\,cos\theta]$$

$$V = C \cdot Area \tag{A1.2}$$

ou

$$V = \frac{CD^2}{4}\left[arccos\left(\frac{D-2h}{D}\right) - \left(2\frac{\sqrt{(D-h)h}}{D}\right)\left(\frac{D-2h}{D}\right)\right] \tag{A1.3}$$

A1.2 DETERMINAÇÃO DA DERIVADA DO VOLUME COM O TEMPO

$$\frac{dVol}{dt} = \frac{CD^2}{4}\left\{\frac{d\theta}{dt} - cos^2\theta\frac{d\theta}{dt} + sen^2\theta\frac{d\theta}{dt}\right\} = \frac{CD^2}{4}\left\{\frac{d\theta}{dt}\left[(1-cos^2\theta) + sen^2\theta\right]\right\}$$

$$\frac{dVol}{dt} = \frac{CD^2}{4}\left\{\frac{d\theta}{dt}\left[(1-cos^2\theta) + sen^2\theta\right]\right\} = \frac{CD^2}{4}\left[2sen\theta^2\right]\frac{d\theta}{dt}$$

$$\frac{dVol}{dt} = \frac{CD^2}{2} sen^2\theta\frac{d\theta}{dt} = \frac{CD^2}{2}\frac{w^2}{D^2}\frac{d\theta}{dt} = 2C(D-h)h\frac{d\theta}{dt}$$

$$\frac{d\theta}{dt} = \frac{d}{dt} arcsen\left(\frac{2\sqrt{(D-h)h}}{D}\right) \qquad \text{Obs: } \frac{d}{dt} arcsen\,u\frac{1}{\sqrt{1-u^2}}\frac{du}{dt}$$

$$\frac{d\theta}{dt} = \frac{(D-2h)\big/\left(D\sqrt{(D-h)h}\right)}{\sqrt{1 - \dfrac{4(D-h)h}{D^2}}}\frac{dh}{dt} = \frac{1}{\sqrt{(D-h)h}}\frac{dh}{dt}$$

$$\frac{dVol}{dt} = 2C\sqrt{(D-h)h}\frac{dh}{dt} \tag{A1.4}$$

Linearizando tem-se:

$$\frac{dVlinear}{dt} = CD\frac{dh}{dt}$$

2 Válvulas de Controle

Válvulas de controle são usadas para controlar uma variável de processo. Devem ser operadas remota e automaticamente, requerendo atuadores, que podem ser de diafragma (pneumáticos), pistão, hidráulicos ou eletrohidráulicos. A Figura A2.1 apresenta um desenho esquemático de uma válvula de controle com atuador pneumático, que opera com a combinação da força exercida pelo ar suprido e pela mola, transmitida à haste e modificando, assim, a abertura da válvula.

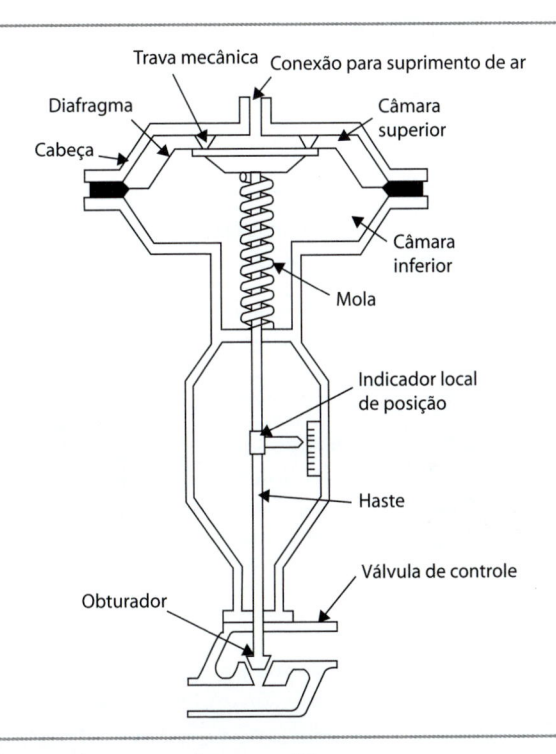

Figura A2.1 Válvula de controle com atuador pneumático

O corpo se une ao atuador pelo Castelo da válvula, que serve como guia para a haste do obturador. Um diafragma de borracha separa os dois compartimentos da *housing*: na câmara superior o ar é suprido. A posição da válvula é controlada pela variação da pressão do ar suprido à câmara superior. Sem ar, a mola força o diafragma para cima contra a trava mecânica, mantendo a válvula totalmente aberta. À medida que a pressão é aumentada, a força no topo do diafragma supera a força oposta da mola, forçando o diafragma para baixo, fechando a válvula. A válvula correspondente a esta descrição é dita AR PARA FECHAR ou FALHA ABERTA. Mediante um arranjo oposto, tem-se uma válvula AR PARA ABRIR ou FALHA FECHADA. A Figura A2.2 apresenta válvula globo com arranjo ar para abrir. Na Figura A2.3, atuadores ar para abrir e ar para fechar são apresentados. Deve-se destacar que existe a opção de FALHA NA ÚLTIMA POSIÇÃO DE OPERAÇÃO e que as válvulas de controle quando totalmente fechadas ainda permitem a passagem de fluido de processo, definida como vazão de vazamento da válvula.

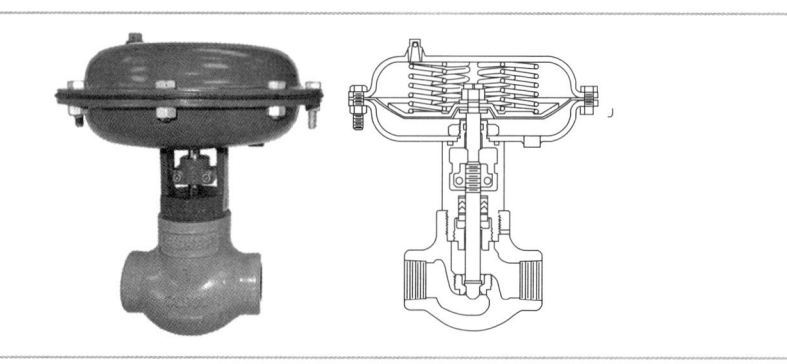

Fonte: http://www.documentation.emersonprocess.com/groups/public/documents/bulletins/d102816x012.pdf

Figura A2.2   Válvula de controle globo. No esquema a direita, observa-se a montagem ar para abrir

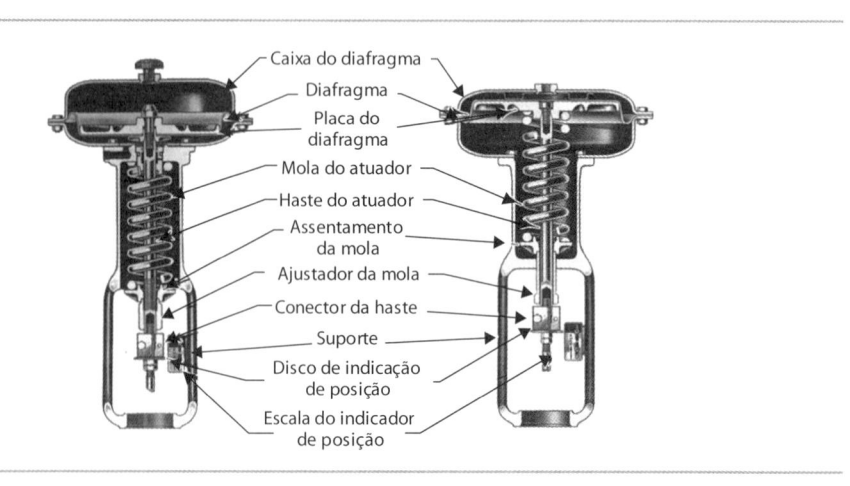

Fonte: http://www.directcontrols.com/~/media/Library/Valves-Regulators-and-Accessories/Fisher-Controls/Control-Valves-and-Actuators/Bulletin/Fisher_657_and_667_Diaphragm_Actuator_Bulletin_August_2009.ashx

Figura A2.3   Atuadores de diafragma: ar para abrir (ação direta, Mod. 667) e ar para fechar (ação reversa, Mod. 657)

O corpo de uma válvula é esquematizado na Figura A2.4. A representação em diagrama de blocos, se o controlador for pneumático, é mostrada na Figura A2.5.

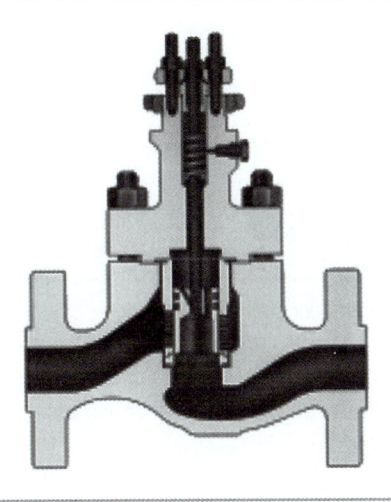

Fonte: http://euedocs.emersonprocess.co.uk/groups/public/documents/markcom/brh_highpressurecontrolvalve_g.pdf

Figura A2.4 Corpo de válvula de controle

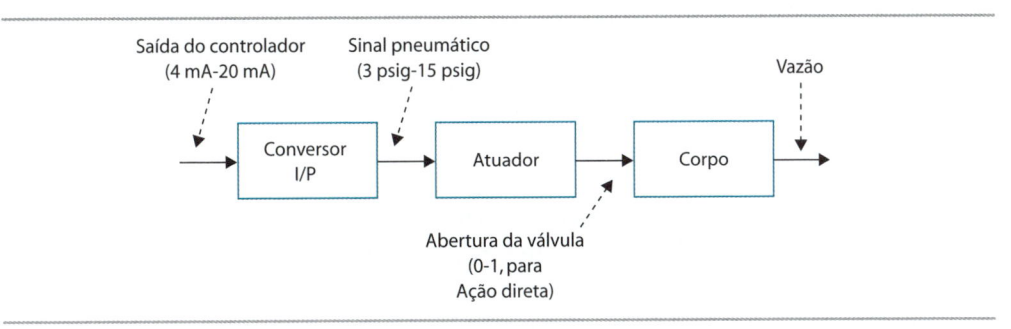

Figura A2.5 Diagrama de blocos de conversor I/P e válvula de controle com atuador

Algumas válvulas utilizam posicionadores (controladores da posição da haste). Se a posição da haste não coincidir com a saída do controlador, o posicionador adiciona ou remove ar da câmara até atingir a posição desejada. O diagrama de blocos de um posicionador de atuador é apresentado na Figura A2.6, onde P é a saída do controlador analógico convertida para sinal pneumático, e x_v é a fração de abertura da válvula. É também comum o uso de porcentagem de abertura em vez de fração de abertura, adotada neste texto.

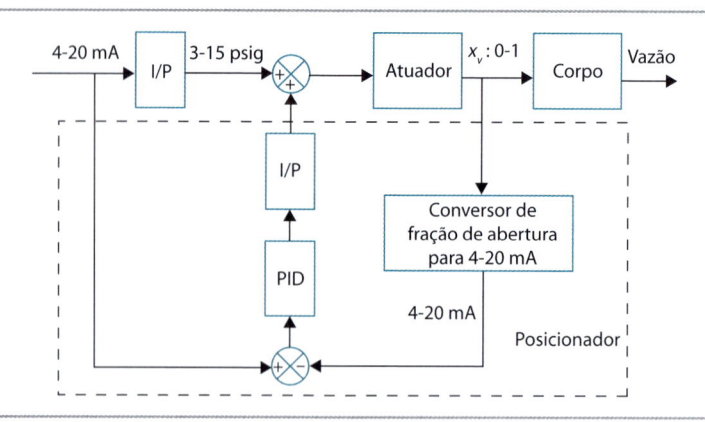

Figura A2.6 Diagrama de blocos de atuador com posicionador

Este esquema é recomendado para compensar efeitos de tempo morto (atuadores grandes), fricção (quando o fluido de operação é muito viscoso), mudanças de pressão na linha e agarramento em válvulas.

A2.1 TIPOS DE VÁLVULAS DE CONTROLE

Válvulas rotativas

São válvulas com um eixo que permite ao obturador mover-se em ângulo, alterando a vazão controlada. Como exemplos, podem ser citadas válvulas tipo esfera, borboleta e de obturador excêntrico. É uma solução econômica, encontrando aplicação em fluidos sujos, com sólidos em suspensão. Apresentam, contudo, restrições a altas perdas de carga e poucas opções de características de vazão.

Válvulas de deslocamento linear

Dispõem de haste do obturador, que desliza na área de vedação do fluxo, controlando a vazão pela abertura ou fechamento da passagem do fluido pela sede da válvula. Exemplos: válvulas tipo globo, gaveta, faca, diafragma.

A válvula globo é o tipo mais utilizado (por exemplo, água, vapor, hidrocarbonetos). De construção robusta, suporta pressão e temperatura altas.

A2.2 VAZÃO DE ESCOAMENTO

A vazão de escoamento através de uma válvula de controle depende das características de construção da válvula e da geometria do obturador/sede. Para líquidos, a vazão de fluido (em galões por minuto, GPM) pela válvula é dada pela relação:

$$F = c_v f\left(x_v\right)\sqrt{\frac{\Delta P}{\rho_f}} \tag{A2.1}$$

onde:

c_v é o coeficiente de vazão da válvula, que define sua capacidade de vazão, e corresponde ao número de GPM que flui por uma válvula quando 100% aberta, a 60 °F, para um ΔP de 1 psi;

$f(x_v)$ é a curva característica de vazão para a válvula, que depende do conjunto obturador/sede;

x_v é a fração de abertura da válvula;

ΔP é a queda de pressão através da válvula (psi); e

ρ_f é a densidade relativa do fluido de processo (densidade do fluido dividida pela densidade da água).

Para gases, a vazão é dada por:

$$F = c_v f\left(x_v\right)\sqrt{\frac{P_1 \Delta P}{\rho_f T_f}} \tag{A2.2}$$

onde:

T_f é a temperatura do fluido em escoamento; e

P_1 é a pressão a montante da válvula.

A2.2.1 Característica inerente

A relação entre o percentual do curso do obturador e o percentual de abertura da válvula é conhecida como "característica da válvula". A Característica Inerente $f(x_v)$ de uma válvula de controle define como a vazão varia em função da fração de abertura da válvula, definido pela geometria obturador/sede. O coeficiente da válvula, c_v, é uma característica de construção, e portanto, constante.

Uma igual porcentagem de acréscimo na vazão para cada mudança percentual na abertura da válvula é conhecido como "característica de igual porcentagem", e é muito utilizada para controle.

Nas aplicações industriais, destacam-se:

Raiz quadrada (não é usada em processamento *offshore*):

$$f\left(x_v\right) = \sqrt{x_v} \tag{A2.3}$$

Linear (apropriada para aplicações onde o ΔP através da válvula é praticamente constante):

$$f\left(x_v\right) = x_v \tag{A2.4}$$

Igual porcentagem (indicada quando o ΔP através da válvula decresce com a abertura, tendendo ao comportamento linear quando instalada):

$$f\left(x_v\right) = R^{\left(x_v - 1\right)} \tag{A2.5}$$

Hiperbólica (não é comum em processamento *offshore*):

$$f\left(x_v\right) = \frac{1}{R - (R - 1)x_v} \tag{A2.6}$$

Abertura rápida:

$$f\left(x_v\right) = exp\left(x_v\right)$$

(A2.7)

Nas Equações A2.5 e A.2.6, R é a "rangeabilidade" da válvula, ou seja, a relação entre a vazão máxima e a vazão mínima.

O código MATLAB a seguir permite desenhar as curvas características.

```
x=linspace(0,1,100);
R1=20;
R2=50;
f1=sqrt(x);
f2=x;
f3a=R1. ^ (x-1);
f3b=R2. ^ (x-1);
f4a=1./(R1-(R1-1)*x);
f4b=1./(R2-(R2-1)*x);
h=plot(x,f1,'-mo',x,f2,'-gs',x,f3a,'-k ^ ',x,f3b,'-rp',x,f4a,'-c*',x,f4b,'-b<');
set(h,'LineWidth',2)
legend({'Raiz Quad.','Linear','= %, R=20','= %, R=50', 'Hiperb, R=20','Hiperb, R=50'});
xlabel('Fração de Abertura');
ylabel('f(x_V)')
```

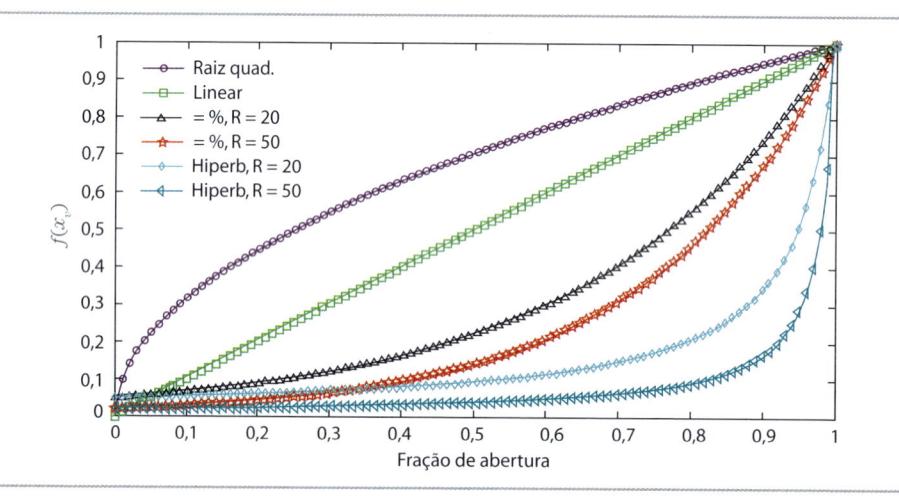

A2.2.2 Característica instalada

Na prática, as condições de operação do processo (pressão, temperatura) influenciam as características de vazão, e devem ser consideradas na seleção da Característica Inerente a ser empregada. A mudança na vazão ocasiona variação na queda de pressão através da válvula. Dessa forma, quando instalada, a válvula apresenta característica diferente da inerente, ou seja, a característica instalada da válvula. Para ilustrar esse comportamento, utiliza-se neste texto uma válvula linear $\left(f\left(x_v\right) = x_v\right)$:

A vazão em dutos é proporcional à raiz quadrada da queda de pressão. Assim

$$\Delta P_v = \Delta P_{v,max} - kF^2 \tag{A2.8}$$

$$\Delta P_{v,min} = \Delta P_{v,max} - kF_{max}^2 \tag{A2.9}$$

Das Equações A2.8 e A2.9, tem-se:

$$\frac{F^2}{F_{max}^2} = \frac{\Delta P_{v,max} - \Delta P_v}{\Delta P_{v,max} - \Delta P_{v,min}} = f_i^2 \tag{A2.10}$$

Utilizando-se a Equação A2.1, obtém-se a vazão máxima pela válvula para abertura total:

$$F_{max} = c_v \sqrt{\frac{\Delta P_{min}}{\rho_f}} \tag{A2.11}$$

Combinando-se as Equações A2.10 e A2.11 é possível calcular a característica instalada da válvula:

$$f_i\left(x_v\right) = \frac{1}{\sqrt{1 + \left(\dfrac{1}{x_v^2} - 1\right)\dfrac{\Delta P_{v,min}}{\Delta P_{v,max}}}} \tag{A2.12}$$

O código MATLAB a seguir ilustra a característica instalada da válvula linear para aplicações com diferentes situações de perda de carga através da válvula.

```
DPmin_DPmax=[0.2 0.4 0.6 0.8 1.0];
x=linspace(0.001,1,100);
simbolo=['-mo';'-gs';'-k^';'-rp';'-c*'];
for i=1:length(DPmin_DPmax)
    f=1./sqrt(1+(1./x.^2 -1).*DPmin_DPmax(i));
    h=plot(x,f,simbolo(i,:));hold on
    set(h,'LineWidth', 2)
    TEXTO{i}=['DP_M_I_N / DP_M_A_X = ' num2str(DPmin_DPmax(i))];
end
legend(TEXTO)
xlabel('Fração de Abertura da Válvula – x_V')
ylabel('Capacidade Instalada – f_I(x_V)')
```

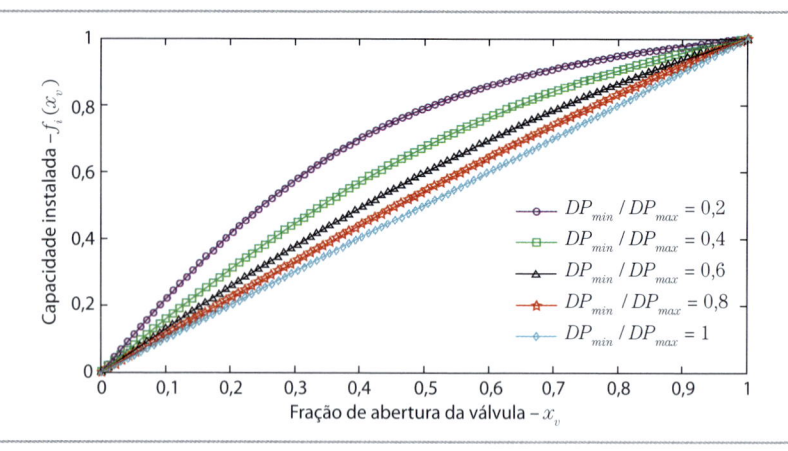

Nota-se, na Figura, que se $\Delta P_{v,min} = \Delta P_{v,max}$, $f_i(x_v) = x_v = f(x_v)$. Importante notar também que, à medida que $\dfrac{\Delta P_{v,min}}{\Delta P_{v,max}}$ diminui, a válvula de característica inerente linear torna-se uma válvula de característica instalada de abertura rápida. Pode-se mostrar, também, que, para queda de pressão através da válvula variável, uma válvula de igual porcentagem (característica inerente) tende a uma válvula linear (característica instalada).

A2.3 SELEÇÃO E DIMENSIONAMENTO DE VÁLVULAS DE CONTROLE

A seleção do tipo de característica de escoamento segue algumas recomendações de Bishop et al. (2002):

a) Igual Percentagem: quando a maior fração da queda de pressão no sistema não ocorrer na válvula. Recomendada para malhas de temperatura e pressão.

b) Linear: quando a maior fração da perda de carga do sistema ocorrer na válvula, e esta se mantiver razoavelmente constante. Recomendada para aplicações de líquido e vazão.

Sugere-se para dimensionamento da válvula:

1) determinar o ΔP sobre a válvula na vazão mínima (BAUMANN, 1998);

2) determinar o ΔP sobre a válvula na vazão máxima (BAUMANN, 1998);

3) determinar a relação entre o ΔP na vazão mínima e o ΔP na vazão máxima. Se a relação for menor que 2:1, usar característica linear. Se a relação for maior que 2:1, usar característica igual porcentagem (BAUMANN, 1998);

4) o ΔP alocado na válvula de controle deve ser igual a 33% da perda de carga do sistema na vazão de projeto, respeitando-se um mínimo de ou 15 psi na válvula (BISHOP et al., 2002);

5) o ΔP alocado em válvula nas linhas de sucção ou descarga de um compressor centrífugo deve ser 5% da pressão de sucção absoluta, ou 50% da perda de carga dinâmica do sistema, adotando-se o maior valor (BISHOP et al., 2002);

6) em um sistema onde a pressão estática move o líquido de um vaso para outro, a pressão alocada na válvula de controle deve ser de 10% do vaso de menor

pressão ou 50% das perdas dinâmicas do sistema, adotando-se o maior valor (BISHOP et al., 2002);

7) o ΔP em linhas de vapor para turbinas, refervedores e vasos de processo deve ser de 10% da pressão absoluta de projeto do sistema, ou 5 psi, adotando-se o maior valor (BISHOP et al., 2002);

8) o ganho de uma válvula de controle não deve ser menor do que 0,5 (BISHOP et al., 2002);

9) evitar usar os 10% inferiores e os 20% superiores da abertura de válvulas. O melhor desempenho de controle das válvulas ocorre entre 10% e 80% de abertura (BISHOP et al., 2002);

10) geralmente, o diâmetro do corpo das válvulas de controle deve se um diâmetro menor do que o tamanho da linha. Limitado a 50% do diâmetro da tubulação (BISHOP et al., 2002).

A2.4 DINÂMICA DE VÁLVULAS DE CONTROLE

As válvulas de controle podem ser representadas por dinâmica de primeira ordem, com constantes de tempo variando de acordo com o tamanho, conforme valores ilustrados na Tabela A2.1

Tabela A2.1 Dinâmica de válvulas de controle

Tamanho da válvula (in)	$\theta(s)$	$\tau(s)$	$t_{98}(s)$
0-2	0,1	0,3	0,7
>2-6	0,2	0,6	1,4
>6-12	**0,4**	**1,2**	**2,8**
>12-20	0,6	1,8	4,2
>20+	0,8	2,4	5,6

3 Seleção de Códigos MATLAB

Com o objetivo de ilustrar o uso da ferramenta MATLAB para análise, projeto e simulação de sistemas dinâmicos, neste APÊNDICE são listados códigos desenvolvidos para exposição do material tratado em vários capítulos desta obra.

Para o leitor menos familiarizado com a ferramenta MATLAB e a sua extensão SIMULINK, o livro oferece dois APÊNDICES com material introdutório: APÊNDICE 4 – INTRODUÇÃO AO MATLAB e APÊNDICE 5 – INTRODUÇÃO AO SIMULINK. No APÊNDICE 6 – TOOLBOX DE CONTROLE, o leitor encontrará um tutorial de como explorar os recursos deste toolbox na análise de sistemas de controle.

A3.1 CÓDIGOS DO CAPÍTULO 2

A3.1.1 Figura 2.6

```
x=linspace(0,10,100) ; % Gera 100 pontos entre 0 e 10
g  = x.^3;
g1 = 216+3*6^2*(x–6);
plot(x,g,'b',x,g1,'g--') % Calcula as funções g e g1
xlabel ('x')
ylabel ('g(x)')
```

A3.1.2 Exemplo 2.2: Linearização da equação do volume – Figura 2.8

```
C = 3;
D = 2;
hsobreD=0:0.01:1
hsd0=0.5;
V0=C*D^2./4*(acos(1–2*hsd0)– ...
  2*(1–2.*hsd0).*sqrt((1–hsd0).*hsd0));
Vnlinear=C*D^2./4*(acos(1–2*hsobreD)– ...
        2*(1–2.*hsobreD).*sqrt((1–hsobreD).*hsobreD));
Vlinear=V0+2*C*D^2*sqrt((1–hsd0).*hsd0)*(hsobreD–hsd0);
plotyy(hsobreD,Vnlinear,hsobreD,Vlinear–Vnlinear)
hold on
[AX,H1,H2]=plotyy(hsobreD,Vlinear,hsobreD,Vlinear–Vnlinear)
```

```
set(get(AX(1),'Xlabel'),'String','h/D')
set(get(AX(1),'Ylabel'),'String','V–V_0 (m^3)')
set(get(AX(2),'Ylabel'),'String',...
    'Erro = V_L_i_n_e_a_r – V_N_ã_o_-_L_i_n_e_a_r')
set(H1,'LineStyle','--')
set(H2,'LineStyle',':')
legend({'Não-Linear';'Linear'})
```

A3.3 CÓDIGOS DO CAPÍTULO 3

A3.3.1 Figura 3.1

```
y=linspace(–0.5,1.5,100);
plot(y,derivy(t,y))
function dy = derivy(t,y)
dy=y.*(1–y);
```

A3.3.2 Figura 3.2

```
%ponto inicial x0
x0=linspace(–0.5,1.5,6);
cor=['b';'m';'g';'y';'r';'k'];
tspan=[0 5];
figure(1), hold on
for i=1:length(x0)
    [t,y]=ode45('derivy',tspan',x0(i));
    plot(t,y,cor(i)),plot(t(1),y(1),[cor(i) 'o']);
    pause
end
[t,y]=ode45('derivy',tspan',1);
plot(t,y,cor(i)),plot(t(1),y(1),'k--');
[t,y]=ode45('derivy',tspan',0);
plot(t,y,cor(i)),plot(t(1),y(1),'k--');
axis([0 1 –2 2])
```

A3.3.3 Figuras 3.3 e 3.4

```
y=linspace(–1,7,100);t=[];
figure(1)
plot(y,derivy2(t,y))
%ponto inicial x0
x0=linspace(–1,7,6);
cor=['b';'m';'g';'y';'r';'k'];
tspan=[0 5];
figure(2), hold on
for i=1:length(x0)
    [t,y]=ode45('derivy2',tspan',x0(i));
    plot(t,y,cor(i)),plot(t(1),y(1),[cor(i) 'o']);
end
axis([0 1 –2 7])

function dy = derivy2(t,y)
dy=0.2*y.*(5–y).*(y–2);
```

A3.3.4 Figura 3.5

```
%Plano de Fase
tspan=[0 5]; cor=['b';'m';'g';'y';'r';'k'];
hold on
y10=[0.1 0.3 0.4 0.6 1 1.5]; y20=[0 0.8 1.0 1.5 2 2.5];
for i=1:length(y10)
   for j=1:length(y20)
   [t,y]=ode45('derivy3',tspan',[y10(i) y20(j)]);
   plot(y(:,1),y(:,2),cor(i)),
   plot(y(1,1),y(1,2),[cor(i) 'o']);
   end
end
axis([0 1.5 0 2.5])
%isoclinas
y1=linspace(0,1.2,12)';
isoc1=[y1 1–y1];
isoc2=[y1 2–3*y1];
isoc3=[zeros(size(y1)) y1];
isoc4=[y1 zeros(size(y1))];
plot(isoc1(:,1),isoc1(:,2),'c')
plot(isoc2(:,1),isoc2(:,2),'c')
plot(isoc3(:,1),isoc3(:,2),'c')
plot(isoc4(:,1),isoc4(:,2),'c')

function dy = derivy3(t,y)
dy(1)=y(1)*(1–y(1))–y(1)*y(2);
dy(2)=2*y(2)*(1–y(2)/2)–3*y(1)*y(2);
dy=dy(:);
```

A3.3.5 Exemplo 3.4 – Figura 3.6

```
% Plano de Fase
% Nota: Apesar do sistema ter solução analítica, constrói-
% se a solução numérica, a título de ilustração do uso da função ode45.m

tspan=[0 10];
y10=[–2 –1 0 1 2]; y20=[–2 –1 0 1 2];
cor=['b';'m';'g';'y';'r';'k']; hold on
for i=1:length(y10)
   for j=1:length(y20)
   [t,y]=ode45('derivy4',tspan',[y10(i) y20(j)]);
   plot(y(:,1),y(:,2),cor(i)),
   plot(y(1,1),y(1,2),[cor(i) 'o']);
   pause
   end
end
axis([–2 2 –2 2])

function dy = derivy4(t,x)
A=[2 1;2 –1];
dy=A*x;
```

A3.3.6   Exemplo 3.5 – Figura 3.7

O Código é análogo ao da Seção 3.3.5, com a rotina de cálculo de derivadas a seguir:

```
function dy = derivy4b(t,x)
A=[–3 1;1 –3];
dy=A*x;
```

A3.4   CÓDIGOS DO CAPÍTULO 5
A3.4.1   Exemplo 5.2

```
% Dados
tau1=10;
tau2=5;
K=1;
alfa=0.5;
K1=K;
K2=alfa*K;
% Degrau em C0, em t=0
C00 = 1;    %concentração de estado estacionário
A = 0.1*C00;

% Solução por expansão em frações parciais
den=(conv([tau1 1],[tau2 1])– [ 0 0 K2]);
den = conv([1 0],den);
num2 = A*K;
num1 = A*K*[tau2 1];
[R1,P1,KK1] = RESIDUE(num1,den);
[R2,P2,KK2] = RESIDUE(num2,den);
% CoefA=R(1); CoefB = R(2) e COefC = R(3)
% p1 = P(1); p2 = P(2) e p3 = P(3)
tempo=linspace(0,100,101);
% Concentração do segundo tanque
C2= R2(1)*exp(P2(1)*tempo)+ R2(2)*exp(P2(2)*tempo) + R2(3);
% Concentração do primeiro tanque
C1= R1(1)*exp(P1(1)*tempo)+ R1(2)*exp(P1(2)*tempo) + R1(3);

% Solução numérica do modelo em SIMULINK
[t,X,Y]=sim('DoisTanques',tempo);

% Solução numérica do modelo em MATLAB
[t1,X1,Y1]=sim('Tanques_sf',tempo);
subplot(2,1,2),plot(tempo,C2,'b')
pause
hold on
subplot(2,1,2), plot(tempo,C2sim(:,2),'m')
subplot(2,1,2), plot(tempo,C2sf(:,2),'g')
ylabel('C2')
subplot(2,1,1),plot(tempo,C1,'b')
pause
hold on
subplot(2,1,1), plot(tempo,C1sim(:,2),'m')
```

```
subplot(2,1,1), plot(tempo,C1sf(:,2),'g')
ylabel('C1')


function [sys,x0] = Tanques(t,x,u,flag,tau1,tau2,K,alfa)
switch flag
    case 0 % Dimensiona o sistema e inicializa os estados
        % sys=[estados,0,saídas,entradas,0,0]
        sys = [2,0,2,1,0,0];
        % Condições iniciais
        C1 = 0;
        C2 = 0;
        x0 = [C1 C2]';
    case 1 % Calcula as derivadas
        % Atualiza entrada
        C0 = u(1);
        % Cálculo das derivadas
        C1 = x(1);
        C2 = x(2);
        dC1 = (K*C0 + alfa*K*C2 – C1)/ tau1;
        dC2 = (C1 – C2)/ tau2;
        sys = [dC1;dC2];
    case 3 % Calcula as saídas
        sys = [x(1) x(2)];
    otherwise
        sys = [];
end
```

A3.5 CÓDIGOS DO CAPÍTULO 6
A3.5.1 Figura 6.3

```
t=linspace(0,100,100); a=5; k=1; tau=10;
y=k*a*tau*(exp(–t/tau)–1)+k*a*t;
plot(t,y), axis([0 40 0 150]); xlabel('tempo'); ylabel('y(t)')
```

A3.5.2 Figura 6.4

```
t=linspace(0,100,1000); a=5; k=1; tau=10; w=1;
u=a*sin(w*t);
y=(k*a/(w^2*tau^2+1))*(w*tau*exp(–t/tau)–w*tau*cos(w*t)+sin(w*t));
figure(1); plot(t,y); axis([0 100 –1.5 1.5]);
xlabel('tempo'); ylabel('y(t)')
figure(2); plot(t,y,t,u,t,zeros(size(u)))
axis([0 100 –6 6]); xlabel('tempo')
```

A3.5.3 Figura 6.5

```
tau = 0.5;
cor=['m';'g';'k';'c';'y';'b';'r']; cor=[cor; cor; cor];
xsi = 0 :0.2 :2;
Raizes=[];
for i=1:length(xsi)
    % Equação característica como: tau^2 + 2*xsi*tau +1
```

```
    Raizes = [Raizes roots([tau^2, 2*xsi(i)*tau, 1])];
    h=plot(real(Raizes(:,i)),imag(Raizes(:,i)),[cor(i,:)'s']);hold on
    set(h,'Markersize',10,'Markerfacecolor',...
        cor(i,:), 'Markeredgecolor','k');
    legenda{i}=['xsi = ' num2str(xsi(i))];
end
h=legend(legenda); h=plot(real(Raizes(1,:)),imag(Raizes(1,:)));
set(h,'Linestyle','–','LineWidth',2);
h=plot(real(Raizes(2,:)),imag(Raizes(2,:)));
set(h,'Linestyle','–','LineWidth',2);
xlabel('Real'); ylabel('Imaginário'); grid on
```

A3.5.4 Figura 6.6

```
t=linspace(0,10,50); M=5; k=1; tau=.5;
figure(1), hold on
cor=['k'; 'b'; 'm'; 'g'; 'c'; 'r'; 'y'];
i=0;
for xsi=0.2:0.2:1.4
    if xsi == 1
        p=roots([tau^2 2*xsi*tau 1]); % Equação 6.27
        taur=–1/p(1);
        y=k*M*(1–(1+t/taur).*exp(–t/taur));
    elseif xsi > 1
        % Equação 6.25
        p1=–xsi/tau+sqrt(xsi^2–1)/tau;
        p2=–xsi/tau–sqrt(xsi^2–1)/tau;
        T1=–1/p1; T2=–1/p2;
        y=k*M*(1v(T1.*exp(–t/T1)–T2.*exp(–t/T2))/(T1–T2));
    else
        % Equação 6.26
        y=k*M*(1–exp(–t*xsi/tau).*(cos(sqrt(1–xsi^2)*t/tau)+ ...
                    xsi/sqrt(1–xsi^2).*sin(sqrt(1–xsi^2)*t/tau)));
    end
    i=i+1; plot(t,y,cor(i)), legenda{i}=['xsi=' num2str(xsi)];
end
xlabel('tempo'), ylabel('y(t)'), legend(legenda)
```

A3.5.5 Figura 6.7

A Figura 6.7 é gerada na seguinte sequência:

a) Cria-se, com o Toolbox de Controle (ver APÊNDICE 5), o modelo em Função de Transferência

```
>> [num, den]=ord2(wn,0.25)
num = 1
den =  1.0000   0.3142   0.3948
>> roots(den)
ans =
 –0.1571 + 0.6084i
```

```
-0.1571 - 0.6084i
>> G=tf(num,den)
```

Transfer function:

```
              1
-----------------------------------
s ^ 2 + 0.3142 s + 0.3948
```

b) Aplica-se ao processo uma perturbação degrau unitário

```
>> step(G)
```

A3.5.6 Exemplo 6.2

A Figura 6.11 é construída com o código a seguir.

```
C=5;
D=3;
Taui=[0.1 1 10];
Kc=[0.005 0.01 1];
Tempo = 0:10:3000;
for i=1:3
    xsi(i)=sqrt(Kc(i)*Taui(3)/C/D)/2;
    Tau(i)=sqrt(C*D*Taui(3)/Kc(i));
 G(i)=tf(Taui(3)/Kc(i)*[1 0],[Tau(i) ^ 2 2*xsi(i)*Tau(i) 1]);
end
figure(1)
step(G(1),G(2),G(3),Tempo)
legend({['Kc = ' num2str(Kc(1)) ', Taui = ' ...
    num2str(Taui(3))];...
    ['Kc = ' num2str(Kc(2)) ', Taui = ' num2str(Taui(3))];...
    ['Kc = ' num2str(Kc(3)) ', Taui = ' num2str(Taui(3))]});
figure(2)
for i=1:3
    xsi(3+i)=sqrt(Kc(2)*Taui(i)/C/D)/2;
    Tau(3+i)=sqrt(C*D*Taui(i)/Kc(2));
    G(3+i)=tf(Taui(i)/Kc(2)*[1 0],[Tau(3+i) ^ 2 ...
            2*xsi(3+i)*Tau(3+i) 1]);
end
step(G(4),G(5),G(6),Tempo)
legend({['Kc = ' num2str(Kc(2)) ', Taui = ' ...
    num2str(Taui(1))];...
    ['Kc = ' num2str(Kc(2)) ', Taui = ' num2str(Taui(2))];...
    ['Kc = ' num2str(Kc(2)) ', Taui = ' num2str(Taui(3))]});
```

A3.5.7 Figura 6.13

```
% Multicapacitivos
g1=tf(1,[10 1])
g2=g1*g1
g3=g1*g1*g1
g4=g1*g1*g1*g1
step(g1,g2,g3,g4)
legend({'g1'; 'g2'; 'g3'; 'g4'})
```

A3.5.8 Exemplo 6.7

As séries temporais foram armazenadas em arquivo de dados *DADOS.mat* no MATLAB. O arquivo de dados contém uma matriz DADOS com *Tempo*, T_0, T_1 e T_2 nas colunas 1 a 4, respectivamente:

```
DADOS=[Tempo T0 T1 T2]
save dados DADOS

%Obtenção de Funções de Transferência a partir de respostas
%temporais a perturbação degrau.

% 1 – Carrega séries temporais

load dados
Tempo=DADOS(:,1); T0=DADOS(:,2); T1=DADOS(:,3);
T2=DADOS(:,4);

% 2 – Ajusta Modelo de 2a. Ordem com Tempo Morto

% Valor inicial para parâmetros

Tau1=input('Tau Avanço = ');
Tau2=input('Tau Atraso = ');
Ganho=input('Ganho=');
Tmorto=input('Tempo Morto=');
X0=[Tau1 Tau2 Ganho Tmorto];

opcao=optimset('Display','iter');
Xotimo=fminsearch('fobj',X0,opcao,Tempo,T0,T1,T2)
Tau1    = abs(Xotimo(1));
Tau2    = abs(Xotimo(2));
Ganho   = abs(Xotimo(3));
Tmorto  = abs(Xotimo(4));
```

O arquivo para cálculo da função objetivo, invocado pela rotina *fminsearch.m* do *Toolbox* de Otimização, *fobj.m*, é listado a seguir.

```
function [f] = fobj(X,Tempo,T0,T1,T2)
global iter vf

Tau1    = abs(X(1));
Tau2    = abs(X(2));
Ganho   = abs(X(3));
Tmorto  = abs(X(4));

G1 = tf(Ganho,[Tau1 1]);
G2 = tf(1,conv([Tau1 1],[Tau2 1]),'OutputDelay',Tmorto);

[T1calc,Tempo,X2est] = lsim(G1,T0,Tempo,zeros(2,1));
%assume condição inicial zero
[T2calc,Tempo,X1est] = lsim(G2,T0,Tempo,zeros(2,1));
%assume condição inicial zero
%Somatório do quadrado dos erros
```

```
f1=(T1–T1calc)'*(T1–T1calc);
f2=(T2–T2calc)'*(T2–T2calc);
f=f1+f2;
vf=[vf; f];
if length(vf)==1,        iter=1;
else,                    iter=[iter;length(vf)];
end
%Desenha valores experimentais e valores preditos pelo modelo
subplot(3,1,1),plot(Tempo,T1,'*',Tempo,T1calc,'m'),
xlabel('Tempo(min)'),ylabel('T1'),
title(['X = [ ' num2str(abs(X)) ' ]']),drawnow
subplot(3,1,2),plot(Tempo,T2,'*',Tempo,T2calc,'m'),ylabel('T2'),
draw now
subplot(3,1,3),semilogy(iter,vf,'ro'),
hold on,ylabel('F_O_B_J'),xlabel('Iteração'), drawnow
```

A3.5.9 Exemplo 6.8

```
>> num=[–3 1];den=poly([–1/2 –1/5]);
>> G=tf(num,den)
Transfer function:
     –3 s + 1
-------------------------
s^2 + 0.7 s + 0.1
» tfinal=50;
» step(G,tfinal)
```

A3.6 CÓDIGOS DO CAPÍTULO 7
A3.6.1 Exemplo 7.1 – Figura 7.3

```
KC=[2 4 6 7 8 9 ];
Texto=[];
simb = ['o', 's', '*', 'd', 'p', '>'];
for i=1:length(KC)
    P = [1 6 12 8+8*KC(i)];
    r = roots(P);
    plot(real(r),imag(r), simb(i))
    hold on
    Texto=[Texto; ['K_C = ' num2str(KC(i))]];
end
xlabel('Real')
ylabel('Imaginário')
legend(Texto)
```

A3.6.2 Exemplo 7.2 – Figura 7.4

```
G=zpk([],[–1 –2 –3],1)
rlocus(G)
sgrid
```

Com um clique do mouse na interseção com o eixo imaginário, obtém-se o ganho correspondente ($K_{C,LIM}$, ganho limite de estabilidade), de aproximadamente 60, mostrado na Figura A3.1.

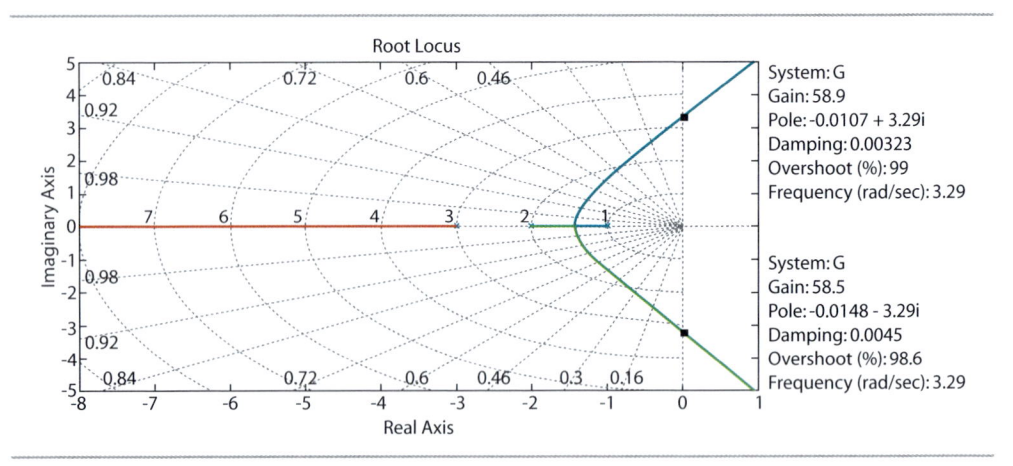

Figura A3.1 Lugar das raízes – limite de estabilidade

Alternativamente a função **rlocusfind(G)** permite capturar o valor do ganho correspondente à interseção:

```
>> rlocfind(G)
Select a point in the graphics window
selected_point =
   0.0026 + 3.2585i
ans =
   57.7753
```

A3.6.3 Exemplo 7.3 – Figura 7.5

```
xsi=[–0.5 –0.3 –0.1 0  0.1 0.3 0.5];
tau=0.01;
for i=1:7
    p1=–xsi(i)/tau+sqrt(xsi(i)^2 –1)/tau;
    p2=–xsi(i)/tau–sqrt(xsi(i)^2 –1)/tau;
    G=tf(1,[tau^2 2*xsi(i)*tau 1]);
    subplot(4,2,1),
    plot(real(p1),imag(p1),'ro',real(p2),imag(p2),'bo'),
    text(real(p1)+0.5,(imag(p1)+imag(p2))/2,num2str(i)),
    hold on
    subplot(4,2,i+1),
    step(G,0.5), title([num2str(i) ':  Xsi = ' ...
    num2str(xsi(i))]), axis([0 0.5 –5 5])
end
```

A3.7 CÓDIGOS DO CAPÍTULO 8
A3.7.1 Figura 8.8

```
kc=[3 4 5 6 7 8];
simb=['c', 'm', 'g', 'b', 'r', 'k'];
Texto=[];
kp=8;
```

```
den=conv(conv([1 2],[1 2]),[1,2]);
num=kp;
Gp=tf(num,den);
Gv=tf(1,1);
Gm=tf(1,1);
t=linspace(1,10,100);
for i=1:length(kc)
    % Controlador puramente proporcional
    Gc=tf(kc(i),1);
    % Função de transferência da malha fechada (servo)
    G=Gc*Gv*Gp/(1+Gc*Gv*Gp*Gm);
    % Resposta ao Degrau
    [y,t]=step(G,t);
    % Gráfico com as respostas dinâmicas de cada KC
    Texto=[Texto; ['K_C = ' num2str(kc(i))]];
    plot(t,y,simb(i),'LineWidth',2), hold on
end
legend(Texto); xlabel('Tempo'); ylabel('Variável Controlada')
```

A3.7.2 Exemplo 8.2 – Figura 8.11

```
G0=tf(conv([-0.3 1],[0.08 1]),...
conv(conv(conv(conv(conv([2 1],[1 1]),conv([0.4 1],[0.2 1])),...
[0.05 1]),[0.05 1]),[0.5 1]));
G1=tf(1,[2.5 1],'OutputDelay',1.47);
G2=tf(1,conv([2 1],[1.2 1]),'OutputDelay',0.77);
```

A3.7.3 Exemplo 8.3 – Figura 8.12

```
% Aproximação de Primeira ordem pelo Método Simples de
% Skogestad

K=1;Tau1=2.5;teta=1.47;

% Ziegler Nichols
KZN=1.2*Tau1/K/teta;
TauIZN=2*teta;
TauDZN=0.5*teta;

%Cohen-Coon
KCC=(1.35*Tau1/teta+0.27);
TauICC=teta*Tau1*(3.2+6*teta/Tau1)/(13+8*teta/Tau1);
TauDCC=0.37*teta/(1+0.2*teta/Tau1);

% Skogestad em diferentes constantes de tempo da malha fechada:
% 1 – TMF = TMF obtido pelo método Ziegler Nichols (= 3.2*teta)
%                 – Aproximação de 1a Ordem
% 2 – TMF = teta (recomendado como bom trade-off rapidez x robustez)
%                 – Aproximação de 1a Ordem
% 3 – TMF = TMF – Aproximação de 2a Ordem
% 4 – TMF = teta obtido pelo método Ziegler Nichols (= 3.2*teta) –
%                 – Aproximação de 2a Ordem
```

```
TMF(1:2) = [3.4*teta teta];
KSLinha(1:2)=Tau1./K./(TMF(1:2)+teta);              % 1a Ordem
TauISLinha(1:2)= min(Tau1,4*(TMF(1:2)+teta));       % 1a Ordem
TauDSLinha(1:2)=0;                                  % 1a Ordem

%2a Ordem
K=1; Tau1=2; Tau2=1.2; teta=0.77;
TMF(3:4)=[3.4*teta  teta];
KSLinha(3:4)=Tau1./K./(TMF(3:4)+teta);
TauISLinha(3:4)=[min(Tau1,4*(TMF(3)+teta)) min(Tau1,4*(TMF(4)+teta))];
TauDSLinha(3:4)=[Tau2 Tau2];

%Re-Parametrização da Sintonia de Skogestad para PID não-interagente
for i=1:length(TMF)
    fator=(1+TauDSLinha(i)/TauISLinha(i));
    KS(i)=KSLinha(i)*fator;
    TauIS(i)=TauISLinha(i)*fator;
    TauDS(i)=TauDSLinha(i)*fator;
end

%Simulação de PID Não-Interagente sob as diferentes sintonias
t=linspace(0,30,100);
VKC    = [KZN KCC KS]
VTauI  = [TauIZN TauICC TauIS]
VTauD = [TauDZN TauDCC TauDS]
My=[];
for i=1:length(VKC);
    KC=VKC(i);TAUI=VTauI(i);TAUD=VTauD(i);[t,x,y]= sim('sintoniza',t);
    My=[My y];
end

%Compara
plot(t,My(:,1),'b',t,My(:,2),'c',t,My(:,3),'k', ...
    t,My(:,4),'g',t,My(:,5),'r',t,My(:,6),'m'),
legend(['Ziegler-Nichols                      ';
        'Cohen-Coon                           ';
        'Skogestad 1a Ordem – T_M_F = T_Z_N   ';
        'Skogestad 1a Ordem – T_M_F = Teta    ';
        'Skogestad 2a Ordem – T_M_F = T_Z_N   ';
        'Skogestad 2a Ordem – T_M_F = Teta    '])
ylabel('Variável Controlada'), xlabel ('Tempo(s)')
axis([0 30 0 1])
```

A3.7.4 Exemplo 8.4

Utiliza-se modelo da malha *feedback* em ambiente SIMULINK para processo com resposta inversa descrito no Exemplo 6.8:

$$G(s) = \frac{(1 - 3s)}{(2s + 1)(5s + 1)}$$

O denominador é reescrito para o formato polinomial, obtendo-se os coeficientes com a rotina de convolução (*conv*) do MATLAB:

```
>> conv([2 1], [5 1])
ans =
    10    7    1
```

O diagrama de blocos é reproduzido na Figura A3.2.

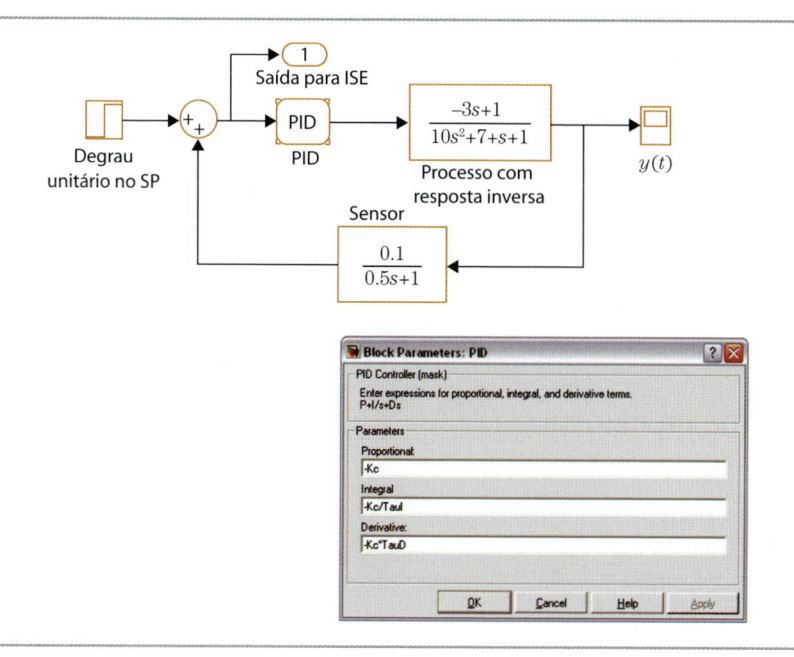

Figura A3.2   Diagrama de blocos para sintonia de controlador

Com referência à Figura A3.2, os parâmetros de sintonia informados na caixa de diálogo do controlador têm seus valores numéricos atribuídos por rotina de otimização. O diagrama é coordenado pelo MATLAB por meio da rotina *otimiza.m* e *fobj.m* (que executam o modelo SIMULINK *pid.mdl*), reproduzidas a seguir:

otimiza.m

```
warning off
global Kc TauI TauD

% Abre o modelo do SIMULINK
pid

% Atribui valores iniciais aos parâmetros de sintonia
Kc    = 1;
TauI  = 1;
TauD  = 1;
teta  = [Kc; TauI; TauD];

% Especifica a janela de otimização (tempo de simulação)
tfinal=100;
```

fobj.m

```
function f  =  fobj(teta, tfinal)

global Kc TauI TauD

% Recebe o novo conjunto de parametros
Kc   = abs(teta(1));
TauI = abs(teta(2));
TauD = abs(teta(3));

% Simula com os novos parametros
[t,x,y] = sim('pid',tfinal);

% Processa os resultados do após a simulação:
% Integração empregando área de retângulo
SE   = y.*y;
ISE  = sum(SE(1:end-1).*(t(2:end)-t(1:end-1)));
f=ISE;
```

A3.8 CÓDIGOS DO CAPÍTULO 9

A3.8.1 Exemplo 9.2

```
Kc=1; ti=1;
Gc=tf(Kc*[ti 1],[ti 0])
[mag,phase,w] = bode(Gc);
for i=1:length(w)
    RA(i)=mag(1,1,i);
    phi(i)=phase(1,1,i);
end
subplot(2,1,1),loglog(w,RA), grid on,
xlabel('W(rad/min)'), ylabel('RA'),
hold on
subplot(2,1,2),semilogx(w,phi),  grid on,
xlabel('W(rad/min)'),
ylabel('Phi'), hold on
Kc=10; ti=2;
Gc=tf(Kc*[ti 1],[ti 0])
[mag,phase,w] = bode(Gc);
for i=1:length(w)
    RA(i)=mag(1,1,i);
    phi(i)=phase(1,1,i);
end
subplot(2,1,1),loglog(w,RA,'r'); subplot(2,1,2),semilogx(w,phi,'r')
```

A3.8.2 Exemplo 9.3 – Figura 9.10

```
% Cálculo da Razão de Amplitude e Ângulo de Fase
C    = 5;    % Comprimento (m)
D    = 3;    % Diâmetro (m)
Taui = 10; Kc = 1; Tempo = 0:10:3000;
xsi  = sqrt(Kc*Taui/D/C)/2;
Tau  = sqrt(C*D*Taui/Kc);
G    = tf([Taui/Kc 0],[Tau^2 2*xsi*Tau 1]);
G1   = tf(1,[Taui/Kc 0]);
G2   = tf(1,[Tau^2 2*xsi*Tau 1]);
bode(1/G1,G2,G2/G1)
legend('1/G1','G2','G')
```

A3.8.3 Exemplo 9.4 – Figura 9.13

```
G1=tf(1,[10 1],'OutputDelay', 5)
G21=tf(2,[100 1])
G22=tf(2,[1 1])
G3=tf(3,[0.1 1])
GMA1=G1*G21*G3
GMA2=G1*G22*G3
nyquist(GMA1,GMA2)
```

A3.8.4 Exemplo 9.5 – Figura 9.14

```
den=conv(conv([0.5 1],[0.5 1]),[0.5 1])
Gp=tf(2,den);
Gc1 = tf(1);
Gc2 = tf(4);
Gc3 = tf(20);
GMA1 = Gc1*Gp;
GMA2 = Gc2*Gp;
GMA3 = Gc3*Gp;
bode(GMA1,'b', GMA2,'m', GMA3, 'g')
```

A3.8.5 Exemplo 9.6

```
%Obter wc
phi=inline('pi–2*w–atan(5*w)','w');
wc=fzero(phi,1)
%Obter Kc substituindo wc na Equação 8.40,
%igualada a 1 (RA crítico)
Kc=sqrt((5*wc)^2+1)/2
```

A3.9 CÓDIGOS DO CAPÍTULO 11
A3.9.1 Exemplo 11.1

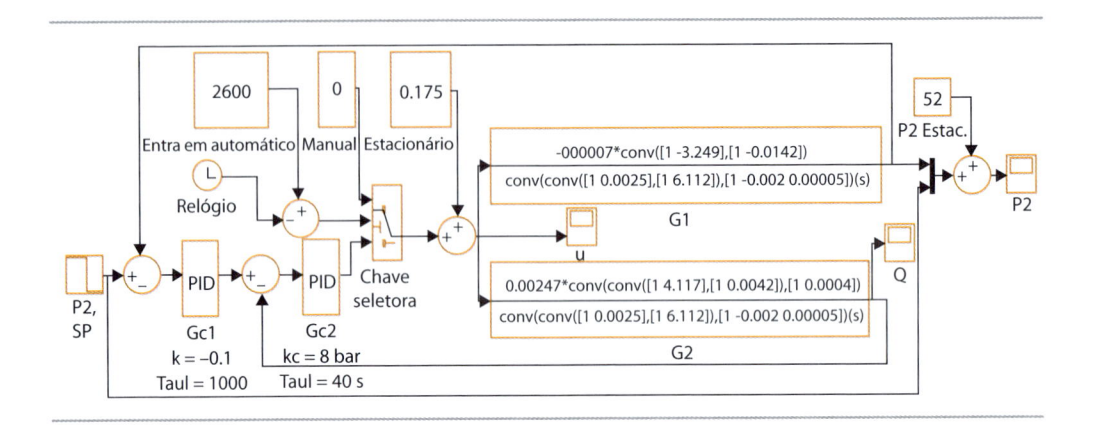

A3.9.2 Figura 11.20

```
Tau1=[0.1 1 2];
Tau2=1;
Teta=3;
M=2; %Amplitude do Degrau
t=0:0.1:10';
for i=1:length(Tau1)
    chave =(t>Teta); %= 0; se t< Teta, "desligando" a resposta
    y(:,i)=(t>Teta)*M*(Tau1(i)–Tau2)/Tau2.*exp(–(t–Teta)/Tau2);
    legenda{i}=['Tau1 = ' num2str(Tau1(i)) ', Tau2 = '
    num2str(Tau2)];
end
h=plot(t,y);
set(h,'LineWidth',2)
xlabel('Tempo')
h1=ylabel('y'), set(h1,'FontName', 'Time News Roman','FontSize',14,
        'FontWeight','bold','FontAngle', 'italic');
h2=xlabel('Tempo'), set(h2,'FontName', 'Time News Roman','FontSize',14,
    'FontWeight','bold','FontAngle', 'italic');
legend(legenda)
```

A3.9.3 Figura 11.21

```
td=1;Kd=5;
tp=2;Kp=1;
GD=tf(Kd,[td 1])
GP=tf(Kp,[tp,1])
KFF=[ 3 4 5 6]
tav=0;
tat=0;
for i=1:4
    GFF=KFF(i)*tf([tav 1],[tat 1])
```

```
    G=-GFF*GP+GD
    step(G), hold on
    legend(['KFF = ' num2str(KFF(i))])
end
legend(['KFF=3';'KFF=4';'KFF=5';'KFF=6'])
```

A3.9.4 Figura 11.22

```
td=1;Kd=5;
tp=2;Kp=1;
tetap=1;
tetad=2;
[Ad,Bd,Cd,Dd]=tf2ss(Kd,[td 1]); GD=ss(Ad,Bd,Cd,Dd,'OutputDelay',tetad)
[Ap,Bp,Cp,Dp]=tf2ss(Kp,[tp,1]); GP=ss(Ap,Bp,Cp,Dp,'OutputDelay',tetap)
Deltat=[0.6 0.8 1.0 1.2]
tempo=linspace(0,15,100);
KFF=Kd/Kp;
tav=tp;
tat=td;
for i=1:4
    [A,B,C,D]=tf2ss([KFF*tav KFF],[tat 1]),
    GFF=ss(A,B,C,D,'OutputDelay',Deltat(i))
    G=-GFF*GP+GD
    step(G,tempo), hold on
end
legend(['Delta_t = 0.6    ';
        'Delta_t = 0.8    ';
        'Delta_t = 1.0    ';
        'Delta_t = 1.2    '])
```

A3.9.5 Exemplo 11.11

```
K=[3    2    4    5.5
   0.7  2    3    1
   1    1    2    1
   0    4    3    2.5]
RGA = (inv(K))'.* K
%Soma Linha 1:
SL1 = sum(RGA(1,:))
%Soma Coluna 1:
SC1 = sum(RGA(:,1))
```

Executando o código:

```
>> ExRGA
K =
        3.0000    2.0000    4.0000    5.5000
        0.7000    2.0000    3.0000    1.0000
        1.0000    1.0000    2.0000    1.0000
             0    4.0000    3.0000    2.5000
```

```
RGA =
   -2.0000   -1.1810     1.5619     2.6190
   -2.3333   -4.7619     7.1429     0.9524
    5.3333    3.4381    -5.6762    -2.0952
         0    3.5048    -2.0286    -0.4762


SL1 =    1.0000
SC1 =    1.0000
```

A3.10 CÓDIGOS DO CAPÍTULO 12
A3.10.1 Figuras 12.5 e 12.6

```
DeltaLINMAX = 450; % m3/h
DeltahMAX   = 0.6; % m

C = 5.4;    % m
D = 2.8;    % m
KM = 8;     % mA/m
KIP = 0.75;%psig/mA
Kat = 1/12; %1/psig
KV  = 60; % m3/h/mA
K    = KM*KIP*Kat*KV;
KCP      = DeltaLINMAX/DeltahMAX/K;
KCPLAG  = DeltaLINMAX/DeltahMAX/K;
KCPI     = 0.736*DeltaLINMAX*C*D/DeltahMAX/K;

TL       = DeltahMAX/DeltaLINMAX*C*D/4;
TI       = 4*C*D/DeltahMAX/K;

GCP      = tf(KCP,1);
GCPLAG = tf(KCPLAG,[TL 1]);
GCPI     = tf(KCPI*[TI 1],[TI 0]);

GP       = tf(1,[C*D 0]);

H_P      = GP/(1 + GCP*GP*K);
H_PLAG = GP/(1 + GCPLAG*GP*K);
H_PI     = GP/(1 + GCPI*GP*K);

LOUT_P       = K*GP*GCP/(1 + GCP*GP*K);
LOUT_PLAG = K*GP*GCPLAG/(1 + GCPLAG*GP*K);
LOUT_PI     = K*GP*GCPI/(1 + GCPI*GP*K);

tspan=linspace(0,0.2,100);

[YP,TP]=step(H_P, tspan);
[YLAG,TLAG]=step(H_PLAG,tspan);
[YPI,TPI]=step(H_PI, tspan);
subplot(2,1,1),
plot(TP,450*YP,'b',TLAG,450*YLAG,'r',TPI,450*YPI,'k')
legend(['P   ';'PLAG';'PI  ']), xlabel('Tempo(h)'),ylabel('Nível(m)')
```

```
[UP,TP]=step(LOUT_P, tspan);
[ULAG,TLAG]=step(LOUT_PLAG,tspan);
[UPI,TPI]=step(LOUT_PI, tspan); subplot(2,1,2),
plot(TP,450*UP,'b',TLAG,450*ULAG,'r',TPI,450*UPI,'k')
legend(['P   ';'PLAG';'PI ']), xlabel('Tempo(h)'),
ylabel('L_O_U_T (m^3/h)')

figure(2)
load slugin
tspan=slug(1:(end-1),1)/60;
LIN=60*slug(1:(end-1),2)
[YPr,TPr]=lsim(H_P, LIN ,tspan );
[YLAGr,TLAGr]=lsim(H_PLAG, LIN ,tspan );
[YPIr,TPIr]=lsim(H_PI, LIN ,tspan );
[UPr,TPr]=lsim(LOUT_P, LIN ,tspan );
[ULAGr,TLAGr]=lsim(LOUT_PLAG, LIN ,tspan );
[UPIr,TPIr]=lsim(LOUT_PI, LIN ,tspan );

subplot(3,1,1),
plot(TPr,YPr,'b',TLAGr,YLAGr,'r',TPIr,YPIr,'k');
legend(['P   ';'PLAG';'PI ']), xlabel('Tempo(h)'),ylabel('Nível(m)')
subplot(3,1,2),
plot(TPr,UPr,'b',TLAGr,ULAGr,'r',TPIr,UPIr,'k');
legend(['P   ';'PLAG';'PI ']), xlabel('Tempo(h)'),ylabel('L_O_U_T
(m^3/h)')
subplot(3,1,3),plot(tspan,LIN,'b');
legend(['L_I_N']),
xlabel('Tempo(h)'),ylabel('L_I_N (m^3/h)')
```

A3.10.2 Código do controle adaptativo de sintonia

```
function out = paramsint(u)
e        = u(1);
KC0      = u(2);
K        = u(3);
TAUI0    = u(4);
K2       = u(5);

% Lei de Adaptação
f1       = (1./(1+exp(30.*(0.4-abs(e)))));
f2       = K*(1+1./(1+exp(50.*(0.8-abs(e)))));
f3       = K2*(1+1./(1+exp(70.*(1.0-abs(e)))));;
f        = f1 + f2 + f3;
```

A3.10.3 Código do separador bifásico

sim2ph.m

```
function [sys,y0] = sim2ph(t,y,u,flag)

% Simulação de SEPARADOR BIFÁSICO
global geom Cvmax ro MM T g
global Go Lo Vl Vt
```

```
global yini
global Bl Bp

switch flag,
    case 0,
    %Inicialização do bloco SEPARADOR BIFÁSICO
        % Geometria do separador
        % geom.D   = 2.2; %diâmetro (m);
        % geom.C   = 8.0; %compr. da câmara de separ.(m)
        % Densidades (kg/m3)
        ro.L     = 850.00; % densidade do óleo
        ro.H2O   = 999.19; % densidade da água a 15.5 oC

        % Massas moleculares (kg/gmol)
        MM.AR  = 28.97/1000;  % massa molecular do ar
        MM.G   = 21/1000;     % massa molecular do GN

        % Constante dos gases 8.314e-5 bar m3/(gmol.K)
        R  = 8.314e-5;

        % Temperatura do separador (K):
        T  = 303.15;  % 30 oC

        % aceleração da gravidade (g/s2)
        g = 9.81;

        % Condições iniciais:
        % y0  = [ht;hl;hw;P];
        y0     = yini;
        % hl, altura de líquido no separador (m)
        hl     = y0(1);
        % P, pressão do separador (bar)
        P      = y0(2);
        nsai     = 4;
        nentra   = 6;
        nestados = 2;
        sys=[nestados;0;nsai;nentra;0;0];

% Calculando Go Lo e Vl para t=0. O valor inicializado
% assume:
        xL  = Bl;   PL = 8;
        xG  = Bp;   PG = 8;

% Vazão de descarga de liquido (m3/s) – Assume-se a
% existência de válvula de bloqueio que impede reversão do
% escoamento

        deltaPL = P – PL + ro.L * g * hl * 1e–5;
        Lo = max(0,2.4028e–4 * Cvmax.L * xL * ...
            sign(deltaPL)*...
            sqrt (abs(deltaPL) / (ro.L/ro.H2O)));
```

```
    % Vazão de descarga de gás (m3/s), na T e na P do
    % separador
    Go = max(0,2.881e-4 * Cvmax.G * xG * sign(P–PG) ...
    * ...sqrt (abs(P–PG)*(P+PG)*T*MM.AR/MM.G/(P ^ 2)));

    % Volumes:
    Dhl1 = max(0,geom.D–hl);
    Dhl2 = max(0,geom.D–2*hl);
    Vl   = geom.C*(geom.D ^ 2/4 * acos(1 – 2*hl/geom.D)–
           Dhl2/2*sqrt(hl*Dhl1));
    Vt   = geom.C*pi*geom.D ^ 2/4;

case 1,

% Cálculo das Derivadas

    % Estados:  verificando consistência
    % Altura de líquido no compart.de óleo (m)
    hl = min(y(1),geom.D*0.99);
    % Pressão do separador (bar)
    P = y(2);

    % Derivadas
    [sys] = deriv2ph(t,y,u);

case 3,
% Cálculo das saidas do bloco SEPARADOR BIFÁSICO
y = max(0,y);

    % Estados:  verificando consistência
    % Altura de líquido no separador (m)
    hl = min(y(1),geom.D*0.99);
    % Pressão do separador (bar)
    P = y(2);

% Saídas
[sys] = [hl; P; Go; Lo];

otherwise

    [sys] =[];
end

deriv2ph.m

function dy = deriv2ph(t, y, u, geom., Cvmax, ro, MM, T g)

% Modelo para separador bifásico

% Geometria do separador
% geom.D    = diâmetro (m)
% geom.C    = comprimento do separador (m)
```

```
% Densidades (kg/m3)
% ro.L       = densidade da mistura óleo e água
% ro.H2O     = densidade da água a 15.5oC

% Massas moleculares (kg/gmol)
% MM.AR      = massa molecular do ar
% MM.G       = massa molecular do gas

% Temperatura do separador: T (K)
% g: aceleração da gravidade (g/s2)

% Cvs das válvulas:
% Cvmax.L    = Cv da válvula de descarga de óleo
% Cvmax.G    = Cv da válvula de descarga de gás

% Frações de abertura das válvulas (0<x<1)

xL    = u(1);
xG    = u(2);

% Pressões externas

PL    = u(3); % Pressão de descarga da fase liquida
PG    = u(4); % Pressão de descarga do gás

% Estados

hl    = y(1);   % Altura de líquido no separador (m)
P     = y(2);   % Pressão do separador (bar)

% Vazões de entrada e saída do separador:

% Vazão de alimentação de óleo (m3/s)
Li    = u(5);

% Vazão de descarga da fase liquida (m3/s) – Assume-se a existência
% de válvula de bloqueio  para impedir reversão do escoamento

deltaPL = P – PL + ro.L * g * hl * 1e–5;
Lo   = max(0,2.4028e–4 * Cvmax.L * xL * sign(deltaPL)* ...
     sqrt(abs(deltaPL) / (ro.L/ro.H2O)));

% Vazão de alimentação de gás (m3/s)
Gi = u(6);

% Vazão de descarga de gás (m3/s), na T e na P do separador.
Go = max(0,2.881e–4 * Cvmax.G * xG * sign(P–PG) * ...
sqrt(abs(P–PG)*(P+PG)*T*MM.AR/MM.G/(P^2)));
```

```
% Volumes (m3):
Dhl1  = max(0.00001,geom.D–hl);
Dhl2  = geom.D–2*hl;
Vl    = geom.C*(geom.D ^ 2/4 * acos(1 – 2*hl/geom.D)– ...
Dhl2/2*sqrt(hl*Dhl1));

Vt  = geom.C*pi*geom.D ^ 2/4;

% Derivadas de estados

dhl = (Li – Lo) / (2 * geom.C * sqrt(hl * Dhl1));
dP  =  P * (Li + Gi – Lo – Go) / (Vt – Vl);

dy  = [dhl; dP];
```

A3.10.4 Código de otimização dos parâmetros de sintonia

fobj.m

```
function f = fobj(pp,lb, ub)
global KC0 K TAUI0 K2 KCP TICP
global Lmax Lmin
global Q R W Lambda IAE ISE

p     = lb+(ub–lb).*((pp.*pp)./(1+pp.*pp));
KC0  = p(1);
K     = p(2);
TAUI0 = p(3);
K2    = p(4);
dt    = 10;
tspan = 0:dt:9000;
[t,x,y] = sim('Separador2PhSintonia',tspan);
h   = y(:,1);
e   = y(:,2);
xv  = y(:,3);
Lo  = y(:,4);
P   = y(:,5);
Go  = y(:,6);
xG  = y(:,7);
SATx  = 1./(1+exp(100*(0.9–xv))) + 1 ...
        1./(1+exp(100*(0.1–xv)));
SATL  = 1./(1+exp(200*(Lmaxvh))) + 1 – ...
        1./(1+exp(200*(Lmin–h)));
Dxv   = (xv(2:end)–xv(1:end–1));
DLo   = (Lo(2:end)–Lo(1:end–1));
Dh    = (h(2:end)–h(1:end–1));
ISE   = sum(dt.*(e.*e));
ISU   = sum(dt.*Dxv);
ISATL = sum(dt.*SATL);
f = R*ISE + Q*ISU + W*ISATL;
```

A3.11 CÓDIGOS DO CAPÍTULO 13
A3.11.1 Código desenvolvido por Corrêa Junior (2008)

```
function [EFFABS] = hidrociclone_UERJ(Vazao,F,FTR)

% PROGRAMA PARA OBTENCAO DA INTEGRAÇAO DA TRAJETORIA DAS
% GOTICULAS DE % OLEO E CALCULO DA EFICIENCIA DE SEPARAÇAO
% LEVANDO EM CONSIDERAÇAO O % FENOMENO DA QUEBRA DE
% GOTICULAS ÓLEO

% Vazao em m3/s

%SOMA DAS FRACOES VOLUMETRICAS APOS A QUEBRA
Soma_Fvol=0;

%NUMERO DE VAZOES DE ENTRADA UTILIZADAS
EFGs=0; EF=0; EFs=0; EFG=0; Va=0; K2=0; Kaux=zeros(8,0); i=1;

%CALCULO DA EFICIENCIA PARA CADA VAZAO
i=1; EFIC=0; EFICs=0; Rant=0; Zant=0;

%VARIAVEIS
[Rc,Q,a,F,L,FTR,RELA,MI,Deo,Dea,n,...
    Dfi,Dia,Fvol,Vazao,soma1] = Variaveis(Vazao,F,FTR);
Nova_Fvol=zeros(n,1);

% PARAMETROS HIDRAULICOS E GEOMETRICOS
[alfa, teta, rf, Vo, W, R1, C1,D,Sigm,A,B] = ...
    Par_hid_geo(Rc,L,a,Q,FTR,F,RELA);

% CALCULA O VALOR DE Z_INICIAL PARA INTEGRAÇÃO DA TRAJETORIA DA
% GOTÍCULA

if(Velaxial(L/2,Vazao,F,FTR)~=0.0)

% Metodo da Bisseçao – usado para calcular a raiz da
% velocidade axial
% no intervalo z1 e z2 com precisao prez

% Variaveis_entrada;
    z1 = L;
    z2 = L/2;
    prez = 0.00001;
    Nmax=100;
    %
    % Cálculo
    %
    k=0;
    while k<Nmax
      zm=(z1+z2)/2;
      if Velaxial(z1,Vazao,F,FTR)*Velaxial(zm,Vazao,F,FTR)<0
        z2=zm;
```

```matlab
      else
        z1=zm;
      end
      k=k+1;
      if abs(Velaxial(zm,Vazao,F,FTR))<prez break;
      end
   end

  zinicial=zm;
  %z_inicial=num2str(zm);
else
  zinicial=L/2;
end;

y=zeros(9,1);
yprime=zeros(9,1);
R=a;
%QUEBRA GOTAS
%Calcula o parâmetro de quebra e chama função
%que quebrara as gotas de óleo, e depois chama a função
%que normaliza a fração volumétrica apos a quebra

T=30;                    %tensão interfacial
K=zeros(n,1);
Parametro=zeros(n,1);
K=200;
for j=1:n;
  Parametro(j)=K*((Dea *Dia(j))/(2*T))*((Q/(pi*Rc.^2)).^2);
  if (Parametro(j)>1)
    Parametro(j)=1;
  end;
  Nova_Fvol(j) = quebra(Parametro(j),Fvol(j));
end;
[Fvol_normalizado] = normalizar(Nova_Fvol,n);

%****************************************************************

for j=1:n;
  R=a+0.00001;
  % Valores inicias das equações e variáveis
  % y(1)= coordenada axial (coord. cilíndricas)
  % y(2)= Velocidade tangencial ou azimutal
  % y(3)= função fluxo("stream function")
  % y(4)= cosseno do arco cujo seno eh R/z
  % y(5)= velocidade radial (coordenadas esféricas)
  % y(6)= velocidade em teta (coordenadas esféricas)
  % y(7)= velocidade radial (coordenadas cilíndricas)
  % y(8)= velocidade axial (coordenadas cilíndricas)
  % yprime(1) = trajetória da gotícula
  % yprime(2) = derivada da velocidade tangencial em
  %                relação ao raio do hidrociclone
  y(1)=zinicial;
```

```
y(4)=(1–(R/y(1)). ^ 2). ^ 0.5;
y(5)=2*A*y(4)+2*B*y(4)*logm(R/(2*y(1)))+2*B– ...
        D*Rc. ^ 2/(R. ^ 2+y(1). ^ 2);
y(6)=–2*( A*R/y(1)+B*(R/y(1))*logm(R/(2*y(1))));
y(7)=y(5)*R/y(1)+y(6)*y(4);
y(8)= y(5)*y(4)–y(6)*R/y(1);
y(3)= (–Sigm+A*(R/y(1)). ^ 2+B*(R/y(1)). ^ 2...
        *logm(R/(2*y(1)))– ...
        B*y(4))*(R. ^ 2+y(1). ^ 2)/Rc. ^ 2+D*y(4)–D;
y(2)= (Rc*Vo/R);
y(9)=0;
yprime(1)=(y(8)*Dfi)/((y(7)*Dfi)+...
        ((1/(18*MI))*(Deo – ...
        Dea)*(Dia(j)*y(2)). ^ 2)/R);
yprime(2)=–Rc*Vo/R. ^ 2;
yprime(9)=0;

while(y(1)<=L)
    Rant=R;%Raio imediatamente anterior a R
    Zant=y(1);% coordenada axial imediatamente anterior
    y(1)=y(1)+0.0001*yprime(1);
    R=R+0.0001;
    %ROTINA QUE RESOLVE O SISTEMA DE EQUAÇOES PROPOSTO
    [y,yprime]= ADES(y,yprime,R,j,Vazao,F,FTR);
    DifR=R–Rant;
    DifZ1=L–Zant;
    DifZ2=y(1)–Zant;
end;

%CALCULO DA EFICIÊNCIA DE SEPARAÇÃO
if(y(1)>L)
  R=Rant;
   y(1)=Zant;
end;

if(R>Rc)
  Rcrit(j)=Rc;
  EFF(j)=Fvol_normalizado(j);
  EFIC=EFIC+EFF(j);
  EFFs(j)=Fvol(j);
  EFICs=EFICs+EFFs(j);
end;

if(R<R1)
  Rcrit(j)=R;
  EFF(j)=0;
  EFIC=EFIC+EFF(j);
  EFFs(j)=0;
  EFICs=EFICs+EFFs(j);
end;
```

```matlab
    if((R1<R)&(R<Rc))
       Rcrit(j)=Rant+(DifR)*(DifZ1)/(DifZ2);
       EFF(j)=((Rcrit(j). ^ 2 – R1. ^ 2)/(Rc. ^ 2 – ...
            R1. ^ 2))*Fvol_normalizado(j);
       EFIC=EFIC+EFF(j);
       EFFs(j)=((Rcrit(j). ^ 2 – R1. ^ 2)/(Rc. ^ 2 – ...
            R1. ^ 2))*Fvol(j);
       EFICs=EFICs+EFFs(j);
    end;
    Soma_Fvol=Soma_Fvol+Fvol_normalizado(j);

end;
EFGs(i)=EFICs;
EFFABS=EFIC*(1–F);
EF(i)=EFFABS;
EFFABSs=EFICs*(1–F);
EFs(i)=EFFABSs;
TT=Vazao(i);
Va(i)=Vazao(i);

% ****************************************************

function [Rc,Q,a,F,L,FTR,RELA,MI,Deo,Dea,n,Dfi,Dia,Fvol,...
        Vazao,soma1]= Variaveis(Vazao,F,FTR)

% Rc = raio interno do hidrociclone na seçao
%       de alimentaçao.
% L = valor da coordenada axial (Z)da seçao de alimentaçao
% a = raio do orificio de saida do rejeito oleoso
% RELA = relaçao entre a area dos orificios de alimentação
%          e area
% transversal nominal do hidrociclone (Anom = pi(Rc) ^ 2)
% Q = vazao de alimentaçao
% F=fator de rejeito(porcentagem da vazao total que sai
%      pelo orifício de rejeito)
% FTR = fator de perdas na alimentação (ineficiência)
% Q = Vazão volumétrica que entra no hidrociclone

Rc = 17.5;
Q = Vazao;
a = 1.5;
L = 1.337;
RELA = 0.35;
MI= 0.57*(1.e–3);
MId= 2*(1.e–2);
Deo = 865.0;
Dea = 1038.00;

%Transformação para as unidades do sistema MKS

a = 0.001*a;
Rc = 0.001*Rc;
```

%Fator de dimensionalização da velocidade

Dfi = Q/(2*pi*Rc. ^ 2);

% Distribuição de gotas

% n = número de faixas de diâmetros de gotas
% Dia = diâmetro da gotícula
% Fvol = fração volumétrica

```
n=8;
Dia(1)=1.0e-5;        Fvol(1)=0.05;
Dia(2)=1.5e-5;        Fvol(2)=0.10;
Dia(3)=2.0e-5;        Fvol(3)=0.18;
Dia(4)=2.5e-5;        Fvol(4)=0.37;
Dia(5)=3.0e-5;        Fvol(5)=0.17;
Dia(6)=3.5e-5;        Fvol(6)=0.07;
Dia(7)=4.0e-5;        Fvol(7)=0.05;
Dia(8)=4.5e-5;        Fvol(8)=0.01;
soma1=0;

for i = 1:n;
   soma1=soma1+Dia(i);
end;
soma1=soma1/n;
```

% ***
function Vel = Velaxial(z,Vazao,F,FTR)

% Função que calcula a velocidade axial

```
[Rc,Q,a,F,L,FTR,RELA,MI,Deo,Dea,n,Dfi,Dia,Fvol]= ...
                Variaveis(Vazao,F,FTR);
[alfa, teta, rf, Vo, W, R1, C1,D,Sigm,A,B] = ...
                Par_hid_geo(Rc,L,a,Q,FTR,F,RELA);
R=a;
COSS=(1 - (R/z). ^ 2). ^ 0.5;
Vr=(2*A*COSS+2*B*COSS*log(R/(2*z)))+2* ...
    B-D*Rc. ^ 2 /(R. ^ 2 + z. ^ 2);
Vteta= 2*(A*R/z + B*(R/z)*log(R/(2*z)));
Vel= (Vr*COSS - Vteta*(R/z))*Dfi;
```

% ***

```
function [Fvol_normalizado] = normalizar(Nova_Fvol,n)
soma=0;
aux=0;
Fvol_normalizado = zeros(n,1);
for i=1:n
   aux=Nova_Fvol(i);
   soma= soma + aux;
end
```

```
for i=1:n
   if(soma==0)
   Fvol_normalizado(i)= Nova_Fvol(i);
else
   Fvol_normalizado(i)= Nova_Fvol(i)/soma;
end
end;

% ****************************************************

%Rotina que resolve o sistema algébrico – diferencial
function [y,yprime]= ADES(y,yprime,R,j,Vazao,F,FTR);

   [y]= G(y,yprime,R,j,Vazao,F,FTR);
   [yprime]= G_linha(y,yprime,R,j,Vazao,F,FTR);

%****************************************************

%Rotina que resolve o sistema algébrico
function [y]= G(y,yprime,R,j,Vazao,F,FTR)
[Rc,Q,a,F,L,FTR,RELA,MI,Deo,Dea,n,Dfi,Dia,Fvol,Vazao]= ...
            Variaveis(Vazao,F,FTR);
[alfa, teta, rf, Vo, W, R1, C1,D,Sigm,A,B] = ...
            Par_hid_geo(Rc,L,a,Q,FTR,F,RELA);
y(4)=(1–(R/y(1)).^2).^(0.5);
y(5)=2*A*y(4)+2*B*y(4)*logm(R/(2*y(1)))+3*B/2–...
     D*Rc.^2/(R.^2+y(1).^2);
y(6)=–2*(A*R/y(1)+B*(R/y(1))*logm(R/(2*y(1))));
y(7)=y(5)*R/y(1)+y(6)*y(4);
y(8)=y(5)*y(4)–y(6)*R/y(1);
y(3)=(–Sigm+A*(R/y(1)).^2+B*(R/y(1)).^2*...
     logm(R/(2*y(1)))–...
     B*y(4))*(R.^2+y(1).^2)/Rc.^2+D*y(4)–D;
y(2)= (Rc*Vo/R);
y(9)=y(2)/R + yprime(2);
y(2)=(R*(y(9)–yprime(2)));

%***********************************************************

%Rotina que resolve as equações diferenciais
function [yprime]= G_linha(y,yprime,R,j,Vazao,F,FTR)
[Rc,Q,a,F,L,FTR,RELA,MI,Deo,Dea,n,Dfi,Dia,Fvol,Vazao]= ...
            Variaveis(Vazao,F,FTR);
[alfa, teta, rf, Vo, W, R1, C1,D,Sigm,A,B] = ...
            Par_hid_geo(Rc,L,a,Q,FTR,F,RELA);
yprime(1)=(y(8)*Dfi)/((y(7)*Dfi)+(1/(18*MI)*(Deo – ...
            Dea)*(Dia(j)*y(2)).^2)/R);
yprime(2)=y(9)–y(2)*Dfi/R;
yprime(9)=Dea*y(7)*y(9)/MI ;

%***********************************************************
```

```
% rotina que calcula os parametros hidraulicos e
% geometricos
% alfa = semi-angulo do trecho conico modelado
% teta = coordenada do sistema de coordenadas esfericas
% rf = valor da coordenada (r,teta) do bocal de
%       saida do rejeito
% Vo = velocidade tangencial na entrada.
% W= velocidade axial na secao de topo(m/s)
% R1 = raio interno da coroa circular
% C1 = constante
% D = constante
% Sigm = constante
% A = constante
% B = constante

function  [alfa, teta, rf, Vo, W, R1, C1,D,Sigm,A,B] =...
           Par_hid_geo(Rc,L,a,Q,FTR,F,RELA)
alfa= atan(Rc/L);
rf= (L.^2 + a.^2).^0.5;
teta= atan(a/L);
D= (1–F)/(1–cos(alfa));
C1= logm(tan(alfa/2))–cos(alfa)/(sin(alfa).^2)+1/(sin(alfa).^2);
Sigm = (F–D*cos(teta)+D)/(((rf/Rc).^2)*...
        ((sin(teta).^2)*C1+ ...
        cos(teta)–(sin(teta).^2)*logm(tan(teta/2))–1));
A=Sigm*C1;
B= –Sigm;
Vo = (FTR*Q)/(RELA*pi*Rc.^2);
W = (pi*(Rc.^2)*((Vo/FTR).^2))/(Sigm*Q);
R1= ((Rc.^2)–(Q/(pi*W))).^0.5;

% ****************************************
% função que quebra gotas

function [dtg] = quebra(Parametro,Fvol)
% Parametros da funcao:
% P: gradiente de pressao
% k:  constante de proporcionalidade
% fi: vetor de distribuicao inicial de gotas
% N: dimensao do vetor fi
% Valor de retorno:
% dtg = determinacao do tamanho de gota

dtg = Fvol*(1–Parametro);
```

A3.11.2 Correlação de eficiência (Pinto, 2009)

```
%Rotina para Gerar Dados de desenvolvimento de Correlação
% para Cálculo de Eficiência

VVazao    =     0.001/60*(60:1:150); % (m3/s)
VF        =     (0.01:0.001:0.03);
```

```
VFTR      =      (0.3:0.05:0.5);
DADOS     =      [];
for i = 1 : length(VVazao)
   Vazao  =      VVazao(i);
   for j = 1 : length(VF)
      F   =      VF(j);
      for k = 1 : length(VFTR)
         FTR    = VFTR(k);
         EF     = hidrociclone_UERJ(Vazao,F,FTR);
         DADOS = [DADOS; Vazao F FTR EF];
      end
   end
end

save DADOS DADOS


%%%%%%%%%%%%%%%%%%%%%%%%%%%%%%%%%%%%%%%%
%  Regressão de Parâmetros da Correlação de Eficiência
%%%%%%%%%%%%%%%%%%%%%%%%%%%%%%%%%%%%%%%%

load DADOS

EF_REAL = DADOS(:,4);
Q        = DADOS(:,1);
F        = DADOS(:,2);
FTR      = DADOS(:,3);

% para FTR = 0.4;
a0 =  -0.4693;
a1 =  -14.8850;
b0 =  -0.0221;
b1 =   33.2928;
Lq =    0.0630;
Lf =    0.0130;
aq =   44.8278;
af  = 347.1349;

teta0  = [a0 a1 b0 b1 Lq Lf aq af];

option = optimset('Display', 'iter');

teta = fminsearch('fobj',teta0,option,EF_REAL, Q, FTR, F);

%%%%%%%%%%%%%%%%%%%%%%%%%%%%%%%%%%%%%%%%
%            Cálculo da Função Objetivo
%%%%%%%%%%%%%%%%%%%%%%%%%%%%%%%%%%%%%%%%
function f = fobj(teta,EF_REAL, Q, FTR, F)

a0  = teta(1);
a1  = teta(2);
b0  = teta(3);
b1  = teta(4);
```

```
Lq  = teta(5);
Lf  = teta(6);
aq  = teta(7);
af  = teta(8);


a   = a0 + a1.*Q;
b   = b0 + b1.*Q;


EF_CALC = (1 – (1./(1+a.*exp(aq*(Q–Lq)))).*(1./(1 + ...
          b.*exp(af.*(F–Lf)))));
ERRO    = (EF_REAL – EF_CALC);
f       = (ERRO' * ERRO) ;


plot(EF_REAL,EF_CALC,'*')
axis([0 1 0 1]);
drawnow
```

A3.11.3 Simulação de hidrociclone (Pinto, 2009)

```
function y = hidrociclone(u)


Q       = u(1);
% Vazão, Q, Vazão volumétrica em m^3/s
T       = u(2);
% T, tensão s uperficial, 30 N/m
Deo     = u(3);
% Deo, Massa específica do óleo:  865 kg/m3
Dea     = u(4);
% Dea, Massa específica da água:  1038 kg/m3
MI      = u(5);
% MI, Viscosidade da água:  0.57 *0.001 cP
Cin     = u(6);
% ppm de óleo na água de produção, 1000
RELA    = u(7);
% RELA = relação entre a área dos orifícios de
% alimentação e área transversal nominal do
% hidrociclone (Anom = pi(Rc)^2), 0.35
F       = u(8);
% Fator de rejeito F (porcent.da vazão total
% que sai pelo orifício de rejeito):  0.03
Rc      = u(9);
% Rc  = raio interno do hidrociclone na seção
%       de alimentação, 17.5 * 0.001 m
a       = u(10);
% a   = raio do orifício de saída do rejeito
%       oleoso, 1.5 *0.001 m
L       = u(11);
% L   = valor da coordenada axial (Z)da seção
%       de alimentação, 1.337 m
FTR     = u(12);
% FTR = fator de perdas na alimentação
```

```matlab
%         (ineficiência),0.4
n         = u(13);
% n    = Número de hidrociclones no vaso;
[Fagua, Foleo, Cout, EFFABS] = CALC_EF([Q/n; F; Cin]);


y=[n*Fagua; n*Foleo; Cout; EFFABS];

function [Fagua,Foleo,Cd,EF] = CALC_EF(u)
Q    =   u(1);      % Vazão (m^3/s)
F    =   u(2);      % Razão de Split (Vazão de Rejeito Oleoso/ % Vazão de Água
Cin =    u(3);      % Concentração de óleo na água
%                       de produção na
%                       entrada do hidrociclone, ppm

% Rc = 17.5*0.001;   % Raio Crítico, em m
% Q = Input;         % Vazão, m^3 /s
% a = 1.5*0.001;     % em m
% F = Input;         % razão de split
% L = 1.337;         % Comprimento em m
% FTR = 0.4;
% RELA = 0.35;
% MI= 0.57*(1.e-3);
% MId= 2*(1.e-2);
% Deo = 865.0;
% Dea = 1038.00;

% Função para Cálculo da eficiência do HC

% para FTR = 0.4; 0.03 < F < 0.05
a0  =  -0.0272;
a1  =  -2.6340;
b0  =  -0.8030;
b1  =  1209.1;
Lq  =  0.0013;
Lf  =  0.0234;
aq  =  0.0264;
af  =  347.2418;
a   =  a0 + a1.*Q;
b   =  b0 + b1.*Q;

EF_CALC =   min(max(0,(1 – (1./(1+a.*exp(aq*(Q–...
Lq)))).*(1./(1 + b.*exp(af.*(F–Lf)))))),1);
Fagua = Q*(1–F);
Foleo = Q*F ;
Cd = (1–EF_CALC)*Cin;
EF = EF_CALC*100;
```

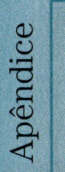
Introdução ao MATLAB

MATLAB é um ambiente de programação e para calculus numéricos e visualização de dados. É usado extensivamente por engenheiros de controle na análise e projeto de estratégias de controle. A função deste APÊNDICE é de tutorial.

A4.1 VARIÁVEIS

Em MATLAB, as variáveis podem conter até 19 caracteres, e são sensíveis a letras maiúsculas e minúsculas. Por exemplo, **abc** e **aBc** são variáveis diferentes. Podem ser escalares, vetores, matrizes, *strings* e células.

Vetores

O passo inicial no uso do MATLAB é conhecer a sintaxe para **criação de vetores**. Introduzem-se os elementos do vetor, separados por espaços, entre colchetes, igualando-o a uma variável. Por exemplo, deseja-se criar um vetor a:

```
>> a = [1 2 3 4 5 6 9 8 7]

a =
     1   2   3   4   5   6   9   8   7
```

Para se criar um vetor coluna, os elementos devem ser separados por ";" em vez de espaço em branco. Alternativamente, o vetor linha pode ser transposto:

```
>> a'

ans =
     1
     2
     3
     4
     5
     6
     9
     8
     7
```

Um vetor com elementos entre 0 e 10, uniformemente espaçados em incrementos de 2, é criado com o seguinte comando:

```
>> t = 0:2:10

t =
     0   2   4   6   8   10
```

Para visualizar apenas um elemento do vetor pode-se utilizar a seguinte notação: X(4), que mostra o quarto elemento do vetor X.

```
>> t(4)
ans =
     6
```

Matrizes

Os elementos também devem estar entre colchetes. Cada linha é separada da outra por um ';'.

```
>> A=[1 2 3; 4 5 6; 7 8 9]
A =
     1   2   3
     4   5   6
     7   8   9
```

Para visualizar apenas um elemento da matriz pode-se utilizar a seguinte notação: X(i,j), que mostra o elemento localizado na linha i e coluna j da matriz X.

```
» A(3,2)
ans =
     8
```

Para visualizar uma linha ou uma coluna da matriz, utiliza-se a seguinte notação: X(i,:) ou X(:, j) respectivamente.

```
» A(2,:)
ans =
     4   5   6

» A(:,2)
ans =
     2
     5
     8
```

Para acrescentar uma linha a uma matriz já existente:

```
» D= [ 1 3 ; ...
       2 4];
```

O comando "..." utilizado (apesar de supérfluo nesta aplicação) indica que a linha de comando continua na próxima linha de programação.

```
» D = [D; 1 2]
D =
      1   3
      2   4
      1   2
```

Para acrescentar uma coluna:

```
» D = [D [1; 2;3]]
D =
      1   3   1
      2   4   2
      1   2   3
```

Para visualizar apenas alguns elementos de uma matriz é necessário indicar sua posição, que agora é dada por linha e coluna.

```
» A= [1 2 3; 4, 5, 6; 7 8 9]
A =
      1   2   3
      4   5   6
      7   8   9

» B= [0.5 2*4; 3*2^0.5  15; 8  81]
B =
      0.5000   8.0000
      4.2426   15.0000
      8.0000   81.0000

» C=[A B]
C =
      1.0000   2.0000   3.0000   0.5000   8.0000
      4.0000   5.0000   6.0000   4.2426   15.0000
      7.0000   8.0000   9.0000   8.0000   81.0000

» A(2,3)      % mostra o elemento que se encontra na 2a linha/ 3a coluna
ans =
      6


» A(: ,1)      % mostra todas as linhas da 1a coluna
ans =
      1
      4
      7
```

```
» A(2, :)        % mostra todas as colunas da 2a linha
ans =
     4    5    6
```

```
» A([1 3], 2) % mostra a 1a e a 3a linha da 2a coluna
ans =
     2
     8
```

```
» C(1, [3:5]) % mostra as colunas de 3 a 5 da 1a linha
ans =
     3.0000      0.5000      8.0000
```

O MATLAB possui algumas funções para criar matrizes especiais. Alguns exemplos dessas funções são dados abaixo:

zeros (i, j) – cria uma matriz de ordem i x j, cujos elementos são todos iguais a zero.

```
» Z = zeros(2,3)
Z =
     0    0    0
     0    0    0
```

ones (i, j) – cria uma matriz de ordem i x j, cujos elementos são todos iguais a um.

```
» U= ones (3,3)
U =
     1    1    1
     1    1    1
     1    1    1
```

Quando i = j, usar um único argumento para estas funções e será criada uma matriz quadrada de ordem i.

```
» U= ones (3)
U =
     1    1    1
     1    1    1
     1    1    1
```

eye(i, j) – cria a matriz identidade de ordem i x j.

```
» I= eye (4)
I =
     1    0    0    0
     0    1    0    0
     0    0    1    0
     0    0    0    1
```

Para saber o tamanho de uma matriz, pode-se usar o comando size:

size(X) – devolve as dimensões da matriz X.

```
» J=[1 2 3; 4 5 6];
» j=size(J)
j =
   2   3

» lj=size(J,1)     %  o segundo argumento igual a 1,retorna o
                   %  número de linhas da matriz J.
lj =
   2

» cj=size(J,2)     % o segundo argumento igual a 2,retorna o
                   % número de colunas da matriz J.
cj =
   3
```

Strings

É uma cadeia de caracteres e é manipulado como se fosse um vetor de linha. O conteúdo da variável deve estar entre aspas simples.

```
» R='matlab'
R =
matlab

» R(3)
ans =
t
```

Matrizes celulares

Em uma matriz celular, cada célula pode armazenar dados de tipos e tamanhos diferentes. Estes dados podem ser, por exemplo, um número escalar ou complexo, um vetor de texto, ou uma outra matriz. A seguir, é apresentado um exemplo. Note que o conteúdo da matriz deve ser colocado entre chaves. Além disso, para separar elementos de uma linha e as colunas deve-se usar vírgulas (ou espaço em branco) e ponto-e-vírgula.

```
» A(1,1) = {[1 2; 3 4; 5 6]};
» A(1,2) = {'matlab'};
» celldisp (A)      % mostra, separadamente, cada célula da
   % matriz A

A{1} =
        1   2
        3   4
        5   6

A{2} =
matlab
```

Outra forma de criar uma matriz celular é definindo cada célula separadamente, como no exemplo a seguir:

```
» B = {0:1:10  'Teste';  [0 1 2]  3};
» disp(B)        % mostra a matriz B
    [1x11  double]        'Teste'
    [1x3   double]     [    3]

» B{1}        % mostra a célula 1 da matriz B
ans =

    0  1  2  3  4  5  6  7  8  9  10
```

A4.2 ARQUIVOS DE COMANDO E FUNÇÕES

Os arquivos de comando são muito úteis quando, por exemplo, se deseja executar diversos comandos, ou quando um grupo de comandos será executado diversas vezes, pois seria menos eficiente ficar escrevendo várias vezes os comandos no espaço de trabalho (*workspace*) do MATLAB.

Para criar esses arquivos, selecione o item New do menu File. Será aberta uma janela do editor de texto, onde serão digitados os comandos desejados. Para salvar o arquivo, selecione o item Save do menu File do editor de texto. O nome do arquivo deve ter a extensão '.m', como por exemplo **teste.m**.

Para executar os comandos contidos num arquivo .m, basta escrever o nome do arquivo no prompt do MATLAB. Veja o exemplo a seguir.

```
% Arquivo teste.m

a=1; b=–4; c=3;
delta=b^2–4*a*c
```

Agora, no *workspace*:

```
» teste
delta =
     4
```

É importante lembrar que deve ser indicado ao MATLAB a localização do arquivo .m que se deseja utilizar. Para isso, é usado o comando cd . Por exemplo, se o arquivo teste.m tivesse sido gravado na pasta matlab do drive a:

```
» cd a:\matlab
» teste
delta =
     4
```

Se esta indicação de caminho não for feita, o MATLAB não encontrará o arquivo desejado. Em caso de dúvidas, o comando dir pode ser usado para saber os arquivos e pastas que estão no diretório atual do MATLAB.

```
» cd a:              % o diretório atual passa a ser a:
» teste
??? Undefined function or variable 'teste'.
```

```
» dir
```

A resposta do MATLAB ao comando é uma linha vazia, denotando que não há arquivo. O MATLAB não está "vendo" o arquivo teste! Redireciona-se o caminho de busca como o seguinte comando:

```
» cd matlab             % o diretório atual passa a ser a:\matlab
» dir
.        ..          teste.m
» teste
delta =
      4
```

A seguir, são apresentadas algumas funções úteis que podem ser usadas nos arquivos .m.

disp – É utilizado para mostrar na tela uma mensagem ou uma variável desejada. Por exemplo, mesmo arquivo teste.m, utilizando disp:

```
% Arquivo teste1.m

a=1; b=–4; c=3;
delta=b^2–4*a*c;
disp('O valor de delta é:')
disp(delta)
```

No *workspace*:

```
» teste1
O valor de delta é:
      4
```

input – Utilizado quando se deseja que o usuário forneça dados para o programa. Por exemplo, o arquivo teste, anterior, dando ao usuário a opção de colocar os valores das variáveis a, b e c:

```
% Arquivo teste2.m
a=input('Valor de a>');
b=input('Valor de b>');
c=input('Valor de c>');
delta=b^2–4*a*c;
disp('O valor de delta é:')
disp(delta)
```

No *workspace*:

```
» teste2
Valor de a>1
Valor de b>–5
```

> Valor de c>0
> O valor de delta é:
>   25

pause – O comando pause pode ser colocado em qualquer parte do arquivo .m. ao encontrar um pause, o MATLAB para a execução do programa até que o usuário pressione alguma tecla.

Caso o usuário deseje interromper a execução de um programa, deverá pressionar CTRL+C.

Arquivos .m de função

Em algumas situações, pode ser interessante criar arquivos de função. Nesse caso, são fornecidos dados de entrada para a função, o MATLAB executa os comandos internos da função e devolve apenas os dados de saída especificados. Todas as variáveis calculadas dentro da função ficam ocultas. Veja o exemplo a seguir:

Criando a função hipotenusa no arquivo hipotenusa.m:

```
function h=hipotenusa(b,c)
% Função hipotenusa(b,c). Calcula a hipotenusa h de um
% triângulo retângulo a partir dos catetos b e c.

m=b^2+c^2;
h=m^(1/2);
```

No *workspace*:

```
» b=3; c=4;
» h=hipotenusa(b,c)
h =
    5
```

Algumas observações importantes:

☐ O nome da função deve ser idêntico ao nome do arquivo .m. Por exemplo, a função anterior (hipotenusa) deve ser salva com o nome de hipotenusa.m.

☐ Linhas de comentário colocadas antes da primeira linha de comando constituem o texto apresentado quando se pede ajuda sobre a função. Por exemplo:

```
» help hipotenusa
 Função hipotenusa(b,c). Calcula a hipotenusa h de um
 triângulo retângulo a partir dos catetos b e c.
```

☐ Uma função pode compartilhar variáveis com outras funções, outros arquivos .m ou com o espaço de trabalho (*workspace*). Para isso, usa-se o comando global. Veja um exemplo:

```
% arquivo const.m de constantes

global g R

g=9.8;     % m/s^2
R=8.31;    % J/(mol.K)
```

Definindo a função vmolar no arquivo vmolar.m:

```
function V=vmolar(P,T)

% Cálculo do volume molar(V) de um gás ideal a partir da pressão(Pa)
% e da tempratura (K).

global R
V=R*T/P;
```

Definindo a função peso no arquivo peso.m:

```
function P=peso(m)

% Cálculo do peso (N) de um corpo de massa m (kg) no campo
% gravitacional da Terra.
global g
P=m*g;
```

No *workspace:*

```
» const
» volume=vmolar(101325,298)
volume =
      0.0244

» P=peso(50)
P =
      490.0000
```

O MATLAB inclui várias funções internas (*built in*) como, por exemplo, sin, cos, log, exp, sqrt. Constantes comumente empregadas como pi, e i ou j para $\sqrt{-1}$ também já estão incorporadas no MATLAB:

```
>> sin(pi/4)

ans =

      0.7071
```

Estas variáveis apesar de *defaults* atribuídos pelo MATLAB podem ser usadas na programação, assumindo os valores a estas atribuídos pelo usuário. Os valores *default* podem ser recuperados pelo comando clear.

O uso de qualquer função está documentado, bastando digitar **help** [nome da função] na janela de comando. O usuário também poderá escrever as suas próprias funções, arquivos com extensão .m, iniciados pelo comando **function**. Por exemplo, a função gravada em disco chamada **stat.m** realiza cálculos estatísticos programados nas linhas de código a seguir:

```
function [mean,stdev] = stat(x)
%STAT Interesting statistics.
n = length(x);
mean = sum(x) / n;
stdev = sqrt(sum((x – mean).^2)/n);
```

Na última linha de comando, ".^" é a operação de exponenciação termo a termo do vetor (**x–mean**).

A4.3 GRÁFICOS

Para fazer um gráfico de uma onda senoidal no tempo, utiliza-se a seguinte sequência de comandos (o ";" ao final de uma linha de comando inibe a apresentação do resultado na tela):

```
>> t=0:0.25:7;
y = sin(t);
plot(t,y)
```

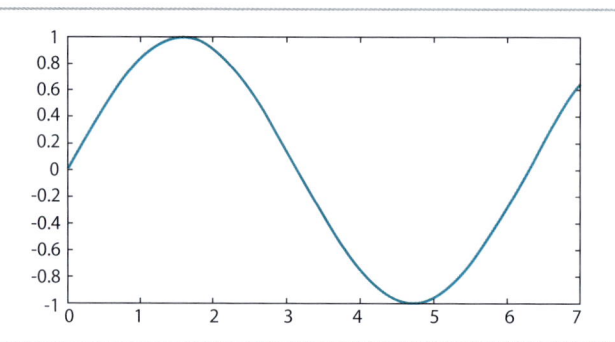

É possível especificar a cor e o tipo da linha e o marcador de pontos usado no gráfico. A seguir, é apresentada uma tabela com os códigos de cores e linhas:

Símbolo	Cor	Símbolo	Marcador	Símbolo	Tipo de linha
b	azul	.	ponto	-	linha contínua
g	verde	o	círculo	:	linha pontilhada
r	vermelho	x	X	-.	traço e pontos
c	ciano	+	+	--	linha tracejada
m	magenta	*	estrela		
y	amarelo	s	quadrado		
k	preto	d	losango		
w	branco	v	triângulo para baixo		
		^	triângulo para cima		
		<	triângulo para esquerda		
		>	triângulo para direita		
		p	pentagrama		
		h	hexagrama		

Outras ferramentas para manipulação de gráficos:

- [] **xlabel e ylabel** – coloca título nos eixos x e y, respectivamente. É usado com a seguinte sintaxe: xlabel ('Título da abcissa').
- [] **title** – usado para colocar título no gráfico. Sintaxe: title('Título do gráfico').
- [] **box on/off** – mostra (on) ou não (off), a caixa de eixos. Se nada for especificado, o padrão é on.
- [] **grid on/off** – adiciona ou não linhas de grade ao gráfico. Se nada for especificado, o padrão é off.
- [] **legend** – Cria uma caixa de legenda no canto superior direito do gráfico, exibindo o texto que for especificado. Sintaxe: **legend** ('item1','item2','item3',....).

O gráfico a seguir utiliza alguns dos comandos acima:

```
» plot(x,y,x,z);
» xlabel ('Variável independente');
» ylabel ('Variável dependente');
» title ('Teste 1');
» legend ('cos(x)', 'sen(x)');
» grid on
```

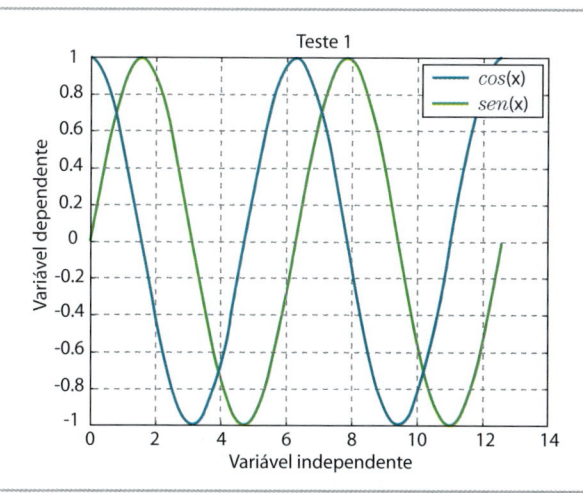

O comando axis ([xmín xmáx ymín ymáx]) pode ser usado para definir os limites dos eixos x e y. O mesmo gráfico anterior redefinindo os limites dos eixos, e usando a função gtext:

```
» gtext('sen(x)')          % colocar o texto sen(x) num local indicado
  % pelo clique do mouse
» gtext('cos(x)')          % colocar o texto sen(x) num local indicado
  % pelo clique do mouse
» grid off                 % retirar as linhas de grade
» axis([0 10 –1 1]);       % novos limites dos eixos x e y
```

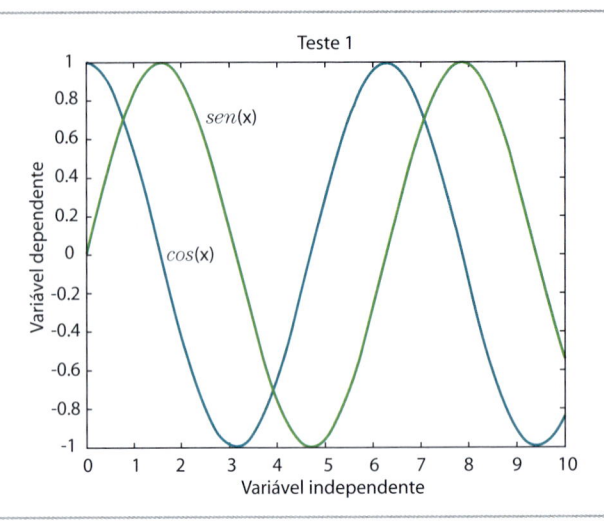

Além disso, uma figura pode ser dividida em várias áreas, de modo que vários gráficos podem ser plotados separadamente na mesma figura. Para isso, usa-se o comando subplot:

subplot (n,m,k) – n é o número de linhas, m o número de colunas e k a posição desejada para o gráfico. É como se a figura fosse uma tabela, com as posições numeradas da esquerda para a direita, começando na primeira linha, depois na segunda e assim por diante. O exemplo a seguir ilustra o uso deste comando.

```
» subplot (1,2,1)
» plot(x,y,'b'); title('cos(x)'); xlabel('x'); ylabel('y');
» subplot (1,2,2)
» plot(x,z,'g'); title('sen(x)'); xlabel('x'); ylabel('y');
```

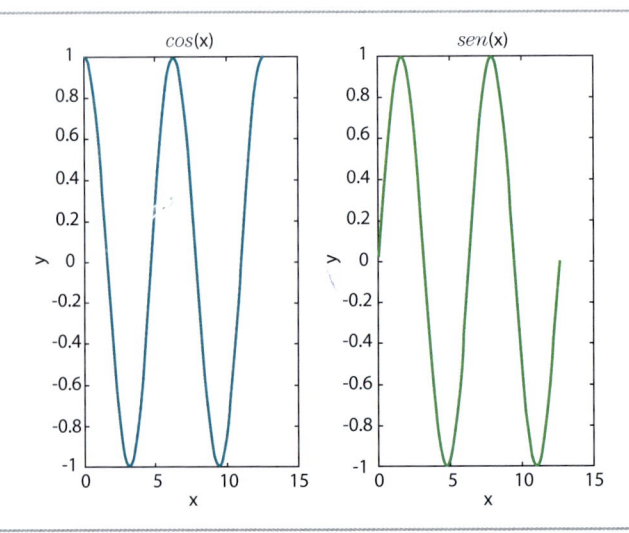

Para gerar uma superfície tipo rede, o MATLAB utiliza valores das coordenadas z correspondentes a uma grade retangular no plano xy. Por exemplo, para fazer o gráfico de uma função de duas variáveis z = f (x,y) é necessário criar matrizes X e Y cujas colunas são repetições dos vetores x e y, respectivamente. A função utilizada para isso, no MATLAB é **meshgrid**. A seguir, calcula-se a função Z (X,Y) e faz-se o gráfico usando-se as funções **mesh** ou **surf**.

```
» x=-10:0.5:10;
» y=x;
» [X,Y]=meshgrid(x,y);
» Z=sin(X)+cos(Y);
» mesh(X,Y,Z);
» xlabel('x'); ylabel('y'); zlabel('z');
» title('Função z=sen(x)+cos(y)');
```

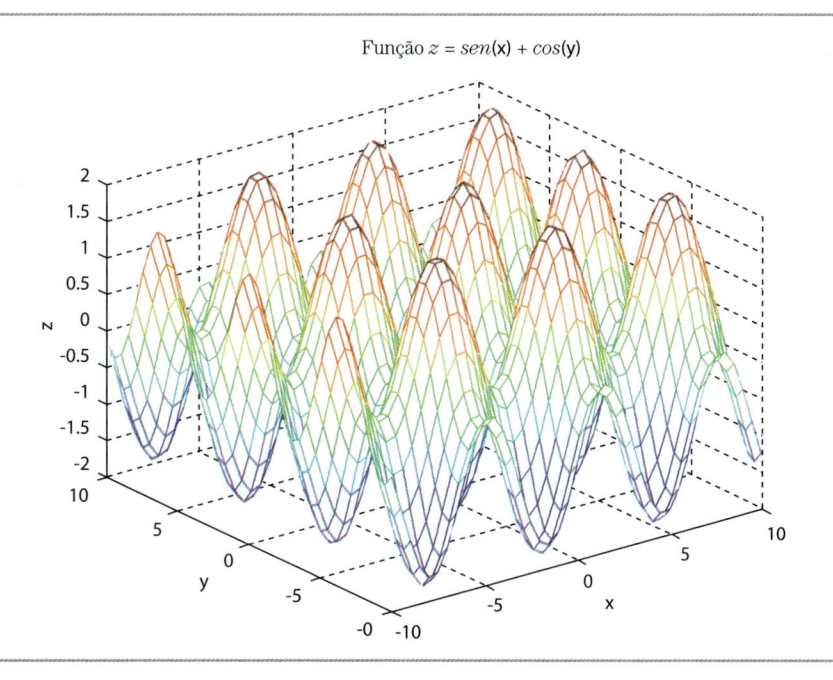

O mesmo gráfico anterior, usando o comando **surf**:

```
» surf(X,Y,Z);
» xlabel('x'); ylabel('y'); zlabel('z');
» title('Função z=sen(x)+cos(y)');
```

Função $z = sen(\text{x}) + cos(\text{y})$

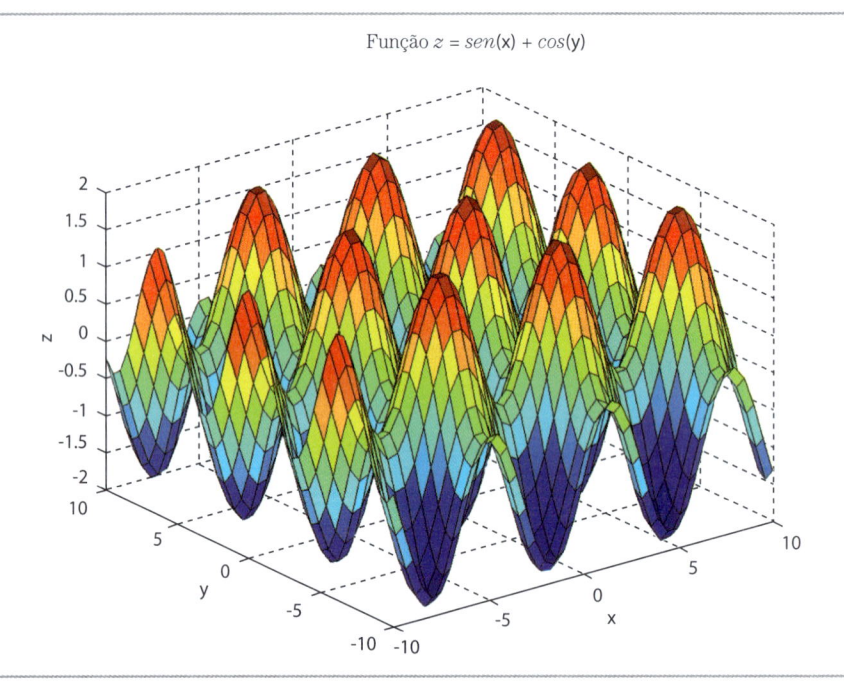

A4.4 POLINÔMIOS

No MATLAB, um polinômio é representado como um vetor, entrando-se os coeficientes no vetor, em ordem decrescente da potência. Por exemplo, para introduzir o polinômio $4x^3 + 0{,}5x^2 - 3x + 1$ executa-se o comando

```
>> x = [4 0.5 –3 1]

x =

    4.0000   0.5000   –3.0000   1.0000
```

Se o polinômio tiver alguma potência omitida, deve-se incluir o coeficiente zero no vetor correspondente. Por exemplo, $4x^4 + 1$ é representado em MATLAB como

```
>> y = [4 0 0 0 1]

y =

    4   0   0   0   1
```

Para se calcular o valor do polinômio em $x = 2$, emprega-se a função **polyval**:

```
>> z = polyval([4 0 0 0 1],2)
z =
    65
```

As raízes de um polinômio são obtidas pelo comando **roots**:

```
>> roots([4 0.5 –3 1])

ans =
    –1.0576
     0.4663 + 0.1376i
     0.4663 – 0.1376i
```

Para se multiplicar dois polinômios, realiza-se a convolução dos seus coeficientes:

```
>> x = [1 2];
y = [1 4 8];
z = conv(x,y)

z =
   1   6   16   16
```

Analogamente, a divisão de dois polinômios é possível pela função **deconv**:

```
>> [xx, R] = deconv(z,y)

xx =
   1   2

R =
   0   0   0   0
```

Resultando em xx exatamente (resíduo R zero) igual ao vetor x.

Para somar-se dois polinômios, expressam-se os dois polinômios na ordem correspondente ao de ordem superior (preenchendo-se com zeros os termos inexistentes no polinômio de ordem inferior). Isto feito, é suficiente o comando $z = x + y$.

A4.5 ALGUMAS OPERAÇÕES COM MATRIZES

A manipulação de vetores é simples. Por exemplo, para se somar 2 a cada elemento de a:

```
>> a = [1 2 3 4 5 6 9 8 7]; b = a + 2

b =
    3   4   5   6   7   8   11   10   9
```

A adição de dois vetores:

```
>> c = a + b

c =
    4   6   8   10   12   14   20   18   16
```

A subtração segue exatamente a mesma sintaxe.

A transposta de uma matriz é obtida com o comando:

```
>> B = [1 2 3 4;5 6 7 8;9 10 11 12]

B =
    1    2    3    4
    5    6    7    8
    9   10   11   12

>> C = B'

C =
    1    5    9
    2    6   10
    3    7   11
    4    8   12
```

Se a matriz for complexa, o comando " ' " fornecerá a matriz conjugada transposta. Para matrizes reais, os dois comandos são equivalentes.

A multiplicação de B e C é simples:

```
>> D = B * C

D =
    30    70   110
    70   174   278
   110   278   446
```

Obviamente E = C * B é diferente de D:

```
>> D=C*B

D =
   107   122   137   152
   122   140   158   176
   137   158   179   200
   152   176   200   224
```

Uma outra opção de manipulação de matriz é a multiplicação termo a termo com o operador ".*" (as matrizes devem ter o mesmo tamanho).

```
>> E = [1 2;3 4]
F = [2 3;4 5]
G = E .* F

E =
    1    2
    3    4

F =
    2    3
    4    5

G =
    2    6
   12   20
```

Para matrizes quadradas, é possível elevá-las a uma potência:

```
>> E^3
```

```
ans =
     37    54
     81   118
```

O cubo de cada elemento de E é obtido pelo comando

```
>> E.^3
```

```
ans =
      1     8
     27    64
```

Para o cálculo da inversa de uma matriz:

```
>> X=inv(E)
```

```
X =
    –2.0000    1.0000
     1.5000   –0.5000
```

E seus autovalores:

```
>> eig(E)
```

```
ans =
    –0.3723
     5.3723
```

Para se obter as raízes do polinômio característico:

```
>> p=poly(E)
```

```
p =
    1.0000   –5.0000   –2.0000
```

```
>> roots(p)
```

```
ans =
     5.3723
    –0.3723
```

(Lembrar-se que os autovalores são as raízes do polinômio característico).

☐ \ – Barra invertida

A\B é a divisão matricial de A por B, equivalente a inv(A) *B. A é uma matriz N x N e B é um vetor coluna com N componentes. X = A\B é a solução da equação A*X = B.

```
» A=[15 20 30;30 22 15;27 33 42];
» B=[2; 2; 2];
» X=A\B
```

```
X =
    0.3605
   –0.5926
    0.2815
```

□ **/ – Barra**

B/A é a divisão matricial de A por B equivalente a B*inv(A).

```
» B=[3 2;4 2];
» A=[15 20;30 22];
» X=A/B

X =
   25.0000   –15.0000
   14.0000    –3.0000
```

Em algumas situações, pode ser importante comparar vetores ou matrizes. A seguir, serão apresentados alguns comandos com este objetivo.

isequal (X,Y) – retorna uma variável lógica. Verdadeira (1) se X e Y são idênticas e falsa (0) se X e Y não são idênticas.

```
» H = [1 2 3; 4 5 6];
» I = [1 2 3; 4 5 7];
» a=isequal (H,I)
a =
    0
```

intersect (X,Y) – valores da interseção dos vetores X e Y.

```
» R=[0 3 6 9 12 15];
» S=[0 2 4 6 8 10 12];
» b=intersect (R,S)
b =
    0   6   12
```

Quando X e Y são matrizes com mesmo tamanho, intersect (X,Y,'rows' devolve as linhas comuns às duas matrizes.

```
» r=intersect (H,I, 'rows')
r =
    1   2   3
```

union (X,Y) – valores da união de X e Y.

```
» union (R,S)
ans =
    0   2   3   4   6   8   9   10   12   15
```

Outras funções matriciais no MATLAB:

rank (X) – calcula o posto da matriz X.

```
» M=[0 1 1; 1 0 1; 1 1 0];
» rank(M)
ans =
        3
```

det (X) – calcula o determinante da matriz X.

```
» det(M)
ans =
        2
```

rref (X) – reduz a matriz X à forma escalonada.

```
» S= rref(M)
S =
     1   0   0
     0   1   0
     0   0   1
```

A4.6 OPERADORES RELACIONAIS

☐ **< – Menor que**

Compara um escalar com um vetor, ou dois vetores de mesmo tamanho, devolvendo verdadeiro (1) quando o argumento à esquerda do operador é menor que o argumento à direita. Um exemplo:

```
» a=5;
» b=7;
» c=1:8 , d=[1 8 5 4 6 2 7 3]

c =
     1   2   3   4   5   6   7   8
d =
     1   8   5   4   6   2   7   3

» r1=a<b

r1 =
     1

» r2=a<c

r2 =
     0   0   0   0   0   1   1   1
```

» r3=c<d

r3 =
   0   1   1   0   1   0   0   0

☐ <= – Menor ou Igual

Devolve verdadeiro (1) quando o argumento à esquerda é menor ou igual ao argumento da direita.

» r4=c<=d

r4 =
   1   1   1   1   1   0   1   0

☐ > – Maior que

A expressão (x > y) é verdadeira para os elementos de x que são maiores que os respectivos elementos de y.

» r5=c>d
r5 =
   0   0   0   0   0   1   0   1

☐ >= – Maior ou Igual

A expressão (x >= y) é verdadeira para os elementos de x que são maiores ou iguais aos respectivos elementos de y.

» r6=c>=d

r6 =
   1   0   0   1   0   1   1   1

» r7=a>=c

r7 =
   1   1   1   1   1   0   0   0

☐ == – Igual

A expressão (x == y) é verdadeira para os elementos de x que são iguais aos respectivos elementos de y.

» r8= c==d

r8 =
   1   0   0   1   0   0   1   0

☐ ~= – Diferente

A expressão (x ~= y) é verdadeira para os elementos de x que são diferentes dos correspondentes elementos de y.

» r9= c~=d

r9 =
   0   1   1   0   1   1   0   1

Também é possível realizar operações aritméticas com vetores resultantes de operações relacionais. Por exemplo:

```
» t=a+(c~=b)
t =
    6   6   6   6   6   6   5   6
```

A4.7 OPERADORES LÓGICOS

☐ **& – E**

A expressão (x & y) é verdadeira se ambos os argumentos correspondentes em x e y são verdadeiros.

```
» m=[1 2 3 4 5] , n=[1 5 2 4 3]
m =
    1   2   3   4   5
n =
    1   5   2   4   3

» v1=(m>=n)&(m==n)
v1 =
    1   0   0   1   0
```

☐ **| – Ou**

A expressão (x | y) é verdadeira quando pelo menos um dos argumentos de x correspondentes a y é verdadeiro.

```
» v2=(m>=n)|(m==n)
v2 =
    1   0   1   1   1
```

☐ **~ – Não**

A expressão (~x) nega o valor de x. O que era verdadeiro (diferente de 0) torna-se falso (0) e vice-versa.

```
» v3= (~v2)
v3 =
    0   1   0   0   0
```

A4.8 CONTROLE DE FLUXO

Algumas vezes, deseja-se que um determinado grupo de comandos seja executado mais de uma vez, e seria inadequado repeti-los manualmente tantas vezes quantas fossem necessárias. Ou ainda, é muito comum que se queira que um determinado grupo de comandos só seja executado caso uma ou mais condições sejam atendidas. A seguir, serão apresentados os comandos responsáveis por este tipo de controle.

☐ **for**

O comando **for** é usado quando se deseja executar um grupo de comandos por um número predeterminado de vezes, criando um *loop*. Veja como é a estrutura do comando **for**:

```
for i=vetor
     comando1
     comando 2 ....
end
```

Nesta estrutura, i é um vetor que representa um contador. Na primeira iteração, i recebe o valor da primeira coluna do vetor. A cada iteração, i recebe o valor subsequente do vetor, até chegar ao último elemento do vetor. Veja um exemplo: deseja-se determinar os 5 primeiros termos de progressão geométrica, onde o primeiro termo é 2 e a razão é 2.

```
% Arquivo teste1.m

pg(1)=2;        % primeiro termo da progressão geométrica
razao=2;
for i=2:5
    pg(i)=pg(i-1)*razao
end
```

No *workspace*:

```
» teste1

pg =
     2    4

pg =
     2    4    8

pg =
     2    4    8    16

pg =
     2    4    8    16   32
```

Note que, como não foi colocado ';' na expressão de **pg**, cada vez que o comando é executado dentro do *loop* o valor de **pg** é mostrado.

☐ **while**

O comando **while** é usado quando se deseja que um bloco de comandos seja executado enquanto uma ou mais condições dadas forem verdadeiras. Neste caso, não se saberá, antecipadamente, quantas vezes o bloco de comandos será executado. A estrutura do comando **while** é mostrada a seguir:

```
while  condições
     comando1
     comando2 ...
end
```

Veja um exemplo:

```
% Arquivo teste2.m

x=0;  a=2;  b=-3;
while (x+a+b<10)
    a=a+0.5;
    x=x+1;
    b=b+2;
    s=a+b+x
end
```

No *workspace*:

```
» teste2

s =
    2.5000
s =
    6
s =
    9.5000
s =
    13
```

Na primeira vez que o MATLAB entra no **while**, ele verifica se a condição $x + a + b < 10$ é verdadeira, que neste caso é $x + a + b = -1$. Então, todos os comandos internos são executados. A seguir, a condição é novamente verificada. Se for verdadeira, os comandos internos são executados outra vez. Se não, o *loop* acaba.

☐ **if – else – end**

Este tipo de estrutura é utilizada quando se deseja que um bloco de comandos seja executado apenas se uma condição for verdadeira. E se essa condição não for verdadeira, um outro bloco de comandos pode ser executado. Esta última parte é opcional. Note que esta estrutura não é um *loop*, como no caso de **for** e **while**. A estrutura mais simples é da seguinte forma:

Estrutura	Exemplo	

if condição
   comando1
   comando2 ....
end
 	
Os comandos entre **if** e **end** só serão executados se a condição for verdadeira.
	% Arquivo teste3.m
	
	l=input('Número de lapis>');
	preco=l*2;
	if l>10
	   preco=0.5*l*2;
	end
	disp(preco)
		No *workspace*:
		» teste3
		Número de lapis>9
		Preco =
		   18
		
		» teste3
		Número de lapis>11
		Preco =
		   11

Agora uma estrutura usando **else**:

```
if condição1
    comandos executados se condição 1 for verdadeira
else
    comandos executados se condição 1 não for verdadeira
end
```

Como exemplo, um programa simples para calcular as raízes reais de uma equação de segundo grau:

```
% Arquivo teste4.m

a=input('Forneça a>');
b=input('Forneça b>');
c=input('Forneça c>');
delta=b^2–4*a*c

if delta>0
  x1=(–b+delta^(0.5))/2*a
  x2=(–b-delta^(0.5))/2*a
else
  disp('Não possui raízes reais')
end
```

No *workspace*:

```
» teste4
Forneça a>1
Forneça b>–1
Forneça c>5

delta =
      –19
```

Não possui raízes reais

```
» teste4
Forneça a>1
Forneça b>–5
Forneça c>1

delta =
      21

x1 =
    4.7913
x2 =
    0.2087
```

Pode-se também usar vários **if**'s numa mesma estrutura:

```
if expressão1
    comandos executados se expressão1 for verdadeira
elseif expressão2
```

```
        comandos executados se expressão2 for verdadeira ....
else
        comandos executados se nenhuma das expressões anteriores
        for verdadeira
end
```

Veja o exemplo abaixo:

```
% Arquivo teste5.m

Re=input('Forneça o número de Reynolds>');
if Re<2
  Cd=24/Re
elseif (Re>=2)&(Re<=486)
  Cd=18*Re^(–0.6)
elseif (Re>486)&(Re<200000)
  Cd=0.44
end
```

No *workspace*:

```
» teste5
Forneça o número de Reynolds>1.5

Cd =
      16

» teste5
Forneça o número de Reynolds>500

Cd =
      0.4400
```

☐ switch-case

Quando é necessário fazer vários testes de igualdade em relação a um mesmo argumento, utiliza-se uma estrutura do tipo **switch-case**.

```
switch   expressão
    case teste1
        comandos executados se o 1º teste for verdadeiro
    case teste2
        comandos executados se o 2º teste for verdadeiro ...
    otherwise
        comandos executados se nenhum teste for verdadeiro
end
```

Como exemplo, um programa que converte algumas unidades de comprimento para metros (m).

```
% Arquivo teste6.m

n0=20;
unidade=input('Informe a unidade de comprimento:')
switch unidade
```

```
case {cm}
   n=no/100
case {mm}
   n=n0/1000
case {Km}
   n=n0*1000
otherwise
   disp('Unidade não conhecida.')
end
```

No *workspace*:

```
» teste6
Informe a unidade de comprimento: 'cm'

unidade =
      cm

n =
    0.2000

» teste6
Informe a unidade de comprimento>'km'

unidade =
km

n =
    20000


» teste6

Informe a unidade de comprimento>'dm'

unidade =
dm

Unidade não conhecida.
```

A4.9 ALGUNS COMANDOS ÚTEIS

who – mostra as variáveis existentes no espaço de trabalho (*workspace*). O comando **whos** dá informações mais detalhadas sobre cada variável.

```
» who

Your variables are:

A        aBc       ans
R        abc       b
```

```
» whos
   Name    Size    Elements    Bytes    Density    Complex

     A     3 by 3      9         72       Full        No
     R     1 by 6      6         48       Full        No
    aBc    1 by 1      1          8       Full        No
    abc    1 by 1      1          8       Full        No
    ans    1 by 1      1          8       Full        No
     b     1 by 5      5         40       Full        No

Grand total is 23 elements using 184 bytes
```

☐ **clear** – para apagar uma ou mais variáveis específicas:

```
» clear A aBc abc b
» who

Your variables are:
R
```

Para apagar todas as variáveis existentes no espaço de trabalho (*workspace*):

```
» clear all
» who

Your variables are:
»
```

☐ **clc** – limpa a tela de trabalho

5 Introdução ao SIMULINK

SIMULINK é um programa que acompanha o MATLAB, formando um "pacote" para simulação dinâmica. Dispõe de uma "graphical user interface" (GUI) que é usada na construção de diagramas de blocos, conduzir simulações e analisar resultados.

Os modelos são hierárquicos tal que é possível visualizar o sistemas em alto nível, e, com o mouse, descer através dos diferentes níveis.

Os objetivos deste APÊNDICE são: (i) introduzir o pacote de modelagem e simulação SIMULINK, (ii) apresentar as bibliotecas e os blocos fundamentais para construção de modelos, e (iii) construir e simular modelos de processos simples utilizando conjuntos de equações diferenciais ordinárias ou funções de transferência.

A5.1 CARACTERÍSTICAS DO SIMULINK

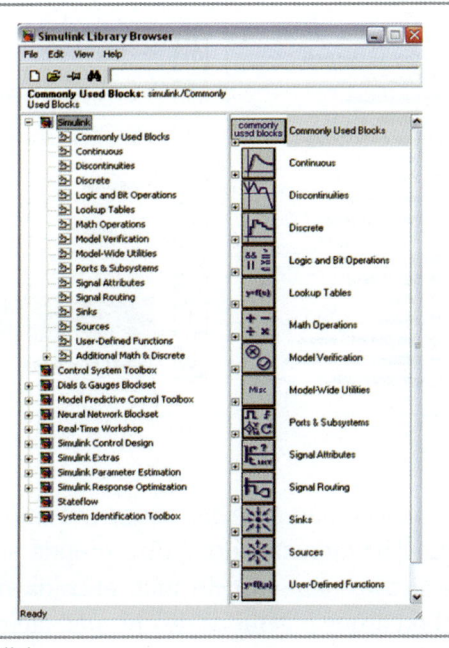

Figura A5.1 Biblioteca *Simulink*

Trata-se de um pacote para modelagem, simulação e análise de modelos dinâmicos com interface gráfica que permite construir os modelos como diagramas de blocos. Dispõe de várias bibliotecas de blocos disponíveis ("built-in") e sua funcionalidade pode ser estendida por blocos criados pelo usuário, incluindo códigos em linguagem .m. No *Command Window*, inicia-se o SIMULINK com o comando **simulink**. Observa-se o surgimento do *Simulink Library Browser*, como mostrado anteriormente.

Esta é a principal janela do SIMULINK, onde estão dispostas as bibliotecas de blocos. Os blocos estão agrupados por propósito ou funcionalidade. Para os propósitos desta introdução, serão necessários apenas os blocos da biblioteca Simulink. Expandindo-se a biblioteca Simulink, encontra-se a sua lista de sub-bibliotecas. Para esta introdução, utilizam-se apenas as sub-bibliotecas *Continuous* (sistemas contínuos), *Math* (Matemática), *Sinks* (Saídas de simulação) e *Sources* (Entradas de simulação).

A5.2 BIBLIOTECA *SOURCES*

A sub-biblioteca *Sources* possui uma lista de entradas de simulação (geradores de entradas), comumente empregadas na análise dinâmica de sistemas de controle, a exemplo do degrau e de onda senoidal.

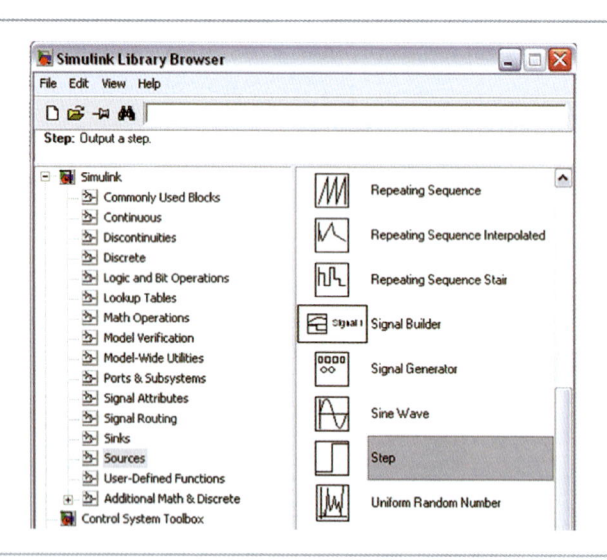

Figura A5.2 Biblioteca *Sources*

Uma entrada de simulação não é necessariamente um bloco que executa uma função matemática (como os mencionados pulso e onda senoidal), podendo também ser um objeto de armazenamento de uma entrada do modelo (variável do *workspace* do MATLAB ou arquivo gerador de entrada, além daquelas já implementada no SIMULINK).

A5.3 BIBLIOTECA *SINKS*

A sub-biblioteca *Sinks* possui uma lista de saídas de simulação (visualização ou armazenamento de variáveis). Uma saída de simulação pode não ser apenas uma saída do modelo (para arquivo ou variável para *workspace*), mas também um objeto de visualização (gráfico) das variáveis do modelo.

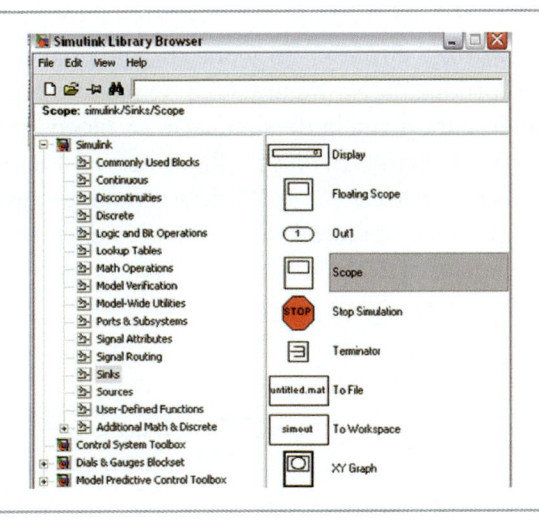

Figura A5.3 Biblioteca *Sinks*

A5.4 BIBLIOTECA *CONTINUOUS*

Expandindo a sub-biblioteca *Continuous*, encontra-se uma lista de blocos de funções aplicáveis a sistemas contínuos:

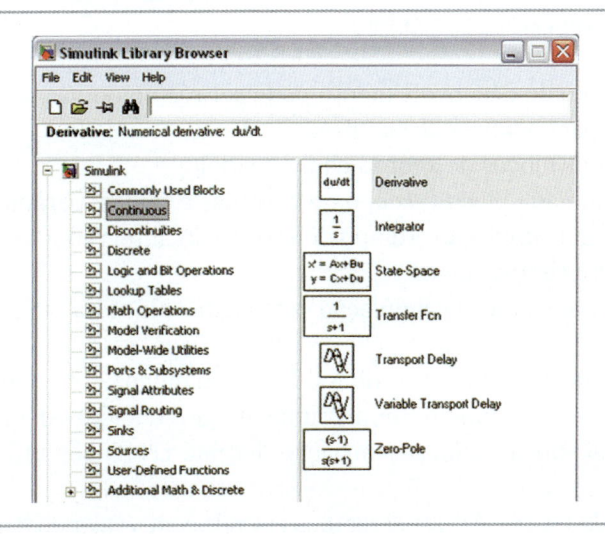

Figura A5.4 Biblioteca *Continuous*

Entre estes blocos encontram-se derivação e integração numéricas, sistemas em espaço de estados, funções de transferência (para a simulação de sistemas em espaço de frequências) e o bloco zeros-e-polos (funções de transferência com numerador e denominador fatorados).

A5.5 CRIANDO UMA JANELA DE SIMULAÇÃO

Para criar uma nova simulação do SIMULINK, clique no ícone de *Create a New Model* no *Simulink Library Browser* (o ícone da folha em branco). A janela que surgirá encontra-se reproduzida Na Figura A5.5. O modelo a simular é construído visualmente, arrastando para a janela de simulação os blocos selecionados das sub-bibliotecas do *Simulink Library Browser*. Ilustra-se na Figura A5.5, a janela do *Simulink Library Browser* e a *Janela do Modelo* (ainda sem título) arranjadas lado a lado para permitir uma fácil operação de seleção e arraste (exemplificado com o bloco Degrau, já arrastado para a janela *Untitled*. Após construir o modelo, a simulação é configurada e executada.

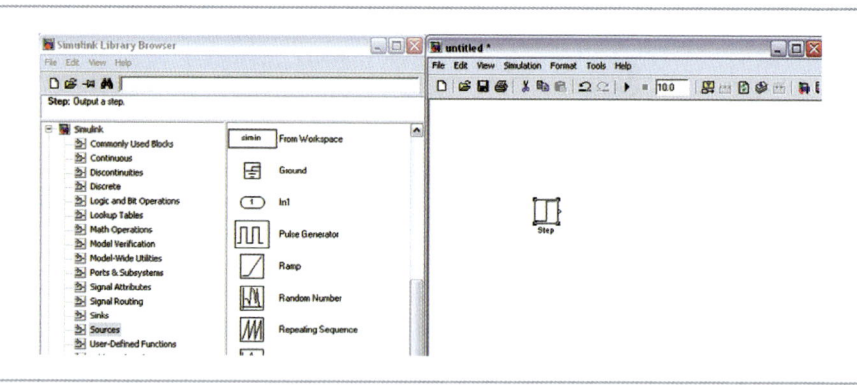

Figura A5.5 Construindo um modelo SIMULINK

O procedimento de desenvolvimento pode ser resumido nas seguintes etapas:
1. arrastar para a janela de simulação os blocos desejados;
2. conectar os blocos de acordo com o modelo;
3. configurar cada bloco (escopo de entradas e saídas, parâmetros etc.);
4. configurar a simulação (tempo de simulação, integrador etc.);
5. executar a simulação; e
6. visualizar as saídas da simulação com alguns bloco da biblioteca *Sink*.

Para exemplificar a simulação de modelos dinâmicos com o SIMULINK, considera-se, como primeiro exemplo, simular uma função senoidal. Além disso, a frequência dessa senoidal sofrerá uma perturbação degrau. Os blocos utilizados neste modelo são:

❑ *Simulink/Sources/Clock*: gerar uma entrada com o valor do tempo de simulação.

- ☐ *Simulink/Sources/Step*: gerar uma entrada-degrau.
- ☐ *Simulink/MathOperations/Product*: calcular um produto de entradas.
- ☐ *Simulink/MathOperations/Trigonometric Function*: calcular sobre uma entrada uma função trigonométrica (neste caso, o seno).
- ☐ *Simulink/Sinks/Scope*: mostrar graficamente o resultado da simulação em gráfico semelhante a um osciloscópio.

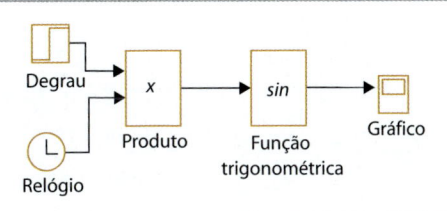

Figura A5.6 Exemplo A5.1 – diagrama de blocos

O modelo está mostrado na Figura A5.6. Nota-se que cada bloco possui conectores de entrada e/ou saída (à esquerda e/ou à direita do bloco, respectivamente). Para conectar os blocos, basta clicar sobre um conector e arrastar o mouse até outro.

A próxima etapa é configurar os blocos. Neste caso, é preciso configurar apenas o bloco *Step* (a função trigonométrica padrão é o seno) para um valor-base de 1, um tempo de degrau de 5 (instante da aplicação da perturbação) e um valor perturbado de 2 (amplitude do degrau aplicado). Para configurar o bloco, dá-se um duplo-clique sobre ele.

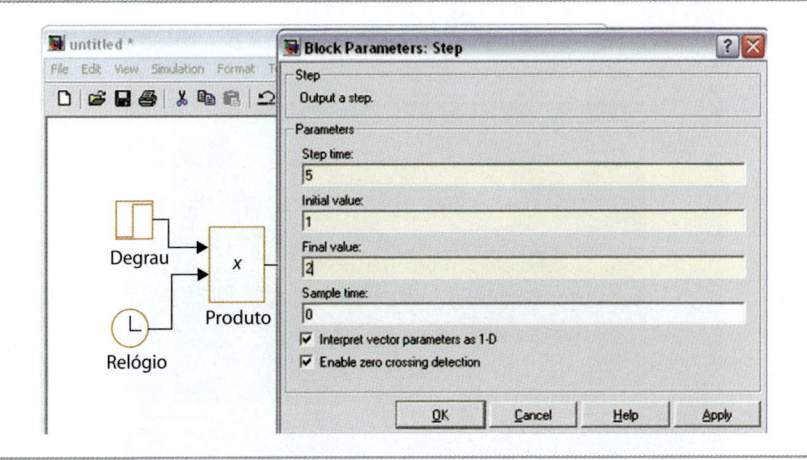

Figura A5.7 Configuração do bloco degrau

Por último, é preciso configurar a simulação. Neste caso, deseja-se apenas configurar o tempo de simulação, começando em $t = 0$ e durando até $t = 10$. No menu, escolhe-se *Simulation*, e *Configuration Parameters*.

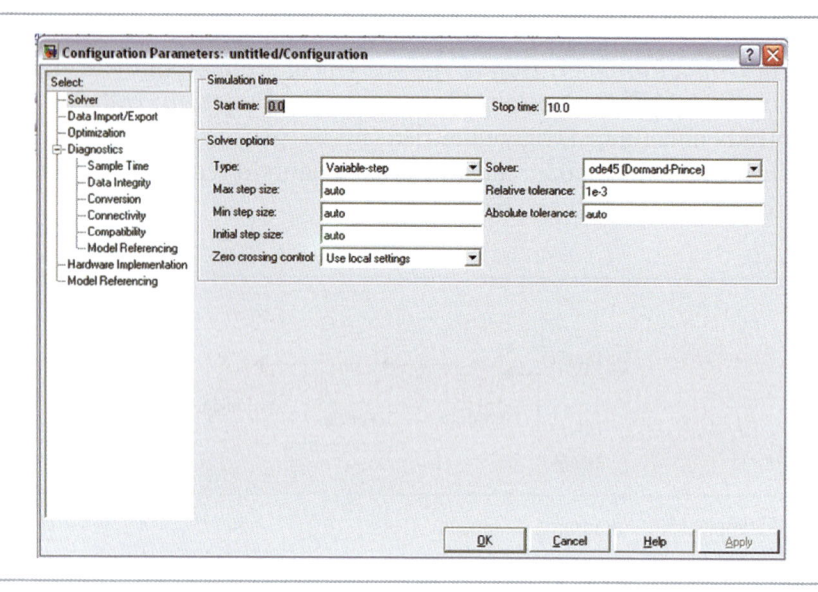

Figura A5.8   Exemplo A4.1 – configuração da simulação

Estando a simulação configurada, pode-se executá-la escolhendo-se no menu *Simulation* e *Start*. Após o término da simulação, basta dar um duplo-clique sobre o bloco *Scope* para visualizar a saída.

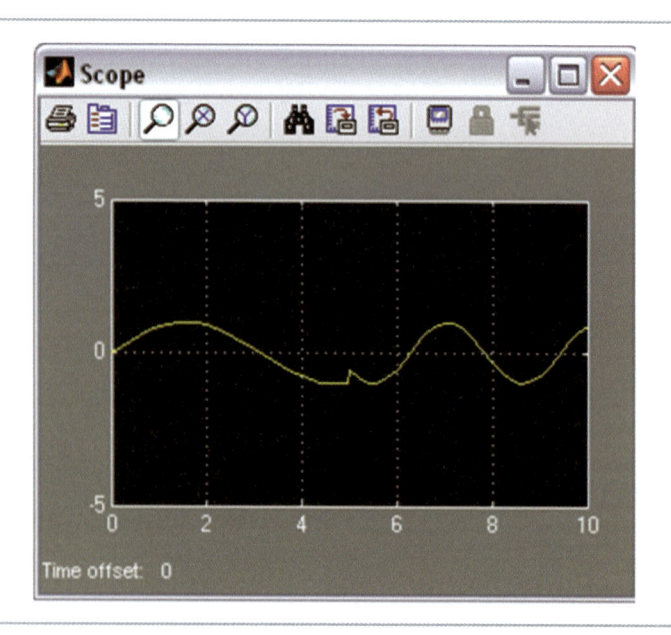

Figura A5.9   Exemplo A5.1 – resultado da simulação

Um segundo exemplo, com realimentação da saída através de controlador, ilustra um sistema descrito com funções de transferência. O sistema é descrito pelas equações:

$$U(s) = K\left[Y_{REF}(s) - Y(s)\right] \tag{A5.1}$$

$$Y(s) = \frac{5}{s+6}U(s) + \frac{2,5}{s+1}D(s) \tag{A5.2}$$

Representadas no diagrama de blocos da Figura A5.10.

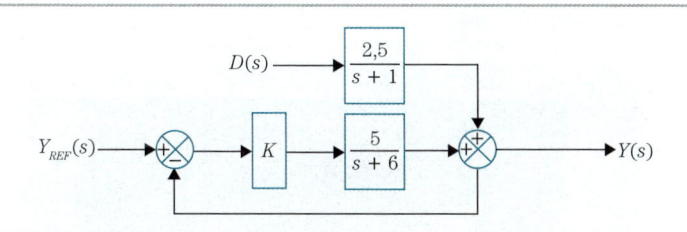

Figura A5.10 Exemplo A5.2 – diagrama de blocos

Para simular o sistema da Figura A5.10, considerando-se YREF(s) e D(s) constantes, este exemplo utiliza, além dos blocos já mostrados, os seguintes:

- *Simulink/Continuous/Transfer Fcn*: calcula o valor da função de transferência de uma entrada.
- *Simulink/MathOperations/Gain*: multiplica uma entrada por um ganho (pode ser constante ou não).
- *Simulink/MathOperations/Sum*: soma as entradas.
- *Simulink/Sources/Constant*: gera uma entrada constante.

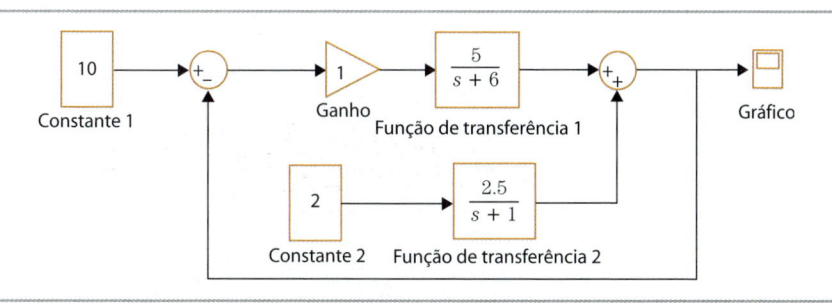

Figura A5.11 Exemplo A5.2 – modelo SIMULINK

Para configurar os blocos *Constant* e *Gain* basta fornecer os valores das constantes e do ganho (neste caso, também constante). A configuração das funções de transferência exige entrar com os coeficientes do polinômio do numerador e do polinômio do denominador, em ordem decrescente de potência de s (a ordem é igual ao número de coeficientes menos 1).

A configuração do bloco *Sum* requer introduzir uma lista de sinais, indicando soma ou subtração de cada uma das entradas. O caractere "|" é usado como separador de entradas (para a disposição visual). Também é possível escolher entre duas formas para o bloco: retangular e circular.

Com os valores escolhidos para $YREF(s)$ e $D(s)$, configura-se esta simulação para um intervalo de tempo $t = [0,1]$. Não é preciso alterar nenhum outro parâmetro da simulação. O resultado da simulação está mostrado na Figura A5.12.

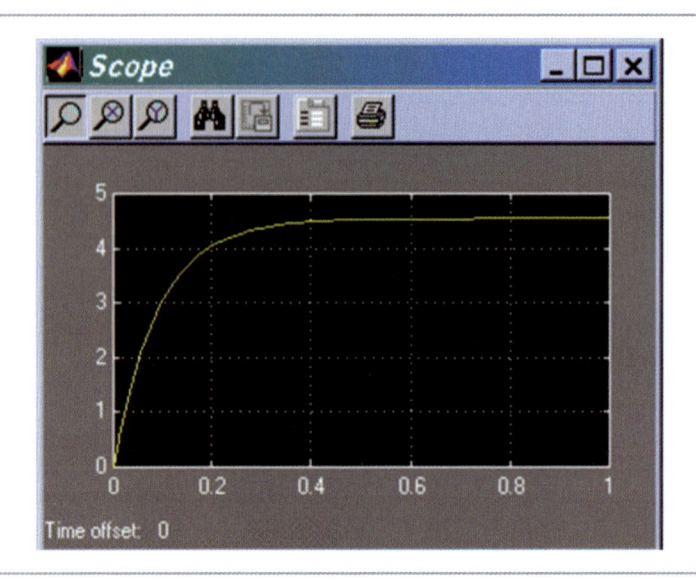

Figura A5.12 Exemplo A5.2 – resultado da simulação

É importante destacar que o bloco de Funções de Transferência do SIMULINK trabalha com variáveis-desvio: na simulação, para $t = 0$, o valor da variável de estado simulada é 0. Assim, para exibir na saída visual (bloco *Scope*) o valor absoluto do estado, é preciso adicionar a ele seu valor de estado estacionário, conforme mostrado na Figura A5.13.

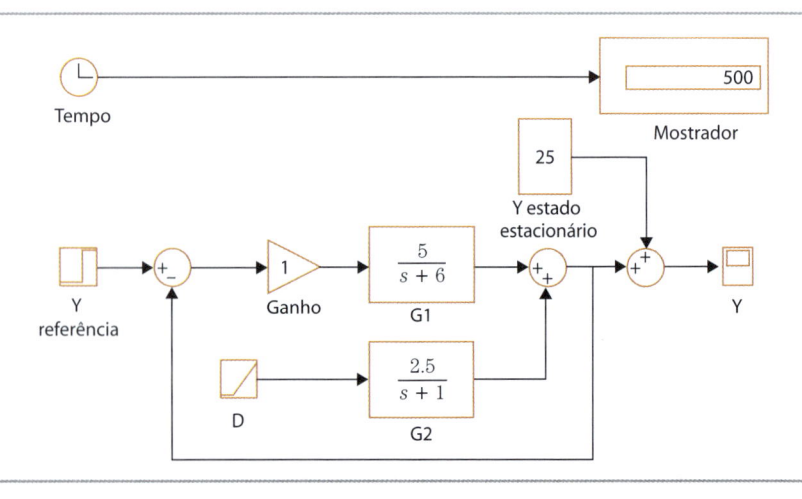

Figura A5.13 Exemplo A5.2 – somando estado estacionário à saída do modelo

Na Figura A5.14, recursos de formatação dos blocos foram empregados:

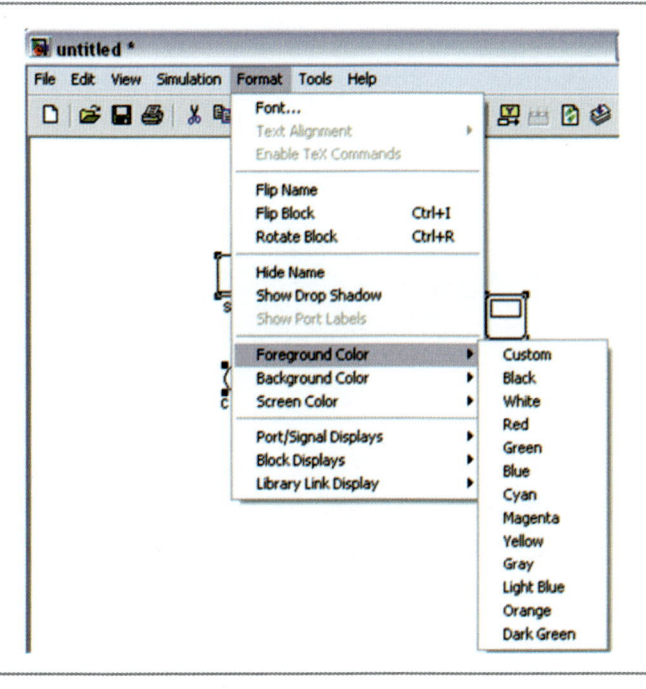

Figura A5.14 Exemplo A5.2 – formatando cores dos blocos

Diversos outros modelos estão disponíveis no *Simulink Library Browser* e o leitor é fortemente recomendado a explorá-los.

6 *Toolbox* de Controle

A6.1 MODELOS LTI

Os modelos LTI (lineares invariantes no tempo, *linear time invariant*) estão disponíveis em três formatos:

a) Função de Transferência

```
sys = tf(num,den) % transfer function

>> num=[1]; den=[10 1];
>> sys=tf(num,den)

Transfer function:
      1
-----------
 10 s + 1
```

O objeto LTI *sys* encapsula os dados do modelo

```
>> get(sys)
         num: {[0 1]}
         den: {[10 1]}
      ioDelay: 0
     Variable: 's'
           Ts: 0
   InputDelay: 0
  OutputDelay: 0
    InputName: {''}
   OutputName: {''}
   InputGroup: [1x1 struct]
  OutputGroup: [1x1 struct]
         Name: ''
        Notes: {}
     UserData: []
```

Os dados podem ser alterados pelo comando set, conforme ilustrado a seguir, para inclusão de tempo morto e nome da variável de entrada:

```
>> set(sys,'OutputDelay',2,'InputName','Nível do Separador')
>> get(sys)
            num: {[0 1]}
            den: {[10 1]}
        ioDelay: 0
       Variable: 's'
             Ts: 0
     InputDelay: 0
    OutputDelay: 2
      InputName: {'Nível do Separador'}
     OutputName: {''}
     InputGroup: [1x1 struct]
    OutputGroup: [1x1 struct]
           Name: ''
          Notes: {}
       UserData: []

>> sys

Transfer function from input "Nível do Separador" to output:
                 1
exp(-2*s) * -----------
              10 s + 1
```

b) Variáveis de Estado

O modelo linear pode ser representado em variáveis de estado

$$\begin{cases} \dfrac{d\underline{x}(t)}{dt} = \underline{\underline{A}}\underline{x}(t) + \underline{\underline{B}}\underline{u}(t) \\ \underline{y}(t) = \underline{\underline{C}}\underline{x}(t) + \underline{\underline{D}}\underline{u}(t) \end{cases}$$

```
>>A = -0.1; B = 1; C = 0.1; D = 0;

>> g=ss(A,B,C,D)

a =
    x1
  x1 -0.1

b =
    u1
  x1    1

c =
    x1
  y1   0.1
```

```
d =
   u1
   y1    0
```

Continuous-time model.

Dado o seguinte modelo em variáveis de estado:

$$\frac{dx_1(t)}{dt} = x_2(t)$$

$$\frac{dx_2(t)}{dt} = 4x_1(t) - 2x_2(t) + 2u(t)$$

$$y(t) = x_1(t)$$

o modelo é criado com os seguintes comandos:

```
>> A=[0,1;-4,-2]; B=[0;2]; C=[1,0]; D=[0];
>> ss1=ss(A,B,C,D)

a =

    x1  x2
    x1   0   1
    x2  -4  -2

b =
    u1
    x1   0
    x2   2

c =
    x1  x2
    y1   1   0

d =
    u1
    y1   0
```

Continuous-time model.

A conversão para o formato de função de transferência é obtida a seguir:

```
>> tf(ss1)

Transfer function:
        2
---------------------
s^2 + 2 s + 4
```

O objeto LTI correspondente é listado com o comando a seguir:

```
>> get(g)
                    a: −0.1
                    b: 1
                    c: 0.1
                    d: 0
                    e: []
           StateName: {''}
       InternalDelay: [0x1 double]
                  Ts: 0
          InputDelay: 0
         OutputDelay: 0
           InputName: {''}
          OutputName: {''}
          InputGroup: [1x1 struct]
         OutputGroup: [1x1 struct]
                Name: ''
               Notes: {}
            UserData: []
```

c) Zero-Polo-Ganho

Alternativamente, uma função de transferência pode ser informada com fatoração do denominador (np polos) e do numerador (nz zeros):

$$G(s) = K\frac{(s - z_1)...(s - z_{nz})}{(s - p_1)...(s - p_{np})}$$

```
>> sys = zpk([10 5],[2 4 20],3)

Zero/pole/gain:
    3 (s−10) (s−5)
  -----------------------
  (s−2) (s−4) (s−20)

>> get(SYS)
                    z: {1x1 cell}
                    p: {1x1 cell}
                    k: 3
              ioDelay: 0
        DisplayFormat: 'roots'
             Variable: 's'
                   Ts: 0
           InputDelay: 0
          OutputDelay: 0
            InputName: {''}
           OutputName: {''}
           InputGroup: [1x1 struct]
          OutputGroup: [1x1 struct]
                 Name: ''
                Notes: {}
             UserData: []
```

A Figura A6.1 ilustra as três alternativas.

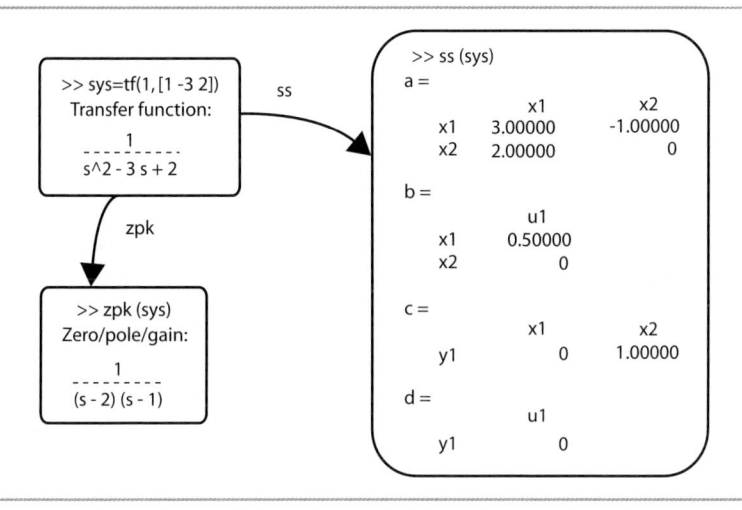

Figura A6.1 Modelos LTI

d) Interconversão dos formatos LTI

A representação **SS** pode ser obtida a partir do objeto criado pelo comando **tf** (ilustrado anteriormente), mediante conversão com o comando **tf2ss**, e vice-versa com o comando **tf2ss**. Analogamente, **tf** e **zpk** podem ser interconvertidos:

```
>> help tf2zpk
TF2ZPK  Discrete-time transfer function to zero-pole conversion.
    [Z,P,K] = TF2ZPK(NUM,DEN) finds the zeros, poles, and gain:

             (z–Z(1))(z–Z(2))...(z–Z(n))
    H(z) = K ---------------------------------
             (z–P(1))(z–P(2))...(z–P(n))

    from a single-input, single-output transfer function in polynomial form:

             NUM(z)
    H(z) = ------------
             DEN(z)

    EXAMPLE:
    [b,a] = butter(3,.4);
    [z,p,k] = tf2zpk(b,a)

    Reference page in Help browser
        doc tf2zpk

>> help ss2tf
SS2TF  State-space to transfer function conversion.
    [NUM,DEN] = SS2TF(A,B,C,D,iu) calculates the transfer function:
```

$$H(s) = \frac{NUM(s)}{DEN(s)} = C(sI–A)^{-1} B + D$$

of the system:

$\dot{x} = Ax + Bu$
$y = Cx + Du$

from the iu'th input. Vector DEN contains the coefficients of the denominator in descending powers of s. The numerator coefficients are returned in matrix NUM with as many rows as there are outputs y.

```
>> help tf2ss
```
TF2SS Transfer function to state-space conversion.
    [A,B,C,D] = TF2SS(NUM,DEN) calculates the state-space representation:

$\dot{x} = Ax + Bu$
$y = Cx + Du$

of the system:

$$H(s) = \frac{NUM(s)}{DEN(s)}$$

from a single input. Vector DEN must contain the coefficients of the denominator in descending powers of s. Matrix NUM must contain the numerator coefficients with as many rows as there are outputs y. The A,B,C,D matrices are returned in controller canonical form. This calculation also works for discrete systems

For discrete-time transfer functions, it is highly recommended to make the length of the numerator and denominator equal to ensure correct results. You can do this using the function EQTFLENGTH in the Signal Processing Toolbox. However,this function only handles single-input single-output systems.

e) Interconversão de Sistemas Contínuos para Sistemas Discretos Um modelo LTI contínuo pode ser convertido em modelo discreto pela sintaxe:

```
>> sysdis=c2d(syscont,Ts,metodo)
```

onde Ts é o period de amostragem. **metodo** é uma *string* que define o método de discretuzação a ser usado, escolhido entre os seguintes:
- ☐ 'zoh' para retentor de ordem zero;
- ☐ 'foh' para retentor de primeira ordem;
- ☐ 'tustin' para i método de transformaão bilinear de Tustin
- ☐ 'prewarp' para o método de Tustin com prewarping de frequência
- ☐ 'matched' para o método de emparelhamento zero-polo.

Como exemplo, segue a discretização de um modelo contínuo (função de transferência) com tempo morto, considerando retentor de ordem zero.

```
>> K=2; T=4; num=[K,0]; den=[T,1]; Tdelay=1;
>> Hcont4=tf(num,den,'OutputDelay',Tdelay);
>> Ts=0.2;
>> Hdis4=c2d(Hcont4,Ts,'zoh')
Transfer function:
            0.5 z – 0.5
z ^ (–5) * --------------
            z – 0.9512
Sampling time: 0.2
```

Para conversão de LTI discretos para LTI contínuos, tem-se a função "d2c".

A6.2 ÁLGEBRA DE MODELOS LTI

Os modelos criados pelos comandos **tf**, **SS** e **zpk**, são combinados algebricamente para obtenção de funções de transferência globais, como a função de transferência de uma malha de controle *feedback*:

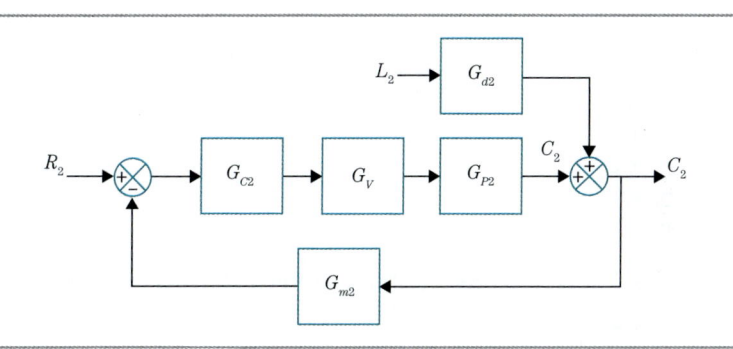

Figura A6.2 Malha *feedback*

Para ilustrar o procedimento, considere:

$$G_{C2} = 5, \ G_V = \frac{5}{3s+1}, \ G_{P2} = \frac{10}{20s+1} \ \text{e} \ G_{m2} = \frac{0{,}3}{0{,}2s+1}:$$

```
>> Gc2=5;Gv=tf([5],[3 1]); Gp2=tf([10],[20 1]);
>> Gm2=tf([0.3],[0.2 1]); Gv=tf([0.3],[0.2 1]);
>> GMF2=Gc2*Gv*Gp2/(1+Gc2*Gv*Gp2*Gm2)
```

Transfer function:

```
        12 s ^ 3 + 120.6 s ^ 2 + 306 s + 15
---------------------------------------------------------------
3.2 s ^ 5 + 48.32 s ^ 4 + 244.8 s ^ 3 + 442.1 s ^ 2 + 131.5 s + 5.5
```

```
>> get(GMF2)
            num:  {[0 0 12 121 306 15]}
            den:  {[3.2 48.3 245 442 132 5.5]}
        ioDelay:  0
       Variable:  's'
             Ts:  0
     InputDelay:  0
    OutputDelay:  0
      InputName:  {''}
     OutputName:  {''}
     InputGroup:  [1x1 struct]

    OutputGroup:  [1x1 struct]

           Name:  ''
          Notes:  {}
       UserData:  []
```

As raízes da Equação Característica da malha fechada (denominador de G_{MF2}) são obtidas como:

```
>> roots(GMF2.den{1})
```

ans =

```
     −5.9744
     −5.0000
     −3.7704
     −0.3052
     −0.0500
```

Os modelos LTI são aplicáveis a sistemas multivariáveis:

```
>> h = [0 tf(1,[1 0]);
tf([1 1],[1 1 1]) 2 ]
```

```
Transfer function from input 1 to output...
#1:  0
            s + 1
#2:  ------------------
         s^2 + s + 1
```

```
Transfer function from input 2 to output...
            1
#1:  −
            s

#2:  2
```

Alternativamente, pode-se empregar na álgebra de blocos os comandos **series** e **parallel**.

```
>> k1=1; k2=2; k3=3; k4=4;
Ha=tf(k1,[1,k2]);
Hb=tf(k3,[1,k4]);
```

Conectando Ha(s) e Hb(s) em série, ou seja Hser(s) sendo Ha(s)·Hb(s):

```
>> Hser=series(Ha,Hb)
```

Transfer function:

```
           3
    --------------------
    s^2 + 6 s + 8
```

Conectando Ha(s) e Hb(s) em paralelo, ou seja Hpar(s) sendo Ha(s)+Hb(s):

```
>> Hpar=parallel(Ha,Hb)
```

Transfer function:

```
       4 s + 10
    --------------------
    s^2 + 6 s + 8
```

Finalmente, Ha(s) e Hb(s) podem ser conectaos em malha *feedback* com Ha(s) no caminho direto e Hb(s) no caminho *feedback*:

```
>> feedbsign=-1; Hfeedb=feedback(Ha,Hb,feedbsign)
```

Transfer function:

```
         s + 4
    ---------------------
    s^2 + 6 s + 11
```

A variável *feedbsign* é o sinal do *feedback*, podendo ser –1 (quando pode ser omitido) ou 1. A função de transferência Hfeedb(s) é dada por:

```
Hfeedb=Ha/[1-feedbsign*Ha*Hb]
```

Transfer function:
```
         s^2 + 6 s + 8
    -------------------------------------
    s^3 + 8 s^2 + 23 s + 22
```

A6.3 RESPOSTAS DE SISTEMAS LINEARES

A resposta a de um modelo LTI a perturbações degrau unitário são simuladas com a rotina **step**, exemplificada a seguir para a malha *feedback* da Figura A6.3, para um degrau unitário no *setpoint* R2.

```
>> step(GMF2)
```

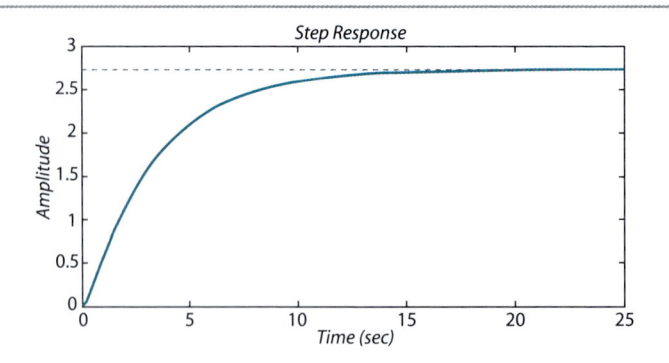

Figura A6.3 Resposta ao degrau unitário

A resposta a um impulso é obtida com a função **impulse**

>>impulse(GMF2)

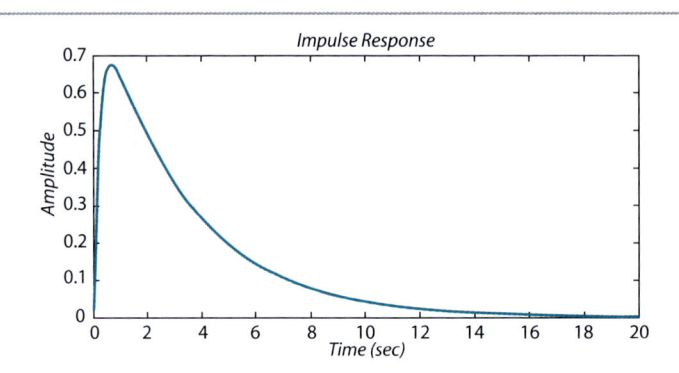

Figura A6.4 Resposta ao impulso

Para uma entrada genérica, está disponível a função

>> t = 0:0.01:5;   u = sin(t);   lsim(GMF2,u,t)

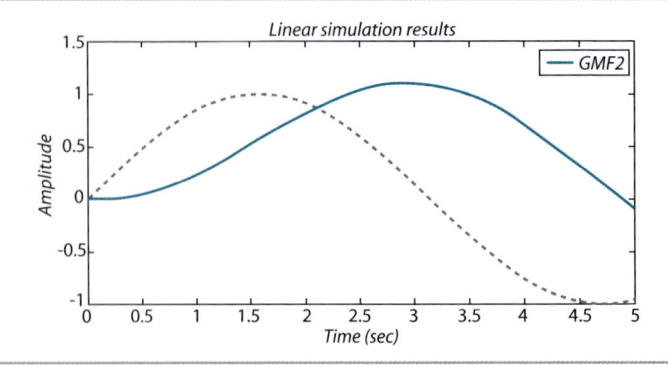

Figura A6.5 Resposta a uma entrada genérica $u = sen(t)$

Para gerar o sinal de entrada, pode-se utilizar a função "**gensig**", que produz ondas senoidais, ondas quadradas ou pulsos periódicos. Para exemplificar, simula-se H1c(s) submetido a uma entrada senoidal, u, com período Tp = 0,5, tempo final Tf = 10, e passo temportal Tstep = 0,01:

```
n1=[1,0.5]; d1=[1,2,4];
H1c=tf(n1,d1)
Tp=0.5; Tf=10; Tstep=0.01; [u,t]=gensig('sin',Tp,Tf,Tstep);
lsim(H1c,u,t)
```

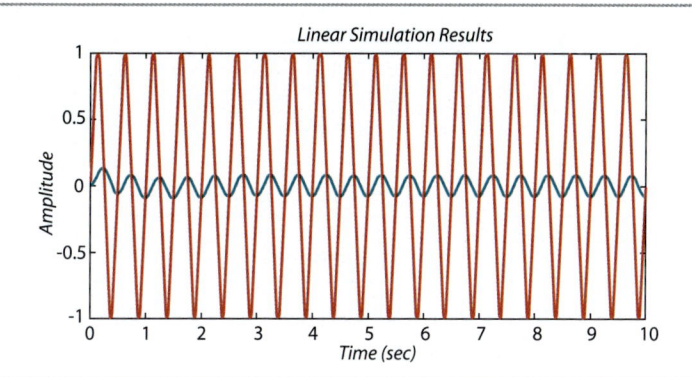

Figura A6.6 Uso de gensig

A6.4 DIAGRAMAS DE BODÉ E NYQUIST

A resposta frequencial pode ser realizada com os diagramas de Bodé e Nyquist dos modelos LTI. Para exemplificar, considere a malha *feedback* da Figura A6.1. O diagrama de Bodé da malha aberta $G_{MA2} = G_{c2}\, G_v\, G_{m2}\, G_{p2}$ é

>> bode(Gc2*Gv*Gp2*Gm2)

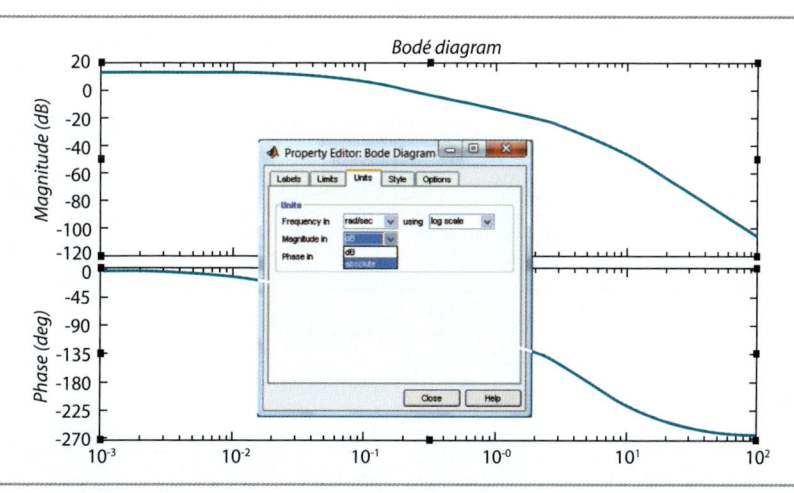

Figura A6.7 Diagrama de Bodé de G_{MA2} – default produz magnitude em dB (a figura indica como alterar para valor absoluto)

O diagrama de Nyquist equivalente é

```
>> nyquist(Gc2*Gv*Gp2*Gm2)
```

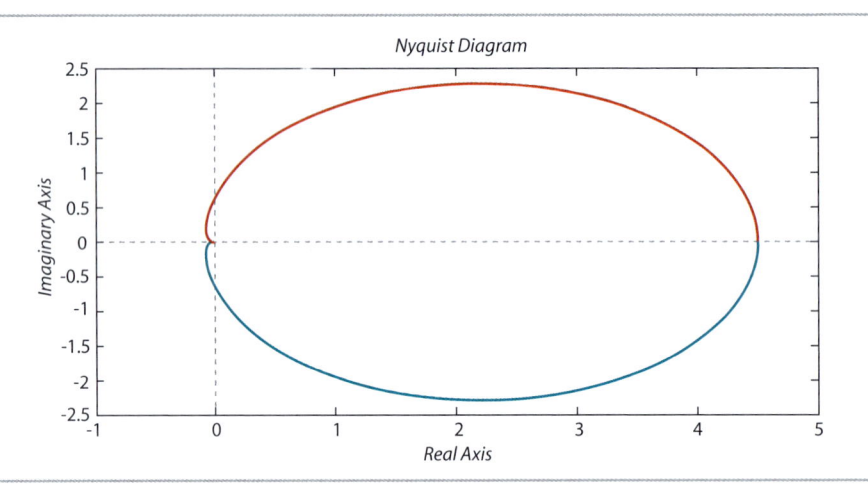

Figura A6.8 Diagrama de Nyquist de G_{MA2} – *default* produz curva para frequências positivas (ilustrada em vermelho) e negativas (em azul)

A6.5 MARGENS DE GANHO E DE FASE

```
>> margin(Gc2*Gv*Gp2*Gm2)
```

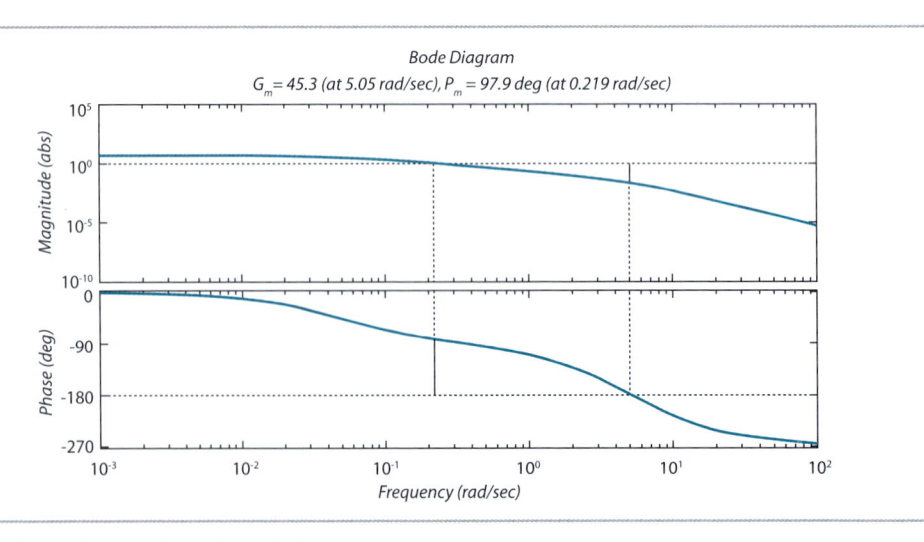

Figura A6.9 Margens de ganho e de fase

A6.6 LUGAR DAS RAÍZES

Para plotar os polos do sistema em malha fechada com $G_{MA} = K L_0(s) = K G_V(s)$ $G_{P2}(s) G_{m2}(s)$, executa-se o comando:

```
>>rlocus(Gv*Gp2*Gm2),sgrid
```

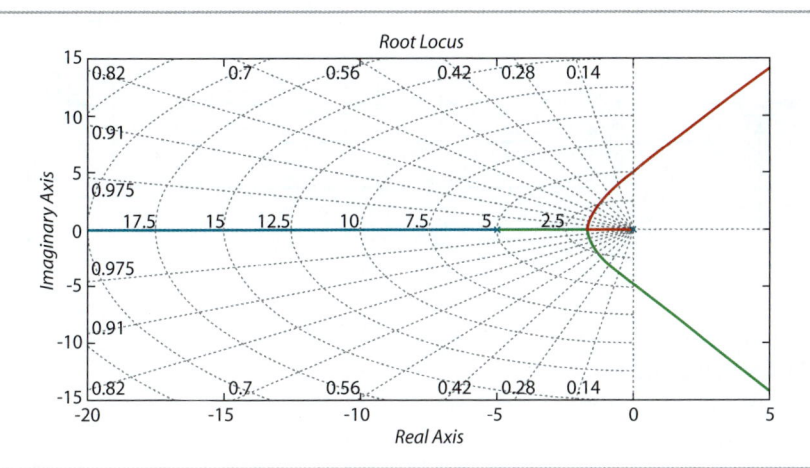

Figura **A6.10** Lugar das raízes para malha *feedback* da Figura A6.2

A Figura A6.10, o MATLAB seleciona os próprios valores de K. Para suprimir o default e introduzir valores desejados de K, executa-se o comando **rlocus(Gv*Gp2*Gm2,k0)** (k0, obviamente, deverá ser criado antes da execução do comando). A localização dos polos pode ser escolhida com o comando "**rlocfind**". Como exemplo, busca-se o valor aproximado de K que coloca os polos da malha fechada no eixo imaginário (o limite de estabilidade do sistema):

```
>> [k0,pole0]=rlocfind(Gv*Gp2*Gm2)
Select a point in the graphics window
selected_point =
  –0.0072 + 5.0098i
k0 =
  222.7806
pole0 =
  –10.0150
   –0.0175 + 5.0149i
   –0.0175 – 5.0149i
```

O "**rlocfind**" ativa o cursos no plot, para que seja selecionado o lugar do polo em $+i$ (sobre o eixo imaginário). O MATLAB retorna o ponto selecionado e o valor de K, calculando o ponto mais próximo ao apontado pelo clique do cursor.

A6.7 SIMULAÇÃO COM LTI DE CONTROLE CASCATA

Nesta seção, explora-se a álgebra de blocos para simular o controle cascata mostrado na Figura A6.11.

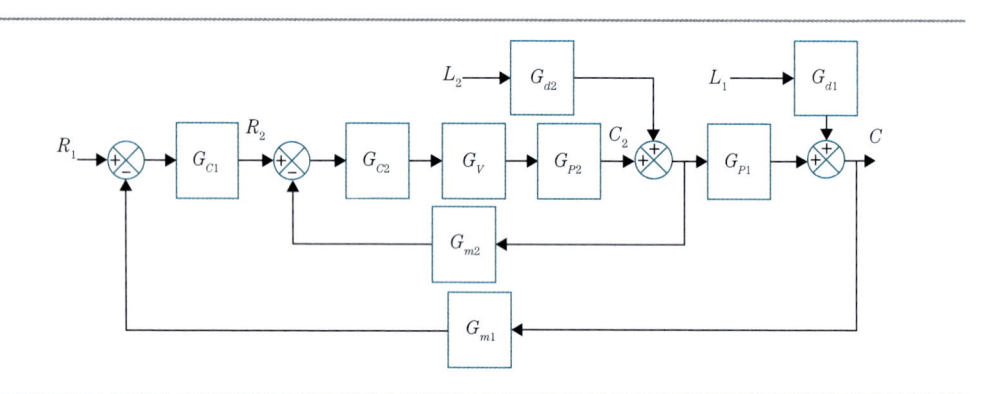

Figura A6.11 Controle cascata

Malha Escrava:

$$G_{C2} = 5,\ G_V = \frac{5}{3s+1},\ G_{P2} = \frac{10}{20s+1},\ G_{m2} = \frac{0{,}3}{0{,}2s+1}\ \text{e}\ G_{d2} = \frac{2}{35s+1}.$$

Malha Mestre: $G_{C1} = 0{,}2,\ G_{P1} = \frac{6}{50s+1},\ G_{m1} = \frac{4}{s+1}\ \text{e}\ G_{d1} = \frac{18}{3s+1}.$

$$C = \frac{G_{C1}\dfrac{G_{C2}G_V G_{P2}}{1+G_{C2}G_V G_{P2}G_{m2}}G_{P1}}{1+G_{C1}\dfrac{G_{C2}G_V G_{P2}}{1+G_{C2}G_V G_{P2}G_{m2}}G_{P1}G_{m1}}R_1 + \frac{\dfrac{G_{d2}}{1+G_{C2}G_V G_{P2}G_{m2}}G_{P1}}{1+G_{C1}\dfrac{G_{C2}G_V G_{P2}}{1+G_{C2}G_V G_{P2}G_{m2}}G_{P1}G_{m1}}L_2 +$$

$$\frac{G_{d1}}{1+G_{C1}\dfrac{G_{C2}G_V G_{P2}}{1+G_{C2}G_V G_{P2}G_{m2}}G_{P1}G_{m1}}L_1$$

ou

$$C = \frac{G_{C1}G_{C2}G_V G_{P2}G_{P1}}{1+G_{C2}G_V G_{P2}G_{m2}+G_{C1}G_{C2}G_V G_{P2}G_{P1}G_{m1}}R_1$$

$$+ \frac{G_{d2}G_{P1}}{1+G_{C2}G_V G_{P2}G_{m2}+G_{C1}G_{C2}G_V G_{P2}G_{P1}G_{m1}}L_2$$

$$+ \frac{G_{d1}}{1+G_{C2}G_V G_{P2}G_{m2}+G_{C1}G_{C2}G_V G_{P2}G_{P1}G_{m1}}L_1$$

A Figura A6.12 ilustra a resposta a perturbações degrau ocorrendo em R_1, L_1 ou L_2

```
>> Gd1=tf([18],[3 1]); Gd2=tf([2],[35 1]);Gc1=2;
>> Gp1=tf([6],[50 1]);Gm1=tf([4],[1 1]);
>> Den=(1+Gc2*Gv*Gp2*Gm2+Gc1*Gc2*Gv*Gp1*Gp2*Gm1);
>> num_CsobreR=Gc1*Gc2*Gv*Gp2*Gp1;
>> num_CsobreL2=Gd2*Gm1;
>> num_CsobreL1=Gd1;
>> CsobreR=num_CsobreR/Den;
>> CsobreL1=num_CsobreL1/Den;
>> CsobreL2=num_CsobreL2/Den;
```

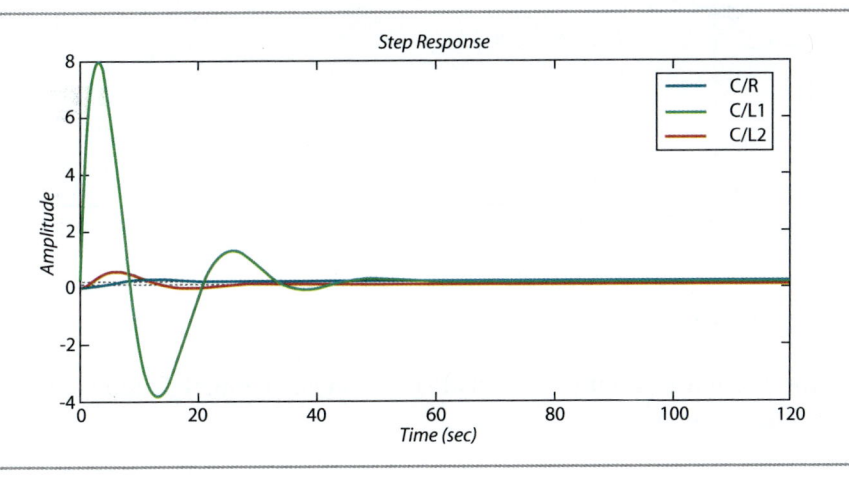

Figura A6.12 Respostas da malha cascata

A6.8 POLOS, ZEROS E AUTOVALORES

É possível calcular os polos e os zeros de uma função de transferência:

```
>> p=pole(H1c)

p =

    -1.0000 + 1.7321i
    -1.0000 - 1.7321i
>> z=tzero(H1c)

z =

    -0.5000
```

Com "[pol,zer]=pzmap", é possível calcular e plotar tantos os polos quanto os zeros da função de transferência. Omitindo os argumentos de retorno da função, apenas o gráfico no plano completo é produzido:

```
>> pzmap(H1c)
```

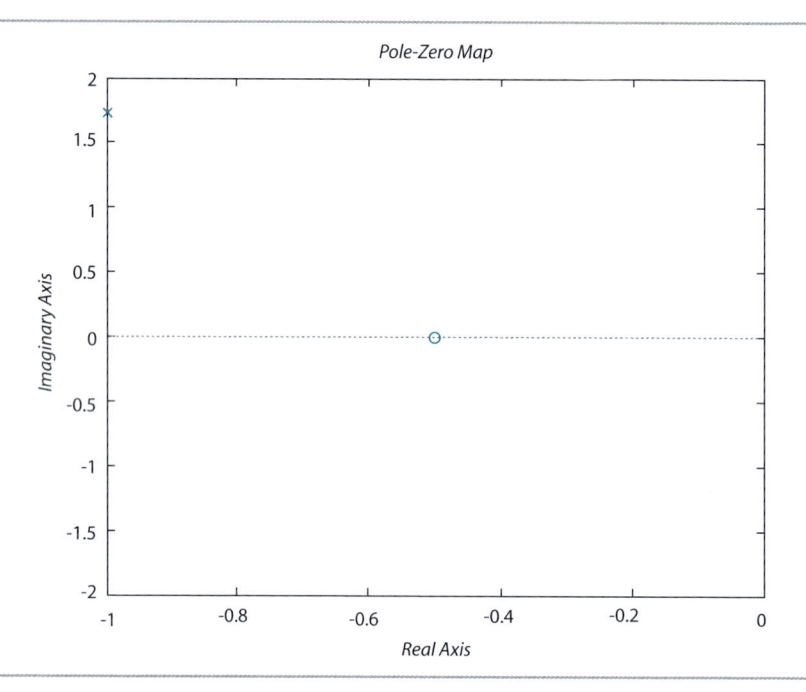

Figura A6.13 Mapa polo-zero

O fator de amortecimento é calculado pela função **damp**, definido para o segunda ordem $s^2 + 2\zeta\omega_0 s + \omega_0^2$

```
>> damp(H1c)
        Eigenvalue            Damping         Freq. (rad/s)
–1.00e+000 + 1.73e+000i       5.00e–001       2.00e+000
–1.00e+000 – 1.73e+000i       5.00e–001       2.00e+000
```

A6.9 APROXIMAÇÃO DE PADÉ

A aproximação de Padé é uma aproximação raxional para o tempo morto:

```
>> Tdelay=2; N=5;
[numpade,denpade]=pade(Tdelay,N);
tfpade=tf(numpade,denpade)
```

```
Transfer function:
–s^5 + 15 s^4 – 105 s^3 + 420 s^2 – 945 s + 945
-----------------------------------------------------------------------
s^5 + 15 s^4 + 105 s^3 + 420 s^2 + 945 s + 945
```

A comparação da aproximação é obtida a seguir:

```
>> tfinal=5; [ypade,time]=step(tfpade,tfinal);
>> T0=2; yideal=stepfun(time,T0);
>> plot(time,[ypade,yideal])
```

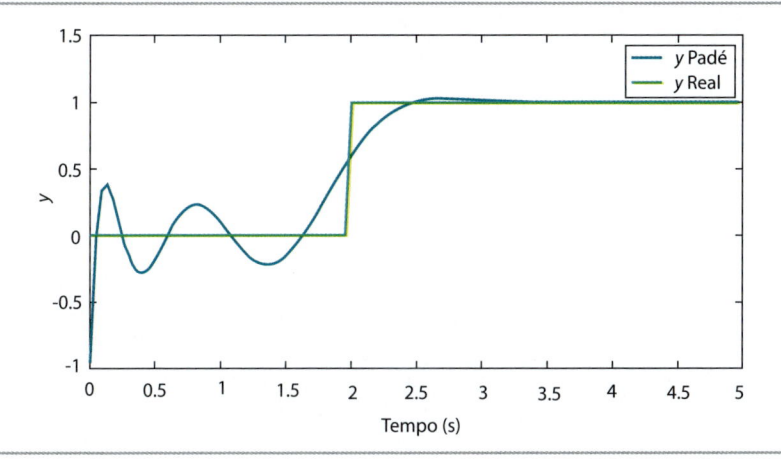

Figura A6.14 Aproximação de Padé de ordem N = 5

A6.10 O VISUALIZADOR DE MODELOS LTI

O *LTI-viewer* facilita a execução de simulações, análises no domínio da frequência etc. Para executá-lo, deve-se digitar no *workspace* do MATLAB:

>> ltiview

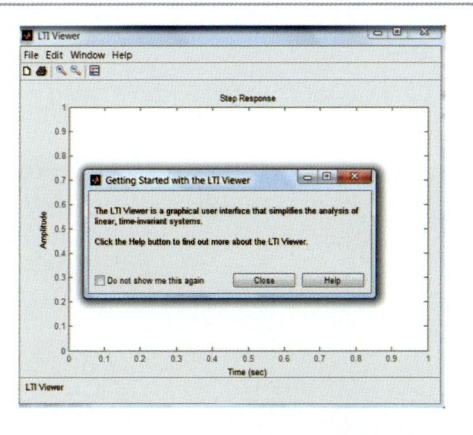

Figura A6.15 O visualizador LTI

7 Linearização do Modelo do Separador Bifásico

A7.1 ALTURA (H_L)

$$\frac{dh_L}{dt}^{LIN} = f^{LIN} = \overline{f} + \frac{df}{dL_i}\left(L_{in} - \overline{L_{in}}\right) + \frac{df}{dL_{out}}\left(L_{out} - \overline{L_{out}}\right) + \frac{df}{dh_L}\left(h_L - \overline{h_L}\right)$$

Onde:

$$\overline{f} = \frac{\overline{L_{in}} - \overline{L_{out}}}{2C\sqrt{\overline{h_L}\left(D - \overline{h_L}\right)}}$$

Definindo-se em forma de variável desvio ($X' = X - \overline{X}$):

$$f = \frac{df}{dL_i}\,L_{in}' + \frac{df}{dL_0}\,L_{out}' + \frac{df}{dh_L}\,h_L'$$

Como:

$$L_{out}' = L_{out} - \overline{L_{out}} = \frac{dL_{out}}{dv_L}\cdot v_L' + \frac{dL_{out}}{dP}\cdot P' + \frac{dL_{out}}{dh_L}\cdot h_L'$$

$$f = \frac{df}{dL_{in}}\,L_{in}' + \frac{df}{dL_{out}}\left(\frac{dL_{out}}{dv_L}\,v_L' + \frac{dL_{out}}{dP}\,P' + \frac{dL_{out}}{dh_L}\,h_L'\right) + \frac{df}{dh_L}\,h_L'$$

Separando-se as variáveis:

$$f - h_L'\left(\frac{df}{dh_L} + \frac{df}{dL_{out}}\,\frac{dL_{out}}{dh_L}\right) = \frac{df}{dL_{in}}\,L_{in}' + \frac{df}{dL_{out}}\left(\frac{dL_{out}}{dv_L}\,v_L' + \frac{dL_{out}}{dP}\,P'\right)$$

Aplicando-se a Transformada de Laplace (A fim de simplificar-se a notação, omitiu-se o símbolo ('), mas as variáveis encontram-se em desvio).

$$H_L(s)\ s - H_L(s)\left(\frac{df}{dh_L} + \frac{df}{dL_{out}}\ \frac{dL_{out}}{dh_L}\right) =$$

$$\frac{df}{dL_{in}}\ L_{in}(s) + \frac{df}{dL_{out}}\left(\frac{dL_{out}}{dv_L}\ v_L(s) + \frac{dL_{out}}{dP}\ P(s)\right)$$

$$\frac{\overline{h_L}}{\overline{L_i}} = \frac{K_{p1}}{\tau_{p1}s + 1},$$

onde:

$$K_{p1} = \frac{\dfrac{df}{dL_{in}}}{-\left(\dfrac{df}{dh_L} + \dfrac{df}{dL_{out}}\ \dfrac{dL_{out}}{dh_L}\right)} \quad \text{e}\ \tau_{p1} = \frac{1}{-\left(\dfrac{df}{dh_L} + \dfrac{df}{dL_{out}}\ \dfrac{dL_{out}}{dh_L}\right)}$$

$$K_{p1} = \frac{2}{\left[\dfrac{\left(\overline{L_{in}} - \overline{L_{out}}\right)\left(D - \overline{h_L}\right)}{\overline{h_L}\left(D - \overline{h_L}\right)} + \dfrac{2{,}4028 \cdot 10^{-4}\ C_V^{MAXL}\ \overline{v_L}}{\sqrt{\left(\dfrac{1}{\rho_{H_2O,\,15{,}5\,°C}\ g}\right)\left(\dfrac{\left(\overline{P} - P_L\right)10^{10}}{\rho_L\ g} + \overline{h_L}\ 10^5\right)}}\right]}$$

$$\tau_{p1} = \frac{1}{\left(\dfrac{1}{4C\ \sqrt{\overline{h_L}\left(D - \overline{h_L}\right)}}\right)\left[\dfrac{\left(\overline{L_{in}} - \overline{L_{out}}\right)\left(D - \overline{h_L}\right)}{\overline{h_L}\left(D - \overline{h_L}\right)} + \dfrac{2{,}4028 \cdot 10^{-4}\ C_V^{MAXL}\ \overline{v_L}}{\sqrt{\left(\dfrac{1}{\rho_{H_2O,\,15{,}5\,°C}\ g}\right)\left(\dfrac{\left(\overline{P} - P_L\right)10^{10}}{\rho_L\ g} + \overline{h_L}\ 10^5\right)}}\right]}$$

$$\frac{\overline{h_L}}{\overline{v_L}} = \frac{K_{p2}}{\tau_{p2}s + 1},$$

onde:

$$K_{p2} = \frac{\dfrac{df}{dL_{out}}\left(\dfrac{dL_{out}}{dv_L}\right)}{-\left(\dfrac{df}{dh_L} + \dfrac{df}{dL_{out}}\ \dfrac{dL_{out}}{dh_L}\right)} \quad \text{e}\ \tau_{p2} = \frac{1}{-\left(\dfrac{df}{dh_L} + \dfrac{df}{dL_{out}}\ \dfrac{dL_{out}}{dh_L}\right)} = \tau_{p1}$$

$$K_{p2} = \cfrac{-2 \cdot 2{,}4028 \cdot 10^{-4} \; C_V^{MAXL} \; \sqrt{\cfrac{\overline{P} - P_L + \rho_L \; g \; \overline{h_L} \; 10^{-5}}{\rho_{H_2O,\,15{,}5\,°C}}}}{\left[\cfrac{\left(\overline{L_{in}} - \overline{L_{out}}\right)\left(D - \overline{h_L}\right)}{\overline{h_L}\left(D - \overline{h_L}\right)} + \cfrac{2{,}4028 \cdot 10^{-4} \; C_V^{MAXL} \; \overline{v_L}}{\sqrt{\left(\cfrac{1}{\rho_{H_2O,\,15{,}5\,°C} \; g}\right)\left(\cfrac{\left(\overline{P} - P_L\right) 10^{10}}{\rho_L \; g} + \overline{h_L} \; 10^{5}\right)}}\right]}$$

$$\frac{\overline{h_L}}{\overline{P}} = \frac{K_{p3}}{\tau_{p3}s + 1},$$

onde:

$$K_{p3} = \cfrac{\cfrac{df}{dL_{out}}\left(\cfrac{dL_{out}}{dP}\right)}{-\left(\cfrac{df}{dh_L} + \cfrac{df}{dL_{out}}\cfrac{dL_{out}}{dh_L}\right)} \quad \text{e} \quad \tau_{p3} = \cfrac{1}{-\left(\cfrac{df}{dh_L} + \cfrac{df}{dL_{out}}\cfrac{dL_{out}}{dh_L}\right)} = \tau_{p1}$$

$$K_{p3} = \cfrac{1}{\left[\cfrac{\left(\overline{L_{in}} - \overline{L_{out}}\right)\left(D - \overline{h_L}\right)}{\overline{h_L}\left(D - \overline{h_L}\right)} \; \cfrac{\sqrt{\cfrac{\overline{P} - P_L + \rho_L \; g \; \overline{h_L} \; 10^{-5}}{\rho_{H_2O,\,15{,}5\,°C}}}}{2{,}4028 \cdot 10^{-4} \; C_V^{MAXL} \; \overline{v_L}} + \rho_L \; g \; 10^{-5}\right]}$$

A resposta linear será dada pela soma das funções de transferência acima.

A7.2 PRESSÃO (P)

$$\frac{dP^{LIN}}{dt} = g^{LIN} = \overline{g} + \frac{dg}{dP}\left(P - \overline{P}\right) + \frac{dg}{dL_{in}}\left(L_{in} - \overline{L_{in}}\right) + \frac{dg}{dG_{in}}\left(G_{in} - \overline{G_{in}}\right)$$

$$+ \frac{dg}{dL_{out}}\left(L_{out} - \overline{L_{out}}\right) + \frac{dg}{dG_{out}}\left(G_{out} - \overline{G_{out}}\right) + \frac{dg}{dV_L}\left(V_L - \overline{V_L}\right)$$

Com:

$$\bar{g} = \frac{\bar{P}\left(\overline{L_{in}} + \overline{G_{in}} - \overline{L_{out}} - \overline{G_{out}}\right)}{V_T - \overline{V_L}}$$

Definindo-se em forma de variável desvio:

$$\frac{dP'}{dt} = \frac{dg}{dP} P' + \frac{dg}{dL_{in}} L_{in}' + \frac{dg}{dG_{in}} G_{in}' + \frac{dg}{dL_{out}} L_{out}' + \frac{dg}{dG_{out}} G_{out}' + \frac{dg}{dV_L} V_L'$$

Como:

$$L_{out}' = L_{out} - \overline{L_{out}} = \frac{dL_{out}}{dv_L} v_L' + \frac{dL_{out}}{dP} P' + \frac{dL_{out}}{dh_L} h_L'$$

$$G_{out}' = G_{out} - \overline{G_{out}} = \frac{dG_{out}}{dx_G} v_G' + \frac{dG_{out}}{dP} P' + \frac{dG_{out}}{dT} T'$$

$$V_L' = V_L - \overline{V_L} = \frac{dV_L}{dh_L} h_L'$$

$$\frac{dP'}{dt} = \frac{dg}{dP} P' + \frac{dg}{dL_{in}} L_{in}' + \frac{dg}{dG_{in}} G_{in}' + \frac{dg}{dL_{out}} \left(\frac{dL_{out}}{dv_L} v_L' + \frac{dL_{out}}{dP} P' + \frac{dL_{out}}{dh_L} h_L'\right) +$$

$$+ \frac{dg}{dG_{out}} \left(\frac{dG_{out}}{dv_G} v_G' + \frac{dG_{out}}{dP} P' + \frac{dG_{out}}{dT} T'\right) + \frac{dg}{dV_L} \left(\frac{dV_L}{dh_L} h_L'\right)$$

Separando-se as variáveis e aplicando-se a Transformada de Laplace:

$$P(s)\ s - P(s)\left(\frac{dg}{dP} + \frac{dg}{dL_{out}} \frac{dL_{out}}{dP} + \frac{dg}{dG_{out}} \frac{dG_{out}}{dP}\right) = \frac{dg}{dL_{in}} L_{in}(s) +$$

$$+ \frac{dg}{dG_{in}} G_{in}(s) + \frac{dg}{dL_{out}} \left(\frac{dL_{out}}{dv_L} v_L(s) + \frac{dL_{out}}{dh_L} H_L(s)\right) +$$

$$+ \frac{dg}{dG_{out}} \left(\frac{dG_{out}}{dv_G} v_G(s) + \frac{dG_{out}}{dT} T(s)\right) + \frac{dg}{dV_L} \left(\frac{dV_L}{dh_L} H_L(s)\right)$$

$$\frac{\overline{\overline{P}}}{L_i} = \frac{K_{p4}}{\tau_{p4}s + 1},$$

$$K_{p4} = \frac{\dfrac{dg}{dL_i}}{-\left(\dfrac{dg}{dP} + \dfrac{dg}{dL_0}\dfrac{dL_0}{dP} + \dfrac{dg}{dG_0}\dfrac{dG_0}{dP}\right)}, \quad \tau_{p4} = \frac{1}{-\left(\dfrac{dg}{dP} + \dfrac{dg}{dL_0}\dfrac{dL_0}{dP} + \dfrac{dg}{dG_0}\dfrac{dG_0}{dP}\right)}$$

$$\frac{\overline{\overline{P}}}{G_i} = \frac{K_{p5}}{\tau_{p5}s + 1},$$

$$K_{p5} = \frac{\dfrac{dg}{dG_i}}{-\left(\dfrac{dg}{dP} + \dfrac{dg}{dL_0}\dfrac{dL_0}{dP} + \dfrac{dg}{dG_0}\dfrac{dG_0}{dP}\right)}, \quad \tau_{p5} = \frac{1}{-\left(\dfrac{dg}{dP} + \dfrac{dg}{dL_0}\dfrac{dL_0}{dP} + \dfrac{dg}{dG_0}\dfrac{dG_0}{dP}\right)}$$

$$\frac{\overline{\overline{P}}}{v_L} = \frac{K_{p6}}{\tau_{p6}s + 1},$$

$$K_{p6} = \frac{\dfrac{dg}{dL_0}\dfrac{dL_0}{dv_L}}{-\left(\dfrac{dg}{dP} + \dfrac{dg}{dL_0}\dfrac{dL_0}{dP} + \dfrac{dg}{dG_0}\dfrac{dG_0}{dP}\right)}, \quad \tau_{p6} = \frac{1}{-\left(\dfrac{dg}{dP} + \dfrac{dg}{dL_0}\dfrac{dL_0}{dP} + \dfrac{dg}{dG_0}\dfrac{dG_0}{dP}\right)}$$

$$\frac{\overline{\overline{P}}}{h_L} = \frac{K_{p7}}{\tau_{p7}s + 1},$$

$$K_{p7} = \frac{\dfrac{dg}{dL_0}\dfrac{dL_0}{dh_L} + \dfrac{dg}{dV_L}\dfrac{dV_L}{dh_L}}{-\left(\dfrac{dg}{dP} + \dfrac{dg}{dL_0}\dfrac{dL_0}{dP} + \dfrac{dg}{dG_0}\dfrac{dG_0}{dP}\right)}, \quad \tau_{p7} = \frac{1}{-\left(\dfrac{dg}{dP} + \dfrac{dg}{dL_0}\dfrac{dL_0}{dP} + \dfrac{dg}{dG_0}\dfrac{dG_0}{dP}\right)}$$

$$\frac{\overline{P}}{v_G} = \frac{K_{p8}}{\tau_{p8}s + 1},$$

$$K_{p8} = \frac{\dfrac{dg}{dG_0}\dfrac{dG_0}{dv_G}}{-\left(\dfrac{dg}{dP} + \dfrac{dg}{dL_0}\dfrac{dL_0}{dP} + \dfrac{dg}{dG_0}\dfrac{dG_0}{dP}\right)}, \quad \tau_{p8} = \frac{1}{-\left(\dfrac{dg}{dP} + \dfrac{dg}{dL_0}\dfrac{dL_0}{dP} + \dfrac{dg}{dG_0}\dfrac{dG_0}{dP}\right)}$$

$$\frac{\overline{P}}{T} = \frac{K_{p9}}{\tau_{p9}s + 1},$$

$$K_{p9} = \frac{\dfrac{dg}{dG_0}\dfrac{dG_0}{dT}}{-\left(\dfrac{dg}{dP} + \dfrac{dg}{dL_0}\dfrac{dL_0}{dP} + \dfrac{dg}{dG_0}\dfrac{dG_0}{dP}\right)}, \quad \tau_{p9} = \frac{1}{-\left(\dfrac{dg}{dP} + \dfrac{dg}{dL_0}\dfrac{dL_0}{dP} + \dfrac{dg}{dG_0}\dfrac{dG_0}{dP}\right)}$$

A resposta é dada pela soma das funções de transferência apresentados aqui. Resolvendo as equações para o caso particular:

C = 8 m

C_v^{MAXG} = 120

P_L = 6 bar

ρ_L = 850 kg/l

g = 9,81 m/s^2

MM_{AR} = 0,02897 kg/mol

D = 3 m

C_v^{MAXL} = 1.025

P_G = 6 bar

$\rho_{H_2O,\,15,5\,°C}$ = 999,19 kg/l

$V_T = \dfrac{\pi D^2}{4}C$ = 56,5487 m^3

MM_G = 0,021 kg/mol

Condições no estado estacionário:

$\overline{L_{in}}$ = 0,165 m^3/s

$\overline{h_L}$ = 2 m

$\overline{G_{out}}$ = 0,1 m^3/s

$\overline{v_G}$ = 0,5

$\overline{L_{out}}$ = 0,165 m^3/s

$\overline{G_i}$ = 0,1 m^3/s

$\overline{v_L}$ = 0,5

$\overline{P}$ = 8 bar

$$\overline{V_L} = C_L\left\{\left(\frac{D^2}{4}\right)arccos\left(1 - \frac{2\overline{h_L}}{D}\right) - \frac{1}{2}\left(D - 2\overline{h_L}\right)\sqrt{\overline{h_L}\left(D - \overline{h_L}\right)}\right\} = 40,0483 \text{ m}^3$$

$\overline{T}$ = 303,15 K

Assim:

$$\frac{\overline{h_L}}{\overline{L_i}} = \frac{K_{p1}}{\tau_{p1}s + 1} = \frac{264{,}7361}{5983{,}5287\ s + 1}$$

$$\frac{\overline{h_L}}{\overline{v_L}} = \frac{K_{p2}}{\tau_{p2}s + 1} = \frac{-103{,}9405}{5983{,}5287\ s + 1}$$

$$\frac{\overline{h_L}}{\overline{P}} = \frac{K_{p3}}{\tau_{p3}s + 1} = \frac{-11{,}9926}{5983{,}5287\ s + 1}$$

$$\frac{\overline{P}}{\overline{L_i}} = \frac{K_{p4}}{\tau_{p4}s + 1} = \frac{12{,}0585}{24{,}8713\ s + 1}$$

$$\frac{\overline{P}}{\overline{G_i}} = \frac{K_{p5}}{\tau_{p5}s + 1} = \frac{12{,}0585}{24{,}8713\ s + 1}$$

$$\frac{\overline{P}}{\overline{v_L}} = \frac{K_{p6}}{\tau_{p6}s + 1} = \frac{-4{,}7398}{24{,}8713\ s + 1}$$

$$\frac{\overline{P}}{\overline{h_L}} = \frac{K_{p7}}{\tau_{p7}s + 1} = \frac{-0{,}045601}{24{,}8713\ s + 1}$$

$$\frac{\overline{P}}{\overline{v_G}} = \frac{K_{p8}}{\tau_{p8}s + 1} = \frac{-5{,}639}{24{,}8713\ s + 1}$$

$$\frac{\overline{P}}{\overline{T}} = \frac{K_{p9}}{\tau_{p9}s + 1} = \frac{-0{,}0046503}{24{,}8713\ s + 1}$$

O modelo linearizado é programado em SIMULINK de acordo com os submodelos reportados a seguir. A Figura A7.1 mostra a interconexão entre as funções de transferência relacionadas a h (FT h) e as funções de transferência relacionadas a P (FT P). Os blocos FT h e FT P estão detalhados nas Figuras A7.2 e A7.3, respectivamente.

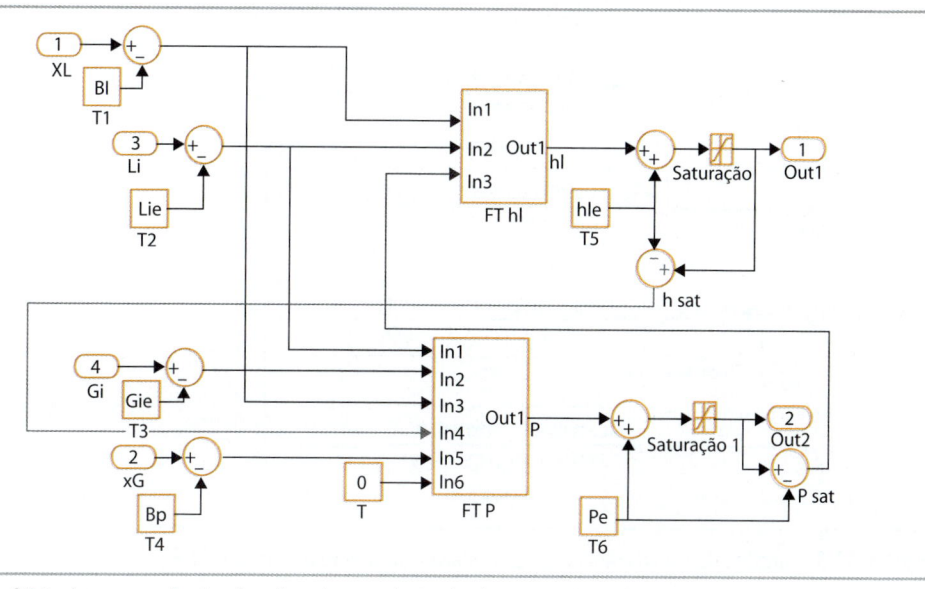

Figura A7.1   Interconexão das funções de transferência do separador bifásico

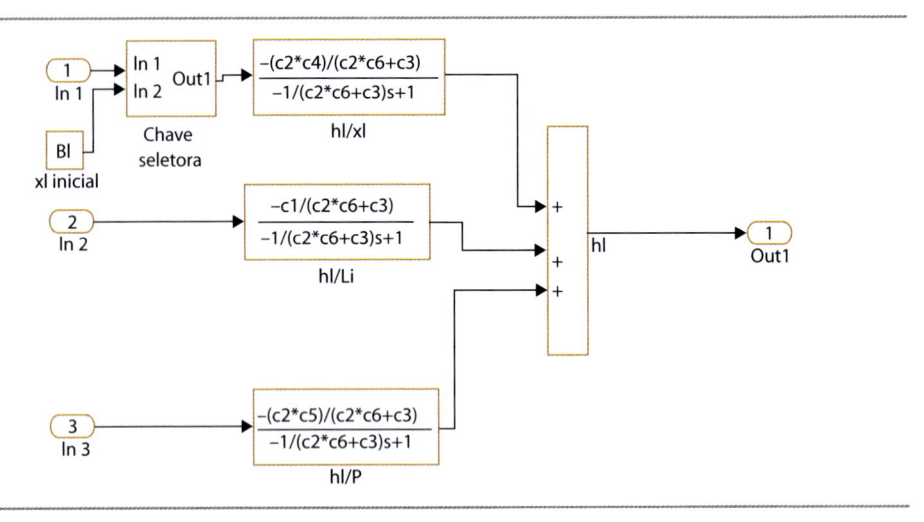

Figura A7.2 Funções de transferência relacionadas diretamente ao nível: *FT h*

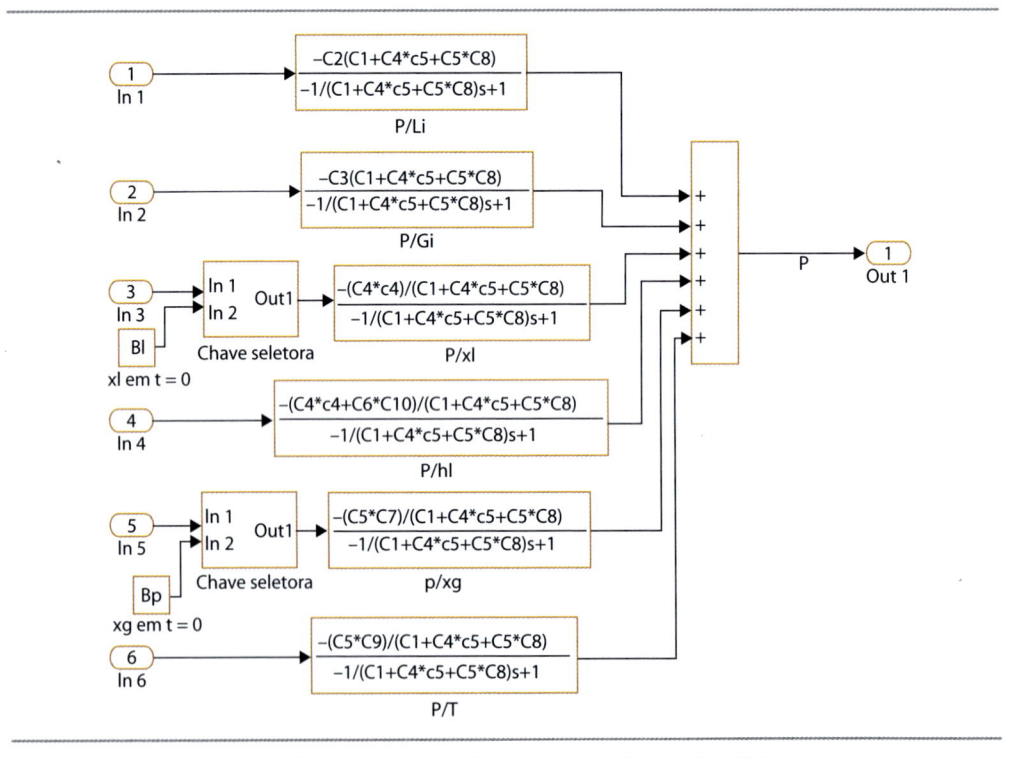

Figura A7.3 Funções de transferência relacionadas diretamente à pressão: *FT P*

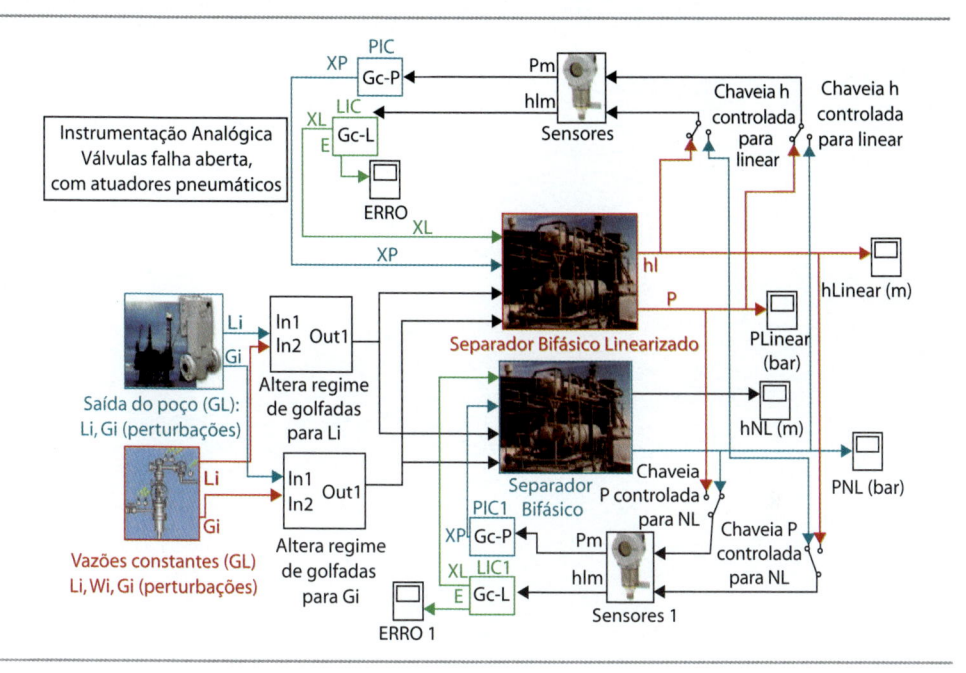

Figura A7.4 Modelo linearizado e modelo não linear para separador bifásico

IMPRESSÃO E ACABAMENTO

YANGRAF

GRÁFICA E EDITORA LTDA.
WWW.YANGRAF.COM.BR
(11) 2095-7722